航天科技图书出版基金资助出版

太空资源开发技术导论

王 巍 姚 伟 王 超 著

中国宇航出版社
·北京·

图书在版编目（CIP）数据

太空资源开发技术导论 / 王巍，姚伟，王超著.
北京 ： 中国宇航出版社，2025. 1. -- ISBN 978-7-5159-2490-8
Ⅰ. P159
中国国家版本馆CIP数据核字第2024AD7508号

责任编辑 侯丽平　朱琳琳　　**封面设计** 王晓武

出　版
发　行 中国宇航出版社
社　址 北京市阜成路8号　**邮　编** 100830
(010)60286808　　(010)68768548
网　址 www.caphbook.com
经　销 新华书店
发行部 (010)60286888　　(010)68371900
(010)60286887　　(010)60286804(传真)
零售店 读者服务部　　(010)68371105
承　印 北京中科印刷有限公司

版　次 2025年1月第1版
2025年1月第1次印刷
规　格 787×1092
开　本 1/16
印　张 37
字　数 675千字
书　号 ISBN 978-7-5159-2490-8
定　价 158.00元

本书如有印装质量问题，可与发行部联系调换

航天科技图书出版基金简介

航天科技图书出版基金是由中国航天科技集团公司于2007年设立的，旨在鼓励航天科技人员著书立说，不断积累和传承航天科技知识，为航天事业提供知识储备和技术支持，繁荣航天科技图书出版工作，促进航天事业又好又快地发展。基金资助项目由航天科技图书出版基金评审委员会审定，由中国宇航出版社出版。

申请出版基金资助的项目包括航天基础理论著作，航天工程技术著作，航天科技工具书，航天型号管理经验与管理思想集萃，世界航天各学科前沿技术发展译著以及有代表性的科研生产、经营管理译著，向社会公众普及航天知识、宣传航天文化的优秀读物等。出版基金每年评审2次，资助30~40项。

欢迎广大作者积极申请航天科技图书出版基金。可以登录中国航天科技国际交流中心网站，点击“通知公告”专栏查询详情并下载基金申请表；也可以通过电话、信函索取申报指南和基金申请表。

网址：http：//www. ccastic. spacechina. com

电话：（010）68767205，68767805

序

PREFACE

中国航天经过60多年的发展，从无到有，建立了完整、先进的航天科技工业体系，圆满完成了载人航天与探月工程、高分辨率对地观测系统、北斗卫星导航系统等一系列国家重大科技工程，独立建成了中国空间站，取得了月球探测“绕、落、回”和火星探测“绕、着、巡”等一系列重大科技成就。2020年12月，嫦娥五号携月球样品返回地球，标志着我国已具备了月球采样返回能力。2024年6月，嫦娥六号在人类历史上首次实现月球背面采样返回。

太空探索，永无止境。新时期的太空探索开始进入太空资源开发的新阶段。通过开发太空资源，不仅将有效减轻从地球的发射负担，同时将催生太空新经济，为人类社会的可持续发展注入新的动力。太空资源开发已成为当前世界航天大国竞相发展的重要新兴领域和前沿科技方向。

针对当前国际上太空资源开发的快速发展态势，王巍院士带领的研究团队在前期研究工作的基础上，深入阐述了太空资源开发的概念内涵、经济价值和战略意义，归纳总结了太空资源开发相关的宇航任务、商业航天发展和技术研究进展，系统阐述了全太阳系的资源开发体系设想，提出了太空资源中继补给站、地外天体采矿站、太空资源加工站等空间设施概念，发起了具有中国特色的“天工开物”太空资源开发计划倡议。这些新体系、新系统和新技术可为我国制定太空资源开发战略和实施重大科技工程提供参考，具有一定的学术价值。

本书是系统阐述太空资源开发体系的国内首部学术专著，将为从事该领域研究的科技工作者和工程技术人员提供参考，也将有力地促进我国太空资源开发研究工作。期待我国的科研人员加快推动太空资源开发领域的创新发展，取得更多的、更有价值的原创性科技成果，形成中国航天的新质生产力，带动我国太空新经济的发展。

“共和国勋章”、“两弹一星”功勋奖章获得者

中国科学院院士

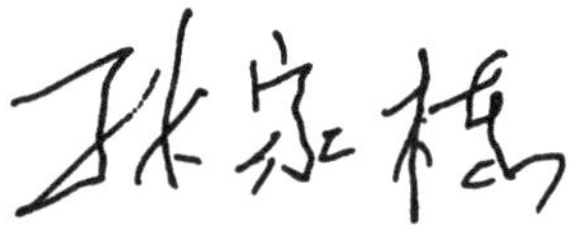

2024 年 10 月

前　言

FOREWORD

自然资源的储量和利用方式决定着人类文明的发展程度和可延续的限度。20 世纪以来，人类社会进入资源大量消耗、社会高速发展的时代，地球重要资源将逐渐面临枯竭的危机，资源不足、能源短缺和环境污染等问题威胁着人类在地球上的生存与发展。战略性关键矿产资源对能源、材料、冶金、化工、制造业、国防等行业发展至关重要，是全球经济发展的重要约束，其供需矛盾导致一系列全球性问题。

太阳系拥有丰富的自然资源，具有重要的开采与利用价值。太空资源开发不仅是可持续太空探索的重要推动力，而且有望催生太空新经济，为解决资源匮乏、环境污染等全球性问题提供新的思路和方法，为地球可持续发展注入新动力。太空资源开发逐步实现商业化、规模化并形成新产业体系后，将有可能改变全球原材料供应和世界经济格局，并在科技、经济、社会、安全和政治等方面产生重大影响。正如大航海时代创造的奇迹一样，以太空资源开发为代表的"大航天时代"将有望拓展人类生存发展新空间，可能创造人类发展史的下一个重大跨越和奇迹，带来人类文明新的繁荣。

随着宇航科技的快速发展，人类已初步具备了整个太阳系的探测能力，太空探索活动逐步由探测阶段进入到资源开发阶段。太空资源开发逐渐成为世界航天强国的重点发展方向之一，并吸引了多家商业航天公司投入开展太空资源开发活动。美国国家航空航天局（National Aeronautics and Space Administration，NASA）阿尔忒弥斯计划（Artemis Plan）将原位资源利用（In-Situ Resource Utilization，ISRU）技术列为六大优先发展技术之一，将在月球上演示验证利用月球资源生产水、燃料和其他供应品的技术，以及在月球上挖掘和建造的能力。毅力号火星车的火星氧气原位资源利用实验载荷（Mars OXygen ISRU Experiment，MOXIE）首次实现了利用火星大气的二氧化碳资源制造出氧气。欧空局（European Space Agency，ESA）发布了太空资源战略，计划在月球上演示验证太空资源利用的关键技术。美国 NASA 于 2023 年 10 月发射了首个金属质小行星灵神星（Psyche）探测任务，将了解金属小行星的起源并探索商业开采的可能性。

作者牵头的研究论证团队结合近 5 年来对太空资源开发领域战略论证、关键技术攻关以及工程研制的研究实践，提出了太空资源开发的发展设想，初步形成了太空资源开发技术方向和发展路线图。2023 年 8 月，中国宇航学会第一届空间科学与试验学术交流会在北京召开，会议以"探索浩瀚宇宙、开发太空资源"为主题，对太阳系太空资源开发进行了深入探讨。本书作者王巍院士在会上作了《太空资源开发体系发展设想》特邀报告，阐述了太空资源开发的概念内涵，结合国内外现状和主要进展，提出了太阳系资源开发体系设想，发起了"天工开物"太空资源开发计划倡议。

本书是在前期论证研究的基础上，进一步深化研究并归纳梳理的结果。第 1 章从太空资源开发的概念内涵和资源类型出发，分析了太空资源开发的经济价值和战略意义。第 2 章简要介绍了太阳系资源探测与开发相关的航天任务和商业航天发展的现状。第 3 章以模块化、产业化、效益化为目标，围绕原位、无人、中继等核心特征，提出并系统阐述了太阳系的资源开发体系设想。第 4 章提出并系统阐述了月球、近地小天体等近地天体资源开发体系的构建思路、系统构成、方案框架等方面的具体思考与设想，并进行了初步的效益评估。第 5 章提出并系统阐述了火星资源开发体系和主带小行星采矿体系方案的构建思路、系统构成、方案框架等方面的具体思考与设想，并进行了初步的效益评估。第 6 章重点分析研究了地球空间进出、深空轨道运输、太空在轨补给、深空通信中继等若干太空资源运输关键技术的原理方法与技术现状，提出了可探索的技术路径和技术方案。第 7 章重点分析研究了太空资源勘探、资源开采、无人自主等若干太空资源勘查开采关键技术的原理方法与技术现状，提出了可探索的技术路径和技术方案。第 8 章重点研究分析了太空推进剂原位制备、太空冶炼、太空制造、太空建造和深空能源等若干太空资源加工利用关键技术的原理方法与技术现状，提出了可探索的技术路径和技术方案。最后，第 9 章结合技术发展预测和分析，进一步阐释了“天工开物”计划和全太阳系资源开发的发展路线图，探讨了太空资源开发给人类社会带来的重大影响。

太空资源开发属新兴科技前沿方向，涉及面宽，学科交叉性强，目前尚缺乏系统性、学术性的论著和专业教材。本书是国内该领域第一部系统性的学术专著，是作者团队近年来科研工作的总结，可供从事太空资源研究的科技工作者，航天科技、行星科学、采矿工程等领域的科研和工程技术人员，以及感兴趣的读者作为参考资料。希望本书的出版起到抛砖引玉的作用，能够激发该领域更为广泛的研讨、探索和更为深入的研究、攻关，进一步促进该领域相关科学技术的发展，为未来太空资源补给站、地外天体采矿站、太空资源加工站等新概念空间设施的论证设计和关键技术研发提供参考思路。太空资源开发涉及领域广泛，不仅包括各类新技术，还面临政治经济、法律法规、国际关系等新问题，因作者专业所限，本书仅重点讨论太空资源开发的相关技术问题。

本书得到航天领域多位专家的关心和帮助，特别是得到首批“共和国勋章”、“两弹一星”功勋奖章获得者孙家栋院士的鼓励和指导，孙老总还欣然为本书作序，在此谨表深深的敬意和谢忱！同时，衷心感谢中国空间技术研究院范含林研究员、邱家稳研究员、宋坚研究员与中山大学吴志刚教授等专家在本书撰写和审稿过程中提出的宝贵意见和建议。衷心感谢北京理工大学乔栋教授、李翔宇博士，北京航空航天大学徐明教授等相关团队在深空轨道分析方面提供的帮助。衷心感谢与作者一同工作的同事，他们参与了本书部分内容的研讨和研究工作。此外，本书也借鉴、参考了国内外同行的研究工作成果，在此一并表示由衷的谢意。

由于作者水平有限，错误和不妥之处在所难免，敬请读者批评指正。

作　者

2024年10月

目 录

CONTENTS

第 1 章

绪　论

1.1 概述

进入21世纪以来，太空探索的深度、广度和热度都得到显著提升。2001年，美国未来学家、《第三次浪潮》的作者阿尔文·托夫勒（Alvin Toffler）预测了人类正在从以信息革命为标志的“第三次浪潮”进入到以人类进入太空居住为标志的“第四次浪潮”。人类重返月球、载人登陆火星等极具挑战性的探索任务正在逐步论证和实施，美国太空探索技术公司（SpaceX）已完成5次星舰（Starship）的全箭飞行试验，有望大幅提升大规模常态化进出空间的能力，突破太阳系内大规模资源运输的约束，为实施火星殖民计划，使人类成为“多行星物种”提供重要基础[1]。近年来，航天科技的快速发展催生了地月经济圈（Cislunar Econosphere）、小行星采矿（Asteroid Mining）、月球开发（Lunar Exploiting）及太空制造（Space Manufacture）等新兴前沿科技发展方向。

在20世纪中叶的航天科技诞生期，人们就认识到太空探索可以使封闭的地球经济向近乎无限的太空资源开放，从而催生太空经济。1957年10月，苏联发射了人类第一颗人造地球卫星斯普特尼克1号（Sputnik-1），之后不久，美国NASA于1958年提出了《太空法案》（*Space Act*）并指出：“我们的目标是发展能力，使美国人民能够持续探索并把经济圈拓展到太阳系”[2]，这为太空经济的萌芽埋下了种子。1961年，美国阿波罗计划的主要政府承包商——通用电气董事会主席拉尔夫·科迪纳（Ralph J. Cordiner）阐述了地月空间的经济性，预测太空经济包含探索（exploration）、经济开发（economic development）和成熟经济运行（mature economic operation）3个发展阶段，如图1-1所示。他指出：“新的太空能力最重要的长期影响是，它们为探索和经济发展开辟了新的领域。从商人的角度来看，这意味着风险和机遇，但会对国家的商业活动产生重要影响”[3]。在过去半个世纪里，人类已实现了空间高远位置资源、空间特殊环境资源的利用，对社会发展产生了深刻而广泛的影响，包括通信、导航和遥感等领域的近地轨道经济总量已超过3千亿美元，标志着近地空间迎来了成熟经济运行阶段[4]。2007年，美国NASA局长迈克尔·格里芬在纪念NASA成立50周年时发表演讲指出："新兴的'太空经济'以我们尚未理解或尝试的方式改变着我们在地球上的生活方式。"2021年，我国包为民院士主持中国科学院学部立项的地月空间探索和开发战略研究课题，对地月经济进行了深入论证[5]，地月空间已进入到经济开发阶段。2024年4月，世界经济论坛（World Economic Forum）与麦肯锡公司（McKinsey & Company）联合发布了题为《太空：推动全球经济增长1.8万亿美元的重要机遇》的报告，预期太空产业经济规模到2035年达到1.8万亿美元[6]。

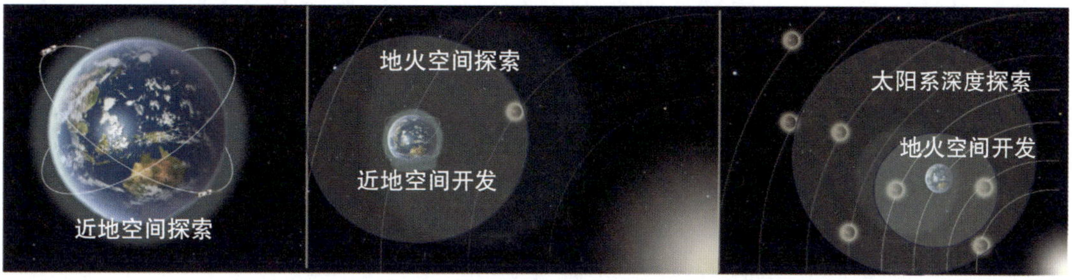

图1-1　太空开发和太空经济的发展阶段

通过利用太空原位资源，可大幅减少从地球携带的物资，显著降低航天任务的成本和风险，因此，美国NASA一直十分重视研发太空资源开发技术，将其列入载人和无人深空探测规划体系。早在20世纪60年代美国学者艾瑞克（Krafft Arnold Ehricke）就提出"为了维持物种的持续发展，探索太空并利用太阳系的资源是人类的责任所在"[7]的观点。1962年，美国NASA成立了地外资源工作组（Working Group on Extraterrestrial Resources，WGER），论证分析开发月球资源并为生命支持提供消费品的相关技术。1978年，Ash等人[8]提出了在火星上生产推进剂的设想并创造了原位推进剂生产（In-Situ Propellant Production，ISPP）这个词汇。近年来，随着技术的发展，利用地外天体原位资源有望生产更多的材料和产品，"原位推进剂生产"这个词汇被"原位资源利用"这个更具有广泛意义的词汇所代替。2004年1月，美国政府发布《太空探索愿景》，要求NASA"开发新技术，利用月球丰富的资源，探索更具挑战性的环境"，重点是摆脱对近地轨道发射体系的依赖，在月球上建立深空探测发射基地。2015 年 NASA 发布《空间技术路线图》，把原位资源利用列为载人深空探索优先发展的首项技术，并列为交叉技术领域的重要组成部分[9]，重点发展原位资源开采（提取、输运、分离等）、生产（加热、萃取、催化、生物技术等）、应用（蓄热、辐射防护、建筑等）等技术。2020 年 9 月，美国 NASA 阿尔忒弥斯计划将月球资源开发与利用作为其核心任务，通过实施月球表面创新倡议（Lunar Surface Innovation Initiative，LSII）将在月球上演示生产水、推进剂和其他供应品，以及建造设施的能力，同时计划将月球作为载人登陆火星的资源补给站[10]。载人火星探测任务资源保障需求庞大，美国的任务规划一直将火星资源利用列为重要的内容，持续评估其技术可行性和费效比。2021 年，毅力号火星车成功开展了火星氧气原位资源利用试验[11]，首次验证了太空资源开发的可行性，为未来航天员在火星上生存和原位制造推进剂提供了技术手段。2023 年 10 月，NASA 发射首个金属质小行星灵神星（Psyche）探测任务，探索金属小行星的起源和商业开采的可能性[12]。

国际组织和其他航天大国也非常重视发展太空资源开发技术。2012 年，国际宇航科学院启动"外空矿物资源"的课题研究，中、美、俄、法等国 30 余名专家参加并形成了《外空矿物资源——挑战与机遇的全球评估》报告[13]，得出"外空资源的有效开发利用将使地球附近的太空旅游成为可能，外空获得的水资源将确保载人航天活动能够超越近地轨道（LEO），并成为其他外空矿物资源开发利用的营利动力"等重要结论。2018 年，参与国际空间探索协调组（International Space Exploration Coordination Group，ISECG）的十余个国家和地区的航天机构共同发布了《全球探索路线图》，指出太空原位资源利用是载人深空探索的关键技术[14]。2019 年，欧洲 ESA 发布了《太空资源战略》（*ESA Space Resources Strategy*）[15]，以原位资源利用实现月面长期生存为愿景，实施三阶段计划：1）21 世纪 20 年代早期，开展勘探、探索和技术培育；2）21 世纪 20 年代中期，开展端到端①演示验证；3）21 世纪 30 年代中期，开展集成原位资源利用试验，并于 2035 年前后在月球建成太空资源开发利用

① 端到端（end to end）即从需求出发，到最终满足需求的全过程。

试验工厂。2022 年 6 月，ESA 发布了《新世界 2030+战略路线图》（*Terrae Novae 2030+ Strategy Roadmap*）[16]，将太空资源战略融合到这个战略路线图中。

随着载人航天和深空探测等重大科技工程的顺利实施，我国已取得了月球“绕、落、回”和火星“绕、着、巡”等重大成就。2020 年 12 月，嫦娥五号携月球样品返回地球，标志着我国已具备了月球采样返回能力。2024 年 6 月，嫦娥六号在人类历史上首次实现月球背面采样返回。在航天发展的新阶段，太空资源开发是我国月球探测及行星探测工程的重要目标之一。我国嫦娥八号任务将开展首次月球原位资源利用技术试验，国际月球科研站任务将实施一系列月球原位资源利用试验研究，天问系列行星探测工程的实施将使我国逐步具备小天体和火星的探测采样返回与资源勘探能力。我国学者十分重视太空资源开发利用的研究。2002 年，欧阳自远院士撰文论述了月球表面氦-3（^{3}He）等月球资源的利用前景[17]。2016 年，叶培建院士带领的载人深空探测中国学科发展战略工作组系统分析了实施载人深空探测所面临的关键科学和技术问题，提出空间生命科学、航天医学、动力与能源工程技术、材料结构及制造技术、原位资源利用技术及人机联合作业技术等六大优先发展的科学技术领域，其中原位资源利用及人机联合作业是有可能带来颠覆性、变革性的技术领域[18]。本书作者团队长期开展太空资源利用研究，研制了钻取一体化光热水冰资源原理样机并开展典型环境试验[19,20]，提出了地外人工光合作用新路径并开展了空间站试验载荷研制与在轨试验[21,22]，探索了无粘接剂、太阳能聚光熔融致密化成型月壤 3D 打印技术[23] 并发展了月壤储能新方法[24]。

国际上针对太空资源开发进行了大量政策法律问题的研究。2014 年，荷兰政府支持在海牙召开“外空矿物资源治理”会议，并组建海牙外空资源治理工作组。2015 年，为确保太空权益，促进太空经济发展，美国国会通过了《美国太空资源勘探与利用法案》，首次明确了太空资源的归属问题和太空资源开采的合法性，美国公民可以对任何小行星上发现的原位非生物资源主张所有权。2016 年，卢森堡政府宣布将通过一系列激励政策，加快推动小行星采矿业的发展，加大小行星采矿公司的投资，并于 2017 年通过了外空资源立法。2017 年，联合国外空委法律小组委员会第 56 届会议首次将“关于外空资源探索、开发和利用活动的潜在法律模式的一般性意见交流”列为正式议题。2020年，美国政府签署《太空资源开采和使用的国际支持及保障》行政令，旨在强化美国企业和个体开采、利用太空资源的权利，为美国开发利用包括月球在内的太空资源提供政策支持。2023年，联合国外空委空间资源法律问题工作组进入到实质性磋商阶段。

近年来，面对未来地球可持续发展可能面临的战略性关键矿产资源短缺问题，国际上涌现出多家以太空采矿为目标的商业航天公司。行星资源公司（Planetary Resources）制定了小行星采矿计划，AstroForge公司提出开采小行星资源并将之带回地球，Asteroid Mining公司计划从小行星中提炼铂金元素。美国科罗拉多矿业学院（Colorado School of Mines）开设了太空资源研究生项目（graduate program in Space Resources）。美国银行美林集团（America Merrill Lynch）和全球著名经济智库美国米尔肯研究院（Milken Institute）等多家机构对太空资源的价值进行了经济学预测，认为未来太空资源开发的生产总值将高达数万亿亿美元以上，并将改变全球经济格局[25]。

从学术研究方面来看，太空资源开发正逐渐成为国际上的研究热点和重要方向。近年来发文量和被引用量迅速增加，研究方向涉及月球、月壤、火星、二氧化碳、水冰、挥发分以及矿物元素的提取冶炼（地外采矿）、地外天体原位建造、地外星壤生物改性等内容。国际研究机构主要包括美国NASA及其下属机构、欧洲ESA、德国宇航中心（Deutsches Zentrum für Luft-und Raumfahrt，DLR）、美国麻省理工学院、加州理工学院、英国开放大学、德国亥姆霍兹联合会，以及日本早稻田大学等单位。我国的研究机构主要包括中国航天科技集团所属的钱学森空间技术实验室、北京空间飞行器总体设计部、上海航天技术研究院等，中国科学院地球化学研究所、空间应用工程技术中心、沈阳自动化研究所等，高校系统的中国科学院大学、哈尔滨工业大学、西北工业大学、南京理工大学、东北大学、清华大学、西安交通大学、华中科技大学、中国矿业大学、中国石油大学等[26]。

1.2 概念与内涵

1.2.1 太空资源的基本概念

所谓资源是指一切可开发和利用的物质、能量和信息的总称。它广泛地存在于自然界和人类社会中，包括自然资源和社会资源。自然资源是指自然界中可直接获得并用于生产和生活的物质，《辞海》对自然资源的定义为“天然存在的（不包括人类加工制造的原材料）并有利用价值的自然物”。在地球上，自然资源主要包括各类矿产资源和阳光、空气、水、森林、草原、动物等非矿产资源。

太空资源（Space Resource）广义上指地球大气层之外能够开发利用并获得经济和其他效益的物质或非物质资源的总称，包括[27]：1）位置资源，如低地球轨道（LEO）、地球静止轨道（GEO）、地月拉格朗日点（EML）等特殊轨道；2）信息资源，如恒星、脉冲星等特殊的方位和频率信息，可提供导航服务；3）环境资源，如微重力、高真空、强辐射、大温差等特殊环境；4）能源资源，如太阳能、地热能、潮汐能等；5）物质资源，如月球、小天体、火星等地外天体蕴藏的自然资源等。在过去半个世纪中，空间位置、信息、环境、能源资源已得到广泛应用。通过利用空间高远位置资源，航天器实现了卫星通信、导航定位、对地观测等应用；通过利用太阳能，为各类航天器提供能源；通过利用空间环境资源，开展了各种空间科学实验和技术试验，对社会经济发展产生了深刻而广泛的影响。

迄今为止，太空物质资源尚未被开发利用。随着深空探测技术能力的发展，当前太空资源开发的重点逐步转向物质资源。美国《2015 外空资源探索与利用法》定义太空资源是在外空发现的任何种类的自然资源，海牙国际外空资源治理工作组给出的太空资源定义为外层空间可开采的原位非生物资源。参照当前联合国和各国立法的定义，太空资源的狭义内涵一般特指地外天体的物质资源，由于地外天体未发现任何生物体，物质资源应主要包括各类矿产资源、水冰资源、太阳风挥发分资源和大气资源等。本书主要研究讨论狭义的太空资源，即地外天体物质资源，如图 1-2 所示。

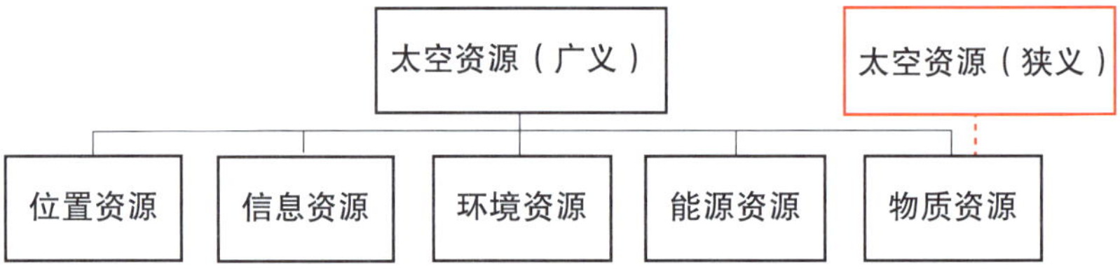

图 1-2　太空资源的概念与分类

从地球资源开发的经验来看，地球矿业给人类社会带来了难以估量的价值，是国家发展的战略性支柱产业。当航天技术具备规模化太空资源开发的条件后，将有望形成太空矿业等战略新兴产业。根据地球矿业的定义，矿物是由地质作用形成的具有相对固定的化学成分和确定的晶体结构的天然单质或化合物，一般具有特定的外形、颜色与光泽、硬度、解理与断口。矿物资源（又称矿产资源）是赋存于自然天体，由地质作用形成的具有经济价值的有用元素、化合物、矿物、矿物集合体的总称[28]。全球已发现的矿产资源有 200 余种，有用矿物约 3 000 余种。按赋存状态，可分为固态矿产、液态矿产和气态矿产。按用途不同，可分为金属矿产、非金属矿产、水气矿产和能源矿产。其中金属矿产包括黑色金属矿产（铁矿石、锰矿、铬矿、钒矿、钛矿等）、有色金属矿产（铜矿石、铅矿石、锌矿石、铝土矿、镍矿石、钨矿石、镁矿、钴矿、锡矿、铋矿、钼矿、汞矿、锑矿等）、贵金属矿产（金矿，银矿，铂族金属铂、钯、铱、铑、钌、锇等）、稀有金属矿产（铌矿、钽矿、铍矿、锂矿、锆矿、锶矿、铷矿、铪矿、铯矿等）、稀土金属矿产（钪矿，轻稀土矿镧、铈、镨、钕、钷、钐、铕，重稀土矿钆、铽、镝、钬、铒、铥、镱、镥、钇等）、稀散金属矿产（锗矿、镓矿、铟矿、铊矿、铼矿、镉矿、硒矿、碲矿等）、放射性金属矿产（铀矿、钍矿等）。非金属矿产主要品种为金刚石、石墨、自然硫、硫铁矿、水晶、刚玉、蓝晶石等。水气矿产包括地下水、矿泉水、气体二氧化碳、气体硫化氢、氦气和氡气 6 个矿种。矿石是可提取有用组分（元素、化合物和矿物）的矿物集合体。矿石的质量一般通过矿石品位来衡量，它是指矿石中有用组分的含量。矿石品位分为边界品位和工业品位。边界品位是根据矿石种类和开采价值划定的最低品位，未达到边界品位的矿石称为岩石。工业品位或临界品位是指工业可利用的矿体的最低平均品位。矿体是指含有足够数量的矿石、具有开采价值的地质体，它是矿床的基本组成单元。矿床为矿物的集合体，是自然天体一定空间范围内具有一定数量、质量、形状和产状（地质体的走向、倾向、倾角等），在当前技术与经济条件下能被提取和利用、能用货币计量、在勘查开发后能带来经济效益的综合地质体。

不仅地球拥有丰富的物质资源，太阳系各类天体均具有丰富的物质资源。

月球是离地球最近的地外天体，蕴藏着丰富的物质资源，位于地球引力阱的边缘，具有独特的资源开发优势，被类比为地球的“第八大洲”。月球资源包括水冰、氦-3 和各类矿物等。通过地球对月观测和月球探测取得的一系列重大发现和科学数据，已经在月壤和月岩中发现了地球上组成物质的全部化学元素。由于月球两极永久阴影区内长期缺乏太阳辐照，温度约 40 K，可在此区域沉积形成大量不同形态的水资源，初步估计月球极区富含约 6 亿吨水冰资源[29,30]。在太阳风长期轰击下，月球表面汇聚了高达 60 万吨氦-3 核聚变资源[31]，显著高于地球所储藏的 500 kg。初步估计，10 吨氦-3 就能满足我国 1 年的能源需求，100 吨氦-3 能提供全世界 1 年的能源，具有重大的开采价值。月球克里普岩（KREEP）富含钾（K）、稀土元素（REEs）和磷（P），以及钍、铀等放射性元素。风暴洋区的克里普岩中总稀土元素资源量为 225~450 亿吨[31]，钍和铀资源分别达 8.4 亿吨和 3.6 亿吨，而目前地球上稀土元素的储量是 1.3 亿吨，钍和铀分别仅约 637 万吨和 792 万吨。月海玄武岩蕴藏丰富的钛铁矿（$FeTiO_3$），估计总资源储量为（1.3~1.9）$\times 10^{15}$ 吨。此外，月球还蕴藏着丰富的铬、镍、钾、钠、镁、铜等金属矿产资源。

太阳系中已发现约 138 万余颗小行星（截至 2024 年 8 月），按光谱特征可分为碳质小行星（C 类）、硅质小行星（S 类）和金属质小行星（M 类）等。碳质小行星约占小行星总量的 75%，富含碳、氢、氧、氮等元素，能够为深空探索补给物资。有些碳质小行星中铂族金属元素含量也很丰富，有大量铂、铑、铱、锇等稀有金属[32,33]，矿石品位显著高于地球，资源分布相对均匀，不用深钻，开采和冶炼难度较小。金属质小行星约占小行星总量的8%，主要由铁、镍构成，富含铂族和稀土元素。硅质小行星约占小行星总量的17%，主要由铁和硅酸镁组成，有少量纯镍和纯铁，以及一些铂族元素。富含铂的小行星品位可高达100 ppm，是南非露天铂矿的10~20倍，这意味着一颗直径为500 m的富含铂的小行星，其铂的蕴藏量可能相当于地球上铂的年产量的175倍。小天体拥有丰富的矿产资源，具有巨大的开采价值，将成为太空资源开发利用的重要对象，可为人类可持续发展提供战略性关键矿产资源。

火星探测分析结果表明，火星表面的大部分区域都覆盖着火壤。在火星表面岩石和火壤中氧元素含量最高，其次是硅、铁、锰、钙和硫等元素。火星表层存在大量水资源[34,35]，包括极地永久水冰盖、次表层冰冻圈、矿物结合水、水蒸气等。火星大气稀薄，压力约500~700 Pa，但富含二氧化碳，浓度达95%，其次是氮、氩，此外还有少量的氧和水蒸气。

1.2.2　太空资源开发的内涵

太空资源开发一般是指识别、开采和利用地外天体物质资源，获得有用的产品和服务。具体而言，它是指在地外天体环境条件下，以较低的风险、代价和成本，开发并利用地外天体物质资源，生产制造各类材料和产品，服务于大规模太空探索与开发和地球可持续发展，同时确保上述活动的可实施性、可持续性和可扩展性。从资源开发的具体对象来看，太空资源开发也可称为地外天体资源开发。按应用目标，太空资源开发总体上可分为两大类：一是服务于太空探索与开发的资源利用（For Space），它更强调就地取材，在地外天体上识别、获取和利用原位自然物质资源和人类废弃资源，以获得有用的产品和服务，直接支撑太空探索与开发活动，以及未来可能的地外移民和长期居住，这一般被称为原位资源利用；二是服务于地球可持续发展的资源利用（For Earth），它从地外天体获取地球发展所需的战略性关键资源，并运回地球利用，这一般被称为太空采矿（Space Mining），包括小行星采矿（Asteroid Mining）、月球采矿（Lunar Mining）等内容。

太空资源开发是重要的经济活动，需通过经济学评价其价值，可借鉴地球矿产的经济学研究。矿产经济学（Mineral Economics）重点研究矿产资源的勘查和开发中与地质、采矿、选矿技术有关的经济问题。它以矿产资源禀赋理论和矿产资源价值理论为基础。禀赋优势包括有用组分品位、总体储量、采选难易、运输距离等。禀赋要素的全面评价包括储量、品位、开采条件、选冶条件、自然地理、经济地理等。对于露天矿，可简化为地质条件（储量、平均品位、矿体形态、矿体厚度）、采矿条件（开采深度、生产规模、剥采比）、选冶条件（矿石类型、精矿品位、选矿回收率、伴/共生元素）。有益的伴/共生元素可能甚至会超过主矿的价值。矿产勘查工作阶段包括预查（预测）、普查（推断）、详查（控制）和勘探（探明）阶段。普查阶段进行概略性经济评价，详查阶段进行初步经济评价，勘探阶段进行详细经济评价[36]。

太空资源开发涉及一系列共性关键技术，包括实现太空资源开发的资源勘查、资源开采和资源加工、资源利用等技术。

太空资源勘查是太空资源开发的第一步工作，它主要通过遥感、原位勘探和钻探等手段，调查和测绘星壤、大气和环境，分析矿物的化学成分与储量等，为开采和利用提供基础。主要包括区域成像与表征，物理特征分析与评估，大气资源评估，矿物资源评估，挥发分资源评估，以及数据融合与分析等技术。

太空资源开采是在地外天体生产高价值产品的前提，它主要通过采集、回收、预处理和存储等手段，实现对包括地外天体大气资源、水与挥发分资源、矿物资源、星壤资源、废弃资源等的获取。主要包括星表水冰开采、行星大气资源捕集、地外天体矿物开采、原位矿物分选等技术。通过矿物分选可有效提升反应速率，降低功耗，减小加工规模和系统质量。

太空资源加工是将开采的太空资源通过物理、化学的方法提纯、提炼生产生活所需要的气体、液体，以及金属和非金属固体原材料。主要包括提取和生产人类生命活动所需要的水和氧气，提取和生产化学推进剂和能源燃料，提取和生产金属和非金属的制造和建造原料，甚至提取和生产食物原料等技术。

太空资源利用是直接利用原位资源或间接利用转化生产的原材料进行原位建造和制造产品。主要包括道路、着陆场、居住地、防护结构等基础设施的原位建造，通过原位获得的硅和金属、陶瓷、塑料等材料进行按需原位制造，利用可回收、可循环利用的材料进行原位制造，利用原位可获得的材料进行热能、电能存储，甚至原位生产太阳能电池片等活动。利用原位资源建造基础设施，制造工具和生产零部件及其他高价值产品可显著减小地外生存的风险，降低航天发射的要求并提高航天任务的成功率。离地球越远，通过原位资源利用获得的收益就越大。高价值的稀有元素可运回地球利用。

实现太空资源开发还必须同步发展空间进出、太空运输、太空补给等共性支撑技术，以及深空能源、无人自主等共性基础技术。

空间进出技术是指进行太空资源开发设施的发射和送达，并将开采加工获得的高价值资源和产品运回地球的技术，需重点发展天地往返飞行、超低轨摆渡飞船与低成本绳系返回，以及太空电梯等技术。

太空运输技术是指进行星球之间、站点之间低成本的物资交换，建立太阳系物流体系的技术，需重点发展低成本星际运输通道、高比冲水基推进、借力飞行等技术。

太空补给技术是利用地外原位获取的资源制备水、氧、推进剂等消耗性产品，并为更深远、大范围的太空开发活动提供物资中继补给的技术，需重点发展推进剂低温液化、推进剂零蒸发长期储存、推进剂在轨加注等技术。

深空能源技术是为各类规模化太空资源开发活动提供大功率持久能源供给的技术，需重点发展太阳能光、热、电综合利用等技术，协同发展氢氧燃料电池、核能等，实现多能互补。

无人自主技术是各类太空资源开发装备/机器人低成本运营的基础，它通过无人化、智能化、群协同的方式，最大限度地减少人为参与，提高整个太空资源开发体系的无人自主性，有效提升系统冗余度、可靠性，大幅降低运营成本。

太空资源开发的技术体系框架如图 1-3 所示（深空能源、无人自主等共性基础技术未示出）。需要说明的是，本书基于当前人类开发资源的能力基础，以太阳系太空资源开发为重点研究范围。在不引起歧义的前提下，书中“太空资源开发”主要是指太阳系的资源开发。

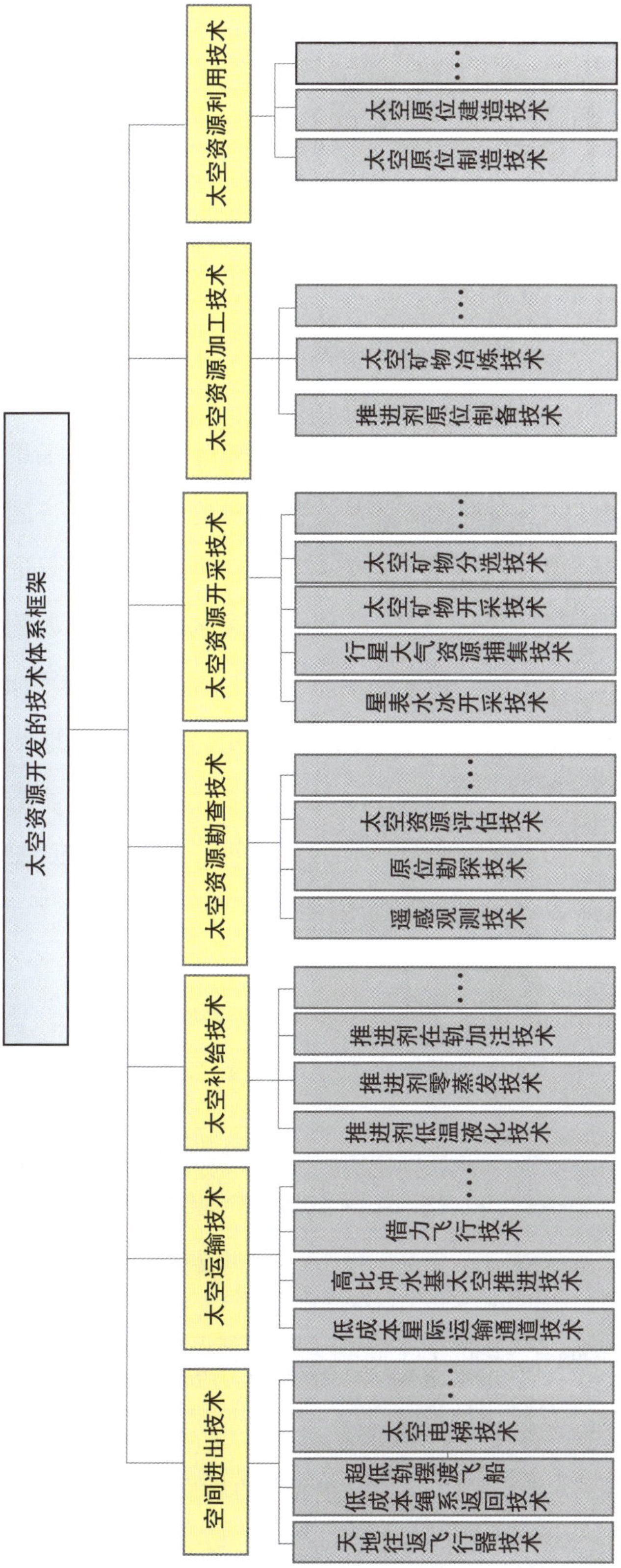

图 1-3 太空资源开发的技术体系框架

1.3 太空资源的类型及特征

从宇宙起源、物质起源、天体演化的角度来看，各种元素在宇宙中广泛分布，宇宙物质的存在具有广义的普遍性和统一性。经过了氢燃烧、氦燃烧、碳和氧燃烧、硅燃烧、中子俘获等过程，逐步形成了各种元素[37]。宇宙中元素的起源如图 1-4 所示，其中氢来自宇宙大爆炸，碳和氧是由恒星内部的核聚变产生，铁在恒星超新星时期形成，铂族贵金属等可能是由中子星在短时间伽马射线爆发或引力波事件中碰撞而成。太阳系普遍被认为是由一团旋转的气体和尘埃分子云在自身引力的作用下坍缩成一个圆盘而形成，太阳形成于太阳系质量中心位置，其余坍缩的成分形成行星盘继而演化为现今的太阳系，包括恒星太阳与围绕太阳运行的八大行星及其卫星、矮行星和小天体构成的行星系统。太阳系内氢、氦、氧、碳等元素具有很高的丰度，月球、近地小天体和火星等地外天体蕴藏着丰富的资源，这是进行太空资源开发的前提。潜在的太空资源包括月球、火星和其他天体上的大气成分、水冰、太阳风注入的挥发分（氢、氦、碳、氮等）、金属及各种矿物质等。

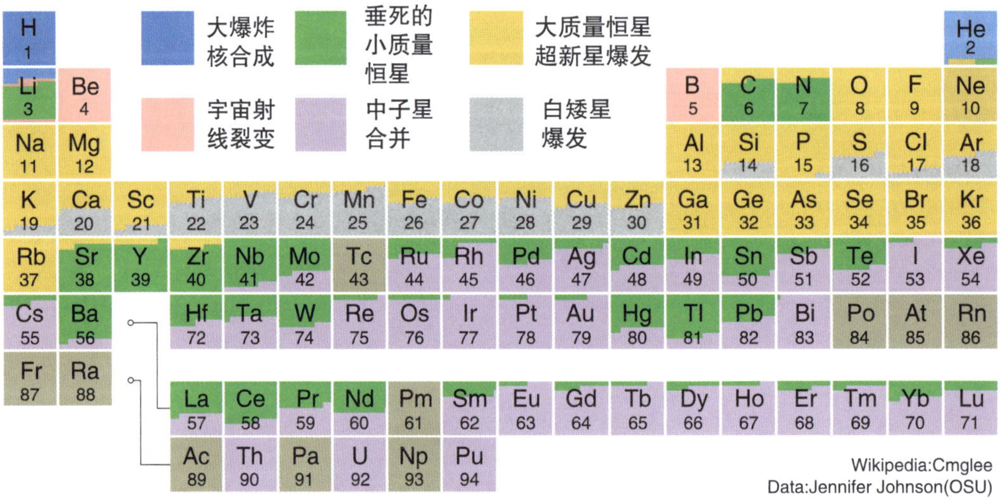

图 1-4　宇宙中元素的起源

太阳是位于太阳系中心的恒星，占太阳系总体质量的 99.86 %。太阳直径大约是 1.392×10^6 km，相当于地球直径的 109 倍；体积大约是地球的 130 万倍；其质量大约为 2×10^{30} kg，是地球的 330 000 倍；平均密度为 1.409 g/cm^3，约为地球平均密度的 0.26 倍；表面重力加速度约为 273.98 m/s^2，是地球表面重力加速度的 28 倍；表面逃逸速度约为 617.7 km/s，任何中性粒子的速度必须大于这个值，才能脱离太阳的引力逃逸到宇宙空间中去。太阳和其他天体一样，也在围绕自己的轴心自西向东自转，但不同纬度处，自转速度不一样。在赤道处太阳自转一周需要 25.4 天，而在纬度 40°处需要 27.2 天，到了两极地区，自转一周则需要约 35 天。太阳是热等离子体与磁场交织着的球体，按由内往外的顺序，太阳由核心、辐射层、对流层、光球层、色球层、日冕层构成。太阳是一颗黄矮星（恒星的一种，光谱型为 G2V①），已演化至中年期。从化学组成来看，现在太阳质量的大约四分之三是氢，剩下的几乎都是氦，氧、碳、氖、铁和其他的重元素质量少于 2%。太阳在核心通过核聚变将氢变成氦，每秒有超过 400 万吨的物质转化为能量，产生中微子和太阳辐射，向太空释放的光和热为整个太阳系提供太阳能，同时通过太阳风不断向太阳系抛射大量物质。太阳风的组成和太阳的日冕相近，约含 73%的氢、25%的氦，太阳风离子体中发现 C、N、O、Ne、Mg、Si、S 和 Fe 等多种痕量的重离子。

太阳系包括八大行星，按离太阳由近及远，分别为水星、金星、地球、火星、木星、土星、天王星和海王星。小行星带（The asteroid belt）将太阳系划分为内太阳系和外太阳系，水星、金星、地球、火星属于内太阳系，木星、土星、天王星和海王星属于外太阳系。除水星和金星之外，其他行星都有自然卫星，地球有唯一的自然卫星——月球。火星、木星、土星、天王星和海王星分别有 2、95、146、28 和 16 颗自然卫星。根据行星的组成特性，行星可分为类地行星和类木行星。类地行星包括水星、金星、地球和火星，这些行星离太阳较近，在 2 AU 之内（AU 为 Astronomical Unit 的缩写，即天文单位，是天文学

---

①　光谱型是恒星的温度分类系统，依恒星光谱的类型，把恒星分成 O、B、A、F、G、K 和 M 等类型。每个光谱都可进一步分为数字亚型，范围从 0 到 9，更高的数字表示更低能的光谱和更红的颜色。在数字后面加上罗马数字或字母表示恒星演化阶段。太阳光谱中的 G 表示颜色为黄色，温度在 5 500 K 左右。

中计量天体之间距离的一种单位，其数值取地球和太阳之间的平均距离，为149 597 870 700 m)，都由岩石构成，又称为固态行星，有着相对较小的尺寸、较高的密度、较少的卫星以及高含量的硅酸盐成分。类木行星主要包括木星、土星、天王星和海王星，这些行星距离太阳较远，在5 AU之外，都有浓密的大气层，且自身质量为地球质量的10倍以上，故又称为巨行星。这些行星直径较大、密度较低、有大量卫星以及环结构。按照组成成分的不同，巨行星又进一步分为气态巨行星和冰巨星。其中气态巨行星包括木星和土星，主要成分为氢和氦，冰巨星包括天王星和海王星，主要成分为氧、碳、氮和硫等元素。

矮行星（Dwarf Planets）直径较小，但质量足以克服固体引力以达到流体静力平衡（近于圆球）形状，但没有清空轨道上的其他天体。目前国际天文学联合会（IAU）确认了5颗矮行星，包括冥王星（Pluto）、谷神星（Ceres）、阋神星（Eris）、鸟神星（Makemake）和岩神星（Haumea）。

小天体（small bodys）包括小行星（asteroids）、彗星（comets）、流星体（meteroids）和星际尘埃（dust）。小行星绕太阳公转，直径从约10 m到几百千米，主要分布在火星和木星之间的小行星带内，其他还包括近地小行星（Near Earth Asteroids，NEAs）和与木星共轨、处于日木拉格朗日L4和L5点的特洛伊（Trojans）小行星。广义上的小行星还包括所有矮行星、半人马（Centaurs）小行星、柯伊伯带天体（Kuiper belt objects）以及其他外海王星天体（Trans-Neptunian objects）。彗星轨道一般扁长、倾角大，在抵近太阳时物质挥发形成长彗尾，它们主要来源于柯伊伯带和奥特尔云（Oort Cloud）。柯伊伯带位于海王星轨道外部，可达50 AU，是短周期彗星的源头。奥特尔云距太阳5 000~100 000 AU，由太阳系形成的残余物质组成，是包围太阳系的球体云团。在半人马座α星摄动下，不断有彗星从彗星云中脱离并运行到太阳附近。此外，太阳系空间还有大量的流星体和星际尘埃。流星体尺度约100 μm~10 m，星际尘埃尺度在10~100 μm。流星体进入地球（或其他行星）的大气层之后发光并被看见的阶段被称为流星。许多流星来自相同的方向，并在一段时间内相继出现，则称为流星雨。陨石是穿越地球大气层并与地面撞击的小行星或流星体的残余部分。太阳系的天体分类如图1-5所示。

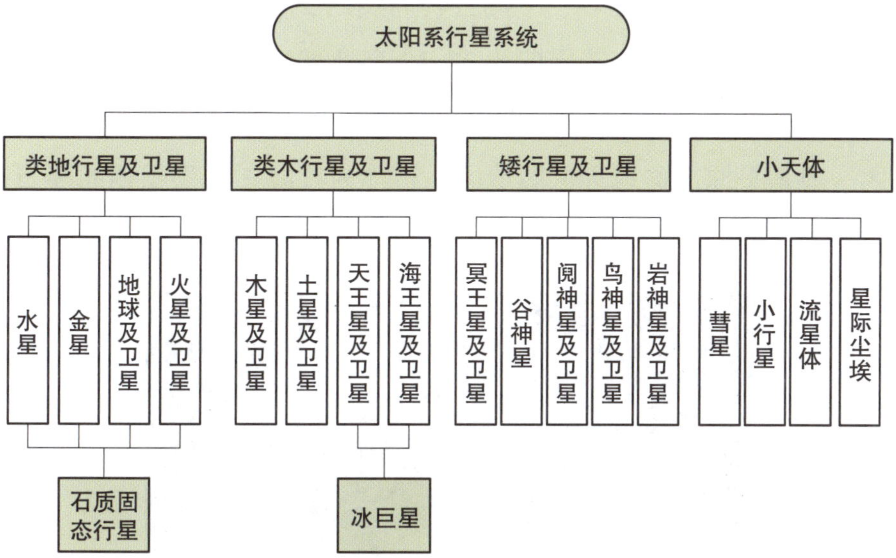

图 1-5　太阳系的天体分类

太阳系的天体分布示意图如图 1-6 所示。

图 1-6　太阳系的天体分布示意图（引自 NASA 网站）

1.3.1　月球及资源特征

月球是离地球最近的地外天体，位于地球引力阱的边缘，具有独特的资源开发优势。月球的平均半径约为 1 737 km，相当于地球半径的 0.273 倍；质量接近 7.342×10^{22} kg，相当于地球的 0.012 3 倍。月球与地球的平均距离约

38.44 万 km。月球绕地球运转，平均公转周期约 27.32 个地球日，月球在绕地球公转的同时进行自转，自转周期约 27.32 个地球日，与公转周期相同，这是“潮汐锁定”的结果。月球表面有明显的阴暗区域和明亮区域，亮区一般是高地，暗区一般是平原或盆地等低凹地区，被称为月海。由于长期的陨石撞击作用，月球表面密布大大小小的撞击坑，如图 1-7 所示。

图 1-7　月球照片

早期通过对月球样品的成分分析，发现广泛分布的月壤和月球岩石内存在少量的氢或水资源。长期地球对月观测和月球探测大量科学数据的分析结果表明，月球拥有丰富的自然资源，包括各类矿物资源、水冰资源和氦-3 等太阳风挥发分资源，如表 1-1 所示[31]。

表 1-1　月球上各类潜在资源的分布与含量

资源种类	矿产资源	赋存岩石	主要赋存矿物或来源	平均浓度	最大浓度	可能用途
气体元素	H	月壤	各类月壤矿物/太阳风注入	50 μg/g	150 μg/g	火箭推进剂、还原剂
气体元素	^{3}He	月壤	钛铁矿	4 μg/g	30 μg/g	清洁能源、战略资源
气体元素	C	月壤	各类月壤矿物/太阳风注入	124 μg/g	300 μg/g	还原剂、钢材原料

续表

资源种类	矿产资源	赋存岩石	主要赋存矿物或来源	平均浓度	最大浓度	可能用途
气体元素	N	月壤	各类月壤矿物/太阳风注入	81 μg/g	150 μg/g	特殊气体
黑色金属	Fe	月海玄武岩	辉石、钛铁矿、橄榄石	15%	17%	基地建设
有色金属	Ni	月壤	陨石撞击	250 μg/g	730 μg/g	制造火箭外壳、基地建设
黑色金属	Mn	月海玄武岩	辉石、橄榄石	0.2%	0.3%	合金的添加料
黑色金属	Cr	月海玄武岩	铬铁矿、辉石	0.2%	1.1%	制造钢材
黑色金属	Cr	高地苏长岩	铬铁矿	0.2%	0.3%	制造钢材
有色金属	Ti	高钛玄武岩	钛铁矿、辉石	7%	8%	制造火箭外壳、基地建设
有色金属	Al	斜长岩	钙长石	18%		基地建设混凝土
有色金属	Zn	火山玻璃	火山玻璃	10 μg/g	400 μg/g	合金材料
稀有/分散金属	Ce(及其他 REE)	KREEP 岩/其他演化程度较高火成岩	磷灰石、陨磷钙钠石	175 μg/g	700 μg/g	特殊材料、战略资源
稀有/分散金属	K	KREEP 岩/其他演化程度较高火成岩	磷灰石、陨磷钙钠石	0.8%	1.8%	生命必需元素、重要原料
放射性金属	U	KREEP 岩/其他演化程度较高火成岩	磷灰石、陨磷钙钠石	6.1 μg/g	2.72 μg/g	核燃料
放射性金属	Th	KREEP 岩/其他演化程度较高火成岩	磷灰石、陨磷钙钠石	22 μg/g	50 μg/g	核燃料、战略资源
非金属	Si	斜长岩	钙长石	44%	47%	太阳能电池板、半导体元件
非金属	P		磷灰石、陨磷钙钠石	0.6%	2.2%	生命必需元素、重要原料
非金属	火山玻璃	火山玻璃	火山玻璃			建材

月壤的化学成分和矿物组成非常复杂，几乎每一种月球样品都由多种岩石和矿物组成，不同位置的月壤成分各不相同，如表 1-2 所示[38,39]，其中各类成分用质量百分比浓度 wt%表示，为该成分物质的质量占总质量的百分比。根据对月球样品的研究分析，月壤的主要成分包括：1）矿物碎屑：主要为橄榄石、斜长石、辉石、钛铁矿等；2）原始结晶岩碎屑：玄武岩、斜长岩、橄榄石、苏长岩等；3）角砾岩碎屑、各种玻璃：熔融岩、微角砾岩、撞击玻璃、黄色或黑色火成碎屑玻璃；4）粘合集块岩：在成熟度较高的月壤中，粘合集块岩是主要组成物质，其含量随月壤成熟度不同从 5 wt%～65 wt%不等，平均约为 25 wt%～30 wt%；5）陨石碎片：陨硫铁、橄榄石、辉石、锥文石、镍纹石等。科学家们已经在月壤和月岩中发现了地球上组成物质的全部化学元素，但构成月球物质的主量元素主要包括 O、Si、Al、Mg、Fe、Ca、Ti、Na。绝大多数主量元素都出现在复杂硅酸盐、氧化物或者由包含这些矿物的岩石撞击熔融体形成的玻璃物质中。

表 1-2　不同区域月球样品矿物成分含量表

氧化物	月球高地月壤		月球月海月壤		
	月球样品 14163（wt%）	月球样品 62230（wt%）	月球样品 10002（wt%）	月球样品 12001（wt%）	CE-5 月球样品（wt%）
SiO_2	47.3	46.6	42.2	46.0	42.2
TiO_2	1.6	—	7.75	2.8	5.00
Al_2O_3	17.8	26.5	13.6	12.5	10.80
Fe_2O_3	—	—	—	—	—
FeO	10.5	5.6	15.3	17.2	22.5
MgO	9.6	6.4	7.76	10.4	6.48
CaO	11.4	14.5	11.9	10.9	11.00
Na_2O	0.7	0.44	0.47	0.48	0.26
K_2O	0.6	—	0.16	0.26	0.19
MnO	0.1	—	0.20	0.22	0.28
Cr_2O_3	0.2	—	0.30	0.41	—
P_2O_5	—	—	0.05	—	0.23

目前，已在月岩中发现 100 多种矿物，绝大多数矿物成分和结构与地球矿物相同。近年来在对月球样品的研究中发现一些地球上未发现的矿物，包括约 0.6 μm 的纯钼微粒，1~3 μm 的硫化银微粒和 0.2~0.7 μm 的铁锡固溶体，以及广泛存在的纳米铁成分。我国嫦娥五号样品中也发现了新的矿石成分——嫦娥石［Changesite-（Y）］[40]，这也是在月球发现的第六种新矿物，如图 1-8 所示。嫦娥石发现于嫦娥五号月壤的玄武岩碎屑中，是新的磷酸盐矿物，属于陨磷钠镁钙石族。晶体结构属三方晶系，其空间群类型为 R3c①，呈微小柱状，伴生矿物有铁橄榄石、单斜辉石、钛铁矿、钙长石、斜锆石、方石英、陨硫铁和玻璃等。我国科学家通过对嫦娥五号钻采岩屑月壤的观察分析，首次发现天然形成的少层石墨烯（2~7 层），并提出少层石墨烯和石墨碳的形成可能源于太阳风和月球早期的火山喷发共同诱导的矿物催化进程[41]。

(a) 理想晶体图

(b) 真实单晶颗粒CT扫描图

图 1-8　我国发现的新矿石成分——嫦娥石

我国学者以嫦娥工程数据为基础，充分利用国际上其他月球探测数据和研究成果，通过对月表形貌、成分、构造和地质时代的研究，提出了新的月球地质年表，建立了撞击坑物质、撞击盆地建造、岩石类型和构造类型的划分体

① 空间群描述了晶体内部结构中的全部对称要素。晶体结构总共只能有 230 种不同的对称要素组合方式，即 230 个空间群。

系，制定了月球地质图编制的标准、流程、方法和图式图例，应用 GIS 平台，完成世界第一幅 1：250 万月球全月地质图[42]，如图 1-9 所示。

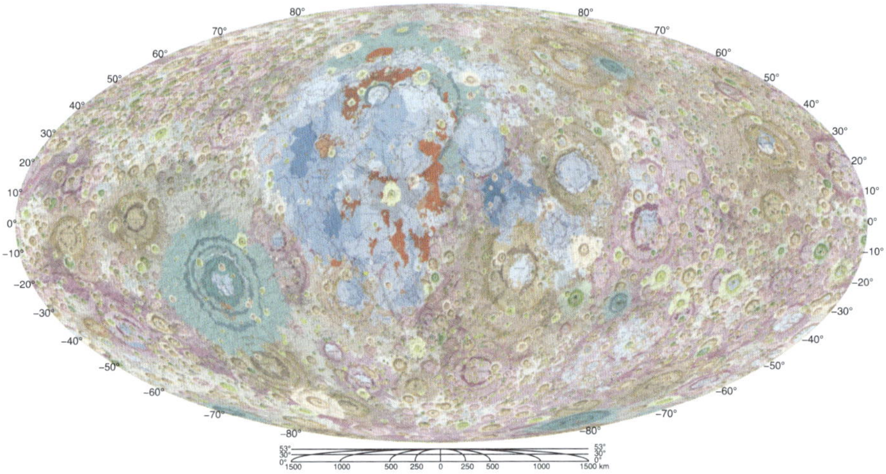

图 1-9　我国完成的世界首幅 1：250 万月球全月地质图

月球的矿物资源主要是指月壤及岩石中富含的矿物质和金属元素。月球蕴藏着丰富的矿物资源。例如，月海玄武岩蕴藏丰富的钛铁矿（$FeTiO_3$），估计总资源储量为（1.3~1.9）$\times 10^{15}$ 吨[31]。它包括极低钛、中钛、高钛、极高钛四种类型，TiO_2 含量从 0.5%~13%不等。月球表面的铁和钛资源的分布如图 1-10 所示。

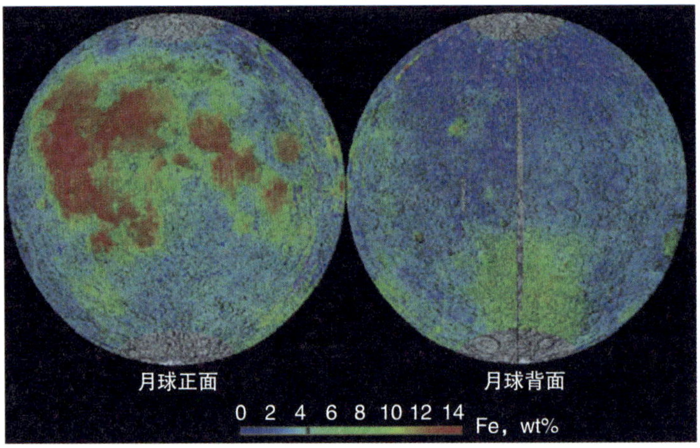

(a) 月球表面的铁

图 1-10　月球铁、钛元素的丰度和分布图（引自 NASA 网站）

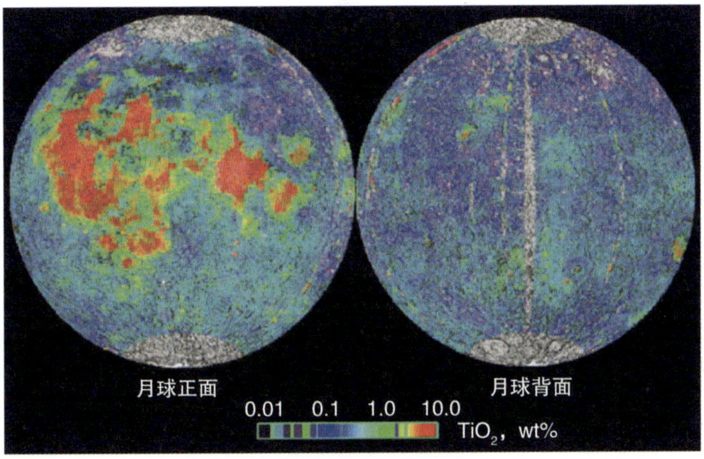

(b) 月球表面的钛

图 1-10　月球铁、钛元素的丰度和分布图（引自 NASA 网站）（续）

月球克里普岩（KREEP）富含钾（K）、稀土元素（REE）和磷（P），以及钍、铀等放射性元素，主要化学成分如表 1-3 所示[43]。根据“克莱门汀”号和“月球勘探者”号的探测数据分析，在月球正面风暴洋区域钍含量显著高于其他区域，可能是克里普岩的主要分布区域，初步估计风暴洋区域克里普岩中稀土资源达 225~450 亿吨[43]。此外，月球还蕴藏丰富的铬、镍、钾、钠、镁、铜等金属矿产资源。

表 1-3　典型的月球 KREEP 或类 KREEP 岩石的化学成分

（氧化物单位：wt%，元素单位：μg/g）

样品号	Na_2O	MgO	Al_2O_3	SiO_2	K_2O	CaO	TiO_2	FeO	Li	P	S	Sc
15382	0. 87	7. 83	16. 9	52. 5	0. 53	9. 43	1. 90	9. 02	—	2 400	—	19
15386	0. 77	9. 34	15	50. 8	0. 61	9. 60	2. 06	10. 4	27. 2	3 054	900	22
15405	0. 89	3. 60	12. 6	56. 4	2. 06	8. 10	1. 85	13. 5	40. 9	1 700	—	30
14303	1. 25	3. 30	18. 5	58	3. 60	8. 80	0. 75	5. 57	—	—	—	10. 7
72275	0. 42	8. 42	14. 3	49. 2	0. 33	10. 4	1. 10	14. 0	—	—	—	50
高钾角砾岩	0. 86	10. 6	16. 6	47. 9	0. 83	9. 51	1. 67	10. 6	56	3 400	1 100	23
61156	0. 40	5. 59	23	45	0. 11	13. 4	0. 63	7. 83	10. 5	960	1 200	9. 4
样品号	V	Cr	Mn	Co	Ni	Cu	Zn	Ga	Ge	As	Se	Br
15382	60	170	940	17	23	—	2. 6	—	47	—	72	142
15386	62	2 280	1 200	23	12. 5	—	3. 5	6. 2	61	—	—	—

续表

样品号	V	Cr	Mn	Co	Ni	Cu	Zn	Ga	Ge	As	Se	Br
15405	33	1 370	1 400	7.9	<2	—	5.6	—	250	—	96.5	170
14303	23	550	480	14.1	<60	—	—	9.2	—	—	—	—
72275	120	1 940	1 630	35	60	—	4	3.14	—	—	—	—
高钾角砾岩	43	1 300	1 080	33	20	20	3.6	7.5	40	—	—	—
61156	—	917	780	59	690	6.60	5.0	4.5	1 750	370	—	—

样品号	Rb	Sr	Y	Zr	Nb	Ru	Pd	Ag	Cd	In	Sb	Te
15382	15.4	189	—	1 068	—	—	<0.6	0.44	87	2.66	0.17	1.0
15386	16.2	187	—	970	—	—	—	—	10	1.8	—	—
15405	34	172	—	1 620	—	—	<0.9	2.33	14	23	0.88	5.7
14303	113	230	—	1 020	—	—	—	—	—	—	—	—
72275	13	85.6	—	623	—	—	—	—	—	—	—	—
高钾角砾岩	22	220	300	1 700	80	500	—	—	15	1.2	—	—
61156	2.43	153	62.3	299	16.3	—	59	—	—	—	—	—

样品号	Cs	Ba	La	Ce	Nd	Sm	Eu	Gd	Tb	Ho	Yb	Lu
15382	725	702	73.8	215	115	31.4	2.75	42.9	6.2	—	21.6	3.07
15386	800	744	70.8	179	114	33	2.56	45.4	5.3	—	21.3	2.84
15405	1 055	1 695	217	558	328	87.5	2.65	110	17.3	—	60.4	8.42
14303	2 200	2 080	57	147	93	22.8	3.30	—	4.7	6.7	18	2.6
72275	450	398	49	130	81.8	22.8	1.61	—	4.7	5.8	13	1.8
高钾角砾岩	1 200	1 200	110	270	180	49	3.0	57	10.0	14	36	5.0
61156	150	207	21.5	53.4	33.1	9.6	1.32	11.9	2.10	3.3	6.65	0.90

样品号	Hf	Ta	W	Re	Os	Ir	Au	Tl	Pb	Bi	Th	U
15382	29.9	3.1		0.009	0.018	0.013	0.003	3.2	5.94	290	10.3	3.37
15386	23.6	2.4	—	—	—	0.061	0.22	—	—	—	10.0	2.80
15405	47.9	11.6	—	0.053	0.007	0.175	0.15	4.8	14	260	56.1	11.0
14303	21	3.1	—	—	—	<2.8	—	—	—	—	17.9	5.6
72275	17.0	1.51	—	—	—	<2	—	—	—	—	5.6	1.35
高钾角砾岩	37	4.0	2.0	—	—	0.1	0.1	—	—	—	18	5.0
61156	7.3	0.83	0.56	2.6	—	23	22	—	2.1	—	3.24	0.86

月球极区赋存大量的水冰资源，这主要是由彗星撞击带来水冰资源和质子注入还原形成的水，通过长期月球表面迁移形成的。美国 Watson 等人于 1961

年提出月球存在水冰的设想[44]。月球高纬度极区的撞击坑长期缺乏太阳辐照，存在永久阴影区（Permanent Shadow Region，PSR），温度基本维持在约 40 K，在此区域可沉积大量的水冰资源，形态为冰/壤混合物，即“脏冰”。月球极区被认为是目前月球水含量最为丰富的区域，初步估计，月球极区富含约 6 亿吨水冰资源，且水冰资源位于月壤浅表层区域，大幅降低了探测开采难度和成本，使月球水资源开发具有技术可行性和商业可操作性。美国夏威夷大学[45]利用印度月船 1 号上的月球矿物成像仪（Moon Mineralogy Mapper，M3）、美国月球勘测轨道飞行器（Lunar Reconnaissance Orbiter，LRO）的“莱曼-阿尔法”测绘仪（LAMP）、月球轨道器激光测高仪（LOLA）等综合数据，获得了月球两极阴影区表面存在水冰的直接而明确的证据，最终确认在月球南北纬 70°以上的永久阴影区中发现了多处表面含有水冰的区域，如图 1-11 所示。最近发现，极区的局部光照区也存在水资源[46]。

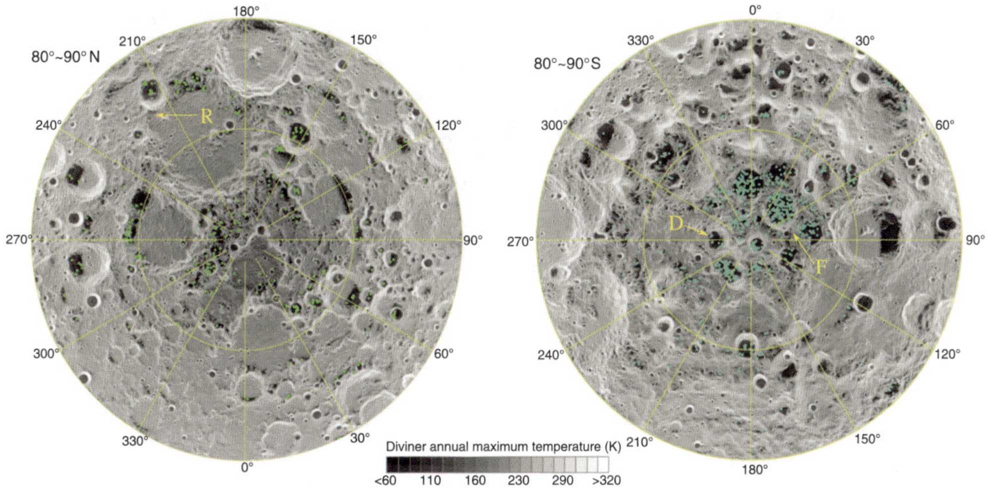

(a) 北极区域　　(b) 南极区域

图 1-11　月球南北极水冰分布图

通过月球大气与尘埃环境探测器（Lunar Atmosphere and Dust Environment Explore，LADEE）上的中性粒子质谱仪（Neutral Mass Spectrometry，NMS）探测到了微流星撞击后释放到月球大气层的水[47]，给出了月球水循环过程示意图（图 1-12），认为月球正处于失水过程，而水的来源可能是外部注入，也可能是月球形成时产生的。

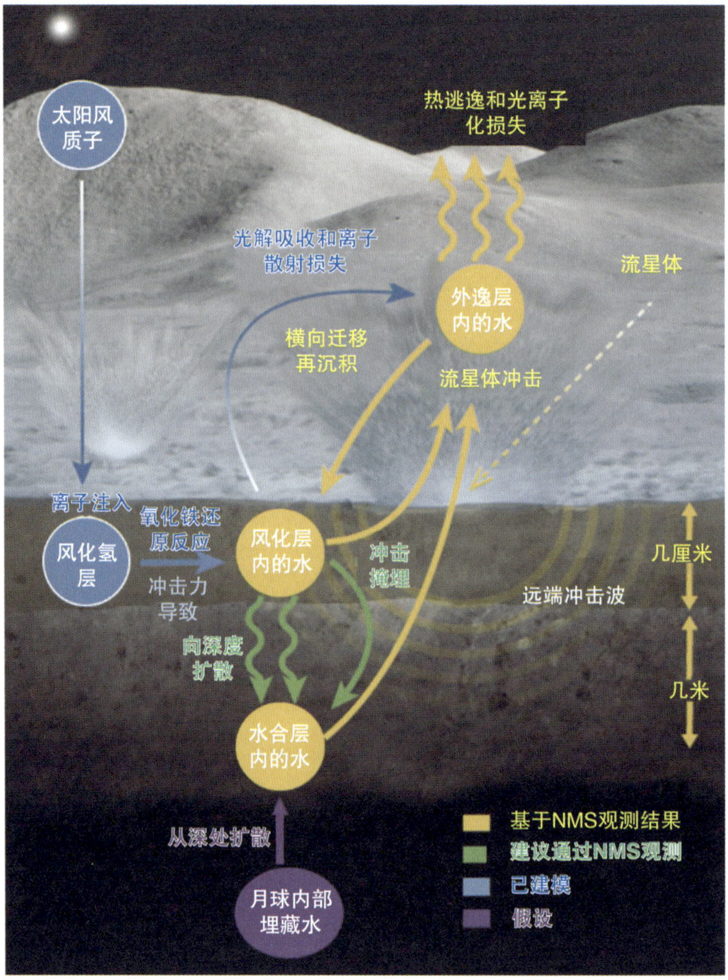

图 1-12　月球水循环过程示意图

近年来，我国嫦娥五号任务在月球水资源方面取得了一系列重要发现。嫦娥五号月面原位分析表明，采样区的水含量在 120 ppm 以下，而从别的地方溅射到采样区的更古老岩石中的水含量约为 180 ppm。这就相当于 1 吨月壤中大约有 120 克水，1 吨岩石中大约有 180 克水[48]，如图 1-13 所示。嫦娥五号样品中撞击玻璃珠中发现水含量可达约 2 000 ppm，水含量呈现明显的扩散环带特征，边部水含量高，往核部逐渐降低[49]，分析认为玻璃珠的水是太阳风成因水通过扩散方式进入到玻璃珠内部并保存下来的。嫦娥五号月球样本中还发现了月球上一种富含水分子和铵的未知矿物晶体：ULM-1，这标志着首次在月壤中发现了分子水。单晶衍射和化学分析表明 ULM-1 是一种（NH_4，K，Cs，

Rb）$MgCl_3 \cdot 6H_2O$ 的水合矿物，该矿物含有多达六个结晶水，水分子在样品中的质量比高达 41%[50]。嫦娥五号月球样品在加热至高温后，月壤中太阳风长期注入储存的氢与铁氧化物发生氧化还原反应，生成单质铁和大量水。通过高分辨率电子显微镜、电子能量损失谱、热重、磁性、元素价态、元素成分检测等实验技术分析，确认 1 克月壤中约可以产生 51~76 毫克的水（即质量比为 5.1%~7.6%）。科研人员进一步发现，月壤钛铁矿中存在纳米微小孔道，每个钛铁矿分子可吸附 4 个氢原子[51]。

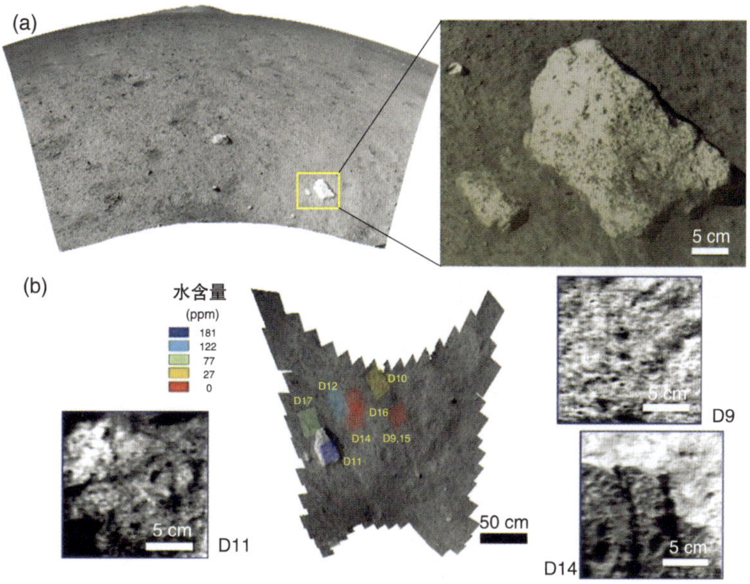

图 1-13　嫦娥五号采样区背景图和水含量

月球表面也存在大量特殊挥发分资源。根据挥发分来源，大致可分为以下两类：1）太阳风注入挥发分；2）月球内生挥发分。由于月球持续受到太阳风的影响，导致月壤中包含了一定量的太阳风挥发分，其储量与月壤暴露时间成正比例关系。太阳风注入挥发分中的主成分为氢，它可以通过还原反应将月壤中的 FeO 还原为铁、羟基或水。研究者在阿波罗 15 号月球样品中的绿色玻璃球体和阿波罗 17 号月球样品中的橙色玻璃球体内发现了硫、氟、氯和水蒸气等其他挥发分成分。2009 年，美国月球陨坑观测和遥感卫星（Lunar Crater Observation and Sensing Satellite，LCROSS）任务通过撞击月球南极坎布斯陨石坑（Cabeus）来探测其中的挥发分物质，如表 1-4 所示。当半人马座火箭撞击时，牧羊号探测器利用 4 min 的时间对月球表面溅射的尘埃云团进行探测。撞击产生深达 3~4 m、直径约 28 m 的撞击坑，在撞击产生的溅射云中不仅检测到(5.6±2.9)%的水冰，还有包括 CO_2、H、Ca、Hg、Mg 等在内的挥发分[52,53]。

表 1-4　LCROSS 撞击任务发现的各种挥发分

挥发分	浓度/%	长期真空稳定温度/K	仪器			
			UV/Vis	NIR	LAMP	M3
CO	5.7	15			x	
$H_2O(g)$	5.6	106		x		
H_2	1.39	10			x	
H_2S	0.92	47	x	x		
Ca	0.79	—			x	
Hg	0.48	135			x	
NH_3	0.33	63		x		
Mg	0.19	—			x	
SO_2	0.18	58		x		
C_2H_4	0.17	~50		x		
CO_2	0.12	50	x	x		
CH_3OH	0.09	86		x		
CH_4	0.04	19		x		
OH	0.002	如果吸附则>300 K	x	x		x

由于氦-3 是可控核聚变的重要原料，在所有太阳辐射注入的挥发分中最受关注，是月球开发的重要资源。2010 年，北京大学法文哲等利用嫦娥一号数据估计月球整体氦-3 储量约为 6.6×10^8 kg，其中月面约 3.7×10^8 kg，月背约 2.9×10^8 kg[54]，如图 1-14 所示。中国科学院宁波材料所与钱学森空间技术实验室等联合对嫦娥五号月球样品研究发现，大量氦气泡被捕获并保存在月壤中钛铁矿颗粒表面的玻璃层中[55]，如图 1-15 所示。

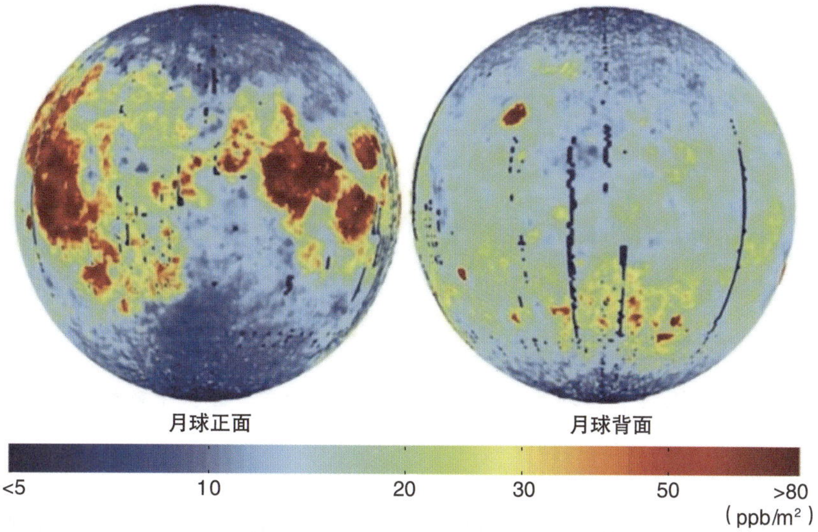

图 1-14 月球^{3}He 丰度和分布图

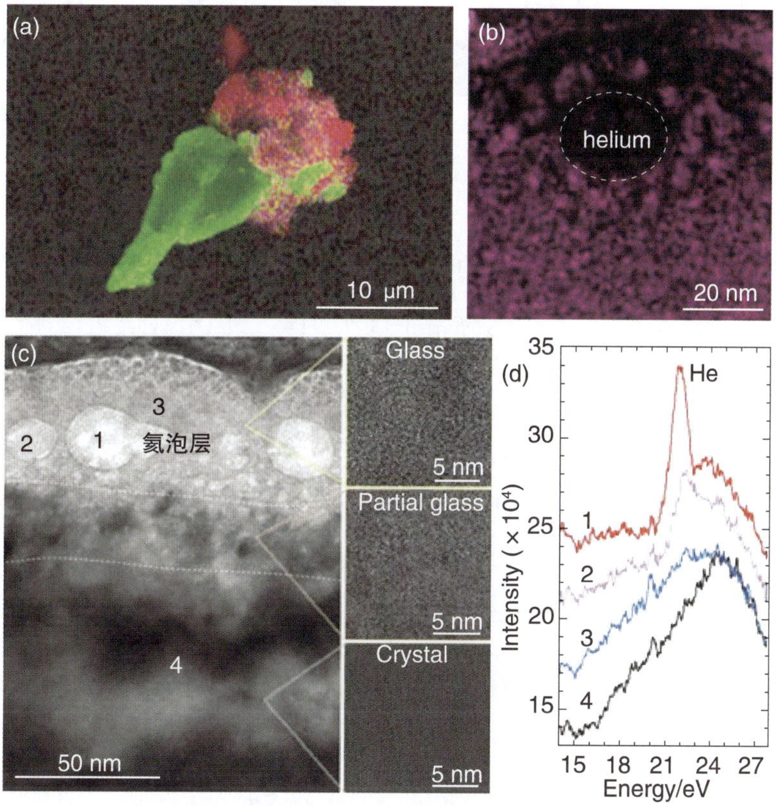

图 1-15 嫦娥五号月球样品钛铁矿颗粒表面玻璃层中的氦气泡

1.3.2 小天体及资源特征

1.3.2.1 概况

太阳系小天体是指围绕太阳运转但不符合行星和矮行星定义的天体，主要包括小行星、彗星、流星体和其他行星际物质。目前已发现约 130 万余颗小行星和约 3 800 余颗彗星。近地小天体因轨道接近地球，既对地球构成潜在威胁，又是便于开发的太空资源，近年来备受关注。典型小行星照片如图 1-16 所示。

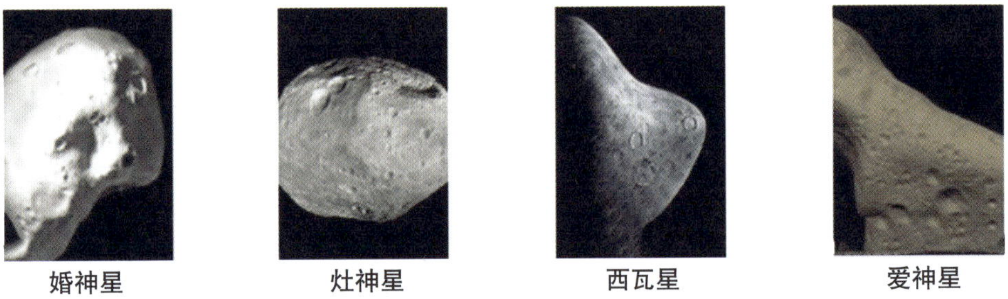

图 1-16 典型小行星照片（引自 NASA 网站）

小天体按其轨道与太阳之间的位置关系，可分为内太阳系小天体和外太阳系小天体。绝大部分的小天体都分布于内太阳系，内太阳系小天体主要包括近地小天体和主带小行星（Main-Belt Asteroids），如图 1-17（a）所示，其中蓝线为行星轨道，白色为主带小行星。外太阳系小天体主要包括半人马小行星、柯伊伯带天体和外海王星小天体，如图 1-17（b）所示，其中黄色原点表示太阳，J、S、U 和 N 分别表示木星、土星、天王星和海王星，绿色表示半人马小行星，蓝色表示柯伊伯带小行星，橙色表示黄道离散盘天体[56,57]。

近地小行星是轨道近日点在 1.3 AU 以内的太阳系小行星，其中与地球最近距离在 0.05 AU 以内且绝对星等亮于 22 等（对应直径约 140 m）的近地小行星又称为潜在威胁小行星（Potentially Hazardous Asteroid，PHA）。截至 2024 年 6 月 1 日，已发现 35 042 颗近地小行星，直径超过 1 km 的小行星有 859 颗[58,89]。不同大小范围的近地小行星数量如图 1-18 所示，其中横轴表示小行

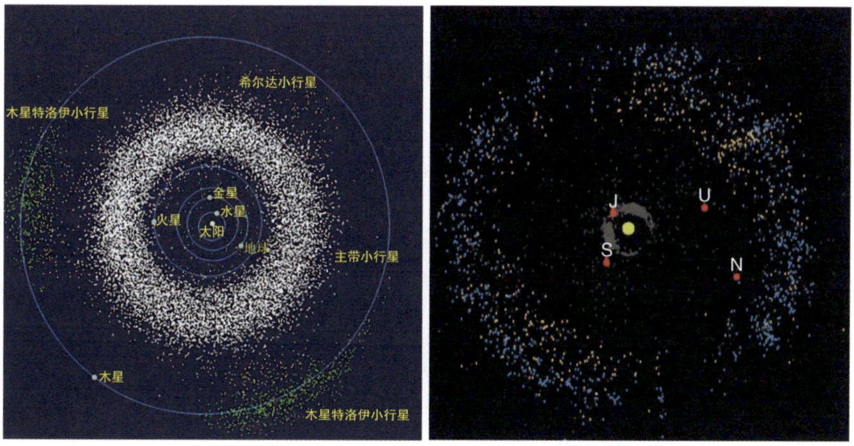

(a) 内太阳系小天体　　(b) 外太阳系小天体

图 1-17　太阳系小行星分布示意图

星估计直径，纵轴表示发现的小行星数量，绝大部分近地小行星的直径小于 1 km。

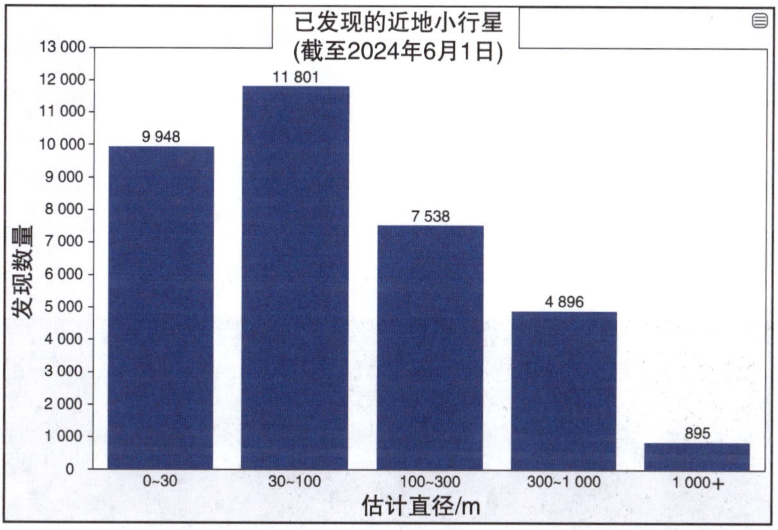

图 1-18　目前观测到的不同尺寸范围的近地小行星数量

主带小行星是指位于火星和木星轨道之间，处于 2.17~3.64 AU 范围小行星带内的小行星，沿着火星与木星之间的大致圆形轨道运行，偏心率低于 0.3，轨道倾角小于 30°。在太阳系早期，木星形成后其引力作用导致该区域小天体不能汇聚形成行星。在主带中有一颗矮行星——谷神星（Ceres），直径约为 950 km，是小行星带中最大的天体，占小行星带总质量的 25%。它多年来被称为小行星，2006 年被归类为矮行星，虽然如此，很多统计表仍把它当作小行星。

特洛伊小行星是指在行星轨道的拉格朗日点（L4 和 L5）上运行，被引力锁定的小行星。木星特洛伊群是最重要的特洛伊小行星群。估计其小行星数量和小行星带接近，代表性的木星特洛伊小行星有小行星 588（588 Achilles）和小行星 1172（1172 Aneas）。1990 年发现了第一颗火星特洛伊小行星 5261（5261 Eureka）。金星、地球、火星、天王星和海王星均发现了特洛伊小行星。

木星轨道以外的大多数小行星被认为是由冰和其他挥发分组成的，主要包括奥尔特云群体和半人马小行星。这些小行星与彗星类似，但由于其轨道近日点距太阳太远，不会产生明显的彗尾。奥尔特云群体被认为是从奥尔特云中进入海王星轨道的天体，远日点通常超出天王星，但它们的近日点位于太阳系内部。它们具有较高的偏心率，有些轨道倾角很高，甚至在逆行轨道上运行。半人马小行星位于土星和天王星之间，其偏心率大，平均轨道半径在 5.4~30 AU 之间，属内海王星天体。

外海王星天体是指平均轨道半长轴大于 30 AU 的所有天体，包括柯伊伯带天体、离散盘天体和奥尔特云天体[60]，如图 1-19 所示。

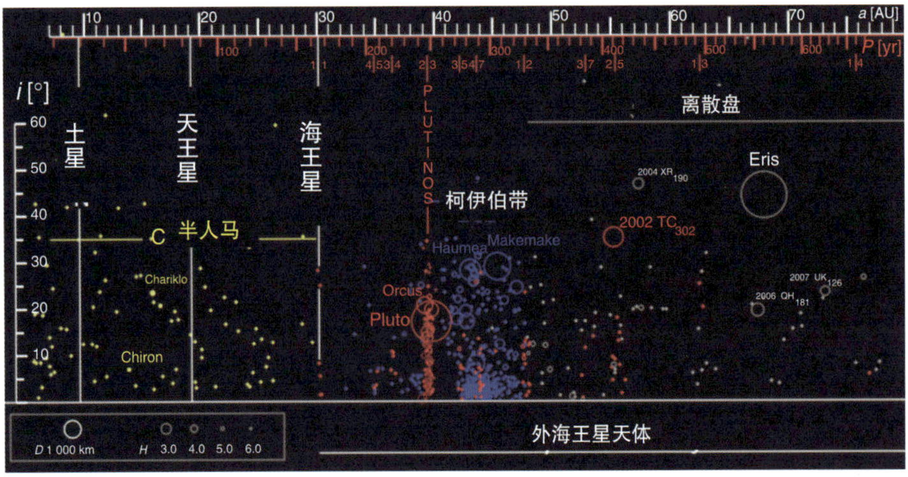

图 1-19　外太阳系小行星分布状态

柯伊伯带天体处于 30~50 AU。经典柯伊伯带天体位于原始的相对圆形的轨道。除冥王星和冥卫一外，1992 年发现的小行星 15760（15760 Albion）是最早发现的经典柯伊伯带天体，也是最早发现的外海王星天体。轨道环绕体之间产生规律性的周期重力影响时，会发生轨道共振（Orbital Resonance）。共振柯伊伯带天体包括类冥天体（Plutino）和其他共振天体。类冥天体是像冥王星一样与海王星发生 2∶3 共振的天体，平均轨道半径在 39~40.5 AU 之间。此外，还包括 1∶1、3∶5、4∶7、2∶5、1∶3、3∶10、3∶4 等共振模式。

离散盘天体通常具有高倾角、高偏心率的轨道，远日点能达到几百 AU，近日点离海王星的轨道不远，但不会产生显著引力相互作用，代表性的为矮行星阋神星（136199 Eris）。独立天体（Detached Objects）是指近日点和远日点均在柯伊伯带外的天体，典型成员为小天体 148209（2000 CR105）。奥尔特云天体被认为是长周期彗星的来源，可能为包裹太阳系的球状云团，可延伸至 50 000 AU 的遥远区域，其平均轨道半径约为 50 000 AU 至 100 000 AU。当前尚未发现奥尔特云天体。

彗星是指亮度和形状会随日距变化的绕日运动的天体。目前已发现绕太阳运行的彗星有 1 700 多颗。著名的哈雷彗星绕太阳一周的时间为 76 年。彗星一般是由彗头和彗尾两大部分组成的。彗头又包括彗核和彗发两部分。彗核是彗星最主要的固态核心部分，直径很小，约几千米至十几千米，最小的只有几百米。它由水冰、干冰、甲烷、氨、石块和尘埃微粒等组成，是个“脏雪球”，平均密度约为 1 g/cm^3。彗发和彗尾的物质极为稀薄，其质量只占总质量的 1%~5%，甚至更小。彗发是彗核周围由气体和尘埃组成星球状的雾状物，半径可达几十万千米，平均密度小于地球大气密度的十亿亿分之一。彗发中气体的主要成分是中性分子和原子，其中有氢、羟基、氧、硫、碳、一氧化碳、氨基、氰、钠等，还发现有比较复杂的氰化氢（HCN）和甲基氰（CH_3CN）等化合物。彗尾在彗星距太阳约 2 AU 开始出现，逐渐由小变大、变长。当彗星远离太阳时，彗尾逐渐变小，直至消失。在太阳风压力作用下，彗尾总是指向背离太阳方向。彗尾一般长几千万千米，最长可达几亿千米。

1.3.2.2 小行星形成与演化

陨石是认识其母体小行星的物质成分，了解太阳星云凝聚、分馏、吸积等作用的重要载体。长期以来，根据陨石中金属的含量将陨石分为石陨石、铁陨石和石铁陨石三大类，其中石陨石的金属含量≤30%；铁陨石的金属含量≥95%；石铁陨石的金属含量在30%~60%之间。近年来，在传统分类的基础上提出了一些新的分类方法，现代陨石分类法如图1-20所示。根据不同类型陨石的化学组成、矿物成分、结构特征，以及形成和演化历史，将陨石划分为两大类[61-63]：1）原始的未分异的陨石，因其含有球粒结构又称为球粒陨石，包括顽辉石球粒陨石（E群）、普通球粒陨石（O群）、碳质球粒陨石（C群）、R群和K群球粒陨石；2）分异的陨石，包括无球粒陨石、石铁陨石和铁陨石。根据含铁量的不同，可以将顽辉石球粒陨石分为高铁群（EH）和低铁群（EL）；普通球粒陨石分为高铁群（H）、低铁群（L）和低铁低金属群（LL）。碳质球粒陨石岩相中含有一定的碳物质，目前共发现了CI、CM、CR、CH、CV、CK、CB及CO等8个碳质球粒陨石化学群。不同铁陨石化学群之间挥发性亲铁元素呈现分馏作用，分为IAB、IC、IIAB、IIC、IID、IIE、IIF、IIIAB、IIICD、IIIE、IIIF、IVA及IVB等13个化学群，由I到IV铁陨石化学群的Ga和Ge含量依次降低[64]。

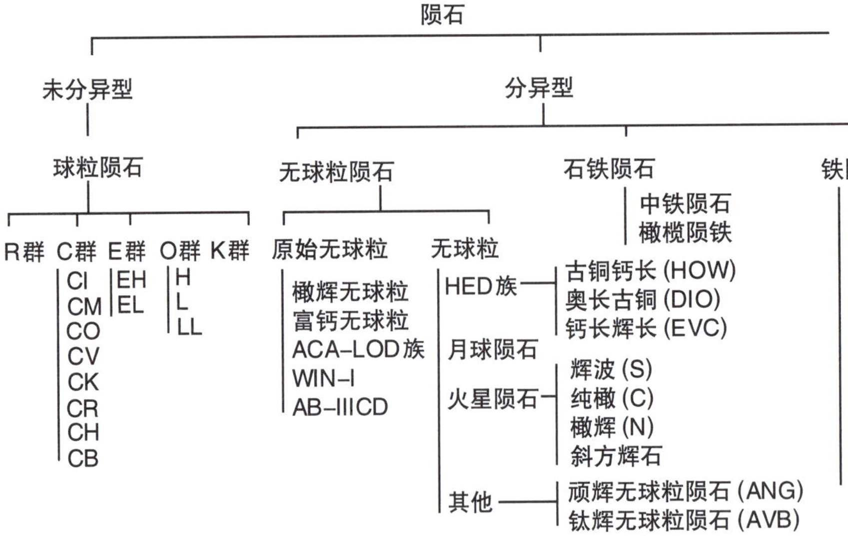

图1-20 陨石的分类

小行星形成和演化的地质过程决定了它们的资源特征。小行星形成过程中的热作用直接影响小行星的化合物，如图 1-21 所示[65,66]。

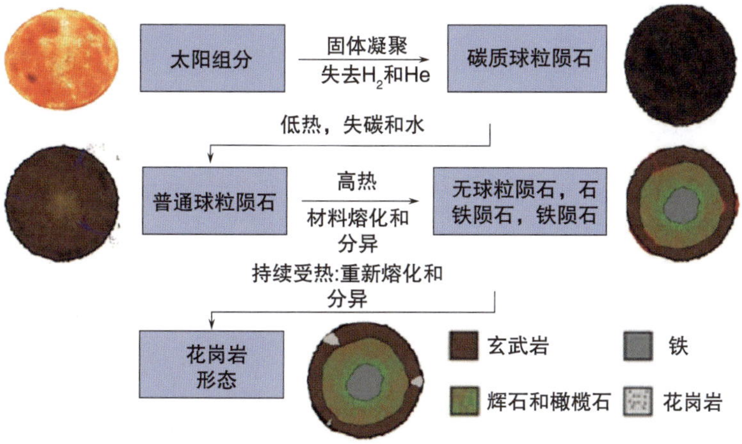

图 1-21 不同类型的小行星形成过程及资源特征

碳质球粒陨石源自原始小行星（图 1-21 右上）。原始小行星是太阳系中的尘埃颗粒聚集形成的，是几乎没有任何热量、长期低温、远低于冰点的小行星，它们中的碳、水等化合物等几乎保持不变。有些小行星存在加热作用，会损失部分水、碳等物质并散逸到宇宙真空中，有些小行星具有比较强的加热作用导致大部分碳、水物质的释放并形成蛇纹岩。蛇纹岩是一种含有化学结合水的矿物，可变质为橄榄石。碳质小行星在几百摄氏度的温度下足以蒸发掉所有的水和碳。岩石成分被加热但未到熔点时，原始矿物可变质为不同的矿物。小行星的核心温度比表层更高，可在不同的深度部位形成不同的矿物。这些小行星成为各种类型普通球粒陨石的母体（图 1-21 中左）。

当小行星被加热到熔化时，球粒等所有的原始结构消失，熔化后的物质因密度不同而分离，这一过程称为“分异”，最终形成了三层结构（图 1-21 中右）。小行星中心含有致密的铁镍“内核”，中间为密度较低的橄榄石和辉石构成的“星幔”。在核幔界面，铁和橄榄石发生混合。当密度最小的矿物上升到表面并在大规模火山喷发中流出凝固后，会形成玄武岩星壳。小行星的铁质内核被厚达数千米的岩石隔绝，在数千万年的时间里缓慢冷却并凝固。这类小行星可成为几种不同类型陨石的来源：石质铁陨石来自星核-星幔边界，铁陨石来自铁质内核，无球粒陨石来自星幔，玄武岩状无球粒陨石来自星壳。

如果小行星被加热足够长的时间和足够高的温度，就会形成类似地球的花岗岩（图 1-21 底部）。但目前的陨石中都没有发现类似花岗岩的矿物，可能是因为小行星没有演化到最后阶段。小行星形成后，相互间的撞击会产生大量碎片。

1.3.2.3 小行星分类与资源特征

小行星的现代分类是基于小行星的大小、形状、成分、自转速率和光谱分析等物理特性进行分类的。通过光谱、多色测光、偏振、红外、射电辐射、雷达探测等多种方法和技术手段可以研究小行星表面的物质成分和化学性质。

1975 年，美国天文学家 Chapman、Morrison 和 Zellner 提出了基于颜色、反照率和光谱形态的小行星分类体系[67]，分为深色的碳质小行星（C 型），较亮的硅质小行星（S 型）和不适合这两型的 U 型。S 型和 C 型是最常见的小行星类型，分别代表了与物质成分相关的不同的光谱特征。S 型主要成分是硅酸盐岩石，C 型主要成分是碳类物质。物质成分的差异导致两类小行星的反照率不一样，S 型小行星通常比距离和大小相同的 C 型小行星亮。从反射光谱的形状能够明显地区分两类小行星，S 型小行星光谱在小于 0.7 μm 的部分有很陡的上升斜率，大于 0.75 μm 的部分有中等至较强的吸收，峰值在 0.73 μm 附近。C 型小行星光谱在小于 0.55 μm 的部分有较弱至中等的紫外吸收，大于 0.55 μm 的部分平缓无特征。其他类型的小行星光谱与 S 或 C 型小行星的光谱相似，区别在于反照率的大小和吸收带的强弱[68]。

1984 年，美国学者 Tholen 提出了 Tholen 分类法[69]，其依据是 20 世纪 80 年代进行的 8 色小行星调查（Eight-Color Asteroid Survey，ECAS）收集的数据，包括 C 类（碳质）、S 类（硅质）和 X 类 3 大类。X 类小行星约占 8% 的比例，主要由铁、镍构成。2002 年，美国学者 Bus & Binzel 根据主带小行星光谱调查任务（Small Main-belt Asteroid Spectroscopic Survey，SMASS）数据，按

近红外光谱特征，将小行星分成 3 类（C、S、X）26 型[70]。2009 年进一步完善形成了巴斯-德梅欧（Bus-DeMeo）分类法[71]，根据小行星的可见光谱和近红外光谱对其进行分类，包括了 C 群、S 群、X 群和其他类等 4 群 25 类小行星（图 1-22）。巴斯-德梅欧分类法的每类小行星的具体光谱特征见表 1-5 的描述[72,73]，包括光谱区、吸收带和光谱形状等特征。

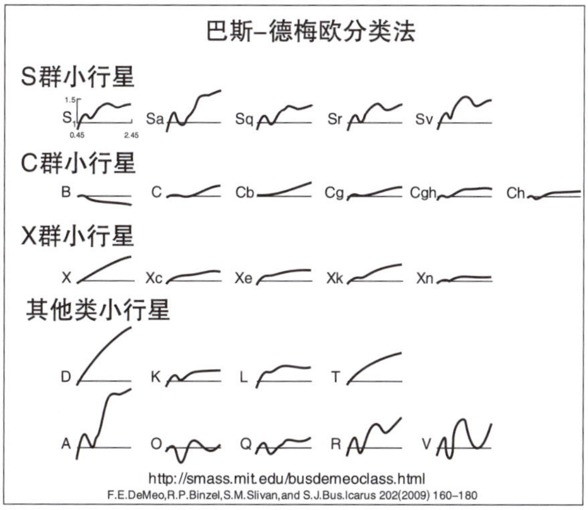

图 1-22　巴斯-德梅欧小行星分类法

表 1-6 给出了一些小行星的主要物质成分和估算价值[66]。其金属元素的品位比地球高得多，普遍存在精炼级铁、镍和钴，以及钼、铝、硅、钛和铂族金属（PGM）等，价值巨大。X 群小行星富含铂族矿物和稀土元素，有些小行星中铂族金属元素含量很丰富，例如铂、铑、铱、锇等稀有金属。

1.3.3　类地行星及资源特征

类地行星（Terrestrial Planet）是与地球相类似的行星，也称为岩石行星，主要由硅酸盐岩石和金属组成并具有固体表面的一类天体。类地行星具有大致相同的结构：内核主要由铁等金属组成，外层则被硅酸盐星幔所包围。这些行星具有峡谷、陨石坑、山脉、火山等表面结构。在火山活动或彗星撞击等作用下，类地行星一般有大气。

表 1-5 小行星光谱类特征

序号	类型	Tholen (1984)	Gaffey (1993)	Bus & Binzel (2002)	Bus & Demeo (2009)	光谱特征描述及 Bus-Demeo 分类光谱特征（基线代表相对反照率为 1）				
						特征总描述	紫外特征	可见光特征	红外特征	
1	碳质（C）	B	B	B	B	B—反照率较高的 C 型，1~2 μm 范围呈线性偏蓝，约 0.6 μm 处为轻微的凸起		约 0.6 μm 处为轻微的凸起	1~2 μm 范围呈线性偏蓝	B 
2		F	F			F—偏蓝的 C 型，线性，无明显吸收特征，紫外区域吸收较强	紫外区域吸收较强			
3		C	C	C	C	C—线性，0.6 μm 附近呈现轻微凸起，长于 1.3 μm 呈红色		0.6 μm 附近呈现轻微凸起	长于 1.3 μm 呈红色	C 
4		G	G			G—与 C 型相似，具有较深的紫外线吸收	具有较深的紫外线吸收			
5				Cb	Cb	Cb—线性，长于 1.1 μm 呈红色			长于 1.1 μm 呈红色	Cb 
6				Cg	Cg	Cg—紫外区域特征微弱，长于 1.3 μm 的略红	紫外区域特征微弱		长于 1.3 μm 的略红	Cg 
7				Cgh	Cgh	Cgh—1 μm 附近略红，与 Cg 相似；紫外区域特征微弱，0.7 μm 附近存在较浅但宽的吸收带，类似于 Ch 型	紫外区域特征微弱	0.7 μm 附近存在较浅但宽的吸收带，类似于 Ch 型	1 μm 附近略红，与 Cg 相似	Cgh 
8				Ch	Ch	Ch—紫外区域特征弱，波长长于 1.1 μm 的略红，0.7 μm 附近存在较浅但宽的吸收带	紫外区域特征弱	0.7 μm 附近存在较浅但宽的吸收带	波长长于 1.1 μm 的略红	Ch 

续表

序号	类型	Tholen (1984)	Gaffey (1993)	Bus & Binzel (2002)	Bus & Demeo (2009)	光谱特征描述及 Bus-Demeo 分类光谱特征(基线代表相对反照率为 1)				
						特征总描述	紫外特征	可见光特征	红外特征	
9	石质(S)	S	SⅠ	S	S	S—1 μm 和 2 μm 处存在中等程度吸收特征，不同天体在 2 μm 处的吸收带深度不同			1 μm 和 2 μm 处存在中等程度吸收特征，不同天体在 2 μm 处的吸收带深度不同	S 
10			SⅡ	Sa	Sa	Sa—1 μm 处存在较宽和较深的吸收带，类似于 A 型，但斜率更小			1 μm 处存在较宽和较深的吸收带，类似于 A 型，但斜率更小	Sa 
11			SⅢ	Sq	Sq	Sq—1 μm 处存在较宽的吸收带，与 Q 型相似，1.3 μm 处具有吸收特征			1 μm 处存在较宽的吸收带，与 Q 型相似，1.3 μm 处具有吸收特征	Sq 
12			SⅣ	Sr	Sr	Sr—1 μm 和 2 μm 处存在吸收带，相比于 R 型较浅较窄			1 μm 和 2 μm 处存在吸收带，相比于 R 型较浅较窄	Sr 
13			SⅤ	Sk	Sv	Sk—介于 S 型和 K 型之间，长于 0.75 μm 的形状为中等程度的上凸形状，0.63 μm 处的吸收特征较 S 型强		0.63 μm 处的吸收特征较 S 型强	长于 0.75 μm 的形状为中等程度的上凸形状	Sv 
14			SⅥ	Si		Sl—介于 S 型和 L 型之间，长于 0.75 μm 的光谱相比于 L 型为较浅到中等深度的吸收特征			长于 0.75 μm 的光谱相比于 L 型为较浅到中等深度的吸收特征	
15			SⅦ	—		Sv—1 μm 和 2 μm 处存在吸收带，相比于 V 型较浅较窄			1 μm 和 2 μm 处存在吸收带，相比于 V 型较浅较窄	

续表

序号	类型	Tholen (1984)	Gaffey (1993)	Bus & Binzel (2002)	Bus & Demeo (2009)	光谱特征描述及 Bus-Demeo 分类光谱特征(基线代表相对反照率为 1)				
						特征总描述	紫外特征	可见光特征	红外特征	
16	X	E	E	X	X	X—线性，中红到偏红变化； E—反照率>0.3 的 X 型，略红，无明显吸收特征				X 
17	X	M	M	Xc	Xc	M—反照率介于 0.1 到 0.3 的 X 型； Xc—略红到中红，形状略微弯曲并向下凹				Xc 
18	X	P	P	Xe	Xe	P—反照率<0.1 的 X 型，略红； Xe—略红到中红，短于 0.55 μm 处存在吸收特征				Xe 
19	X	—	—	Xk	Xk	Xk—形状略微弯曲并向下凹，0.8~1 μm 范围内存在吸收特征				Xk 
20	其他	T	T	T	T	T—线性，中红到偏红，形状通常具有微弱的下凹特征				T 
21	其他	D	D	D	D	D—线性，偏红，部分波长长于 1.5 μm 的较红，部分可能形状略微弯曲				D 
22	其他	—	—	Ld	—	Ld—短于 0.7 μm 的光谱紫外斜率较大，长于 0.7 μm 的逐渐平缓，0.75 μm 处反照率约为 1.3，与典型的 D 型相比，斜率在 0.44~0.7 μm 范围内通常较大，在 0.75~0.92 μm 范围内更平缓		短于 0.7 μm 的光谱紫外斜率较大，长于 0.7 μm 的逐渐平缓，0.75 μm 处反照率约为 1.3，与典型的 D 型相比，斜率在 0.44 ~ 0.7 μm 范围内通常较大，在 0.75 ~ 0.92 μm 范围内更平缓		

续表

序号	类型	Tholen (1984)	Gaffey (1993)	Bus & Binzel (2002)	Bus & Demeo (2009)	光谱特征描述及 Bus-Demeo 分类光谱特征(基线代表相对反照率为1)				
						特征总描述	紫外特征	可见光特征	红外特征	
23	其他	—	—	L	L	L—0.7 μm 左右的斜率从较大突然接近于0，红外波段形状下凹，反照率最大值在 1.5 μm 左右，可能存在 2 μm 的吸收特征		0.7 μm 左右的斜率从较大突然接近于0	红外波段形状下凹，反照率最大值在 1.5 μm 左右，可能存在 2 μm 的吸收特征	L 
24		Q	—	Q	Q	Q—明显的 1 μm 吸收特征，2 μm 处的吸收带深度不同			明显的 1 μm 吸收特征，2 μm 处的吸收带深度不同	Q 
25		—	—	O	O	O—1 μm 处的吸收光谱深且圆，2 μm 处存在明显的吸收特征			1 μm 处的吸收光谱深且圆，2 μm 处存在明显的吸收特征	O 
26		R	—	R	R	R—1 μm 和 2 μm 处存在明显的吸收特征，1 μm 处的吸收带窄于 Q 型，略宽于 V 型			1 μm 和 2 μm 处存在明显的吸收特征，1 μm 处的吸收带窄于 Q 型，略宽于 V 型	R 
27		V	—	V	V	V—1 μm 和 2 μm 处存在明显的较窄吸收带			1 μm 和 2 μm 处存在明显的较窄吸收带	V 
28		A	—	A	A	A—很红，波长长于 1 μm 的光谱存在较深较宽的吸收带，2 μm 附近可能存在较浅的吸收带			波长长于 1 μm 的光谱存在较深较宽的吸收带，2 μm 附近可能存在较浅的吸收带	A 
29		—	K	K	K	K—形状弯曲相对较少，波长长于 1 μm 处存在较宽的吸收带，其波谷及左侧光谱的波峰较尖			形状弯曲相对较少，波长长于 1 μm 处存在较宽的吸收带，其波谷及左侧光谱的波峰较尖	K 

表 1-6　不同类型最有价值小行星的主要物质成分

名称	类型	发现时间	组成	与地球最小轨道交会距离/AU	价值/美元
Ryugu	Cg	1999	Ni,Fe,Co,H_2O,N_2,H_2,NH_3	0. 000 638	827 亿
1989ML	X	1989	Ni,Fe,Co	0. 082 029	139 亿
Nereus	Xe	1982	Ni,Fe,Co	0. 003 153	47 亿
Bennu	B	1999	Fe,H_2,NH_3,N_2	0. 003 223	669. 9 百万
Didymos	Xk	1996	Ni,Fe,Co	0. 039 777	622 亿
2011 UW158	Xc	2011	Ni,Fe,Co,Pt	0. 002 914	66 亿
Anteros	L	1943	$MgSiO_3$,Al,Fe,Fe_2O_4Si	0. 062 212	5. 5 万亿
2001 CC21	L	2001	$MgSiO_3$,Al,Fe_2O_4Si	0. 083 067	1 470 亿
1992 TC	X	1992	Ni,Fe,Co	0. 167 212	840 亿
2001 SG10	X	2001	Ni,Fe,Co	0. 017 183	30 亿
2002 DO3	X	2002	Ni,Fe,Co	0. 029 415	334. 4 百万
2000 CE59	L	2000	$MgSiO_3$,Al,Fe_2O_4Si	0. 008 298	106 亿
1995 BC2	X	1995	Ni,Fe,Co	0. 135 685	788 亿
1991 DB	C	1991	Ni,Fe,Co,H_2O,N_2,H_2,NH_3	0. 102 803	1 682 亿
2000 RW37	C	2000	Ni,Fe,Co,H_2O,N_2,H_2,NH_3	0. 008 221	292 亿
1998 UT18	C	1998	Ni,Fe,Co,H_2O,N_2,H_2,NH_3	0. 037 188	6 447 亿
Seleucus	K	1982	Ni,Fe,Co,H_2O,N_2,H_2,NH_3	0. 102 357	33. 5 万亿
1998 KU2	Cb	1998	Ni,Fe,Co,H_2O,N_2,H_2,NH_3	0. 060 029	80. 3 万亿
1989 UQ	B	1989	Fe,H_2,NH_3,N_2	0. 013 98	6 007 亿
1999 KV4	B	1999	Fe,H_2,NH_3,N_2	0. 172 981	25. 6 万亿
1988 XB	B	1988	Fe,H_2,NH_3,N_2	0. 006 611	2 170 亿
1997 RT	O	1997	Pt,Ni,Fe	0. 059 847	1 743 亿
1997 XF11	Xk	1997	Ni,Fe,Co	0. 000 531	3 839 亿
1996 FG3	C	1996	Ni,Fe,Co,H_2O,N_2,H_2,NH_3	0. 028 342	1. 3 万亿
1992 QN	X	1992	Ni,Fe,Co	0. 132 115	2 537 亿
2001 TY44	X	2001	Ni,Fe,Co	0. 148 551	35 亿
1999 JV6	Xk	1999	Ni,Fe,Co	0. 031 786	120 亿
2002 EA	L	2002	$MgSiO_3$,Al,Fe_2O_4Si	0. 035 61	672. 1 百万
2001 HK31	X	2001	Ni,Fe,Co	0. 117 916	13 亿

续表

名称	类型	发现时间	组成	与地球最小轨道交会距离/AU	价值/美元
2005 YU55	C	2005	Ni, Fe, Co, H_2O, N_2, H_2, NH_3	0.000 467	498 亿
1992 BF	Xk	1992	Ni, Fe, Co, Pt	0.062 737	29 亿
2001 PD1	K	2001	Ni, Fe, Co, H_2O, N_2, H_2, NH_3	0.248 206	6 460 亿
Lucianotesi	Xc	1994	Ni, Fe, Co, Pt	0.239 755	531 亿
2002 CS11	X	2002	Ni, Fe, Co	0.220 314	766.1 百万
1992 NA	C	1992	Ni, Fe, Co, H_2O, N_2, H_2, NH_3	0.063 013	4.5 万亿
2002 AV	K	2002	Ni, Fe, Co, H_2O, N_2, H_2, NH_3	0.019 524	177 亿
2002 BM26	X	2002	Ni, Fe, Co	0.032 462	777 亿
1999 NC43	Q	1999	Ni, Fe	0.024 621	26 亿
2000 CO101	Xk	2000	Ni, Fe, Co	0.021 957	292 亿
Dionysus	Cb	1984	Ni, Fe, Co, H_2O, N_2, H_2, NH_3	0.020 62	26 万亿
1999 CF9	Q	1999	Ni, Fe	0.018 825	152.7 百万
2002 AH29	K	2002	Ni, Fe, Co, H_2O, N_2, H_2, NH_3	0.110 3	77 亿
1986 DA	M	1986	Ni, Fe, Co	0.190 995	4.2 万亿
1996 BZ3	X	1996	Ni, Fe, Co	0.275 839	731 亿
Davidharvey	C	1999	Ni, Fe, Co, H_2O, N_2, H_2, NH_3	0.203 7	53.9 万亿
2001 HA8	C	2001	Ni, Fe, Co, H_2O, N_2, H_2, NH_3	0.121 856	1.5 万亿
Apollo	Q	1932	Ni, Fe	0.025 757	805.0 百万
2000 LC16	Xk	2000	Ni, Fe, Co	0.212 293	4.2 万亿
2001 WH2	X	2001	Ni, Fe, Co	0.195 226	46 亿
2000 WC67	X	2000	Ni, Fe, Co	0.232 789	2 962 亿

太阳系中的类地行星包括水星、金星、地球、火星（图 1-23），距离太阳近，体积和质量都较小，平均密度较大，表面温度较高，大小与地球差不多。类地行星的卫星很少或没有卫星，其中金星和水星没有卫星，地球只有一个卫星，即月球，火星有两颗卫星，即火卫一和火卫二。与气态巨行星不同，类地行星没有行星环系统。

图 1-23　太阳系的 4 颗类地行星
（从左到右依次为水星、金星、地球、火星。引自 NASA 网站）

1.3.3.1　水星

水星是距离太阳最近，也是最小的一颗行星（图 1-24）。它离太阳仅 0.387 AU，距地球最近达 7 730 万千米，轨道离心率为 0.205 6，轨道周期约 88 个地球日，轨道倾角约 7°。水星自转缓慢，每 59 个地球日完成一次自转，水星的自转轴几乎垂直于黄道面，无四季变化。水星比月球略大，半径为 2 440 km，质量为 3.3×10^{23} kg，表面重力加速度为 3.7 m/s^2。

图 1-24　水星照片（引自 NASA 网站）

水星的主要成分为硅酸盐岩石和金属，由一个半径约为 2 074 km 的金属内核和大约 400 km 厚的外壳（包括星幔和星壳）组成，平均密度约 5.427 g/cm^3，在太阳系中仅次于地球的5.515 g/cm^3。

水星的表面类似于月球，在流星体和彗星的碰撞下形成大量撞击坑。它有巨大的撞击盆地，包括直径约1 550 km的卡罗瑞斯（Caloris）盆地和直径约306 km的拉赫曼尼诺夫（Rachmaninoff）盆地，都是太阳系历史早期小行星撞击水星表面造成的。这里有大片平坦的地形，也有地质断层，有些断层长达数百千米、高达数千米。因为水星没有大气层保护，星表温度变化剧烈，太阳照射时温度可达430 ℃，夜间温度会下降至-180 ℃。水星表面以中性、基性镁铁质成分和超基性超镁铁质成分为主，表面矿物以斜长石、富镁辉石、橄榄石为主。水星表面的主元素组成与地球和月球明显不同，具体而言，水星表面SiO_2典型丰度为51%，比地壳和月壳岩石高；Mg/Si平均值为0.44，相对较高；Al/Si平均值为0.27，Ca/Si平均值为0.17，相对较低。

与月球类似，水星南北极存在永久阴影区并发现赋存了大量水冰（图1-25）。在温度低的区域，水冰直接暴露于星表；而在一些温度稍高的区域，水冰上覆盖一层尚未确定成分的深色物质。美国信使号探测器的中子谱仪测量了亮区的氢原子丰度来推算水冰的沉积量，结果表明该区域存在一层平均厚度约为数十厘米的富氢物质层，其上方覆盖一层10~20 cm厚的星壤。

水星有非常稀薄的外逸层，大气压约10^{-7} Pa，主要由从太阳风中俘获的气体组成，包括氢、氦、氧、钠、钾等成分。

图1-25　水星北极的永久阴影区内隐藏着大量水冰（引自NASA网站）

1.3.3.2 金星

金星是距太阳第二近的行星，也是距离地球最近的行星（图 1-26）。它距地球约 4 050 万千米，距太阳约 1.08 亿千米。金星直径为 12 104 km，比地球略小 5%，体积是地球的 88%，质量为地球的 81.5%，表面重力加速度为 8.9 m/s^2。金星公转周期约 225 个地球日，自转周期约 243 个地球日，比金星年还长。由于金星向后自转，导致太阳从西方升起，东方下落，其自转轴仅 3°，无明显的季节变化。

图 1-26　金星照片（引自 NASA 网站）

金星表面有山谷和高山，火山活动丰富。苏联 Venera 14 探测器着陆金星后拍摄的金星表面如图 1-27 所示。金星着陆器分析了金星表面的岩石成分，其主量元素（Si、Ti、Al、Fe、Mg、Ca）和生热元素（K、Th、U）的含量都与地球相近，如表 1-7 所示。

图 1-27　苏联 Venera 14 探测器拍摄的金星表面

（引自 Russian Academy of Sciences/ Ted Stryk）

表 1-7 金星表面岩石的化学组成

(单位:%)

氧化物	Venera13	Venera14
SiO_2	45±3	19±1
TiO_2	1. 6±0. 1	1. 2±0. 1
Al_2O_3	16±3	18±3
FeO	9±2	9±2
MgO	11±6	8±3
CaO	7. 0±1. 0	10±1. 2
K_2O	4. 0±0. 6	0. 2±0. 1
MnO	0. 2±0. 1	0. 16±0. 18

金星具有稠密的大气层，由 96% 的 CO_2、3. 5% 的 N_2 和其他微量气体组成，已检测到的微量气体组分包括水蒸气、SO_2、CO、HCl、HF 以及稀有气体 Ar、Ne 等。金星天空呈硫磺色，探测到了硫磺云。在太阳辐射和温室效应的综合作用下，金星平均表面温度高达 440～480 ℃。因大气温度和压力超过了水的临界点，金星表面没有水冰和液态水，主要以水蒸气的形式存在于大气中。大气中的水蒸气 D/H 高，且随高度增加而增大。基于遥感和大气进入探测器的数据，金星大气的垂直结构、平均温度廓线及主要物理过程如图 1-28 所示[31]。

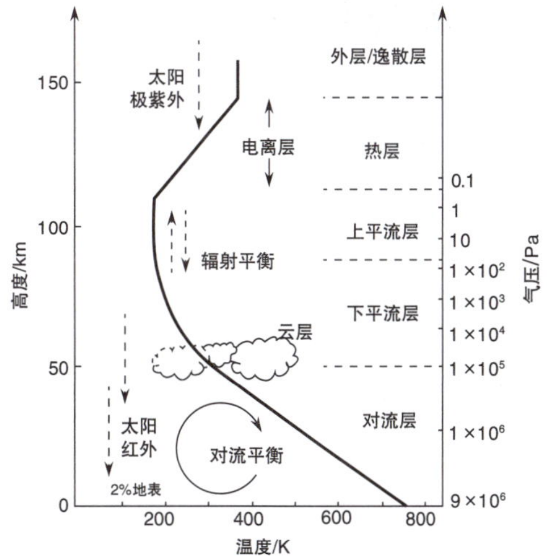

大气组分	金星	地球	备注/可提供信息
CO_2	96%	0.03%	主要温室气体
N_2	3.5%	77.0%	总量类似
Ar	0.007%	0. 93%	提供演化信息
Ne	0.000 5%	0.001 8%	提供演化信息
水汽 (H_2O)	30×10^{-6}	~1%	火山、云、温室气体
重水汽 (HDO)	3×10^{-6}	$\sim1\times10^{-6}$	早期海洋
SO_2	150×10^{-6}	0.2×10^{-9}	火山、云、温室气体
羰基硫 (COS)	4×10^{-6}	0.5×10^{-9}	火山、云
CO	0.004%	0.12×10^{-6}	底层环流
HCl	0.5×10^{-6}	微量	火山
HF	0.005×10^{-6}	微量	火山
原子氧	微量	微量	高层环流、逃逸过程
羟基 (OH)	微量	微量	高层环流、逃逸过程
原子氢	微量	微量	逃逸过程

注：译自 Taylor et al.，2018。

图 1-28 金星大气的垂直结构、温度分布和大气组成

1.3.3.3 火星及其卫星

火星是除金星以外距地球最近的行星[74]（图 1–29）。火星的自转周期为 24 小时 37 分钟，几乎和地球日一样长。大约每隔 26 个月会发生一次火星冲日，地球与火星的距离在冲日期间会达到极近值，通常只有不足 1 亿千米，而在火星发生大冲时，这个距离甚至不足 6 000 万千米。火星赤道面与黄道面的交角与地球相近，也存在与地球相似的四季变化。

图 1–29 哈勃望远镜拍摄的火星照片（2005 年）

近年来，火星表面的地质形态、物质成分、水资源和生命痕迹探索等关键问题已成为研究热点。大量火星探测器的探测结果表明，火星表面大部分区域都覆盖着火壤，海盗号（Viking–1 和 Viking–2）着陆点附近发现约 7%的火壤是磁化的，表明火星表面的铁元素含量比地球高，采集分析得到的火星岩石化学元素含量如表 1–8 所示[31]，其中氧元素含量最高，其次是硅、铁、锰、钙和硫等元素。

表 1-8 火星岩石的化学元素含量

（单位：%）

元素	Viking-1			Viking-2
	样品 2	样品 1	样品 3	
Mg	5. 0±2. 5	—	5. 2	—
Al	3. 0±0. 9	—	2. 9	—
Si	20. 9±2. 9	20. 8	20. 5	30. 0
S	3. 1±0. 5	3. 8	3. 8	2. 6
Cl	0. 7±0. 3	0. 8	0. 9	0. 6
K	<0. 25	0	0	0
Ca	4. 0±0. 8	3. 8	0	0
Ti	0. 5±0. 3	0	0	0. 61
Fe	12. 7±2. 0	12. 6	13. 1	14. 2
O	50. 1±4. 3	49. 7	—	50. 4
Pb/ppm	≤30	—	—	≤30
Sr/ppm	60±30	—	—	100±40
Yi/ppm	70±30	—	—	50±30
Zr/ppm	30	—	—	30±20

火星大部分的水以冰的形式存在，潜在的水资源为以下 6 种：

1）极区水冰盖。火星南北极纬度高于 80°的地区有永久水冰盖，但被干冰覆盖。北极的干冰层在夏季会完全升华，露出直径约 100 km、厚度约 3 km、纯净程度为 90%～100 %的永久水冰盖。

2）次表层冰冻圈。火星南北纬 50°以上的地区星表下 1 m 内存在大量水冰，其纯度为 20%～90%[75]，厚度为 5～15 km。凤凰号（Phoenix）着陆器（着陆点处于 68°N）从星表下 2～6 cm 的深度挖掘出了纯度为 99%的水冰[76]。

3）浅层封存水冰。火星勘测轨道器（MRO）的浅层地下雷达（SHARAD）探测了位于北半球和南半球中纬度地区的舌状岩屑坡内部结构，数据表明在浅层（0. 5～10 m）岩石碎屑下存在厚度可达几百米的相对纯净（>90%）的巨大水冰层[77]。

4）地下水。火星快车号（Mars Express）的次表层和电离层雷达探测仪

(Mars Advanced Radar for Subsurface and Ionosphere Sounding，MARSIS）对火星南极高原的冰盖进行观测的结果显示，在火星表面以下 1.5 km 深处存在着一个长度达 20 km 的液态湖泊[78]。美国 Wright 等人通过计算机模型与洞察号火星探测器的地震仪等测量数据相结合，发现火星地壳下 11~20 km 深处充满饱和液态水[79]。

5）矿物中的水。水含量约为 2%~9%。

6）大气水蒸气。火星大气中平均水含量非常低，大概为 300 ppm。

与地球相似，火星表面也被大气层包围，但探测结果表明，火星大气比地球稀薄得多，密度不到地球大气的百分之一，表面大气压约 500~700 Pa。主要成分为二氧化碳，其次是氮、氩，此外还有少量的氧和水蒸气，如表 1-9 所示。

表 1-9　火星大气成分表

成分	含量	成分	含量
CO_2	95.32%	H_2O	0.03%
N_2	2.7%	Ne	2.5 ppm
Ar	1.6%	Kr	0.3 ppm
O_2	0.13%	Xe	0.08 ppm
CO	0.07%	O_3	0.04~0.2 ppm

火星有两个卫星，被命名为 Phobos（火卫一）和 Deimos（火卫二），其参数和形貌如表 1-10 和图 1-30 所示。两个卫星几乎都为正圆轨道，其平行于火星赤道面。与太阳系的主要卫星不同，火卫一和火卫二都很小，它们的成分与碳质小行星相似，形状也不规则。火卫一的主要特征是直径约 9.5 km 的相对较大的 Stickney 撞击坑。火卫二的密度大概为（1.5±0.2）g/cm^3，低于含碳矿物和硅酸盐矿物，孔隙度大概为 33%~63%，内部可能存在大量水冰。

表 1-10　火星的两个天然卫星参数

名称	直径/km	质量/kg	公转半径/km	公转周期/h
火卫一	平均 22.2 （实际 27×21.6×18.8）	1.08×10^{16}	9 378	7.66
火卫二	平均 12.6 （实际 10×12×16）	2×10^{15}	23 400	30.35

(a) 火卫一

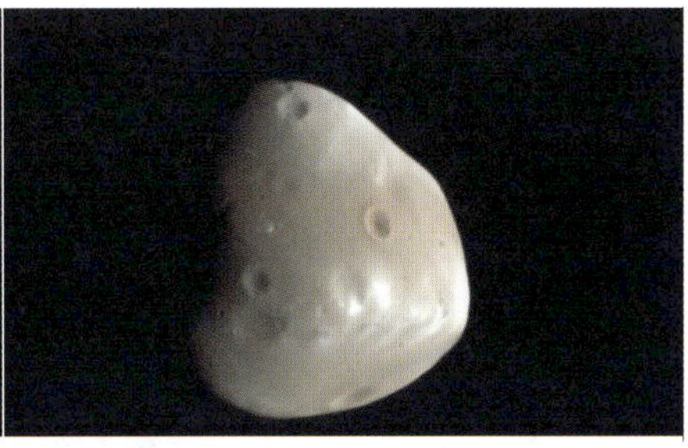

(b) 火卫二

图 1-30 火星卫星的形貌（引自 NASA 网站）

1.3.4 类木行星及资源特征

类木行星（Jovian Planet）为类似木星的气态行星，也被称为气态巨行星（Gas giant），主要由气体组成，体积巨大，但密度小，如图 1-31 所示。传统的气态巨行星是木星和土星，主要的成分是氢和氦。天王星和海王星因为主要的成分是水、氨和甲烷，而氢和氦只是最外层区域的主要成分，所以有时会被细分为冰巨星。

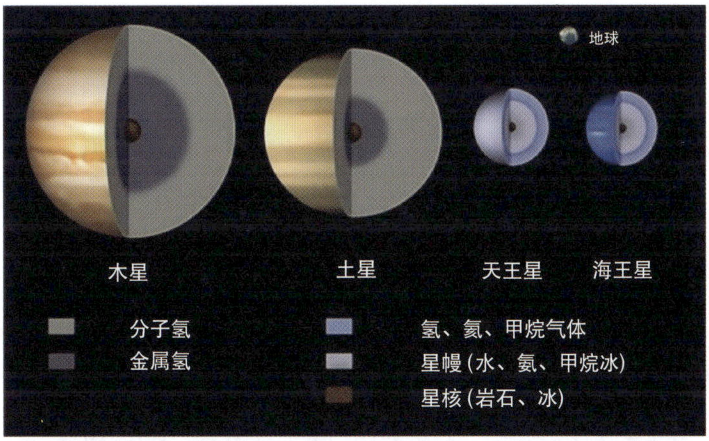

图 1-31 太阳系类木行星及内部模型（引自 NASA 网站）

传统的冰巨星模型中，行星内部被划分成三个区域：气态外层、冰层与岩石内核。南京大学孙建教授等[80]预测在岩石内核与冰层之间不一定存在明确的边界，而是一个过渡区域（图 1-32），在这个区域中，水的比例随深度增加而下降，而岩石的比例则随深度增加而上升。这种成分梯度的存在会抑制行星内部的热对流，导致行星内部的热量难以传导到表面。

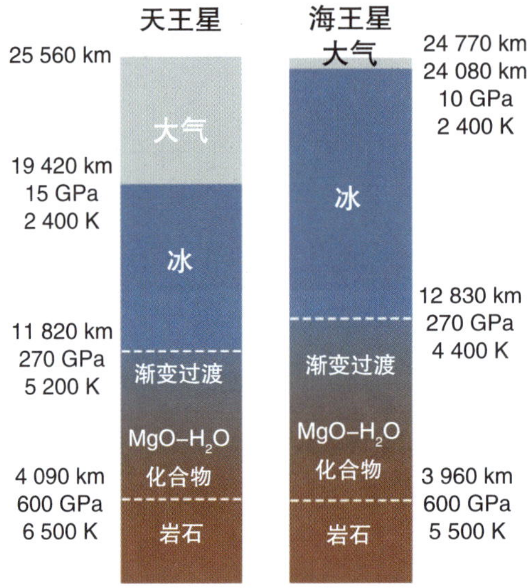

图 1-32　冰巨星的改进模型

1.3.4.1　木星及其卫星

木星是太阳系中由内到外的第五颗行星，也是其中质量最大的行星（1.9×10^{27} kg），它的质量超过其他所有行星总质量的两倍。木星的半径约为 69 911 km，是地球半径的 11 倍。木星距太阳约 5.2 AU，轨道周期约 12 个地球年，轨道偏心率为 0.048 9，轨道倾角为 1.3°。木星的自转速度最快，自转周期仅 10 个小时。木星赤道相对于黄道倾斜 3°，几乎垂直自转，没有季节变化。哈勃望远镜拍摄到的木星照片如图 1-33 所示，极区可观测到强大的极光，这是由高能粒子进入木星磁极附近的大气层并与气体原子碰撞产生的。

木星的成分与太阳相似，主要由约 90% 的氢、10% 的氦及其他轻元素组成，平均密度约 1 326 kg/m^3。随着深度增加，大气温度和压强超过氢和氦的临界点，氢和氦逐渐由气态过渡到液态，形成巨大的液氢海洋。当压强进一步增大时，氢将逐渐变为可导电的金属性质的液体，与氦不能均匀混合，氦会形成小液滴并进入木星深层。金属氢层从大约 0.78 倍木星半径处向下延伸，直到固态岩石内核。气态大气层和固态内核仅占木星质量的很少一部分，主要为液氢层，因此，气态巨行星更应是液态星球。木星结构示意图如图 1-34 所示。由于木星主要由旋转的气体和液体构成，它并没有真正的表面。木星表面具有

图 1-33　哈勃望远镜拍摄的木星照片（引自 NASA 网站）

标志性的大红斑，其宽度约为地球的两倍，至少持续了 300 多年。木星快速旋转产生强烈的急流，将云层分隔为长距离的暗带和明亮区。木星的光环非常微弱，主要由尘埃组成。

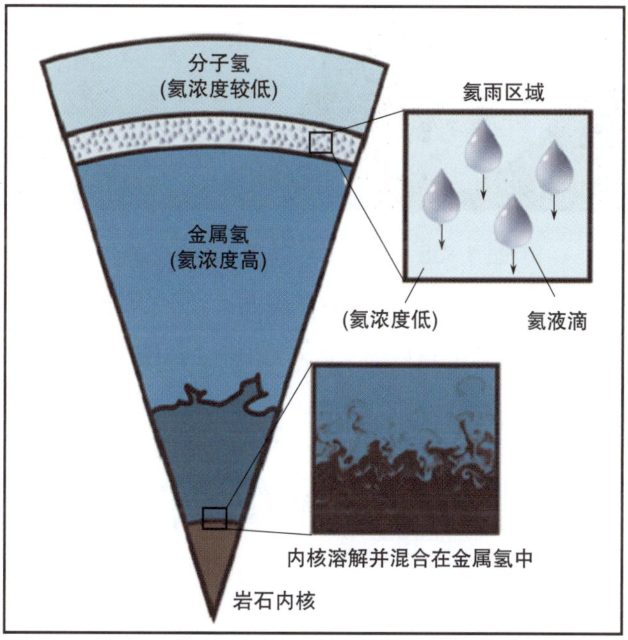

图 1-34　木星结构示意图（引自 NASA 网站）

木星 4 颗最大的卫星被命名为伽利略卫星，分别是木卫一、木卫二、木卫三和木卫四，均为岩石卫星（图 1-35）。木卫一（Io，艾奥）在木星的潮汐力作用下内部产生大量热量，使其星壳大部分保持液态。木卫一表面有数百座火山，是太阳系中火山活动最为活跃的星球，喷发的熔岩喷泉可高达数十千米。木卫一表面没有水，其稀薄大气的主要成分为二氧化硫。木卫二（Europa，欧罗巴）表面主要是水冰，结合木卫二内部结构模型预测分析，木卫二最外层水冰层厚度在 80~100 km 之间，水冰层以下有可能存在海洋层[81]，甚至存在全球性的液态水海洋及潜在的热液活动[82,83]。木卫三（Ganymede，盖尼米德）是太阳系中最大的且有自己磁场的卫星，星表有山脊和沟壑等构造，也发现了地下海洋的证据。木卫四（Callisto，卡利斯托）是太阳系内第三大卫星，也是木星的第二大卫星，其星表下也可能有海洋，存在孕育生命的条件。表 1-11 所示为木星的伽利略卫星参数。

图 1-35　木星的伽利略卫星照片

（伽利略探测器拍摄的照片，从左至右/由外至内：Callisto 2001，Ganymede 1997，Europa 1998，Io 1997。引自 NASA 网站）

表 1-11　木星的伽利略卫星参数

	木卫四	木卫三	木卫二	木卫一
直径/km	4 821	5 262	3 122	3 643
相对直径（地球=1）	0. 378	0. 413	0. 245	0. 286

续表

	木卫四	木卫三	木卫二	木卫一
质量/(10^{21} kg)	107.6	148.2	48	89.3
密度/(kg/m^3)	1 830	1 940	3 010	3 530
表面重力加速度/(m/s^2)	1.24	1.43	1.31	1.8
逃逸速度/(km/s)	2.4	2.7	2	2.6
自转周期/h	400.5	171.7	85.2	42.5
轨道半长轴/(10^3 km)	1 883	1 070	671	422
近心点/(10^3 km)	1 870	1 068	664	420
远心点/(10^3 km)	1 896	1 072	678	424
轨道周期/d	16.7	7.2	3.6	1.8
轨道平均速度/(km/s)	8.2	10.9	13.7	17.3
轨道倾角/(°)	0.19	0.18	0.47	0.04
轨道离心率	0.007	0.001	0.009	0.004
表面平均温度/℃	-155	-160	-170	-155
几何反照率	0.19	0.44	0.68	0.62
有无全球磁场	无	有	无	可能有

1.3.4.2 土星及其卫星

土星是太阳系中由内到外的第六颗行星，也是太阳系的第二大行星。土星的半径约 58 232 km，是地球的 9 倍，质量约 5.68×10^{26} kg。轨道半长轴为 9.582 AU，轨道偏心率约 0.056 5，轨道倾角约 2.485°，轨道周期约 29.4 个地球年。土星在太阳系行星中自转第二快，土星日只有 10.7 小时。赤道面与黄道面的交角为 26.73°，与地球接近，会像地球一样经历季节变化。

与木星类似，土星主要由约占 75%的氢和 25%的氦构成，还有少量的甲烷、氨、PH_3、H_2S 和水汽。土星中心是一个由铁、镍等金属组成的致密内核，周围环绕着岩石物质和其他化合物，内核外围是约 5 000 km 厚的冰层和金属氢组成的壳层，最外层是以氢、氦为主的大气。土星平均密度约 687 kg/m^3，磁场比木星的磁场小，是地球磁场的578倍。

土星被土星环围绕，土星环由冰块和岩石碎片组成，内侧环夹杂岩石和灰尘，主要成分可能为硅酸盐和一些有机物质，外侧环主要是冰，可能为水、氨等物质的混合物，如图1-36所示。

图1-36　土星照片（哈勃望远镜拍摄）

土星被146颗卫星环绕，其中土卫六（Titan，泰坦）是最大的卫星，比水星还大（图1-37）。土卫六是太阳系中除地球之外唯一被发现表面存在液体的地方，也是唯一有浓厚大气层的卫星，表面大气压力约为地球的1.5倍。大气中约98.44%是氮气，是太阳系中除地球之外唯一的富氮天体，大气中还有甲烷、乙烷、丁二炔、丙炔、丙炔腈、乙炔、丙烷等大量不同种类的碳氢化合物，以及二氧化碳、氰、氰化氢和氦气等成分。表面山脉和丘陵主要由冰而非岩石组成，河流、湖泊和海洋充满甲烷、乙烷等液态烃[84]。土卫六的冰壳下可能存在液态水海洋[85]。土卫二（Enceladus）直径只有500 km，但星壳下有盐水海洋，通过表面的间歇泉喷射到太空中后形成土星的一个外环。卡西尼探测器在土卫二南极附近冰裂隙中喷出的物质里检测到了水蒸气、冰颗粒和简单的有机分子。虽然目前没有发现生命迹象，但确实具有水、热液喷口的能源和某些化学物质（如碳、氢、氮、氧）等孕育生命的条件。

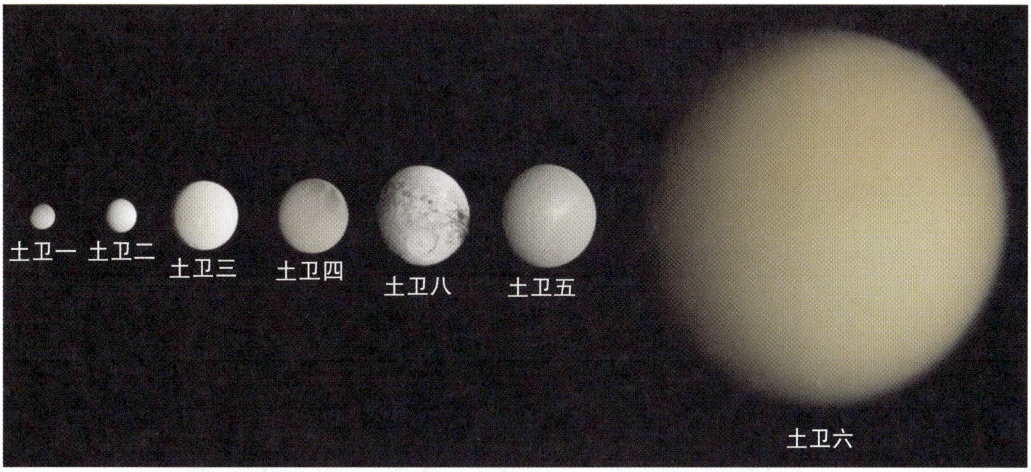

图 1-37 土星最大的卫星照片（引自 NASA 网站）

1.3.4.3 天王星

天王星（Uranus）是太阳系中直径第三大、质量第四大的行星，半径约 25 362 km，是地球的 4 倍。天王星距离太阳约 19.8 AU，公转周期约 84 个地球年，天王星日大约 17 个小时。赤道面与黄道面近乎垂直，交角达 97.77°，导致了天王星存在最极端的季节变化。自转方向自东向西，与金星相同。

天王星有个小的岩石内核，超过 80%的行星质量为内核上方的水、甲烷和氨组成的稠密流体。天王星的大气主要是氢和氦，并含有少量的甲烷和微量的水和氨。大气层最低温度约-224.2 ℃，风速达 900 km/h。

天王星有 2 组环，内部由 9 个环组成，为窄的深灰色环，外部有 2 个外环，内侧环呈红色，外侧环呈蓝色。天王星已发现 28 颗卫星，内部的卫星可能由水冰和岩石构成，外层卫星的组成未知，很可能是被捕获的小行星，如图 1-38 所示。

1.3.4.4 海王星

海王星（Neptune）是太阳系中第 8 颗也是最遥远的行星，距离太阳超过 30 AU。海王星的半径约 24 622 km，为地球的 4 倍。海王星公转周期约 165 个地球年，自转周期约 16 个小时。海王星的自转轴相对于黄道面倾斜 28°，与火星与地球的倾角相近。海王星至少有 5 个主环和 4 个弧，共发现 16 颗卫星。

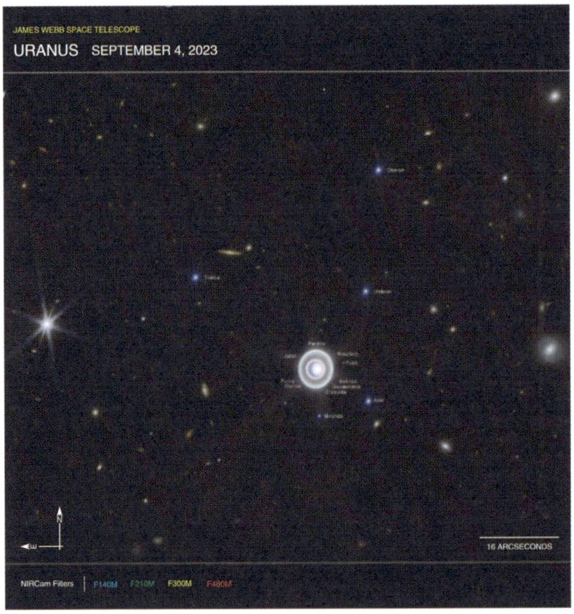

图 1-38　天王星及卫星照片（詹姆斯·韦伯望远镜拍摄）

海王星也有个小岩石内核，超过 80% 的行星质量为上方的水、甲烷和氨组成的稠密流体。表面风速达 2 000 km/h，是太阳系中风力最大的星球，如图 1-39 所示。

图 1-39　海王星照片（旅行者 2 号拍摄）

1.3.5 矮行星及资源特征

国际天文学联合会（International Astronomical Union，IAU）确定的矮行星如表 1-12 所示。矮行星的外幔由水冰与低熔点化合物组成，其中混杂着一些重元素化合物组成的矿物质，厚度占星体的比例相对较大，但相对质量却不大。内部可能有一个岩石质为主的内核，占星体质量的绝大部分。像谷神星这样的距太阳较近的矮行星，表面的冰物质主要是水，而冥王星等距离太阳较远的矮行星，表面冰物质主要是水和熔点更低的甲烷、氮、一氧化碳等。

表 1-12 国际天文学联合会确认的 5 颗矮行星

矮行星	与太阳的平均距离/AU	轨道周期/yr	直径/km	发现年份
冥王星	39.5	247.69	2 377	1930
谷神星	2.77	4.61	980×910	1801
阋神星	67.84	558.77	2 326	2003
鸟神星	45.48	306.17	1 500	2005
岩神星	43.19	285	980×750×500	2003

1.3.5.1 冥王星

冥王星（Pluto）是柯伊伯带中的矮行星和第 1 颗类冥天体，是太阳系内已知的体积最大、质量第 2 大的矮行星，直径约 2 377 km，质量约 1.303×10^{22} kg，是月球的 17.7%，表面重力加速度为 $0.063g$。冥王星近日点为 30 AU，远日点为 49 AU，公转周期约 248 个地球年，轨道倾角超 17°，偏心率略大，自转周期为 6.387 地球日，赤道与黄道面夹角约 120°，季节性变化大，至日时（夏至和冬至）约 1/4 表面处于极昼，1/4 处于极夜。

与其他柯伊伯带天体一样，冥王星主要由岩石和冰组成，密度为 1.86 g/cm^3。其内核直径估计为 1 700 km，占冥王星直径的 70%，如图 1-40 所示。由于放射性元素衰变释放的能量不断加热融化冰物质，导致岩石从冰中分离出来，因此岩石物质可能沉降到被水冰幔包围的致密内核中。冥王星具有年轻的表面形貌特征[86,87]，表面亮度和颜色都有很大差异，显示出多样的地质地貌，包括由冰川、星表-大气相互作用，以及撞击等形成的地貌。由于加热作用可导致在星幔边界处形成 100~180 km 厚的液态水地下海洋[88]。冥王星存在稀薄大气，由氮气、甲烷和一氧化碳组成，表面大气压力约为 1 Pa。

图 1-40　冥王星及预测的内部结构

冥王星有 5 颗已知的自然卫星，其中最大、最接近冥王星的是冥卫一（Charon）。在冥卫一之外，有 4 颗较小的卫星，由内至外分别是冥卫五（Styx），冥卫二（Nix），冥卫四（Kerberos）和冥卫三（Hydra），如图 1-41 所示。这些卫星的轨道为圆形，且与冥王星赤道共面。

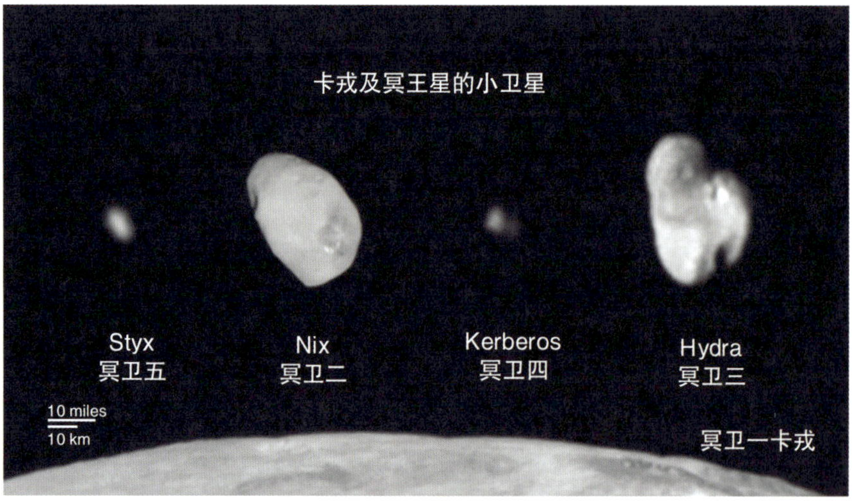

图 1-41　冥王星的 5 颗卫星（引自 NASA 网站）

1.3.5.2 谷神星

谷神星（Ceres）是太阳系中最小的、唯一位于小行星带的矮行星。谷神星为扁平状球体，赤道半径约 490 km，极地半径约 455 km。谷神星的质量约 9.4×10^{20} kg，占小行星带总质量的 1/3 以上。密度为 2.2 g/cm^3，约为月球的 2/3。谷神星距太阳 2.8 AU，公转周期为 4.6 个地球年，轨道偏心率 0.075 8，轨道倾角 10.59°。自转周期为 9.1 小时，自转轴相对于轨道面倾斜 4°，几乎垂直旋转。谷神星光谱类型为 G 型，表面成分类似于碳质球粒陨石，覆盖着大量年轻的小陨石坑。它可能是一个经过分异的天体，具有岩石内核，星幔层包含大量水冰物质（图 1-42）。探测表明，谷神星存在大量水合矿物质，估计约占总体积的 40%。

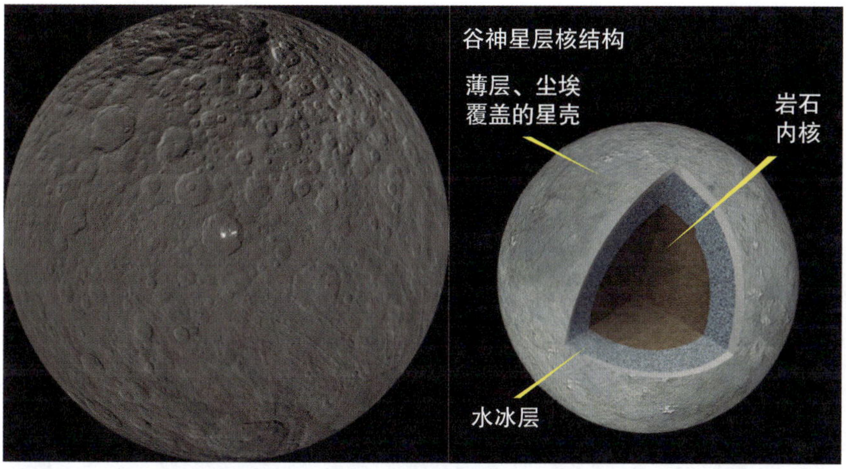

图 1-42　谷神星照片及预测的内部结构（引自 NASA 网站）

谷神星表面发现了水蒸气（图 1-43）[89]，可能有两个原因：1）太阳照射使谷神星表面的冰被加热汽化；2）谷神星内部仍有能量释放。谷神星的陨石坑中存在永久阴影区，可能赋存大量水冰。谷神星可能拥有液态水的海洋，具备生命存在的 3 个基本条件——液态水、能量来源和某些化学成分（碳、氢、氮、氧、磷和硫磺等）。

美国 NASA 黎明号（Dawn）探测器通过热-超热中子计数数据获得了谷神星的全球水分布[90]。探测数据和理论模型均表明谷神星有大量的水冰资源，

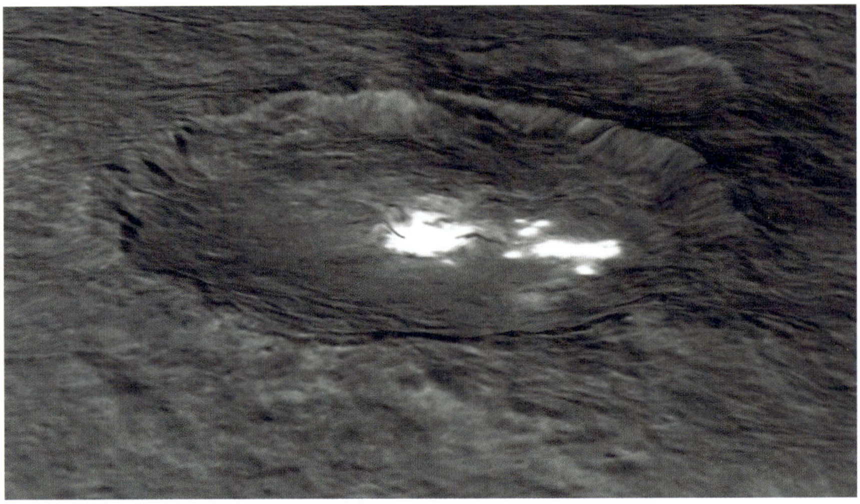

图 1-43　谷神星奥卡托陨石坑内水冰升华形成的薄雾（亮区）

质量百分比从极区超过25%到赤道区域约16%，存在于星表浅层区域，深度不超过1 m（图1-44）。

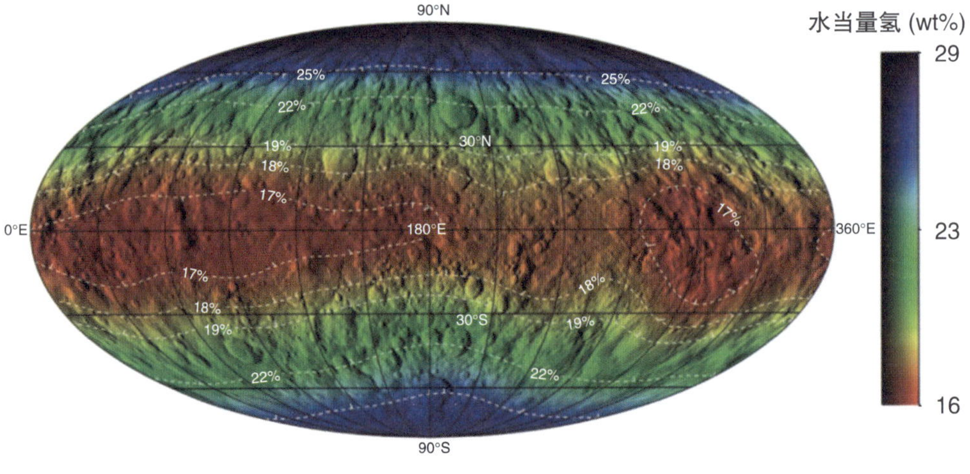

图 1-44　谷神星全球氢分布及与水冰稳定模型的比较

黎明号的可见红外辐射计（VIR）以不同的空间分辨率观测了谷神星表面，揭示了全球范围、内源性的水蚀变（图1-45）和年轻且活跃的表面冰层结构[91]，表明可能有次表层的液态水海洋活动。星表主要由深色成分（可能为碳、磁铁矿）、镁层状硅酸盐、含氨粘土、碳酸盐和盐组成[92]。

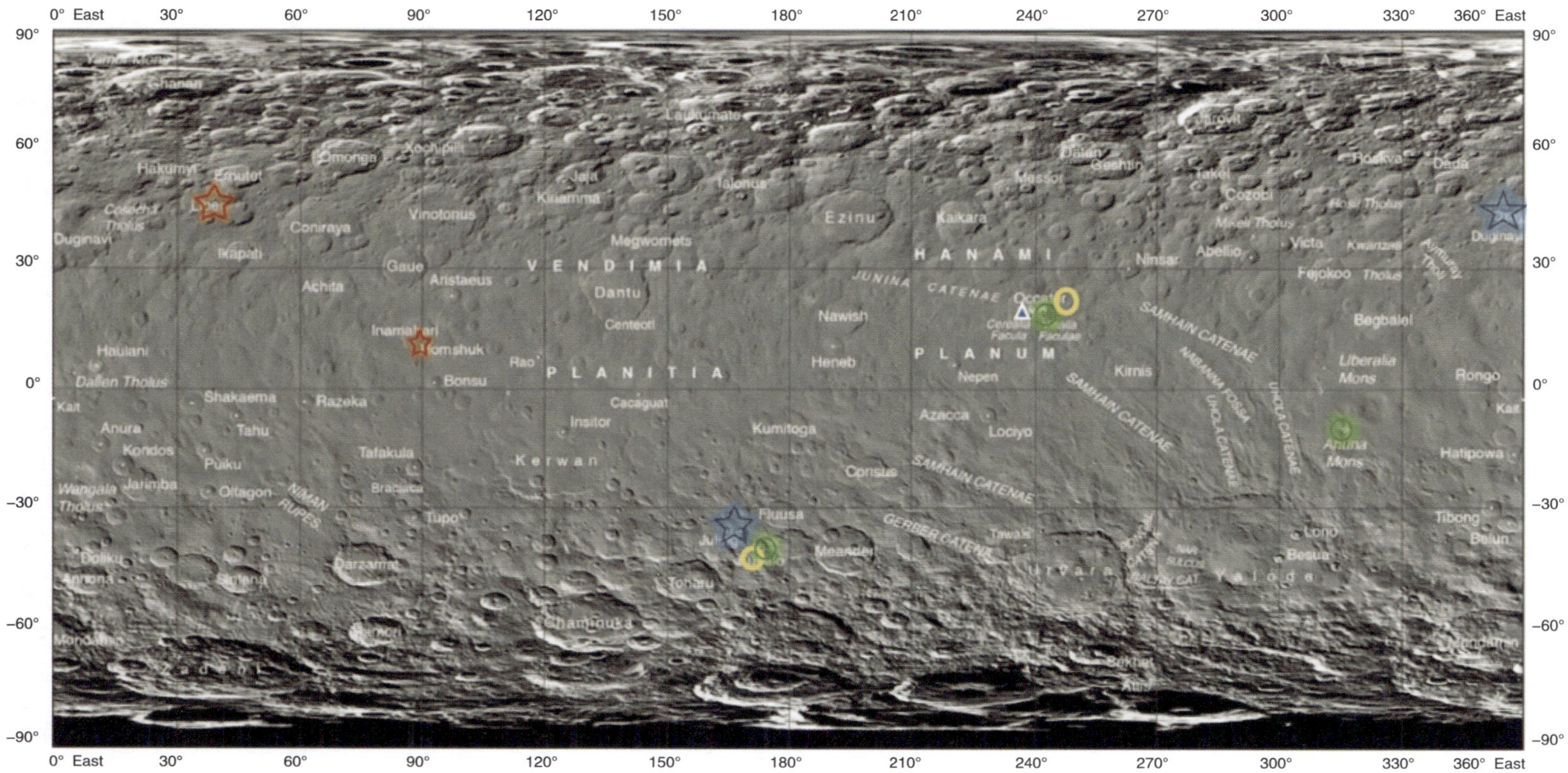

图1–45　谷神星全球矿物资源分布

红色星形代表有机质，蓝色星形代表已发现水冰的主要区域，绿色圆形代表碳酸盐，黄色圆形代表层状硅酸盐，三角形代表铵盐

1.3.5.3 阋神星

阋神星（Eris）是已知的太阳系中第 2 大矮行星，属外海王星天体（类冥天体）。阋神星距太阳最远为 97.65 AU，近日点为 37.91 AU，公转轨道周期约 559 个地球年，自转周期约 25.9 小时。阋神星的质量是冥王星的 127%，在太阳系天体中排名第 9，估测直径约为（2 326±12）km，阋神星的密度为（2.52±0.07）g/cm^3，主要由岩石物质构成，有一颗较大的卫星——阋卫一（Dysnomia）。

阋神星看上去几乎是白色的，反照率达到 0.96，其反射红外光谱表明可能存在甲烷冰，表面温度估计在 30~56 K 之间。当离太阳足够近的时候，星表升温会导致部分甲烷冰等物质升华。模型分析表明，通过放射性衰变的内部加热，可能在星幔-核心边界处形成液态水海洋。

1.3.5.4 鸟神星

鸟神星（Makemake）是太阳系内已知的第 3 大矮行星，直径约 1 300~1 900 km，质量约 4×10^{21} kg，平均密度约（1.7±0.3）g/cm^3，表面重力加速度 0.47 m/s^2。鸟神星远日点 53 AU，近日点 38.5 AU，公转周期约 310 个地球年，轨道倾角 28.96°，轨道偏心率约 0.16。

鸟神星平均温度极低，约 30 K。反照率 0.77，表面可能覆盖着固态甲烷与乙烷，并可能还存在固态氮，是一颗由岩石和冰构成的天体。

2016 年，美国 NASA 通过哈勃太空望远镜发现了一颗围绕鸟神星运行的小而暗的卫星，编号为 S/2015（136472），被简称为 MK 2。它比鸟神星暗 1 300 多倍。其半径估计约为 80 km。

1.3.5.5 岩神星

岩神星（Haumea）位于柯伊伯带，是第 5 颗矮行星，半径约 620 km，为地球半径的 1/14，质量约 4.2×10^{21} kg，密度约为 3 g/cm^3。它距太阳 43 AU，公转周期约 285 个地球年，自转周期为 4 小时，是太阳系中自转最快的大型天体之一。岩神星内部主要由岩石组成。

岩神星目前发现有两颗卫星，即内侧的 Namaka 和外侧的 Hi'iaka。

1.4 太空资源开发的经济价值

太空资源开发不仅可大幅减少地球补给、降低太空探索的任务成本，而且可为地球可持续发展注入新动力[93]。2017 年，据美国银行美林集团新兴空间市场预测估计[25]，在未来 30 年内，地月空间商业活动的生产总值每年将高达 2.7 万亿美元，而火星、小行星带等资源开发的价值超过 7 万亿亿美元，如图 1-46 所示。2021 年，全球著名经济智库——梅肯研究所发文指出，太空采矿即将来临，将导致全球原材料迅速贬值，改变全球经济格局，并对严重依赖矿产出口的发展中国家产生重大影响。对 Asterank 数据库探测信息较为充分的 997 颗小行星进行的价值估算表明，其中有 701 颗每颗价值均超过 100 万亿美元[94]。

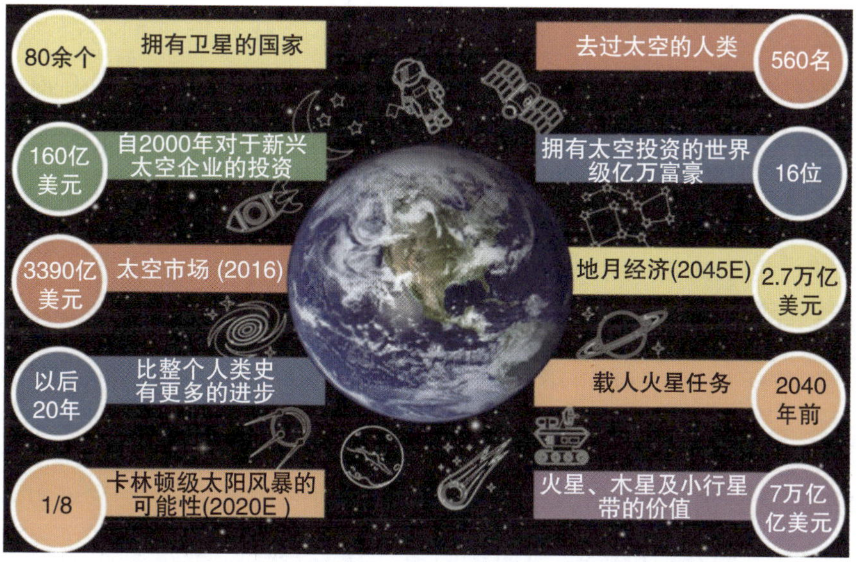

图 1-46 美国银行美林集团新兴空间市场预测

1.3 节对太空资源的类型和特征的归纳分析表明，太阳系内各类地外天体蕴含类型多样、储量丰富的物质资源，不仅包括水冰和氦-3 等各类挥发分资源，还有丰富的镍、铁等金属及稀土、铂族元素、放射性元素等各类稀有矿物资源，具有巨大的开采利用价值。目前的研究表明，最有经济价值的太空资源包括可制备生命保障物资和推进剂的水冰资源，可进行太空原位制造和建造的各类矿产资源，以及地球可持续发展亟需的战略性关键矿产资源。本节重点对这 3 类资源的开发价值进行初步的分析。

1.4.1 太空水冰资源的原位利用价值

水是生命之源，是实现长期地外生存的核心物质要素，更为重要的是，水可以通过太阳能光电催化直接生产氢和氧，既可为长期地外生存提供氧气，又可为各类太空活动提供氢能和太空运输所需的推进剂。在即将到来的太空时代，水是太空经济的命脉，太空水工业很可能将成为太空工业化的基础。可以预见，随着太空探索与开发活动的频度和规模增加，对水资源和衍生的氢氧物资的需求量也大幅增长。在木星以内的范围，太阳能较为充足、获取便捷，通过在太空原位获取的太阳能和水资源来制备氢氧推进剂，是降低大规模太空活动成本的关键。虽然核能不依赖太阳能，功率密度大，但由于核能是不可再生能源，核安全要求高、成本高昂，而且还需要不断补充推进剂物资，大规模太空活动时需从地面供给大量核燃料和推进剂，在相当长的时期内难以降低成本，不适宜大范围利用。若核聚变技术取得突破，且地外氦-3 资源开发技术成熟后，核聚变的能源与推进技术可支撑太阳系大范围的运输活动。

月球和近地小天体的水冰资源开发是规模化太空活动的重要前提。当具备了近地天体的水冰开采能力，并在此基础上构建了地月空间的水基推进剂的供应链后，将激活地月空间的经济活动[95]，并逐步把人类活动拓展到整个太阳系。

表 1-13 给出了从地球和从月球供应推进剂的成本比较[4]，可以看出，即使为近地轨道飞行器提供推进剂加注服务，从月球供应推进剂也具有一定的成本优势；对于向 GEO、EML1 轨道提供推进剂，从月球供应推进剂比从地球供应的成本低了一个量级；而对于月面应用，从月球供应推进剂比从地球供应的成本低近两个量级。由于近地小天体的引力很小，不像月球需消耗推进剂来突

破月球引力阱的限制，从近地小天体开采水冰资源所需的速度增量可以更小，因此，从小天体供应水和水基推进剂的成本可以更低。

表 1-13 从地球和月球供应推进剂的比较

目的地	从地球供应的成本/(美元/千克)	从月球供应的成本/(美元/千克)
地球表面	1	—
近地轨道	4 000	3 000
地球同步转移轨道	8 000	1 500
地球静止轨道	16 000	1 500
地月 L1 轨道	12 000	1 000
月球表面	36 000	500

通过开发月球水资源，为月面和月球轨道的飞行器加注原位制备的推进剂，可有效支撑载人登月任务，大幅降低规模化任务的成本。例如，美国 NASA 的航天员乘坐载人舱从月球轨道门户空间站（Gateway）直接到达月球表面，每次着陆任务都需要提供 14~50 吨的推进剂。假设每年有两次载人登月任务（每次需 25 吨推进剂）和一次货船任务（需 50 吨推进剂），则月面推进剂的总需求为 100 吨/年。若采用 5.35∶1 的推进剂混合比，需要每年开发约 150 吨的月球水资源。相较从地球供应推进剂，在月球极区开采水冰并生产氢氧推进剂每年可节省 53.3 亿美元的成本。

载人火星任务对水基制备的原位推进剂的需求量更大。美国洛克希德·马丁公司的火星大本营概念计划提出利用地月 L1 点作为火星任务的出发集结地。若每 2 年发射一次任务，每次要在地月 L1 点加注 280 吨的推进剂，需从月球或近地小天体开采约 420 吨的水资源。相较从地球供应，该类任务每年可节省 23.1 亿美元的成本。

未来人类的生存发展空间会向太空不断拓展。在综合了美国埃隆·马斯克提出的数十万人在火星上生活、美国杰夫·贝佐斯提出的数百万人在地月空间生活和工作、美国联合发射联盟公司（United Launch Alliance，ULA）的地月 1000（Cislunar-1000）愿景的基础上[96]，预测的未来太空人口规模及水需求量如表 1-14 所示[4]。从太空人口来看，2010 年 LEO 为 6 人；2040 年 LEO 为 218 人、EML1 为 79 人、月面基地为 68 人。估算推进剂和生保对水的年需求为：2010 年 LEO 需求为 2 吨，2040 年 LEO 需求为 2 385 吨、EML1 为 3 133 吨、月面基地为 482 吨。按此数据进行估计，在月球极区开采水并生产氢氧推进剂，为地月空间活动提供补给服务，相较从地球供应，2040 年可节省 540 亿美元，而到 2055 年则可节省达 910 亿美元。

表 1-14 太空人口预测和水资源需求

太空人口规模/人数	2010	2025	2040	2055	2070
近地轨道站	6	37	218	1 131	7 891
EML1 轨道站	0	10	79	323	2 630
月面前哨站	0	2	68	647	5 261
火卫一前哨站	0	0	12	162	1 315
火表前哨站	0	0	20	970	9 206
年均水需求量/吨	**2010**	**2025**	**2040**	**2055**	**2070**
近地轨道补给站	2	433	2 385	3 096	23 320
EML1 补给站	0	425	3 133	5 534	43 158
月面补给站	0	13	482	771	4 665
火卫一补给站	0	5	328	1 577	12 084
火表补给站	0	0	342	1 720	12 230

1.4.2 太空矿产资源的原位利用价值

月球和火星都被选择作为载人探测的目标，并规划可能实现规模化的地外移民。地月经济圈的建设和未来地火空间的拓展开发，将伴随着一系列规模化、经济性和可持续的太空基础设施建设，包括地月空间站、月球基地与火星基地，以及太空制造、太空物流、太空能源等基础设施。这些基础设施的发展仍面临资源供应的重大挑战，阻碍了实现脱离地球的生存能力以及太空资源开发的能力。

目前航天器主要的结构材料包括铝、镁、钛等合金。铝合金价格相对便宜，导热性、导电性良好且抗腐蚀性能好，是目前卫星上应用最广泛的轻金属材料。镁合金是常用合金材料中密度最低的材料，且减振能力好，易切削加工，但强度相对较低。钛合金相比于其他轻金属材料的优势在于比强度最高，耐腐蚀性好，线膨胀系数小，并且高低温力学性能佳，能在 550 ℃高温和

−250 ℃低温下长期工作而保持性能不变[97,98]。

未来太空基础设施的建造将需要大量的铝、镁、钛、铁、硅等金属和非金属材料。从地球向太空运输这些材料代价高昂，从地球向月球运送 1 kg 的材料费用可高达 36 000 美元，向火星运输材料成本更为高昂。月球、小天体和火星等地外天体的探测表明，它们赋存了大量的矿产资源，可以加工成类似于地球的建筑材料和金属与非金属制造材料等[99]。例如，小行星普遍存在精炼级铁、镍和钴，以及钼、铝、硅、钛和铂族金属等。矿石品位显著高于地球，开采、冶炼难度小。镁、铝和硅几乎完全以氧化形式存在于硅酸盐、氧化物和碳酸盐等化合物中，可采用星壤熔融电解等工艺进行化学还原来提取金属元素。铁可以 3 价（如磁铁矿等）、2 价（如橄榄石、辉石等）和 0 价（如铁镍金属）的形式存在于小行星中。硅、铝、铁、钛等材料在地球上储量丰富，无须运回地球使用，但具有巨大的太空应用潜力。当具备了在太空中冶炼生产的能力后，通过开发地外天体资源获得的金属和非金属材料来开展太空基础设施建造和关键结构部件、光伏电池等制造，甚至可能比返回地球的贵金属更有价值。轻金属铝和镁适用于建造大型空间桁架或梁等结构，钢的性能在某些条件下比铝或镁更有优势，若没有发射质量和成本的约束，太空炼制的钢铁将有重要需求。从太空中冶炼获得的硅可以用来在太空原位制造太阳能光伏电池，并进而建造大规模的空间太阳能电站。镍、钴、铜和稀土元素等其他金属也具有重要的特殊应用。

通过利用太空原位资源，将大幅减少从地球的物资运输量并有效降低建设成本。以表 1-14 为例，至 2040 年近地轨道站、EML1 轨道站、月面前哨站、火卫一前哨站和火表前哨站的人员规模分别为 218、79、68、12、20 人，均超过国际空间站 6~7 名航天员的规模。参考国际空间站的数据，其质量约 420 吨，电功率为 75~90 kW，居住空间约 388 m^3，未来的这些空间设施的规模将显著超过国际空间站，总体积和质量巨大，建设成本也会非常高昂。即使地月 L1 空间站跟国际空间站的规模相当，通过月球原位资源进行建设可节省约 4.6 亿美元的发射成本。

另外，在太空或地外天体表面建设基础设施，由于不需要经历发射段和着陆段的强过载且应用环境处于低/微重力条件，其结构构件的强度和刚度要求大幅降低，会显著节省建造材料的需求量和建造时间。例如，如果在月球表面建造射电望远镜，由于重力加速度低且没有动态载荷，与美国西弗吉尼亚州建造的直径为 182 m、质量为 36 000 吨的射电望远镜相比，质量可能会降低到约 4 000 吨[100]。若通过月球原位资源来进行建设，参考表 1-13，则可节省约 1 420 亿美元的发射成本。

1.4.3 太空战略性关键矿产资源的地球利用价值

18 世纪中叶以来，人类社会开启了数次工业革命，先后经历了蒸汽时代、电气时代和信息时代，以机器取代人力，大幅促进了生产力发展，但同时带来自然资源的大量消耗和全球性的环境污染，煤炭、石油和各类金属和非金属矿产资源消耗呈指数增加，地球重要资源预计会逐渐枯竭，难以长期支撑地球的可持续发展。如何为未来寻找资源成为当前的紧迫问题。太空资源的开发利用将成为解决社会发展资源制约性问题的重要途径。

战略性矿产资源（Strategic Mineral Resources）① 是一组重要的化学元素构成的重要资源，它是全球经济发展高需求、高价值商品的关键限制因素。这些元素包括：

1）稀土元素 REEs。共有 17 种元素，包括了原子序数从 57 到 71 的 15 种从镧到镥的镧系元素以及与镧系元素具有相似化学性质的原子序数为 21 的钪和 39 的钇（Sc、Y、La、Ce、Pr、Nd、Pm、Sm、Eu、Gd、Tb、Dy、Ho、Er、Tm、Yb、Lu），广泛用于航天、军事、能源、制造等高科技领域。

2）裂变元素（U，Pu，Th）。主要用于产生核能的放射性元素。铀、钚和钍是仅有的 3 种可以被浓缩的自然元素，因此被用作核反应堆的裂变燃料。随着核电的发展，这些元素将变得更有价值，更加短缺。

3）铂族元素 PGE（铑 Rh、钯 Pd、锇 Os、铱 Ir、铂 Pt）。它是化学性质类似于铂的过渡金属。这些元素常用作工业过程中的催化剂和合金成分。

① 战略性矿产资源是指对外依存度大，对一个国家的经济，特别是国防工业至关重要的矿石及其衍生产品。进入 21 世纪以来，国际上采用“关键矿产”来表述对国家发展和安全至关重要的矿产。

4）稀有金属和类金属RMs。稀有金属（Ga、In、Zr、Nb、Ta）在新兴技术中有重要需求。

进入21世纪以来，西方国家已将战略性矿产全面转向用关键矿产（Critical Minerals）表述[101]。关键矿产是指对经济社会发展和国家安全至关重要，由于供应短缺存在较大风险，或者具有一定优势可对全球供应具有较强影响力的矿产资源[102]。2018年美国地质调查局制订了关键矿产清单，2022年更新为50种，包括：铝/铝土矿、锑、砷、重晶石、铍、铋、铯、铬、钴、萤石、镓、锗、天然石墨、铪、铟、锂、镁、锰、铌、镍、铂族金属5种（铂、钯、铱、钌、铑）、稀土元素16种（镧、铈、镨、钕、钐、铕、钆、铽、镝、钬、铒、铥、镱、镥、钪、钇）、铷、钽、碲、锡、钛、钨、钒、锆、锌[103]。图1-47对美欧日关键矿产/原材料清单进行了比较[102]，其中锑、铍、铋、钴、镓、锗、铪、铟、锂、铌、钽、钛、钨、钒、铂族、稀土等均被美国、日本、欧盟列为关键矿产。张生辉等[102]提出了37种中国关键矿产建议清单，包括：1）稀土，锂、铍、铌、钽、锶、铷、铯、锆、铪，镓、锗、铟、铼、碲；2）关键黑色有色贵金属矿产：铬、钒、钛（金红石型），镁、镍、钴、钨、锡、锑、铋，铂族、金；3）战略非金属矿产：高纯石英、石墨、萤石、硼；4）特种气体矿产：氦气等。

到2050年，全球人口数量预计将超过90亿。随着全球人口持续增长，对战略性关键矿产的需求迅速增加。在全球变暖问题的驱动下，绿色能源发展呈井喷态势，这导致对许多资源的需求大幅增加，包括钕、镝、镉、镓、铟、铪、铌、钼、硒、碲、钒等稀贵金属以及铜、锡、银和镍等常见材料，未来的资源供应难以满足迅速增长的资源需求。许多战略性关键矿产由于其稀有性，难以进一步增加产量。例如，全球稀土元素储量足以维持一个多世纪，然而，由于可开采的高品位矿石的稀缺性，难以保障未来的持续供应，因此，在未来100年内，稀土元素和其他关键性矿产资源的需求可能会迅速超过供应。2024年4月27日，中国地质调查局全球矿产资源战略研究中心发布了《全球矿产资源储量评估报告2024》[104]。报告显示，截至2022年年底，全球铁、锰、铬、磷、钾盐、锂、钒、钛、镁、钨、铌、钽和铂族金属储量丰富，铟、锡、

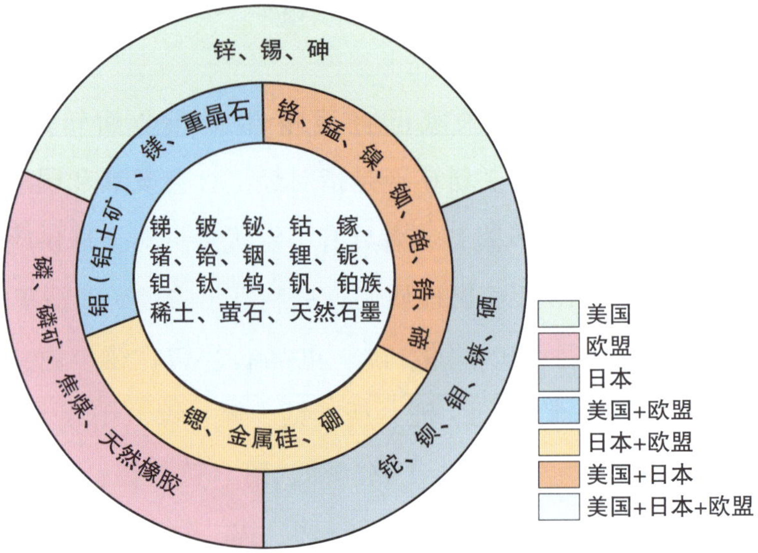

图 1–47　美欧日关键矿产/原材料清单比较示意图

锑、铅、锌、铋、镍、铝、铜等资源的保障程度较低，需进一步加大勘查力度和资金投入。同时报告显示，中国这 23 种矿产的储量在全球占比差异较大，多数大宗矿产资源的储量全球占比较低。其中，铟、钨、铋、钼、钛、锑、锡、铅、锌、钒、锂、镁等 12 个矿种的资源储量全球占比超过 10%，为优势矿产。其他 11 种矿产储量全球占比较低，属于紧缺矿产。对可再生能源行业的分析表明[105]，碲、银、镉、钴、铬、铜、镓、铟、锂、锰、镍、锡和锌共 13 种元素为高风险元素，其累积需求超过了目前的已知储量[106]，如图 1–48 所示。

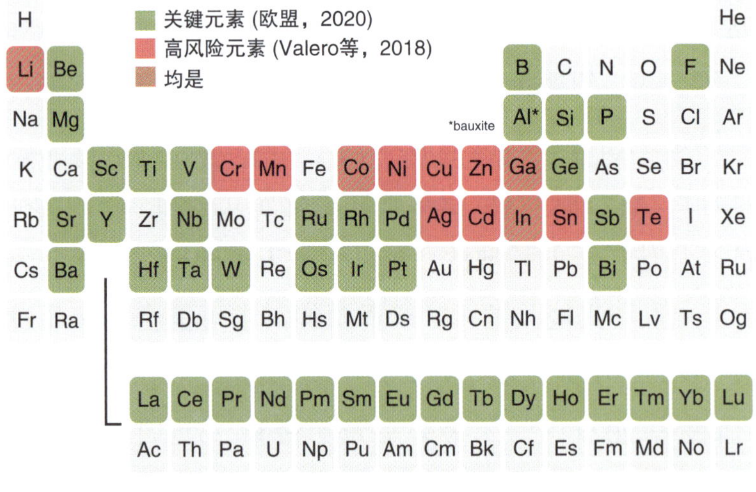

图 1–48　极高和高风险化学元素清单

月球和小行星等地外天体蕴藏着丰富的、可支撑地球可持续发展的战略性关键矿产。月球独特的克里普岩富含丰富的稀土资源和钍、铀等放射性物质。月壤中还富含地球上稀缺的氦-3 核聚变能源资源。碳质小行星富含氢、碳、氧、氮等元素，能够为太空探索提供水和燃料，而金属质小行星主要由铁、镍构成。小行星中铂族金属元素含量丰富，包含铂、铑、铱、锇等稀有金属。小行星可获取的高价值资源和应用价值如图 1-49 所示。

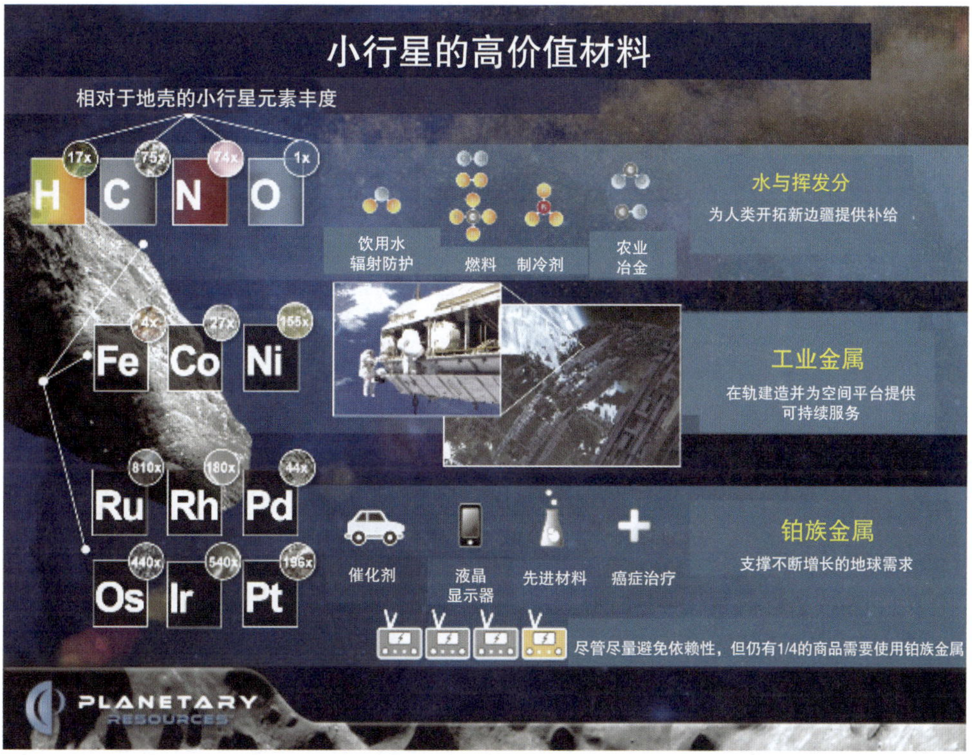

图 1-49　小行星带资源的经济价值（引自 Planetary Resources）

通过地面和空间的遥感观测，国际上已获得大量的小行星数据，并建立了公开数据库。例如，国际 Asterank 数据库包含 60 多万颗小行星，结合小行星的质量、组成、轨道等重要数据，估算开采小行星的成本和收益，可以快速获得最有价值、最合算、最容易到达的小行星排序信息[107]。近地小天体是现阶段最适宜开采的目标，具有十分可观的价值和利润（表 1-15）。主带小行星开采价值更大，大量小天体的单颗价值和利润均超过 100 万亿美元（表 1-16），具有重要的开采价值[108]。

表 1-15 按估计利润排序前 5 的近地小天体

序号	名称	类型	价值/亿美元	估计利润/亿美元
1	Heracles	O	>1 000 000	303 300
2	1998KU2	Cb	803 200	119 500
3	Betulia	C	>1 000 000	69 300
4	Davidharvey	C	539 000	61 400
5	Phaethon	B	>1 000 000	53 000

表 1-16 按估计利润排序前 5 的主带小行星

序号	名称	类型	价值/亿美元	估计利润/亿美元
1	Davida	C	>1 000 000	>1 000 000
2	Alauda	B	>1 000 000	>1 000 000
3	Diotima	C	>1 000 000	>1 000 000
4	Palma	B	>1 000 000	>1 000 000
5	Winchester	C	>1 000 000	>1 000 000

1.5 太空资源开发的战略意义

人类的发展是不断拓展生存空间的历史进程。太空资源可使人类具备“脱离地球的生存能力”，将不断向更深远的太空拓展生存空间，开展各类生产生活和经济活动。21 世纪中叶前后，人类有望登陆月球及月球以远的天体，并到月球、小天体上采矿，在地外星球建立新家园。月球、小行星、火星等地外天体将留下人类的足迹，太空资源开发将推动人类文明跨入新阶段。人类文明将以地球文明为源头，开拓地月文明甚至太阳系文明，促进技术创新和生产力的发展。

当人类具备太空资源开发的能力后，将打破地球封闭系统的限制，可获取太阳系内的巨量资源，为人类文明发展提供不竭动力。太空资源开发将推动航天科技与经济社会发展高度融合，将实现商业化、规模化，形成新产业体系，改变全球原材料供应和全球经济格局，这其中孕育着巨大的科技效益、经济效益、社会效益、安全效益和政治效益。

1.5.1 催生地月经济新业态

月球位于地球引力阱的边缘，蕴藏着丰富的自然资源。以月球推进剂生产为代表的月球资源开发活动将大幅降低太空运输成本，将激活并有效促进地月空间的经济活动，催生地月经济新业态，将有望在月球创建人类的“第二家园”。月球资源开发引发的“太空新经济”有可能带来不可估量的经济价值。

2015 年，美国 NASA 马歇尔航天飞行中心成立了太空 2100 研究组，对 2050 年地月经济圈态势进行了预测，包括高度网络化、国际化的太空工业和地月基础设施[109]。月球附近将建设可容纳 300 人的栖息地，为进行采矿作业、中转站维护和建造大型空间设施的人员提供服务。这个栖息地将提供辐射屏蔽和人工重力，利用太空原位资源基本实现自给自足。原位资源利用和原位 3D 打印（增材制造）将成为关键技术，并开展一系列月球表面或小行星上的机器人采矿作业。图 1-50 所示为 NASA 2050 地月经济圈预测及发展路线图。

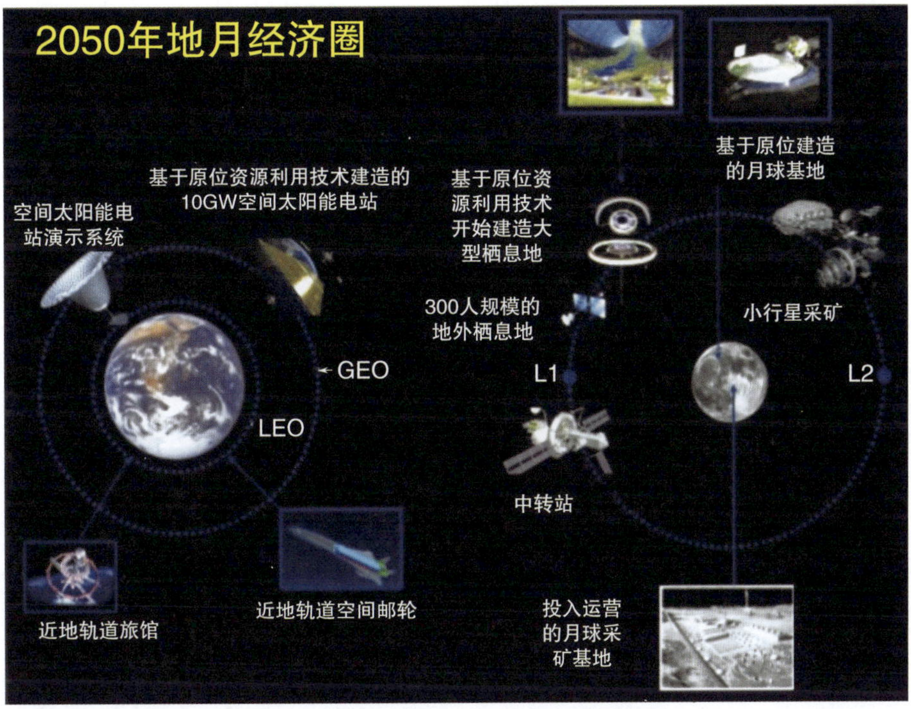

图 1-50 NASA 2050 地月经济圈预测及发展路线图

2016年，美国联合发射联盟公司认为30年后（2046年）将有1 000人在地月空间生活和工作，提出了一个可自我维持的太空经济模式Cislunar-1000计划[110]。通过先进低温衍生上面级（ACES）和试验性增强上面级（XEUS）等产品在近地轨道和地球静止轨道与地月L1和月球表面之间建立地月空间的往返贸易路线。该系统最初由地球携带到太空的氢和氧提供推进剂，随着月球和近地小行星水资源开采能力的建立，将逐渐过渡到使用太空资源来自我维持。图1-51给出了设想的地月空间经济市场，潜在的地月空间活动包括太空推进剂生产、新材料制造、太空生活和工作、近地小天体采矿，以及科学探索、太空碎片管理、卫星服务与加注、国际空间站、载人探索、空间太阳能电站、自维持居住地等。美国联合发射联盟公司提出的地月高速公路——空间运输基础设施的概念，包括推进剂加注站、轨道拖船、中转站、服务站等，以及对自主采矿设备的需求。

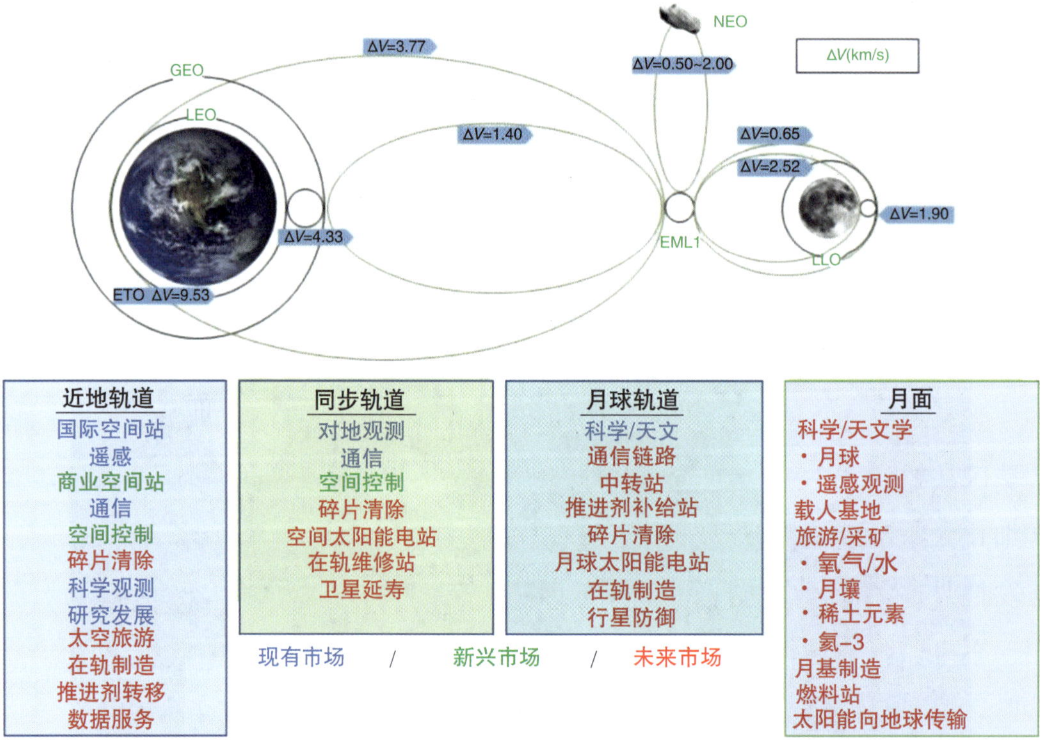

图1-51 美国ULA公司设想的地月空间主要经济活动和新兴地月市场

2020年4月，美国NASA发布《月球持续探索与开发计划》[111]，提出美国将加速实施阿尔忒弥斯计划，2024 年将再次实现载人登月（已推迟），随后将在月球南极建设阿尔忒弥斯营地，开展月球资源开采和原位资源利用，支持长期经济与科技活动，为 21 世纪 30 年代首次载人登陆火星奠定基础。2020 年 9 月，美国 NASA 发布阿尔忒弥斯计划大纲[10]，提出将在月球上演示生产水、燃料和其他供应品，以及建造设施的能力。2020 年 10 月与多国签订《阿尔忒弥斯协定》，其核心是太空资源条款[112]。签署国提出太空资源的利用可为安全和可持续的太空活动提供关键支持，从而造福人类；应在《外层空间条约》框架下开展月球、火星、彗星、小行星等太空资源的开采与利用；承诺使用安全区，鼓励科学发现、技术验证及安全高效地开采和利用太空资源。图 1-52 所示为 NASA 阿尔忒弥斯月面创新计划。

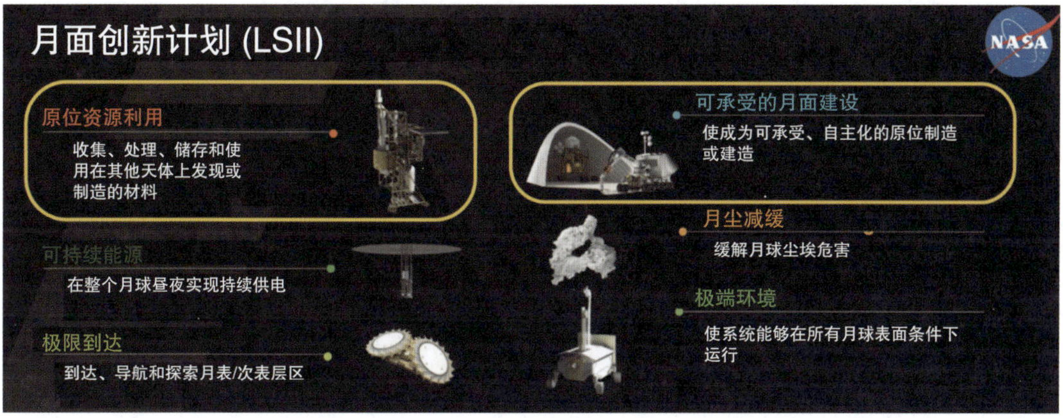

图 1-52 NASA 阿尔忒弥斯月面创新计划

2021 年 4 月，美国大西洋理事会发布了《太空安全的未来：未来 30 年的美国战略》[113]，指出未来 30 年太空政策的重点在地月空间。美国优先发展细化太空治理法律法规框架、建立太空安全合作联盟、加速太空商业化、开发地月空间等 4 个方向，把经济和安全活动延伸到地月空间，开展科学观测、军事监测与通信以及资源开采等活动。为加速太空商业化，将加大太空发射、卫星星座运营、新动力和推进剂系统、在轨服务和原位资源利用等关键基础技术的重点投资。报告认为，太空资源开发可带来显著的经济价值，实施原位资源利用的时机已成熟，是未来 30 年确保空间安全的关键，原位资源利用将成为下一个太空探索的技术催化剂，利用原位资源利用技术在太空中开采、获取消耗性资源，将显著降低发射成本，并最终实现从月球发射。

2022 年 11 月，美国白宫科技政策办公室发布《国家地月空间科技战略》，提出美国将基于太空优先框架，负责任、和平和可持续地探索和使用地月空间，提升在地月空间科学、探索和经济发展活动方面的太空优势。该战略是美国政府太空优先事项之一。美国政府制定了以下 4 项关键目标：1）鼓励科技研发，实现美国在地月空间的长期发展；2）扩大地月空间的国际科技合作；3）增强地月空间态势感知能力；4）提高可扩展和可互操作的地月空间通信及定位、导航和授时（PNT）能力。第一个目标的首要子目标为：促进人类在地月空间长期驻留和生存，致力于研发能够在地月空间长期驻留和生存的能力和技术，并为未来载人火星及更远深空任务提供支持。它包括：1）支持轨道和月球表面技术及其他可扩展能力的研发，包括可加注月球着陆器、环境控制和生命维持技术、月球表面动力系统、可移动和防辐射太空服等；2）对月球资源进行评估，推进对月球资源利用能力的研究、开发及演示验证，包括资源表征和勘测、利用原位材料制造设备组件、自主装配结构以及处理获得水、氧等有用分子；3）开展减缓空间环境对人类造成的负面影响的相关研究，包括宇宙辐射对航天员健康的影响、微重力影响等。4）鼓励载人深空探索和永久居住相关的社会科学领域研究，诸如人类向空间扩张的伦理问题、空间发展的长期合作模式以及空间社区的公平治理结构等。

2016 年，欧洲 ESA 提出国际“月球村”计划，将联合全世界航天国家的力量，在月球表面建设一个由所有感兴趣的团体和国家参与的合作营地，开展科学性、探索性、资源开发，甚至商业性的项目。ESA 希望通过“月球村”将“空间 4.0”范式转变为一系列具体行动，营造国际合作和空间商业化都能蓬勃发展的环境。ESA 认为“月球村”将引发新一轮技术创新，包括就地取材，利用 3D 打印技术建造月球基地等，以及利用立方星技术开展月球资源及环境探测，发展商业化的月球探测能力等。2019 年，ESA 发布了太空资源战略，认为太空资源能够支撑对月球和太阳系的可持续探索，其带来的新挑战也将刺激地球上的创新，找到应对全球挑战的新方法，并为地球工业创造经济回报。该计划将在月球上演示验证太空资源利用关键技术，实现在月球上获取水、氧气、金属和其他物质，在月面上实现原位资源建造，并为火星和小行星的资源开发铺平道路。约有来自 30 多个国家的 150 名成员参与了月球村协会（Moon Village Association，MVA），该协会牵头开展规划设计，促进实现永久月球基地的愿景[114]。

日本国会通过了《促进与探索和开发太空资源有关的商业活动法》，激励日本公司在月球开发活动中占据主导地位。日本各行业已经开始了月球商业化活动，推动与月球相关的业务。2021 年，日本成立月球工业愿景委员会，发布《月球工业愿景：地球 6.0》白皮书[115]，指出月球及地月空间将成为新的太空工业生态的前沿，新月球工业将为地球发展带来重要价值。该愿景提出了工业界的 6 项声明和向政府提出的 7 项建议，确保日本公司未来在月球工业中取得成功。

2021 年，经中俄两国政府批准，正式启动中俄国际月球科研站的合作，并在全球空间探索大会期间，中俄共同举办了国际月球科研站路线图全球网络论坛，联合发布了《国际月球科研站路线图（V1.0）》和《国际月球科研站合作伙伴指南（V1.0）》，计划 2036—2045 年间，有望建成综合型的月球基地，实现人类长期驻留，并完成全面、大规模的科学探测、技术试验与月球资源开发利用。作为人类走向深空的第一站，地月空间存在着各类物质、能源、环境、位置等稀缺战略资源，是未来很长一段时间内人类生存与发展的战略空间[5]。地月空间探索与开发由地月空间航天运输体系、地月空间资源探测与开发体系、地月空间基础设施体系 3 大硬件设施和法律法规体系支撑实现。其中地月空间资源探测与开发体系负责对地月空间各类资源实施勘探、采集和利用，含地月空间飞行、月面长期工作支持、月面移动与操作和资源开发利用等服务。未来需具备以下能力：

1）勘探能力。构建地月空间资源勘探能力，实现对地月空间资源类型、分布的全面评估。

2）采集能力。开展地月空间资源挖掘、深层资源钻取，实现水冰、矿产等各类资源的收集。

3）利用能力。与地月空间基础设施体系共同实现对地月空间各类资源的利用，减少对地球资源的依赖性，保障地月空间活动的可持续发展[5]。

图 1–53 所示为地月空间探索与开发活动示意图。

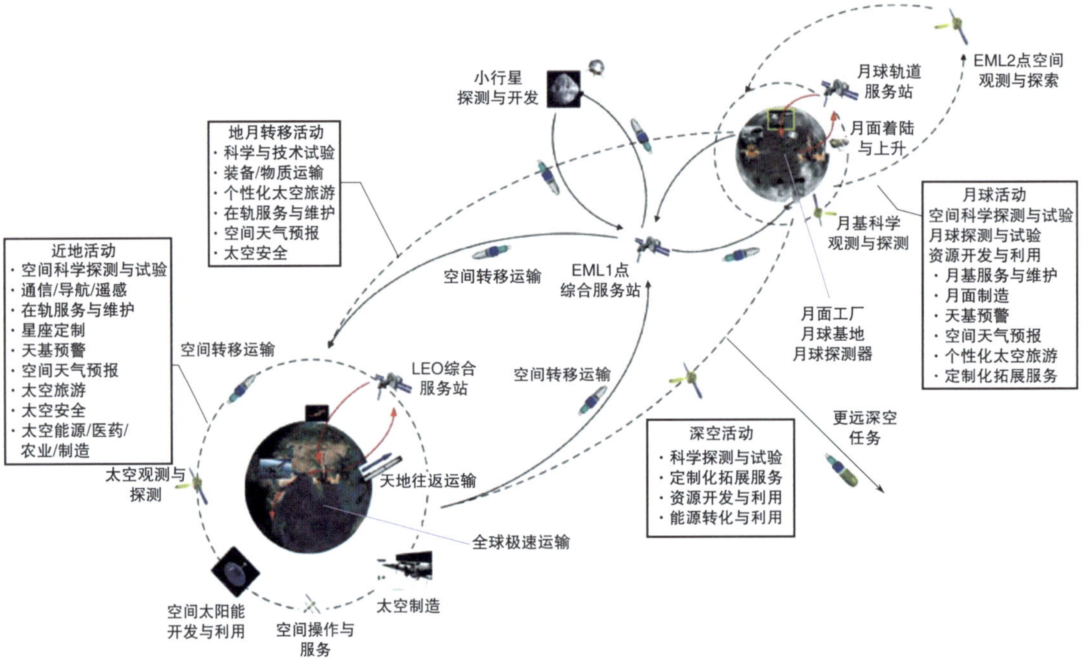

图 1–53 地月空间探索与开发活动示意图

2023 年，作者提出了太空资源开发技术体系设想[95]，以社会发展紧密相关的战略性关键矿产资源开发为核心，以水冰资源开发和水基推进剂制备为基础，以地球为中心，由近及远，分阶段建设月球资源开发体系、近地小天体采矿体系、火星资源开发体系、主带小行星采矿体系、内行星探索开发体系及类木行星探索开发体系，逐步构建全太阳系资源的开发能力。

1.5.2 变革太空探索任务顶层架构

目前的太空探索重大任务所有物资都是从地球携带的，它主要包括轨道机动、深空飞行、行星表面着陆与返回所需的推进剂，人类地外生存所需的空气、水、食物等生活必需品和居住舱与辐射防护设施，以及空间飞行器所有的装置、设备和仪器等硬件设施。随着任务规模的增长，这些物资的发射成本越来越高昂，任务将不可持续和难以承受。如果希望探索和移民到火星等地球以外的地外天体，就必须在太空中找到推进剂、生命保障及栖息地建设所需的主要资源。原位资源利用通过开采地外天体的星壤和大气的成分，进行物理提取处理和化学转换来获取地外生存所需要的水、氧、金属、建材等基本物资，增强自给自足能力，减少对地球供给的依赖。原位资源利用作为改变未来深空探测活动任务体系的一种手段，在深空探测活动中将发挥关键作用，是人类真正走出地球、迈向深空并可持续发展的过程中必不可少的基础之一。如图 1-54 所示，太空资源开发将变革太空探索模式，改变任务顶层架构[116]。

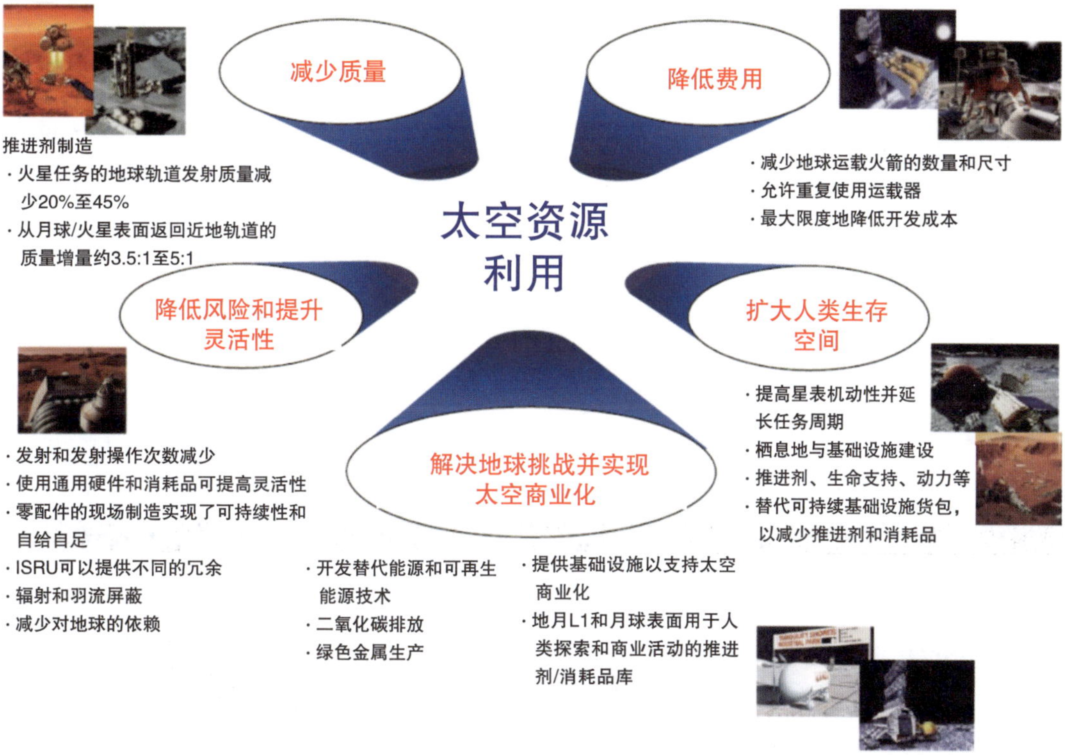

图 1-54　太空资源开发利用对深空探索的变革性影响

载人登陆火星并在火星上建立人类家园是载人太空探索的重要目标，已成为当前社会面临的全球共同挑战，是目前最具挑战、规模最为庞大、成本最高的航天任务。“我们有可能在另一个星球上长期居住吗?”“我们如何在火星上开发制造系统?”等问题已被 *Science* 杂志列入全球最前沿的 125 个科学问题[117]。美国洛克希德·马丁公司、太空探索技术公司等启动了野心勃勃的载人登陆火星计划，特别是太空探索技术公司研制的星舰具备 100~200 吨的运载能力，能够支撑人类从地球出发，在太阳系内实现百吨级物资的大规模转移，计划将 100 万人送往火星，并期望“让人类成为跨星球生存的物种”[1]。

美国历届政府均把载人太空探索作为国家太空计划的首要任务，2017 年特朗普政府重建“国家太空委员会”并宣布美国航天员将重返月球并最终前往火星。2018 年 1 月，国际空间探索协调组的 14 国航天局提出“拓展人类在太阳系的存在、更好地理解人类在宇宙中的位置”作为全球太空探索的共同目标，并提出了以火星为最终目的地的 2040 年太空探索发展路线图，如图 1-55 所示[118]。我国在载人航天与探月工程国家重大科技专项实施的基础上，将进一步拓展太空探索疆域，不断开拓知识前沿、探索未知世界，载人登月和登陆火星将成为航天强国建设重要的里程碑。通过载人空间站的实践，人类已具备在地球资源补给支持下的短期太空生存能力。但若想真正实现地外生存并最终实现向另外一个星球移民，则必须要摆脱对地球的依赖，要从当地获取生活生产活动所需要的能量和物资，就地取材，满足自身需求。通过利用原位资源，可在其他星球上获取生存与活动所需的基本能源和物资，这将大幅减少从地球的补给需求，降低太空探索的发射质量、成本和风险，是长期地外生存的使能技术，将真正实现可承受、可持续的太空探索。

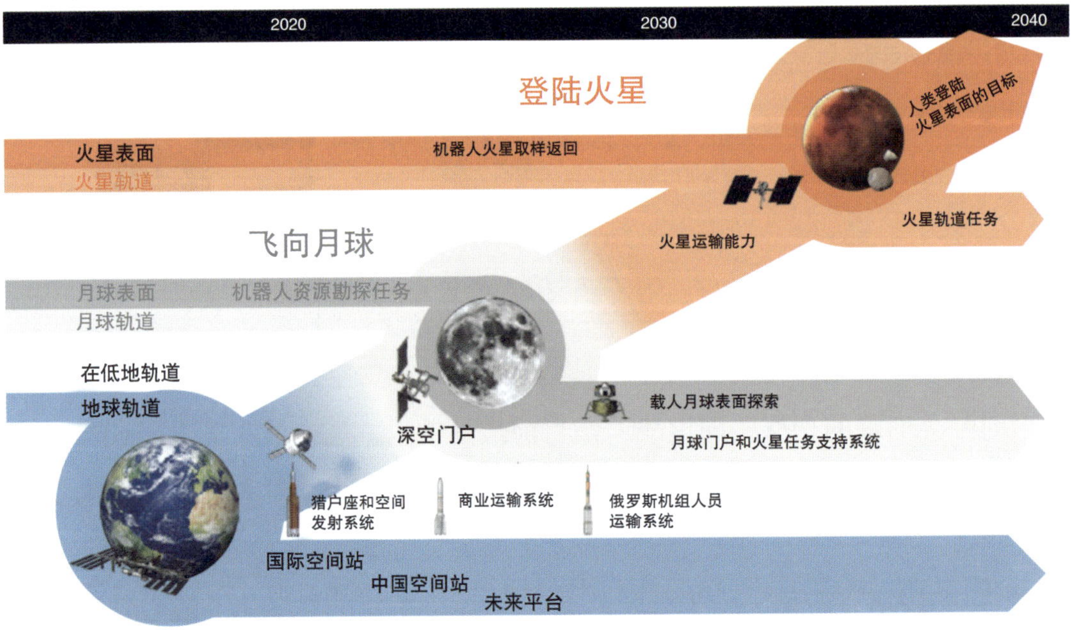

图 1-55　太空探索发展路线图

地外生存是实现长期太空飞行（地球和月球轨道任务、地火长期飞行任务）、地外长期居住（月球和火星基地）、地外移民的基本能力。地外生存过程面临基本的物质与能量需求。对物质需求来说，为满足航天员基本生理需求，航天员消耗为水 27.6 千克/（天·人），氧 1 千克/（天·人），食物 1.5 千克/（天·人），其他 3.5 千克/（天·人），共计 33.6 千克/（天·人）。对于 6 个乘员的火星任务，若不循环利用物资，其需携带的消耗品高达 200 吨，即使采用资源再生循环利用技术，携带的消耗品仍达 38 吨，发射质量超过 500 吨[119]。对能源需求来说，对于一个小型地外前哨站，其电力和热能消耗一般为十千瓦级，因月夜长达 350 小时，即使采用 500 Wh/kg 高比能再生燃料电池，储能质量也会超过 7 吨（平均供电 10 kW）。从地球上携带资源来开展载人深空探索，任务成本代价很高，技术上也难以实现，因此，必须对飞行器废弃资源和地外天体原位资源加以有效利用，才能大幅减少从地球携带的物资，使载人深空探索任务具备可行性。长期地外驻留主要的消耗品是氧气和水，此外还有地外基地建设所需要的金属、能源等其他资源。虽然对于一些短期任务可直接从地球上携带各种物质资源来满足生存和生活的各项需求，但地球向地外星体运送各种资源的成本非常昂贵，按目前的技术水平估算，每 1 kg 的运输成本约为 5 万~9 万美元。如果利用地外天体自身的资源进行生产利用，则可以有效解决地外天体长期探测、驻留和发展的问题。

原位资源利用技术将对太空探索的任务体系架构、系统设计方案和工程实现产生重大影响（图 1-56）[116]，但由于原位资源利用作为一项前沿性技术，尚未通过飞行试验验证，因此将之融入太空探索活动任务体系面临较大的不确定性。为此，美国 NASA 在顶层概念研究阶段即考虑原位资源利用对任务顶层规划设计的影响。载人火星设计参考任务（DRM9）提出在火星上采用原位资源利用技术生产 25 吨的氧气用于上升段推进和生命维持，可为载人火星任务节省 200 吨 LEO 发射质量。这项技术将改变火星任务的体系架构，因为降低着陆质量和生产关键生命支持消耗品的能力，将影响进入、下降、着陆、上升各阶段的推进和生命支持系统的设计要求。原位制造和基础设施建造技术还可提供庇护场所并保护人类不受恶劣环境的影响，可按需制造工具或零件以便于维修或更换，或制造新工具以满足不断变化的任务需求。通过利用原位资源，可显著降低任务的质量、造价和风险，同时通过大幅减少必须携带的大量消耗品、结构件及附属品，从而实现载人深空探测活动的可持续性。

图 1-56　原位资源利用对任务设计单元的变革性影响

原位资源利用技术引入到任务体系设计时，对推进、生命保障、能源、基地建设和机动性等关键任务单元的设计均产生重要影响。例如，在密闭空间环控生保系统中，如果不考虑原位资源利用，则需要发展更先进可行的技术以提高空气和水的再生循环能力；而如果引入原位资源利用，水、氧气和其他辅助材料能够通过原位资源利用获取，则可降低行星表面生命保障系统的再生循环能力和硬件设施的要求。此外，原位资源利用不仅影响单一任务单元，还有可能对关联单元和整个任务体系产生影响。例如，通过原位资源利用可以获取水，水分解产生的氧气和氢气可以用于推进剂、燃料电池以及生保系统，则与此关联的单元和集成系统的造价、轻量化和性能都将得到显著改变。原位资源利用对任务单元设计的潜在影响如表 1–17 所示[116]。

表 1–17 原位资源利用对任务单元设计的潜在影响

	无原位资源利用	有原位资源利用
推进	推进剂的选择主要基于产品造价与性能	推进剂的选择主要基于从原位资源获取的原位资源利用产品
	推进循环(压力/泵)主要基于产品造价和性能	推进循环主要考虑对原位资源利用可重复使用性的影响
	利用地球供给推进剂不能重复利用或重复利用能力有限	对单一阶段着陆器可重复使用性
生保	基于氧气和水循环最高循环利用率的空气和水循环系统	原位资源利用产品能够降低闭环需求层级,因此降低造价和系统复杂性
	废弃物处理尽可能提高水获取量和降低氧气消耗量	通过原位资源利用对废弃物回收利用,最大限度提高产出,降低产物损耗
基地	利用地球供给材料进行辐射和小行星撞击防护	尽可能利用星壤或原位水资源实现辐射防护
	地球完成制造,刚性结构或充气结构	尽可能原位建造防护场所,或提供充气结构原料
	自保持热管理系统	依靠原位资源利用进行热能利用或设计原位热能存储
机动性	主要基于科学和载人任务活动	机动性主要基于高扭矩/低转速挖掘和土木工程需要
	全场景感知和灵活导航系统	与原位资源利用应用需求配套的简化场景感知和导航
能源	太阳能阵列和储能电池	分布式发电与存储,例如燃料电池反应物的存储和再利用
	仅依靠可再生技术的燃料电池组件	基于可利用原位资源的燃料电池反应物
	电能增加与地球运输资源直接相关	与燃料电池消耗、原位热能和原位制造相适应的原位能源供给

1.5.3 促进地球绿色可持续发展

20世纪以来，随着工业化程度不断深化，地球资源消耗速度持续增长，已难以满足人类文明未来发展的需求。地球资源储量有限，对地球的绿色可持续发展带来重大影响，因此，国际地质科学联合会发起了“为后代寻找资源国际合作倡议”（Resourcing Future Generations，RFG），图1-57给出了典型矿产产量增长趋势，以及预测的未来需求缺口[120,121]。

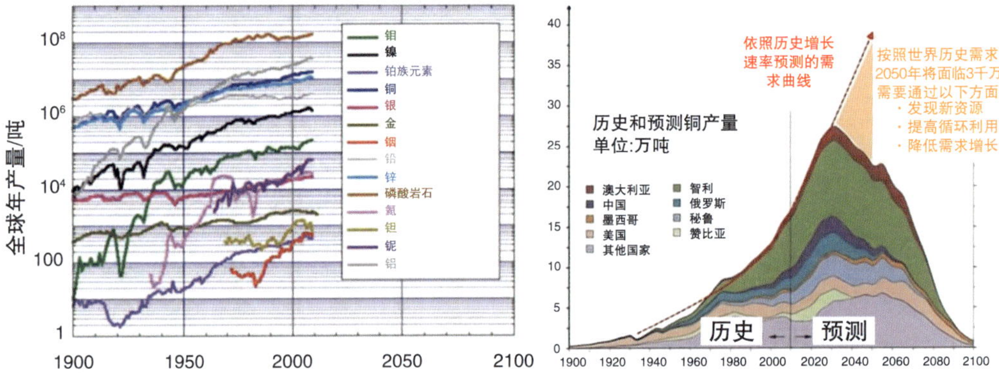

图1-57 地球典型矿产资源的产量和未来需求

从太空获取战略性关键矿产，地球将从封闭系统转变为开放系统，可突破全球可持续发展的限制因素。月球、火星、小行星等地外天体蕴藏着丰富的自然资源，通过太空资源开发可获取地外天体稀缺资源，有望解决地球面临的“有限资源的窘境”，为碳减排、碳中和、绿色发展、循环经济等重大战略方向提供独特、有效的解决方案，为地球可持续发展、减缓全球气候变化提供变革性的新技术和新的推动力。

更为重要的是，国际上提出的把高耗能、高资源消耗（矿业、冶金、制造、数据）的产业搬上太空，将地球重工业转移到地球之外的愿景[122]，虽然面临众多挑战，但为真正实现绿色地球的目标提供了新思路。蓝色起源公司创始人杰夫·贝佐斯（Jeff Bezos）提出了太空工业基地发展的远景：“目前进入太空的所有东西都在地球上制造，在未来的某个时候将开始利用太空中有用的巨量材料。也许将在太空中找到很好的水源，可以将其分解，并用它来制造燃料、氧气和推进剂……最终，所有巨大的硅晶制造厂等都会在太空高效运行，可以获得几乎无限的能源供应和几乎无限的原材料，把在太空生产的微小型化产品送到地球。然后，地球最终可以被划分为住宅区和轻工业区，重工业将转移到离地球不远的太空，在那里可以很容易地获得太阳能和其他形式的能源”[123,124]。

1.5.4　牵引带动科学技术创新发展

太空资源开发是国际新兴前沿领域，总体上研究处于起步阶段，迫切需要加强基础研究和原始创新。太空资源开发将有效提升探索空间的深度和广度，是催生科学新发现、探索新世界的重要途径。

空间进出、太空运输等能力的快速发展，为太空资源开发与利用奠定了工程基础，但需大力支持行星科学、航天科技、冶金与矿业、能源科技、机械工程、建筑工程、信息科技、生命科学等领域的交叉融合，也面临大量极端太空条件下的数理科学、材料科学、信息科学、地球科学、化学科学等基础科学领域的极端挑战，直接推动多学科基础研究和工程技术交叉研究，将催生地外资源学、太空采矿学、太空冶金学、太空制造工程、原位建造技术、太空能源技术等新方向，全面带动航天科技的快速发展。太空极端环境利用为开展基础科学研究提供天然理想的综合试验场，将催生重大科学发现和颠覆性科技成果。

太空资源开发将突破太空原位资源勘探与评估、太空原位资源提取提纯、生产生活物资的原位制备、基地设施的原位建造、关键部件的原位制造，以及地外宜居生态环境构建等一系列重大科学问题和技术难题，进一步牵引带动空间进出、太空运输、深空能源、太空补给等技术的跨越式发展。包括发展原位探测、采样和分析仪器，量化行星大气、行星表面和浅层地下成分组成以及理化特性，获取行星环境、地形、地质和资源信息的综合数据，精确确定行星矿区及原位资源的可开采性；开展大气气体资源收集、过滤、富集，从含冰星壤中钻探、提取、分离和净化饮用水，从星壤中选矿、冶炼并提取金属等生产元素；通过光电化学、微生物等方法实现氧气、化学燃料、有机物的转换制备；通过星壤颗粒输运、分离和 3D 打印，实现基地设施、辐射防护、关键部件的原位制造；通过微生物实现火壤改造并具备种植生产能力，发展火星农业，实现食物自给自足，具备建立火星局域生态圈的科学基础；开展以火星为代表的地外宜居生态环境探索与人工生态系统创建，探索地球生物体在火星生命活动的基础条件和规律，提高地外生存能力和火星宜居性的生态保障[125]。

第2章

太空资源探测与开发相关任务概况

自1959年美苏开始发射月球探测器以来，经过60多年的发展，人类发射了约120个月球探测器和约200个深空探测器，对太阳系的主要天体开展了飞掠、抵近、环绕和着陆探测，获取了大量科学数据，对太阳系天体的元素组成、资源分布、赋存状态有了比较全面、深入的认识。通过多种途径实施了月球和小天体的采样返回，获得了多种类型的地外样品，开展了地质、矿物学等方面的研究，为太空资源开发提供了重要科学基础。这些任务的实施形成的工程和技术能力，为建立太空资源开发基础设施提供了重要支撑。本章系统而简要介绍了太阳系各类天体的探测计划与任务，主要包括月球、小天体、火星和其他行星的探测任务，以及近年来快速发展的商业航天等太空资源开发计划。这些探索活动对于认识地外天体的起源、演化，资源赋存与分布状态具有重要的价值，是开发太空资源的重要基础。

2.1 月球探测与开发计划

月球探测始于1959年，经历了高峰期（1959—1976年）、寂静期（1977—1992年）和恢复期（1993—1999年）。进入21世纪以来，国际航天进入到新的历史机遇期，月球探测由资源勘测进入到资源开发利用的新阶段，各航天大国再次聚焦月球，全面勘测月球的资源分布，并将建立月球基地，开展月球的科学考察与资源开发。截至2024年8月1日，国际上发射的月球探测器共计120个，其中着陆探测器汇总见表2-1，月面着陆点分布如图2-1所示。

表2-1　月球着陆探测器汇总表（引自NASA网站）

月球着陆探测器	着陆方式	着陆/撞击日期	着陆/撞击经纬度
Luna 2	撞击	1959-09-14	30°N,0°E
Luna 2 booster 3rd stage	撞击	1959-09-14	未知
Ranger 4	撞击	1962-04-26	15.5°S,130.7°W

续表

月球着陆探测器	着陆方式	着陆/撞击日期	着陆/撞击经纬度
Ranger 6	撞击	1964-02-02	9. 386 4°N,21. 480 6°E
Ranger 7	撞击	1964-07-03	10. 634 0°S,20. 677 0°W
Ranger 8	撞击	1965-02-20	2. 637 6°N,24. 788 1°E
Ranger 9	撞击	1965-03-24	12. 828 1°S,2. 388 4°W
Luna 5	撞击	1965-05-12	1. 35°S,25. 48°W
Luna 7	撞击	1965-10-07	9°N,49°W
Luna 8	撞击	1965-12-06	9. 1°N,63. 3°W
Luna 9	受控着陆	1966-02-03	7. 13°N,64. 37°W
Surveyor 1	受控着陆	1966-06-02	2. 474 5°S,43. 339 8°W
Luna 10	撞击	未知（1966）	未知
Luna 11	撞击	未知（1966）	未知
Surveyor 2	撞击	1966-09-22	5. 5°N,12. 0°W
Lunar Orbiter 1	撞击	1966-10-29	6. 35°N,160. 71°E
Luna 13	受控着陆	1966-12-24	18. 87°N,62. 05°W
Luna 12	撞击	未知（1967）	未知
Surveyor 3	受控着陆	1967-04-20	3. 016 2°S,23. 418 0°W
Surveyor 4	撞击	1967-07-17	未知（0. 5°N,1. 5°W）
Surveyor 5	受控着陆	1967-09-11	1. 455 1°N,23. 194 3°E
Lunar Orbiter 3	撞击	1967-10-09	14. 3°N,92. 7°W
Lunar Orbiter 2	撞击	1967-10-11	3. 0°N,119. 1°E
Surveyor 6	受控着陆	1967-11-10	0. 474 2°N,1. 427 5°W
Lunar Orbiter 4	撞击	未知(1967)	未知
Surveyor 7	受控着陆	1968-01-10	40. 981 2°S,11. 512 7°W
Lunar Orbiter 5	撞击	1968-01-31	2. 79°S,83. 04°W
Luna 14	撞击	未知（1968-69）	未知
Apollo 10 LM descent stage	撞击	未知（1969）	未知
Apollo 11 LM descent stage	载人着陆	1969-07-20	0. 674 2°N,23. 473 1°E
Luna 15	撞击	1969-07-21	17°N,60°E
Apollo 11 LM ascent stage	撞击	未知（1969）	未知
Apollo 12 LM descent stage	载人着陆	1969-11-19	3. 012 8°S,23. 421 9°W
Apollo 12 LM ascent stage	撞击	1969-11-20	3. 94°S,21. 20°W

续表

月球着陆探测器	着陆方式	着陆/撞击日期	着陆/撞击经纬度
Apollo 13 S-IVB	撞击	1970-04-15	2. 555 0°S,27. 887 5°W
Luna 16	受控着陆	1970-09-20	0. 513 7°S,56. 363 8°E
Luna 17	受控着陆	1970-11-17	38. 237 6°N,35. 001 6°W
Lunokhod 1	巡视器	1970-11-17	38. 3150°N,35. 008°W
Apollo 14 S-IVB	撞击	1971-02-04	8. 181 0°S,26. 030 5°W
Apollo 14 LM descent stage	载人着陆	1971-02-05	3. 645 89°S,17. 471 94°W
Apollo 14 LM ascent stage	撞击	1971-02-07	3. 42°S,19. 67°W
Apollo 15 S-IVB	撞击	1971-07-29	1. 289 7°S,11. 824 5°W
Apollo 15 LM descent stage	载人着陆	1971-07-30	26. 132 4°N,3. 633 3°E
Apollo 15 LM ascent stage	撞击	1971-08-03	26. 36°N,0. 25°E
Luna 18	撞击	1971-09-11	3. 76°N,56. 66°E
Apollo 15 subsatellite	撞击	未知(1973-)	未知
Luna 20	受控着陆	1972-02-21	3. 786 3°N,56. 624 2°E
Apollo 16 S-IVB	撞击	1972-04-19	1. 921 0°N,24. 623 0°W
Apollo 16 LM descent stage	载人着陆	1972-04-21	8. 973 4°S,15. 501 1°E
Apollo 16 LM ascent stage	撞击	未知(1972-1973)	未知
Apollo 16 subsatellite	撞击	1972-05-29	10. 16°N,111. 9°E
Apollo 16 MS boom	撞击	未知(1972)	未知
Apollo 17 S-IVB	撞击	1972-12-10	4. 168 1°S,12. 330 7°W
Apollo 17 LM descent stage	载人着陆	1972-12-11	20. 191 1°N,30. 772 3°E
Apollo 17 LM ascent stage	撞击	1972-12-15	19. 97°N,30. 49°E
Luna 19	撞击	未知 (1973)	未知
Luna 21	受控着陆	1973-01-15	25. 999 4°N,30. 407 6°E
Lunokhod 2	巡视器	1973-01-15	25. 832 3°N,30. 922 2°E
Explorer 35/IMP-E	撞击	未知(1973 or later)	未知
Luna 23	受控着陆	1974-11-06	12. 666 7°N,62. 151 1°E
Luna 22	撞击	未知(1976)	未知
Luna 24	受控着陆	1976-08-18	12. 714 2°N,62. 212 9°E
Explorer 49/RAE-B	撞击	未知(1977 or later)	未知
Hiten	撞击	1993-04-10	34. 0°S,55. 3°E
Hagoromo	撞击	未知	未知

续表

月球着陆探测器	着陆方式	着陆/撞击日期	着陆/撞击经纬度
Lunar Prospector	撞击	1999-07-31	87. 7°S,42. 0°E
SMART-1	撞击	2006-09-03	34. 4°S,46. 2°W
Chandraya'an 1 MIP	撞击	2008-11-14	89°S,30°W
Okina	撞击	2009-02-12	28. 213°N,159. 033°W
Ouna	撞击	未知（2009-）	未知
Chang'e 1	撞击	2009-03-01	1. 50°S,52. 36°E
Kaguya	撞击	2009-06-10	65. 5°S,80. 4°E
LCROSS Centaur	撞击	2009-10-09	84. 679 6°S,48. 709 3°W
LCROSS spacecraft	撞击	2009-10-09	84. 719°S,49. 61°W
GRAIL A	撞击	2012-12-17	75. 608 8°N,26. 594 0°W
GRAIL B	撞击	2012-12-17	75. 650 8°N,26. 834 1°W
Chang'e 3	受控着陆	2013-12-13	44. 121 4°N,19. 511 7°W
Yutu Rover	受控着陆	2013-12-14	44. 120 8°N,19. 512 2°W
LADEE	撞击	2014-04-18	11. 849 4°N,93. 249 4°W
Chang'e 4	受控着陆	2019-01-03	45. 456 1°S,177. 588 5°E
Yutu 2	受控着陆	2019-01-03	45. 46°S,177. 59°E
Beresheet	撞击	2019-04-11	32. 595 6°N,19. 349 6°E
Longjiang 2	撞击	2019-07-31	16. 695 6°N,159. 517 0°E
Vikram	撞击	2019-09-06	70. 881 0°S,22. 784 0°E
Chang'e 5	受控着陆	2020-12-01	43. 057 6°N,51. 916 1°W
Chang'e 5 Ascent Craft	撞击	2020-12-07	30°S,0°E
Chang'e 5-T1 Booster	撞击	2022-03-04	5. 226°N,234. 486°E
Hakuto-R Mission 1	撞击	2023-04-25	47. 581°N,44. 094°E
Luna 25	撞击	2023-08-19	69. 545°S,43. 544°E
Chandrayaan 3	着陆	2023-08-23	69. 374 1°S,32. 32°E
SLIM	着陆巡视	2023-12-25	
IM-1	受控着陆	2024-02-22	80. 13°S,1. 44°E
Chang'e 6	受控着陆	2024-06-02	42. 1°S,154. 4°W
Chang'e 6 Ascent Craft	撞击	未知	未知

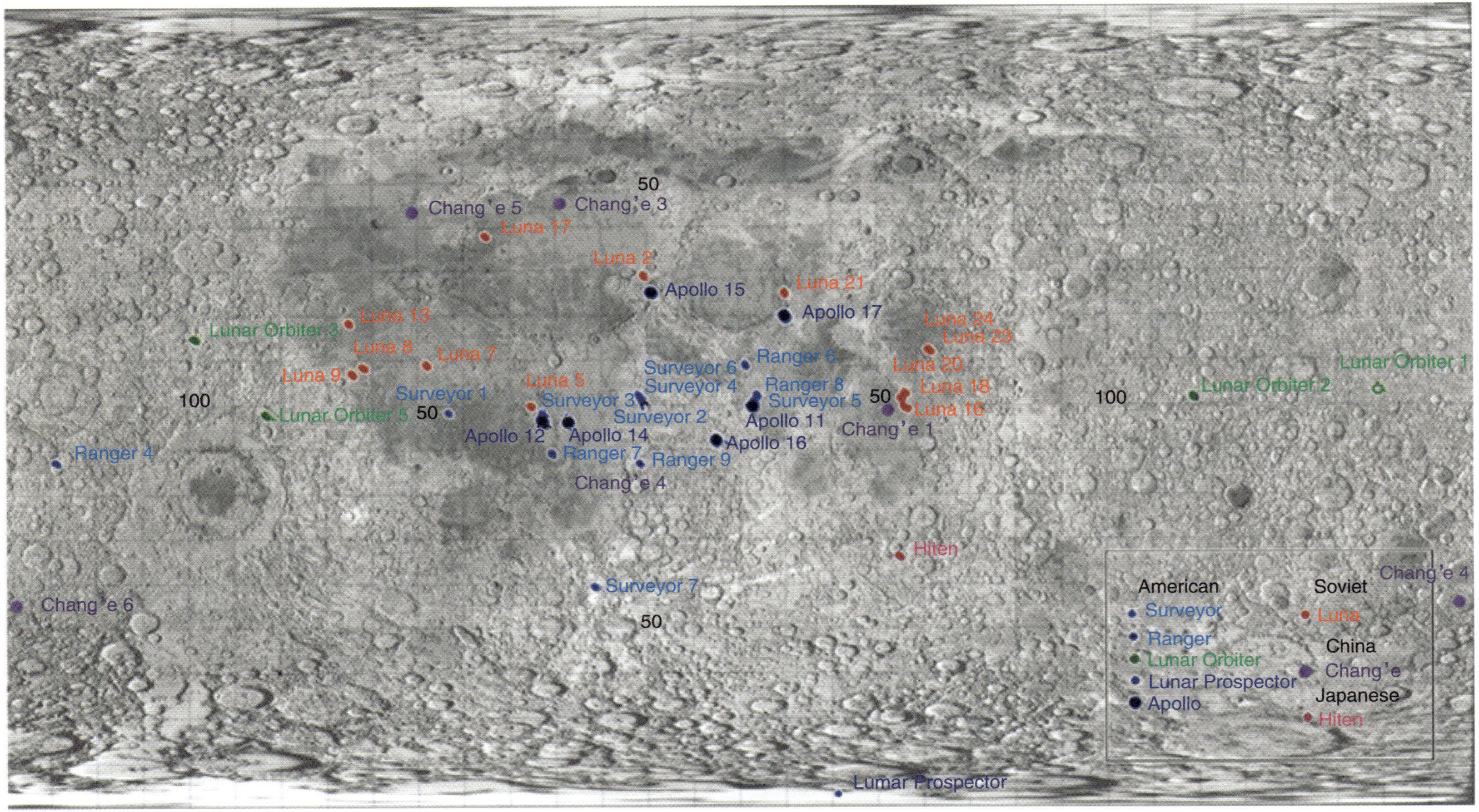

图 2-1　月面着陆点分布情况（引自NASA网站）

从 20 世纪 60 年代至 70 年代初，美国组织实施了阿波罗工程。它的目标是实现载人登月飞行和对月球的实地考察。该工程开始于 1961 年 5 月，至 1972 年 12 月第 6 次登月成功结束，历时约 11 年（表 2-1）。阿波罗工程一共进行了 11 次飞行，其中 6 次载人登月，共有 12 名航天员到过月球，从月球上取回的岩石和月壤样品总质量约为 382 kg，登月航天员还乘坐过 4 辆月球车在月面上巡视、探测和勘查，进行了多项重要的科学实验。

为了深入开展月球探测，苏联先后执行了 3 次无人月球采样任务，包括 1970 年 9 月发射的 Luna 16、1972 年 2 月发射的 Luna 20 和 1976 年 8 月发射的 Luna 24。通过 3 次机器人采样返回任务实现了首次在月球上自动采样并返回地球。苏联共获取了约 325 g 的月球样品。

近年来，月球探测已成为国际航天的重点和热点，美、中、欧、俄等航天大国和地区纷纷实施探月计划，争取重返月球并开展一系列的探索和开发活动。

2.1.1　美国阿尔忒弥斯计划

美国始终坚持以载人火星探测为其远期探索目标，将月球作为中转站和演练场。2019 年，美国 NASA 制定了重返月球计划（阿尔忒弥斯计划），如图 2-2 所示。按阿尔忒弥斯计划，美国将在 2035 年前分 3 个阶段开展月球南极地区探测任务：1）2025 年前，主要实现载人重返月球，计划搭载 2 人乘组，完成 6.5 天月面任务；2）2030 年前，主要实现月球探测和月面活动，计划搭载 2~4 人乘组，完成 30 天月面任务；3）2035 年前，主要开展月面设施构建和月面原位资源利用的技术试验，计划搭乘 4 人乘组，实现 42 天月面任务。在 2035 年后，进入到月面可持续探索阶段，主要由极区小规模原位资源利用验证及系统集成扩展到原位资源利用的大规模制造。阿尔忒弥斯计划由 NASA 主导，并有多家美国商业航天企业及欧空局、日本宇宙航空研究开发机构、加拿大国家航天局、意大利航天局、澳大利亚国家航天局、英国航天局、阿联酋航天局等国际合作伙伴参与。阿尔忒弥斯计划以月球轨道门户空间站为枢纽，支持载人月球探测任务，以及未来的载人火星探测任务，并选定月球南极作为着陆区，建立月球基地。

按 2020 年 9 月美国 NASA 发布的阿尔忒弥斯计划大纲，其第一阶段的目标是争取 2024 年载人登陆月球南极[10]，其中，Artemis-1 任务的空间发射系统（SLS）发射猎户座飞船开展无人环月飞行，任务时长 4~6 周；Artemis-2 任务开展载人环月任务，任务时长 10 天；Artemis-3 任务开展阿波罗工程结束以来的首次载人登月任务，任务包括 4 名航天员，其中 2 人登月，在月面活动 1 周，出舱 2~4 次。2022 年 11 月 16 日，美国新一代重型运载火箭 SLS 成功发射，将猎户座载人飞船及 10 颗立方星送往月球轨道，开始执行 Artemis-1 任务。猎户座飞船开展了无人绕月飞行，并于 2022 年 12 月 11 日返回地球，为后续载人绕月飞行奠定了基础。搭载发射的 10 颗立方星将开展月球探测、地月环境辐射研究、小行星探测、技术演示验证等工作。但由于技术等问题，阿尔忒弥斯后续计划已大幅推迟，目前 Artemis-2 载人绕月飞行任务推迟至 2025 年 9 月，Artemis-3 载人登月计划推迟至 2026 年 9 月。

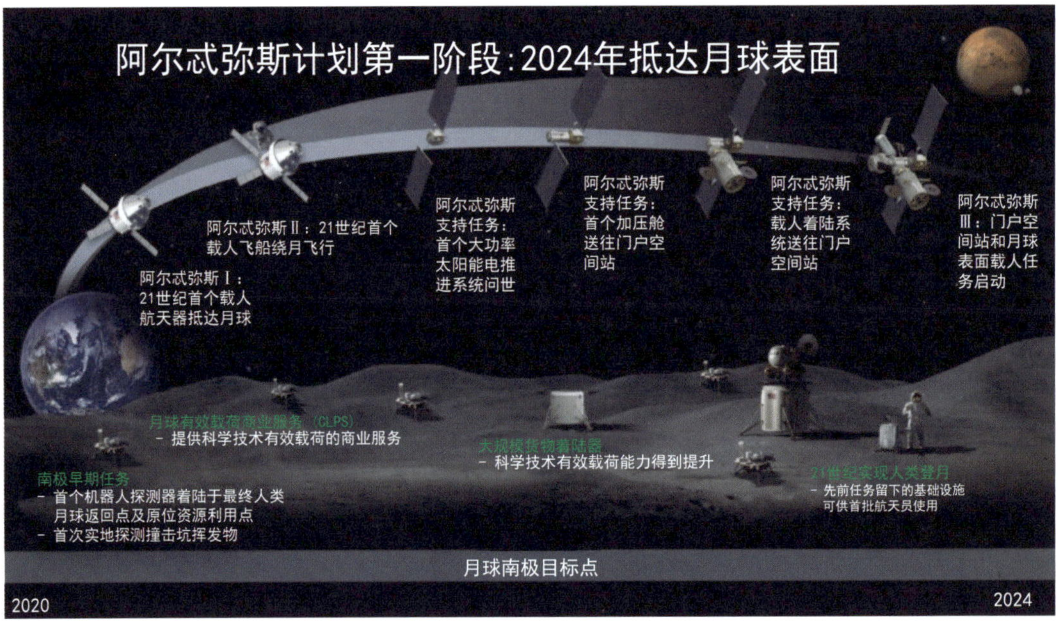

图 2-2　阿尔忒弥斯计划第一阶段任务

美国 NASA 计划于 2024 年末实施“月球极区挥发分探索车”（Volatiles Investigation Polar Exploration Rover，VIPER）任务（图 2-3），发射月球车在月

球南极着陆，执行为期 100 天的任务，调查月球上水的起源和分布，为未来获取月球资源提供重要数据，但由于经费等原因，已被取消。

图 2–3　VIPER 概念图和实物图（引自 NASA 网站）

阿尔忒弥斯计划包括实施月球表面创新倡议，将在月球上演示利用月球资源生产水、推进剂和其他供应品的技术，以及在月球上挖掘和建造结构的能力，并作为火星原位资源利用探索的试验平台。通过月球表面创新倡议，美国 NASA 与学术界、私营部门以及非营利机构合作，正在研发阿尔忒弥斯计划所需的基础技术和方法，通过技术创新，降低月球表面系统开发的风险。它包括 6 类关键技术（图 2–4）：

1）原位资源利用。采集、处理、储存和使用在月球表面发现和制造的材料，如将水冰转化为可呼吸的氧气或从月壤中提取用于建设基础设施的金属，这是成功在月球和火星上执行长期任务的关键，将开展极地资源采冰实验–1（Polar Resources Ice Mining Experiment–1，PRIME–1）。

2）月表能源获取。在月球昼夜获得持续、本地化的电力至关重要，将验证月球垂直太阳能阵列技术（Lunar Vertical Solar Array Technology，VSAT），能够在不平坦的地形上以最小的质量和体积自主可靠地收回和移动，通过 10 m 高的桅杆在月球南极捕获近连续的太阳能。

(1) 原位资源利用

(2) 月表能源获取

(3) 月壤挖掘与建造

(4) 极端环境适应性

(5) 月尘防护

(6) 极限到达作业

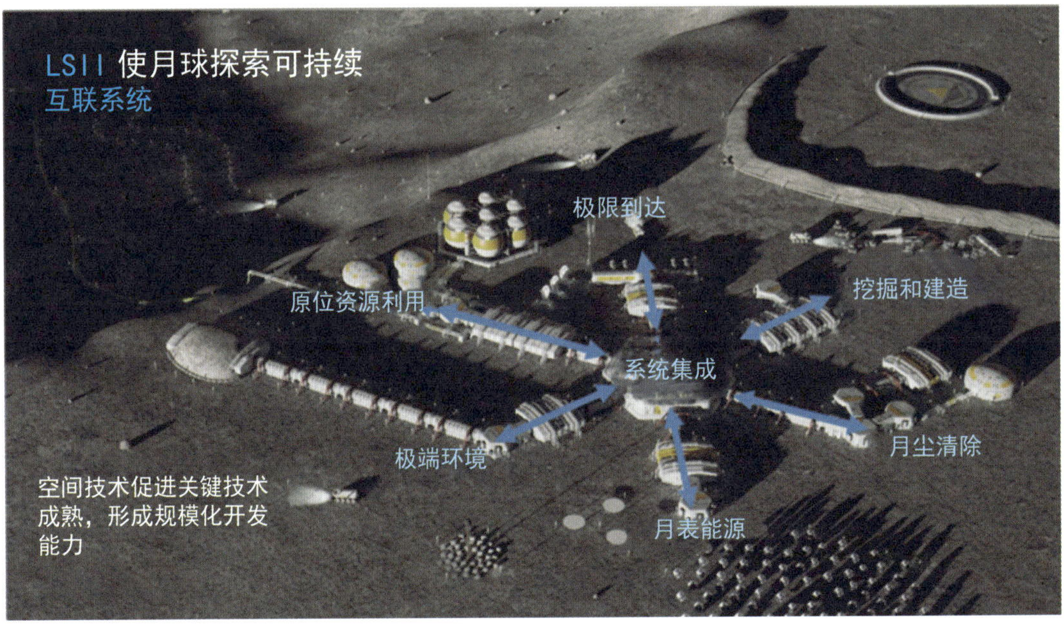

图 2-4　阿尔忒弥斯月面创新倡议关键技术及应用场景（引自 NASA 网站）

3）月壤挖掘与建造。能够实现可承受的自主制造或建造以及长期系统维护的技术。将验证原位资源利用试验挖掘机（ISRU Pilot Excavator，IPEx），实现 11 天 100 m 内可靠挖掘 10 吨的月壤，用于中试规模的原位资源利用演示。

4）极端环境适应性。月球车等系统必须能够在月球表面的所有条件下运行，包括月球正午（赤道温度高达 150 ℃）、夜间（赤道温度低至-180 ℃）、多个昼夜变化以及永久阴影区域（低至-250 ℃）。将验证块体金属玻璃齿轮（Bulk Metallic Glass Gear，BMGG）项目，开发特殊的齿轮箱，即使在极端低温环境下也能正常运行。

5）月尘防护。减少相机、太阳能电池板、航天服等的月尘危害，将使航天员和机器人能够安全、高效地实现任务目标。将验证电动防尘罩（Electrodynamic Dust Shield，EDS）技术，演示商业月球着陆器或漫游车上非关键摄像头的防尘效果，目前正在国际空间站外进行测试。

6）极限到达作业。将需要有效地到达并探索以前难以进入的月球表面或地下区域，包括自主作业、地下孔洞勘探、危险区域探测和大量月壤运输。自主分布式机器人探索（Autonomous Distributed Robotic Exploration，CADRE）项目将演示移动机器人网络，以合作的方式自主探索月球环境，并实现多种科学测量。

阿尔忒弥斯计划的第二阶段为“具备前往火星的能力，实现月球持续驻留”阶段。美国计划进一步建设月球轨道门户空间站，将其发展为载人和无人任务的中转站，支持长期月球探索，并支持在一次任务中多次往返月球表面；开展科学探测，发展原位资源利用，发送月球车探索偏远区域；通过多年在轨/月球表面活动，获得执行长期载人航天活动的经验，为开展为期多年的载人火星任务验证技术和能力。Artemis-4 计划于 2028 年 9 月实施，将由 4 名航天员进驻月球轨道门户空间站并适时开展月面着陆。

2.1.2　欧洲太空资源战略和新世界太空探索路线图

为实现月球探索与开发的可持续发展，必须利用月球资源。欧洲 ESA 以投资研发或付费使用的方式发展将月球物质原位转化为氧气和水的技术，以保障未来载人深空探测活动。2017 年，ESA 发布公告，发展月球原位资源利用技术，每项资助额度约 20～50 万欧元，包括研制探测器、有效载荷、仪器等产品，开展技术验证，目标是演示在月球表面生产氧气的原位资源利用相关技术，以及勘测未来载人探测区域可原位利用的资源特征。同年公布了国际月球村计划，月球村将成为火星基地的中转站，采用白色建筑以避免受到真空环境下的太阳光直射，一方面作为火箭发射基地，同时也是在月球上开采氦-3的资源基地，并为未来火星探测提供支持，如图 2-5 所示[114]。

图 2-5 欧洲 ESA“月球村”原位资源利用规划概念图

2019 年，欧洲 ESA 提出太空资源战略（ESA Space Resources Strategy）[126]，以原位资源利用实现月面长期生存为愿景，实施三阶段计划。同年，ESA 与火箭制造商阿里安集团（Ariane Group）签约，计划建立月球基地并开采太空资源。卢森堡 2020 年宣布建立欧洲太空资源创新中心（ESRIC），并与 ESA 合作，旨在使该中心成为太空资源领域科学、技术、商业和经济方面的专门知识实体，开展包括月球水、小行星矿物等太空资源的利用。图 2-6 所示为 ESA 太空资源利用规划。

2022 年 6 月，ESA 发布了新世界太空探索战略路线图（Terrae Novae 2030+ Strategy Roadmap）[127]，提出了近地轨道、月球和火星的载人探索路线和重点任务，同时将太空资源战略融合到这个战略路线图中，如图 2-7 所示。

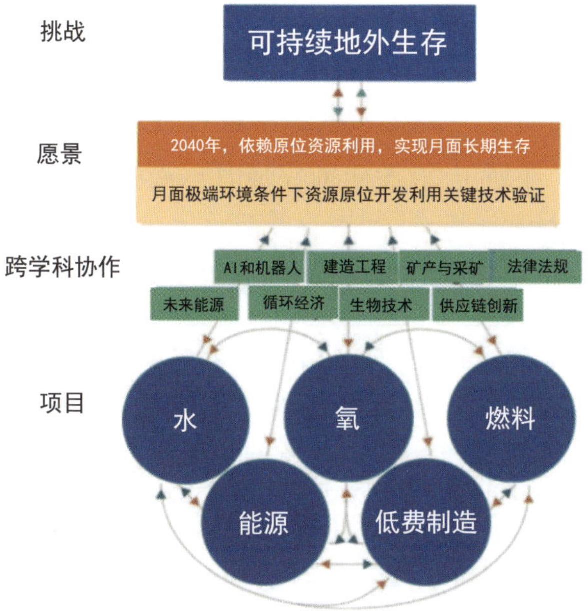

图 2-6　ESA 太空资源利用规划

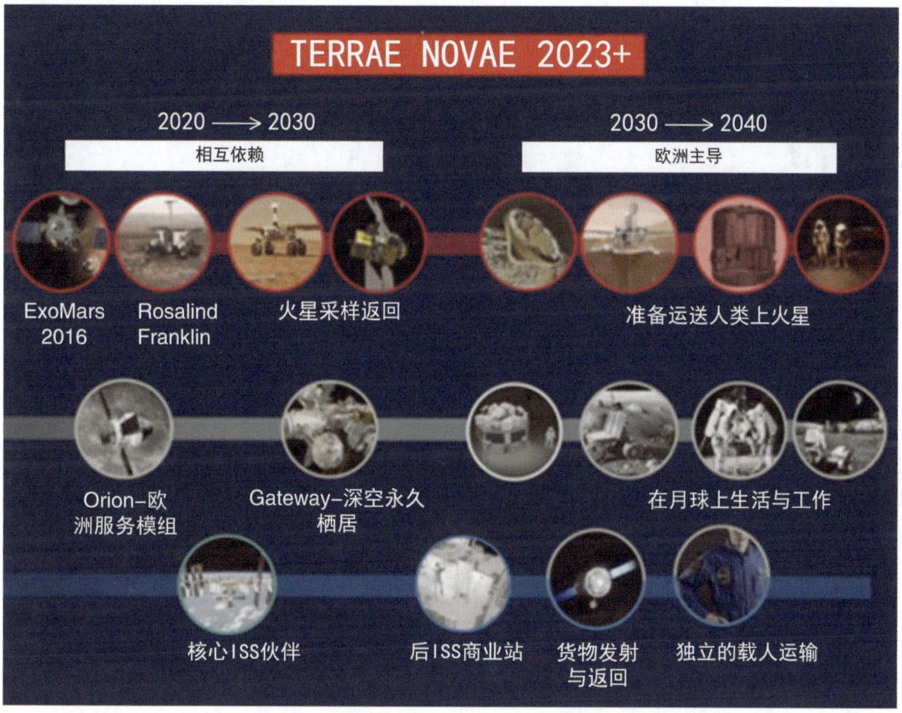

图 2-7　欧洲新世界太空探索战略路线图

2.1.3 俄罗斯探月计划

俄罗斯联邦航天局在《2016—2025 年联邦航天规划》中将月球定位为深空探测的研究重点，计划于 2025 年前完成月球南极着陆和巡视任务，旨在验证原位资源利用技术[128]。

2023 年 8 月 11 日，俄罗斯月球 25 号探测器发射升空，它是俄罗斯 46 年来的首次探月任务。8 月 16 日月球 25 号进入月球轨道，8 月 19 日出现异常并失联。据初步推测，探测器进入了非预先规划的轨道并撞上了月球表面坠毁。月球 25 号探测器（图 2-8）重点研究月球两极地区的化学组成，其中包括冰等一些来自宇宙空间的化合物。按照当前的俄罗斯月球探测计划，月球 25 号后还将发射月球 26 号、月球 27 号和月球 28 号等 3 个无人探测器，为后续载人登月和建立月球基地做充分准备。

图 2-8 俄罗斯“月球 25 号”探测器

2.1.4 我国月球探测与开发后续计划

我国嫦娥五号携月球样品返回地球，圆满完成了探月工程一、二、三期“绕、落、回”任务。目前正在实施探月工程四期任务，主要目标是对月球南极开展科学探测，建立起月球科研站的基本型，并通过不断完善，为国际月球科研站建设打下基础。探月工程四期有 3 次任务：嫦娥六号于 2024 年 5 月发射执行月背采样返回任务，并于 2024 年 6 月实现了人类首次月球背面采样返回；嫦娥七号将于 2026 年发射，开展月球南极环境与资源勘查；嫦娥八号将于 2028 年前后发射，对月球资源的原位利用进行技术验证。嫦娥八号着陆器上配置首个原位资源利用试验装置——利用原位太阳能对原位月壤材料进行成型制造，生产可拼接的功能件并进行拼装建造演示。后续我国将实施载人登月及国际月球科研站，由认识月球到利用月球，开展月球原位资源利用。

2021 年 6 月，中国国家航天局正式发布了《国际月球科研站路线图 V1.0》，提出在 2035 年前后集中开展国际月球科研站建设，完成在轨和月面的能源、通信和运输等设施建设和月球资源原位利用研究等任务。

2024 年 4 月，吴伟仁院士在中国航天大会上提出[129]，依据“总体规划、分步实施、边建边用”的原则，国际月球科研站建设将按照两个阶段分步实施，计划 2035 年前建成基本型，以月球南极为核心，建成功能基本齐备、要素基本配套的综合科学设施，开展常态化科学实验活动和一定规模的资源开发利用；2045 年前建成拓展型，以月球轨道站为枢纽，建成功能完善、相当规模、稳定运行的设备设施，开展月基综合性科学研究和深度资源开发利用，为载人登陆火星开展相关技术验证和科学实验研究。国际月球科研站由月面段、月轨段和地面段构成，由能源动力系统、指挥信息系统和月面运输系统等基础设施组成，具备能源供应、中枢控制、通信导航、地月往返、月面科研等功能，可长期持续开展科学探测、资源开发、技术验证等多学科、多目标、大规模科学和技术活动。图 2-9 所示为中国国际月球科研站建设设想。

2024 年 5 月，我国学者基于中国倡导的国际月球科研站总体架构和创新发展需求，依据“资源可分类，利用需综合”的月面资源利用方针，规划了月面资源利用场景（图 2-10），表达了能源动力、物质转化、月基建造的拓扑关系，以及各类资源利用活动之间的内涵关联和拓展应用关系，并提出了近-中-远三期月球资源综合利用的发展目标和发展路线构想（图 2-11）[130]。

图 2-9　中国国际月球科研站建设设想

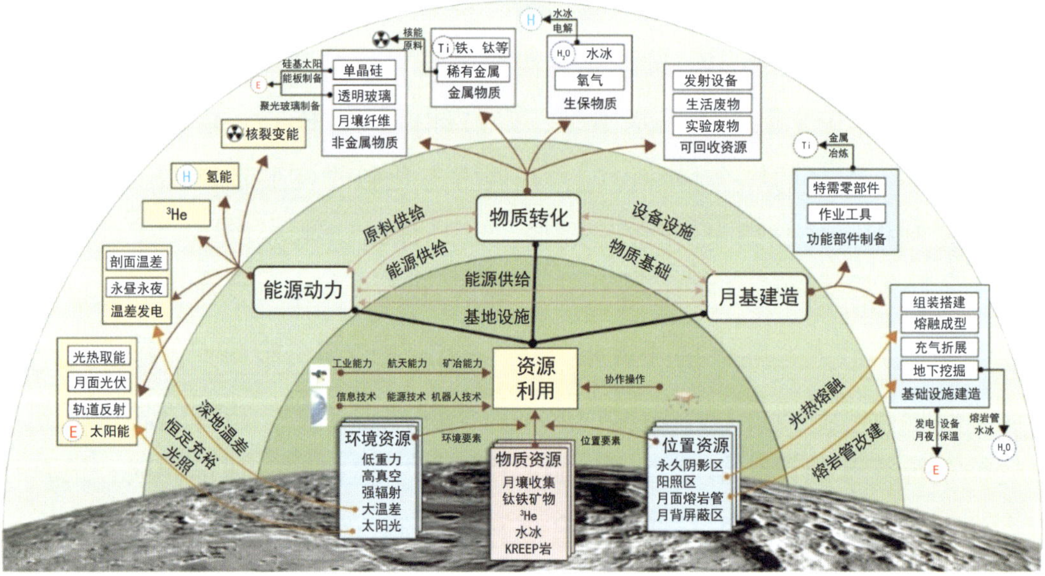

图 2-10　月面资源综合利用场景及内涵关联拓扑场景规划

当前，我国正在实施载人月球探测任务，分为关键技术攻关和深化论证、载人登月和月球科研站 3 个阶段。为夯实载人月球探测基础，更好地规划载人月球任务的科学探索和应用，已广泛征集了大量研究建议，形成了初步共识[131]。主要包括：1）月球科学方面。月球形成、月球内/外动力演化、月表特殊环境、水和挥发分分布与来源等是月球科学、地月系统乃至太阳系形成演

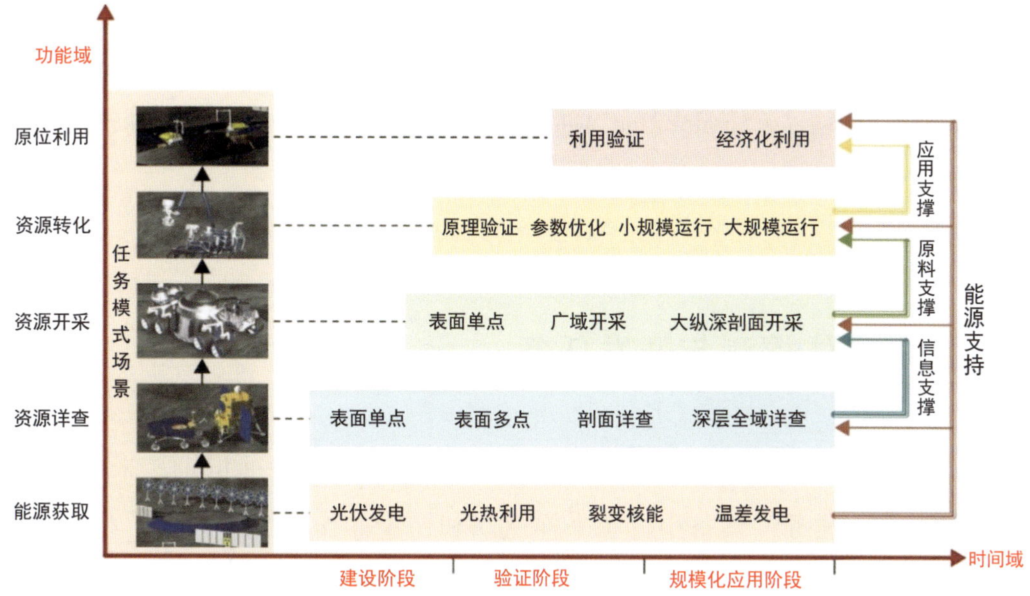

图 2-11　月球资源利用时序性功能递进发展路线

化的重大科学问题。2）月球利用方面。要更深入研究月球地质与资源分布、物质高效利用与循环体系、低重力物质运动规律，开展独特的月基观测研究。3）月面生存方面。将加强人体和生物响应机制与适应调控、辐射防护、月面生态系统与生存保障研究和技术开发。

2.1.5　其他国家月球探测任务

在月球极区资源探测方面，德国宇航中心（Deutsches Zentrum für Luft-und Raumfahrt，DLR）开展了月球原位资源利用装置（LUISE-2）技术研究。韩国提出了月球挥发分研究计划，包括发射探路者月球轨道器（KPLO），携带中段波长红外光谱仪（MWIR）研究月球水冰的直接证据。日本也提出了月球极区着陆研究任务，主要目的是开展月球表面探测，主要目标包括：1）发展演示相关技术，包括安全精确着陆技术、月表移动技术以及无同位素电源下的月夜生存技术等；2）为科学研究和未来月球开发提供原位观测和研究支撑，包括月球次表层地质结构观测，通过地球物理学了解月球内部结构，并为未来载人登月提供月球环境测试；3）为国际空间探索活动做出贡献，满足公众利益。

该项任务与美国 NASA 月球资源探测（RP）项目一起开展研究，并作为一个备选项目开展国际合作。任务的着陆模块和推进模块由日本宇宙航空研究开发机构（Japan Aerospace Exploration Agency，JAXA）负责，而用于月球极区挥发分检测的巡视器则沿用 RP 任务，由美国 NASA 负责。

2.2 小天体探测与开发任务

美、日、欧等国和地区已实施了多项小天体探测、特征识别、采样返回、操作处置等重大任务，具备小行星采样返回和初步操作能力，开展了小行星资源普查，技术与经济性评估。我国正在实施小行星探测工程任务，将对近地小行星 2016HO3 开展伴飞探测并取样返回。这一系列小天体探测任务，将为小行星资源开发奠定基础。美国、卢森堡等政府已立法支持太空资源开发并制定了发展规划，国际新兴航天企业提出多项小行星采矿计划。预计未来 20 年，国际上将逐步实施小行星资源勘探、小行星采矿演示验证，并最终实现商业化运行。目前已发射的和已规划的小天体任务如图 2–12 和表 2–2 所示[72]。

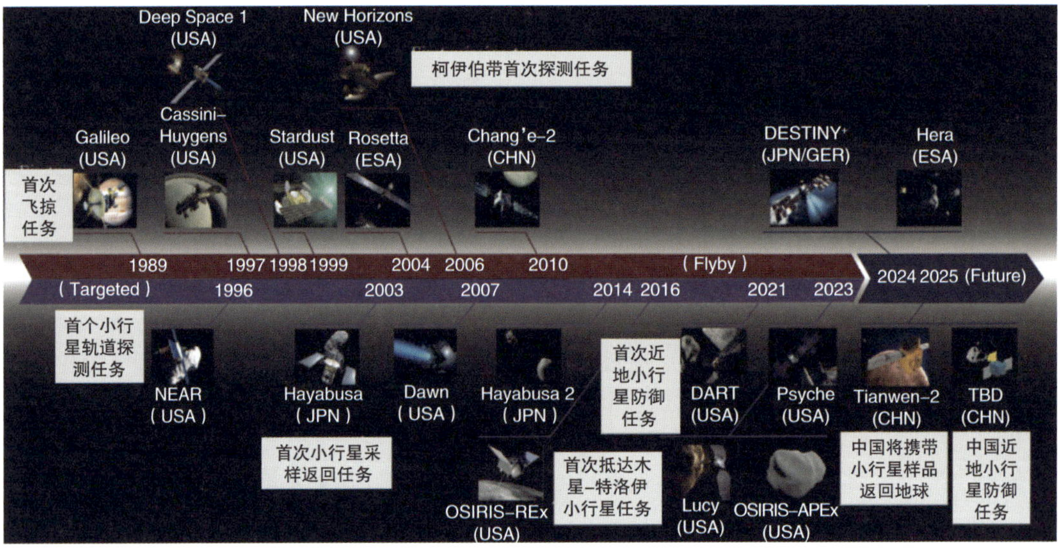

图 2–12　已发射的和已规划的小天体探测任务

表 2-2　小天体探测与开发任务

序号	任务名称	发射时间	国家	小行星类型/彗星	任务目标
1	维加一号(Vega 1)	1984	苏联	彗星	8 890 km 飞掠探测哈雷彗星 1P/Halley 彗核
2	维加二号(Vega 2)	1984	苏联	彗星	8 030 km 飞掠探测哈雷彗星彗核
3	先锋号(MS T5 或 Sakigake)	1985	日本	彗星	700 km 飞掠探测哈雷彗星彗核
4	彗星号(行星-A,PLANET-A)	1985	日本	彗星	1.51×10^5 km 飞掠探测哈雷彗星
5	乔托号(Giotto)	1985	欧洲	彗星	600 km 飞掠探测哈雷彗星彗核;200 km 飞掠探测葛里格-斯克杰利厄普彗星(Comet Grigg-Skjellerup)
6	Galileo	1989	美国	951Gaspra 和 243 Ida 均为 S 型,主带小行星	伽利略探测器研究木星及其卫星,在前往木星的途中飞掠探测了小行星加斯普拉星(951 Gaspra),这是人类第一次近距离、高精度的小行星探测;此后,又飞掠探测了小行星艾女星(243 Ida)
7	克莱门汀号(Clementine 或 DSPSE)	1994	美国	1620 Geographos 为 S 型,阿波罗型近地小行星	飞掠探测小行星地理星(1620 Geographos),仪器损坏导致任务失败
8	会合-舒梅克号(NEAR-Shoemaker)	1996	美国	1)433 Eros :S 型,阿莫尔型近地小行星 2)253 Mathilde:C 型,主带小行星	绕飞探测爱神星(433 Eros),主要目标是传回爱神星内部构造、组成、矿物学、质量分布及磁场等数据。次要目标则包括研究风化层的特性、小行星与太阳风的相互作用、小行星表面可能出现的地质活动(例如尘埃或气体)及小行星的自转状态。这些数据将帮助科学家理解小行星的普遍特征,陨石和彗星之间的关系及太阳系早期的情况

续表

序号	任务名称	发射时间	国家	小行星类型/彗星	任务目标
9	卡西尼-惠更斯号 (Cassini-Huygens)	1997	美国、欧洲、意大利合作	2685 Masursky 为 S 型，主带小行星	主要任务是对土星系进行空间探测，1.6×10^6 km 飞掠探测了小行星 2685 (2685 Masursky)，并估计其直径为 15～20 km
10	深空 1 号 (Deep Space 1)	1998	美国	1)9969 Braille：Q 型，火星轨道穿越小行星 2) 107P/Wilson－Harrington 和 19P/Borrelly：彗星	飞掠探测布拉耶小行星(9969 Braille，1992KD)和先后飞掠探测威尔逊－哈林顿彗星(107P/Wilson－Harrington)和包瑞利彗星(19P/Borrelly)
11	星尘号(Stardust)	1999	美国	1) 81P/Wild 和 9P/Tempel 1：彗星 2)5535 Annefrank：S 型，主带小行星	主要目的是采样返回维尔特二号彗星(81P/Wild)，首次完成彗星采样返回任务，从彗发收集到彗星尘埃样品，拍摄了详细的冰质彗核图片。 约 3 100 km 处飞掠探测小行星 5535 (5535 Annefrank)； 飞掠探测坦普尔 1 号彗星(9P/Tempel 1)，该彗星成为首颗人类重复造访的彗星
12	隼鸟号 (Hayabusa)	2003	日本	25143 Itokawa 为 S 型，阿波罗型近地小行星	采样返回小行星糸川(25143 Itokawa)
13	罗塞塔号(Rosetta)	2004	欧洲	1)67P/Churyumov-Gerasimenko：彗星 2)2867 Steins：E 型，主带小行星 3)21 Lutetia：C 或 M 型，主带小行星	主要着陆探测彗星 67P/楚留莫夫－格拉希门克(67P/Churyumov-Gerasimenko)； 飞掠探测小行星(2867 Steins)尘埃尾巴； 飞掠探测小行星司琴星(21 Lutetia)
14	深度撞击号 (Deep Impact)	2005	美国	9P/Tempel 1 和 103P/Hartley 均为彗星	飞掠探测坦普尔 1 号彗星(9P/Tempel 1)和哈特雷 2 号彗星(103P/Hartley)；并成功撞击坦普尔 1 号彗星的彗核

续表

序号	任务名称	发射时间	国家	小行星类型/彗星	任务目标
15	新视野号 (New Horizons)	2006	美国	柯伊柏带小行星	其主要任务是探测冥王星及其最大的卫星卡戎(冥卫一)和位于柯伊柏带的小行星群
16	黎明号(Dawn)	2007	美国	1)Vesta:V 型,主带小行星 2)Ceres:接近 C 型,主带小行星	绕飞探测小行星带最大的两颗原行星:灶神星(Vesta)和谷神星(Ceres)
17	嫦娥二号(Chang'e-2)	2010	中国	4179 Toutatis 为 S 型,阿波罗型近地小行星	主要为后续探月工程试验、验证部分新技术和新设备,降低之后月球与深空探测的风险;此外,实现 L2 点空间探测;飞掠探测小行星图塔蒂斯(4179 Toutatis)
18	隼鸟 2 号 (Hayabusa-2)	2014	日本	1)162173 Ryugu:C 型,阿波罗型近地小行星 2) 1998 KY26:阿波罗型近地小行星	主要目的是采样返回小行星龙宫(162173 Ryugu),已完成; 飞掠探测小行星 1998 KY26,预计 2031 年 7 月抵达
19	PROCYON	2014	日本	1) (185851) 2000 DP107:阿波罗型近地小行星 2) 67P/Churyumov-Gerasimenko:彗星	由于主力推进系统停止运转,放弃了原任务目标,即飞掠探测小行星(185851) 2000 DP107; 取而代之的任务是,飞掠探测 67P/楚留莫夫-格拉希门克(67P/Churyumov-Gerasimenko)彗星,并测定了其释放的水蒸气量,与罗塞塔号观测到的释放量一致
20	奥西里斯号 (OSIRIS-REx)	2016	美国	1) 101955 Bennu:B 型,阿波罗型近地小行星 2) 99942 Apophis Sq 型,阿登型近地小行星	采样返回小行星贝努(101955 Bennu),已完成; 飞掠探测小行星 99942 阿波菲斯(99942 Apophis),目前仍在飞往途中

续表

序号	任务名称	发射时间	国家	小行星类型/彗星	任务目标
21	露西号(Lucy)	2021	美国	1)52246 Donaldjohanson:C 型,主带小行星 2)3548 Eurybates:C 型,木星特洛伊 3)15094 Polymele:P 型,木星特洛伊 4)11351 Leucus:D 型,木星特洛伊 5)21900 Orus:D 型和 C 型,木星特洛伊 6)617 Patroclus:P 型,木星特洛伊	第一艘访问特洛伊小行星的探测器; 飞掠探测主带小行星 52246(Donaldjohanson)以及木星特洛伊带小行星,包括 3548 Eurybates、15094 Polymele、11351 Leucus、21900 Orus 和 617 Patroclus,目前均在飞往途中
22	双小行星重定向测试(DART)	2021	美国	Dimorphos 和 Didymos:Xk 型,阿波罗型和阿莫尔型小行星	飞掠探测小行星 Didymos 及其卫星 Dimorphos; DART 通过撞击 Dimorphos 展示了一种可行的缓解技术,可以保护地球免受小行星或彗星(如果发现的话)的袭击
23	小行星成像轻型意大利立方星(LICIACube)	2021	意大利	Dimorphos 和 Didymos:Xk 型,阿波罗型和阿莫尔型小行星	LICIACube 为被安装在 DART 上的小型立方体探测器,它在撞击前 10 日与主探测器 DART 分离,以便留出足够的距离使得其在飞掠双生星期间对撞击产生的抛射物进行完整拍摄
24	近地小行星侦察兵(NEA Scout)	2022	美国	2020 GE:近地小行星	飞掠探测有史以来被航天器访问的最小小行星 2020 GE,这颗小行星直径在 18 m 以下
25	灵神星号(Psyche)	2023	美国	16 Psyche :M 型,主带小行星	绕飞探测富金属型主带小行星灵神星(16 Phyche),预计 2029 年到达 16 Psyche,并环绕其开展为期 26 个月的科学观测

续表

序号	任务名称	发射时间	国家	小行星类型/彗星	任务目标
26	赫拉号(Hera)	2024	欧洲	Dimorphos 和 Didymos：Xk 型，阿波罗型和阿莫尔型小行星	绕飞探测小行星 Didymos 及其卫星 Dimorphos；其中 DART 任务于 2022 年撞击了 Dimorphos，改变了其轨道；Hera 将返回所测量的 Dimorphos 质量，以精确确定动量传递效率；研究撞击坑，以改善对低重力环境撞击过程以及撞击坑形成与动量传递效率相关的机制的理解；观察细微的动态效应，这些效应不能通过地面观测来检测；表征 Dimorphos 的表面和内部，以便将动量传递效率推广到不同的小行星。科学目标包括表征双星系统、表面结构、风化层运动性和星表物理特征
27	天问二号 (Tianwen-2)	2025	中国	1)2016 HO3：阿波罗型近地小行星 2)311P：彗星	采样返回小行星振荡天星(小行星 461219，2016 HO3)；绕飞探测主带彗星 P/2013 P5(又名 311P)
28	“命运+” (DESTINY+)	2025	日德	3200 Phaethon：F 型，阿波罗型近地小行星	飞掠探测小行星 3200 Phaethon 的尘埃，并对其表面进行测绘，以了解尘埃喷射的机制；科学目标是了解尘埃的起源和性质，尘埃是地球上有机化合物的重要来源；DESTINY+将在太空展示创新的轻量级太阳能阵列板技术

从发展历程看，小行星探测经历了近距离飞掠（如深空 1 号、星尘号和罗塞塔号探测任务），到小行星绕飞探测（如 NEAR、黎明号探测任务），再到附着原位探测（如 Rosetta 任务），目前发展到了小行星表面采样返回计划（如隼鸟号和奥西里斯号任务）[56,132]。日本 2003 年发射隼鸟号小行星探测器，并于 2010 年实现了人类第一次小行星采样返回地球。随后于 2014 年发射隼鸟 2 号，并于 2020 年携带小行星样品返回地球。美国 NASA 于 2016 年发射了首个小行星采样返回任务 OSIRIS-REx（起源、光谱解释、资源识别、安全和风化层探测器），2020 年从近地小天体贝努表面收集岩石样品并于 2023 年 9 月返回地球。2021 年 11 月，美国发射了双小行星重定向测试（Double Asteroid Redirection Test，DART）航天器，并于 2022 年 9 月撞击小行星 Dimorphos 并改变其轨道，实现了首次主动小行星防御操作任务。美国 NASA 于 2023 年 10 月 13 日发射灵神星（Psyche）探测器，将首次开展金属质小行星探测。

2.2.1 美国小天体探测与开发任务

2.2.1.1 美国奥西里斯-雷克斯小行星采样返回任务

美国 NASA 奥西里斯-雷克斯（OSIRIS-REx）任务是美国首次小行星采样返回任务，其主要目标包括研究小行星的起源并寻找生命起源，同时也开展资源探测的研究。奥西里斯-雷克斯探测器于 2016 年 9 月 8 日从美国佛罗里达卡纳维拉尔角发射升空，前往小行星贝努开展研究。探测器的整体结构由探测器平台、触采样品采集装置（Touch-and-Go Sample Acquisition Mechanism，TAGSAM）、样品返回容器（SRC）和 5 台科学仪器组成。探测器平台主要由电源、推进、导航与控制及 X 频段通信等系统构成。TAGSAM 装在长约 3.4 m 的机械臂末端，用于从贝努表面采集样品，如图 2-13 所示[133,134]。当 TAGSAM 与小行星表面接触时，释放出高纯度的高压氮气，将风化层颗粒吹入容器。定位臂将样品送入取样容器，取样容器将收集到的样品安全送回地球。

美国 OSIRIS-REx 采用与日本隼鸟探测器相似的 TAG（Touch-and-Go）附着方式，在下降过程中通过控制系统匹配相对小行星表面的姿态和速度，并使

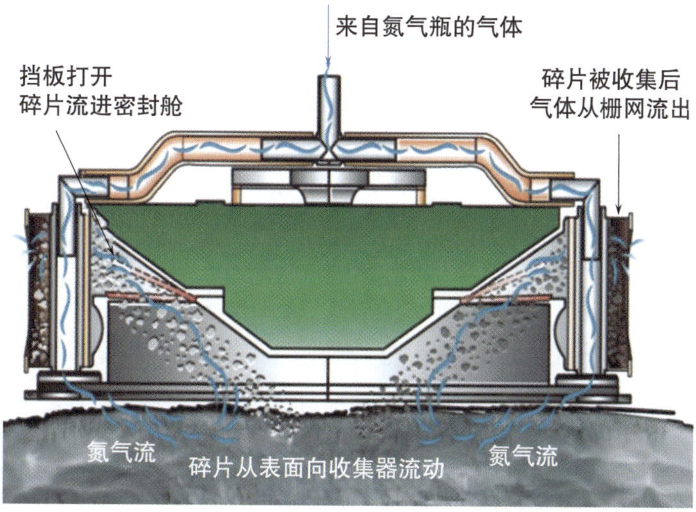

图 2-13　触采样品采集装置 TAGSAM 工作示意图

用机械臂末端在触碰表面过程中完成采样。OSIRIS-REx 在下降附着过程中不断根据测得的自身姿态和空间所处位置，与目标着陆面进行速度和姿态匹配。在距离表面高度约 5 m 处，探测器停止姿态控制，通过自由落体与小行星表面接触，同时触发采样程序。5 s 附着后，探测器利用弹簧反弹并飞离至预定安全高度。图 2-14 所示为 OSIRIS-REx 的附着方式示意和机械臂组成示意。

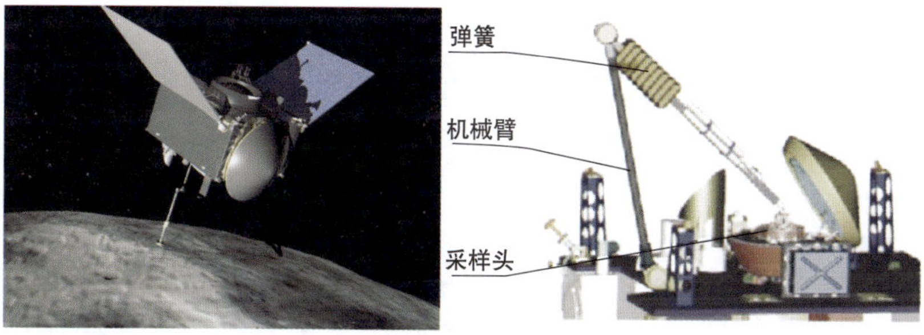

图 2-14　OSIRIS-REx 的附着方式示意和机械臂组成示意

2022 年 4 月，美国批准 OSIRIS-REx 延长任务时间 9 年，把从小行星贝努采集的样本送回地球后，继续前往一颗名为阿波菲斯（Apophis）的小行星。2023 年 9 月 24 日，样本舱成功返回地球并获得了约 250 g 的小行星样品。

2.2.1.2 美国露西小行星探测任务

2021 年 10 月 16 日，美国 NASA 的露西（Lucy）小行星探测任务成功发射，将在未来 12 年探测 1 颗主带小行星和 7 颗木星特洛伊族小行星。露西探测器在太阳翼展开时尺寸为 15.82 m×2 m×7.28 m，干质量 771 kg，带燃料质量 1 500 kg。露西探测器将借助于地球引力，通过复杂的飞行路径规划先后前往日木系统的拉格朗日 L4 点和 L5 点位置，探索 2 个特洛伊小行星群，并对 C 型、P 型和 D 型等 3 种主要类型的小天体进行探测，将成为首个近距离探测木星特洛伊小行星的探测器[135]。

露西探测器对每个目标小行星开展以下科学探测：1）表面地质，包括测绘小行星的形状、反照率（反射率）以及陨石坑分布，确定星壳结构和各层的性质，以及星表的相对年龄；2）表面颜色和成分，包括测绘表面的颜色、成分和风化层性质，确定矿物、冰和有机物的分布；3）内部和整体性质，包括确定质量和密度，并通过陨石坑、裂缝、喷出物覆盖层和暴露层等研究地下成分；4）探测特洛伊族小行星的环和卫星。表 2-3 所示为露西探测目标及时间。

表 2-3 露西探测目标及时间

时间	目标类型	目标小行星
2025-04-20	主带小行星	(52246) Donaldjohanson
2027-08-12	L4 特洛伊族小行星	(3548) Eurybates 和 Queta
2027-09-15	L4 特洛伊族小行星	(15094) Polymele
2028-04-18	L4 特洛伊族小行星	(11351) Leucus
2028-11-11	L4 特洛伊族小行星	(21900) Orus
2033-03-03	L5 特洛伊族小行星	(617) Patroclus 和 Menoetius

2.2.1.3 美国小行星“重定向”任务

2010 年，美国 NASA 提出了论证分析在 2025 年之前识别、捕获一颗约 2 m 直径、10 吨重的小行星，并且将其带回国际空间站的可能性。2012 年

4 月，Keck 空间研究中心（KISS）发布了小行星捕获返回任务（Asteroid Capture & Return，ACR）可行性报告，其任务目标是选定一颗直径约 7 m、重约 500 吨的 C 类近地小天体，用口袋式抓捕系统对其实施抓捕，并于 2025 年前后将其带回近月轨道，随后运送航天员对其进行勘探和开采。2013 年，美国国会在 2014 财年预算中，正式为 NASA 批复近 1 亿美元用以支持 ACR 任务，并更名为小行星重定向任务（Asteroid Redirect Mission，ARM）。2015 年 10 月，NASA 公开发布的《火星之旅：开拓太空探索新篇章》中介绍了分 3 个阶段实施载人火星探索系列任务的规划，其中 ARM 任务被纳入三步走之“试验场”阶段的主要任务之一，其任务目标为验证若干项长期深空任务能力，包括太阳能电推进（SEP）等技术。此外，ARM 还计划在地月空间建设深空基础设施，作为飞向火星的聚集点。在首次 ARM 载人任务后，将有数吨材料留轨至少 100 年，供未来探索、科学、商业或学术合作使用。

美国 NASA 将 ARM 任务分成识别、重定向和探索 3 个阶段：1）识别阶段，即通过地基、天基手段对近地小天体目标进行探测、识别和筛选；2）重定向阶段，即对选择的小行星实施抓捕，针对不同尺寸的小行星设计了不同方案，随后通过高功率 SEP 实现小行星向月球高轨的转移；3）探索阶段，通过新型发射系统（SLS）和猎户座飞船完成对目标小行星的载人登陆和采样。

美国 NASA 牵头联合多所研究机构、大学和商业公司，开展了深入的论证工作，提出小行星“口袋式抓捕”和“表面石块采集”2 种代表性任务方案，如图 2-15 所示。方案 A 通过口袋式抓捕装置对较小的小行星实施抓捕，该方案由 JPL 牵头研究。方案 B 考虑在大型小行星表面着陆并通过“着陆腿+机械臂”捕获一块石块，该方案由 NASA 路易斯研究中心（Lewis Research Center，LeRC）牵头研究。

小行星重定向飞行器（Asteroid Redirect Vehicle，ARV）干重约 3 950 kg。ARV 主要由两大模块组成：任务模块和 SEP 模块。任务模块包含各种电子设备，进行数据计算和处理，负责与地面通信和 ARV 的控制。SEP 模块包含一套大功率 SEP 系统和一套大推力化学推进系统。化学推进系统主要执行快速姿态机动和抓捕小行星后的组合体消旋任务。高功率 SEP 系统是 ARV 的核心模

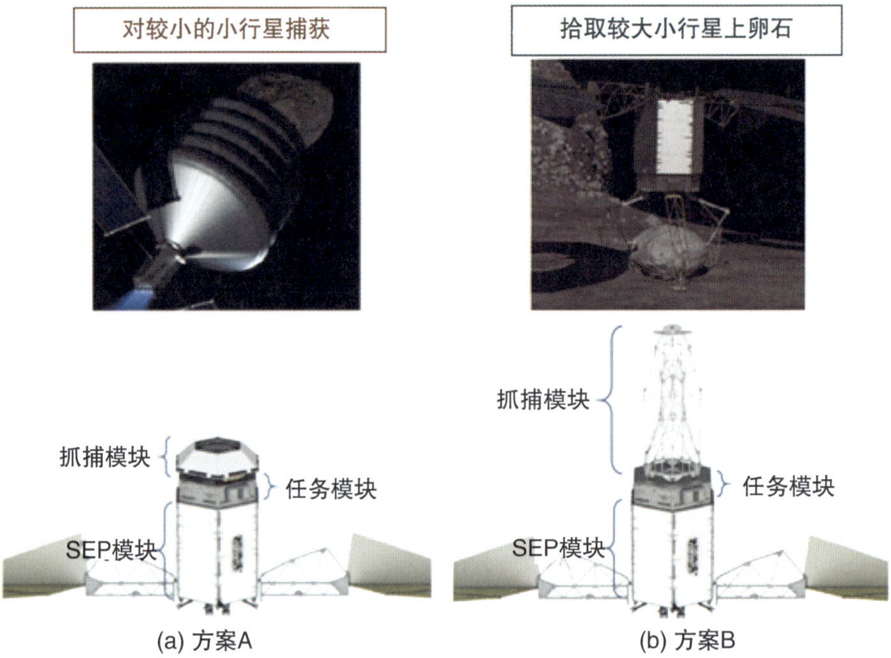

图 2-15　两种捕获方案示意图（引自 NASA 网站）

块，关键组件包括 30~50 kW 先进太阳翼、10~15 kW 磁力防护的霍尔推进器及氙贮箱。

2015 年 3 月 25 日，美国 NASA 宣布其小行星抓捕任务将采用“表面石块采集”方案，即方案 B，到达一颗大型近地小行星，并从其表面收集一块数吨重的巨石，然后将巨石重新定向到月球轨道上，航天员将在那里探索它并带回样本。图 2-16 所示为 ARM 任务飞行序列。2017 年 12 月美国政府终止了这次任务。

2.2.1.4　欧美联合小行星撞击和轨道偏离评估任务

美国 NASA 和欧洲 ESA 联合实施了一项小行星撞击探测项目，命名为“小行星撞击和轨道偏离评估”（Asteroid Impact & Deflection Assessment，AIDA）任务。该任务由两颗独立的探测器组成，分别是美国 NASA 的 DART 撞击器和欧洲 ESA 的 AIM 探测器。AIM 将在 DART 任务撞击小行星之前抵达目标小行星，以监测小行星轨道与结构在撞击前后的变化。

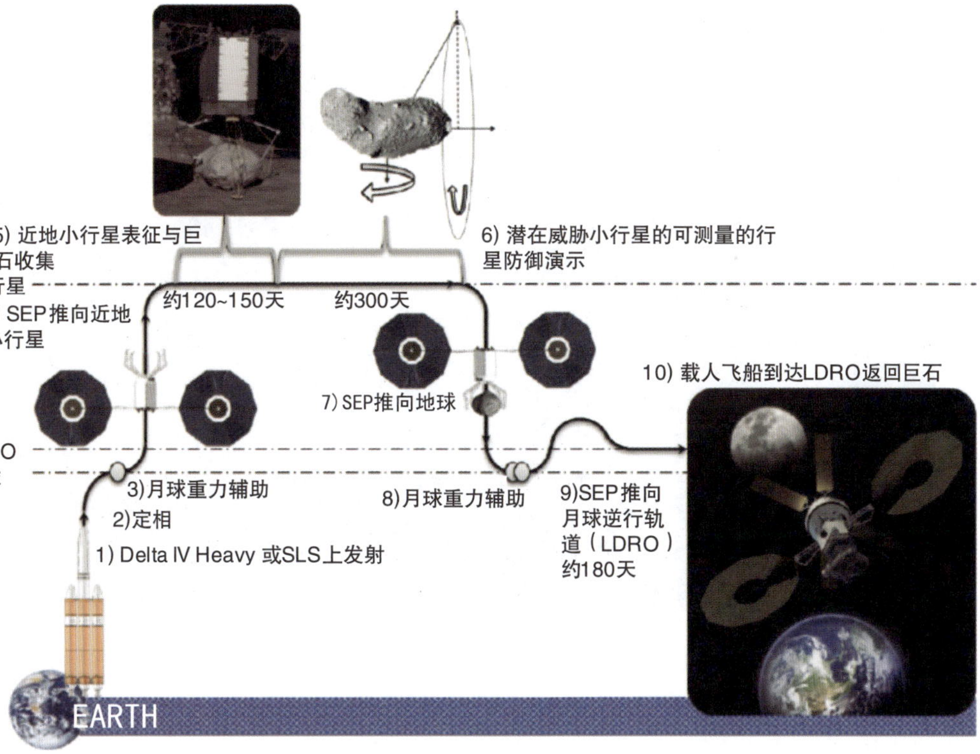

图 2-16　ARM 任务飞行序列（引自 NASA 网站）

DART 撞击器于 2021 年 11 月发射，于 2022 年 9 月撞击小行星。该探测器携带 CCD 相机，在撞击前对主星和从星的表面形态学和地质学进行探测，探测器飞行过程如图 2-17 所示[136]。DART 撞击器落点精度达到撞击目标直径的 1%，全过程由地面进行监测，并评估动能撞击的实施效果。意大利航天局研制的 LICIA（用于对小行星成像的轻型立方体卫星）在与 Dimorphos 发生碰撞之前与 DART 分离。它捕捉撞击过程以及撞击后喷射出的碎片图像，并将其传回地球。

DART 任务成功通过撞击改变了目标小行星的轨道，观测了撞击后喷出物形态和整个喷出物演化过程，精确测量了撞击后的小行星轨道动力学特性，为小行星防御提供了重要技术基础。

遗憾的是，ESA 取消了 AIM 任务，替代实施一项名为赫拉（Hera）的小规模任务。该任务于 2024 年 10 月 7 日成功发射，并将于 2026 年飞抵 DART 任务撞击的双小行星系统，近距离观察小行星表面的构成、测定小行星引力场、

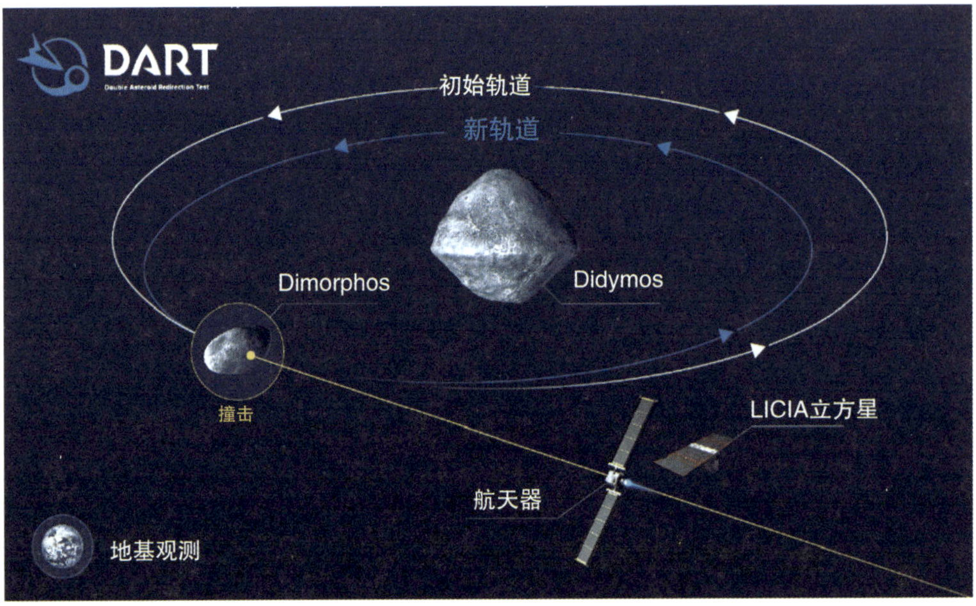

图 2-17　DART 任务概念图

评估撞击引起的尘埃与喷出物，特别对 DART 撞击产生的陨石坑进行详细探测，以评估撞击使小行星轨道偏转的有效性。

2.2.1.5　美国灵神星（Psyche）探测任务

灵神星任务是美国 NASA 实施的针对金属质小行星——灵神星（16 Psyche）的探测任务。灵神星位于主带小行星外缘，直径约为 226 km。灵神星可能是一颗早期行星的镍铁内核，估算其价值达到 1 000 万万亿美元[137]。灵神星探测器已于 2023 年 10 月 13 日，由美国太空探索技术公司的猎鹰重型火箭发射成功。巡航阶段大约开始于发射后 100 天，探测器将用 5 年多的时间前往目标小行星。巡航分为 3 个阶段：巡航一阶段、火星引力辅助阶段和巡航二阶段。巡航一阶段涵盖了从地球到火星的轨道，推进器需要长期工作以便按时与火星会合。该阶段将于火星飞掠前 60 天结束。之后灵神星探测器飞到较为接近火星的地方进行引力辅助飞行，在此期间推进器大部分时间关机，将在 2026 年 5 月接近火星。在火星引力辅助的两天后，探测器将开始巡航二阶段，总计大约 29 个月，推进器几乎全程点火，直至 2029 年灵神星探测器接近目标小行星，并环绕这颗小行星开展为期 26 个月的科学探测。图 2-18 所示为灵神星及探测任务计划。

图 2-18　灵神星及探测任务计划

灵神星任务是美国 NASA 发现计划（Discovery Program）的第 14 次任务，总投入约 12 亿美元，由亚利桑那州立大学（Arizona State University）领导实施，由喷气推进实验室（JPL）负责任务的总体管理、系统工程、集成和测试以及任务运行，由马克萨技术公司（Maxar）提供太阳能电推进平台及大部分工程硬件系统[138]。

灵神星探测任务的科学目标是探测形成行星的要素——金属内核，具体探测目标如下：1）探测内核的组成成分；2）分析表面各区域的相对年龄；3）探索其与地球高压内核中轻元素的类同关系；4）研究形成的环境条件；5）测绘地形特征。灵神星密度估算结果包括（4 500±1 400）kg/m^3[139]、（6 980±580）kg/m^3[140]、（6 490±2 940）kg/m^3[141]和（7 600±3 000）kg/m^3[142]，反射光谱相对平坦且缺乏特征，与金属类型天体的目标特征相符，其表面大约有 10%的硅酸盐岩石覆盖[143]。灵神星雷达反照率为 0.42[144]，具有 120 tiu①的高热惯性[145]，具有金属质特征。

① 1 tiu=1 J m^{-2} $s^{1/2}$ K^{-1}，tiu 为热惯性单位。

灵神星探测器发射质量为 2 747 kg，干重为 1 616 kg。平台由 Maxar 公司的 1300 卫星平台改进而来。平台为矩形、面板箱结构，中心由石墨复合材料圆柱支撑，采用太阳能电推进，携带 7 个 82 L 氙推进剂贮箱。灵神星任务的目标通过以下 4 种科学载荷（图 2-19）来实现：

1）双磁通门磁力计，测量灵神星的残余磁场，确认其为星子内核。

2）多光谱成像仪，配备七种滤光片，可提供有关表面地质和成分的基础信息以及数据，确定矿物组成，绘制火山口、山谷、悬崖和其他地质特征的分布图，并创建三维地形图。

3）一台伽马射线光谱仪和两台中子谱仪（GRNS），确定小行星表面物质的化学元素成分，包括铁、镍、硅、钾、硫和铝的浓度。

4）X 波段通信系统，测量灵神星重力场。

此外，灵神星任务还将测试深空光通信（DSOC）新型激光通信技术，将首次在地球到火星的距离上验证深空激光通信能力。

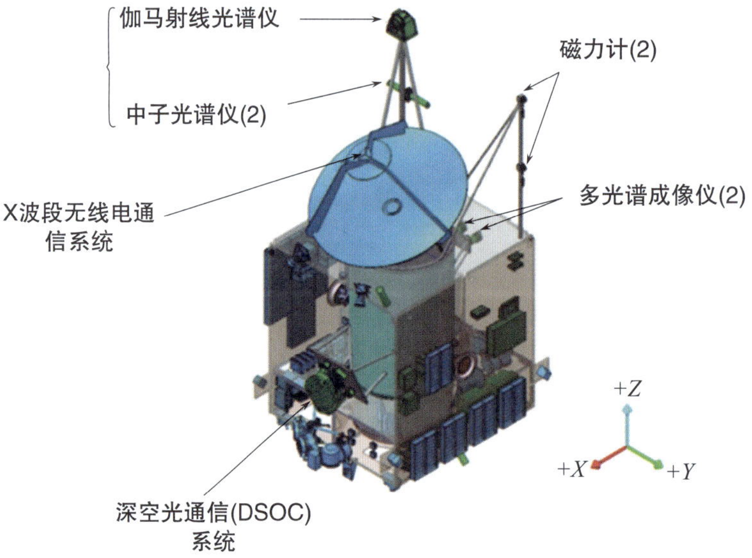

图 2-19 灵神星探测器的有效载荷

2.2.2 欧洲罗塞塔号彗星探测任务

欧洲 ESA 的罗塞塔（Rosetta）号彗星探测器于 2004 年 3 月 2 日发射，研究楚留莫夫-格拉希门克彗星（67P/Churyumov-Gerasimenko）。罗塞塔号由两个部分组成：罗塞塔探测器及菲莱着陆器（Phillae）。2014 年 11 月 13 日凌晨，由罗塞塔彗星探测器释放的菲莱着陆器成功登陆 67P 彗星。2016 年 9 月 30 日，罗塞塔号彗星探测器撞向 67P，完成了长达 12 年的任务。

菲莱着陆器采用三腿结构，着陆器的顶部安装有推进器，底部地盘中央配备有“鱼叉”锚定器，原计划在着陆过程中释放锚定器射入彗星表面，同时推进器工作提供反推力将着陆器固定在彗星表面[146]。但由于机械故障，锚定器未能成功释放，导致着陆器在彗星表面多次弹跳，最终落入光照条件较差的阴影区内（图 2-20）。

图 2-20　Phillae 着陆彗星

2.2.3　日本隼鸟号和隼鸟 2 号小天体探测任务

2003 年日本成功发射隼鸟号（Hayabusa）小天体探测器，并于协调世界时（Universal Time Coordinated，UTC）2005 年 9 月 12 日飞抵距糸川小行星（Itokawa）20 km 的预定轨道，观测表面形貌，收集成分和地形数据。2005 年 11 月 12 日，隼鸟号在距小行星表面 55 m 处投放了智慧女神（MINERVA）子探测器，但出现了故障。2005 年 11 月 20 日和 26 日，隼鸟号先后 2 次短时间着陆小行星表面并采集样本[147]。探测器通过小于 1 s 的接触时间实施采样，但仅扰动激发了极少量尘埃，在样品罐上粘回了约 1 500 个颗粒样本。2010 年 6 月 13 日，隼鸟号采集的样品成功返回地球，成为世界上首个小行星采样返回地球的探测器[148]。

2014 年 12 月日本成功发射隼鸟 2 号。2019 年 2 月 22 日隼鸟 2 号在龙宫（Ryugu）小行星完成首次采样并于 2019 年 7 月 11 日在其上完成了第 2 次采样任务。2020 年 12 月，隼鸟 2 号采集的样品成功返回地球。隼鸟 2 号探测器主体继续探测深空，执行新确定的扩展任务，计划于 2026 年和 2031 年先后造访 2 颗小行星[149]。

隼鸟号和隼鸟 2 号探测器均没有采取长期附着方案，而是采用了即触即走的方式附着小行星表面并完成样品采集，如图 2-21 所示。探测器在短时触碰后就飞离小行星表面，没有稳定接触的过程。

图 2-21　隼鸟号/隼鸟 2 号的即触即走采样方式示意

隼鸟 2 号通过释放表面运动机器人实现小行星表面探测，包括着陆器 MASCOT 和 MINERVA-Ⅱ。其中 MASCOT 由德国宇航中心设计研制，着陆器呈方盒子状（图 2-22），碳纤维结构总质量约为 10 kg，整体大小为 295 mm×275 mm×195 mm，包括电源、移动系统、通信单元和约 3 kg 的有效载荷。

MASCOT 在距小行星表面 100 m 高处与隼鸟 2 号通过弹簧弹射驱动机制分离。MASCOT 在小行星上的操作受限于自身电池容量和数据上行速率，可工作约 16 个小时。MASCOT 上安装了一个运动机构，通过驱动机构内的偏心质量块运动为着陆器提供足够的动量从而改变运动状态，可以用于 MASCOT 着陆后的姿态调整并通过弹跳的方式使 MASCOT 改变着陆点位置，但仅能调整一次。

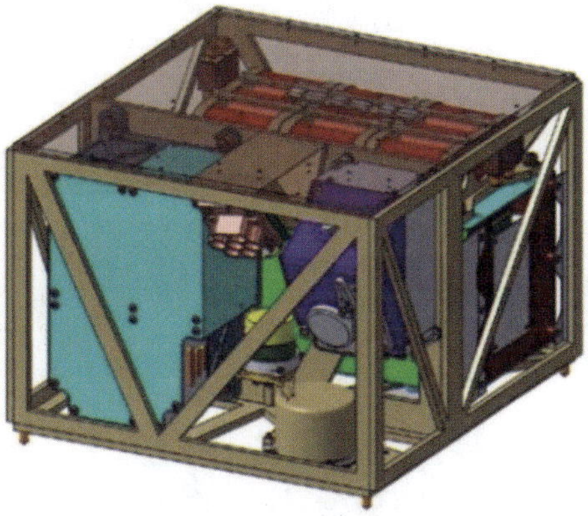

图 2–22　MASCOT 示意图

2.2.4　我国小天体探测任务

2.2.4.1　嫦娥二号小行星探测拓展任务

我国嫦娥二号探测器于 2010 年 10 月 1 日发射，历时近 7 个月，顺利完成了环绕月球的相关探测任务，并于 2011 年 6 月开始小行星探测拓展任务。2012 年 12 月 13 日，嫦娥二号以 10.73 km/s 的相对速度，由远及近抵近小行星 4179 Toutatis，最近相对距离达到 3.2 km，首次实现了我国对小行星的飞掠探测，也是国际首次实现对该小行星的近距离探测[150]。

小行星 4179 Toutatis 的长度约 4.46 km，宽度约 2.4 km。它中间长而窄，两侧存在大小不等的突出物，且质量分布也呈现出很不均匀的特征。利用获得的图像数据，测算分析了其表面撞击坑和岩块的大小和分布特征，建立了该小行星的光学多面体模型。研究结果表明，该小行星曾遭受大量小天体撞击，其中南部地区直径近 800 m 的大型撞击坑由直径约 50 m 的撞击体轰击形成[151]。

图 2-23 所示为嫦娥二号探测器小行星 4179 Toutatis 研究结果。

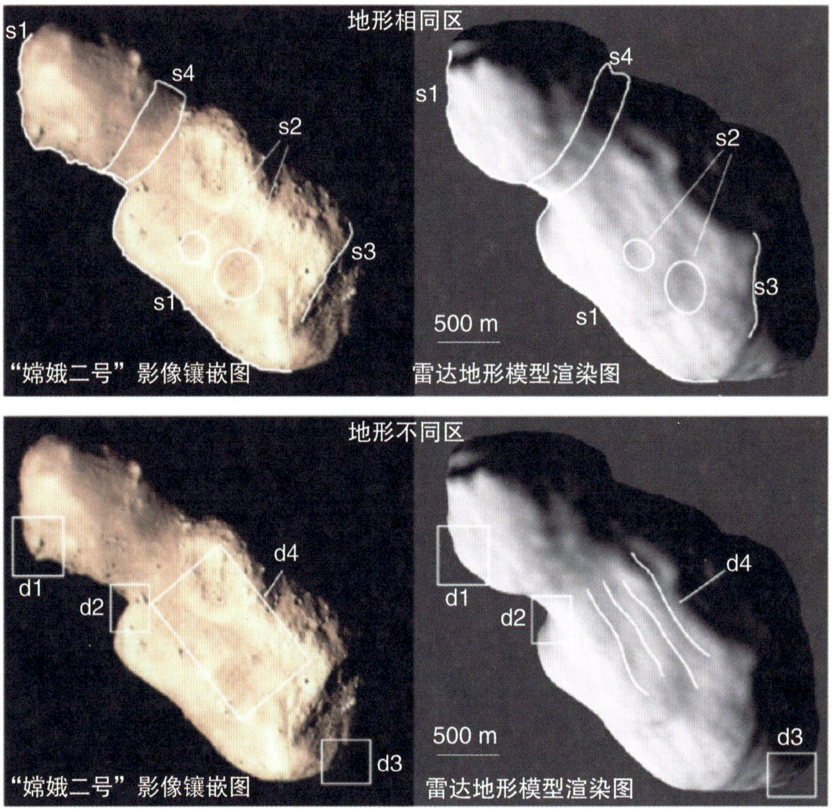

图 2-23　嫦娥二号探测器小行星 4179 Toutatis 研究结果

2.2.4.2　天问二号小行星探测任务

小行星作为我国深空探测下一步的重点目标之一，其探测计划已进入工程阶段。2019 年 4 月 19 日，国家航天局正式发布了我国小行星探测任务（天问二号）有效载荷和搭载项目征集公告，标志着我国小行星探测已正式拉开序幕[152]。天问二号小行星探测任务预计在 2025 年发射，对近地小行星 2016 HO3 开展伴飞探测和取样返回，并对主带彗星进行科学探测。

天问二号将通过一次任务实现对近地小行星的近距离探测、采样返回和主带彗星探测。任务的科学目标主要包括：1）测定近地小行星和主带彗星的轨道参数、自转参数、形状和热辐射等物理参数，开展轨道动力学研究；2）开展近地小行星和主带彗星的形貌、物质组分、内部结构以及可能的喷发物等研究；3）对返回样品开展实验室分析研究，测定样品的物理性质、化学与矿物成分、同位素组成，以及结构构造，开展小行星和太阳系早期的形成与演化研究。

探测器系统包括主探测器及返回舱。主探测器完成近地小行星转移、绕飞详查、采样转样、返回地球、返回舱分离、主带彗星转移及科学探测全周期的飞行任务；返回舱采用弹道式再入方式，通过“气动外形+ 降落伞”的方式完成减速并着陆于地球。拟配置的有效载荷包括：窄视场导航敏感器、激光一体化导航敏感器、多光谱相机、可见光红外光谱仪、热辐射光谱仪、中视场彩色相机、多光谱相机、探测雷达、磁强计、带电粒子与中性粒子分析仪、喷发物分析仪等。

探测器系统经近 1 年的飞行，到达近地小行星 2016 HO3 附近。采用绕飞、悬停等方式，对其开展详细科学探测。根据获取的信息，确定候选采样区。随后择机实施小行星表面采样，并实现样品的有效封装。之后在预定的返回窗口，探测器开始进入返回转移飞行。在地球附近，释放返回舱，返回舱采用弹道式再入，高速进入地球大气层并在预定回收场着陆。这一过程预计在 3 年内完成。主探测器拉起后，奔向目标彗星，经历约 7 年时间飞行到达小行星带，对主带彗星进行科学探测。我国小行星探测任务探测器在轨飞行共分 13 个飞行阶段，如图 2-24 所示[153]。

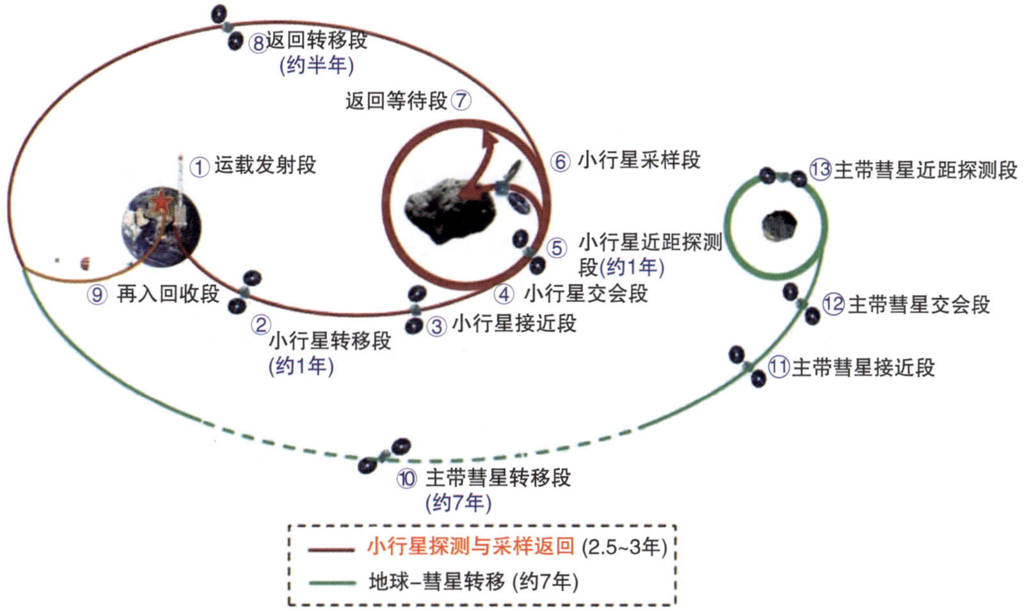

图 2-24　我国小行星探测任务飞行过程示意图

为了较好地适应 2016 HO3 小行星地形、表面星壤力学特性等不确定性，针对可能的“碎石堆”或“独石”特性，以及表面不同大小的碎石粒径分布特性，除了触碰采样方式外，还需考虑设计悬停采样和附着采样等多种模式和手段，确保能可靠采集到样品。采样方式如图 2-25 所示[153]。

(a) 触碰采样方式　(b) 悬停采样方式　(c) 附着采样方式

图 2-25　我国小行星探测任务采样方式示意图

2.3 火星探测与开发计划

国际火星探测起步于 20 世纪 60 年代，截至 2023 年 12 月共实施了 49 次发射任务，其中美国 23 次，苏联 18 次，欧空局 3 次，日本、俄罗斯、印度、阿联酋和中国各 1 次，失败任务有 20 次，失败率约 41%（表 2-4）。从时间跨度来看，火星探测历程可分为 3 个阶段：1）第 1 阶段（1960—1975 年），实施了 23 次任务，主要是美、苏在冷战背景下，进行科技竞赛；2）第 2 阶段（1976—1987 年），火星探测进入沉寂期，无发射任务；3）第 3 阶段（1988 年至今），实施了 26 次任务，不断取得科学发现和技术突破。

表 2-4　已发射的火星探测器列表（引自 NASA 网站）

发射日期	探测器	国别/地区	探测方式	成功情况
1960-10-10	1 M No. 1	苏联	火星飞掠	失败
1960-10-01	1 M No. 2	苏联	火星飞掠	失败
1962-10-24	2 MV-4 No. 1	苏联	火星飞掠	失败
1962-11-01	Mars 1	苏联	火星飞掠	失败

续表

发射日期	探测器	国别/地区	探测方式	成功情况
1962-11-04	2 MV-3 No. 1	苏联	火星着陆	失败
1964-11-05	Mariner 3	美国	火星飞掠	失败
1964-11-28	Mariner 4	美国	火星飞掠	成功,首次飞掠
1964-11-30	Zond 2	苏联	火星飞掠	失败
1969-02-25	Mariner 6	美国	火星飞掠	失败
1969-03-27	2 M No. 521	苏联	火星轨道	失败
1969-03-27	Mariner 7	美国	火星飞掠	成功
1965-04-02	2 M No. 522	苏联	火星轨道	失败
1971-05-09	Mariner 8	美国	火星轨道	失败
1971-05-10	Kosmos 419	苏联	火星轨道	失败
1971-05-19	Mars 2	苏联	火星轨道及着陆	部分成功,首次撞击
1971-05-28	Mars 3	苏联	火星轨道及着陆	部分成功,首次软着陆
1971-05-30	Mariner 9	美国	火星轨道	成功,首次轨道探测
1973-07-21	Mars 4	苏联	火星轨道	部分成功
1973-07-25	Mars 5	苏联	火星轨道	成功
1973-08-05	Mars 6	苏联	火星飞掠及着陆	部分成功
1973-08-09	Mars 7	苏联	火星飞掠及着陆	部分成功
1975-08-20	Viking 1	美国	火星轨道及着陆	首次成功着陆
1975-09-09	Viking 2	美国	火星轨道及着陆	成功
1988-07-07	Phobos 1	苏联	火卫轨道及着陆	失败
1988-07-12	Phobos 2	苏联	火星轨道及着陆	失败
1992-09-25	Mars Observer	美国	火星轨道	失败
1996-11-07	Mars Global Surveyor	美国	火星轨道	成功
1996-11-16	Mars 96	苏联	火星轨道、着陆及撞击	失败
1996-12-04	Mars Pathfinder	美国	火星着陆及巡视	首次成功巡视
1998-07-03	Nozomi	日本	火星轨道	失败
1998-11-11	Mars Climate Orbiter	美国	火星轨道	失败
1999-01-03	Mars Polar Lander/ Deep Space 2	美国	火星轨道及撞击	失败
2001-04-07	Mars Odyssey	美国	火星轨道	成功
2003-06-02	Mars Express/ Beagle 2	欧洲	火星轨道及着陆	部分成功

续表

发射日期	探测器	国别/地区	探测方式	成功情况
2003-06-10	Spirit	美国	火星巡视	成功
2003-07-08	Opportunity	美国	火星巡视	成功
2004-03-02	Rosetta/ Philae	欧洲	火星引力辅助	成功
2005-08-12	Mars Reconnaissance Orbiter	美国	火星轨道	成功
2007-08-04	Phoenix	美国	火星着陆	成功
2007-09-27	Dawn	美国	火星引力辅助	成功
2011-11-08	Phobos-Grunt/ Yinghuo-1	俄罗斯/ 中国	火星轨道	失败
2011-11-26	Curiosity	美国	火星巡视	成功
2013-11-05	Mars Orbiter Mission	印度	火星轨道	成功
2013-11-18	MAVEN	美国	火星轨道	成功
2016-03-14	ExoMars Trace Gas Orbiter/ Schiaparelli	欧洲	火星轨道及着陆	部分成功
2018-05-05	Insight/ Mars Cubesat One	美国	火星着陆及飞掠	成功
2020-07-19	Hope	阿联酋	火星轨道	成功
2020-07-27	Tianwen-1	中国	火星轨道、着陆及巡视	成功
2020-07-30	Perseverance/ Ingenuity	美国	火星巡视及直升机	成功，首次飞行

2.3.1 美国火星探测任务

20 世纪 90 年代开始，以美国为主导，国际上实施了一系列火星探测任务，形成了火星探测的新高潮。美国已全面掌握火星飞掠、环绕、着陆和巡视勘查技术，取得了火星探测史上多个第一，在世界上处于领先地位。本节将重点介绍美国成功实施的火星着陆和巡视探测任务。

2.3.1.1 火星探路者任务

火星探路者（Mars Pathfinder）于 1996 年 12 月 4 日发射升空，并于 1997 年 7 月 4 日登陆火星的战神谷。火星探路者由着陆器和索杰纳（Sojourner）火星车构成。索杰纳是第一个在火星表面着陆和运行的火星车。它们携带了科学观测仪器，分析火星大气、气候、地质及其岩石和火壤成分，从着陆到 1997 年 9 月 27 日的最终数据传输，火星探路者返回了 23 亿比特的信息，其中包括来自着陆器的 16 500 多张图像和来自火星车的 550 张图像、超过 15 种岩石和火壤的化学分析以及风和其他气象观测数据。

火星探路者的工程目标是证明在火星表面进行低成本着陆和探索的可行性。具体包括：火星制动捕获、高速进入、快速降速、气囊软着陆；成像设备和传感器的测试；巡视器与着陆器之间通信、着陆器与地球远距离通信；巡视器在火星表面上的机动性和系统性的测试；火星探测科学数据收集；长久、持续的工作。其科学目标是刻画火星环境，以便进一步探索。具体包括：远距离和近距离火星表面成像；测定火星岩石和火壤的元素组成；测量火星大气及其波动情况；寻找环境中的磁性物质；寻找液态水曾经存在的证据。

探路者使用了一种直接进入火星大气层的创新方法，它借助降落伞减速，并使用一个大安全气囊系统来缓冲撞击。这是第一次使用这种安全气囊技术，反弹了大约 15 次，高达 15 m。图 2-26 所示为火星探路者气囊着陆和索杰纳火星车。

图 2-26　火星探路者气囊着陆和索杰纳火星车（引自 NASA 网站）

2.3.1.2　火星勇气号和机遇号任务

美国 NASA 两辆火星车勇气号（Spirit）和机遇号（Opportunity）于 2004

年1月3日和1月24日先后登陆火星，它们有着完全相同的结构和探测目的。火星车着陆时使用的气囊系统与火星探路者号相似，但没有固定的着陆器。火星车计划执行90天的任务，寻找有关早期火星环境条件的地质线索，并评估这些环境是否有利于生命。勇气号的持续时间是其最初设计的20倍，于2010年3月22日完成任务。机遇号在火星上工作了近15年，行驶里程达45.16 km，打破了行驶里程最长的纪录，于2019年2月13日结束了任务。

勇气号与机遇号任务的科学目标是寻找火星上早期水活动的各种岩石和火壤，并确定其特征，进一步评估特定地点的地质和早期的宜居性。具体目标包括：1）寻找并表征各种岩石和火壤，这些岩石和火壤为早期的水活动提供了线索。特别是所寻求的样品包括沉淀、蒸发、沉积胶结或热液活动等与水相关的过程。2）确定着陆点周围矿物、岩石和火壤的分布和组成。3）确定哪些地质过程塑造了当地地形并影响了化学成分。这些过程可能包括水或风蚀、沉积、热液机制、火山作用和坑洞形成。4）对火星轨道飞行器仪器进行校准和验证。这有助于确定轨道飞行器上的各种仪器的准确性和有效性。5）寻找含铁矿物，识别和量化含有水或在水中形成的特定矿物类型的相对量，如含铁碳酸盐。6）表征岩石和火壤的矿物学和纹理，并确定它们的形成过程。7）寻找液态水存在时环境条件的地质线索，并评估这些环境是否有利于生命存在。勇气号和机遇号证实，火星表面很久以前就有水存在。这一发现有助于科学家了解火星是否曾经是生命的栖息地。图2-27所示为勇气号和机遇号火星车关键数据。

2.3.1.3 火星凤凰号任务

2008年5月25日，凤凰号（Phoenix）进入火星大气层并在北极平原安全着陆。凤凰号着陆器大约在着陆六个月后，于2008年11月结束通信，停止运行。

凤凰号携带了表面立体成像仪（Surface Stereo Imager，SSI）、机器人手臂摄像头（Robotic Arm Camera，RAC）、显微电化学和电导率分析仪（Microscopy Electrochemistry and Conductivity Analyzer，MECA）、热和析出气体

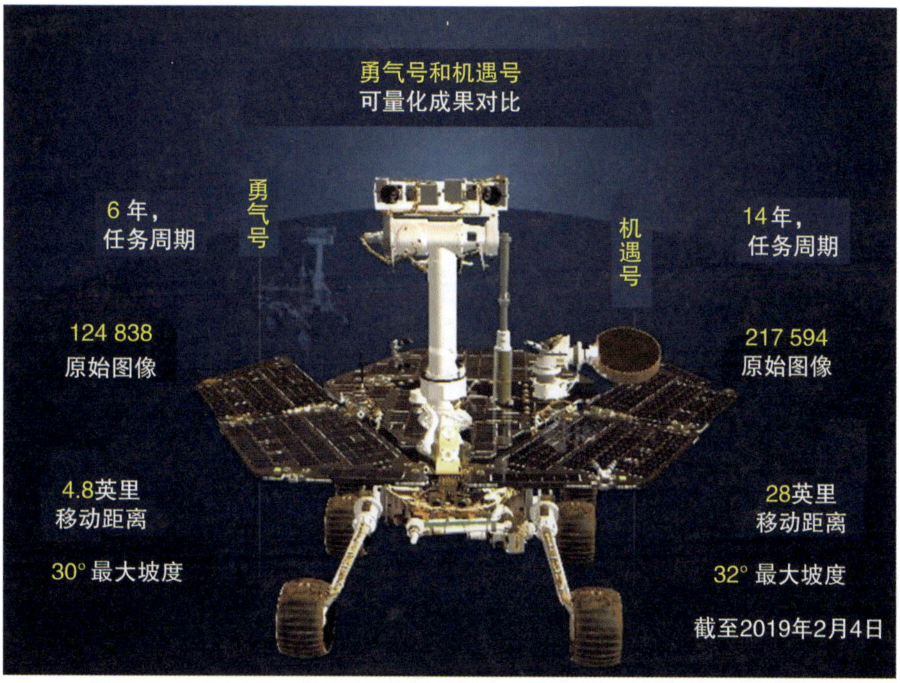

图 2-27　勇气号和机遇号火星车关键数据（引自 NASA 网站）

分析仪（Thermal and Evolved Gas Analyzer，TEGA）及气象站（Meteorological Station，MET）等科学仪器。为分析其机械臂收集的火壤样本，凤凰号通过微型加热炉和便携式实验室，对选定的样品进行加热以释放挥发分，并对其化学成分和其他特性进行检查。凤凰号的立体相机位于 2 m 高的桅杆上，用两只“眼睛”观察着陆场附近的地质特征，为选择挖掘地点提供参考。多光谱能力使得能够识别当地矿物。为了增进对火星大气过程的理解，凤凰号还扫描了海拔 20 km 的大气层，获得了云、雾和尘羽的形成、持续时间和运动的数据，通过温度和压力传感器进行温压监测。

火星凤凰号着陆器旨在揭开火星北极的奥秘，研究水的历史并寻找复杂的有机分子。除了验证火星地下是否存在水冰外，它还发现了高氯酸盐的痕迹，高氯酸盐可能是微生物的能源，也是潜在的宝贵资源。在为期三个月的任务中，凤凰号在火星表面附近挖掘发现了一个富含冰的火壤层，通过含冰火壤样本，寻找是否适合生命生存的证据。图 2-28 所示为凤凰号火星车。

图 2-28 凤凰号火星车（引自 NASA 网站）

2.3.1.4 火星好奇号任务

火星科学实验室（Mars Science Laboratory，MSL）是美国 NASA 研发的火星探测巡视器。2009 年 5 月，MSL 被命名为好奇号（Curiosity）。它于 2011 年 11 月 26 日发射升空，并于 2012 年 7 月 6 日成功着陆，总发射质量为 3 839 kg，由 899 kg 的火星车，2 401 kg 的进入、下降和着陆（EDL）系统以及 539 kg 的巡航阶段燃料组成。

为实现超重型探测器的成功着陆，好奇号任务采用了天空起重机（sky crane）全新技术。分 5 步着陆：1）由空间进入火星大气，隔热罩隔热，速度由 6 km/s 变为 1 km/s；2）降落伞打开，速度降至约 100 m/s，距离火星表面高度数千米；3）观察火星表面，抛弃防护罩，点燃反推发动机；4）降至 20 m 高，相对速度几乎为 0，启动天空起重机，弹簧伸出，使好奇号着陆；5）系绳被切断，着陆系统飞离，在安全距离外坠毁。天空起重机着陆如图 2-29 所示。

好奇号的科学目标是探索火星过去或现在是否是生命的可能栖息地。具体包括：1）确定环境中有机化合物的性质和种类；2）列出火星可能存在生命

图 2-29　好奇号火星车的天空起重机着陆（引自 NASA 网站）

的化学成分；3）识别可能影响生命进行过程的特征；4）从化学和同位素上研究火星表面和近表地质材料的矿物组成；5）解释形成和改变火星岩石和火壤的过程；6）评估长时间尺度（即 40 亿年）的大气演化过程；7）确定水和二氧化碳的现状、分布和循环；8）描述表面辐射的广谱特征，包括银河宇宙辐射、太阳风和次级中子。

好奇号携带多种科学仪器，包括桅杆相机（Mast Camera，MastCam）、火星手持式透镜成像仪（Mars Hand Lens Imager，MAHLI）、火星下降成像仪（Mars Descent Imager，MARDI）、α 粒子 X 射线光谱仪（Alpha Particle X-Ray Spectrometer，APXS）、化学和摄像工具（Chemistry and Camera Tool，ChemCam）、化学和矿物学仪器（Chemical and Mineralogy Instrument，CheMin）、火星样本分析工具（Sample Analysis at Mars Tool，SAM）、辐射评估探测器（Radiation Assessment Detector，RAD）、中子动态反照率工具（Dynamic Albedo of Neutrons tool，DAN）、火星车环境监测站（Rover Environmental Monitoring Station，REMS）、火星科学实验室进入下降和着陆仪器（Mars Science Laboratory Entry Descent and Landing Instrument，MEDLI），如图 2-30 所示。

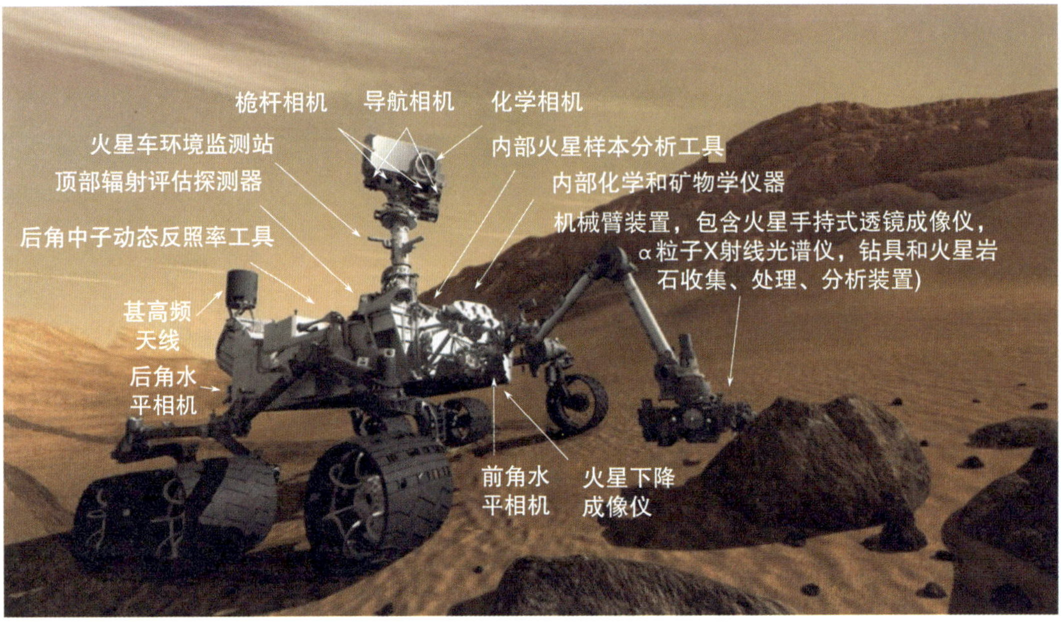

图 2-30 好奇号火星车及科学仪器（引自 NASA 网站）

2.3.1.5 火星洞察号任务

洞察号（InSight）是美国 NASA 发现级项目的第 12 颗探测器，于 2018 年 5 月 5 日发射，于 11 月 26 日着陆火星，并进行了为期一年的火星表面探测。

洞察号名为“利用星震调查、大地测量和热传输进行内部研究的探测器”（Interior Exploration using Seismic Investigations，Geodesy and Heat Transport）。通过研究火星的内核、星幔和星壳的大小、厚度、密度与整体结构，以及热量从行星内部逸出的速率，了解岩石行星的演化过程，并确定火星目前的构造活动水平和火星的陨石撞击率。具体科学目标包括：1）内核的大小、成分和物理状态（液体/固体）；2）火星壳的厚度和结构；3）火星幔的成分和结构；4）火星内部的热状态，并测量内部星震活动的震级、速率和地理分布；5）火星遭受陨石撞击的频率。其主要科学载荷包括：1）内部结构星震实验（Seismic Experiment for Interior Structure，SEIS），测量火星内部活动引起的振动，以阐明火星的星壳、星幔和星核的性质；2）热流和物理性质探测器（The Heat Flow and Physical Properties Package，HP3）；3）旋转和内部结构实验（Rotation and Interior Structure Experiment，RISE）。图 2-31 所示为洞察号火星车及科学仪器。

图 2-31　洞察号火星车及科学仪器（引自 NASA 网站）

2.3.1.6　火星毅力号任务

毅力号（Perseverance）又名火星 2020（Mars 2020），是美国 NASA 研发的大型火星车。它在火星表面环境寻找古代微生物生命的迹象，研究火星的气候、表面和内部的演变，测试未来载人探索火星的新技术。毅力号还有一个独特的目标，收集和储存火星岩石和火壤的核心样本，为未来火星采样返回任务做好带回地球详细研究的准备。毅力号于 2020 年 7 月 30 日成功发射，2021 年 2 月 18 日成功着陆火星。

毅力号火星车基于好奇号火星车。它重约 1 050 kg，长约 3 m，宽 2.7 m，高 2.2 m，有六个直径 52.5 cm 的轮子和一个 2.1 m 长的机械臂，摇杆式转向架悬架能承受 45°的倾斜并实现 360°的原地转动。通过 UHF（~400 MHz）、可控高增益（X 波段，7~8 GHz）和低增益（也是 X 波段）天线进行通信。UHF 天线与火星轨道飞行器通信，高增益天线主要用于直接对地传输和接收，低增益天线则是全向接收来自地球的信号。它由一个 4.8 kg 二氧化钚放射性同位素提供能源。

毅力号火星车搭载了机智号（Ingenuity）火星直升机，开展技术试验，验证在稀薄的火星大气中实现自主、可控飞行的可行性。其质量约为 1.8 kg，飞行时有 2 个反向旋转的叶片，其转速为 3 000 r/min，有 4 个起落架，由锂离子电池和太阳能电池板提供能源，通过火星车中继通信（图 2-32）。直升机安装在火星车的腹部，进行防尘封装。当找到一个合适的试飞地点时，火星车将直升机放下并移动到安全距离以传递命令。直升机随后将给电池充电并进行初步测试。它完成了 72 次历史性飞行，总飞行时间约 128.8 min，总飞行距离约 17 km，最大飞行速度 10 m/s，最大飞行高度 24 m，成为第一架在另一个星球上实现动力控制飞行的飞机。

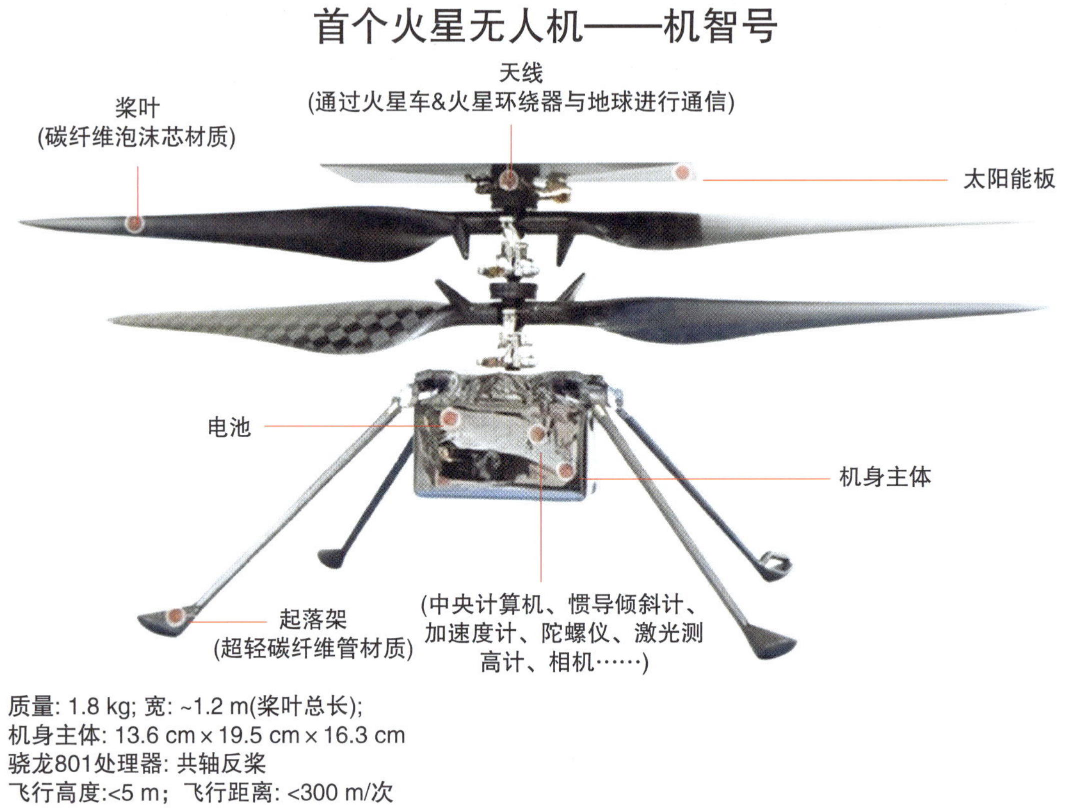

图 2-32　机智号火星直升机系统组成（引自 NASA 网站）

毅力号的主要科学目标包括：1）确定过去能够支持微生物生命的环境；

2）寻找可能存在微生物生命的迹象；3）收集岩石和风化层样本，并将其储存在指定地方，以备将来执行采样返回任务；4）测试火星大气制取氧气的能力。它配置了多个科学仪器（图 2-33），包括：1）桅杆相机（Mast-mounted Camera，Mastcam-Z），配备了变焦功能，可放大、聚焦、高速拍摄 3D 照片和视频；2）火星环境动力学分析仪（Mars Environmental Dynamics Analyzer，MEDA），进行气象测量，包括风速和风向、温度和湿度，还可以测量火星大气中尘埃粒子的数量和大小；3）火星氧气原位资源利用实验（Mars Oxygen In-Situ Resource Utilization Experiment，MOXIE），验证未来载人火星任务是否能从火星大气中产生氧气，用于推进剂和呼吸；4）X 射线岩石行星化学仪器（Planetary Instrument for X-ray，PIXL），配有 X 射线光谱仪进行化学元素识别，配备摄像头，可拍摄岩石和火壤纹理的超近距离照片；5）火星次表层雷达成像仪（Radar Imager for Mars' Subsurface Experiment，RIMFAX），利用雷达波探测火星车下方的内部结构；6）拉曼和荧光光谱有机物和化学成分分析的宜居环境扫描仪（Scanning Habitable Environments with Raman & Luminescence for Organics & Chemicals，SHERLOC），使用分光计、激光和相机来寻找有机物和矿物质，发现过去微生物生命的迹象；7）超级相机（SuperCam），用相机、激光和光谱仪检查岩石和火壤，寻找可能与火星上过去生命有关的有机化合物。它可以在 7 m 的距离内，识别出笔尖大小的目标的化学成分和矿物成分。

值得关注的是，毅力号火星车装载的 MOXIE，采用高温固体氧化物电解装置，在 800 ℃条件下将火星大气中的二氧化碳转化成为氧气和一氧化碳。2021 年 4 月 MOXIE 成功完成第一次产氧实验，在经过 2 小时预热后成功开启电解制氧装置并运行 1 小时，产氧 5.4 g，相当于一名航天员正常活动约 10 min 所需要呼吸的氧气量，实现了首次在地外行星原位制氧。MOXIE 仅为小型试验设备，相当于一个微波炉大小，重约 17 kg。MOXIE 于 2023 年 8 月 7 日最后一次运行，在任务期间通过 16 次运行，总共制造出 122 g 氧气。MOXIE 的成功实验有望推动研制出更大、更高效的氧气生成器，不仅有助于解决未来航天员在火星上的供氧问题，还能为从火星返回地球提供推进剂。

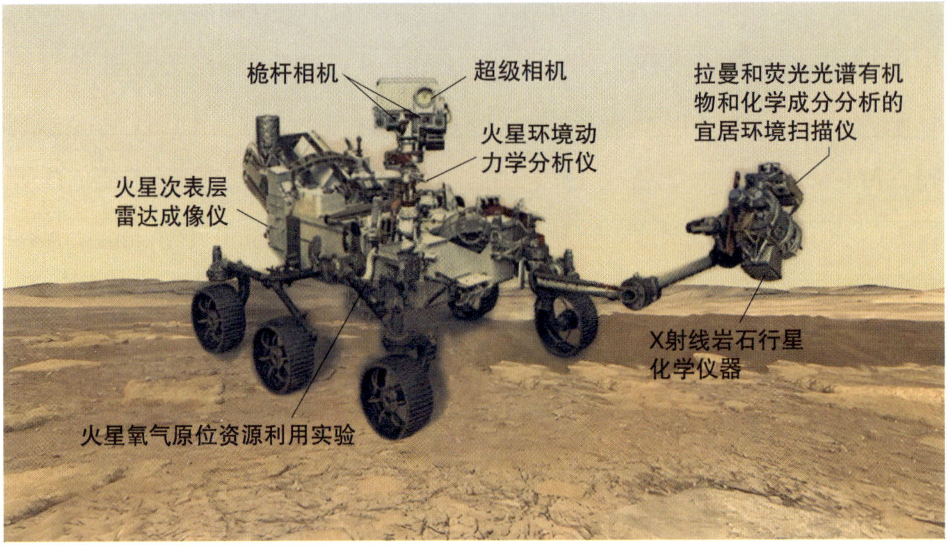

图 2-33　毅力号火星车及科学载荷（引自 NASA 网站）

2.3.2　我国火星探测任务

2.3.2.1　萤火一号

萤火一号是我国火星探测的第一次尝试，主要科学探测目标是对火星的空间磁场、电离层和粒子分布变化规律，以及火星大气离子逃逸率进行探测，重点探测火星高层大气和电离层等空间环境。此外，还将探测火星地形地貌、沙尘暴以及火星赤道附近的重力场。萤火一号由俄罗斯“福布斯-星壤”火星探测器搭载，原计划经约 10 个月的地火轨道转移，绕火星飞行 3 圈后，两个探测器分离。“福布斯-星壤”探测器变轨到 9 910 km 的火星圆轨道，着陆火卫一取样并返回。萤火一号火星探测器在 800～80 000 km，倾角 21°～36°的火星大椭圆轨道上开展科学探测[154]。

“福布斯-星壤”火星探测器于北京时间 2011 年 11 月 9 日发射升空。2011 年 11 月 23 日，俄罗斯联邦航天局宣布发射失败。2012 年 1 月 16 日，“福布斯-星壤”火星探测器及其所搭载的萤火一号的碎片坠落在太平洋海域。

2.3.2.2　天问一号

天问一号（Tianwen-1）任务在国际上首次通过一次发射任务，实现火星环绕和着陆巡视探测，使我国成为世界上第二个独立掌握火星着陆巡视探测技术的国家。天问一号于 2020 年 7 月 23 日成功发射。2021 年 4 月 24 日，天问一号所载的中国首辆火星车命名为“祝融号”。

天问一号通过环绕探测，开展火星全球性和综合性探测；通过巡视探测，开展火星表面重点地区高精度、高分辨率的精细探测。具体科学目标包括：1）研究火星形貌与地质构造特征。探测火星全球地形地貌特征，获取典型地区高精度形貌数据，开展火星地质构造成因和演化研究。2）研究火星表面火壤特征与水冰分布。探测火壤种类、风化沉积特征和全球分布，搜寻水冰信息，开展火壤剖面分层结构研究。3）研究火星表面物质组成。识别火星表面岩石类型，探查火星表面次生矿物，开展表面矿物组成分析。4）研究火星大气电离层及表面气候与环境特征。探测火星空间环境及火星表面气温、气压、风场，开展火星电离层结构和表面天气季节性变化规律研究。5）研究火星物理场与内部结构。探测火星磁场特性，开展火星早期地质演化历史及火星内部质量分布和重力场研究[155]。

探测器由环绕器和着陆巡视器组成，总质量约 5 吨。环绕器配置中分辨率相机、高分辨率相机、次表层探测雷达、火星矿物光谱探测仪、火星磁强计、火星离子与中性粒子分析仪、火星能量粒子分析仪共 7 台科学载荷，对火星开展全球性、普查性探测（图 2-34）。着陆巡视器由进入舱和火星车组成，进入舱完成火星进入、下降、着陆任务，火星车配置多光谱相机、次表层探测雷达、火星表面成分探测仪、火星表面磁场探测仪、火星气象测量仪、地形相机共 6 台科学载荷，在着陆区开展巡视探测。

天问一号探测器任务实施阶段的飞行过程如图 2-35 所示。探测器发射至近地点约 200 km 的地火转移轨道，飞行约 7 个月，期间经过 4 次中途修正和 1 次深空机动，在近火点处实施第 1 次近火制动，实现火星捕获；经 1 次远火点平面机动和 2 次近火点制动，进入周期 2 天的环火椭圆停泊轨道；停泊轨道运

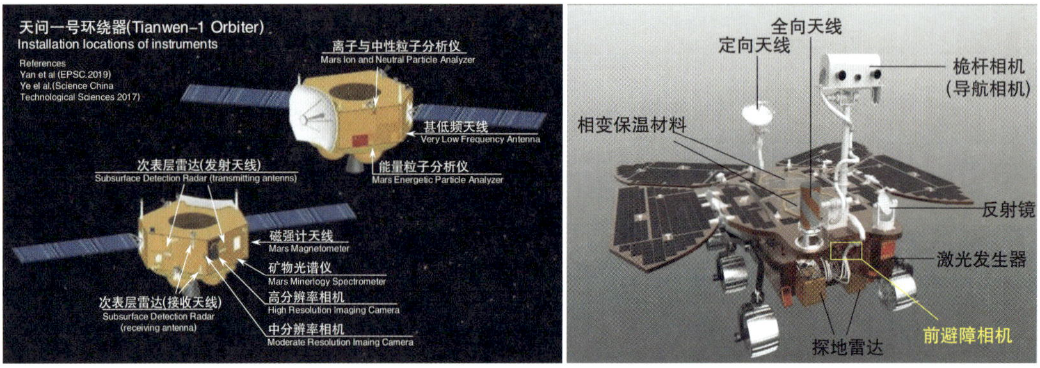

图 2-34　天问一号火星探测器

行约 3 个月后择机实施两器分离和火星进入，着陆巡视器采用“弹道—升力式”进入，通过气动外形、降落伞、发动机多级减速和着陆缓冲机构缓冲，软着陆于火星表面。环绕器自主升轨机动，将轨道拉起并返回到停泊轨道，在下一个近火点实施第 4 次近火制动，进入周期 8.2 小时的天回归中继通信轨道。90 天的火面巡视探测任务结束后，环绕器实施第 5 次近火制动，进入周期 7.8 小时的椭圆遥感轨道。环绕探测约一个火星年，利用火星重力场特性实现近火点漂移，实现对火星表面探测[156]。

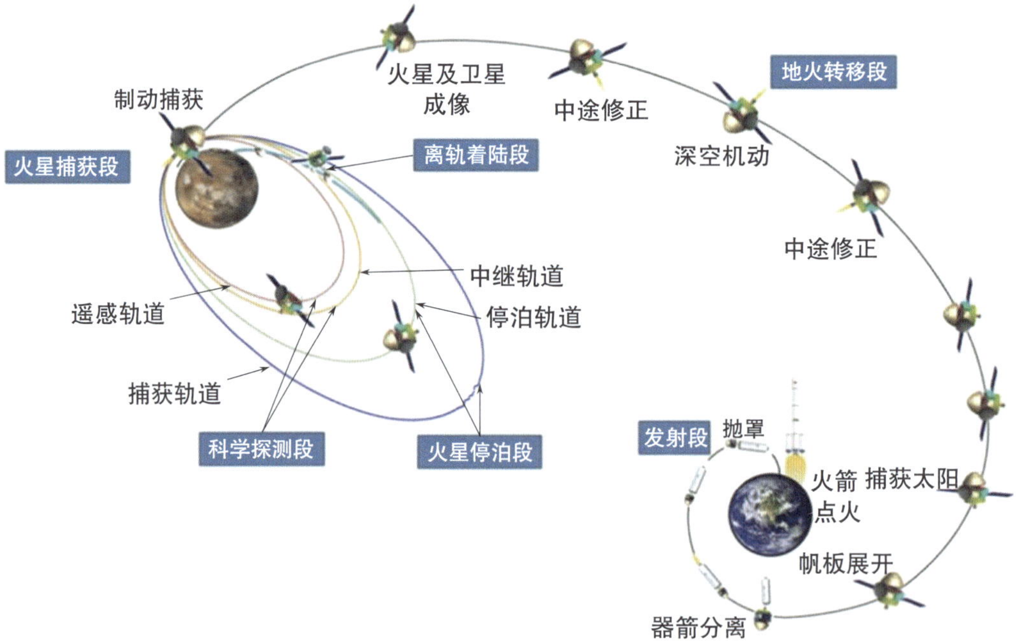

图 2-35　天问一号探测器飞行过程

2021 年 6 月 11 日，我国公布了天问一号探测器着陆火星首批科学影像图，发布了由“祝融号”火星车拍摄的着陆点全景、火星地形地貌、“中国印迹”和“着巡合影”等影像图。首批科学影像图的发布，标志着我国首次火星探测任务取得圆满成功[157]。

2.3.3　其他国家火星探测任务

20 世纪 90 年代后，欧洲、俄罗斯、印度、日本和阿联酋等国和地区均尝试了火星探测任务，其中欧洲、印度和阿联酋实现了火星环绕的目标，但均未能成功实现火星着陆和巡视探测。

2.3.3.1　欧洲火星快车任务

火星快车是欧洲首次前往这颗红色星球的任务，于 2003 年 6 月 2 日成功发射，2003 年 12 月 25 日成功进入火星轨道，但火星快车所载的巡视器小猎犬 2 号（Beagle 2）着陆失败。

火星快车的科学目标是研究火星的大气层和气候、行星结构、矿物学和地质，并寻找水的痕迹。具体包括：1）以高分辨率（10 m/pixel）全球成像和超分辨率（2 m/pixel）局部成像；2）以 100 m 分辨率绘制火星表面矿物成分图；3）绘制大气成分图并确定其全球环流；4）确定几千米深的次表层结构；5）确定大气对火星表面的影响；6）确定大气与太阳风的相互作用。

火星快车安装 8 台科学仪器，包括：1）次表层和电离层雷达探测仪，通过 40 m 长的天线向火星表面发送低频无线电波，并与火星表面和次表层发生相互作用，分析地下结构；由于高层大气的带电区域将反射无线电波，还可研究电离层。2）高分辨率立体相机（High Resolution Stereo Camera，HRSC），以约 10 m 的分辨率对整个星球进行全彩色 3D 成像，选定区域以 2 m 分辨率成像，以全彩形式显示火星地形。3）可见和红外矿物测绘光谱仪（Visible and Infrared Mineralogical Mapping Spectrometer，OMEGA），根据行星表面反射的可见光和红外光，在 0. 5~5. 2 mm 波长范围内确定矿物成分。4）紫外和红外大气光谱仪（Ultraviolet and Infrared Atmospheric Spectrometer，SPICAM），根据气体吸收的波长来确定大气的成分。紫外传感器测量吸收 250 nm 波长的臭氧，红外传感器测量吸收 1.38 μm 波长的水蒸气。5）行星傅里叶光谱仪（Planetary Fourier Spectrometer，PFS），根据大气中分子吸收的太阳光波长（范围为 1.2~45 mm）和它们发出的红外线辐射来确定火星大气的成分。特别是测量构成火星大气 95%的二氧化碳的垂直压力和温度分布，并探测水、一氧化碳、甲烷等次要成分。6）高能中性原子分析仪（Energy Neutral Atoms Analyzer，ASPERA），测量外层大气中的离子、电子和含能中性原子，以揭示与太阳风相互作用的氧和氢原子的数量及相互作用区域。7）火星射电科学实验（Mars Radio Science Experiment，MaRS），利用航天器和火星之间传递数据和指令的无线电信号来探测行星的电离层、大气层、表面甚至内部。8）视觉监控相机（Visual Monitoring Camera，VMC），它用于监测小猎犬 2 号着陆器分离过程。图 2-36 所示为火星快车轨道器及小猎犬 2 号着陆器。

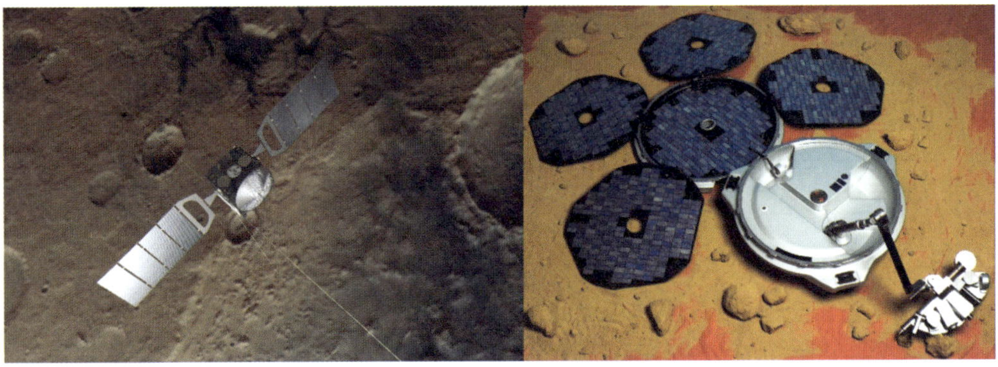

图 2-36　火星快车轨道器及小猎犬 2 号着陆器（引自 ESA 网站）

火星快车已传回了数千张火星表面三维图像，并取得了包括火星上液态水的证据、在火星大气中检测到可能的甲烷成分、火星现代冰川地貌、探测到火星二氧化碳云等一系列重大科学发现。

2.3.3.2　欧洲火星生物学任务

火星生物学任务（Exobiology on Mars，ExoMars）是欧洲 ESA 的系列任务，进行火星探测并从火星表面返回样本。第一个任务为 ExoMars 2016（图 2-37），于 2016 年 3 月 14 日成功发射，2016 年 10 月抵达火星。其中微量气体轨道器（Trace Gas Orbiter，TGO）正常入轨，目标是探测火星大气中的微量气体，特别是碳氢化合物或硫化物等生物或地质过程的标志物。斯基亚帕雷利（Schiaparelli）着陆器于 10 月 19 日进入火星大气层，由于导航系统出现异常，尾部隔热板和降落伞过早释放，着陆推进器点火，导致在最后 3.7 km 处自由下落，着陆失败。第二个任务将发射罗莎琳德·富兰克林（Rosalind Franklin）火星车，本拟于 2020 年发射，已推迟到 2028 年发射。

ExoMars 2016 的发射质量为 4 332 kg，其中包括 600 kg 的斯基亚帕雷利着陆器。微量气体轨道器包络尺寸为 3.2 m×2 m×2 m 的长方体。能源系统包括 2 000 W 的两个太阳能电池板和两个总容量为 5 100 Wh 的锂离子电池，主推进为 424 N 的双组元推进系统，通信系统包括一个 65 W 的 X 波段、一个 2.2 m 高增益碟形天线和 3 个低增益天线。

图 2-37　ExoMars 2016 任务（引自 ESA 网站）

ExoMars 2016 的科学目标包括：1）提供火星大气成分的详细数据，包括绘制微量气体的分布图，确定其源（产生的来源）和汇（消耗或损失的地方），研究其地理和时间变化。2）探测大气微量气体和关键同位素，在对关键成分进行检测后，将按地理空间和季节进行测绘。3）描述大气状态，特别是温度、气溶胶、水蒸气和臭氧。采用数据同化技术模拟大气环流，确定特定气体的来源区域，并了解微量气体来源性质。4）表面成像特征，对火星表面可能与微量气体来源有关的特征进行成像和描述，包括地质和动力（如火山活动）背景信息。5）地下氢的测量，将地下氢映射到 1 m 深的地方，分辨率比以前的测量高出 10 倍。TGO 安装的科学仪器包括：1）火星天底点和掩星观测（Nadir and Occultation for MArs Discovery，NOMAD），它组合了 3 台光谱仪，2 台红外线和 1 台紫外线仪器，通过太阳掩星和直接反射光的最低点观测，对包括甲烷和许多其他物质在内的大气成分进行高灵敏度轨道识别。2）大气化学套件（Atmospheric Chemistry Suite，ACS），由 3 个红外仪器组成，研究火星大气化学和结构。3）彩色和立体表面成像系统（Colour and Stereo Surface Imaging System，CaSSIS），通过高分辨率相机（每像素 5 m）能够在宽范围内获得彩色和立体图像。4）精细分辨率超热中子探测器（Fine Resolution Epithermal Neutron Detector，REND），可探测 1 m 深的氢，揭示次表层水冰沉积物，绘制的浅层地下水冰图将比现有测量结果高出 10 倍。2019 年 4 月，TGO 已完成火星水冰地图绘制，为原位开发水冰资源奠定了坚实基础（图 2-38）。

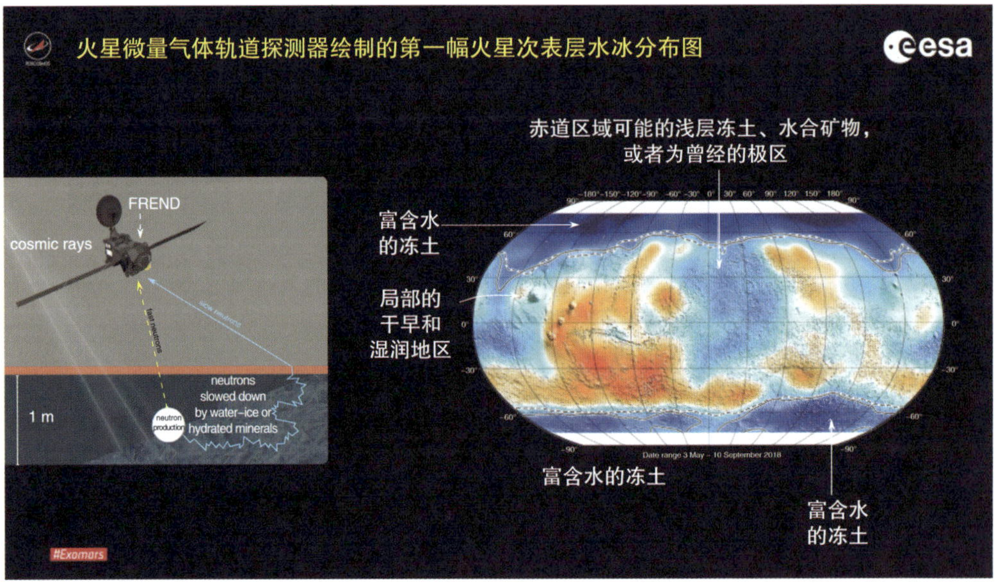

图 2-38　ESA 发射的火星轨道探测器绘制的首幅火星水冰地图

2.3.3.3　印度火星轨道器任务

火星轨道器任务（Mars Orbiter Mission）的印地语为 Mangalyaan（曼加里安号），意为“火星飞船”。它是印度首次飞往火星的探测任务，于 2013 年 11 月 5 日成功发射，经过约 300 天的巡航后，于 2014 年 9 月 24 日进入火星轨道，并工作至 2022 年 10 月 4 日。

火星轨道器任务基于改进的月船 1 号，主体是边长约 1.5 m 的立方体，由铝和复合纤维增强塑料夹层材料构成（图 2-39）。总质量为 1 340 kg，其中 852 kg 为推进剂。航天器一侧安装 1.4 m×1.8 m 的太阳能电池板，可提供 800 W 的电力，并为锂离子电池充电。

其科学目标是探索火星的表面特征、形态、矿物学和大气。有效载荷总质量为 15 kg，包括火星彩色照相机（Mars Color Camera，MCC）、热红外成像光谱仪（Thermal Imaging Spectrometer，TIS）、火星甲烷传感器（Methane Sensor for Mars，MSM）、中性成分分析仪（Mars Exospheric Neutral Composition Analyzer，MENCA）、莱曼阿尔法光度计（Lyman Alpha Photometer，LAP）5 个科学仪器。

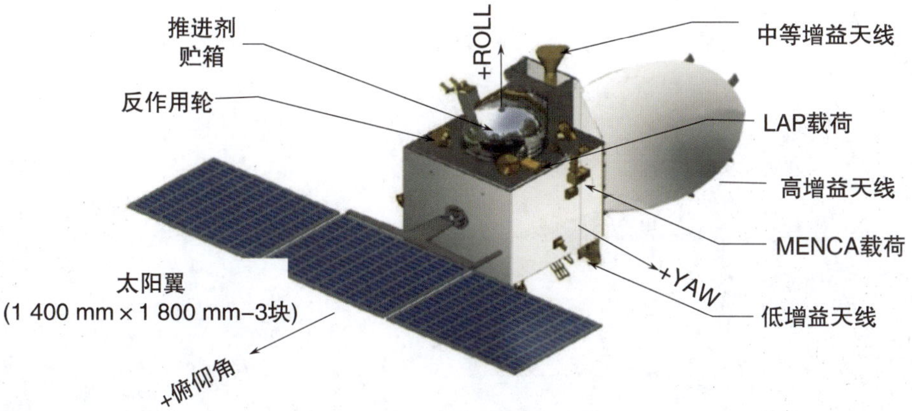

图 2-39　印度火星轨道器

2.3.3.4　阿联酋火星希望号任务

希望号（Hope）火星探测器也称为“阿联酋火星任务”（Emirates Mars

Mission)，是阿联酋的第一颗火星探测器。希望号于 2020 年 7 月 19 日从日本成功发射，经过约 7 个月的飞行，于 2021 年 2 月 9 日成功进入火星轨道，开始对火星大气层进行监测研究。

希望号总质量（包括推进剂）为 1 500 kg。它是 1 个六边形棱柱体，每边宽 2. 37 m，高 2. 90 m，由蜂窝铝板和复合材料面板构成，3 个太阳能电池板固定在顶部平台上，可提供 600 W 的电力（图 2-40）。通过安装在航天器顶部的直径为 1. 5 m 的高增益定向碟形天线实现 X 波段通信。由安装在航天器底部的多个 120 N 推进器提供推力，通过多个 5 N 推进器和一组反作用轮进行姿态控制。

希望号的主要科学目标是：1）寻找当前火星天气与火星古代气候之间的联系；2）通过跟踪氢和氧的行为和逸出，研究火星大气向太空的损失机制；3）研究火星大气的上下层之间是如何联系的；4）绘制火星大气层日变化全球图。它包括探测成像仪（EXI）、火星紫外和远紫外光谱仪（EMU）、火星红外光谱仪（EMIR）和 FTIR 扫描光谱仪等科学载荷。

图 2-40　阿联酋火星希望号（Hope）探测器

2.3.4　载人火星探测计划

2.3.4.1　早期研究

国际航天领域早期著名专家沃纳·冯·布劳恩（Wernher von Braun）最早于 1954 年在《火星计划》书中提出载人火星探索的设想，包括 10 艘 4 000 吨重的太空船，能够搭载 70 人抵达该红色星球。

1989 年 11 月，美国 NASA 约翰逊航天中心的 Cohen 提出了“NASA 90 天研究”方案，任务总时间为 500 天以上，航天员在火星表面停留 30 天。该方案的优点是航天员在火星表面停留时间短，风险和成本较低，但载人火星飞行器的初始质量大。载人火星飞行器采用低温氢氧推进系统，从地球携带低温推进剂。飞行器前部安装着陆/上升飞船和返回飞船，4 名航天员乘坐着陆/上升飞船着陆火星表面，返回飞船在环火轨道上运行。航天员在火星上工作生活 1 个月以后，乘坐上升飞船离开火星表面，到火星轨道上与返回飞船交会对接后返回地球。

海盗号任务发射成功后，1981—1996 年间，美国科罗拉多博尔德大学（University of Colorado Boulder）举行了一系列名为“火星案例”（Case for Mars）的会议，会议上提出了载人火星探测计划并开展了参考任务方案的设计。参考任务方案提出了原位资源利用的概念，可利用火星上的资源制造返回地球所需的火箭推进剂。

美国火星学会创始人罗伯特·祖布林（Robert M. Zubrin）和戴维·贝克（David A. Baker）在 1992 年提出“直达火星”（Mars Direct）方案[159]，采取合点轨道、火星表面交会和返程推进剂全部在火星表面生产的技术路线。该方案分 2 次发射任务，第 1 次任务将未装推进剂的返回飞船、推进剂生产设备和液氢等发送到火星表面并原位生产推进剂，第 2 次任务在相隔约 780 天的下一个发射窗口，将载有 4 名航天员的居住舱送往火星。到达火星后，居住舱降落到返回飞船的着陆点附近。推进剂生产设备经过 2 年的连续工作已生产出可供航天员在火星表面活动和返回地球使用的大量推进剂、氧和水等物资。“直达火星”方案具有两大优点：1）不需从地球运送推进剂到火星，可显著减轻载人火星飞行器的初始质量，或在初始质量不变的情况下大幅度增加有效载荷质量；2）留在火星上的居住舱、推进剂生产设备等设施可为后续任务和建设火星基地提供服务。

2.3.4.2 载人火星设计参考任务（DRMs）和参考架构（DRAs）

由于载人火星探测任务资源保障需求庞大，火星原位资源利用是载人火星探测任务的重要基础。因此，在任务规划时一直将火星资源利用列为重要的内容，并持续评估其技术可行性和费效比。根据火星资源类型、储量及分布规律，原位资源利用技术在火星的任务能力计划包括：基于环境大气和火壤的资源处理、任务消耗品的存储、折叠/充气展开式低温罐体、可重复使用着陆器/上升飞行器以及由供应原位推进剂的火表加注装置、着陆场及周边防护堤、多用途挖掘与建造装置等。

20 世纪 90 年代初期，美国 NASA 提出了载人火星“设计参考任务 1.0”（DRM 1.0）。1998 年，DRM 3.0 进一步分析了>500 天的长期火星驻留任务，为再生生命支持系统建立大型消耗品（水和氧）储存库。DRM 1.0 到 DRM 4.0 的方案中仅考虑利用火星大气（包括二氧化碳、氮气和氩气）原位资源。2009 年，NASA 发布“火星设计参考架构”5.0 版（DRA 5.0）报告[160]，2014 年 3 月发布其增补修订第 2 版。DRA 5.0 不仅考虑原位利用火星大气资源，同时首次考虑了利用火壤内的水冰资源。DRA 5.0 认为火星水冰资源和挖掘处理含冰星壤所需的原位资源利用硬件设施对于任务架构的设计十分重要。DRA 5.0 为火星上升飞行器（MAV）提供推进剂的原位生产补给，并对 3 种方案进行了评估分析，包括：1）大气二氧化碳固态氧化物电解制氧；2）大气二氧化碳逆水煤气反应+水电解制氧；3）大气二氧化碳+火壤水资源的 Sabatier 反应制氧气、甲烷和水。分析表明，如果采用方案 1 和方案 2，为了满足探测任务需求，需要额外从地球携带 6 600 kg 的甲烷；而采用方案 3，则不需要从地球携带辅助原料即可满足 MAV 的推进剂补给需求。载人火星探测 DRA 5.0 方案评估结果表明，功耗和体积最小的原位资源利用方案是从地球携带甲烷，利用火星大气原位生产氧气；质量最轻的原位资源利用方案是利用火星大气二氧化碳和火壤获取的水相结合生成氧气和甲烷，如图 2-41 所示[160]。

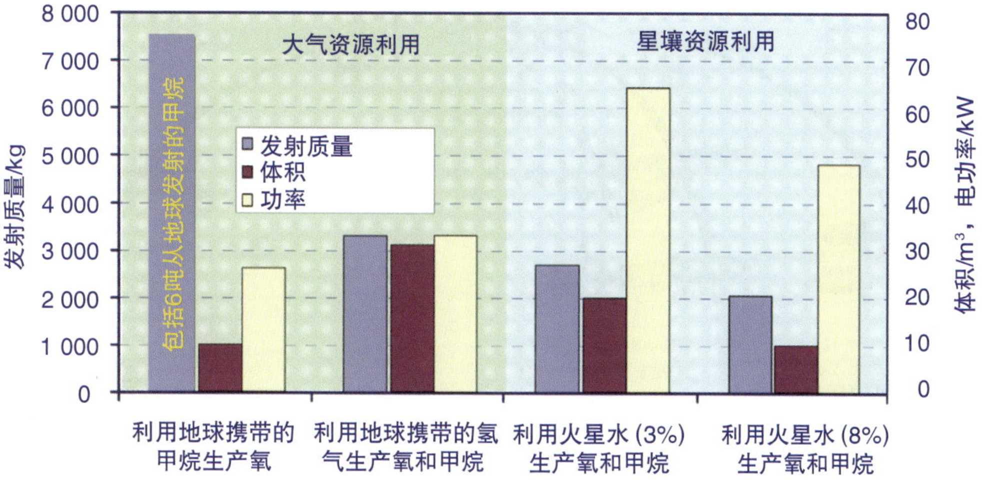

图 2-41　不同的火星资源利用效果比较

DRA 5.0 分两个阶段实施，如图 2-42 所示[160]。第一阶段发射部署 2 个重要设施，即下降/上升飞行器（Descent/Ascent Vehicle，DAV）和火星表面居住舱（Surface Habitat，SHAB）。这两套设施从地球发射并在地球低轨上进行交会对接和在轨组装。这些设施经过测试验证后在火星发射窗口时飞向火星。到达火星后下降/上升飞行器被俘获，进入、下降并在火星表面着陆。飞行器着陆之后将部署星表裂变核反应堆电源并生产上升推进剂和航天员所需的其他消耗品，为执行载人火星任务做好准备。第二阶段任务在下一个火星发射窗口时发射载人运输飞行器（MTV），作为航天员往返火星轨道和返回地球的星际飞行器。抵达火星后，乘员进入火星表面居住舱。

DRA 5.0 的地球与火星间的往返任务有两种类型：1）短时停留任务，该类任务对推进要求较高，往返任务时间一般为 560~850 天，到达火星后航天员短暂停留就开始返回，而不是等待更适宜的返回时机；2）长时停留任务，往返任务时间大约 900~1 100 天，需花费较长的时间等待好的返回时机，实现以较小的能量返回地球。

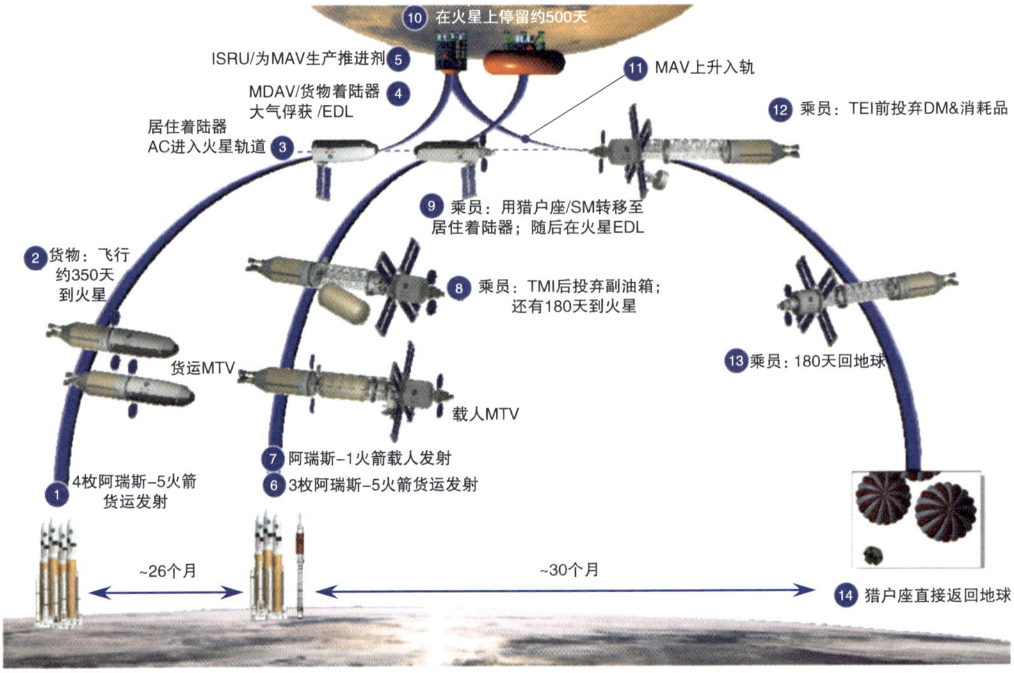

图 2-42　DRA 5.0 任务简介

2.3.4.3　火星进化运动研究

2015 年，美国 NASA 发起火星进化运动（Evolvable Mars Campaign，EMC），主要任务是评估可拓展的长期载人火星探测策略，建议分 3 阶段实施：1）第 1 阶段为“依赖地球”，重点利用国际空间站开展技术试验，为 LEO 以远的探测任务验证相关支撑技术；2）第 2 阶段为“试验场”，重点利用月球环境测试并演示第 3 阶段所需的能力和技术；3）第 3 阶段为“脱离地球”，重点是发展火星的进入、下降和着陆以及火星表面能力，并最终将人类送上火星表面。EMC 给出的未来载人登陆火星任务的可能路径如图 2-43 所示[161]。

在 EMC 任务第 3 个阶段，考虑了将原位资源利用引入到火星上升飞行器（MAV）中，MAV 上升和下降阶段都采用液氧和液态甲烷发动机，其中氧的制取是通过火星大气原位制造，而甲烷是通过地球运输。此外，EMC 还研究了使用火星水的收益和代价，结果表明在第 3 阶段引入不同的原位资源利用技术方案将对 EMC 任务架构产生重要影响，其中从火星硫酸盐中提取生产液态甲

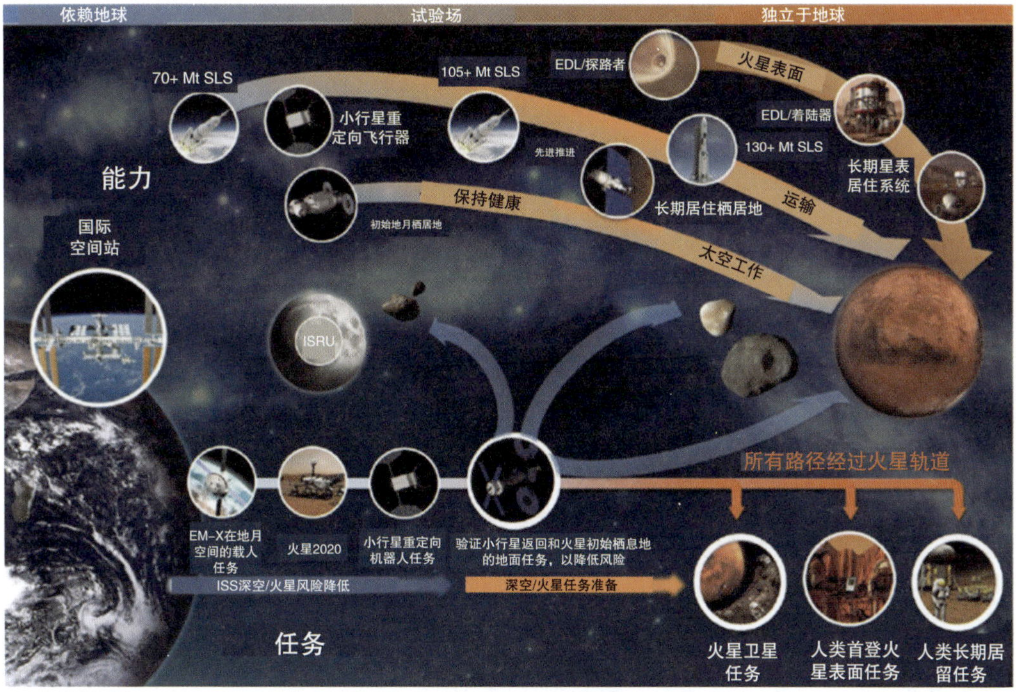

图 2–43　NASA 载人登陆火星的潜在路径

烷和液态氧的方案所获得的质量产出比最高，是较为理想的原位资源利用方案，如图 2–44 所示[162]。

原位资源利用系统质量比较			
原位资源利用 (ISRU) 系统利用了动力和散热器系统，这些系统是由着陆器为载人系统预先部署的，所以这些并不是ISRU 系统的一部分。			
	硬件质量，吨	总质量，吨 (ISRU硬件+来自地球的推进剂)	比例：每千克着陆质量所生产的推进剂
案例1 ISRU生产液氧和甲烷: 硫酸盐	1.6	1.6	22.1
案例2 ISRU生产液氧和甲烷: 风化层	1.7	1.7	20.5
案例3 ISRU仅生产液氧（无水分）	1.0	8.0 (1吨硬件 +7吨甲烷)	3.1
案例4 只有推进剂（无 ISRU）	NA	31.6 (24吨氧气+7吨甲烷)	NA

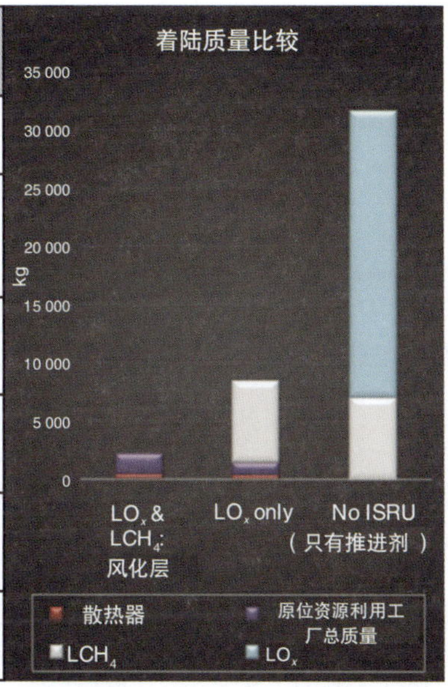

图 2–44　原位资源利用系统质量比较

2.3.4.4 商业公司载人火星计划

美国太空探索技术公司提出了火星移民计划并不断细化方案。2017 年 9 月，马斯克发表了主题演讲，展示了采用超大猎鹰火箭（Big Falcon Rocket，BFR）直接登陆火星的方案。BFR 第二级可在地球轨道停泊，通过可重复使用货物运载工具的多次发射为载人飞船补给，然后再从地球轨道出发。两艘载人飞船将把第一批人送上火星，两艘货船负责运送补给品，并以此为基础逐步建立火星移民基地。为实现将大批物资运输到火星，太空探索技术公司正在开展星舰研制并完成了 5 次发射试验。

2016 年，美国洛马公司提出火星大本营（Mars Base Camp）的概念，计划在 10 年内将人类送往火星。它以火星轨道上的火星大本营为中心，航天员在火星上实施科学探测活动。火星大本营的首次任务是环绕火星任务，然后是火星表面着陆任务。每次火星表面着陆任务共 4 位航天员在火星表面工作两星期，执行任务后返回绕火星运行的火星大本营，在此进行推进剂加注并准备下一次任务。

2.4 其他行星探测与开发任务

2.4.1 金星探测任务

太阳系行星的探测是从金星开始的，金星是行星探测的重要目标。自 20 世纪 60 年代初以来，苏联、美国、欧洲和日本共发射了 43 颗金星探测器，包含金星飞掠/环绕/大气层进入任务 33 次，着陆任务 8 次，漂浮任务 2 次，其中苏联 28 次（成功 17 次），美国 10 次（成功 9 次），如表 2-5 所示。

表 2-5 金星探测器列表（引自 NASA 网站）

发射日期	飞行器	国家	类型	成果
1961-02-04	1 VA/1	苏联	撞击	失败
1961-02-12	1 VA/2	苏联	撞击	失败

续表

发射日期	飞行器	国家	类型	成果
1962-07-22	Mariner 1	美国	撞击	失败
1962-08-27	Mariner 2	美国	飞掠	首次成功
1962-09-01	2 MV-1/4	苏联	撞击	失败
1962-09-12	2 MV-2/1	苏联	撞击	失败
1964-02-19	3 MV-1A	苏联	飞掠	失败
1964-03-27	Kosmos 27	苏联	撞击	失败
1964-04-02	Zond 1	苏联	飞掠	失败
1965-11-12	Venera 2	苏联	飞掠	成功
1965-11-16	Venera 3	苏联	撞击	首次成功
1965-11-23	Kosmos 96	苏联	撞击	成功
1965-06-12	Venera 4	苏联	大气探测	首次成功
1965-06-14	Mariner 5	美国	飞掠	成功
1967-06-14	Kosmos 167	苏联	撞击	失败
1969-01-05	Venera 5	苏联	大气探测	成功
1969-01-10	Venera 6	苏联	大气探测	成功
1970-08-17	Venera 7	苏联	着陆	首次成功
1970-08-22	Kosmos 359	苏联	着陆	失败
1972-03-27	Venera 8	苏联	着陆	成功
1972-03-31	Kosmos 482	苏联	着陆	失败
1973-11-03	Mariner 10	美国	飞掠	成功
1975-06-08	Venera 9	苏联	轨道/着陆	首次成功
1975-06-14	Venera 10	苏联	轨道/着陆	首次成功
1978-05-20	Pioneer Venus 1	美国	轨道	成功
1978-08-08	Pioneer Venus 2	美国	撞击	成功
1978-09-09	Venera 11	苏联	着陆	成功
1978-09-14	Venera 12	苏联	着陆	成功
1981-10-30	Venera 13	苏联	着陆	成功
1983-11-04	Venera 14	苏联	着陆	成功
1983-06-02	Venera 15	苏联	轨道	成功

续表

发射日期	飞行器	国家	类型	成果
1983-06-07	Venera 16	苏联	轨道	成功
1984-12-14	Vega 1	苏联	着陆	成功
1983-12-21	Vega 2	苏联	着陆	成功
1989-05-04	Magellan	美国	轨道	首次成功
1989-10-18	Galileo	美国	飞掠	成功
1997-10-15	Cassini	美国	飞掠（多次）	成功
2005-11-09	Venus Express	欧盟	轨道	成功
2010-05-20	Akatsuki	日本	轨道	成功
2010-05-20	Shin'en	日本	交汇	部分成功
2010-05-20	IKAROS	日本	飞掠	成功
2018-08-12	Parker Solar Probe	美国	飞掠（多次）	成功
2018-10-20	BepiColombo	欧盟/日本	飞掠（多次）	成功
待发射计划发射时间	飞行器	国家	类型	状态
~2030	DAVINCI	美国	轨道/大气探测	进展中
~2031	EnVision	欧盟/美国	轨道	进展中
~2031	VERITAS	美国	轨道	进展中

2021 年 6 月，美国 NASA 和欧洲 ESA 分别批准了前往金星的新任务。NASA 将在 2030 年前后实施真相号（金星发射率、无线电科学、干涉合成孔径雷达、地形学和光谱，Venus Emissivity，Radio science，InSAR，Topography，And Spectroscopy，VERITAS）和达芬奇号（金星深层大气稀有气体、化学和成像，Deep Atmosphere Venus Investigation of Noble gases，Chemistry，and Imaging，DAVINCI）两项任务，研究金星的大气、地质特征及演化过程。ESA 宣布与 NASA 合作启动展望号（EnVison）金星探测计划，EnVison 金星轨道探测器携带 NASA 研制的合成孔径雷达，对金星表面进行高分辨率测量。

真相号在金星轨道进行遥感探测，达芬奇任务进入金星大气进行原位探测，是两个高度互补的探测任务。真相号的主要目标是绘制金星全球高分辨率地形图和影像，包括全球表面成分、发射率和重力场等，还将探索金星是否拥有古老的水环境以及当前的火山活动。达芬奇任务科学目标为：1）金星大气起源和演化；2）大气成分和星表的相互作用；3）星表特性：地块起源及其构造、火山和风化历史的认识。达芬奇号在下降的 63 min 过程直接测量包括稀有气体、痕量气体及其同位素等金星大气成分，以及金星大气的温度、压力、风等信息。

展望号（EnVision）是继 ESA 金星快车之后计划的新任务，计划 2031 年发射。展望号是在金星轨道飞行的金星表面高分辨率雷达测绘和大气研究任务，科学目标包括：1）金星当前地质活动。确定当前活动的水平和性质，例如火山活动，构造运动，块体坡移，风化，沉积，挥发分的源和汇。2）金星地质历史。确定产生其表面特征的地质事件顺序，例如地层，古环境，古老地形，古海洋标志物，气候变化。3）金星挥发分。评估金星是否曾经存在海洋或是否宜居，例如水，二氧化硫，云，火山气体，动态过程。4）金星内部演化。了解控制着金星地质历史时期内热释放的金星动力学，例如大地测量学，自旋，组织，构造，内部结构和长期演变。

2.4.2　水星探测任务

截至目前水星探测仅实施了 3 次任务，具体见表 2-6。1973 年美国 NASA 发射的水手 10 号（Mariner 10）是到访水星的第一个探测器，它对约 45%的水星表面进行了成像。2004 年美国 NASA 发射了信使号探测器（MESSENGER），如图 2-45（a）所示，它 3 次飞掠水星，绕水星轨道飞行了 4 年，在任务结束时撞上了水星表面[163]。欧洲 ESA 和日本 JAXA 于 2018 年联合发射了贝皮科伦坡（BepiColombo）水星探测任务，如图 2-45（b）所示，计划进行 9 次飞掠探测并于 2025 年进入水星环绕轨道。主要任务目标为研究水星内部与组成、地质与表面形态、磁场、形成及演化历史、与太阳风相互作用以及空间环境等。任务包括 2 个水星探测器，分别为 ESA 研制的水星行星轨道器（MPO）和日本 JAXA 研制的水星磁气圈轨道器（MMO）。水星行星轨道器将运行在 480 km×1 500 km 的极轨上，而水星磁气圈轨道器将运行在 590 km×11 640 km 的极轨上，预计将开展 1 年的协同探测任务，并可能执行 1 年的扩展期任务。

表 2-6　已实施的水星探测任务

序号	任务名称	发射时间	国家或地区	任务目标
1	水手 10 号 Mariner 10	1973	美国	飞掠探测水星与金星的环境、大气、星表与行星的特征
2	信使号 MESSENGER	2004	美国	绕飞探测水星表面的化学成分、地理环境、磁场、地质年代、核心的状态及大小、自转轴的运动情况、散逸层及磁场的分布等
3	贝皮科伦坡 BepiColombo	2018	欧洲、日本	绕飞探测水星，包括它的磁场、磁层、内部结构和星表特征

(a) 信使号探测器　　(b) 贝皮科伦坡探测器

图 2-45　典型水星探测器

2.4.3　木星及卫星探测任务

木星探测任务已实施了 10 次（表 2-7）。先驱者 10 号和 11 号以及旅行者号（Voyager）于 20 世纪 70 年代飞掠木星。旅行者号探测器如图 2-46 左所示，共发射 2 颗：旅行者 1 号和旅行者 2 号，分别沿着两条不同的轨道飞行，实施太阳系外行星的探测任务。两探测器各重 815 kg，结构大体相同，均带有宇宙射线传感器、等离子体传感器、磁强计、广角及窄角摄像仪、红外干涉仪等 11 种科学仪器，飞行过程中探测了木星、土星、天王星和海王星（图 2-46 右）。2013 年 9 月 12 日，美国 NASA 确认旅行者 1 号探测器已经飞离太阳系。1989 年，美国发射了伽利略号探测器，它绕木星进行轨道探测并向其大气投放探测器。1997 年，美国发射了卡西尼号探测器（图 2-47），在探测土星的途中拍摄了木星照片。2006 年，美国发射了新视野号探测器，在去往冥王星和柯伊伯带的途中也拍摄了木星照片。2011 年，美国发射了朱诺号探测器并于 2016 年 7 月抵达木星系统，目前正在木星轨道上开展观测研究（图 2–47）。

表 2–7　已实施的木星探测任务

发射日期	探测器	国家或地区	类型	结果
1973–3–3	先驱者 10	美国	飞掠	成功–第一
1973–4–5	先驱者 11	美国	飞掠	成功
1977–9–5	旅行者 1	美国	飞掠	成功
1977–8–20	旅行者 2	美国	飞掠	成功
1989–10–18	伽利略	美国	轨道	成功
1990–10–6	尤利西斯	美国和欧洲	飞掠	成功
1997–10–15	卡西尼	美国	飞掠	成功
2006–1–19	新视野	美国	飞掠	成功
2011–8–5	朱诺	美国	轨道	成功
2023–4–15	木星冰月探测器	欧洲	轨道	成功

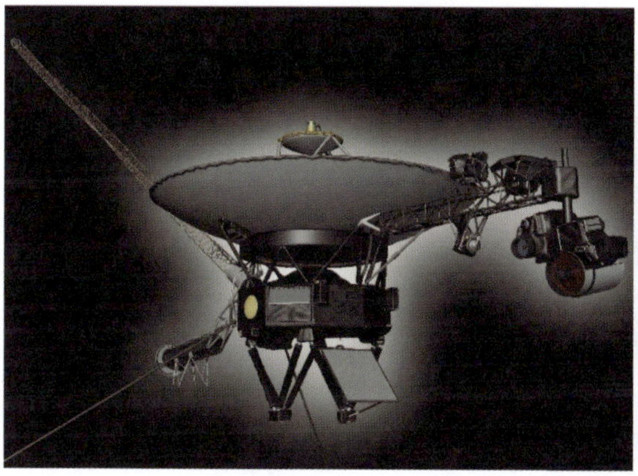

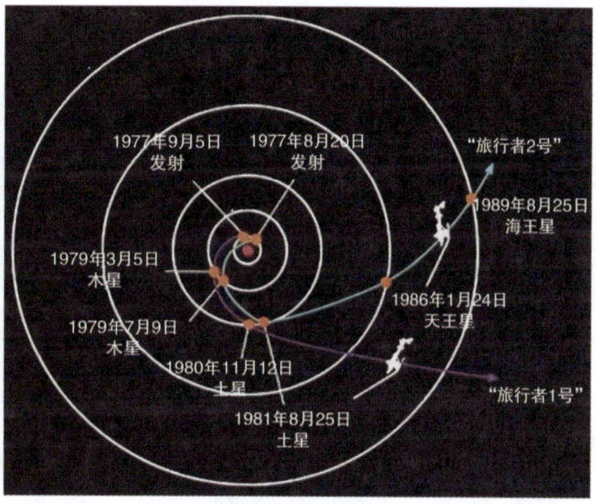

图 2–46　旅行者号探测器及飞行轨道（引自 NASA 网站）

2023 年 4 月 15 日，欧洲 ESA 发射了木星冰月探测器（JUpiter ICy moons Explorer，JUICE），将对木星及木星的 3 颗冰卫星——木卫三（Ganymede）、木卫四（Callisto）和木卫二（Europa）进行探测，如图 2–48 所示。JUICE 的主要科学目标包括：1）木卫三表面地质成分和结构、木卫三磁场与木星磁场的相互作用以及是否含有海洋等；2）木卫二的宜居性；3）木星环境和极区观测。表 2–8 给出了木星冰月探测器任务具体的科学探测目标，将对木星及其卫星进行全面的探测。

图 2-47　木星轨道探测器（左：伽利略号；右：朱诺号。引自 NASA 网站）

表 2-8　木星冰月探测器目标

确认木卫三作为宜居天体特征	调查海洋范围及其与更深层星幔的关系
	冰壳特征
	确定表面组成、分布以及演化过程
	了解表面特征的形成机制，寻找过去以及现在的地质痕迹
	研究周边空间环境以及与木星系磁层的相互作用
探索木卫二的地质活跃区域	确定非冰物质的化学组成，尤其是具有宜居性的区域
	在地质活跃区域寻找液态水
	研究近期的地质活动
研究木星系统的早期演化证据——木卫四	分析星表壳层以及海洋的特性
	确定非冰物质的化学组成
	研究过去的地质活动
分析木星大气层的特征	分析大气动力学以及环流的特性
	分析大气成分以及化学性质
	分析大气垂直结构
探索木星磁层	分析木星磁场作为磁转子的特性
	分析木星磁场作为巨型粒子加速器特性
	了解卫星与磁层内等离子体生成和湮灭间的关系
研究木星卫星以及木星环系统	研究木卫一地质活动以及表面成分
	研究木星环和小卫星的主要特性

图 2-48　ESA 木星冰月探测器（引自 ESA 网站）

美国 NASA 于 2024 年 10 月发射欧罗巴快船（Europa Clipper）任务（图 2-49），它由一个轨道器和子星组成，将于 2030 年 4 月进入环木轨道。该航天器通过一系列飞掠探测研究木卫二欧罗巴，分析其生命宜居性要素，包括液态水、化学和能量，并为未来的欧罗巴着陆器选择登陆点。其具体目标是：1）冰壳和海洋研究，确定冰层厚度以及冰下海洋与冰层的相互作用并表征其性质；2）成分研究，分析主要化合物的分布、化学性质及与海洋成分的联系；3）地质学研究，探测表面特征和形成过程。

图 2-49　NASA 欧罗巴快船（Europa Clipper）探测器（引自 NASA 网站）

2.4.4 土星及卫星探测任务

迄今仅美国对土星系统共实施了 4 次飞掠探测任务，见表 2-9，目前尚无轨道探测任务。

表 2-9 已实施的土星探测任务

发射日期	探测器	国家	类型	结果
1973-4-5	先驱者 11 号	美国	飞掠	成功
1977-9-5	旅行者 1 号	美国	飞掠	成功
1977-8-20	旅行者 2 号	美国	飞掠	成功
1997-10-15	卡西尼号	美国	飞掠	成功

1979 年 9 月 1 日，先驱者 11 号从距土星 20 800 km 处飞掠过土星，拍摄到土卫六的照片。1980 年 11 月 12 日，旅行者 1 号从距土星 124 000 km 处飞掠土星，九个月后，旅行者 2 号从距土星 100 800 km 处飞过。这两个探测器对土卫六的探测结果表明，土卫六大气的主要成分是氮，其他成分为氩（占 6%）、甲烷（2%~3%）、氢（0.6%），表面大气压力为 1.5×10^5 Pa，表面温度低至-179 ℃，45 km 高的对流层顶，温度更低，达-203 ℃。

为了进一步探测土星和揭开土卫六的生命之谜，美国 NASA 与欧洲 ESA 联合研制了卡西尼号土星探测器，于 1997 年 10 月 15 日发射。卡西尼号直径约 2.7 m，总重达 6 吨，由轨道探测器和着陆器组成。其轨道探测器取名卡西尼号，装有 12 种探测仪器；着陆器取名惠更斯号，装有 6 台科学仪器。为加快飞向土星，卡西尼号于 1998 年 4 月飞掠金星，获得第一次加速；随后它绕太阳公转一周，于 1999 年 6 月再次飞掠金星，获得第二次加速；同年 8 月，它在地球附近飞过，获得第三次加速。2004 年 10 月 26 日，卡西尼号土星探测器第一次飞掠土卫六，12 月 13 日第二次飞掠土卫六。2004 年 12 月 24 日，卡西尼号土星探测器释放惠更斯子探测器。2005 年 1 月 14 日，惠更斯子探测器在土卫六表面降落，向地面观测站传回 300 多幅土卫六照片。2009 年 12 月美国 NASA 证实，土卫六表面存在液体，表面分布着大量液烃（NGLs）海洋或湖泊。

2.4.5　冰巨星探测任务

迄今仅美国旅行者 2 号探测了天王星和海王星两个冰巨星。根据飞掠探测数据，科学家推断出了天王星和海王星内部成分，并提出了冰巨星 3 层结构模型，其外层为气体层，中间层为冰层，内层为内核。

外层气体层的主要成分是 H 和 He，同时包含了大量 C、N、O、S 等元素。1987 年，Lindal 等人利用旅行者 2 号射电掩星的数据证实天王星大气中存在甲烷云层。旅行者 2 号的红外和射电掩星的数据表明天王星大气中氦-3 的丰度为 1.52×10^{-10}，是月球的上百倍。

中间“冰层”主要成分为 H_2O、CH_4 和 NH_3，大约包含了 56%的 H_2O，36%的 CH_4 和 8%的 NH_3（摩尔百分比），压力范围是 20~600 GPa，温度范围从 2 000 K 到 7 000 K。冰巨星内核压强达地球海平面压强的 400 万倍。

2.4.6　矮行星探测任务

由于矮行星距离遥远，目前仅美国新视野号（New Horizons）探测器飞掠冥王星系统，成为首颗造访冥王星的探测器，以及黎明号（Dawn）探测器探索小行星带的谷神星，成为第一个近距离造访矮行星的深空探测器。

2.4.6.1　冥王星探测任务

美国 NASA 于 2006 年 1 月 19 日发射新视野号探测器，其主要任务是探测冥王星及其最大的卫星卡戎（冥卫一），并探测位于柯伊柏带的小行星群。于北京时间 2015 年 7 月 14 日 19 时 49 分飞掠冥王星，最近距离 13 695 km，12 时 00 分飞掠冥卫一，最近距离 29 473 km，测得冥王星直径约 2 370 km，卡戎直径约 1 208 km。

新视野号探测器携带多谱段可见光成像相机（MVIC）和线性标准成像光谱阵列（LEISA），用于测绘冥王星表面甲烷、氮、一氧化碳、水及冥卫一表面水冰的分布情况；辐射实验仪器（REX）可测量冥王星本身微弱的电磁辐射，可准确测定冥王星的表面温度；同时还带有紫外线成像光谱仪（Alice）、远程勘测成像仪（LORRI）、太阳风分析仪（SWAP）、高能粒子频谱仪（PEPSSI）、尘埃计数器（SDC），用于影像拍照以及冥王星附近的太阳风带电粒子、大气中逃逸的中性原子、尘埃粒子等测量。2015 年 7 月 14 日，新视野号传回一批迄今最清晰的冥王星照片，取得了一系列重要科学发现（图 2-50）。

图 2-50　新视野号探测器及其拍摄的冥王星照片（引自 NASA 网站）

2.4.6.2　谷神星探测任务

美国 NASA 于 2007 年 9 月 27 日发射黎明号探测器（图 2-51），是第一个探测小行星带和第一个近距离造访矮行星的探测器。

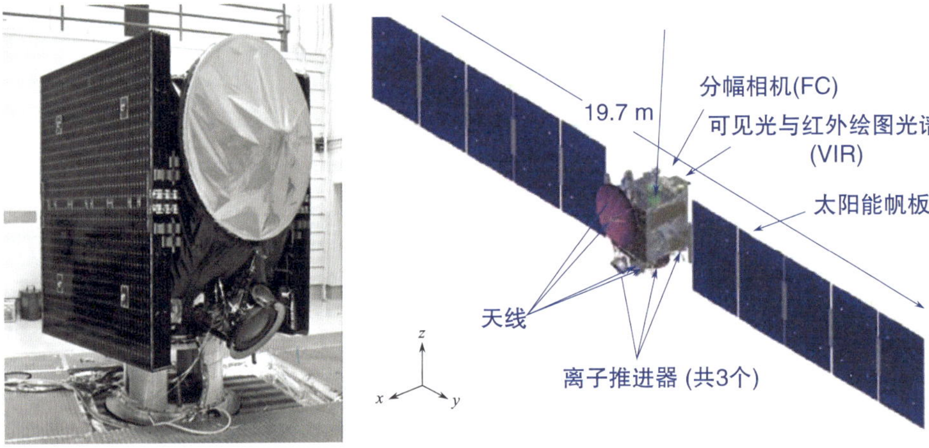

图 2-51　黎明号探测器（引自 NASA 网站）

黎明号于 2011 年首先探测小行星灶神星，进行 6 个月的观测后离开。

2012 年 9 月 5 日飞往谷神星并于 2015 年 3 月 6 日抵达谷神星轨道进行观测。黎明号配有摄像机、可见光及红外线光谱仪、伽马射线和中子探测仪等仪器，将从不同高度对两个天体进行探测，研究太阳系早期环境及形成过程。

黎明号任务的主要目标是利用科学仪器先后对小行星灶神星和矮行星谷神星进行环绕探测。通过深入分析黎明号观测数据，判断地球陨石与其母体的关系，以及目标天体的热过程；通过表面图像了解其他天体对目标天体的撞击过程，目标天体的外壳构造和火山史，分析其形成和演变过程。

2.5 商业航天和其他机构的太空资源开发计划

近年来，针对地球可持续发展面临的战略性资源短缺的问题，国际上兴起了“太空淘金热”，以小行星采矿为目标的私营公司如雨后春笋般涌现。2012 年，美国成立行星资源公司（Planetary Resources），是全球第一家致力于小行星资源开采的科技公司，提出了分批发送大量机器人进入太空，搜寻具有开采价值的小行星并对其进行开采，最后将矿产资源带回地球。2013 年，美国深空工业公司（Deep Space Industries）成立，规划了勘探、开采、加工和制造四个阶段的小行星资源开发利用任务。勘探任务由“萤火虫”飞行器完成，它利用光谱探测等形式对小行星进行环绕探测，对水、铁矿石、稀有金属等资源进行勘探；开采任务由“蜻蜓”飞行器完成，在小行星表面采集样品并进行分离，保留稀有、价值较高的矿物；加工任务由近地空间的资源处理站进行深度加工，实现物质的分离与提取，获取制造材料；制造任务将由微重力制造厂进行，通过 3D 打印技术制造高密度、高强度金属零部件，用于建造飞行器舱段、巨型结构等空间设施。2016 年，英国成立第一家太空采矿企业小行星矿业公司（Asteroid Mining Corporation），目前重点开展小行星勘探，最终目标是开展近地和主带小行星的资源开采、加工和利用。2022 年 1 月，美国新成立 AstroForge 初创公司，并获得 1 300 万美元的种子基金，其目标是重点开采地球上需求量很大的铂族金属（PGM）小行星资源。典型的商业太空资源开发公司如表 2-10 所示。

表 2-10 典型商业航天公司太空资源开发业务目标

国别	企业名称	业务与目标	代表产品
美国	TransAstra	可持续地从月球和小行星中收获资源	天空扫描系统、工蜂飞船、光采矿等
美国	Bradford Space	收购第一代太空采矿公司“深空工业公司”	采样返回，原位开采
美国	AstroForge（AF）	开采小行星并将材料带回地球	小行星抓捕拖曳，深空精炼厂
美国	Moon Express	开发月球表面的水资源	月球探测器
美国	ConsenSys	收购第一代太空采矿公司“行星资源公司”	立方体卫星
日本	ispace	聚焦月球探测	月球探测器
英国	Asteroid Mining Corporation	太空资源的探测与铂金元素的提取	采矿机器人和卫星平台
美国	Orbit Fab	轨道推进剂提供商，太空补给	卫星加油系统
中国	起源太空	中国首家以致力于太空采矿为名的私营企业	小型紫外光学望远镜

2.5.1 美国沙克尔顿能源公司的月球资源利用计划

沙克尔顿能源公司（Shackleton Energy Company）于 2007 年成立于美国得克萨斯州，旨在为太空探索活动提供太空原位制备的推进剂。其致力于通过开采月球的水资源，将其转化为氢和氧，为航天任务提供推进剂补给，同时也可为月球漫游车和生命支持系统提供消耗品。提出的月球水资源开发和水基推进剂的体系设想如图 2-52[164] 所示。该公司于 2013 年因资金问题宣告失败。

2.5.2 美国月球捷运公司的月球资源利用计划

月球捷运公司（Moon Express）致力于对月球资源进行开发利用，并计划在月球表面进行采矿，将一些宝贵资源带回地球，包括金属和月球岩石。2016 年 8 月 3 日，美国政府批准月球捷运公司发射登月航天器，这是美国历史上首次批准民间探月计划。2017 年，该公司公布了其探测计划，拟于 2020 年前完成 3 次月球着陆任务，最终目标是在月球南极建立永久基地并完成采样返回，

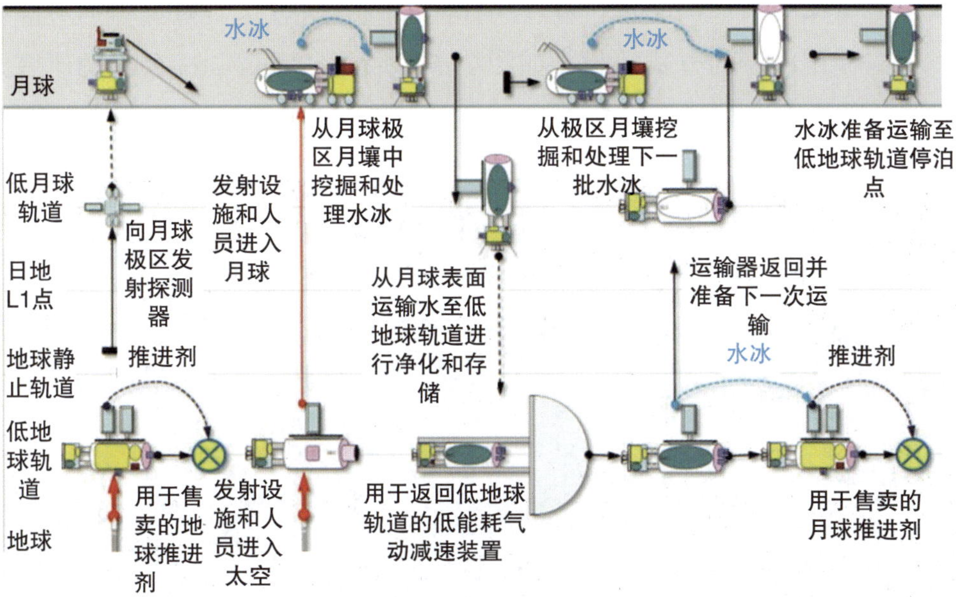

图 2-52　美国沙克尔顿能源公司的月球水资源开发和水基推进剂体系设想

但目前未能实施。如图 2-53 所示，该公司设计的 MX-1 探测器具备运输 30 kg 有效载荷至月表的能力，MX-2 探测器的尺寸与运输能力是 MX-1 的两倍，MX-9 探测器具备运输 500 kg 有效载荷至月表的能力。

图 2-53　美国月球捷运公司 MX-1、MX-2、MX-9 月球探测器（引自月球捷运公司网站）

2.5.3　美国 TransAstra 公司的太空资源利用计划

TransAstra 公司于 2015 年在美国加利福尼亚创立，提出了“月球极地推进剂开采前哨站（LPMO）”，获得美国 NASA 创新先进概念（NIAC）的资助，开始早期的概念研究。LPMO 研究团队设想在阴影坑中建立采水基地，在周边布置太阳能电池阵列提供能量，月球车在阴影坑表面行驶，通过热辐射使水冰蒸发，同时使用冷凝的方式回收，如图 2-54 所示。TransAstra 公司的研究人员认为，LPMO 将有效降低建立和维护月球基地的成本。

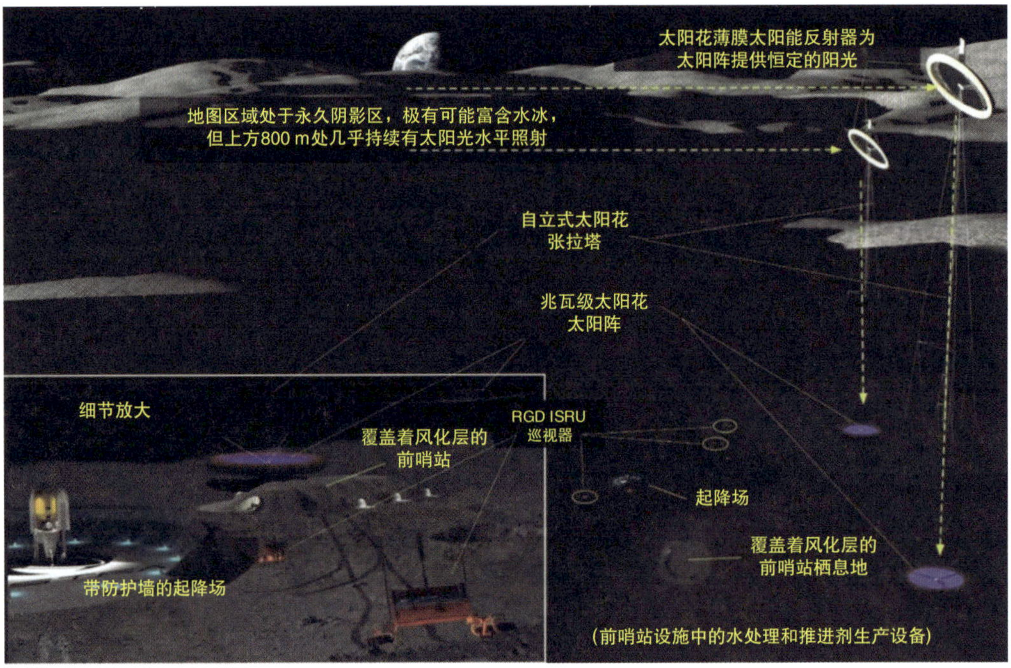

图 2-54　美国 TransAstra 公司的月球极地推进剂开采前哨站概念图（引自 NASA 网站）

TransAstra 公司也提出了小行星原位利用（APIS）任务概念设计，并开展了光学采矿和热推进等支撑技术的研究。2019 年 6 月，美国 NASA 宣布 TransAstra 所提出的 APIS 任务获得 NIAC 第三阶段资助，提供 200 万美元经费以提高关键技术的成熟度。

APIS 系统的目的是创建一个可重复使用且经济上可持续的太空运输网络，提供太空中昂贵的推进剂和水，降低太空运营成本。目标小行星为富含水分的碳质近地小行星，其工作方式是进行小行星捕获，通过太阳光聚集的方式对其进行开采、收集和冷冻挥发分。APIS 任务构架包含多个飞行器：1）蜜蜂飞行器（Honey Bee）。机动至富含水的小行星（直径约 10 m），将小行星捕获至口袋内，使用光学采矿技术对其进行资源采集，从小行星中提取的水将被放置在低温袋中以冰的形式进行存储，推力器可以用采集的水作为返程推进剂。

2）蜂王飞行器（Queen Bee）。其在蜜蜂飞行器的基础上进行了扩展，能够捕获直径约 40 m 的小行星，用于资源开采。

该公司计划发射一个 250 kg 的 Mini Bee 飞行器开展飞行试验，验证其小行星捕获能力以及水资源提取能力，如图 2–55 所示。TransAstra 公司的目标是建立类似于空间站的太空基地，利用多个蜜蜂飞行器和蜂王飞行器开采地外天体资源，为载人月球和火星活动提供资源。

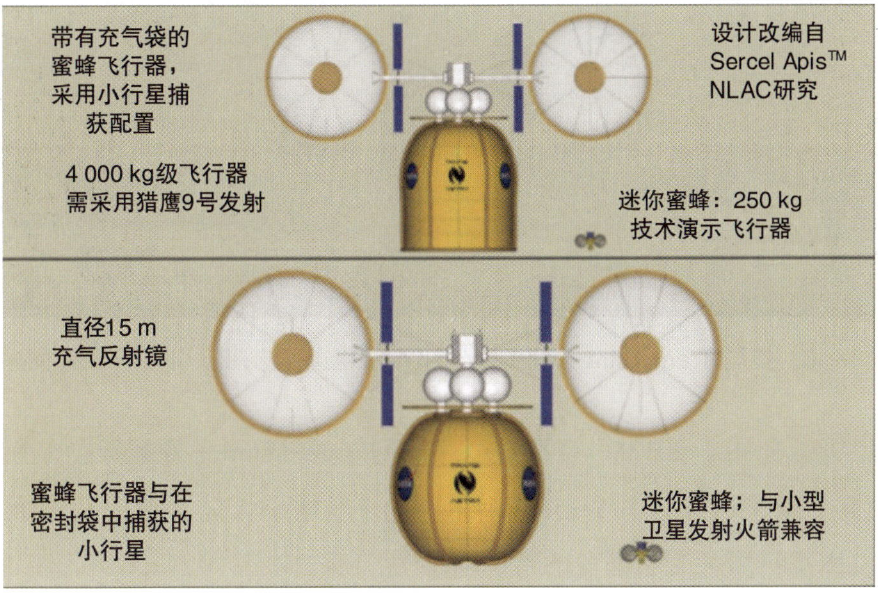

图 2–55　美国 TransAstra 公司的 Honey Bee 探测器概念图（引自 NASA 网站）

在美国 NASA 支持下，美国 TransAstra 公司提出了萨特（Sutter）小行星资源普查计划，利用具有 6 个大口径、宽视场、天基可见光与红外望远镜的探测器，迅速发现暗弱目标并对其进行特性识别（图 2–56），每年能够发现、跟踪、表征超过 7 500 个近地小天体，预计能发现多于 600 个富含水的小行星。

2.5.4　美国行星资源公司的小行星资源开发计划

美国行星资源公司是全球第一家致力于开采太空资源的科技公司，于 2012 年改组更名成立。该公司启动了 Arkyd 系列探测器的小行星采矿计划，拟分批发射大量机器人探测器，搜寻具有开采价值的小行星并对其进行开采，将高价值矿产资源带回地球。

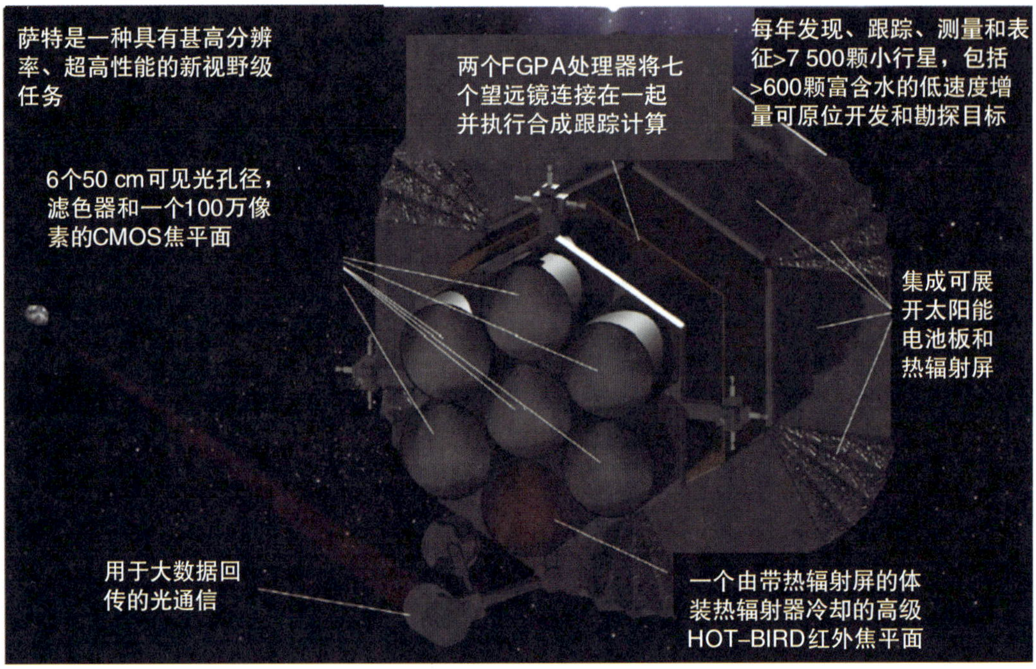

图 2-56　美国 TransAstra 公司的萨特小行星普查概念图（引自 NASA 网站）

行星资源公司于 2013 年 6 月通过众筹网站 Kickstarter 筹集资金，用于建造 Arkyd 100 太空望远镜（图 2-57），用于搜寻近地小天体。然后利用无人飞行器进行目标小行星的贵金属、水和其他资源开采。

图 2-57　美国行星资源公司的 Arkyd 100 太空望远镜（引自行星资源公司）

行星资源公司已发射 Arkyd-3R、Arkyd-6 两颗技术验证星，如图 2-58 所示。2015 年 7 月，行星资源公司通过国际空间站成功部署了一颗 3U 立方星 Arkyd 3 Reflight，验证轨道飞行控制关键技术。Arkyd 3 能够对富含贵金属资源的小行星进行勘查，掌握太阳系内丰富的小行星资源分布，为大规模开采小行星提供前期的技术支持。Arkyd 系列其他探测器还包括：1）Arkyd-100，在地球轨道对近地小天体进行红外勘探并确定其是否含水；2）Arkyd-200，飞临小行星附近完成观测；3）Arkyd-300，通过集群任务对近地小天体的形状、旋转姿态、密度和组成成分进行分析，从而评估其科学与商业价值。行星资源公司于 2018 年被区块链公司 ConsenSys 收购，目前未见后续计划。

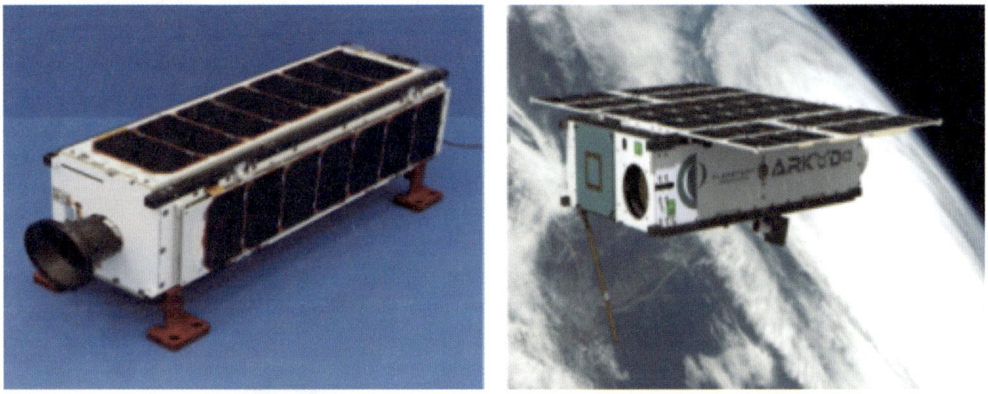

图 2-58　美国行星资源公司的 Arkyd-3 和 Arkyd-6 技术试验星（引自行星资源公司）

2.5.5　美国深空工业公司的小行星资源开发计划

美国深空工业（Deep Space Industries，DSI）公司于 2013 年成立，计划通过小型探测器对小行星进行勘探，获得的资源经过加工处理后进行售卖。DSI 公司的目标是于 2020 年前后实现小行星资源利用（太空加工制造、推进剂补给等）的商业化。2014 年 6 月，美国 NASA 授予深空工业公司两份合同，以加速 NASA 与私人企业合作开展小行星勘探和开采的规划。

DSI 公司的采矿计划分为两个阶段。第一个阶段通过技术验证型号 Prospector-X 和正式型号 Prospector-1（原计划于 2017 年发射，未实施）完成小行星探测，利用技术验证型号 Harvestor-X 和正式型号 Harvestor-1 实现资源获取。2019 年 1 月，DSI 公司被 Bradford Space 公司收购，主要提供水基推进器产品和空间运输服务。

DSI 公司对于小行星资源开发的任务规划思路主要包括勘探、获取、加工和制造等 4 个主要步骤。

1）勘探。勘探任务由萤火虫飞行器完成，它到达指定的小行星开展地质学研究并开展资源勘探。萤火虫飞行器是一颗 6U 立方体卫星（30 cm 长，15 cm 宽，重约 25 kg），利用光谱探测等形式，对小行星水资源、铁矿石、稀有金属、硅酸盐等资源进行全面勘探。DSI 公司还规划了母舰探测器，可携带十余颗萤火虫探测器（图 2-59），实现一次发射多次探测。同时，母舰探测器还将配备大型的对地通信和传输天线，为萤火虫探测器提供中继通信，进一步简化萤火虫探测器的设计。

图 2-59　美国深空工业公司设计的萤火虫探测器及母舰探测器（引自深空工业公司）

2）获取。在目标小行星勘探结果的基础上，发射名为蜻蜓的小行星采样飞行器，依据小行星的资源特性（金属、水、碳氢化合物等）开展针对性设计。蜻蜓飞行器利用采集到的水作为返回推进剂，对采集到的样本进行分离，保留稀有、价值较高的资源，运回到地球轨道的处理站。蜻蜓飞行器可重复使用，每次任务周期约 2~4 年，资源采集量可达几百甚至上万吨（图 2-60）。

3）加工。蜻蜓飞行器运回的小行星资源由近地空间的处理站（图 2-61）进行深度加工，通过物理和化学手段实现物质的分离提取。处理站具有多功

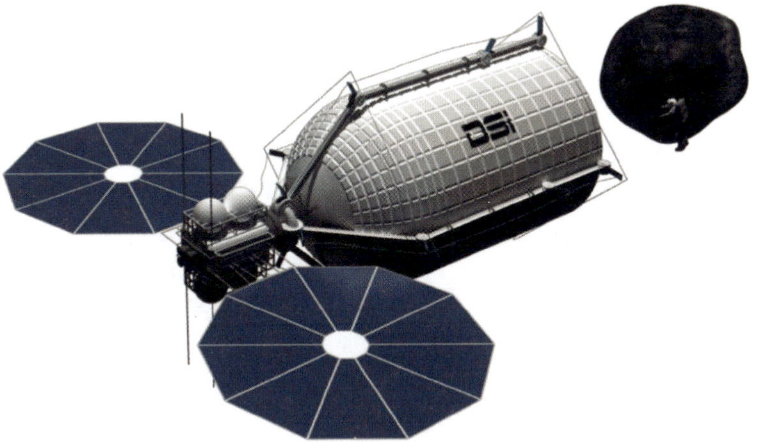

图 2-60　美国深空工业公司设计的蜻蜓飞行器（引自深空工业公司）

能、模块化的设计特点，处理站配备利用太阳能的加热设备和粉碎、分离设备。

图 2-61　美国深空工业公司提出的近地空间处理站概念图（引自深空工业公司）

4）制造。加工获得的小行星资源最终用于飞行器舱段、巨型结构等空间设施的在轨制造。

美国深空工业公司提出的空间制造飞行器概念图如图 2-62 所示。

图 2-62　美国深空工业公司提出的空间制造飞行器概念图（引自深空工业公司）

2.5.6　美国 Astrotecture 公司的机器人小行星勘探任务

美国 Astrotecture 公司提出机器人小行星勘探任务（Robotic Asteroid Prospector，RAP），利用可重复使用的机器人勘探器在多个小行星开展采样任务。勘探器往返于地月拉格朗日点与小行星之间，利用太阳能实现推进、采样、样品处理等过程，通过太阳聚能器提取小行星水资源，利用腿式螺旋钻获取星壤样品，开采小行星水资源，并兼顾铂族金属的开采。

如图 2-63 所示，机器人勘探器采用桁架结构设计，主结构长 40 m，宽 3 m，采用石墨复合材料，具有质量轻、热变形小的优点，满足对日定向所需的刚度和稳定性。桁架结构主要有两点优势：1）可根据不同速度增量需求增加推进剂贮箱或更换大贮箱；2）便于传递太阳聚能器收集的热量。

勘探器利用小行星获取的水资源作为推进工质，通过太阳热能推进（Solar Thermal Propulsion，STP）返回地月空间。相对 LO_X/LH_2，水的密度大，可显著减小贮箱的体积，更容易从贮箱中排出并避免 LO_X/LH_2 在空间环境中长期低温存储问题。勘探器可根据携带的水量、飞行距离来灵活调整资源开采的质量。

勘探器环绕小行星飞行并开展成像与立体测绘，确定合适的开采点后，释放小行星侦察器（Asteroid Reconnaissance Probes，ARProbes）采集样本，开展科学分析并确定风化层中自由水或结合水的含量。小行星侦察器体积小、成本低，可配置 10~100 个，其组成如图 2-64 所示。

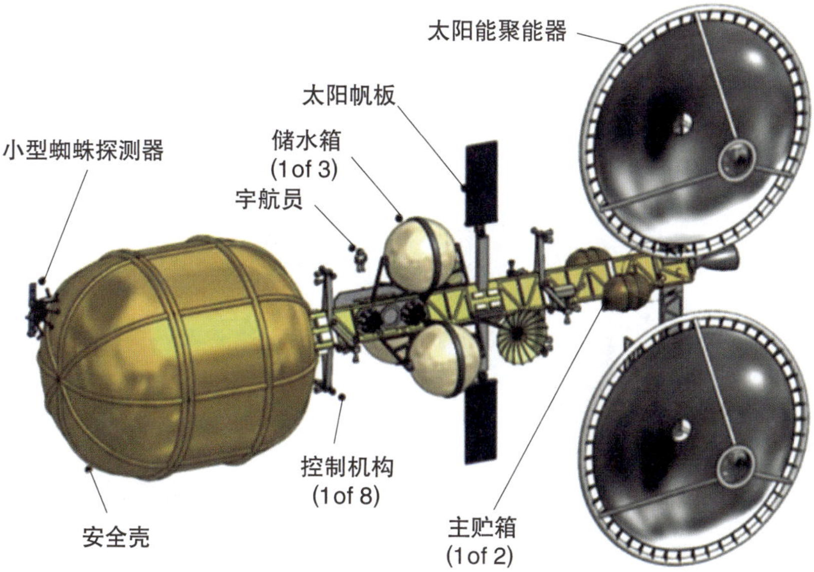

图 2-63　美国 Astrotecture 公司的机器人小行星勘探器构型（引自 Astrotecture 公司网站）

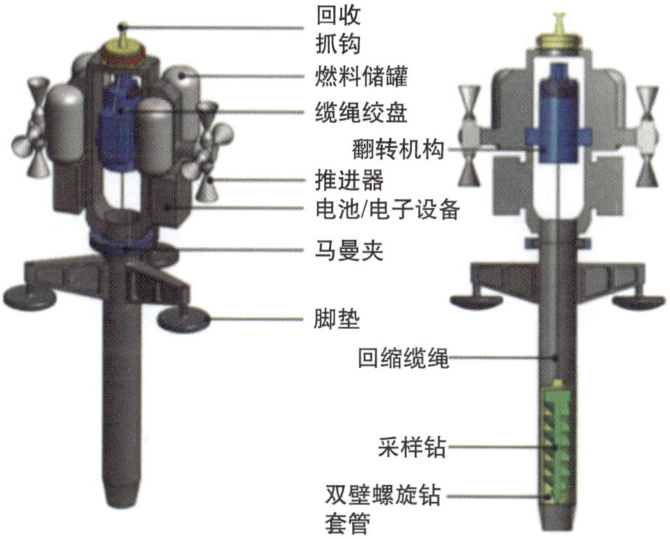

图 2-64　美国 Astrotecture 公司的小行星侦查器概念图（引自 Astrotecture 公司网站）

2.5.7　美国普渡大学 Hathor 小行星开采飞行器方案

普渡大学的研究团队在 2017 年提出了名为 Hathor 的小行星开采飞行器的概念方案，如图 2-65 所示。该飞行器借鉴 OSIRIS-Rex 的研制基础，预计质量 30 吨，能够收集 1 吨的小行星资源，使用两个太阳翼进行能量收集，配有大功率电推进器系统，整体结构呈哑铃形，其中一侧安装推进系统，另一侧安装小行星操控设备。系统装有两个长约 15 m 的 2 轴机械臂（其中一个为备份），其上装有能够收集小行星表面资源的收集装置，能够实现大面积的资源收集。

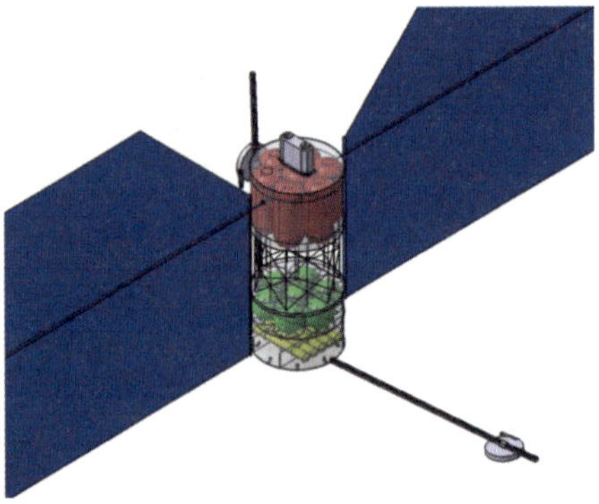

图 2-65 美国普渡大学的 Hathor 小行星开采飞行器概念方案①

2.5.8 国际空间大学的微小飞行器采矿方案

2018 年，国际空间大学（International Space University，ISU）及英国星际研究倡议（I4IS）组织的研究团队提出了一种用于小行星探测及水资源采集的微小型飞行器的任务架构，同时给出了其初步的设计方案，如图 2-66 所示。微小型飞行器设计包括小行星附着锚、钻孔装置、抽取装置及勘查传感器等有效载荷，预计干重 372.8 kg，并携带 75 kg 的推进剂用于返回地月空间。

2010 年，国际空间大学开展了小行星采矿技术路线图与应用项目（Astra）研究，给出了 2040 年前近、中、远 3 阶段发展路线。Astra 项目从科学与工程因素、人文社会因素、法律因素、经济因素等方面出发，分析了小行星采矿任务可能包含的子任务、需克服的难点、未来的发展路线图以及有关建议，如图 2-67 所示。2040 年前发展建议如下：

短期（2010—2016 年），在市场运作、法规政策方面开展工作，以支持合法开采小行星资源，同时开展地基/天基观测和机器人自组装、机器人采矿等地面验证，突破重载火箭技术，为未来任务实施奠定技术基础。

中长期（2016—2028 年），开展微重力下采矿与处理、小行星采样返回、LEO 轨道自主组装、原位推进剂生产，并验证任务可行性。

① 引自 AIAA 网站：The Hathor Excavator：a Mission Proposal for Asteroid Mining and the Space Launch System.

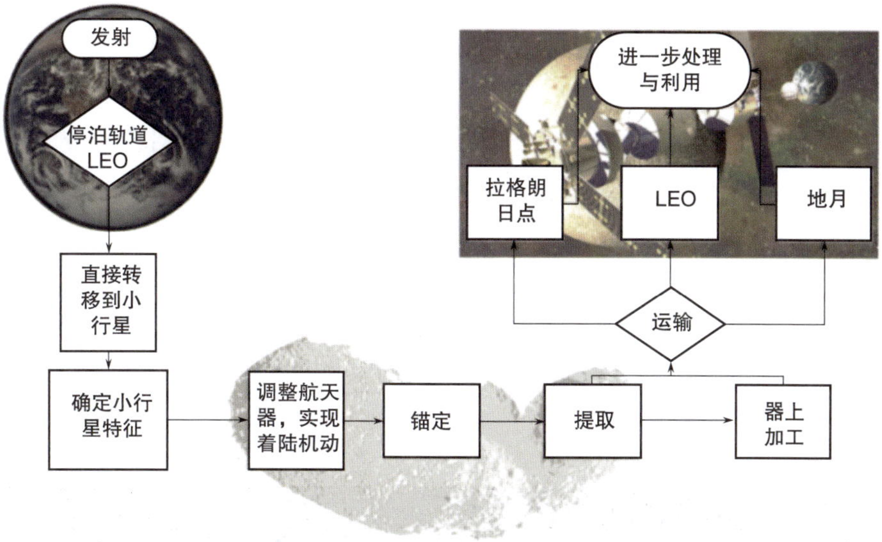

图 2-66　国际空间大学的微小型小行星采矿方案①

远期（2028—2040 年），开展 LEO 的系统集成、小行星采矿与处理、自主空间运输、基于原位资源利用的推进系统等关键技术攻关，并完成演示试验。

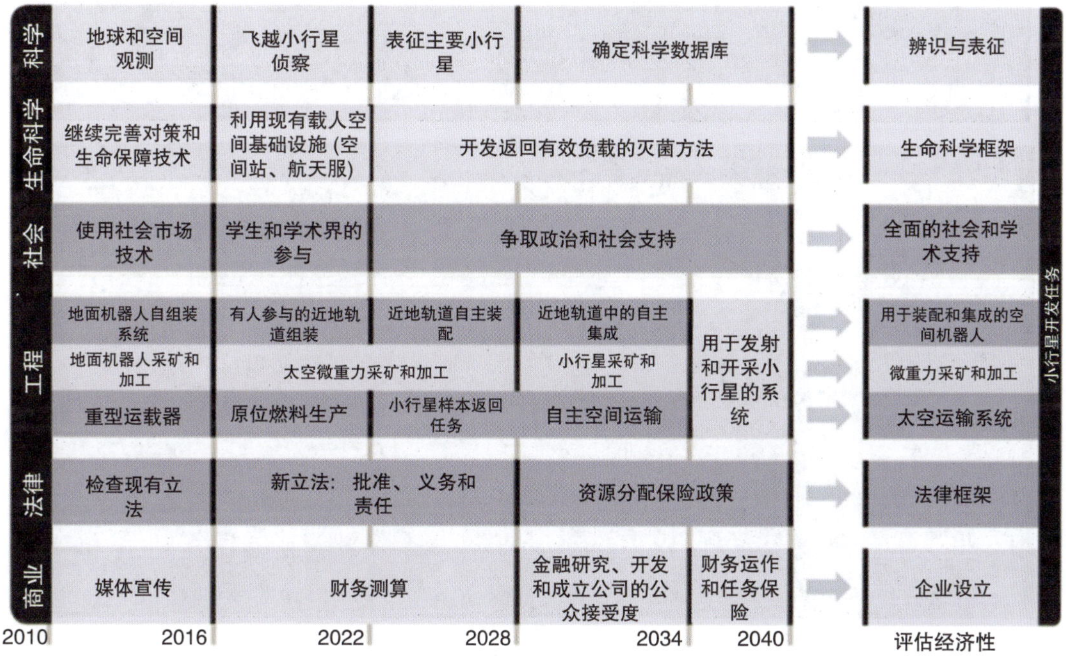

图 2-67　国际空间大学 Astra 项目提出的小行星采矿技术路线图①

① ASTRA：Asteroid mining，Technologies Roadmap，and Applications，International Space University Space Studies Program 2010.

2.5.9 中国起源太空公司的太空采矿计划

我国也有计划开展太空资源开发的商业航天公司，比较典型的是 2019 年成立的起源太空公司（Origin Space）。起源太空公司提出利用小行星上丰富的太空矿产资源和水资源，为未来的太空活动提供物资支持。该公司已完成 5 颗卫星的在轨验证，包括 NEO-01 太空采矿机器人、紫外波段商业卫星、采用龙虾眼成像技术的大视场 X 射线探测卫星、可见光与紫外波段的太空望远镜等，如图 2-68 所示[165]。

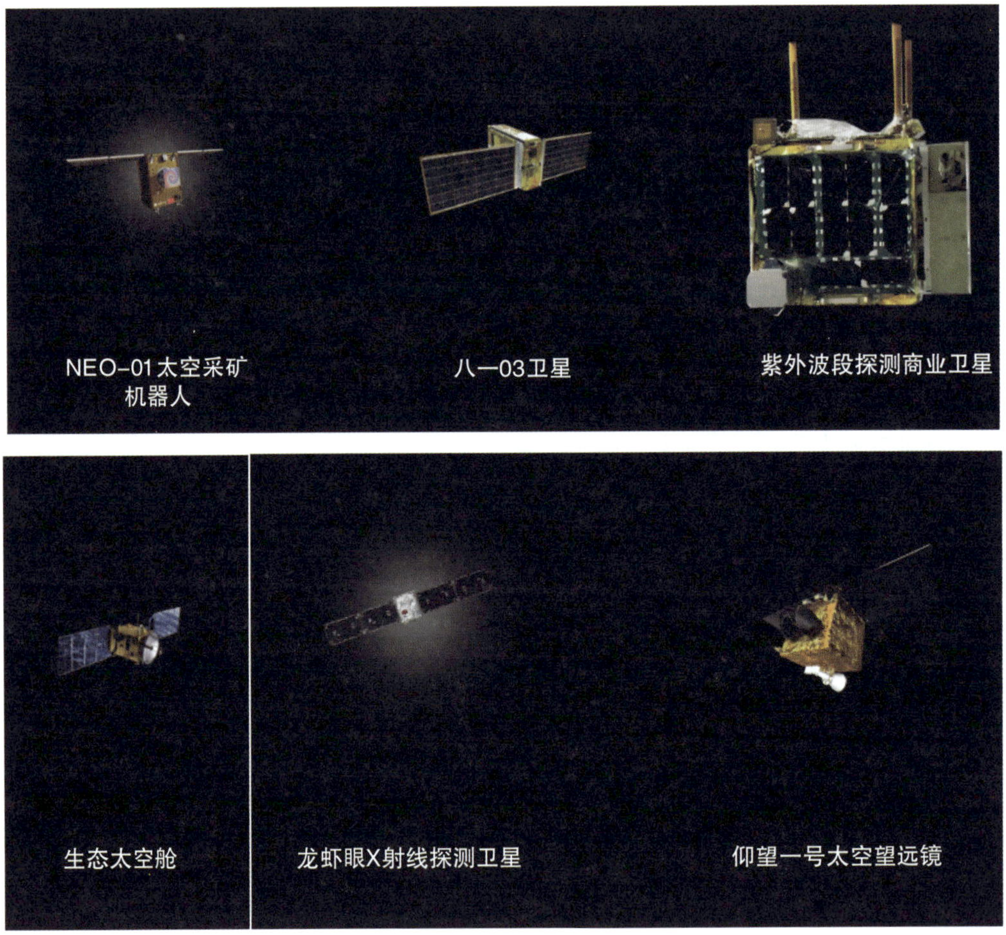

图 2-68　中国起源太空公司已完成的发射任务

2021 年 4 月 27 日，起源太空公司的 NEO-01 太空采矿机器人通过长征六号火箭成功发射，可寻找有采矿价值的微小行星或小行星碎片进行撒网捕获。

在此基础上将开发 NEO 系列，应用于开采与利用外太空的资源。图 2-69 所示为中国起源太空公司的 NEO-01 太空采矿机器人及 NEO-X 小行星捕获构想图。

图 2-69　中国起源太空公司的 NEO-01 太空采矿机器人及 NEO-X 小行星捕获构想图

2.6 小结

人类迄今已对太阳系的主要天体开展了大量天文观测，飞掠、抵近、环绕和着陆探测，以及月球和小天体的采样返回任务，为开展太空资源开发利用提供了重要的科学基础并形成了关键技术能力。近年来，在重返月球任务的带动下，各国将实施一系列月球资源开发试验任务；在太空经济的发展驱动下，商业航天公司大量涌现并提出了各种太空资源开发计划。太空资源开发正在快速由概念走向现实，是当前航天科技发展的前沿热点方向。

1）经过 60 多年的发展，通过实施一系列太阳系探测任务，人类对地外天体的起源与演化、资源赋存与分布已有一定认识，初步具备了地外天体的抵近、环绕、着陆、巡视和采样返回的技术能力，为太空资源开发提供了应有的科学技术基础。

2）月球资源开发已成为各国航天任务的核心重点，将是重返月球、建立月球基地、催生地月经济的基础，也是飞向火星的起点。美国将在月球上演示生产水、燃料和其他供应品以及建造设施的能力，欧洲将在月球建成太空资源开发利用试验工厂，我国将开展月面原位资源利用关键技术试验验证。

3）各类小天体拥有丰富的矿产，为可持续发展提供近乎无限的资源宝库。

美、日、欧等国已实施了一系列小天体探测、采样返回、操作处置等重大任务，开展了小行星资源普查，技术与经济性评估，我国正在实施小行星探测工程任务。这一系列小天体探测任务，将为小行星资源开发奠定技术基础。美国、卢森堡等政府已立法支持太空资源开发并制定了发展规划，催生带动了小天体采矿商业航天的快速发展。

4）火星大气和水资源开发将实现推进剂和生命支持消耗品的原位补给，大幅降低载人火星任务的发射质量、体积、成本和风险，对任务体系架构产生重要影响，也将为建立火星基地提供基础。20 世纪 90 年代开始，以美国为主导，国际上实施了一系列火星探测任务，形成了火星探测的新高潮。美国已全面掌握火星飞掠、环绕、着陆和巡视勘查技术，并成功完成首次火星原位资源利用试验，在世界上处于领先地位。我国取得了火星“绕、着、巡”重大成就，有望国际首次开展火星采样返回任务。这一系列火星探测任务的实施，为火星资源开发和载人火星任务的实施打下了良好的技术基础。

5）太阳系中的金星、水星等类地行星和木星、土星等类木行星也具有十分丰富的自然资源。但由于距离遥远、环境极端恶劣，技术挑战大，目前探测任务较少、科学数据匮乏，制约了太阳系资源开发的进程。

第 3 章

太阳系资源开发体系构想

21世纪以来，美国、欧洲和中国等国家和地区以月球资源开发为重点，规划了技术发展路线图并部署了一系列月面试验任务。当前世界上主要航天大国，甚至一些新兴商业航天公司已拥有了近地小天体的绕飞、着陆与探测的航天工程能力和实践经验，也初步具备了太空资源开发的技术基础。但总体上看，太空资源开发领域仍缺乏全局、顶层、体系化的研究和分析，即使对于当前备受重视的月球资源开发活动和广受关注的近地小天体采矿活动，也仅是局限于具体的单项试验任务和单个新概念系统的研究与分析，亟需从顶层上建立太空资源开发这一重大新兴领域的设计与分析方法。本章介绍了作者对太阳系资源开发顶层设计与规划的研究与思考，描述了太空资源开发的体系组成与任务框架等内容。

3.1 太阳系资源开发体系总体架构

3.1.1 顶层设计思路

太空资源开发属经济活动，太空资源开发体系设计需以规模化、产业化、效益化为目标，相应地，其体系构建需考虑3个方面的要求：1）系统模块化。要充分继承我国特色的空间站、月球与深空探测器等技术基础，具备模块化、递进式、可拓展、可量产的能力。2）面向产业化。太空资源开发的目标是形成新形态的太空产业经济，需借鉴新兴产业的发展模式，做好顶层规划设计，全链条综合布局、分阶段协同发展，逐步形成一定规模的新兴太空产业。3）架构低成本。低成本是太空资源开发体系构建的核心要求，只有符合低成本的体系架构，才能具备经济可行性，有可能形成富有竞争力的盈利模式，实现效益最大化，促进太空资源开发活动的蓬勃发展。

按太空资源开发规模化、产业化、效益化的目标要求，首要的问题是需在太空原位获取大量的能源和资源，并实现高容量和远距离的信息支持。大规模的太空资源开发活动需要耗费大量的电能、热能和化学能等能源。太空中可利用的一次能源方式包括太阳能、核能、化学能和热能等，但能够在太空中获得并长期持久的能源方式主要为太阳能和核能。在太阳辐射作用下，太阳能在太阳系中几乎无处不在，是最为便捷、随处可得、易于利用的可再生能源，已经得到了广泛的应用，未来为开展太空资源开发需进一步实现太阳能的光、热、电、化学的综合转化利用。由于太阳能辐射强度与距离的平方呈反比关系，离太阳越远，太阳辐射强度越低，木星以远难以利用太阳能，需要开发核能等其他能源方式。地外天体可获得钍、铀等放射性元素以及氦-3 等核聚变元素，但钍、铀等含量低，难以高效地在地外天体上提取和利用，核聚变的技术挑战性大，在地面上尚未取得应用突破。当核元素地外提取和核聚变等技术取得突破后，核能与核推进可为外太阳系的探索开发提供重要手段。更为重要的是，地外天体矿物开采、分选、运输、冶炼等大规模的太空资源开发活动需消耗大量化学燃料、推进剂等物资，如果从地球进行物资补给，则成本代价高昂、有效运输能力小，难以快速、高效地抵达地外天体，更难以实现大规模的太空采矿活动。因此，必须在地外天体上原位获得水冰及其他挥发分资源，并在原位制备推进剂、化学燃料等消耗品，才能为规模化的太空采矿提供物资基础。

基于以上思考，构建的太空资源开发体系需具备原位、无人、中继 3 个核心特征，即：

1）**原位**。为大幅减少从地球的资源补给需求，有效降低地球空间进出的发射成本，太空资源开发活动所需的各类能源和物资必须逐步实现从太空原位获取。在太空原位制备推进剂是太空资源利用的第一步，也是大幅降低规模化太空探索开发成本的关键一步。未来将进一步实现关键材料、关键部件、关键设备的原位制造，以及各类太空设施的原位建造。

2）**无人**。虽然地球采矿业、加工业等正在积极发展无人自主技术，但总体上仍是劳动密集型产业。载人航天是高成本、高风险的活动，难以规模化地实施有人太空采矿活动。为实现低成本和高安全的目标，太空资源各类开发活动需充分利用人工智能、机器人等新技术成果，主要通过无人自主设备实施各类太空资源开发活动。

3）**中继**。这主要包括物资运输中继和信息传输中继。太空运输是太空资源开发的主要成本，轨道间、站点间的速度增量直接决定了任务的可能性和可行性。通过在任务轨道中间多次加注补给推进剂进行物资中继，则可通过更小的推进系统质量比实现相同的速度增量，或者以相同的但可加注的推进系统大幅提升总的速度增量。同样地，通过通信中继，可有效提高深空测控和数据传输的能力。

由于给定的发动机比冲是固定的，提高运载工具的“质量效率”简单直接的方法是沿程中继补加推进剂。N 次推进剂加注的修正火箭方程为

$$\Delta v = NgI_{sp}\ln\frac{M_0}{M_F} \tag{3-1}$$

式中，g 为重力加速度，I_{sp} 为推进比冲，M_0 和 M_F 分别为太空运输系统初始总质量和末质量，两者差值是任务期的推进剂消耗量。通过 N 次中继补加推进剂，理论上可将速度增量增加 N 倍。因此，通过在深空飞行任务轨道中间的多个位置部署太空中继补给站，为太空运输系统加注推进剂，可大幅提升任务的总速度增量，有效拓展任务的可达范围。

规模化、多样化的太空资源开发任务和由此带动的更为丰富的各类太空活动将对海量信息传输、高精度深空导航提出更高的要求，但目前仅基于地基的深空测控网难以满足未来需求。电磁波传播过程由于扩散和衰减，功率密度与距离的平方成正比

$$\mathrm{FSPL} = \left(\frac{4\pi L}{\lambda}\right)^2 \tag{3-2}$$

式中，L 为信号传输距离，λ 为电磁波波长。波长越长，衰减越小。

根据香农公式，实际能实现的可靠的通信数据传输速率取决于信号与噪声的比值——信噪比。由此决定的信道容量为

$$C = W\log_2\left(1 + \frac{S}{N}\right) \tag{3-3}$$

式中，W 为频带带宽，S/N 为信噪比。理论上带宽与频率正相关，频率越高，带宽越大。

因此，传输距离首先影响到功率衰减，然后影响到传输速率。传输距离越

远，功率衰减越大，接收信号的强度会越低，则相应的信噪比就会降低，所允许的信号频率就越低，而低频所允许的带宽就越小，信道容量就会很小。因此，类似于物资中继，通过在传输路径上设置通信中继站点，则可有效提升测控和数据传输的能力，有力支撑太空资源开发所需的信息获取、信息处理和信息传输能力。这些通信中继站点也将为建设深空互联网提供设施基础。

合理选择太阳系中独特的空间位置部署中继站点，是大幅降低太空资源开发成本、拓展开发能力的关键。太阳系两大天体间存在拉格朗日点①，在该位置上两大天体的引力和飞行器运动的向心力作用处于平衡状态，如图 3-1 所示。L1 点在两个大天体的连线上，且处于它们之间；L2 点在两个大天体的连线上，且在较小天体的外侧；L3 点在两个大天体的连线上，且在较大的天体外侧；L4 点和 L5 点有时被称为三角拉格朗日点或特洛伊点②。航天器可以沿稳定流形③进入 L 点轨道上的太空站，沿不稳定流形离开。利用这些稳定、不稳定的不变流形以及不同流形之间的交叉拼接可以实现航天器低成本的星际航行[166]。因此，拉格朗日点，特别是 L1 和 L2 点是十分独特的空间位置资源，具有重要的利用价值，可作为各天体资源开发体系间的重要中继节点，是太空资源开发体系的关键物资和信息的枢纽。

太阳系资源开发体系建设主要包括地外天体采矿站、太空资源加工站、太空中继补给站、太空资源运输系统等太空资源开发基础设施。具体而言，太空资源开发体系主要通过以下 4 种方式来大幅降低成本。

1）**在地外天体建立原位采矿站。**虽然地外天体赋存的战略性关键矿产资源丰度显著高于地球地壳，但其品位仍比较低，大部分成分无明显利用价值且不必带回地球。因此，为提高资源开发的费效比，需在地外天体开展原位无人自主资源开采并进行分选和粗处理，这可显著减少太空矿物的运输量，有效降

---

① 太阳系限制性三体系统存在独特的 5 个平衡点（L1 至 L5），即拉格朗日点（Lagrange points），也称为平动点（Libration points）。

② 特洛伊点与两大天体所在的点构成一个等边三角形，这两个点是稳定的，即小天体在该点处即使受外界引力的摄动，仍然有保持在原来位置处的倾向。因此，在特洛伊点有大量小行星，被称为特洛伊小行星。

③ 流形（Manifolds）是局部具有欧几里得空间性质的拓扑空间，是欧几里得空间中的曲线、曲面等概念的推广。微分流形是拓扑学和几何学中一类重要的空间，是带有微分结构的拓扑流形。

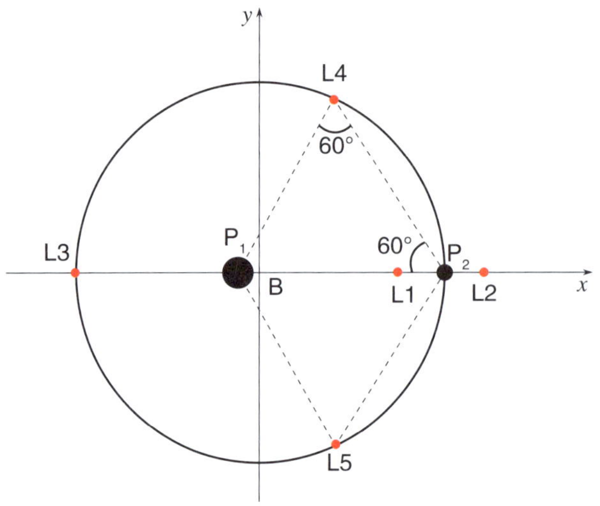

图 3-1 圆形限制性三体的拉格朗日点

低太空运输成本。地外天体采矿站是在地外天体表面勘探确定的矿区建设的综合设施，通过模块化、自主运行的无人采矿车/采矿飞行器集群和资源处理中心，在矿区通过挖掘、钻采等方式获得自然资源，并进行水和挥发分资源提取，矿物破碎、分选等粗加工处理。按重点开采的资源不同，可进一步分为采冰站和采矿站等类型。

2）**优化布局建设太空资源加工站**。在地外天体原位分选后的高价值精矿通过太空运输器运送到太空资源加工站。太空资源加工站利用冶炼、化工等设备将开采的太空资源通过物理、化学的方法提纯、提炼成生产生活所需要的气体、液体和金属与非金属固体原材料。太空资源加工站重点加工生产水基推进剂，同时冶炼各类太空活动所需要的金属和非金属原料，进一步精炼获得矿物中的铂族、稀土等高价值元素。

3）**在拉格朗日点建立太空中继补给站**。它构成太空资源开发的关键物资和信息枢纽。由于各天体资源开发体系之间距离遥远，太空物资运输能力和信息传输能力受到空间和时间的限制，其成本和可达性受到速度增量的制约。如果仅依赖地球供给来保障大规模资源运输将十分困难甚至不可能实现。因此，必须充分利用地外天体资源来支撑太空运输体系。太空中继补给站一般跟太空资源加工站一起建设。主要将太空资源加工站制备的水、氧、推进剂等消耗性产品，通过低温液化、零蒸发长期储存、在轨加注等方式，为可加注的、可重复使用的太空运输飞行器补充推进剂，为更深远、大范围的太空开发活动提供物资的中继补给。另外，为保障太空资源开发过程的测控、通信、数据传输和高精度导航，需在太空中继补给站配套建设中继通信站，实现高性能、超远距的深空通信。

4）**全链条部署太空运输网络**。主要通过可加注的原位推进剂、可重复使用的太空运输器，在星球之间、站点之间进行低成本的物资运输，构建支撑太空资源开发的物流体系。它通过推进剂物资中继和高性能高比冲的推进器，在不增加推进系统质量比的情况下，倍增运输系统的速度增量。通过低成本空间进出等手段，把太空中获取的高价值稀贵元素资源运回地球，为地球可持续发展提供物质保障。

因此，建立低成本的空间进出、太空运输、中继补给、原位采选、资源加工等太空基础设施，将使太空资源开发具有规模化、产业化基础，实现效益最大化，具备经济可行性。

3.1.2　体系组成

太阳系资源开发体系架构以小天体、月球、火星等地外天体的物质资源为对象，以战略性关键矿产资源开发为目标，以水冰资源开发和水基燃料制备为基础，以地球为中心，由近及远，分阶段建设月球资源开发体系、近地小天体采矿体系、火星资源开发体系、主带小行星采矿体系、内行星资源开发体系及类木行星资源开发体系[95]，如图 3-2 所示。

1）**月球资源开发体系**。主要由月球极区采冰站、月球资源综合处理站、地月 L1 中继补给站和地月运输系统等构成。它以水冰资源开发为目标，重点建设月球极区采冰站和地月 L1 中继补给站。通过在极区开采水冰资源，为月球极区长期驻留提供原位物资保障，同时，将开采的水资源发射运输至地月 L1 点的中继补给站，并制备成氢氧推进剂。适时补充建设月球资源综合处理站，综合开发氦-3 等太阳风挥发分稀贵资源和 KREEP 岩等稀土资源。建立低成本月面发射系统和地月运输系统，形成低成本地月供应链系统，支撑常态化

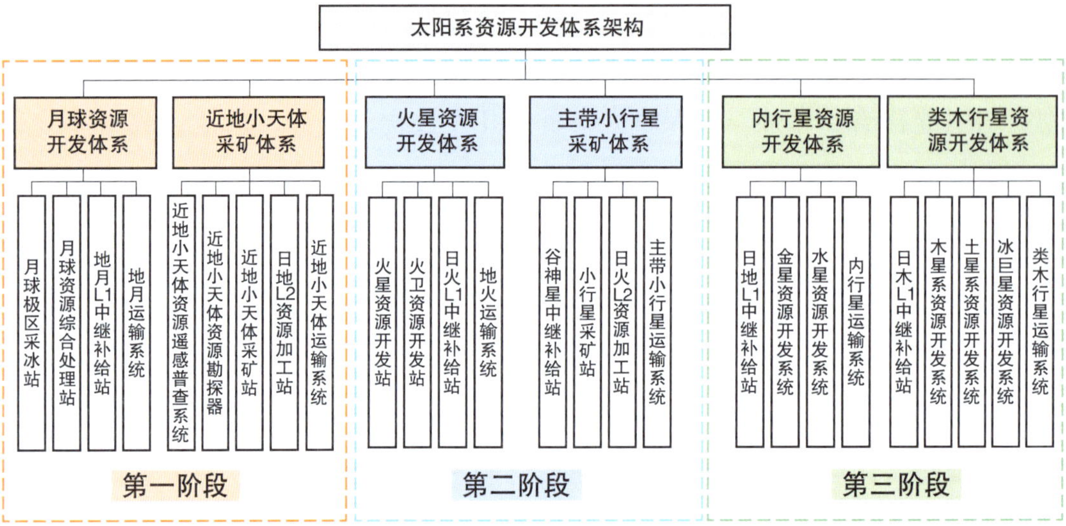

图 3-2　太空资源开发体系架构

地月空间活动，并为近地小天体采矿和其他行星资源开发提供原位推进剂补给。

2）**近地小天体采矿体系**。主要由近地小天体资源遥感普查系统、近地小天体资源勘探器、近地小天体采矿站、日地 L2 资源加工站和近地小天体运输系统等组成。它以稀贵金属等战略性关键矿产开发为目标，兼顾水资源开发利用，实现对高价值近地小天体的勘探、捕获、资源开采和分选，具有太空矿物冶炼、太空产品制造等功能。近地小天体资源遥感普查系统搜寻具有重大开采价值的近地小天体并评估遴选可开采的目标天体。近地小天体资源勘探器实现对遴选的近地小天体目标抵近和着陆，开展原位勘探，确认目标天体的开发价值。近地小天体采矿站在天体表面和附近进行矿物开采、分选与初步加工，然后将获得的高价值原料运输至日地 L2 点。日地 L2 资源加工站将分选的精矿资源进行冶炼和深加工处理，将获取的近地小天体水冰资源制备推进剂等物资，为更深远的探索与开发提供物资补给。建立日地 L2 资源加工站等基础设施后，近地小天体采矿将具备技术经济可行性和可持续发展能力，并激发带动太空采矿业发展。

3）**火星资源开发体系**。主要由火星表面资源开发站、火卫表面资源开发站、日火 L1 中继补给站和地火运输系统等组成。它以火星及卫星的水冰和大气资源综合开发为目标，开展原位资源的综合利用。火星表面资源开发站实现水冰规模化开采和大气二氧化碳转化利用，并生产推进剂等物资，为火星长期驻留和低成本火基发射提供能源、推进和生命保障。适时建立火卫表面资源开发站，实现火卫一和火卫二的资源开发。火星和火卫表面开采的资源通过低成本发射将资源运输至日火 L1 点，在此建设的中继补给站在轨道上规模化生产水基/甲烷推进剂，形成低成本地火供应链的关键节点，实现地火联动，支撑常态化的地火空间活动，并为主带小行星资源开发、类木行星探索开发提供物资中继保障。当具备了火星资源开发的能力并建立了日火 L1 中继补给站后，人类将具有开发主带小行星的能力，打开了更大的资源宝库。

4）**主带小行星采矿体系**。主要由谷神星中继补给站、小行星采矿站、日火 L2 资源加工站和主带小行星运输系统组成。它以稀贵金属等战略性关键矿产资源开发为目标，兼顾水资源开发利用。以小行星带中最大的天体——谷神星为基地，利用其丰富的水冰资源，建立谷神星中继补给站，重点实现水冰资源的有效开采和转化利用，以此为基础可为主带小行星的资源开发活动制备并提供推进剂等物资。小行星采矿站在高价值小行星表面或附近开展资源开采、分选与初步加工，然后将获得的高价值原料运输至日火 L2 点。日火 L2 资源加工站从主带小行星获取资源，开展矿物冶炼，生产制造推进剂和其他产品，为规模化的火星探索与开发提供工业化基础，并将精炼获得的稀贵资源运回地球。这些基础设施也为更远的类木行星探索开发提供中继物资保障。

5）**内行星资源开发体系**。以金星和水星开发为目标，重点建设日地 L1 中继补给站、金星资源开发系统、水星资源开发系统和内行星运输系统。以日地 L1 中继补给站为基础，为水星和金星任务提供中继物资保障，从而突破地球发射的严格窗口限制，实现低成本、快速到达，为开展内行星的规模化探索和开发提供基础。

6）**类木行星资源开发体系**。主要包括木星系资源开发系统、土星系资源开发系统、冰巨星资源开发系统、日木 L1 中继补给站和类木行星运输系统等。以类木行星的大气资源及其卫星的海洋资源开发为目标，建设日木 L1 中继补给站，以该站点为中心枢纽，支撑开展类木行星的科学探索与资源开发。

太阳系资源开发体系可分 3 个大阶段逐步建成，如图 3–2 所示，具体包括：

第一阶段。建立月球资源开发体系和近地小天体采矿体系，具备近地天体规模化资源开发能力。月球和近地小天体是距离地球最近的天体，蕴藏着丰富的自然资源。近地天体的水冰资源开发是规模化太空活动的基础，当具备了近地天体水冰开采的工程能力，并在此基础上构建了地月空间的水基推进剂的供应链后，将激活整个地月空间的经济活动。当建立了地月 L1 中继补给站和日地 L2 资源加工站后，这将激发“太空淘金热”，才有可能建立可持续、可营利的地月经济圈。

第二阶段。建立火星资源开发体系和主带小行星采矿体系，具备地火空间的规模化资源开发能力。当具备了火星资源开发的能力并建立日火 L1 中继补给站和日火 L2 资源加工站后，将具有开发主带小行星的能力。

第三阶段。建立内行星资源开发体系和类木行星资源开发体系，具备全太阳系规模化资源开发能力。当建立了日地 L1 中继补给站后，将为内行星（水星和金星）的规模化探索开发提供基础。当建立日木 L1 中继补给站后，太空资源开发的能力将进一步延拓到更深远的类木行星。

图 3-3 示意了太阳系中继补给站的布局和与各天体资源开发体系之间的轨道联系。

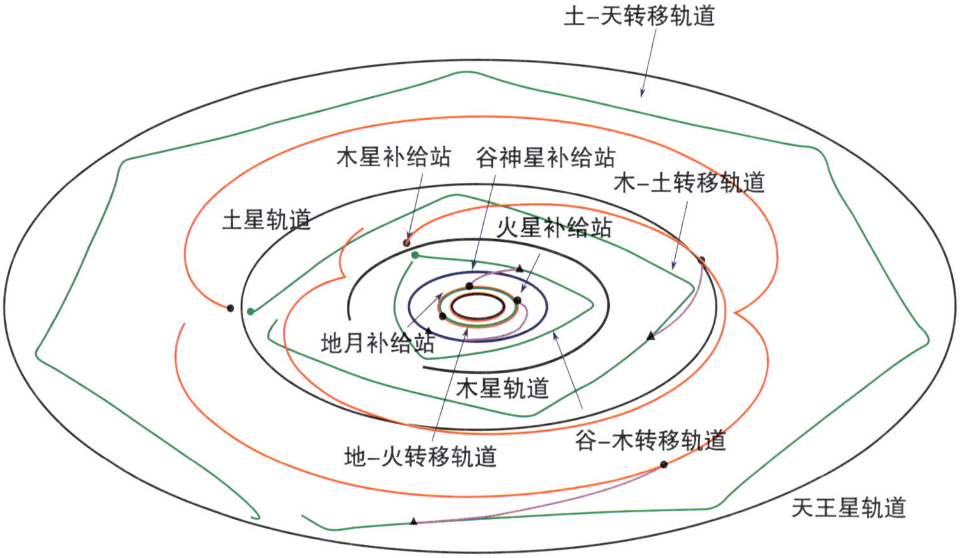

图 3-3　太阳系中继补给站的布局和与各天体资源开发体系之间的轨道联系

太阳系资源开发体系的总体建设构想如图 3-4 所示。就近取材，开发利用月球、小天体、火星的水冰并制造水基推进剂；从地月空间出发，由近及远，在地月 L1，日地 L1/L2，日火 L1/L2、谷神星、日木 L1 等关键枢纽位置逐级建设太空中继补给站；以此为纽带，有机联系各地外天体资源开发体系，逐步实现全太阳系的资源开发能力。通过资源和信息的中继功能，相比直接到达，将有效提升运输效能，大幅降低行星际运输成本。

3.1.3　拉格朗日站点初步分析

太空中继补给站的主要优点是可以沿飞行路径部署大量原位制备的推进剂，显著减少初始推进剂的质量并降低推进系统的体积和干重（推进剂贮罐、发动机和其他部件等）。按前两节的讨论，太空资源开发体系从地月空间出发，由近及远，以地月 L1、日地 L1 和 L2、日火 L1 和 L2、谷神星、日木 L1 等为纽带，逐级建设太空中继补给站。

对简化的圆形限制性三体问题，质心旋转坐标系中小天体运动方程为

$$\ddot{\boldsymbol{r}} = -G\left(\frac{M_1}{R_1^3}\boldsymbol{R}_1 + \frac{M_2}{R_2^3}\boldsymbol{R}_2\right) - \boldsymbol{\omega} \times (\boldsymbol{\omega} \times \boldsymbol{R}) - 2\boldsymbol{\omega} \times \frac{\delta \boldsymbol{R}}{\mathrm{d}t} \tag{3-4}$$

式中，G 为引力常数，M_1 和 M_2 分别为两个大天体的质量，$\boldsymbol{R}_1$，$\boldsymbol{R}_2$ 和 $\boldsymbol{R}$ 分别为小天体相对两大天体的位置矢量和小天体相对质心的位置矢量，$\boldsymbol{\omega}$ 为动坐标系相对于惯性坐标系的旋转角速度。

在 $M_1 \gg M_2$ 的条件下，根据平衡点分析，可得到 5 个拉格朗日点的近似位置坐标为

$$\mathrm{L1} = \left(R\left(1 - \sqrt[3]{\frac{a}{3}}\right), 0\right) \tag{3-5}$$

$$\mathrm{L2} = \left(R\left(1 + \sqrt[3]{\frac{a}{3}}\right), 0\right) \tag{3-6}$$

$$\mathrm{L3} = \left(-R\left(1 + \frac{5a}{12}\right), 0\right) \tag{3-7}$$

$$\mathrm{L4} = \left(\frac{R}{2}\frac{M_1 - M_2}{M_1 + M_2}, \frac{\sqrt{3}}{2}R\right) \tag{3-8}$$

图 3－4　太阳系资源开发体系的总体建设构想示意图

$$L5 = \left(\frac{R}{2}\frac{M_1 - M_2}{M_1 + M_2},\ -\frac{\sqrt{3}}{2}R\right) \tag{3-9}$$

式中，$a = M_2/(M_1 + M_2)$ 。

根据上式分析得到太阳系典型的拉格朗日点的位置，如表 3-1 所示。

表 3-1　太阳系主要拉格朗日点 L1 和 L2 位置

拉格朗日点	天体 1 质量（相对地球）	天体 2 质量（相对地球）	两天体距离/AU	拉格朗日点位置/AU
地月 L1(EML1)	1	0.012 3	0.002 6	0.002 2
地月 L2(EML2)	1	0.012 3	0.002 6	0.003
日地 L1(SEL1)	333 400	1	1	0.99
日地 L2(SEL2)	333 400	1	1	1.01
日火 L1(SML1)	333 400	0.107	1.523 7	1.516 5
日火 L2(SML2)	333 400	0.107	1.523 7	1.530 9
日木 L1(SJL1)	333 400	317.832	5.202 6	4.847 7
日木 L2(SJL2)	333 400	317.832	5.202 6	5.557 5
日土 L1(SSL1)	333 400	95.16	9.554 9	9.118 7
日土 L1(SSL2)	333 400	95.16	9.554 9	9.991 1

根据火箭方程，可推导得到太空运输过程中的传动比

$$GR = \frac{M_0}{M_c} = \frac{q}{1 - K(q - 1)} \tag{3-10}$$

式中，M_0 为运输系统总质量，M_c 为货物质量，$K = M_r/M_p$ 为推进系统质量比，是干重和推进剂的比值，一般取 0.12[167]，而 q 的计算公式如下

$$q = \exp\left(\frac{\Delta v}{gI_{sp}}\right) \tag{3-11}$$

式中，g 为重力加速度，Δv 为速度增量，I_{sp} 为推进比冲，液氢液氧推进器的典型比冲为 450 s，甲烷–氧推进器的典型比冲为 374 s。

因此，对于确定的太空运输系统而言，其运营成本和运输能力主要取决于运输过程中的速度增量。为便于分析，采用霍曼转移和圆锥曲线拼接的方法估计各太空运输节点的速度增量。对于太阳系这种多天体引力系统，主天体（太阳）外的天体（行星）都有其引力影响球，在影响球内，该天体对航天器轨道运动起主要作用，可忽略主天体和其他天体的引力作用。当航天器离开影响

球后，仅受主天体的引力作用。该种方法可将复杂的多体问题划分为多个时间连续的二体问题，得到多个开普勒轨道（圆锥曲线）拼接构成的飞行轨道。

以地火转移为例，飞行轨道分为双曲线—椭圆—双曲线三段。当航天器从近地轨道机动达到第二宇宙速度后，以双曲线轨道逃逸出地球影响球范围。然后在太阳中心引力作用下以椭圆轨道飞往火星，并到达火星影响球。最后，沿双曲线轨道进入火星影响球。

圆锥曲线拼接的太空转移轨道如图 3-5 所示。

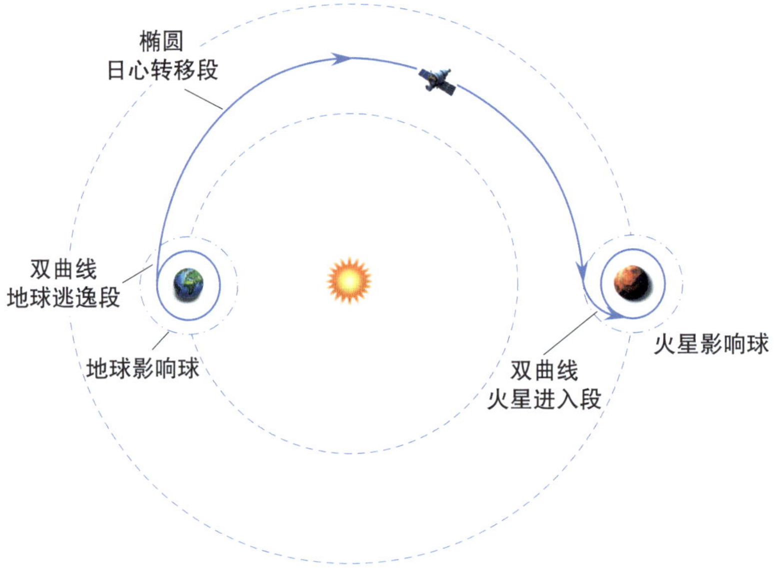

图 3-5　圆锥曲线拼接的太空转移轨道

霍曼转移椭圆轨道上的运动速度可通过活力公式计算

$$v_e = \sqrt{\mu_s\left(\frac{2}{r} - \frac{1}{a}\right)} \tag{3-12}$$

式中，μ_s 为中心天体的引力常数，a 为椭圆半长轴。

而初始轨道速度和最终轨道速度可通过圆周运动近似得到

$$v_c = \sqrt{\frac{\mu_s}{r}} \tag{3-13}$$

两者之差即为霍曼转移的速度增量 $v_{\inf}$。

若需逃逸或进入到行星的引力球，则需从行星圆周轨道转移到双曲线逃逸

轨道，逃逸速度为

$$v_{\text{esc}} = \sqrt{\frac{2\mu_p}{r}} \tag{3-14}$$

则双曲线运动速度为

$$v_h = \sqrt{v_{\text{inf}}^2 + v_{\text{esc}}^2} \tag{3-15}$$

估算得到的各太空节点间的速度增量和传动比见表 3-2。可以看出，直接货运运输到达火星、主带小行星、木星和水星的传动比很大，甚至无法到达。因此，通过在日地 L1/L2、日火 L1/L2、谷神星和日木 L1 点设置中继补给站，为太空运输接续提供推进剂，可显著降低传动比，提升货运能力和效率。例如，从日火 L2 点到日木 L1 点速度增量达 9 762 m/s，相应的传动比为 371，而如果在谷神星设置补给站，则传动比降至 6。

表 3-2　各太空节点间的速度增量和传动比

太空节点	速度增量/(m/s)	传动比
地表-LEO	9 500	—
LEO-EML1	3 990	3
LEO-LLO	3 096	2. 3
EML1-月表	2 390	1. 9
LEO-SEL2	3 275	2. 4
LEO-LMO	5 682	5. 3
SEL2-SML1	5 395	4. 8
火表-LMO	4 300	3. 3
SML2-MBA	6 034	6. 0
MBA-SJL1	4 298	3. 3
SML2-SJL1	9 762	371
SJL1-土星	3 785	2. 8
SEL1-金星	5 062	4. 2

若进一步利用拉格朗日平动点不变流形管道，则可通过非常低的速度增量实现各平动点间的货物运输。拉格朗日平动点附近飞行器的运动方程为[168]

$$\begin{cases}\delta x = C_1 e^{d_1 t} + C_2 e^{-d_1 t} + C_3 \cos(d_2 t) + C_4 \sin(d_2 t) \\ \delta y = a_1 C_1 e^{d_1 t} - a_1 C_2 e^{-d_1 t} - a_2 C_3 \sin(d_2 t) + a_2 C_4 \cos(d_2 t) \\ \delta z = C_5 \cos(d_3 t) + C_6 \sin(d_3 t)\end{cases} \tag{3-16}$$

式中，$C_i(i=1,2,\cdots,6)$ 为积分常数，各系数由下式计算

$$\begin{cases}a_1 = \dfrac{1}{2d_1}[d_1^2 - (1+2C_0)] \\ a_2 = \dfrac{1}{2d_2}[d_2^2 - (1+2C_0)] \\ d_1 = \left[\dfrac{1}{2}(9C_0^2 - 8C_0)^{1/2} - \left(1 - \dfrac{1}{2}C_0\right)\right]^{1/2} \\ d_2 = \left[\dfrac{1}{2}(9C_0^2 - 8C_0)^{1/2} + \left(1 - \dfrac{1}{2}C_0\right)\right]^{1/2} \\ C_0 = \dfrac{1-\mu}{r_1^3} + \dfrac{\mu}{r_2^3}\end{cases} \tag{3-17}$$

拉格朗日平动点附近存在着大量的周期轨道和拟周期轨道，以及类似管道的不变流形①。不同的轨道具有不同的特性，其中 Lyapunov 轨道和 Halo 轨道是周期轨道，Lissajous 轨道和拟 Halo 轨道是拟周期轨道。这些轨道通常是不稳定的，但航天器通过维持控制可以长期运行在这些轨道上，轨道维持控制的推进剂消耗量很小。平动点附近主要的轨道类型如图 3-6 所示。

航天器可以沿稳定流形进入 L 点轨道，沿不稳定流形离开。利用这些稳定、不稳定的不变流形以及不同流形之间的交叉拼接可以实现航天器的低成本星际航行。因此，拉格朗日点是十分独特的空间位置，有效利用其轨道特征，可大幅降低太空运输成本。

图 3-7 为初步计算分析得到的太空资源开发各站点之间的速度增量。可以看到，通过拉格朗日点进行轨道转移，可以大幅降低速度增量；通过补给站的中继，可以有效减少太空运输系统所需提供的速度增量。

① 不变流形是动力系统的一种轨迹集合，该集合的任意一个元素随着时间的正向和负向演化始终在此集合之内。在航天动力学中通常特指限制性三体问题共线平动点附近的特定轨道集合，包括稳定不变流形和不稳定不变流形。为形象起见，在三维空间的投影通常称为流形管。

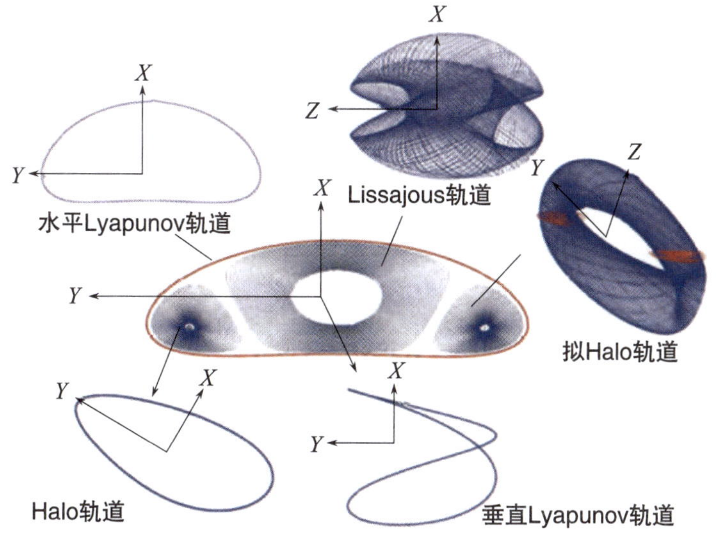

图 3-6　平动点附近主要的轨道类型①

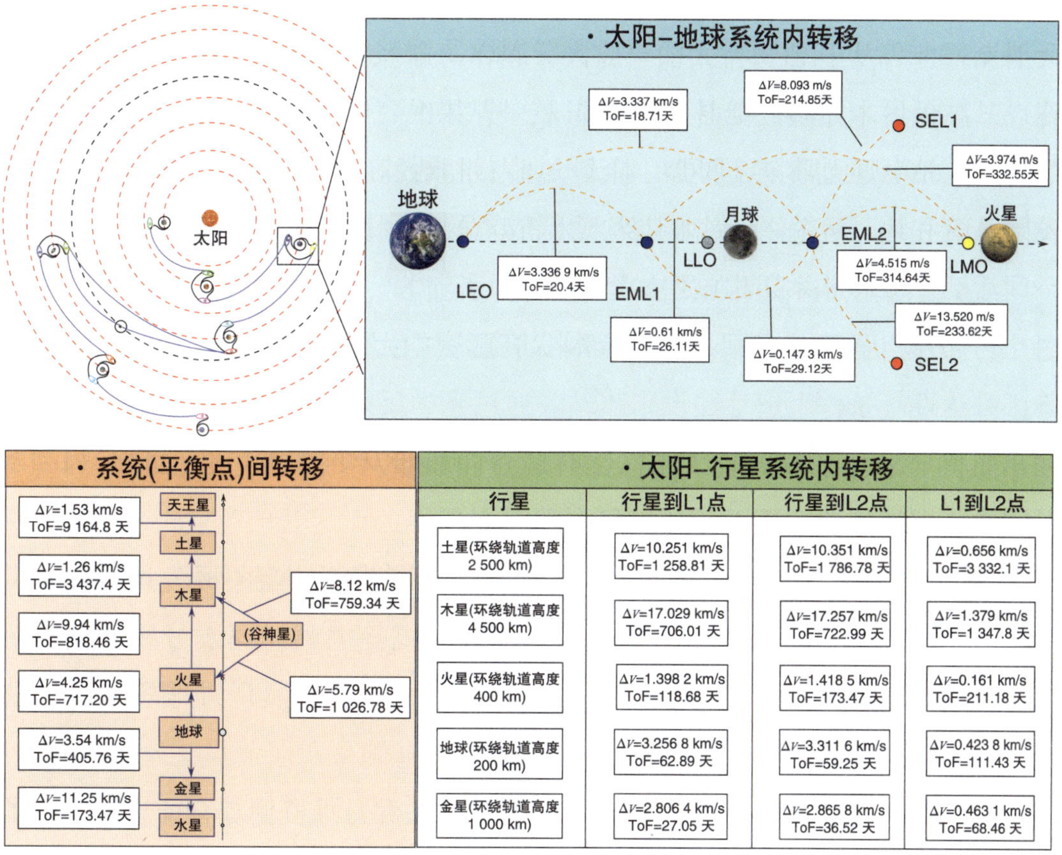

图 3-7　太空节点速度增量图

① REN Y，SHAN J. A novel algorithm for generating libration point orbits about the collinear points. Celest Mech Dyn Astr（2014），120：57-75.

3.2 月球资源开发体系构想

水冰资源开发和水基推进剂的太空生产是规模化太空活动的基础。当具备月球水冰开采能力，并在此基础上构建了水基推进剂的太空供应链后，不仅在载人登月任务和月球科研站的建设中能够发挥重要作用，而且将为地月空间的各类经济活动提供物资保障。

3.2.1 体系组成

月球资源开发体系以极区水冰资源开发为主线，形成规模化能力后，适时开展氦-3、稀土、核燃料元素等稀贵资源以及钛铁矿等生产资源的开发。重点建设月球极区采冰站、地月 L1（EML1）中继补给站，适时补充建设月球资源综合处理站。通过着陆上升器、资源运输器和地球进入器，可形成低成本月面发射系统和地月运输系统，能够构建低成本的地月供应链，支撑常态化的地月空间活动。整体体系架构设想如图 3-8 所示。

1）月球极区采冰站。综合考虑水冰资源赋存量、太阳光照条件和永久阴影区可达性等条件，选址建设采冰站。通过光学反射和移动能源等方式，解决太阳能和水冰赋存区分离的矛盾，实现永久阴影区水冰资源的规模化开采和永久阴影区坑缘高地的太阳能高效利用。

2）月球资源综合处理站。在氦-3、稀土等稀贵资源富集区建设月球资源开发站，通过太阳能热处理等方式，分步提取氦等太阳风挥发分物质，冶炼铁、钛等金属元素，并精炼稀土元素、核燃料元素等，实现月球资源的综合开发。

3）地月 L1 中继补给站。在月球极区采冰站和月球资源综合处理站获得的水资源和氦、稀土等稀贵资源，通过月面着陆上升器由月面向中继补给站运送，中继补给站把月球水资源制备成推进剂等物资，为地月空间各类活动和更深远的探索与开发任务提供物资补给。中继补给站安装通信中继设备，可为地月空间、近地小天体开发和火星开发等提供深空测控和数据传输服务。

4）地月运输系统。在可加注、可重复使用的氢氧上面级推进系统的基础上，研制月面着陆上升器和资源运输器。着陆上升器实现在月球表面之间以及月球表面和中继补给站之间往返运送开采的物资。资源运输器从中继补给站向地球轨道飞行器运送推进剂，提供补加服务，同时可将月球开发的氦、稀土等稀贵资源运回地球轨道。在返回舱和返回式飞船的基础上，研制低成本、可重用的地球进入器，把从地外天体开发的地球迫切需要的战略性关键矿产运送到地球表面。为实现低成本的核心目标并有效提高物资运送率，着陆上升器和资源运输器在月球极区采冰站、月球资源综合处理站和地月 L1 中继补给站均需加注原位制备的推进剂。

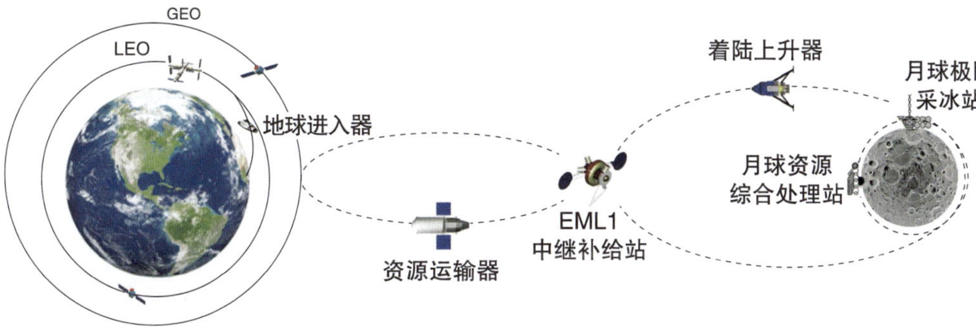

图 3-8　月球资源开发体系设想图

3.2.2　任务框架

初步构想部署 3 站 3 器，形成月球资源开发设施，包括地月 L1 中继补给站、月球极区采冰站、月球资源综合处理站、月面着陆上升器、资源运输器、地球进入器等（图 3-9）。通过分阶段实施多次任务，逐步建设月球资源开发体系。

第一阶段任务：从地球向地月 L1 点发射中继补给站。并通过携带的水资源，开展原位推进剂制备。

第二阶段任务：从地球向地月 L1 中继补给站发射极区采冰站和着陆上升器，通过在中继补给站补加推进剂后，由着陆上升器将极区采冰站设施运送到月球极区进行部署。

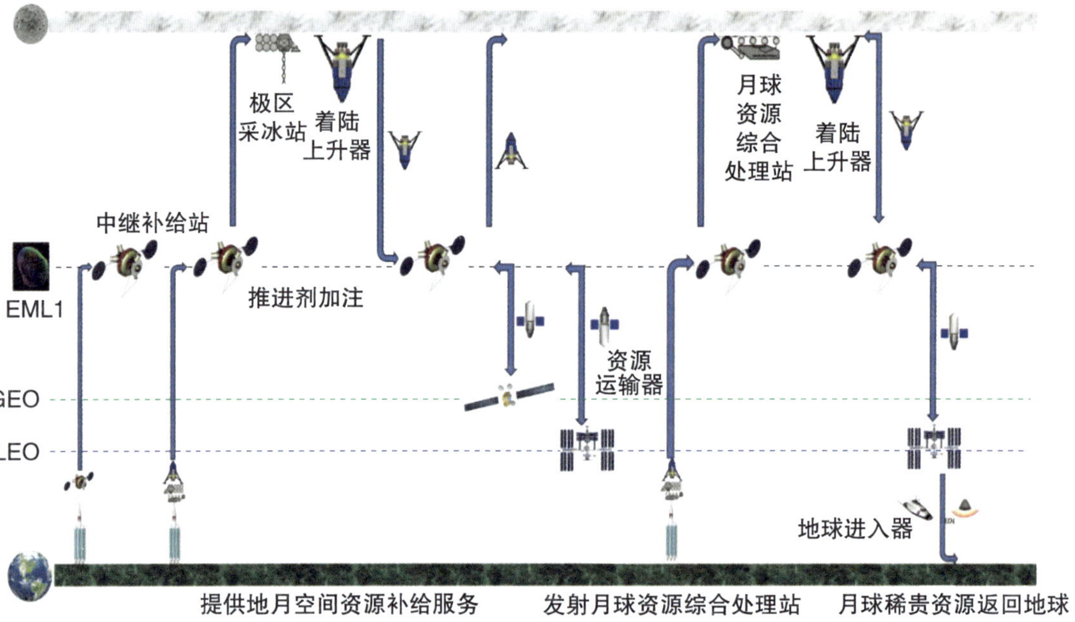

图 3-9　月球资源开发任务框架（3 站 3 器）

第三阶段任务：建成的月球资源开发设施为地月空间活动提供资源补给服务。月球极区采冰站的无人采冰车在月球永久阴影区进行水冰资源开采。开采的水冰一部分进行月面原位推进剂等消耗品制备，为着陆上升器加注推进剂，同时可为月面无人和载人活动提供水、氧、燃料等物资补给服务。着陆上升器将一部分开采的水资源发射运输到地月 L1 中继补给站。中继补给站利用水制备氧、燃料等物资，为近地轨道卫星、无人和载人月球探测器、深空探测器等提供水、氧、燃料等补给服务。

第四阶段任务：从地球向地月 L1 中继补给站发射月球资源综合处理站。进一步通过着陆上升器将月球资源综合处理站运送到月球矿区进行部署。

第五阶段任务：开发月球稀贵资源。月球资源综合处理站在月面对储量丰富的太阳风挥发分物质和矿产资源进行综合处理。一方面，月壤可直接 3D 打印进行月面建造，获得的铁、钛等金属元素可为开展月面制造提供物资；另一方面，提取的氦、稀土等稀贵资源通过着陆上升器、资源运输器和地球进入器运回地球，实现月球资源的地球利用。

3.3 近地小天体采矿体系构想

近地小天体由近地小行星和近地彗星组成。近地小行星几乎全都含有水，其中不少还有镍、铂、金等贵重金属，物质资源十分丰富。根据表 3-3 的估计[169]，直径 100 m 的碳质小行星拥有 5.4×10^7 吨的水资源，500 m 直径则达 6.8×10^{10} 吨的水资源；直径 100 m 的金属质小行星拥有 97 吨的铂族金属，500 m 直径则达 1.2×10^4 吨。许多近地小行星相对容易到达，且表面处于微重力水平，这非常有利于将提取到的资源转移到地月空间或近地轨道上，有效降低开发的成本，具有重要的开采潜力和商业价值。近地小天体开发不仅将获取地球可持续发展所需的稀贵金属等战略性关键矿产资源，也可为后续建立空间基础设施以及行星际航行提供大量基础材料，包括制备水基推进剂、开发防护材料、建造防辐射结构，甚至整个太空产业链所需要的各种材料，具有非常重要的开采价值。

表 3-3　典型小行星的资源

资源	小行星类型	含量	密度	资源质量百分比	小行星尺寸		
					10 m 级	100 m 级	500 m 级
水	碳质小行星	10%	1 300 kg/m^3	8%	54 000 L	54×10^6 L	68×10^9 L
金属	金属质小行星	5%	5 300 kg/m^3	88%	2×10^3 t	2×10^6 t	3×10^8 t
铂族金属	金属质小行星	5%	5 300 kg/m^3	35 ppm	97 kg	97 t	12×10^3 t

小天体采矿需要考虑所在天体的自然环境及矿物资源存在形式[170]。参考地面采矿流程和小天体微重力、高真空和深低温等特点，小天体采矿全流程如图 3-10 所示，可分为以下几个主要过程：1）勘：主要基于天文观测普查和探测飞行器原位勘探等手段，逐步实现小天体资源的精细化探测，为高效“采”提供重要基础数据和约束条件。2）采：针对小天体微重力特点，采取锚定等方法，进行挖掘、收集并输送星壤，实现在小天体表面规模化采矿。具体而言，根据小天体资源赋存特性及环境特征，进行表层疏松星壤挖掘、含冰

星壤钻取、岩石破碎，并通过机械或电磁等方法，实现星壤颗粒物规模化采集及高效输运。3）选：针对小天体高真空特点，基于原位能源利用思路，依靠太阳能资源，采用热提取方式，获得小行星含冰星壤内部的水分；进一步破磨、选矿和处理干热星壤；通过机械振动等方式，开展颗粒物粒径筛分；通过电、磁等手段，进行矿物成分分选，将星壤制备成合适的原料。4）冶：选矿获得的水和挥发分、金属矿物等进一步加工处理，精炼转化为地球可持续发展所需要的稀贵金属，以及深空可持续探索所需要的推进剂、设备制造维护和空间设施建造所需要的金属与非金属材料等。对于碳热还原、卤素还原等气基还原金属冶炼方法，因需提供大量还原气体，不适合太空应用。熔融氧化物电解（Molten Oxide Electrolysis，MOE）虽然成熟度低、反应温度高，但原则上只需太阳能提供能源和选矿后的星壤作为原料，不需要从地球供给其他资源，是适合进行太空冶炼的工艺方法。

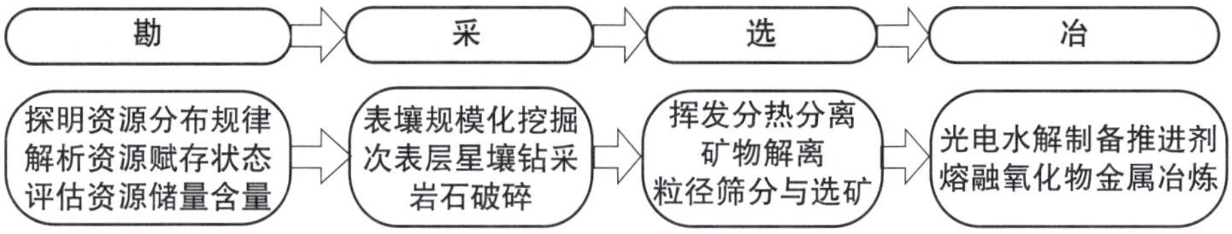

图 3-10　近地小天体采矿流程

3.3.1　体系组成

近地小天体采矿体系以稀贵金属等战略性关键矿产资源开发为目标，兼顾水冰资源开发利用，实现对高价值近地小天体的勘探、捕获、资源开采和分选，太空矿物冶炼、太空产品制造等功能。近地小天体采矿体系设想图如图 3-11 所示。重点建设近地小天体资源遥感普查系统、资源勘探器、采矿站、日地 L2 资源加工站及配套的太空资源运输系统[171]。

1）近地小天体资源遥感普查系统。通过已有地基天文望远镜和空间天文望远镜，以及补充建设的小天体资源普查器，通过光学和微波等手段，识别近地小天体的形状和尺寸、运动状态、理化特性等，评估开采价值。

2）近地小天体资源勘探器。针对遴选的高价值近地小天体，发射资源勘探器进行抵近甚至着陆探测，通过环绕探测绘制地形地貌图、勘查分析水冰和各种矿物的资源分布。通过着陆探测，对小行星表面物质进行原位采样分析，获取资源开发基础数据。在此基础上，确证可开采的目标小天体。

3）近地小天体采矿站（包括资源处理伴飞器和多个采矿机器人）。发射并到达目标小天体，通过伴飞的方式在小天体附近飞行，携带的采矿机器人着陆在小天体表面进行矿物开采，开采的矿物运输到资源处理伴飞器进行分选与初步加工，获得高价值原料。

4）日地 L2 资源加工站。在采矿站原位获得的高价值原料，通过资源运输器运送到日地 L2 资源加工站进行冶炼和深加工处理。既便于将开采、分选的小天体矿产就近加工处理，也同时将获取的近地小天体水冰资源制备推进剂等物资，为更深远的探索与开发提供物资补给。

5）近地小天体资源运输系统。在可加注、可重复使用的氢氧上面级推进系统的基础上，研制发射资源运输器，实现在采矿站和资源加工站之间往返运送矿物等物资。为实现低成本的目标并有效提高物资运送率，运输器在采矿站、资源补给站均需加注推进剂。

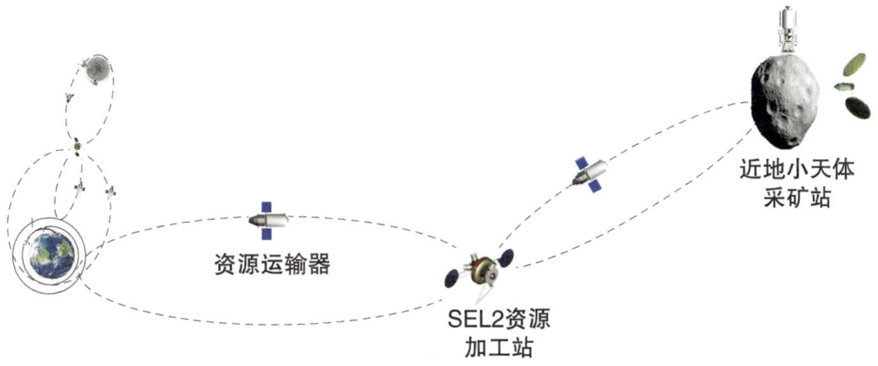

图 3-11　近地小天体采矿体系设想图

3.3.2　任务框架

初步构想部署 2 站 4 器，组成近地小天体资源开发设施，包括天地一体的近地小天体资源遥感普查系统（新建日地 L1 近地小天体资源普查器）、近地小天体资源勘探器、日地 L2 资源补给加工站、近地小天体采矿站、资源运输器、地球进入器等。通过分阶段实施多次任务，逐步建设近地小天体采矿体系，如图 3-12 所示[171]。

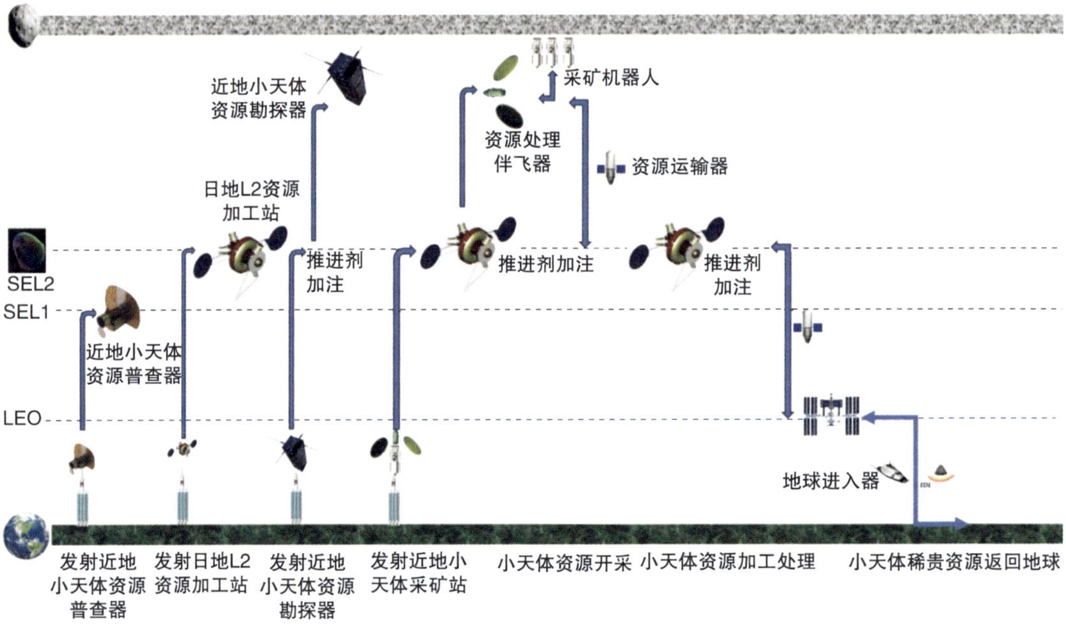

图 3-12　近地小天体采矿体系任务框架（2 站 4 器）

第一阶段任务：从地球向日地 L1 点补充发射近地小天体资源普查器，与地面小天体监测网络联合，实现对近地小天体资源特征的普查和开采目标小天体的初步遴选。

第二阶段任务：从地球向日地 L2 点发射资源加工站。并通过携带的水资源，开展原位推进剂制备，为后续任务提供补给服务。

第三阶段任务：从地球向日地 L2 资源加工站发射多个低成本、可重复使用的资源勘探器，通过补加推进剂，对遴选的目标小天体实施抵近探测和原位样品分析，确认小天体矿物成分和资源品位，确定可开采的目标小天体。

第四阶段任务：从地球向日地 L2 资源加工站发射小天体采矿站和资源运输器，进一步通过资源运输器将小天体采矿站运送到目标小天体。

第五阶段任务：小天体采矿站到达目标小天体，采矿机器人在小天体表面进行开采，并将开采的资源运送到资源处理伴飞器进行资源预处理。一方面提取水资源并原位制备推进剂，为资源运输器加注返程所需的推进剂；另一方面，对资源进行矿物分选。资源运输器多次往返于小天体采矿站和日地 L2 点的资源加工站，运送分选后的高价值矿物和水资源，进行矿物冶炼和推进剂制备等。

第六阶段任务：在资源加工站制取的稀贵矿物通过资源运输器运送到地球轨道，并通过地球进入器到达地球表面，实现近地小天体资源的地球利用。

3.4 火星资源开发体系构想

由于距离遥远，传统载人火星探测计划面临携带物资过多、发射成本过高等严重问题，限制了任务计划实施。原位资源利用技术能够降低火星探测任务的质量、造价和风险以及对地球物资和能源的补给依赖，是火星探测任务的使能技术。

火星大气中含有丰富的二氧化碳，浅表层具有丰富的水资源，原位资源利用技术是实现火星生存，支撑可承受、可持续的深空探索任务的重要技术手段。例如，在火星上利用原位资源生产 25 吨的氧，用于补充上升段的推进剂和生命维持物资，可为载人火星表面任务节省 200 吨从地球发射至 LEO 的质量。若进一步制备甲烷推进剂，将更大幅度地节省载人登陆火星的任务成本。

3.4.1　体系组成

火星资源开发体系的主要特点是以火星及其卫星的水冰和二氧化碳大气资源综合开发为目标，在火星及卫星表面原位制备水、氧、氢或碳氢燃料等物资，为可加注推进剂、可重复使用的火表着陆上升器提供补给，并将开发的火星资源运送到日火 L1 中继补给站。它重点建设火星资源开发站、火卫资源开发站、日火 L1 中继补给站和地火运输系统。火星资源开发体系设想如图 3-13 所示。

1）火星资源开发站。它利用火星丰富的水冰资源和二氧化碳大气资源，重点实现水冰规模化开采和大气二氧化碳转化利用，并生产甲烷-氧推进剂和氢氧推进剂。

2）火卫资源开发站。它重点开采火卫一/二表面丰富的水冰资源，并通过着陆上升器将水资源运送到日火 L1 中继补给站。

3）日火 L1 中继补给站。将运输至中继补给站的火星和火卫表面开采的水资源，通过太阳能进行规模化生产氢氧推进剂，建立低成本的地火供应链关键中继节点。

4）地火运输系统。基于可加注、可重复使用的甲烷-氧推进装置的火表着陆上升器，把在火星开采的水资源等运送到日火 L1 中继补给站并进一步制备为氢氧推进剂，可为途经日火 L1 的各类空间飞行器提供推进剂补加服务。通过基于可加注、可重复使用的氢-氧推进装置的资源运输器，可将在地外天体开采的稀贵矿物运回日地 L2 并进一步运回地球。

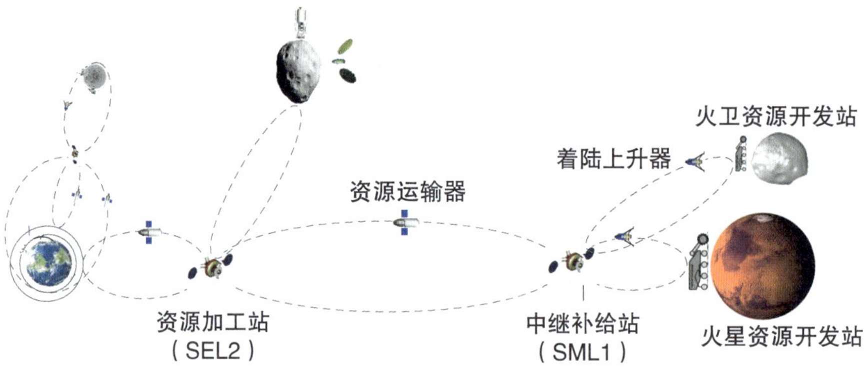

图 3-13　火星资源开发体系设想图

如图 3-14 所示，通过日火 L1 和日地 L2 之间的低能量轨道，可通过两脉冲转移，实现两个拉格朗日点的 LPO 轨道间转移，通过资源运输器在中继补给站点间实现火地联动，支撑常态化地火空间活动，并为主带小行星资源开发和更遥远的类木行星资源开发提供中继补给。

3.4.2　任务框架

初步构想部署 3 站 2 器，组成火星资源开发设施，包括火星资源开发站、火卫资源开发站、日火 L1 中继补给站，以及由火表着陆上升器、资源运输器

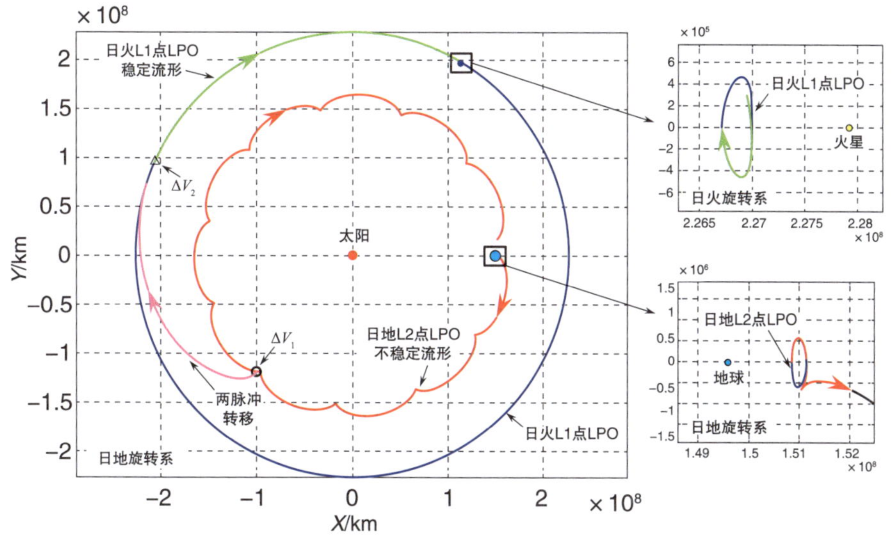

图 3-14　SEL2-SML1 太空运输通道

构成的地火运输系统等。通过分阶段实施多次任务，逐步建设火星资源开发体系，如图 3-15 所示。

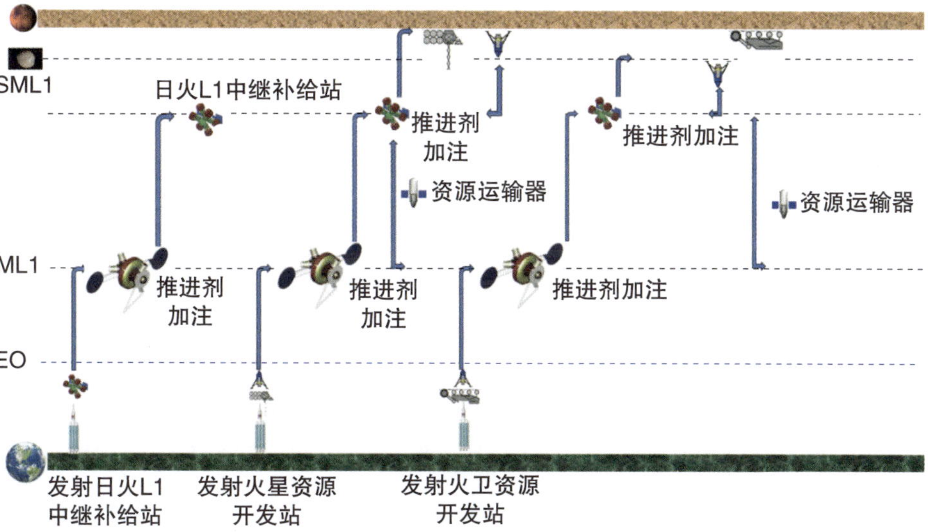

图 3-15　火星资源开发体系任务框架（3 站 2 器）

第一阶段任务：从地球发射日火 L1 中继补给站，经 EML1 中继补给站进行推进剂和水资源补给后飞向日火 L1。到达日火 L1 后，通过携带的水资源开展原位推进剂制备。

第二阶段任务：从地球发射火星资源开发站和火星着陆上升器，经 EML1、SML1 中继补给站先后进行推进剂补给后着陆火星表面进行部署。火星资源开发站在火星表面收集火星大气二氧化碳资源和表面水资源，在火星表面进行原位推进剂制备，为着陆上升器加注推进剂，同时可为火星无人和载人活动提供水、氧、燃料等物资补给服务。着陆上升器将一部分开采的水冰资源从火星表面上升运输到部署在 SML1 的中继补给站，并制备氧、燃料等物资，为其他空间飞行器提供水、氧、燃料等补给服务。

第三阶段任务：从地球发射火卫资源开发站和火卫着陆上升器，经 EML1、SML1 中继补给站先后进行推进剂补给后着陆火卫一/火卫二表面进行部署。火卫资源开发站在火卫表面开采水冰资源，一部分为着陆上升器制备推进剂，另一部分开采的水资源从火卫表面上升运输到部署在 SML1 的中继补给站，并制备氧、燃料等物资，为其他空间飞行器提供水、氧、燃料等补给服务。

3.5 主带小行星采矿体系构想

主带小行星分布在约 2.17~3.64 AU 之间，是太阳系的资源宝库。在火星资源开发的基础上，探索开发重点可进一步前移至主带小行星。

在主带内的小行星主要分成 3 类：碳质、硅质和金属质。在小行星带的外缘，靠近木星轨道的区域，以碳质小行星为主，占 75%以上。靠近内侧的部分，距离太阳约 2.5 AU，以硅质小行星较为常见。金属质小行星占总数的 10%，推测为星体的铁-镍内核残余，主要分布在半长径约 2.7 AU 的轨道上。在主带中还有一颗矮行星——谷神星（Ceres），距离太阳约 2.8 AU，直径约为 950 km，是小行星带最大的天体，富含大量水冰成分。

3.5.1 体系组成

主带小行星采矿体系优先开发分布在 2.7 AU 附近的金属质小行星，以铂族金属等稀贵金属战略性关键矿产资源开发为目标，兼顾水资源开发利用。轨道估算表明，谷神星到 2.7 AU 的金属质小行星的速度增量很小，约 320 m/s，全小行星带覆盖也仅需 2.2 km/s 的速度增量。因此，主带小行星采矿体系主要以谷神星为基地，制备补给推进剂，并发射小行星采矿站到目标小行星开采资源，体系设想如图 3-16 所示，它包括谷神星中继补给站、小行星采矿站、日火 L2 资源加工站和由多个运输器组成的主带小行星运输系统。

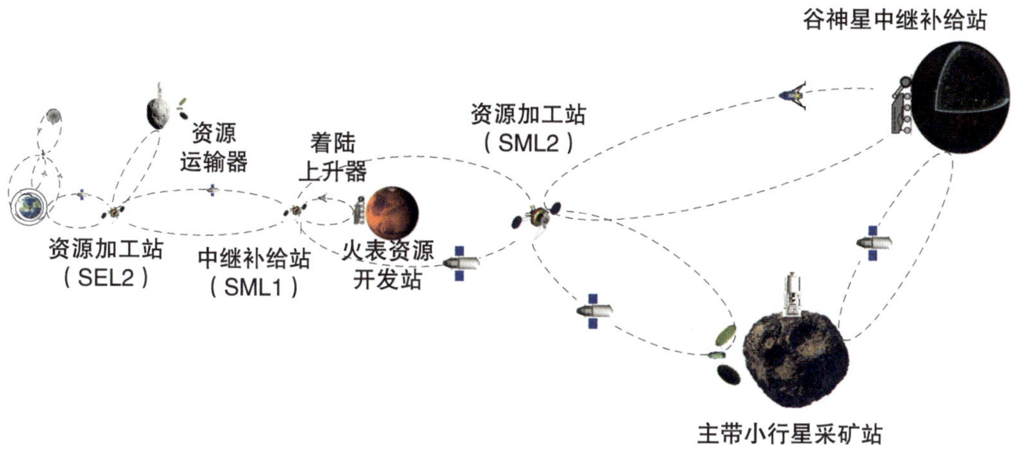

图 3-16　主带小行星采矿体系设想

1）谷神星中继补给站。环绕谷神星飞行，通过对日定向充分利用太阳能。利用附属的采冰机器人飞至谷神星表面，开采丰富的水冰资源和其他的探明资源，并运送到伴飞的中继补给站，将水冰资源制备成氢氧推进剂。它作为小行星带的基地，为小行星采矿站和资源运输器补给水与推进剂。小行星采矿站从谷神星中继补给站发射到附近的高价值小行星进行矿物开采，重点开采金属质小行星。

2）主带小行星采矿站。由于谷神星距小行星带各天体较近，特别是距金属质小行星带（2.7 AU）很近，到达小行星的速度增量小。因此，从谷神星基地出发，发射小行星采矿站，主要在小行星表面破碎挖掘矿石，并通过破碎、筛分等处理，对矿物进行粗加工，获得高价值原料。

3）日火 L2 资源加工站。因谷神星距太阳较远，为充分利用太阳能，可将高能耗的矿物冶炼设施部署在日火 L2 点。小行星采矿站粗加工获得的精矿通过资源运输器运送到日火 L2 资源加工站。通过太阳能冶炼设备，提取铁镍等金属并精炼铂族金属等稀贵资源。获得的稀贵资源通过太空运输网络运回地球，铁镍等金属通过原位制造的方式进一步支撑资源开发设施的建设。同样地，该站也具备将水制备为氢氧推进剂的能力，并为飞行器提供物质和信息中继服务。

4）主带小行星运输系统。与前面介绍的各资源开发体系类似，仍继承基于可加注、可重复使用的氢-氧推进装置的资源运输器。资源运输器往返于谷神星中继补给站和小行星采矿站之间，为小行星采矿站补给水与推进剂资源。另一部分资源运输器往返于日火 L2 资源加工站和小行星采矿站之间，将主带小行星开采的高价值原料运至日火 L2 资源加工站，进一步制备、精炼。最后，将精炼获得的稀贵资源运送回地球。

日火 L2 和谷神星轨道之间通过两脉冲转移的轨道如图 3-17 所示。资源运输器在两个站点间实现联动，支撑规模化小行星带采矿活动。由于谷神星的质量较小，因此未考虑太阳-谷神星系统的稳定流形，采用日火不稳定流形与谷神星轨道间的两脉冲轨道实现转移。

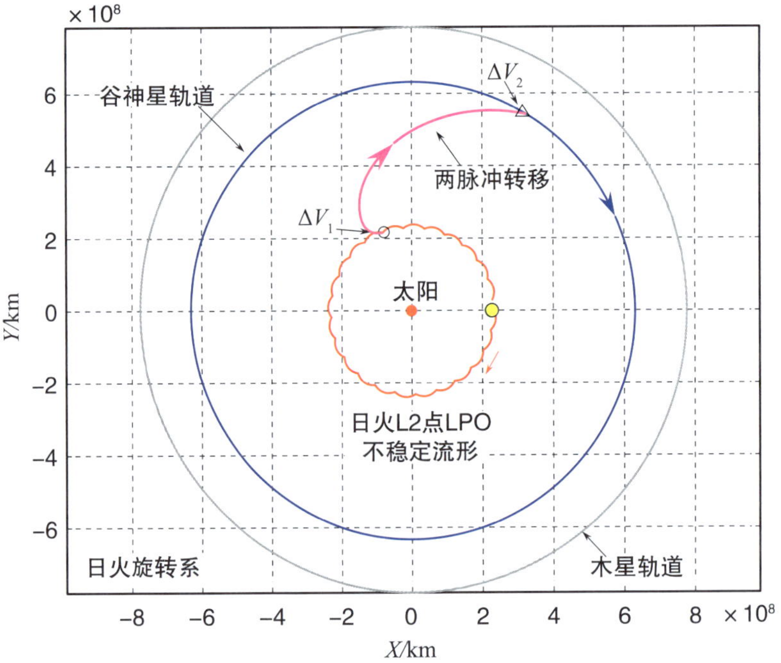

图 3-17　日火 L2 至主带谷神星的太空运输通道

3.5.2　任务框架

初步构想部署 3 站 1 器，组成主带小行星采矿设施体系，包括谷神星中继补给站、小行星采矿站、日火 L2 资源加工站和由多个运输器组成的主带小行星运输系统。通过分阶段实施多次任务，逐步建设主带小行星采矿体系，如图 3-18 所示。

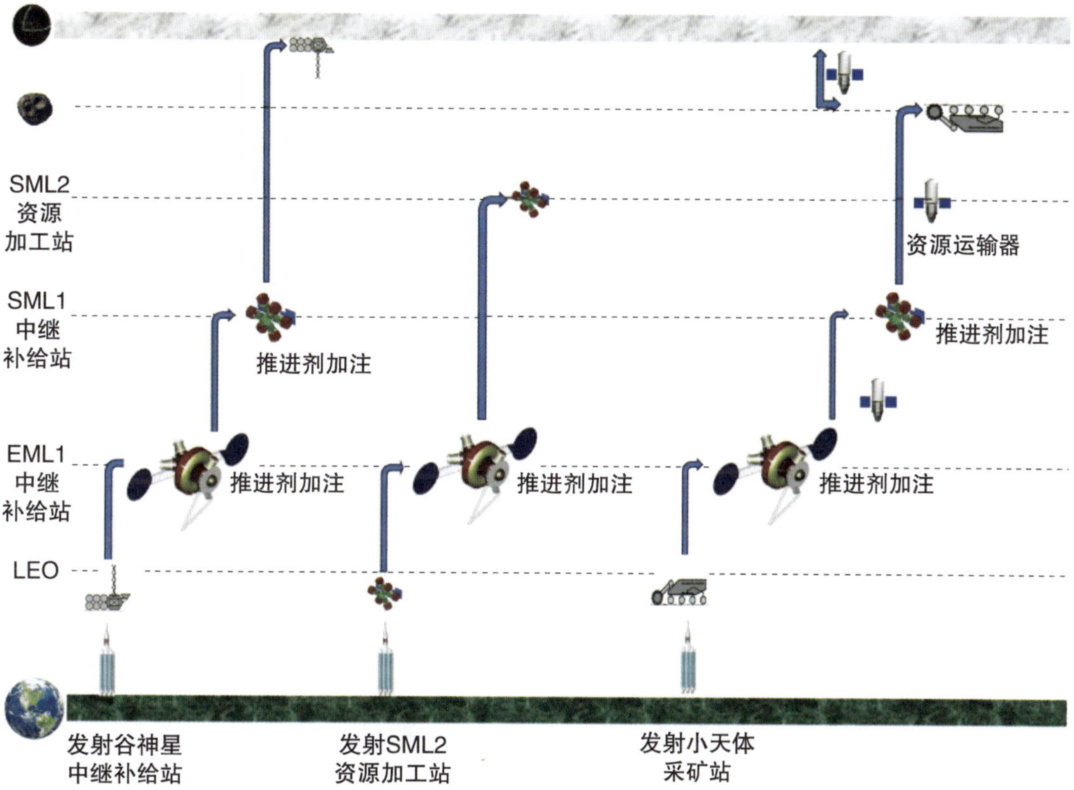

图 3-18　主带小行星采矿体系任务框架（3 站 1 器）

第一阶段任务：从地球向谷神星发射中继补给站，经 EML1、SML1 中继补给站进行推进剂和水资源补给后飞向谷神星。到达谷神星后，开采水冰资源并原位制备推进剂。

第二阶段任务：从地球向 SML2 点发射资源加工站。经 EML1 中继补给站进行推进剂和水资源补给后飞向 SML2。并通过携带的水资源，开展原位推进剂制备。

第三阶段任务：从地球向主带小行星发射小天体采矿站（包括资源处理伴飞器和多个采矿机器人），经 EML1、SML1 中继补给站进行推进剂和水资源补给后飞向目标主带小行星，着陆后开展资源开采和分选，分选后的高价值矿物和水资源通过资源运输器运送到 SML2 点资源加工站进一步处理和冶炼。

3.6 内行星资源开发体系构想

从日地 L1 点到金星的速度增量较小，典型值为 3.54 km/s，且金星存在较为稠密的大气层，可采用气动减速和大气俘获等方法进入金星大气。但是，到达水星的速度增量高（金星轨道到水星轨道典型值约 11.25 km/s），大气层稀薄（平均压力约为 10~15 Pa），难以实施大气制动，需要借力地球、金星，利用“引力弹弓”效应进行缓慢减速和轨道修正[172]。虽然地球与水星的距离并不遥远，但飞行路线曲折、飞行时间漫长。考虑上述轨道特性要求，可在日地 L1 点建立轨道补给站，利用拉格朗日点特殊轨道优势，降低地球发射窗口和轨道选择限制；发展内行星运输系统，依托地月 L1 中继补给站供给初始燃料，日地 L1 中继补给站提供推进剂等物资供给，支撑金星、水星低成本、快速、高效到达能力，开展金星大气资源开发、水星氦-3 等稀有资源开发。内行星资源开发体系重点建设日地 L1 中继补给站、金星资源开发系统、水星资源开发系统和内行星运输系统。

内行星资源开发体系设想图如图 3-19 所示。

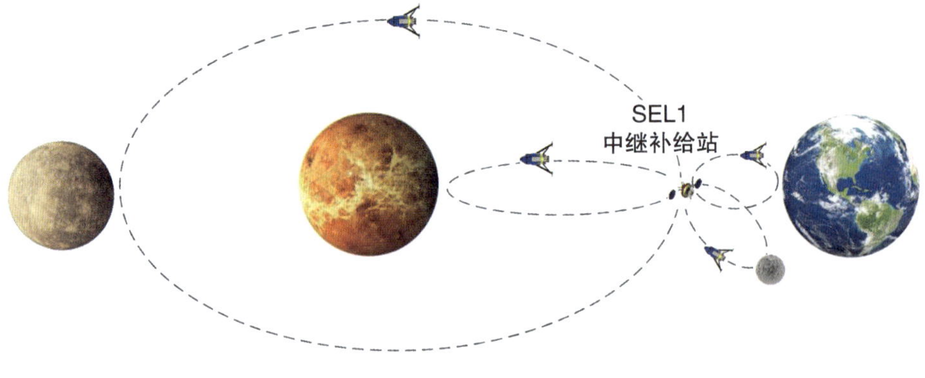

图 3-19　内行星资源开发体系设想图

3.6.1　金星资源开发系统

通过两脉冲转移的方式，可以在日地 L1 资源加工站和日金 L2 之间进行资源运输，初步轨道分析如图 3–20 所示。

1）日地不稳定流形特征：利用日–地三体系统的 L1 点周期轨道的不稳定特征方向施加扰动生成的轨道，将在无需速度增量的情况下逐渐远离地球，根据轨道优化到达较优的转移位置和时刻后可以和两脉冲转移轨道相连，实现与日金 L2 点稳定流形的转移。

2）日金稳定流形特征：利用日–金三体系统的 L1 点周期轨道的稳定特征方向施加扰动生成的轨道，位于稳定流形上的探测器将无需速度增量自然靠近并进入日金周期轨道。利用两脉冲转移轨道，可以选择进入稳定流形的最优时刻和最优点，从而实现地球–金星的低能量转移。

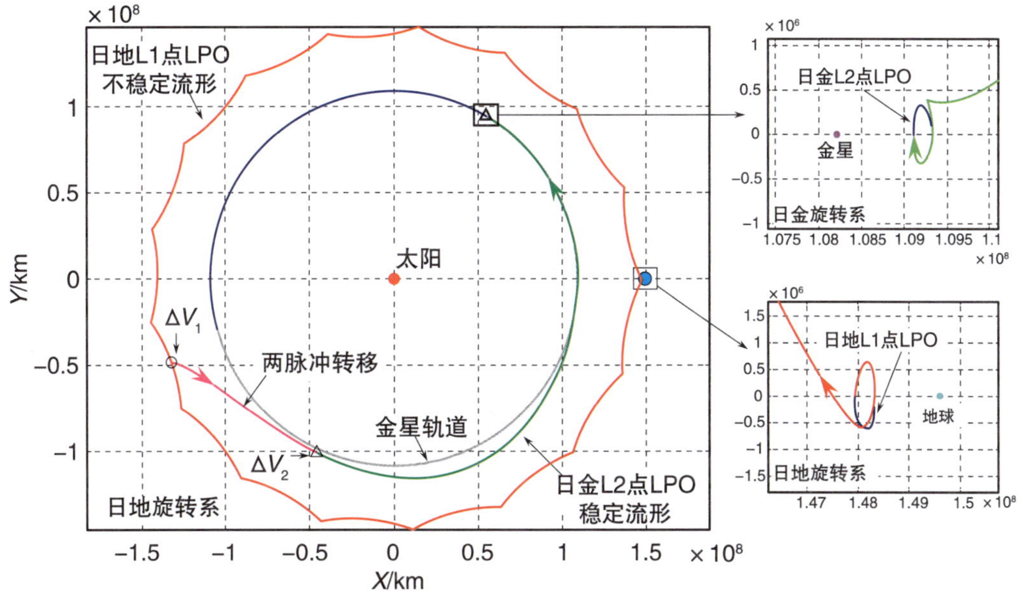

图 3–20　地球–金星运输通道

金星具有稠密大气层，星表温度很高。为探索开发金星大气系统，作者团队设计了新型的大气温度梯度驱动的金星浮空器[173]，为金星大气层的资源采集提供飞行平台。金星浮空器在星球大气系统的垂直温度梯度和重力场综合作用下，利用内部工质的汽液相变产生的浮力变化形成自持的垂直振荡运动，并从大气层低处吸取热量，在大气层高处排出热量，形成等效的热力循环作用，从而实现大气能量的利用，同时在大气层的运动过程中收集金星大气资源。

图 3-21 给出了热机浮空器的典型系统设计，它主要包括气球、热机和吊舱。气球内部充注某种流体工质，在低于平衡高度（大气温度压力曲线与流体饱和线的交点）时蒸发变为气态，在高于平衡高度时冷凝变为液态。热机安装在气球下部，用于将大气能转换为电能。任务载荷和电池等设备安装在位于热机下部的吊舱中。

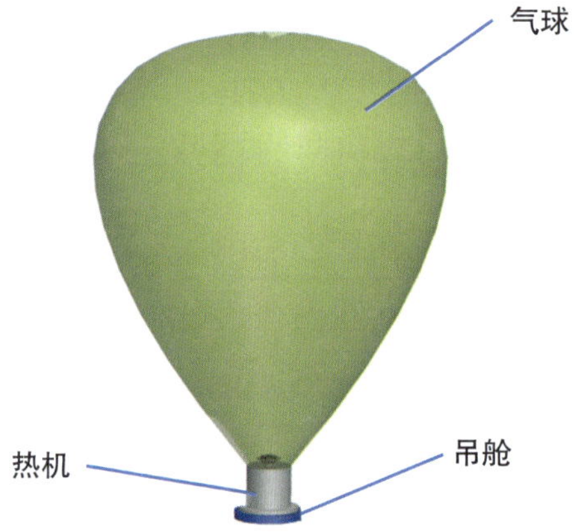

图 3-21 金星热机浮空器的系统概念

图 3-22 描述了热机浮空器的基本原理。大气温度压力曲线与流体饱和线的交点为平衡点（0 点），其高度为平衡高度（H_0），此处热机中的工质与大气环境处于热力平衡状态

$$T_{f_0} = T_{a_0}\,,\ p_{f_0} = p_s(T_{a_0}) = p_{a_0} \tag{3-18}$$

式中，T_f 为流体温度，T_a 为金星大气温度，p_f 为流体压力，p_a 为金星大气压力，p_s 为流体的饱和压力。

当热机浮空器下降到平衡高度以下，工质处于蒸发状态。大气温度高于工质的相变温度（当地大气压下），此时大气充当热机的热源。液化的流体在热交换器中通过大气环境的加热逐渐蒸发汽化，产生的气体由气体导管导入到贮箱上部腔体。对于低于 H_0 的某个高度 H_1，若贮箱中的工质与外部大气热平

衡，则工质压力高于外部大气（图 3-22 中点 f_1）

$$T_{f_1} = T_{a_1}, \quad p_{f_1} = p_s(T_{a_1}) > p_{a_1} \tag{3-19}$$

因为工质的饱和压力高于气球内部的气体压力（与大气压力基本平衡），气体在压差的驱动下流过透平机并把热能转换为动能，最终通过发电机把能量转换为电能形式。实际上，考虑到热阻和有限的传热时间和表面积，内部工质和外部大气之间存在温差，实际蒸发温度 $T_{f_{1'}} < T_{f_1}$，相应的饱和压力 $p_{f_{1'}} < p_{f_1}$（图 3-22 中点 $f_{1'}$）。透平机排出的气体进入气球，当气球中的气体量增加到一定程度后，热机浮空器的净浮力变为正值并逐渐减速下降。当下降到某一高度时，浮空器停止下降并开始上升。

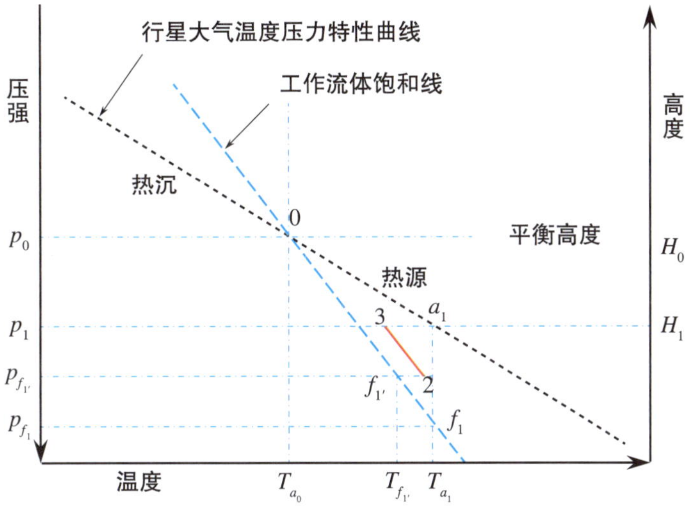

图 3-22　热机浮空器的基本原理

当浮空器上升超过平衡高度后，其处于冷凝模式。大气温度低于工质在大气压下的相变温度，气球中的气体逐渐在气球内表面凝结成液体。凝结的液体在重力场作用下下降到气球底部，并通过入口阀流入热机的集液环，最终在贮箱中存储。随着气球中的气体量减少，浮空器的净浮力变为负值并逐渐减速上升。当上升到某一高度时，浮空器停止上升并开始下降。图 3-23 所示为热机浮空器的工作过程。

因此，热机浮空器在自持的高度振荡过程中，从低空高温大气吸收热量，向高空低温大气排散热量。在这个等效的热力循环过程中，高空大气充当了低

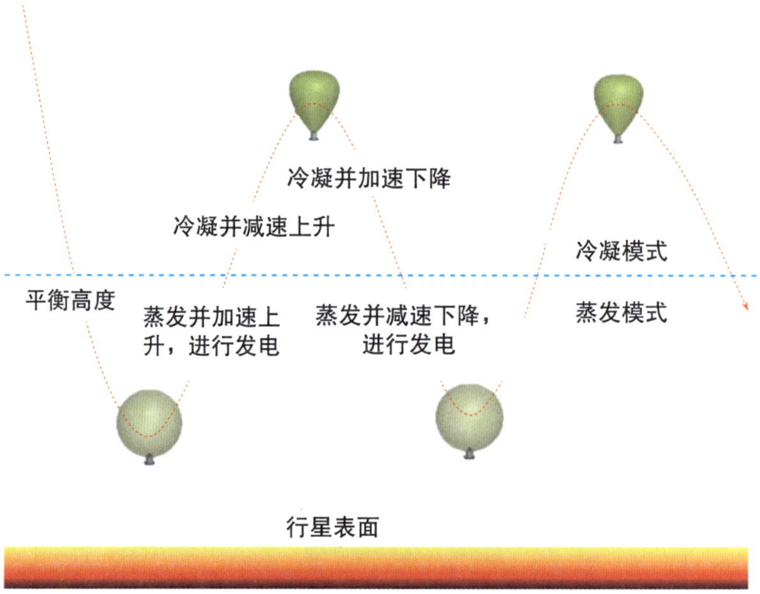

图 3-23　热机浮空器的工作过程

温无限热沉的作用，低空大气充当了高温无限热源的作用。行星大气可视为一个巨大的能量库，提出的新型热机浮空器可通过热力发电，为电子设备提供长期连续的电能，有效提升金星大气的探测开发能力。

3.6.2　水星资源开发系统

通过两脉冲转移的方式，可以在日金 L1 点和日水 L2 点之间进行资源运输，初步轨道分析如图 3-24 所示。

1）日金不稳定流形特征：利用日-金三体系统的 L1 点周期轨道的不稳定特征方向施加扰动生成的轨道，将在无需速度增量的情况下逐渐远离金星，根据轨道优化到达较优的转移位置和时刻后可以和两脉冲转移轨道相连，实现与日水 L2 点稳定流形的转移。

2）日水稳定流形特征：利用日-水三体系统的 L2 点周期轨道的稳定特征方向施加扰动生成的轨道，将在无需速度增量的情况下沿时间逆向积分逐渐远离水星。即位于稳定流形上的探测器将无需速度增量自然靠近并进入日水周期轨道。利用两脉冲转移轨道，可以选择进入稳定流形的最优时刻和最优点，从而实现金星-水星的低能量转移。

与传统直接转移相比，利用不稳定流形-稳定流形的转移可以突破相位约束，无须匹配金星和水星在转移中的相位关系，更容易发现转移机会，同时借助三体的动力学特性，也降低了转移速度增量，但利用流形转移所需的时间较长。

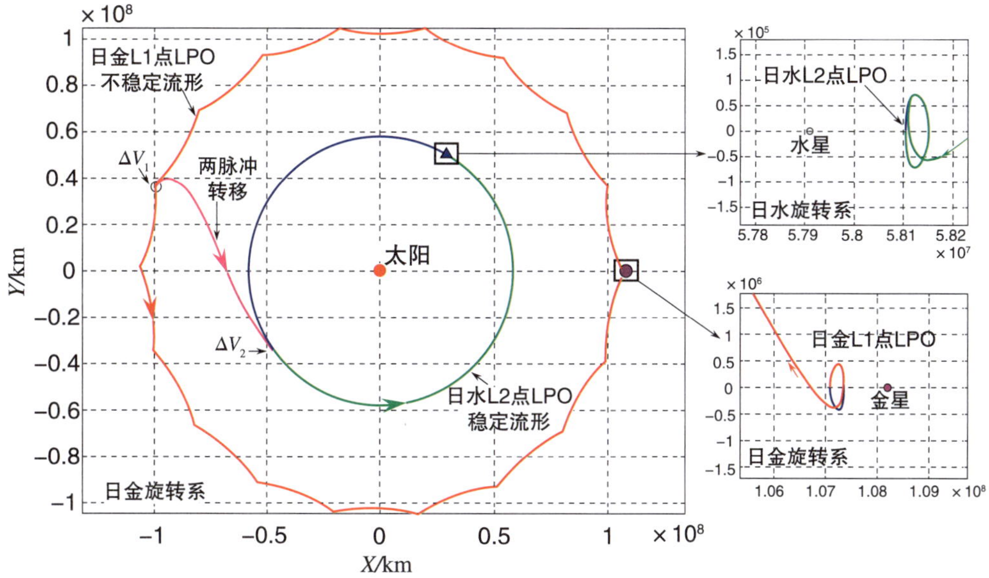

图 3-24　金星-水星运输通道

与金星、地球和火星一样，水星主要由硅酸盐岩石或金属构成。由于水星距离太阳太近，运行速度太快，对水星的探测研究在行星中相对较少。水星表面的主元素组成与地球和月球明显不同。与月球类似，水星南北极存在永久阴影区，发现了大量水冰。在温度较低的区域，水冰直接暴露于星表；而在一些温度稍高的区域，水冰表面上覆盖着一层尚未确定成分的深色物质。由于水星距离太阳最近，因此，它所接受的太阳风通量最大，可能捕获富集更多的稀有气体，包括氦-3 等核聚变资源。

类似于月球，水星部署极区采冰站，在永久阴影区坑缘部署资源补给站，在坑内部署采冰车，进行水星极区资源开发。

3.7 类木行星资源开发体系构想

类木行星主要是指以木星、土星为代表的气态类木行星和以天王星和海王星为代表的冰巨星。此类行星距离太阳较远，太阳辐射强度很低。类木行星大气具有丰富的氦、氘等稀有气体资源和氦-3 等核聚变资源，具有重要的开采价值[174]，其大气中的氦含量如表 3-4 所示。

表 3-4　天王星和海王星大气中的氦含量

成分	天王星	海王星
氦-3 在氦-4 中的含量	1.0×10^{-4}	1.0×10^{-4}
大气中的氦-4 含量	0.152	0.19
大气中的氦-3 含量	1.52×10^{-5}	1.9×10^{-5}

类木行星资源开发体系以类木行星大气中稀有气体资源及其卫星中海洋资源开发为目标，重点建设日木 L1 中继补给站，木星及其卫星、土星及其卫星、天王星及其卫星、海王星及其卫星的探索与开发系统。通过木卫二、土卫六等卫星的水和甲烷等资源开发，将依托日木 L1 资源中继补给站进行推进剂制备，进一步通过推进剂补给，采用吸气推进的进入飞行器等方式在类木行星大气中飞行并收集稀有气体成分。通过日木 L1 和日火 L2 站间的资源运输通道，实现类木行星资源的低成本运输。其体系设想如图 3-25 所示。

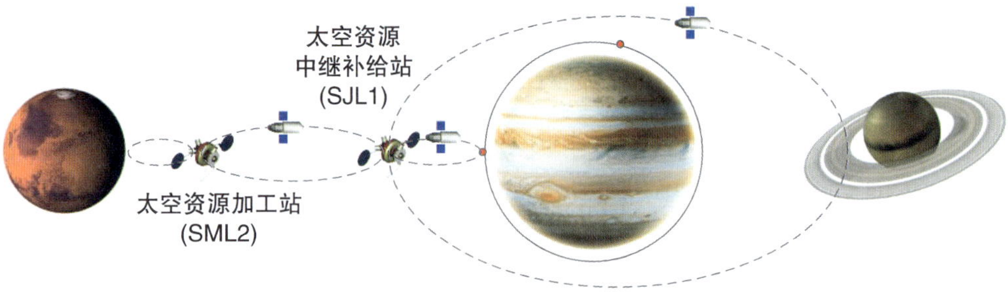

图 3-25　类木行星探索开发体系设想图

3.7.1　类木行星大气开发系统

通过两脉冲转移的方式，可以在日木 L1 中继补给站和日火 L2 资源加工站之间进行资源运输，初步轨道分析如图 3-26 所示。

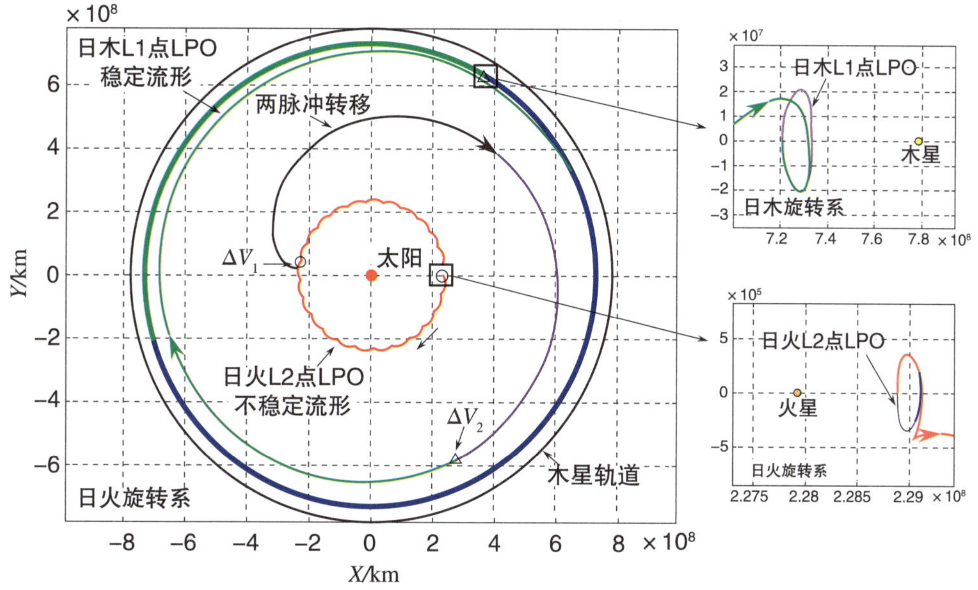

图 3-26　SML2-SJL1 太空运输通道

由于类木行星是气态行星，只有接近固态内核处才有高压液态海洋。大气成分主要为氢、氦等轻质元素，大气风力很强。因此，木星探索开发难以采用着陆器形式，需采用大气飞行探测模式。由于这些行星距离太阳遥远，太阳能量密度低，通过电动力驱动飞行的模式消耗大，难以实现。另一方面，由于类木行星大气为轻质元素，难以选用轻质气体产生浮力，采用热浮力的方式能量消耗大。因此，为实现大气中的稀有气体采集，需通过创新方案来实现。

类木行星的大气主要为氢、氦等成分，这里提出类木行星吸气推进和稀有气体捕获一体化系统的方案，来实现氢燃料的原位液化和稀有气体的原位捕获。其飞行模式和概念系统如图 3-27 所示，它主要携带在日木 L1 资源中继补给站制备的液氧燃料，采用大椭圆轨道运行，近行星点轨道进入大气层，利用轨道动量高速飞行过程中将大气冲压吸入，通过冲压吸气的方式将行星大气的氢通过液氧系统进行冷却并节流液化。通过气液分离实现液氢和其他未液化的稀有气体分开收集并进行储存。液氢液氧燃烧产生持续推力。待推进剂消耗一定程度后，通过发动机机动返回补给站补充推进剂，执行下一次任务。

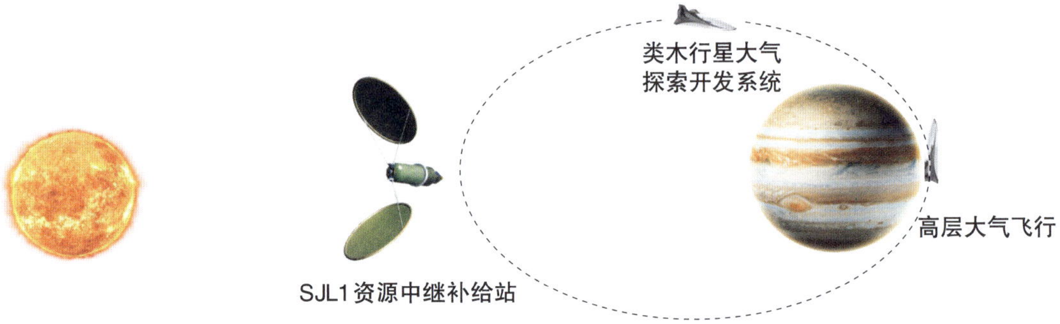

图 3-27　类木行星大气探索开发系统

类木行星大气吸气推进与稀有气体捕获一体化系统的概念方案如图 3-28 所示。它由冲压压缩系统将高速进入的大气的动压转化为静压，获得高压气体。高压气体流过热交换器，与液氧贮罐泵出的低温液氧进行热交换冷却。冷却后的高压气体经节流膨胀后，氢气液化为液氢，经气液分离后，获得液氢和氦等稀有气体。液氧在热交换器中被高压气体加热气化，热交换器出口的氧气和液氢贮罐气化的氢分别进入氢氧发动机燃烧，产生推力，为类木行星飞行器提供飞行动力。

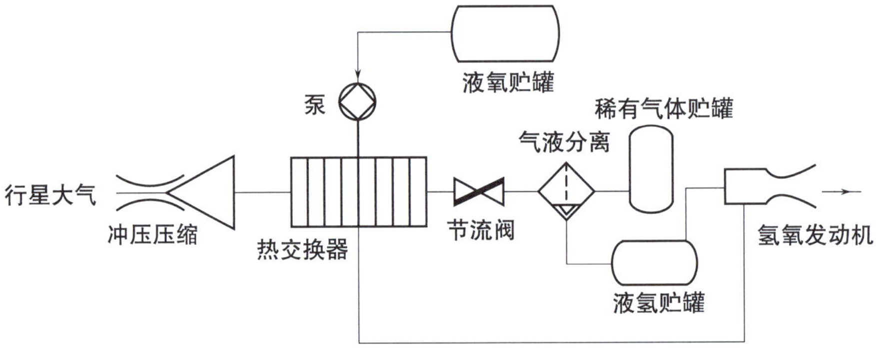

图 3-28　类木行星吸气推进与稀有气体捕获一体化飞行器概念方案

一次大气进入捕获的总气体量可估算为

$$\dot{m}_a = \rho V_e A = PV_e A/(RT) \qquad (3-20)$$

式中，ρ 为大气密度；V_e 为飞行器进入类木行星大气后的飞行速度；A 为迎风截面；P 为行星大气压力；T 为行星大气温度；R 为气体常数。假设大气进入速度为 10 km/s，大气压力为 1.0×10^4 Pa，大气温度为 60 K，在大气中平均飞行距离为 500 km，迎风截面 1 m^2，则可捕获 17.8 吨的氢，4 吨的氦-4 和约 300 kg 的氦-3。根据迎风阻力分析，可估计捕获的氢和氧燃烧后产生的推力和阻力的关系，来评估分析可椭圆飞行进入大气层采集资源的次数。

3.7.2　冰卫星资源开发系统

类木行星拥有大量的卫星，主要类型为冰卫星，少数为岩石卫星（图 3-29）。典型的冰卫星为木卫二，其表面主要是水冰，厚度在 80～100 km 之间。1989 年发射的伽利略探测器探测证据表明，木卫二的冰层下面可能存在由液态水形成的海洋层（图 3-30）。这些丰富的水资源可以开发利用，并通过拉格朗日点轨道补给站制备成推进剂，为类木行星探索开发和更深远的探索提供能源动力基础。

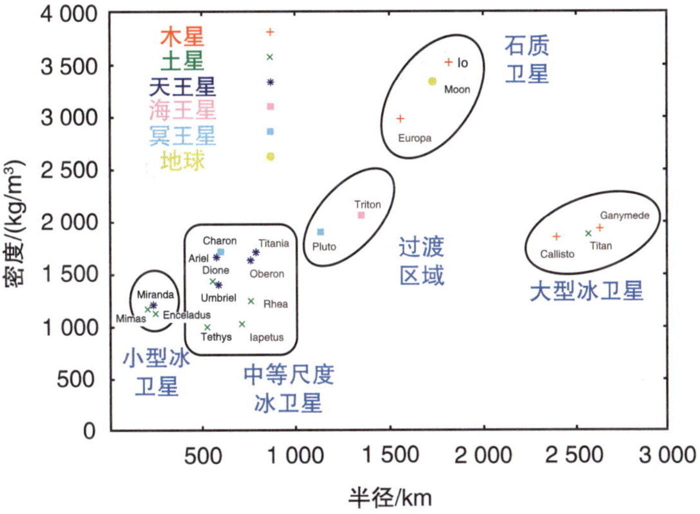

图 3-29　类木行星的卫星类型、直径和密度（引自 NASA 网站）

冰卫星在全球浅表层拥有丰富的水冰资源和冰层，深处还有液态海洋。拟继承小天体采矿站类似方案，即通过多台在冰卫星表面的采冰机器人和 SJL1 中继补给站联合。采冰机器人采用标准化、模块化设计，通过可在补给站加注的氢氧能源推进一体化系统，在冰卫星表面着陆、附着和移动作业，在不同位

图 3-30　典型冰卫星（木卫二）结构（引自 NASA 网站）

置开采水冰，并将开采的水冰资源运送到部署在 SJL1 点的中继补给站。SJL1 中继补给站长期对日定向，充分利用太阳能，将水分解为氢氧燃料，为采冰机器人的能源推进一体化系统在轨补充推进剂。

冰卫星资源开发系统如图 3-31 所示。

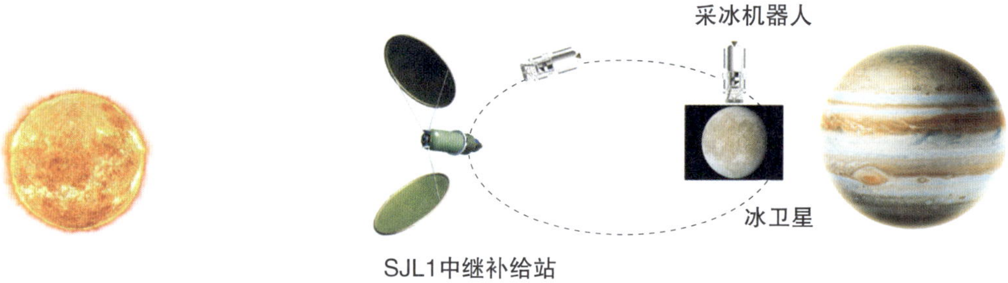

图 3-31　冰卫星资源开发系统

3.8 小结

本章提出并系统阐述了全太阳系太空资源开发体系的构建思路、体系组成和概念方案，为全太阳系资源开发提供重要基础。主要结论如下：

1）以月球、小天体、火星等地外水冰资源开发利用为基础，利用两大天体的拉格朗日点独特空间位置建立太空资源补给站，通过交会对接、在轨加注和通信中继传输等方式实现太空运输系统的物资和信息中继，可大幅提升总速度增量及深空测控和数据传输的能力。通过积木式、递进式的方式，支撑由近至远、分步建设太空资源开发体系的设想，有效降低体系建设成本。

2）通过无人化、通用化、模块化、批量化的方式，开展地外天体采矿站、太空资源加工站、太空中继补给站、太空资源运输系统等重要基础设施建设，将支撑低成本、可营利的太空资源开发活动，激活并推动太空经济的快速发展。

3）月球资源开发体系以极区水冰资源开发为主线，形成规模化能力后，适时开展氦-3、稀土、核燃料元素等稀贵资源以及钛铁矿等生产资源的综合开发。部署 EML1 中继补给站、极区采冰站、月面资源开发站、月面着陆上升器、资源运输器、地球进入器等 3 站 3 器，逐步建设月球资源开发体系，形成月球资源开发设施，构建低成本的地月供应链系统，支撑常态化地月空间活动。

4）近地小天体采矿体系以稀贵金属等战略性关键矿产资源开发为目标，兼顾水冰资源开发利用，重点建设天地一体的近地小天体资源遥感普查系统、近地小天体资源勘探器、日地 L2 资源加工站、近地小天体采矿站、资源运输器、地球进入器等 2 站 4 器，组成近地小天体资源开发设施。

5）火星资源开发体系以火星及其卫星的水冰和二氧化碳大气资源综合开发为目标，部署火星资源开发站、火卫资源开发站、日火 L1 中继补给站，以及由火表着陆上升器、资源运输器构成的地火运输系统等 3 站 2 器，实现在火星及卫星表面原位制备水、氧、氢或碳氢燃料等物资，为可加注推进剂、可重复使用的火表着陆上升器提供补给。

6）主带小行星采矿体系以铂族金属等稀贵金属战略性关键矿产资源开发为目标，兼顾水资源开发利用。部署谷神星中继补给站、小行星采矿站、日火 L2 资源加工站和由多个运输器组成的主带小行星运输系统，以谷神星为基地，制备补给推进剂，并发射小行星采矿站到目标小行星开采资源。

第 4 章

近地天体资源开发体系方案设想

月球和近地小天体是距离地球最近的天体，蕴藏着丰富的自然资源。当具备了近地天体水冰开采的工程能力，并在此基础上构建了地月空间的水基推进剂的供应链后，将有望激活整个地月空间的经济活动，建立初步规模化太空资源开发的技术体系乃至工业基础。本章提出并系统阐述了关于月球资源开发体系和近地小天体采矿体系方案的构建思路、系统构成、方案框架等方面的具体思考与设想，并进行了初步的效益评估。

4.1 月球资源开发体系方案设想

4.1.1 概述

近年来，多方面的月球探测研究表明月球赋存大量的水冰。美国 LCROSS 任务直接确认月球水的存在，印度月船 1 号也揭示了月表存在暴露的水冰。研究发现，南极的 Shackleton、Sverdrup、Haworth、Shoemaker 和 Faustini 等月球坑可能有储量丰富的水冰。而且，月球南极局部地区的太阳照射可持续 200 个月球日，热环境和光照条件相对较好，是建立极区采冰站的理想地点。除水冰资源之外，由于太阳风数十亿年的长期作用，表层月壤中积累了总量达百万吨的氦-3，以及储量丰富的氦-4、氢、碳、氮等太阳风挥发分物质，具有重要的开采价值。

月球开采的水冰等资源通过月基发射进入月球轨道和地月空间，运送到地月中继补给站。地月中继补给站进一步通过光电催化分解、液化为氢氧燃料，并为空间飞行器和未来的地月空间站提供氧、燃料和水的补给服务。地月中继补给站发挥地月空间和深远太空的“驿站”功能，实现水、氧气和推进剂等重要物质资源的太空补给，逐步降低、摆脱地球资源的依赖性。

在地月空间可选的中继补给站轨道位置包括：1）约 100 km 高度的低月球轨道（LLO）；2）顺行圆轨道（PCO）和冻结轨道；3）椭圆轨道（ELO）；4）地月平动点周期和拟周期轨道等。地月空间的关键空间位置（轨道）及转移速度增量如表 4-1 所示[175]。可以看到，从地月拉格朗日点 NRHO 轨道到月球 LLO（0.74 km/s）再至月球表面（2.18 km/s），从月球表面到达 LLO（1.968 km/s）再至 NRHO（0.85 km/s），以及从 NRHO 轨道到地球转移 TEI（0.45 km/s）再至溅落地球（0.011 km/s）的速度增量都很小。因此，选择地月 L1 的 NRHO 轨道建立资源补给站，对从月球获取水冰资源制备推进剂，以及把资源运回地球都有显著的优势。

表 4-1　地月空间不同空间位置间转移速度增量

转移前轨道	转移后轨道	速度增量/(km/s)	耗时/天
低地球轨道(407 km)	地月转移轨道	3.276	< 1
地月转移轨道	月表	2.900	5
地月转移轨道	低月球轨道(100 km)	0.952	5
地月转移轨道	近直线晕轨道(NRHO)	0.450	5
近直线晕轨道	低月球轨道(100 km)	0.740	< 1
低月球轨道(100 km)	月表	2.180	< 1
近距操作和交会对接系统	任意	0.045	< 1
低月球轨道(平面改变 2.5°)	月表	0.071	0
月表	低月球轨道(100 km)	1.968	< 1
低月球轨道(100 km)	月地转移轨道加速段	1.256	< 1
低月球轨道(100 km)	近直线晕轨道	0.850	< 1
近直线晕轨道	月地转移轨道加速段	0.450	< 1
月地转移轨道加速段	溅落	0.011	5

通过平衡点附近的轨道设计，分别生成日地 L1/L2 点的周期轨道、地月 L1/L2 点的周期轨道及稳定和不稳定流形。由于日地周期轨道的稳定/不稳定流形存在与地月稳定/不稳定流形自然相交的轨道，通过施加单次机动，即可实现地月和日地系统间的转移。同时利用 L1/L2 点的异宿连接，可以实现同一三体系统不同平衡点周期轨道之间的近零能量转移。日-地-月系统内不变流形转移如图 4-1 所示。

综合考虑水冰资源赋存量、太阳可见度（太阳能获得性）、地球可见度（月地直接通信）以及地形地貌（月表移动性）等条件，选址建设月球极区采冰站。利用采冰机器人规模化开采水资源，并在月面制造氢氧推进剂，利用可

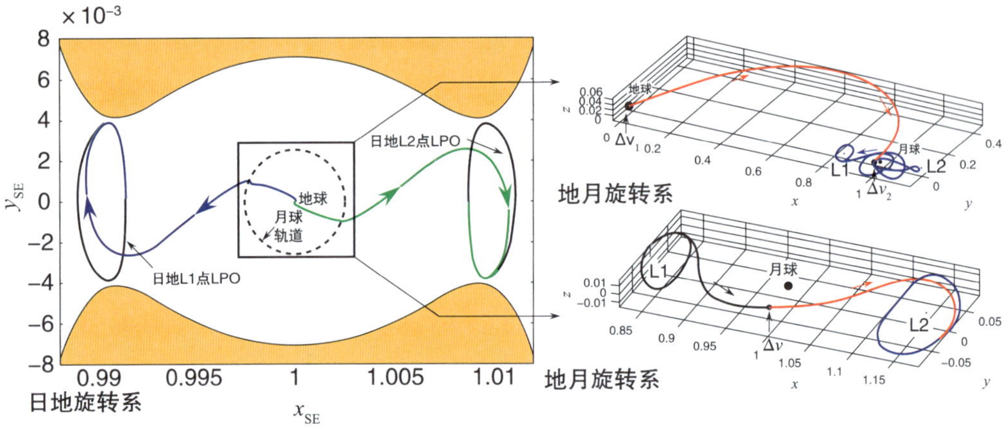

图 4-1　日-地-月系统内不变流形转移

重复使用的着陆上升器，将开采的水资源从月面发射运送到地月 L1 中继补给站。通过太阳能光伏发电和电解设备，中继补给站将水分解为氢氧气体，并可进一步液化为液氢、液氧储存。通过在轨加注的方式，中继补给站可为载人登月飞行器、深空探测器甚至载人火星探测器补充推进剂，显著增加载荷能力，还可通过资源运输器从中继补给站向地球轨道卫星运输、加注推进剂，可有效延长卫星在轨寿命。为综合开发氦-3 等稀贵资源和钛、铁等资源，可在中低纬月海区域建设月球资源综合处理站，通过大范围挖掘月壤，分选钛铁矿，加热提取挥发分，冶炼提取铁、钛等金属元素，并进一步精炼稀土元素等高价值矿物，可实现月球资源的综合开发利用。

如 3. 2 节所述，月球资源开发体系以极区水冰资源开发为主线，适时开展氦-3、稀土、核燃料元素等稀贵资源以及钛铁矿等生产资源的开发，主要包括月球极区采冰站、月球资源综合处理站和地月 L1 中继补给站等基础设施，下文分别介绍各设施的初步方案设想。

4. 1. 2　月球极区采冰站

月球极区采冰站重点利用月球极区永久阴影区丰富的水冰资源和易于获取的太阳能资源进行资源开采。作者团队设想通过阴影区自主采冰车集群、水资源运输车，以及永久阴影区坑缘的太阳能反射阵列和月面资源补给站等设施，实现永久阴影区水冰资源的规模化开采[176]。少部分水资源在月面通过光电催化生产氢氧燃料，可为月面发射、月球无人和载人探索与开发等任务提供水、氧、燃料等物资供应，大部分水资源运送到地月 L1 中继补给站，在轨生产、供应氢氧燃料。图 4-2 所示为月球极区采冰站场景设想。

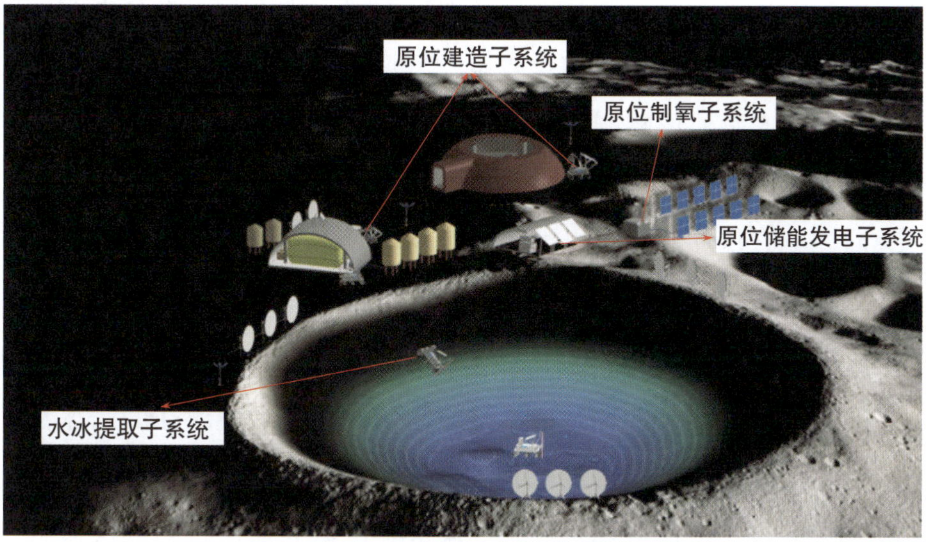

图 4-2　月球极区采冰站场景设想

在进行月球水冰资源开发前，首先需要对水冰资源进行勘查选址。通过遥感和原位勘查，确定水冰赋存位置和状态，对水冰资源储量和品位进行评估。赋存位置决定了水冰资源的开采难度和成本，赋存状态决定了开采、提取和提纯的技术途径，资源储量和品位则决定了矿体的总价值。根据 LCROSS 探测得到的阴影区水含量大约为 3%～10%，且分布在月表干层以下 10～20 cm 区域[177]；根据 Mini SAR/RF 仪器探测结果，阴影区可能含有大量的水冰资源，且分布在月面以下 2 m 以内区域[178]。水冰开采站的选址不仅需要考虑资源的储量和品位、赋存与分布等状态，还需综合考虑廉价、充足的能源，以及运输、操作的适应性和便捷性。因此，月球水冰资源开发基地选址除考虑潜在的水资源分布情况外，月球极区的太阳光照、环境温度和地形地貌条件，以及保障地月通信遥操作的地球可见度条件等，都是基地选址必须考虑的关键因素[179]。更为重要的是，具备水冰赋存条件的月球永久阴影区无自然的太阳光照，处于难以抵达的撞击坑底部，面临常年低温（低至 25 K）的恶劣环境，对规模化开采带来重要挑战，必须综合考虑多种因素，选择合适的开采基地。

另外，为便于太阳能传输，开采区需距光照区<10 km。极地局部区域还存在永久光照区（Permanently Lit Area，PLA），若该区域临近永久阴影区的水冰资源，则是更为理想的建站地点。月球南极相比北极被认为蕴藏有更多的水冰资源，因此更受关注。然而月球南极地区地形崎岖，错落分布着众多的高山和撞击坑，可用于着陆的平坦区域相对较少[180,181]。崎岖的地形加上极低的太阳高度角，尤其容易产生地形阴影，除极个别相对平坦的高地外，几乎不存在成片的连续光照区[182]，这给水冰资源开采系统的选址工作带来了重大挑战，所选地形一方面需要有足够的光照以保障能源供给，另一方面需要相对平坦以满足操作、移动等工作要求。

有别于传统意义上宜居区的液态水要求，作者团队定义月球南极的相对宜居区为具备一定的光照条件和月地直接通信条件，并围绕潜在的水冰富集区附近数十至数百平方千米范围内的区域[179]。利用遥感观测数据分析其表面温度和地形分布特征，其中具备相对适宜的温度和可达的地形分布的区域可作为进一步缩小月球南极选址建站范围的参考依据。经综合比较资源条件（如水冰资源）、光照条件（太阳可见度）、月地直接通信条件（地球可见度）、月球表面温度条件以及地形条件，选取3个候选区，如图4-3所示。区域A地处月球南极的相对高地（约3~7 km），地球可见度最好（中位数大于0.8），太阳可见度在0.3~0.7之间，坡度适中（中位数为7.9°），表面粗糙度基本小于2 m。区域B最靠近南极中心，其部分区域的太阳可见度可高达0.8，地球可见度在0.3~0.6之间，地势在0~2 km之间，其坡度相对较陡（中位数为12.4°），表面粗糙度基本小于2 m。区域C主要位于Amundsen陨石坑（直径约28.0 km）的东侧坑沿区，其地势最低（主要在-1.8~-0.5 km之间），太阳可见度（小于0.6）和地球可见度（小于0.5）小，地形坡度最缓（中位数为5.4°），但表面粗糙度却最高，约有26%的区域的表面粗糙度大于3 m。三处典型的相对宜居区皆表现出明显的温度日变化和季节变化特征，总体上夏季温度高于冬季，白天亮温可高达近300 K，而夜间亮温通常在50~100 K附近。区域A地处月球南极的相对高地，地势相对平坦且月地通信条件最佳，独特的地理位置使得该区域在一个月球日内不同位置的月表温度抬升的时刻不尽相同，进而形成区域 A 在夏季日内不同时段皆有部分区域亮温高于-20 ℃的现象。区域 B 由于地处近南极中心区域，环境温度更高；夏季日内各时段，区域 B 内均有亮温大于 0 ℃的局部区域存在。区域 A 和区域 B 相对较高的表面温度和太阳可见度表明，此类区域具有更好的分布式光伏储能发电潜力；若将太阳能电池板架设在距月表一定高度处，通过不断地追踪太阳光线有望获得更多的太阳能资源。因而，在此类区域选址建站有望更大限度地利用月球原位物质和能源资源；同时此类区域可以为月球基地的各项仪器设备提供相对适宜的环境温度条件，降低对仪器设备极限工作条件的技术要求。

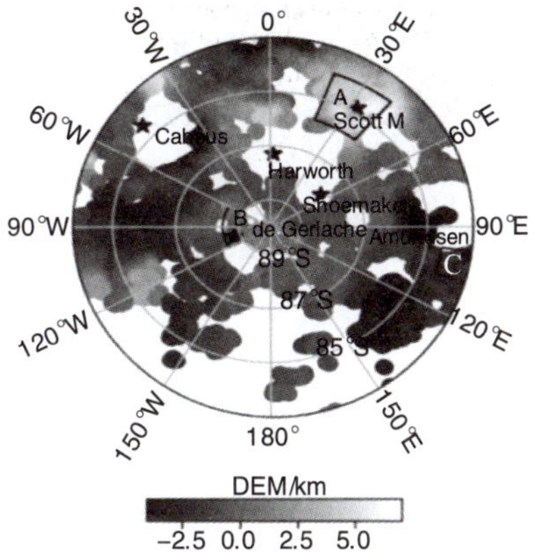

区域名称	陨石坑名称	区域坐标	位置坐标	等效氢含量(wt%)
区域A	Scott M	[84°S,85.8°S] [20°E,40°E]	(84.8°S，32.3°E)	0.37 ± 0.05
区域B	de Gerlache	[88.5°S,89.5°S] [120°W,60°W]	(88.8°S, 107.3°W)	0.36 ± 0.03
区域C	Amundsen	[83°S,84.5°S] [98°E,108°E]	(83.6°S，99.8°E)	0.34 ± 0.08

图 4-3　月球南极相对宜居区位置分布

根据以上分析，结合前期不同研究团队的分析结果[183,184,185]，研究选取月球南极 Shackleton-de Gerlache 山脊区域（图 4-4）作为月球水冰资源开采系统的试点工作区域。

由于月壤水冰资源主要储藏在撞击坑内的永久阴影区，规模化开采面临一系列技术难题：1）开采区处于撞击坑内，而主要基地设施在撞击坑脊高地处，坑缘地形陡峭、环境复杂，水冰开采设备如何从坑脊基地处到达坑底阴影区并把开采的资源运回基地？2）开采区处于冷黑极端环境，温度可达 40 K，无光照，不能直接利用太阳能，水冰开采设备如何能够在极端恶劣环境下安全可靠并长期运行？3）永久阴影区内水冰赋存形式、深度和品位不确定度大，如何进行原位勘探并精细化地确定开采点？4）如何规模化、大范围开采月壤并提取水冰？

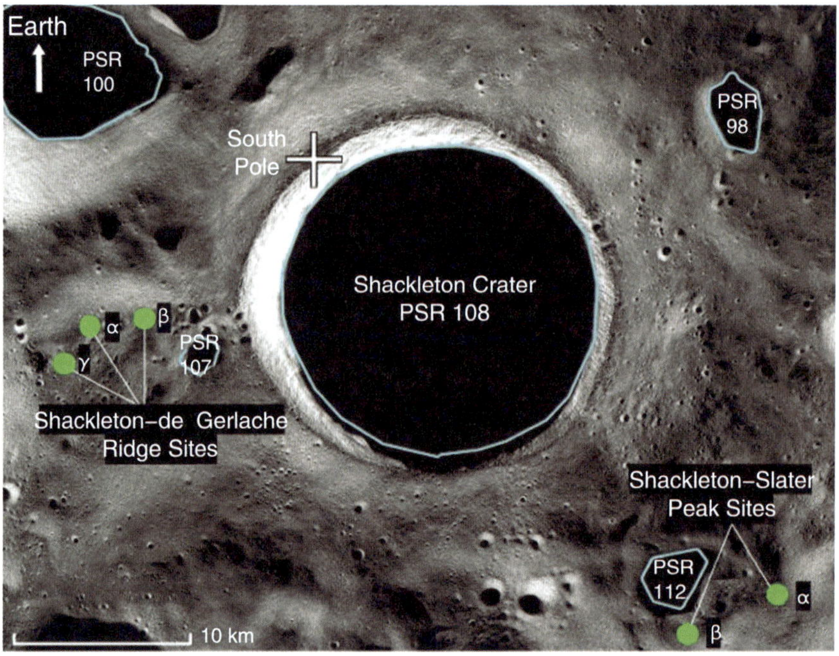

图 4-4　月球南极 Shackleton-de Gerlache 山脊区域

水冰开采最直接有效的方式是热法采矿，即通过太阳能、核能、化学能等方式转化为热能，直接加热含冰月壤，冰相变气化变为蒸汽，再重新冷凝为液态水或固态冰进行收集。水冰资源开采过程主要的物质流和能量流如图 4-5 和图 4-6 所示[186]。

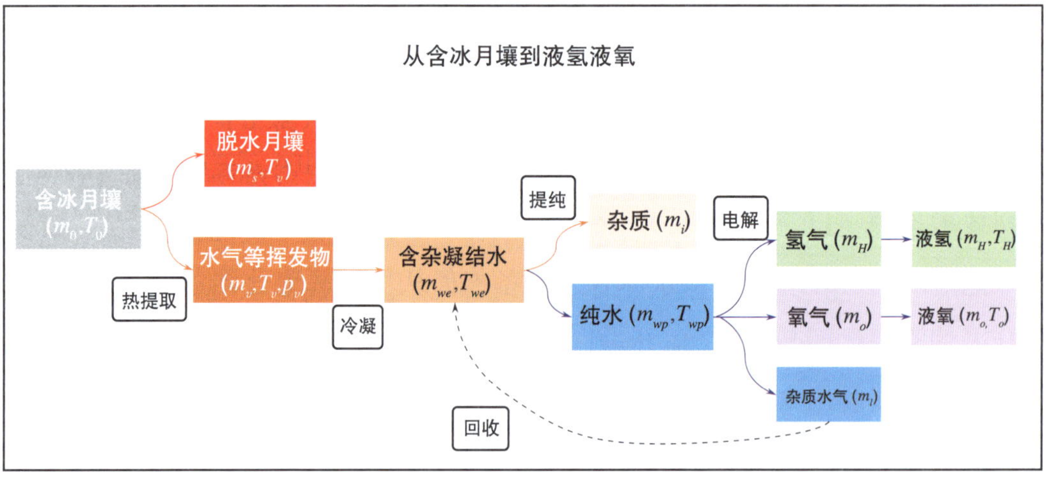

图 4-5　水冰资源开采过程的物质流

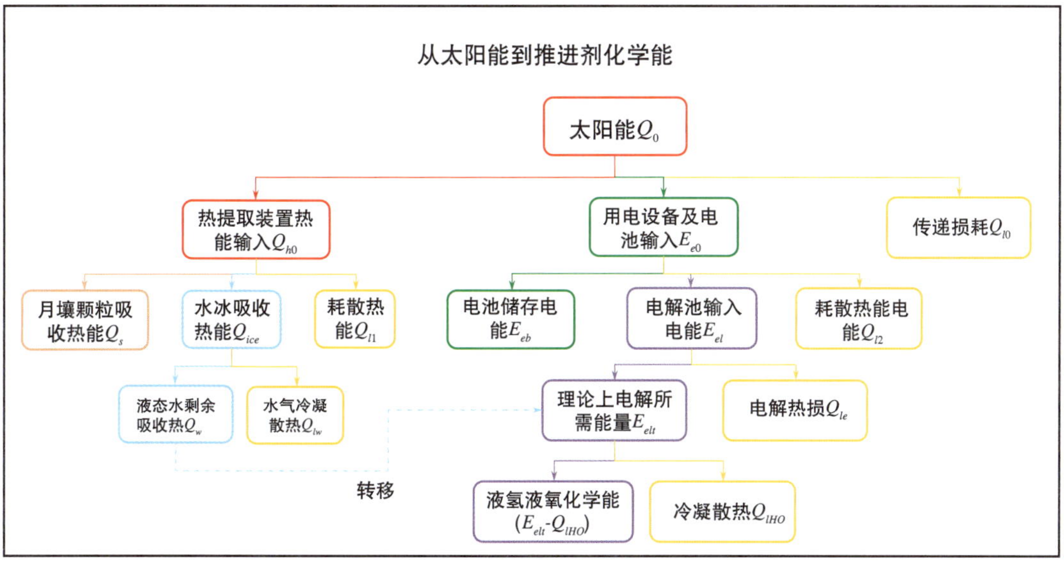

图 4-6　水冰资源开采过程的能量流

通过物质流和能量流分析，可建立月球极区采冰站的概念设计估算模型，具体估算方法如下。

若需年产 M_d 饮用水和 M_p 氢氧推进剂，则需要开采的水冰总量为

$$M_w = M_d + \frac{9}{1 + r_p} M_p \tag{4-1}$$

式中，r_p 为氢氧推进剂的实际混合比，通常为 5~6（可取 5.35），而水电解制备氢氧是按质量比 8∶1 进行的，因此存在过剩氧，可以用来为载人基地提供氧气。若依赖太阳能进行开采，则所需的净获取速率（kg/s）为

$$\dot{m}_{w,n} = \frac{1 + r_c}{31\ 536\ 000 r_c} M_w \tag{4-2}$$

式中，r_c 为月面基地处的昼夜比。

考虑开采过程水资源在月壤中的残留和向周围真空环境的散失等物质损耗，设水资源的收集率为 η_w，则总采水速率为

$$\dot{m}_w = \dot{m}_{w,n} / \eta_w \tag{4-3}$$

含冰月壤是水冰和月壤颗粒混合的多孔介质，采用热开采时，必须同时加热月壤和水冰。若月壤的含冰量为 x（典型值 6.0%），则含冰月壤处理速率

$\dot{m}_t = \dot{m}_w / x$，其中的干月壤量为 $\dot{m}_r = \dfrac{1-x}{x}\dot{m}_w$。设月壤孔隙率为 α，则需要处理的表观月壤体积速率为 $\dot{V}_r = \dfrac{1}{1-\alpha}\dfrac{\dot{m}_r}{\rho_r}$，其中 ρ_r 为月壤的真实密度，取 2 650 kg/m^3。

永久阴影区中的含冰月壤温度 T_0 极低，可低至约 40 K。为通过升华提取水冰资源，至少需要将月壤加热到相变点 T_{ws}。设收集水汽资源的密封容器蒸汽压力为 p_v，若其低于水的三相点压力 p_{tr}（611.73 Pa），则加热时发生固气相变（升华），若高于 p_{tr} 则会发生固液和液气相变。图 4-7 所示为水冰相变相图示意。

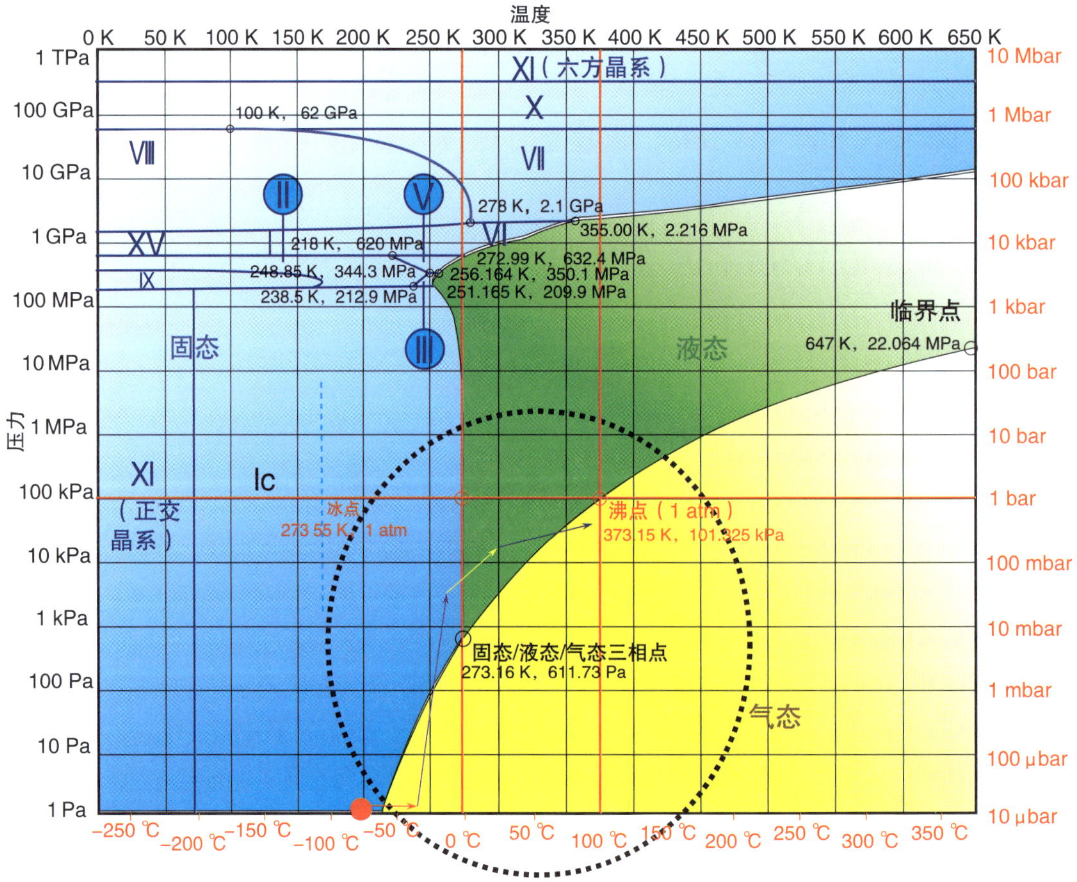

图 4-7 水冰相变相图示意

为通过水冰热化为蒸汽进行资源收集，所需的最小加热功率为

$$P_{t,\min} = \dot{m}_r \int_{T_0}^{T_{sv}} c_{pr} T\mathrm{d}T + \dot{m}_w \int_{T_0}^{T_{sv}} c_{pw} T\mathrm{d}T + \dot{m}_w H_{SLV} \quad (4-4)$$

式中，c_{pr} 为月壤比热容；c_{pw} 为水冰比热；T_{sv} 为蒸气压 p_v 对应的相变温度；H_{SLV} 为水冰的气化潜热（固气相变或固液气相变）。其中 $c_{pr} \approx (1.28 \times 10^{-5} T^3 - 1.19 \times 10^{-2} T^2 + 5.14T - 110.4)$，单位为 J kg^{-1}K^{-1}，$c_{pw}$ = 1 527 J kg^{-1}K^{-1}，该公式的适用温度范围为 110~395 K。

直接加热含冰月壤，不可避免地有部分热量散失到周围月壤和空间环境中，则实际热功率为

$$P_t = P_{t,\min} / \eta_t \quad (4-5)$$

式中，η_t 为考虑到散失到环境中热损失的热效率。

以每年 100 吨水资源需求为例，假设水提取效率取 80%，计算得到的不同含水率月壤处理的总加热功率和加热效率如图 4-8 所示。可以看到，含水率低于 3%时，加热效率低于 17%，即绝大部分热功率都用于加热月壤，而非通过水冰相变来提取水资源，且随着含水率进一步降低，加热效率进一步降低，加热功率从约 80 kW 急剧升高。因此，当含水率低于 3%时，通过热法提取水冰代价高昂，费效比高。当含水率大于 7.5%，加热效率接近 30%，加热功率降至约 50 kW，且随含水率增大而进一步缓慢降低。因此，当含水率超过 7.5%时，通过热法提取水冰资源费效比较小。

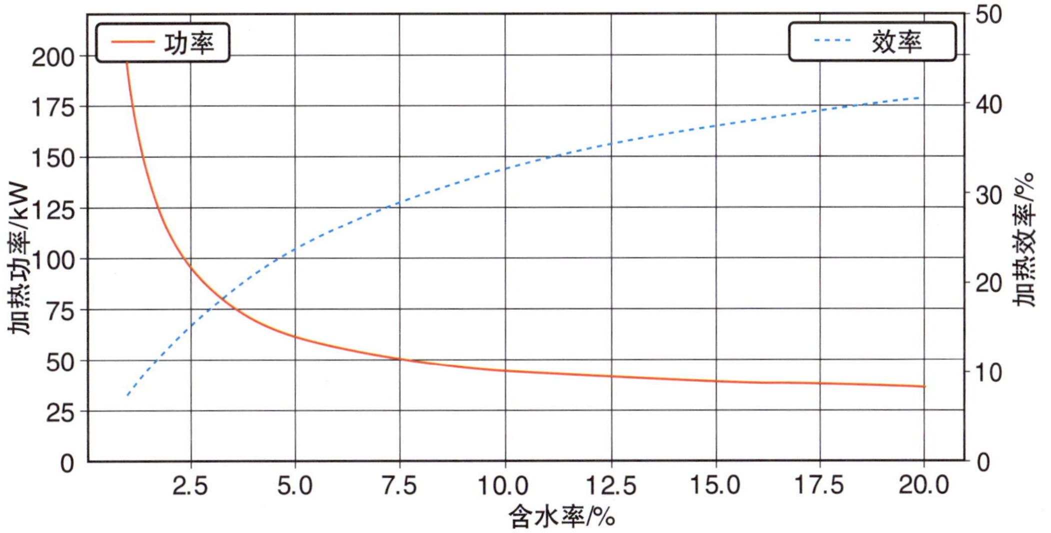

图 4-8　不同含水率条件下的热法采冰总加热功率和加热效率

从上述估计可以看出，规模化的热法采冰需处理的含冰月壤量多（含水率5%时，为获得100吨的水，需处理2 500吨的月壤），需要的加热功率大。因此，为避免大规模的无效运输工作，在水冰赋存区原位加热处理获得水冰是合理的方式，可选择的加热方式为太阳能、核能、化学能等方式。在永久阴影区建设核反应堆代价高昂，还需面临核辐射防护等难题；采用一次化学电池质量代价巨大，而二次化学电池需面临充电能源和电池运输等问题。因此，引入太阳能进行热开采是比较合理的方案。由于水冰赋存区处于永久阴影区，难以直接利用太阳能。为解决水冰赋存区和光照区分离的矛盾，有效利用月球原位资源和原位能源，实现在水冰资源储量丰富的永久阴影区内开展规模化的水冰资源开采，需在光照充分的撞击坑边缘的不同位置部署反射镜组，通过镜面反射汇聚的方式将太阳能引入到永久阴影区内，满足在全月昼期间水冰热开采的能源需求。总太阳能功率估计为

$$P_s = P_t/\eta_s \tag{4-6}$$

式中，η_s 为太阳能传输到月壤的光热效率，它包括从坑缘太阳能反射镜到采冰车上的太阳能收集器的传输效率 η_{st}，太阳能收集器到月壤的光热效率 η_{sr}。

一组太阳反射镜所需的反射面积为

$$A_s = P_s/I_s \tag{4-7}$$

式中，I_s 为太阳常数。若按 η_s 为30%，则所需的太阳反射镜面积为140 m^2。考虑到入射角范围，若按±45°入射范围，则需280 m^2 反射镜。对极昼区域，至少在坑缘部署两组反射镜，才能实现全月昼时反射太阳能。

为实现轻量化设计，采用镀有高太阳反照率涂层的柔性展开薄膜来实现太阳反射镜功能。因极区太阳高度角接近0°，太阳反射膜需向下倾斜，通过太阳跟踪设备控制对日定向角度并调节倾角，来实现向永久阴影区内反射太阳能，为水冰开采区域提供能源。

因总加热功率大、月壤处理量多，单个开采设备受发射体积、质量和月面移动的限制，不宜规模过大。通过小型化、模块化的自主采冰车设计，并利用采冰车集群作业，可简化设计难度、增加系统冗余、降低系统风险，更有效地在永久阴影区内开采水冰。若每个自主采冰车采用太阳能光热钻取开采方法，

则每钻可提取的水量估计为

$$M_w = \eta_w x(1 - \alpha)\rho_r h\pi R_r^2 \tag{4-8}$$

式中, h 为钻深, 含冰月壤热影响区可估计为 $R_r = 2R_d$, R_d 为钻杆外径, η_w 为提取效率。

参考 TRIDENT 钻具系统设计（16 kg/100 W），若钻深 2 m，钻直径 10 cm，钻进速率>1 m/h，钻进约 2 小时，总取水时间约为 3 小时，含水率 6% 的情况下，取水速率为 1.33 kg/h，需要 2.6 kW 的热能，一天采水约 32 L。不同含水率条件下的加热功率和采冰速率如图 4-9 所示。对于 100 吨的年产量，初步估计需要 22 个模块化采冰车。

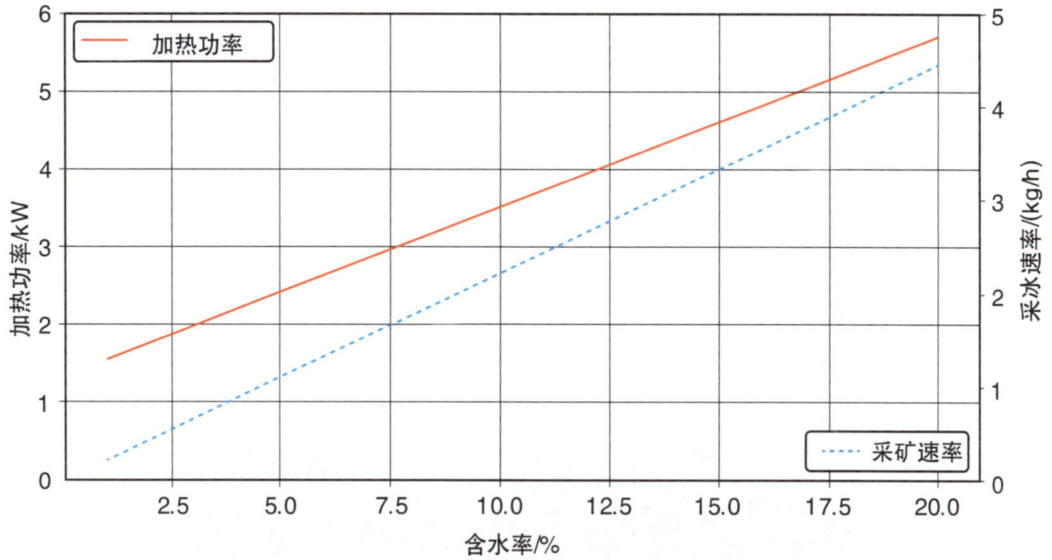

图 4-9　不同含水率条件下的模块化自主采冰车的加热功率和采冰速率

进一步估计自主采冰车的系统规模。若采用太阳能的话，需要 8.8 kW 的太阳能（光热效率按 0.3），所需要的太阳能收集板约 6.5 m^2。为将热采的水蒸气冷凝收集，需通过辐射散热的方式把热量排散到宇宙空间中去。根据液化相变潜热，冷凝需排散的热量为

$$\dot{Q}_r = \dot{m}_{w,n} H_{LV} \tag{4-9}$$

相应的热辐射面积约为

$$A_r = \dot{Q}_r / (\sigma T_r^4) \tag{4-10}$$

式中，T_r 为热辐射温度。估计散热面积为 1 m^2。

为实现长期无人自主运行和月表移动作业功能，需在采冰基本功能的基础上，配备光伏发电+再生燃料电池的能源系统、智能自主导航与控制系统，以及移动作业车辆平台等。自主采冰车总体质量初步估计约 200 kg，如表 4-2 所示。若将所需的 22 个模块化采冰车（图 4-10）发射到月球，则需 4.4 吨的月球运输能力。

表 4-2 自主采冰车质量估算

部件名称	比质量	质量/kg	功耗/W
钻杆	—	16	100
太阳能收集板	2 kg/m^2	13	0
热辐射板	2 kg/m^2	2	0
冷凝器	—	4	0
水储罐	按直径 1 m，高 1 m，约 785 L，可存 22 天开采的水	45	0
智能自主导航与控制	—	10	20
移动作业平台	参考玉兔号	100	100
光伏发电+再生燃料电池+锂电（应急）	—	10	
总计	—	200	220

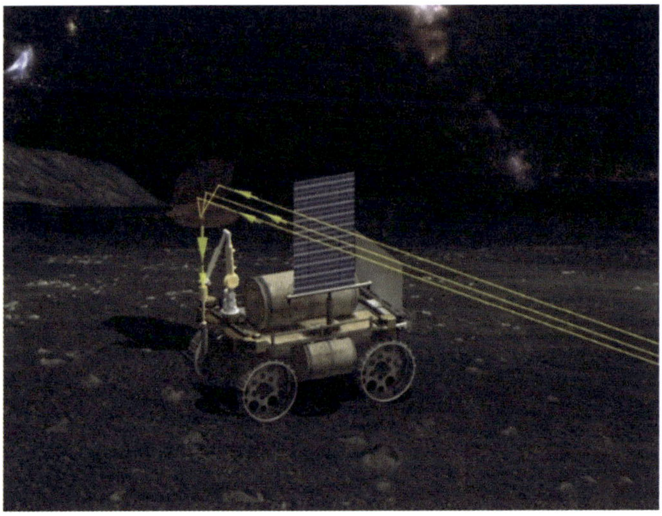

图 4-10 模块化自主采冰车概念图

自主采冰车携带太阳能汇聚装置、冰壤开采设备和水收集装置，进入待开采阴影坑中进行原位水冰开采工作，太阳能汇聚设备与撞击坑边缘的反射镜组对准，收集反射的太阳光，并通过高导光管将光能传输到需加热的含冰月壤，水冰相变挥发后变成水蒸气，通过管道进入冷凝器凝结为液态水收集储存。采冰车的动力装置可采用高比能的再生燃料电池系统，利用太阳能通过水电解器进行水解制氢氧，在驱动和补偿加热时通过氢氧燃料电池输出电能、热能和动力。自主采冰车开采收集的水加注到水资源运输车的储水箱中统一运送，水资源运输车通过氢氧燃料电池驱动，往返于阴影坑中的水冰开采区域和撞击坑缘，将储水箱中的水资源运送到坑缘的月面资源补给站。月面资源补给站内的氢氧燃料站处于光照条件良好的位置，将开采运输来的水通过电解的方式制备氢氧，为燃料电池提供发电燃料，并利用环境低温和液化装置将氢氧液化长期储存，可为月面发射的发动机提供氢氧推进剂。月球极区水冰开采站系统构想图如图 4-11 所示。

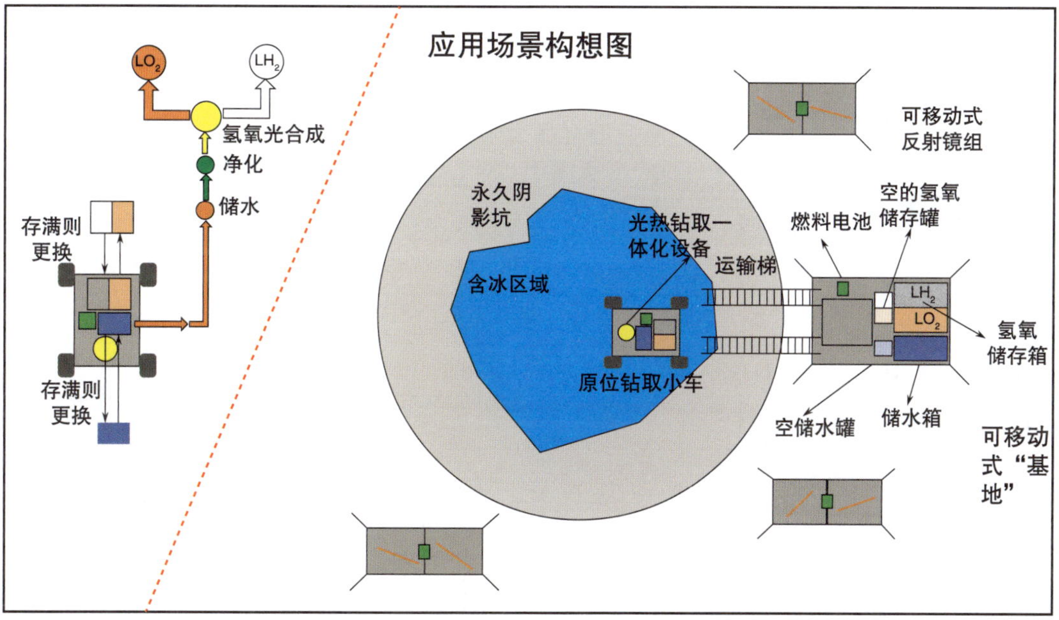

图 4-11　月球极区水冰开采站系统构想图

4.1.3 月球资源综合处理站

月壤中积累的氦-3、氦-4、氢、碳、氮等太阳风挥发分物质浓度如表 4-3 所示，估算总储量非常丰富，例如，法文哲等利用嫦娥一号数据估计月球整体氦-3 储量约为 6.6×10^{8} kg，其中月面约 3.7×10^{8} kg，月背约 2.9×10^{8} kg[54,187]。与氘和氚热核聚变发电相比，氦-3 热核聚变没有放射性产物，更安全、清洁。当突破核聚变技术后，月球上的氦-3 有望提供长期、稳定、廉价和清洁的核聚变燃料。同时，从月壤中每提取 1 吨氦-3 将生产 3 100 吨氦-4、400 吨氮气、1 700 吨二氧化碳、1 600 吨甲烷、3 300 吨水和 6 100 吨氢气（表 4-3）[188]。这些物资是载人月球基地、无人探索与开发活动的物质基础。由于钛铁矿中的二氧化钛更易富集氦元素，因此，富含钛铁矿的月海月壤更值得开采。月海玄武岩中钛铁矿占到 10%~12%，绝大部分高钛月海玄武岩含钛铁矿大于 15%。根据“克莱门汀”号和“月球勘探者”号的探测资料分析，月球正面风暴洋区域可能就是克里普岩的分布区域，初步估计克里普岩中稀土资源达 225 亿~450 亿吨。

表 4-3 月海月壤样品太阳风挥发分物质浓度

元素	月海月壤样品中的浓度/ppm	颗粒中的浓度/ppm	700 ℃时释放量/ppm	年产量/（吨/年）	每年可支持的人数	主要应用领域
^{3}He	9×10^{-3}	8.1×10^{-3}	7×10^{-3}	1	10 000 000	地面电力
^{4}He	30	27	22	3 100	—	加压、大气
N_2	102~153	115	4	400	1 150	食物、大气、加压
CO_2	—	—	12	1 700	22 000	食物、大气、加压
CH_4	—	—	11	1 600	—	碳氢化合物，微生物合成
C	142~226	166	36.5	—	—	
H_2O	—	—	23	3 300	23 000	饮用水需求、氧气
H_2	50~60	50	43	6 100	—	水、氧气、碳氢化合物、火箭燃料

因此，在月面中低纬月海（先期考虑风暴洋地区）建设月面资源综合处理站，可获得大量挥发分资源并冶炼各类金属与非金属资源。因氦浓度与二氧

化钛正相关，REE 与氧化铁正相关。因此，为节省加热能源，首先大范围挖掘月壤并分选出钛铁矿，其他材料富含二氧化硅，可以作为建筑材料。然后加热钛铁矿并通过高温挥发、分馏等工艺过程提取氦等太阳风挥发分。在此基础上，进一步冶炼提取铁、钛等金属元素，为月球建设提供重要基础资源。通过电冶精炼，进一步提炼 REE、核燃料元素。月球资源综合处理站包括月面自主采矿车、矿物分选设备、太阳能加热炉、冷凝分离器、矿物冶炼炉等。月球资源综合处理工艺流程如图 4-12 所示。

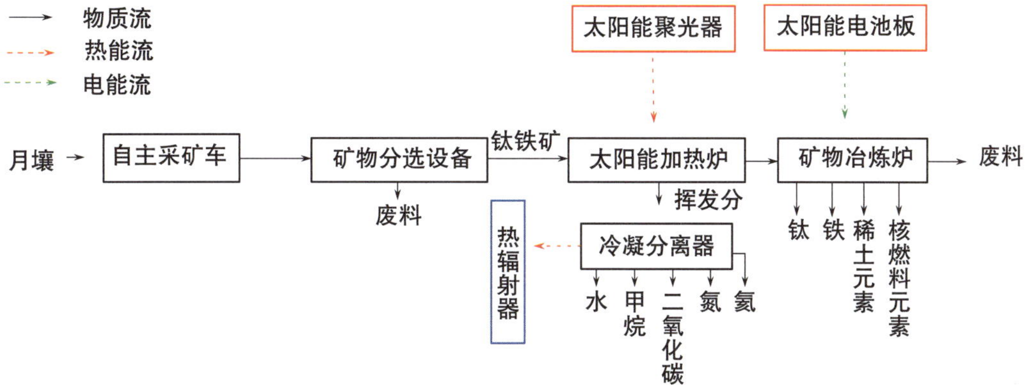

图 4-12　月球资源综合处理工艺流程

1）自主采矿车。主要通过铲挖等方式自主挖掘、采集月壤。铲斗挖掘技术采用水平铲斗克服月壤切向力完成挖掘，其挖掘力量较大，可以实现较厚月壤和矿物的挖掘，应用较广泛，适用于月球表壤露天矿产资源的开采。参考表 4-4[189]，目前最大挖掘能力为 2 400 kg/h（挖掘机 76 kg/200 W）。但随着深度增加，月壤密实度增大，挖掘难度大，需增加振动破碎等手段。

表 4-4　月球连续挖掘机的主要参数

过程	挖掘能力	挖掘深度	系统质量	能源需求	移动速度	模拟物	评价
气力	6 kg/h[a]	不适用	—	20 W 2 Wh/kg	—	GRC 1	与 NASA Ames K10 迷你机器人平台一起操作；经过真空测试；抛物飞行测试

续表

过程	挖掘能力	挖掘深度	系统质量	能源需求	移动速度	模拟物	评价
斗式提升机	800 kg/h[b] 1 500 kg/h[b] 2 400 kg/h[b]	10~15 cm（最大可达）	76 kg	<200 W	8 m/min	—	
斗式滚筒（RASSOR）	90 kg/趟[c]	—	67 kg[d]	0.761 Wh/kg	30 m/min	沙子 KSC BP-1	通过重力卸载和含冰BP-1测试
斗轮式（Polaris）	1 050 kg/h[e]	—	200 kg	470 W	24 m/min	GRC 1	
斗轮式（Scarab）	180 kg/h	5 cm（单切）	312 kg	—	1.62 m/min	GRC 1	经过重力卸载测试

a. 用 1 g 压缩气体；
b. 第一代（2006 年），第二代（2008），第三代（2009 年）；
c. 每次充电可行驶 20 次，每次 100 m；
d. 每个滚筒的质量为 7 kg；
e. 具有 14 m 的操作距离，17 个挖掘转储任务周期。

2）矿物分选设备。对高价值矿物通过筛分、选矿等手段将目标矿物分离出来，为进一步处理做好准备。因钛铁矿富集稀有气体和稀贵金属，为高效能提取气体和冶炼金属，需结合钛铁矿的电、磁学特性，通过粒径分级、磁选、电选等技术手段进行钛铁矿分选。从表 4-5 可以看出，相较滚筒式电选机，滑动式电选机分离效果更好[190]，一次分选后钛铁矿的品位可升至质量百分比浓度 90%以上（初始钛铁矿的质量百分比浓度为 10%），它的工作原理是物料从料斗中靠重力落至导电板上，在下滑过程中，导电颗粒在上侧椭圆电极静电吸引力作用下，偏离原有下落轨迹而被分离，非导电颗粒仍沿导电板下滑。从表 4-6 可以看出，经加热处理后，可显著提升矿物的分选效果。参考地面电选设备，处理能力 15~30 kg/h，传动功率 550 W，高压电源功率 1 000 W，电压 60 kV，质量 400 kg，尺寸 920 mm×1 120 mm×1 850 mm。相较挖掘设备，分选设备处理能力较低，功耗较大。

表 4-5　月球矿物分选技术比较

尺寸分数/μm	滚筒式		滑动式	
	品位/%	回收/%	品位/%	回收/%
45~90	29	29	98	29
90~150	53	64	90	38
150~250	78	91	95	68
250~500	80	87	79	82

表 4-6　进料加热对矿物分选后的品位和回收率的影响

样品	尺寸分数/μm	28 ℃		180~190 ℃	
		品位/%	回收/%	品位/%	回收/%
钙长石/辉石［50/50］	90~150	60	<1	73	54
橄榄石/钙长石［10/90］	150~250	66	1	94	34

3）太阳能加热炉。采用太阳能聚光直接加热炉内腔体，实现光热直接利用，能效最高。由于长期暴露在太阳风中，各类挥发分会注入月壤。颗粒越细，捕获量就越大。初步研究表明，需将月壤加热到 700 ℃以上，才可以从中提取氦-3 等各种挥发分。嫦娥五号月球样品的实验研究表明月壤中氢含量范围为 0.1~0.2 kg/m^3。在 900 ℃时，钛铁矿捕获的所有氢都将释放，释放的氢气将用于钛铁矿的还原，钛铁矿在 1 000 ℃的高温下保持约 1 小时。当加热到 1 050 ℃时，太阳风注入的质子会和氧化铁/亚铁发生还原反应 $FeO/Fe_2O_3 + H \rightarrow Fe + H_2O$，产生铁单质和水。因产生的挥发分总量较少，为避免散逸到月球真空环境中，需在密闭容器中进行加热处理。

4）冷凝分离器。利用宇宙 4 K 背景辐射环境，通过辐射致冷的方法，采用精馏工艺，利用挥发分气体的沸点不同，逐级冷凝液化收集 H_2O、CO_2、CH_4、N_2 等。最后剩余的为氦气，包括（氦-3 和氦-4）。氦同位素分离法包括气体扩散法和气体离心法，但同位素分离设备庞大，分离效率低，且氦-4 在地球上也是稀有气体资源。因此，在月球表面不进行 He 同位素分离，将获得的氦气资源统一运送到地球上再分离应用。

5）矿物冶炼炉。根据月面环境特点，通过真空电冶炼的方法将太阳能热处理过的钛铁矿等进行金属冶炼。首先提炼钛、铁主要元素，然后进一步电解获得稀土元素和核燃料元素。

根据以上评估，通过物质流和能量流分析，建立了月球综合处理站的概念设计估算模型，具体介绍如下。

氦-3 等各种挥发分资源的开采速率

$$\dot{m}_v = c_v \dot{m}_r r_{il} \alpha_{il} r_v \tag{4-11}$$

式中，c_v 为某类挥发分的质量浓度；$\dot{m}_r$ 为月壤挖掘速率；r_{il} 为钛铁矿分选率；α_{il} 为分选后钛铁矿品位；r_v 为挥发分收集比率。假定氦-3 质量浓度为 20 ppb，若取 $\dot{m}_r$ 为 20 t/h，r_{il} 为 15 %，α_{il} 为 90 %，r_v 为 80 %，则年产氦-3 约 0.2 kg，氦-4 约 587 kg，N_2 约 76 kg，CO_2 约 322 kg，CH_4 约 303 kg，水约 624 kg，H_2 约 1 154 kg，总挥发分约 3 065 kg。年挖掘量为 87 600 吨，若挖掘 3 m，月壤密度 1 600 kg/m^3，则需处理约 148 m×148 m 的面积。参照月球挖掘机等当前研制水平（约 1 t/h），则需要 20 个自主采矿机联合作业，才能完成任务。为了在 2040 年提供全球 10%的能源需求，每年需要 200 t 氦-3，月壤开采速率为 5 556 t/s，开采量巨大。

月壤热处理提取挥发分的能量需求估计为

$$\dot{Q}_H = \dot{m}_r r_{il} C_p \Delta T \tag{4-12}$$

若从 300 K 加热到 700 K，则需要的功率为 267 kW，为降低能耗，需采用回热器装置，回收加热后丢弃的月壤热量。可采用内外套筒双螺杆结构进行热交换。假定热回收效率为 80%，加热功率仍达 53 kW。需采用 49 m^2（7 m×7 m）的太阳能聚光阵。

4.1.4 地月 L1 中继补给站

由于液氢、液氧长期储存困难，储存比质量低。从月球表面发射水箱，在轨道上进行光电解并液化生产液氢液氧推进剂，与直接从月面运送液氢液氧推进剂相比，发射成本小，贮罐设计简单，是实现大量供应的高效方法[191,192]。从月球开采的水资源通过上面级地月运输系统发射运输到中继补给站。地月 L1 中继补给站包括太阳能光伏发电系统、水电解系统、低温液化系统、水加注与贮箱系统、液氢液氧低温贮箱及低温推进剂加注系统等，如图 4-13 所示。

在太空环境中，该低温液化系统可通过液氢/氧预冷来改善，并通过热辐射器和低温制冷循环的性能平衡来进行性能优化。

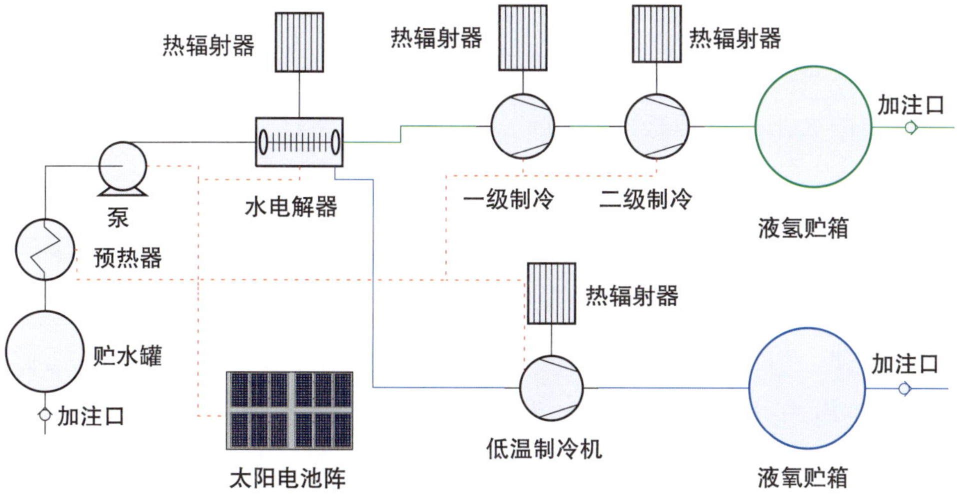

图 4-13　中继补给站系统原理图

太阳能光伏发电系统以太阳能电池阵为主，配置太阳跟踪、储能电池和能源管理，主要为水电解系统、低温液化系统和综合控制系统提供大功率能源。水加注与贮箱系统通过标准加注接口将从月球发射运输的水资源加注到液态水贮箱，通过隔热和保温措施保障贮箱温度高于冰点，并利用流体供给设备向水电解系统提供液态水。水电解系统利用太阳能光伏发电系统产生的电能，将供给到水电解器的水通过电催化分解成氢气和氧气。低温液化系统通过制冷压缩机、热辐射器、换热器、节流阀等设备，将氢气、氧气液化为低温液体，并通过零蒸发设计实现低温液体的长期储存。低温推进剂加注系统通过标准加注接口按需为地月空间运输上面级、太空拖船[193] 和其他需补加推进剂的飞行器加注液氢、液氧等工质。地月空间运输上面级往返于太空中继补给站，为需补充推进剂的近地卫星和地月空间飞行器提供燃料、氧补给服务，可大幅提高其工作寿命和可重复使用性，具备更大范围的机动飞行能力和更大规模的宇宙探索能力。

光伏-电解方法将水分解为氢氧，作为推进剂和燃料，供应空间推进系统和燃料电池系统。水电解所需消耗的功率为

$$P_{el} = -\dot{m}_p \Delta G / \eta_{el} \tag{4-13}$$

式中，$\dot{m}_p$ 为水电解速率，ΔG 为水电解过程的吉布斯自由能，标准生成自由能为 −237.1 kJ/mol（13 172 kJ/kg），电解效率 η_{el} 一般在 0.5~0.8（可取 0.7）。

考虑到设备用电功率 P_{eq}，若采用光电转换效率为 η_{sc} 的太阳能电池板供电，则需要的太阳能电池板面积为

$$A_{sc} = (P_{el} + P_{eq})/(I_s \eta_{sc}) \tag{4-14}$$

分解后的氢氧，若需大规模长期储存，需进行低温液化。利用太空天然深低温环境，发展推进剂液化高效热力循环技术，实现氢氧气体的高效压缩、低温制冷与液化。目前地面上氢气液化主要是通过液氮冷却和压缩氢气膨胀实现，实际平均电力消耗水平约为 10 kWh/kg（36 MJ/kg），液氧能耗为 0.39 kWh/kg（1.4 MJ/kg）。为实现液化，还需将大量热量通过热辐射器的方式排散到宇宙真空中。将氢气液化需要使氢气的温度冷却至 20 K（−253 ℃），包括显热 C_p、潜热 ΔH_{Lv} 和正仲转化释放的热量 $C_{o\to P}$，约为 14.2 MJ/kg，总排散能量为 50 MJ/kg，即

$$\begin{aligned} w_c &= \int_{T_0}^{T_s} C_p \mathrm{d}T + \Delta H_{Lv} + \int_{c_1}^{c_2} C_{o\to P} \mathrm{d}C \\ &= 5.8 + 6.2 + 2.2 = 14.2\ \mathrm{MJ/kg} \end{aligned} \tag{4-15}$$

相应的热辐射面积估算为

$$A_r = P_h/(\varepsilon \sigma T_r^4) \tag{4-16}$$

太空资源中继补给站概念图如图 4-14 所示。若每年有两次载人登月任务（每次需 25 吨推进剂）和一次大型货船任务（需 50 吨推进剂），则推进剂的总需求为 100 吨/年。使用 5.35∶1 的推进剂混合比（不同于水的氢氧元素质量比 8∶1），需要 150 吨/年的水。结合初期载人登月任务的推进剂需求分析，月球着陆推进剂在太空补给站加注，月球上升推进剂在月面加注，初步按太空补给站年电解 75 吨水估计，每次最大补给量为 25 吨（液氢 3.94 吨，液氧 21.06 吨）。按上面的公式进行估算，可得到电解功率估计为 45 kW、液化氢功耗 9.5 kW、液化氧功耗 3 kW，需大约 106 m^2 太阳光伏电池阵和 38 m^2 的热辐射器。

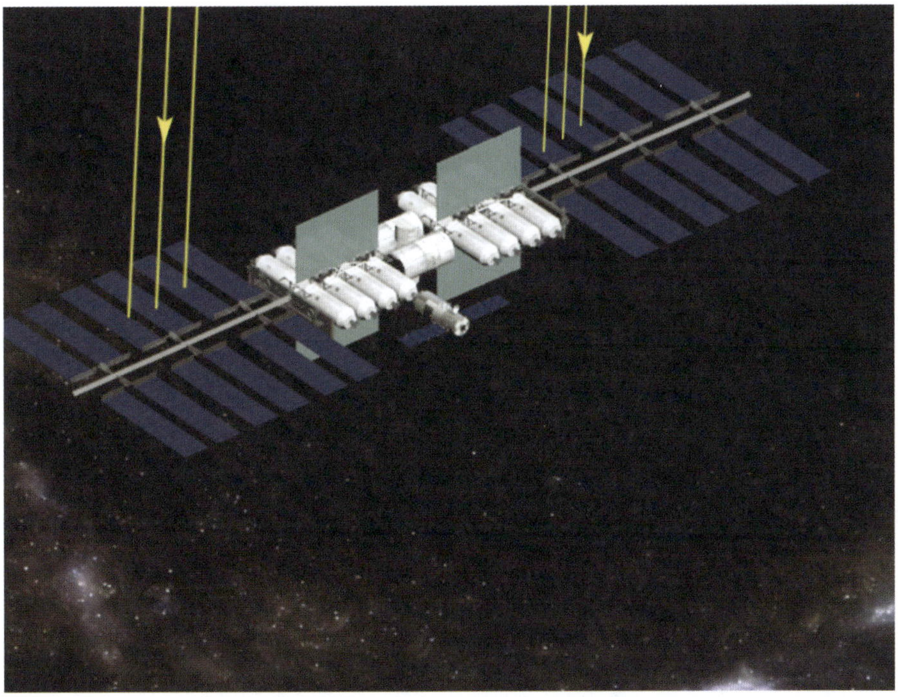

图 4-14　太空资源中继补给站概念图

4. 1. 5　初步效益评估

通过月球极区水冰开采，并在月面和地月 L1 补给站制备推进剂，不仅能在登月任务中发挥作用，而且可支撑地月空间活动、近地小天体开发、载人火星探测以及太阳系的全域到达等任务。随着美国 NASA 阿尔忒弥斯计划、欧空局月球村和我国载人登月及国际月球科研站计划的实施，月球和地月空间活动对推进剂的需求旺盛且迫切，将形成水基推进剂的早期客户群。

首先针对第一、二阶段的月球水冰开发利用进行评估。整个体系的建设成本包括研制发射 EML1 中继补给站、极区采冰站和月面着陆上升器等设施，运营成本主要为 EML1 中继补给站和月面极区采冰站之间的物资运输导致的推进剂消耗成本以及设施维修成本。若推进剂原位生产，则运营成本主要为维修成本。

月球采冰站开采的水资源通过可重复使用月面着陆上升器（RLLA）往返运送到 EML1 中继补给站。

假设月面着陆上升器干重为 M_{RLLA} ，包括推进系统干重 $M_{p,\ \mathrm{dry}}$ 、水储箱干重 $M_{w,\ \mathrm{tank}}$ 及平台其他质量 M_{pf} ，即

$$M_{\mathrm{RLLA}} = M_{p,\mathrm{dry}} + M_{w,\mathrm{tank}} + M_{pf} \tag{4-17}$$

若月面着陆上升器在月面上加注 M_w 水资源运送到中继补给站，则所需的最小返程推进剂质量为

$$M_{p,LD} = (M_{\mathrm{RLLA}} + M_w)(\mathrm{e}^{\frac{\Delta V_{LD}}{g_0 I_{sp}}} - 1) \tag{4-18}$$

式中，ΔV_{LD} 为从月面极区采冰站到中继补给站的速度增量。

在此之前，需提前将着陆上升器从中继补给站发射到月面。若推进剂均从中继补给站加注，则需要的最小去程推进剂质量为

$$M_{p,DL} = (M_{\mathrm{RLLA}} + M_{p,LD})(\mathrm{e}^{\frac{\Delta V_{DL}}{g_0 I_{sp}}} - 1) \tag{4-19}$$

式中，ΔV_{DL} 为从中继补给站到月面极区采冰站的速度增量。

往返运输过程所消耗的总推进剂为

$$M_{pt} = M_{p,DL} + M_{p,LD} \tag{4-20}$$

因此，扣除推进剂消耗，每次运输任务中继补给站获得的物资为

$$M_{p,D} = M_w - M_{p,DL} - M_{p,LD} \tag{4-21}$$

这些物资可直接或通过转化后，为其他空间飞行器提供水、氧、推进剂等补给。

若月面可制备推进剂，$M_{p,\ LD}$ 从月面加注，则去程推进剂质量为

$$M_{p,DL} = M_{\mathrm{RLLA}}(\mathrm{e}^{\frac{\Delta V_{DL}}{g_0 I_{sp}}} - 1) \tag{4-22}$$

则扣除推进剂消耗，每次运输任务中继补给站获得的物资为

$$M_{p,D} = M_w - M_{p,DL} \tag{4-23}$$

假定一年执行 N 次任务，则中继补给站每年可供给的物资量为

$$M_{pT,D} = NM_{p,D} \tag{4-24}$$

若地球向 EML1 运送单位质量（kg）物资的价格为 c_{EML1}，则年收益估计为

$$I_{\mathrm{EML1}} = c_{\mathrm{EML1}} M_{pT,D} \tag{4-25}$$

体系建设成本估计为

$$C_s = (c_{\mathrm{EML1}} + c_{RD})(M_D + M_{MS} + M_{\mathrm{RLLA}}) \tag{4-26}$$

式中，c_{RD} 为航天器硬件研制成本。

若不考虑资金的时间成本，则实现盈利的时间可估计为

$$Y = C_s / I_{\mathrm{EML1}} \tag{4-27}$$

假设着陆上升器干重为 2 吨，根据上述估计方法，可得到从月球向中继补给站运输水资源的推进剂消耗量，如图 4-15 所示。可以看出，随水资源运输量的增加，月面向中继补给站运输过程中推进剂消耗量基本呈线性增加，与着陆上升器和运输的水资源总质量相当，高于水资源的运输量。若往返推进剂均由中继补给站提供，则着陆上升器从中继补给站飞向月球前所需充注的推进剂，不仅需把着陆上升器送到月面，还需保证到月面后仍有充足的返回推进剂。因此，从中继补给站到月面所消耗的推进剂会比从月面到补给站的高出约 2 吨的质量。根据以上分析，由图 4-16 可知，若从中继补给站加注往返推进剂，所消耗的推进剂质量显著高于从月面获得的水资源质量，导致中继补给站的资源亏损，难以制备供应推进剂。因此，必须建立月面推进剂制备和补给能力，着陆上升器从月面向中继补给站运送水资源的推进剂必须从月面原位补给。如图 4-15 所示，一方面，因为不需要携带返程推进剂，从中继补给站出发前仅需加注足够将着陆上升器运送到月面的推进剂即可，推进剂消耗量与着陆上升器的干重成正比；另一方面，从月面携带水资源返回中继补给站的返程推进剂在月面加注，不会消耗中继补给站的资源。因此，当水资源运输量超过一定的质量时，中继补给站将获得资源的正收益。如图 4-16 所示，当水资源运输超过 2 吨时，补给站将获得正收益；当水资源运输约 7 吨时，扣除推进剂造成的资源消耗，着陆上升器每次运输任务将为中继补给站提供 5 吨的净资源。假设着陆上升器每年往返运输 10 次，中继补给站将获得 50 吨的水资源，可提供 50 吨的资源补给服务。按每千克 86 280 元人民币的 EML1 资源价格计算[4]，年收益约为 43 亿元人民币。

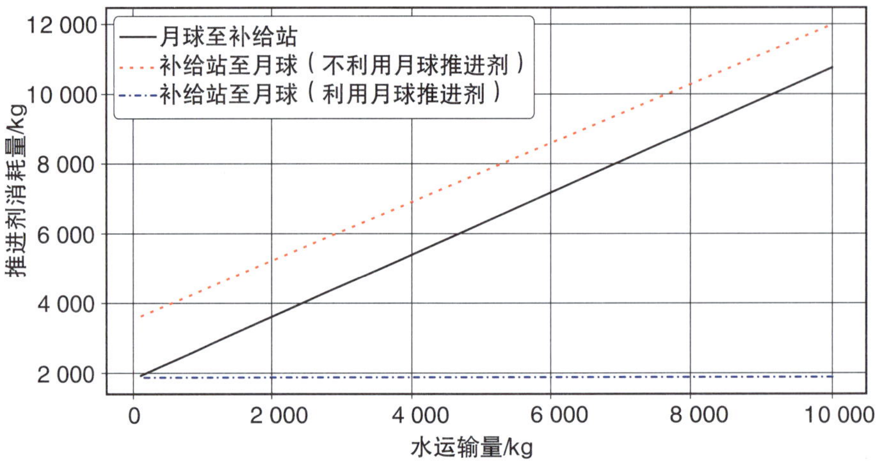

图 4-15　推进剂消耗量与水资源运输量的关系

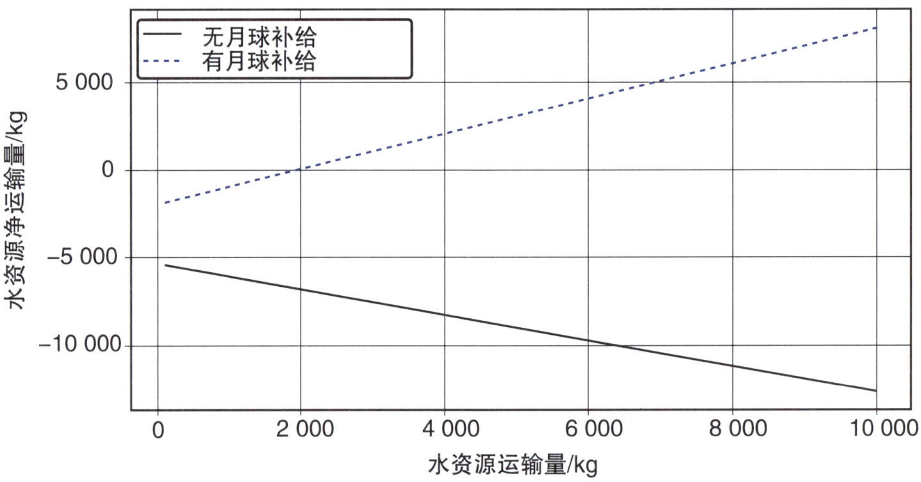

图 4-16　水资源净运输量与水资源运输量的关系

4.2 近地小天体采矿体系方案设想

4.2.1 概述

近地小天体采矿的主要目标是水和铂族金属等稀贵金属。另外，在开采过程中可提炼铁、镍、铬、硅等金属和非金属元素，为超大规模的太空设施原位制造与建造提供原位物资。

近地小行星潜在数量巨大，不同尺寸的近地小行星发现数量如图 1-18 所示。尺寸越小，潜在的近地小行星数量越多。根据 Granvik 模型估计，尺寸大于 1 km 的近地小行星近 1 000 颗，尺寸 140 m~1 km 的约 25 000 颗，尺寸 50~140 m 的约 10 万颗。

近地小行星分为阿莫尔型（Amor）、阿波罗型（Apollo）、阿登型（Aten）、阿提拉型（Atira）等 4 类（图 4-17）。阿莫尔型小行星离太阳 1.08~2.76 AU，近日点在地球轨道之外，完全在地球轨道之外运行，未越过地球轨道。阿波罗型小行星是指半长轴大于地球，而近日点距离小于或等于 1.017 AU 的小行星，穿越地球轨道。阿登型小行星是指半长轴小于地球，且其远日点大于 0.983 AU 的小行星，穿越地球轨道。阿提拉型小行星是指在地球近日点距离内运行的小行星，因此完全包含在地球的轨道内。到达近地小行星所需的速度增量比到月球小，具有重要的开采价值。

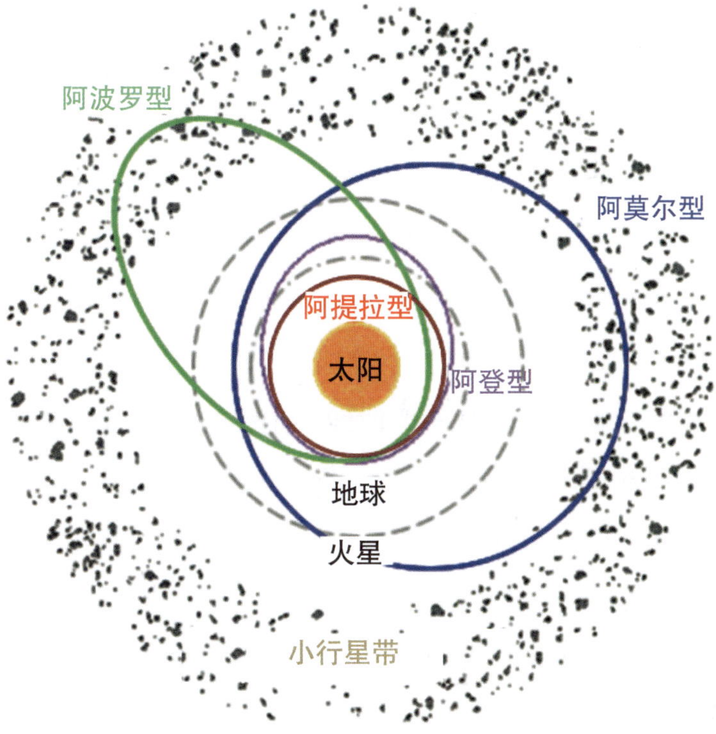

图 4-17　近地小行星轨道类型（引自 The Planets 网站）

如 3.3 节所述，近地小天体采矿体系以稀贵金属等战略性关键矿产资源开发为目标，兼顾水冰资源开发利用，主要包括近地小天体资源遥感普查系统、资源勘探器、采矿站、日地 L2 资源加工站等基础设施，下文分别介绍各设施的初步方案设想。

4.2.2 近地小天体资源遥感普查系统

资源遥感普查是开展近地小天体采矿的基础。通过已有地基天文望远镜和空间天文望远镜，以及补充建设的小天体资源普查器，获得大量光学、雷达观测数据，形成小行星观测数据库。首先基于小行星物质构成信息初步判断其开采价值，并从众多小行星中筛选出高开采价值的目标范围；然后综合轨道特性、尺寸大小和自转周期等约束因素分析小行星资源开发的可行性，从技术限制角度筛选出可开采的目标范围；最后对各目标进行深入比对分析，优选出各年代小行星开发对象，从而为未来几十年高开采价值小行星探测目标选择提供参考。

4.2.2.1 近地小天体资源普查系统设想

小天体资源普查按识别手段主要包括光学和雷达两类，按观测位置可分为地基和天基。通过天文观测，可识别小行星形状和尺寸、运动状态、物理化学特性等特征。依据颜色和光谱，并参考反照率可对小行星进行分类。不同的光谱类型可对应小天体表面成分，对于小尺寸天体，一般认为其表面和内部的组成相同。小天体的自旋状态通过光度曲线确定。由于形状和表面状态不规则，小天体转动时太阳光的表面反射亮度也会随时间改变，形成周期性的亮度变化，可用于估计自转周期，而最高亮度和最低亮度差（光度曲线振幅）反映了小天体表面特性的差异性。小行星的形状信息通过雷达观测获得，借助雷达回波可绘制小天体二维图像；若进一步结合多普勒频移效应，可判断小天体的运动特性。通过二维延时-多普勒数据，多幅不同角度的二维图像结合可重构小天体三维模型，进而反演近似引力场。通过对雷达数据分析还可获得小天体表面组成和地质地貌信息，如对粗糙表面和光滑表面，雷达回波散射特征明显不同，表面尘壤会导致回波减弱。通过远距离遥感观测，可获取小天体速度及方位等信息，并通过合适的定轨方法测算其轨道，实现对小行星的监视和编目。

太空资源可开发性评估流程如图 4-18 所示。首先通过雷达、可见光和红外光谱等手段进行资源普查。采用巡天观测获取初轨信息，持续观测并精确计算其运行轨道。结合可见光、红外、光谱等观测数据，获得地外天体的自转、形状、大小、质量、光谱等特征参数，对地外天体进行分类。结合轨道和资源类型等信息，综合考虑资源可获得性、可达性等要素，进行技术经济性分析，确定不同阶段的太空资源开发的目标天体和区域。针对目标天体部署抵近和着陆探测，开展原位勘探，获得物质成分和浓度等信息，估算资源储量。在此基础上，采用资源评估方法估计可开采的边界品位，最终确定资源开发的地外天体目标。

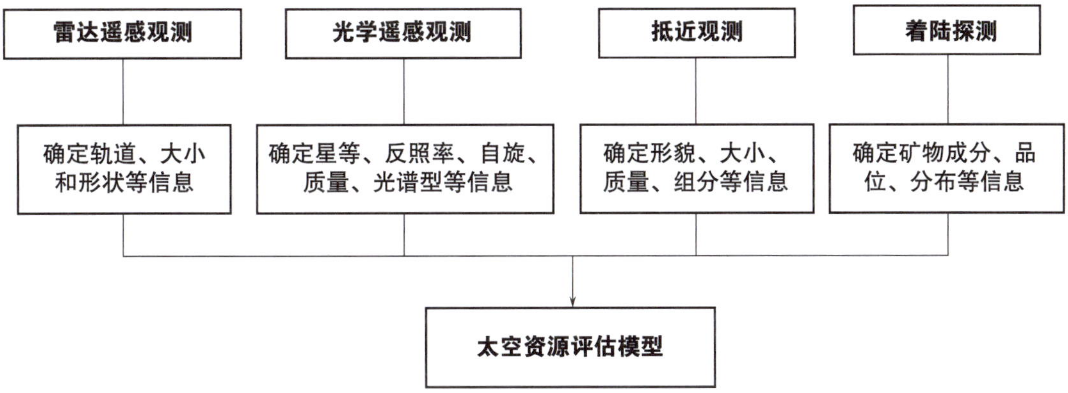

图 4-18　太空资源可开发性评估流程

结合目前已具备的观测基础，通过地基望远镜为主、天基望远镜为补充的方式，可构建天地联合的近地小天体资源普查系统。利用天文望远镜的多维观测数据，实现对视星等 21 等以内小行星的普查监测，能够获得小行星位置测量（即测角数据）、多波段测光（及光变数据）和光谱测量数据。通过材质类型分析方法和多维数据融合计算方法，分别解算得到小行星的材质类型和物理特性参数，并存入小行星数据库统一管理。可用于观测的地基望远镜如表 4-7 和图 4-19 所示。

表 4-7　小天体资源普查地基望远镜和极限探测星等

编号	望远镜名称	极限探测星等
1	江苏盱眙 1 m 望远镜	21
2	丽江 2.4 m 望远镜	23.5
3	河北兴隆 2.16 m 望远镜	22.5
4	山东威海 1 m 望远镜	21
5	新疆乌鲁木齐 1 m 望远镜	21
6	河北兴隆 1 m 望远镜	21
7	西班牙拉帕尔马岛 GTC 望远镜	27
8	俄罗斯 6 m 望远镜 BTA	24

小行星的反射光谱特征能够反映其表面物质组成、粗糙度等物理参数。小行星光谱型的分类方法主要依据反射光谱的吸收线、可见光-红外波段的光谱轮廓以及反照率等信息进行分类，包括 Tholen、Bus-DeMeo、SMASS 等三种分类方法。采用最广泛应用的 Tholen 分类法，主要考虑小行星表面材质对应的吸收特征和反照率，分为 C（碳质）、S（岩质）和 X（金属型或其他）三类。C 型小行星的光谱与碳质球粒陨石十分相似，这类小行星最为常见，所占比例最高；S 型小行星以硅质为主要成分，光谱特征与多种石质陨石类似，数目仅次于 C 型；X 型小行星根据反照率的不同还可以进一步细分，其光谱特征与含大量铁镍合金的陨石接近。具体方法是：首先基于大量已知材质类型的陨石进行光谱分析，并获取一系列用于对照的已知材质的多波段测光或光谱测量特征数据，主要是不同谱线的吸收特征和表面材质反照率；其次对最新测量的小行星多波段测光或光谱数据，分析其吸收特征和表面材质反照率等特性数据；最后将分析得到的特征数据与对照组的特性数据进行对比，找出最接近的一类，判断所测小行星的材质类型。

采用多维数据融合计算方法进行观测数据的处理。首先利用测光数据生成光变曲线数据，其次利用轨道数据计算各观测时刻小行星相对观测设备的距离、相位角等参数，之后基于上述计算值对光变数据进行归一化处理，然后根据归一化后的光变数据分析计算小行星的自转周期，最后综合上述轨道数据、光变数据、自转周期等信息，利用小行星形状反演软件解算小行星的形状参

(1) 盱眙1 m望远镜

(2) 丽江2.4 m望远镜

(3) 兴隆2.16 m望远镜

(4) 兴隆1 m望远镜

(5) 威海1 m望远镜

(6) 乌鲁木齐1 m望远镜

(7) 西班牙拉帕尔马岛望远镜

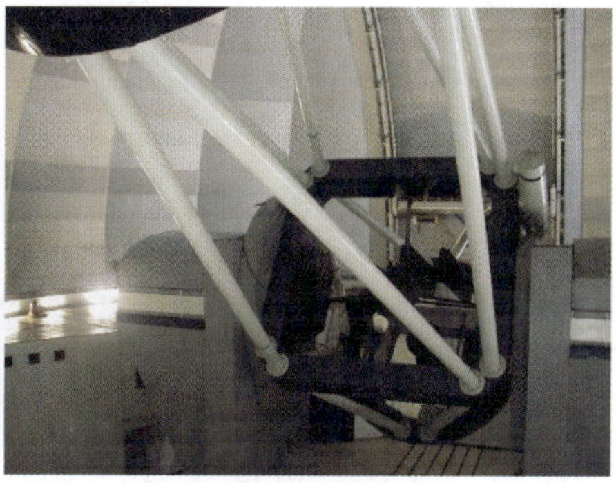

(8) 俄罗斯6 m望远镜

图 4-19　典型近地小天体观测望远镜（来自网络）

数。进一步，综合已有数据建立小行星的多维特性参数数据库。图 4-20 所示为小行星资源普查系统及数据库构建的方法。

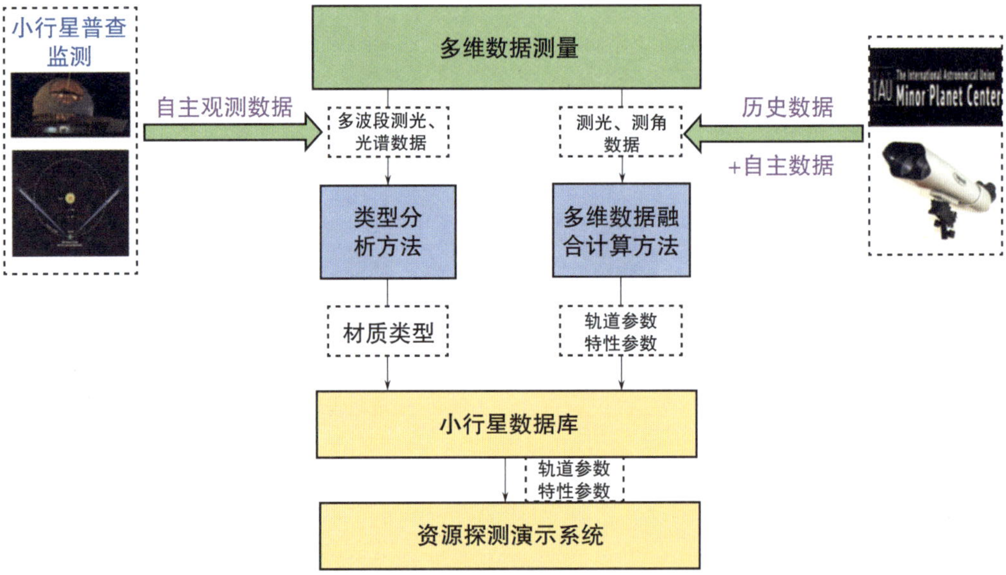

图 4-20 小行星资源普查系统及数据库构建

4.2.2.2 日地 L1 近地小天体资源遥感普查器

近地小天体资源类型的确定主要通过可见光谱和近红外光谱的特征来判定。为了更准确地确定近地小天体的物质成分等关键信息，为资源开发提供重要的数据基础，需补充天基的近地小天体资源遥感普查器，获得更准确的可见光谱和近红外光谱信息。相较地基望远镜，天基/空间望远镜在更大天区（约 3π 立体角）观测上具有搜索占空比（search duty cycle）和时效性方面的优势。更为重要的是，由于没有大气层的影响，背景噪声较小，成像质量更佳和观测波段更宽。相较可见光观测，天基红外探测具有以下优势：1）热红外波段（3~5 μm 和 8~14 μm）的背景干扰（如恒星）较少，并且小行星在热红外波长上发射的光子比在可见光波长上多数百倍；2）通过对目标的光变曲线和热发射峰的高质量成像和采样，可以将目标有效球形直径误差约束在±（10%~20%）之内；3）热红外传感器对低和高反照率目标几乎具有相等的敏感性，由于大约三分之一近地天体为暗目标，从而可以减少种群估计中的偏差来源；4）当将红外与可见光测量结合时，可以计算出可见光反照率；5）目标天体热红外波段的亮度在很大程度上不依赖于太阳相位角，因此用红外观测太阳相位角较小的区域比可见光效率更高。

对近地小天体资源遥感普查器部署在不同的运行轨道位置的综合比较表明，日地 L1 点在观测范围、红外望远镜工作条件和数据传输等方面具有明显优势，是进行近地小天体资源普查的较为理想的空间位置。

日地 L1 点位于日地连线上，在地球内侧约 1.5×10^6 km。由于地球和太阳位置关系，日地 L1 点处的普查器虽然只能监测更小范围的区域，但是所有接近的小行星都能以良好的相位角进行反复观测。观测优势包括：1）可以对地球白天方向大范围天区进行观测，能够与地基观测天区范围、发现目标类型形成互补，大幅提高巡天效能；2）有利于红外空间望远镜工程实施，对太阳一侧采用遮阳屏遮挡太阳辐射，能够实现望远镜被动制冷；3）观测时数传天线能够始终对地，有利于数据传输。考虑到 L1 点动力学特点，经过一定的轨道控制，可以长期保持对近地小天体接近最佳的监测构型。在日地 L1 点放置一颗近地小天体可见光-近红外波段资源普查器，设计极限星等为 23 等。基于上述视星等计算模型，计算了该小行星对不同等效直径的近地小天体的探测性能，如图 4-21 所示。分析结果表明，背离太阳方向，距地球约 0.1 AU 处可发现的小天体最小尺寸约为 10 m，距地球约 0.2 AU 处可发现的小天体最小尺寸约为 25 m，对于 7 天的提前期，日地 L1 点卫星对 100 m 和 140 m 的小行星覆盖均超过 70%。

4.2.2.3　高开采价值目标小行星选择

对初步遴选的小天体进行资源可用性评估并确定其开发价值，通过评估速度增量、燃料消耗及系统规模等进行技术经济性评估，选择合适的开发目标。

不同类型的小天体具有不同的开发价值和用途。C 群特别是 C 型小行星含碳质较多，其化学组成同太阳与原始太阳星云相似，一方面可探索太阳系形成和行星演化，另一方面该类小行星可能包含大量水等挥发类物质，可作为水和推进剂原料。S 群小行星是以硅质为主，还包括铁、镁等元素；X 群小行星含有大量金属，富含地球上稀缺的矿产资源，具有重大开发价值。

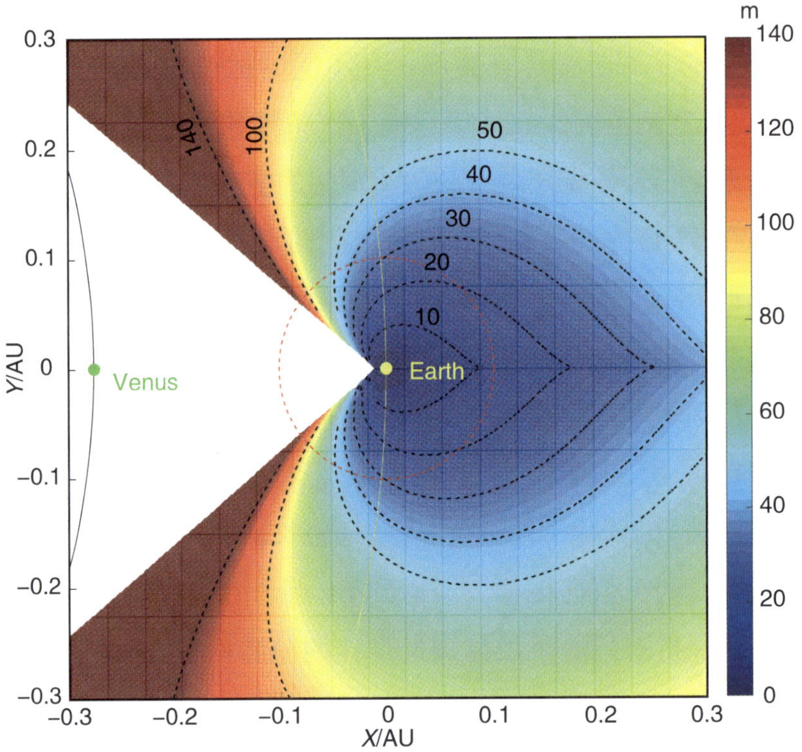

图 4-21　日地 L1 近地小天体资源普查器覆盖图

1）选择原则与方法。首先对小行星资源价值进行较全面的分析，根据小行星自身价值、开采利润和成本效益等，从众多小行星中筛选出高开采价值的目标范围，并梳理相关重要参数；再综合分析轨道特性、尺寸大小和自转周期等约束因素对小行星探测目标选取的影响，从技术限制角度筛选出未来几十年能实现开采的目标范围；最后，在融合高开采价值和特定时间下技术限制的初选目标基础上，从目标资源、发射窗口、成本效益和最小速度增量等方面对各目标进行综合的比对分析，优选出适合不同时间段的资源开发对象。

2）任务场景与需求分析。小行星采矿任务期望抵达成本低、资源含量明确且丰富。大尺寸的小行星（直径大于 100 m）易被观测且资源含量高，是首选目标；从日地 L2 点出发，抵达目标小行星，获取水资源和金属矿产资源并将其带回日地 L2 点。

3）目标初步筛选。基于小行星目标数据库资源，针对上述任务要求，综合考虑开采价值和小行星的轨道特性、尺寸大小和自转周期等技术限制因素，初步优选 12 个目标，如表 4-8 所示。参照 JPL 近地小天体目标相关任务/轨迹参数等详细信息，分析小行星的总任务速度增量 ΔV 与出发日期（Earth Departure Date）和任务持续时间（Roundtrip Flight Time）的关系，对优选小行星进行分析，得到 2035—2040 年可优选 1989 UQ，1992 BF，Anteros，2000 CO101 和 1996 FG3 作为探测目标。

表 4-8 综合考虑开采价值和技术可实现性的 12 个优选目标

序号	名称	类型	价值/美元	预估利润/美元	预计直径/m	资源成分
1	Ryugu	Cg	827.6 亿	300.8 亿	231~1 035	镍、铁、钴、水、氮、氢、氨
2	1989 ML	X	139.4 亿	43.8 亿	223~998	镍、铁、钴
3	Nereus	Xe	47.1 亿	13.9 亿	321~1 435	镍、铁、钴
4	Bennu	B	6.7 亿	1.9 亿	158~706	铁、氢、氨、氮
5	Anteros	L	5.57 万亿	1.25 万亿	1 266~5 662	硅酸镁、铝、硅酸铁
6	2001 CC21	L	1 470.4 亿	297.7 亿	302~1 352	硅酸镁、铝、硅酸铁
7	2000 CE59	L	106.5 亿	18 亿	136~607	硅酸镁、铝、硅酸铁
8	1989 UQ	B	6 007.3 亿	875.8 亿	207~927	铁、氢、氨、氮
9	1996 FG3	C	1.33 万亿	1 813.4 亿	355~1 588	镍、铁、钴、水、氮、氢、氨
10	1992 BF	Xc	29 亿	3.6 亿	190~849	铂、镍、铁、钴
11	2000CO101	Xk	292.7 亿	33.9 亿	250~1 119	镍、铁、钴
12	2000 AC6	Q	1.3 百万	14.9 万	82~367	镍、铁

4.2.3 近地小天体资源勘探器

选定小天体后，需发射资源勘探器进行抵近甚至着陆探测，确认小天体资源特征和详细信息。通过环绕探测绘制地形地貌图、勘查分析水冰和各种矿物的资源分布。通过着陆探测对小行星表面物质进行原位采样分析，获取资源开发基础数据。为降低任务风险和成本，针对多目标天体开展资源勘探，近地小天体资源勘探系统应主要发展基于立方星小卫星平台的低成本、模块化的小行星资源勘探飞行器。通过单次发射多颗资源勘探器，分别对不同近地小天体开展资源勘探。

首先从地球发射多个低成本、可重复使用的资源勘探器至位于 SEL2 点的资源加工站。资源勘探器在资源加工站补加推进剂，按需对遴选的一个或多个目标小天体实施抵近探测和原位样品分析。通过携带的微小型光谱、质谱和中子谱仪器对近地小天体的矿物类型、赋存状态和开采价值进行现场评估和确证，确认小天体矿物成分和资源品位，确定可开采的目标小天体，为实施规模化采矿任务奠定基础。执行完勘探任务后返回 SEL2，维护加注后可执行下一次任务。

（1）轨道转移

日地 L2 点处于地球引力作用范围的边界。若资源勘探器从日地 L2 出发，相较从地球轨道出发而言，避免了地球逃逸轨道段及其所需的速度增量。因此，从日地 L2 到近地小天体的速度增量会显著小于从地球轨道出发的速度增量。其轨道转移可视为两椭圆轨道间的转移。若为两共面圆轨道之间的转移（图 4–22），两冲量转移的最佳轨道为霍曼转移轨道，此时最省能量，但转移时间并不是最优。

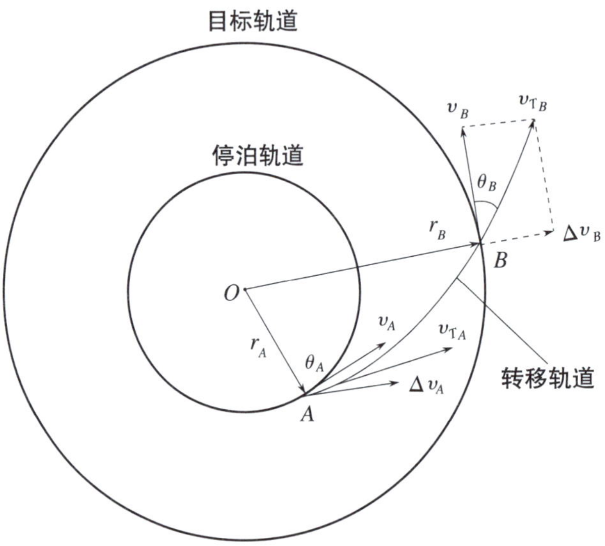

图 4–22 共面圆轨道间的转移

总速度增量为[194]

$$\Delta v = v_A\left[\frac{2n_T}{1+n_T}\left(1-\frac{1}{\sqrt{n_T}}\right)-1\right] \quad (4\text{–}28)$$

式中，$v_A=\sqrt{\mu/r_A}$，$n_T=r_B/r_A$。

一般来说，从日地 L2 向小天体的轨道转移可视为近圆轨道向椭圆轨道的转移问题。对于共面的情况，可分为共面共拱线椭圆轨道间的转移和共面不共拱线椭圆轨道间的转移。每种进一步可分为轨道间相交和轨道间不相交的情况，如图 4-23 所示。图中共面共拱线的椭圆轨道之间用二冲量进行最小能量转移，图中Ⅰ为最优转移轨道。

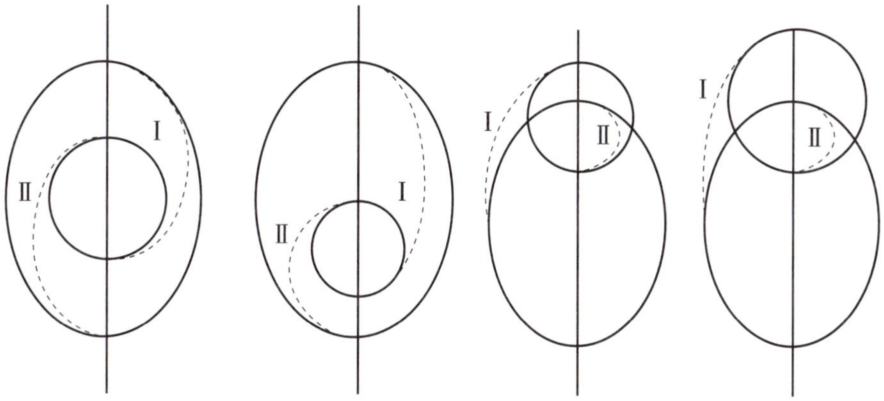

(1) 轨道Ⅰ与Ⅱ不相交　　(2) 轨道Ⅰ与Ⅱ 相交

(a) 共面共拱线转移椭圆轨道

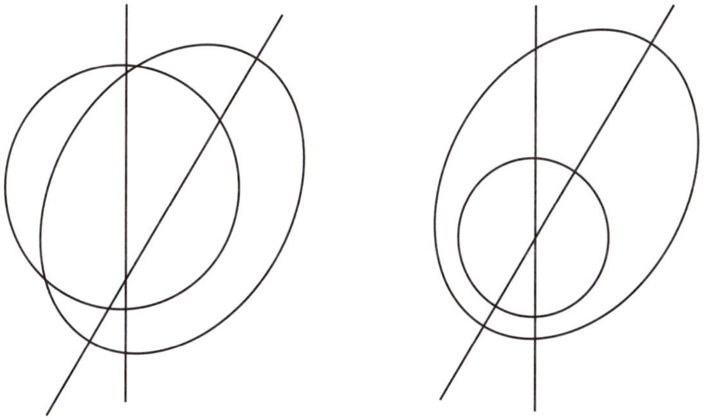

(1) 轨道Ⅰ与Ⅱ相交　　(2) 轨道Ⅰ与Ⅱ不相交

(b) 共面不共拱线转移椭圆轨道

图 4-23　日地 L2 点到近地小天体的共面椭圆轨道转移问题

图 4-24 为共面共拱线不相交、近地点方向一致的椭圆轨道，进行二冲量转移时，最优轨道应在 A 处与圆轨道相切，在 B 处与外椭圆轨道相切的椭圆轨道。初始圆轨道速度为

$$v_A = \sqrt{\mu / r_1} \tag{4-29}$$

式中，r_1 为轨道 1 的半径，μ 为引力常数。

转移椭圆轨道在 A 处的速度为

$$v_{T1} = \sqrt{\frac{\mu}{r_1}\left(\frac{\frac{2r_{a2}}{r_1}}{1 + \frac{r_{a2}}{r_1}}\right)^{\frac{1}{2}}} \tag{4-30}$$

式中，r_{a2} 为轨道 2 的远点距离。

因此，在 A 处冲量提供的速度增量为

$$\Delta v_1 = \sqrt{\frac{\mu}{r_1}\left[\left(\frac{\frac{2r_{a2}}{r_1}}{1 + \frac{r_{a2}}{r_1}}\right)^{\frac{1}{2}} - 1\right]} \tag{4-31}$$

目标轨道在远地点 B 处的速度为

$$v_2 = \sqrt{\frac{\mu}{r_{a2}}(1 - e_2)} \tag{4-32}$$

式中，e_2 为轨道 2 的偏心率。

转移轨道在 B 处的速度为

$$v_{T2} = \sqrt{\frac{\mu}{r_{a2}}\left(\frac{2}{1 + \frac{r_{a2}}{r_1}}\right)^{\frac{1}{2}}} \tag{4-33}$$

则第二冲量提供的速度增量为

$$\Delta v_2 = \sqrt{\frac{\mu}{r_{a2}}\left[(1 - e_2)^{\frac{1}{2}} - \left(\frac{2}{1 + \frac{r_{a2}}{r_1}}\right)^{\frac{1}{2}}\right]} \tag{4-34}$$

总速度增量为

$$\Delta v = \Delta v_1 + \Delta v_2 \tag{4-35}$$

由于轨道预报误差和执行误差，资源勘探器经太空轨道转移后的终态可能

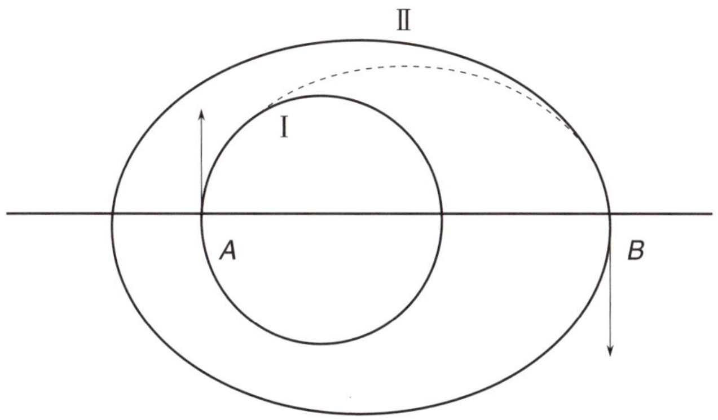

图 4-24　共拱线不相交椭圆转移轨道

距小行星存在较大的误差，需设计逼近轨道。可采用多脉冲滑移制导律进行小行星抵近轨道设计，逼近过程中共施加时间间隔相同的 N 次脉冲，将实际轨道分为 $N-1$ 段，在最后一次脉冲施加之后，资源勘探器到达满足速度和位置约束的目标点处。

（2）小行星伴飞

目标小行星与地球距离遥远，由于小行星直径较小、星历存在偏差（相对误差可达 100 km），资源勘探器和地面站间存在通信延迟，基于地基测控网的导航控制模式很难满足小行星伴飞的实时性要求。因此，资源勘探器需装载导航敏感器自主完成导航任务。由于近地小天体引力弱，难以被引力捕获，需把资源勘探器的轨道调整到与目标小行星基本相同的绕日椭圆轨道，并与目标小行星保持一定的距离相伴飞行。当小天体质量相对较大时，通常采用环绕轨道进行伴飞。资源勘探器近距离观测时，首先绘制小天体的全球地图，并利用激光高度计和双向多普勒测量获取精确的引力数据，用光学相机测量自转轴、自转周期等动力学特征，用红外成像仪测量表面温度分布，用光谱仪、中子谱仪等获得表面物质组成等信息，为资源开发提供基础数据。为实现在微弱引力的小天体表面附着，需要在伴飞过程中确定目标天体引力特性和表面形貌，以便确定着陆点，建立目标地平，确定下降策略。

小天体形状不规则，附近动力学环境与行星附近差异大，资源勘探器环绕小天体的运动较为复杂。首先建立相对运动系数与伴飞轨道参数间的关系，若勘探器不施加控制，且忽略各种摄动力的影响，相对运动方程的任意真近点角

θ_0 邻域内存在解析解

$$\begin{cases}x(\theta)=\sin\theta[d_1e+2d_2e^2H(\theta)]\\ \qquad -\cos\theta[d_2e/(1+e\cos\theta)^2+d_3]\\ y(\theta)=[d_1e+2d_2eH(\theta)]+d_4/(1+e\cos\theta)]\\ \qquad +\sin\theta[d_3/(1+e\cos\theta)+d_3]\\ \qquad +\cos\theta[d_1e+2d_2e^2H(\theta)]\\ z(\theta)=\sin\theta[d_5/(1+e\cos\theta)]\\ \qquad +\cos\theta[d_6/(1+e\cos\theta)]\end{cases} \tag{4-36}$$

式中，x、y、z 为勘探器在相对运动坐标系中的位置，相对运动坐标系 $o-xyz$ 原点为小行星质心，x 轴始终沿着小行星位置矢量方向，由日心指向小行星，z 轴与小行星轨道的角动量方向一致，y 轴与 x、z 轴构成右手坐标系。e 为小行星轨道偏心率，θ 为小行星的真近点角，$H(\theta)=\int_{\theta_0}^{\theta}\frac{\cos\theta}{(1+e\cos\theta)^3}\mathrm{d}\theta$，$d_i$ 为积分常数，可通过初始状态确定。

伴飞轨道设计的实质是消除解析解中的长期项，只保留周期项和常值项，从而得到稳定的周期轨道。由于勘探器的相对运动方程在 xy 平面内和 xy 平面外的运动相互独立，因此可单独设计。轨道设计参数与轨道形状的关系如下

$$\begin{cases}p_1=d_1+d_4=x(\theta_0)\sin\theta_0(1+\rho(\theta_0))^2/e\\ \qquad +y(\theta_0)[\rho(\theta_0)\cos^2\theta_0-\sin^2\theta_0]\\ \qquad -x'(\theta_0)\cos^2\theta_0(1+\rho(\theta_0))\\ \qquad +y'(\theta_0)\rho(\theta_0)(1+\rho(\theta_0))\sin\theta_0/e\\ p_2=d_1e=x(\theta_0)\sin\theta_0+x'(\theta_0)\cos\theta_0\\ p_3=d_3=-2x(\theta_0)\rho(\theta_0)/e\\ \qquad +y(\theta_0)\sin\theta_0-y'(\theta_0)\rho(\theta_0)/e\\ p_4=d_2^2(\theta_0)=\rho x(\theta_0)/e^2\\ \qquad +\rho^3(\theta_0)(x(\theta_0)+y'(\theta_0))/e^2\\ \qquad +\rho^2(\theta_0)\sin\theta_0(x'(\theta_0)-y(\theta_0))/e\\ p_5=d_5=z(\theta_0)\sin\theta_0+z'(\theta_0)\rho(\theta_0)\cos\theta_0\\ p_6=d_6=z(\theta_0)(e+\cos\theta_0)-z'(\theta_0)\rho(\theta_0)\sin\theta_0\end{cases} \tag{4-37}$$

式中，ρ 为探测器相对小行星的距离，θ_0 为初始时刻小行星真近点角，上标“$'$”表示相对真近点角求导。参数 $p_1 \sim p_6$ 表征了自然周期相对轨道的轨道特性，其中参数 $p_1 \sim p_3$ 决定了 xy 平面内的运动，p_5、p_6 决定了 xy 平面外的运动。绕飞轨道的中心点在 y 轴方向上的偏移程度由参数 p_1 表征，偏离距离的范围为 $[p_1/(1+e),\ p_1/(1-e)]$；绕飞轨迹在 xy 平面内的尺寸大小由其基准圆决定，其半径为 $R=\sqrt{p_2^2+p_3^2}$。轨道在 z 轴方向上的偏离程度由参数 p_5 和 p_6 表征，度量该距离的基准定义为 $Z=\sqrt{p_5^2+p_6^2}$，可求得伴飞运动方程为

$$\begin{cases} x(\theta)=p_2\sin\theta-p_3\cos\theta \\ y(\theta)=p_1/\rho(\theta)+(1/\rho(\theta)+1)(p_2\cos\theta-p_3\sin\theta) \\ z(\theta)=p_5\sin\theta/\rho(\theta)+p_6\cos\theta/\rho(\theta) \\ x'(\theta)=p_2\cos\theta-p_3\sin\theta \\ y'(\theta)=p_1\dfrac{e\sin\theta}{\rho^2(\theta)}-p_2\dfrac{\sin\theta}{\rho^2(\theta)} \\ \qquad +p_3\dfrac{e\sin^2\theta}{\rho^2(\theta)}+p_3\cos\theta\left(\dfrac{1}{\rho(\theta)}+1\right) \\ z'(\theta)=p_5\dfrac{e+\cos\theta}{\rho^2(\theta)}-p_6\dfrac{\sin\theta}{\rho^2(\theta)} \end{cases} \tag{4-38}$$

通过选择参数 $p_1 \sim p_6$，即可设计勘探器相对小行星的自然绕飞轨道。

（3）着陆附着

资源勘探器需要通过着陆附着在小天体表面，进行样品采集并利用质谱仪、拉曼光谱仪等进行物质成分和资源赋存情况的确证。

小行星着陆轨迹规划最优控制问题是建立求解着陆轨迹的优化问题，可获得一条包含状态量（探测器的位置、速度、角速度和姿态参数）和控制量的控制轨迹，驱动探测器从某一初始状态机动到小行星表面某一位置并实现附着着陆，飞行过程中满足探测器动力学和一些状态约束、控制约束及边界条件，同时使机动过程中的性能指标最优。

由于小天体自转和形状的不规则性，勘探器在着陆过程中可能会与小天体表面发生碰撞。为避免这种碰撞，必须对勘探器在下降段和最终着陆段的飞行

路径进行约束，从而保证勘探器的安全飞行。在下降段中，勘探器从距离小天体的较远位置处开始机动下降并转移到着陆点上方的区域，其主要在小天体的包络空间外围飞行，引入一个包围小天体的约束椭球如图 4-25 所示，限定勘探器在椭球外部飞行。

图 4-25　小天体的椭球约束示意

当勘探器飞行到着陆光学相机能够跟踪到着陆点的上空区域，并且即将进入到约束椭球内时，勘探器从下降段切换到最终着陆段。在最终着陆段，勘探器位于着陆点上空的区域，离小天体表面很近，椭球约束不再适用。为保证勘探器与小天体表面不发生碰撞，则要求勘探器上的着陆相机能够一直观测到着陆区域的地形地貌；另外，为了实现定点精确着陆，也需要机载相机能够在着陆过程中一直跟踪着陆点。因此，引入一个如图 4-26 所示的视场角约束，限定着陆点一直在着陆相机的视场内，即勘探器的视线和相机光轴的夹角小于相机的视场角 β。

（4）表面起飞

由于小天体引力很小，从表面起飞对应的速度增量最大约几十米每秒，相较月球起飞的代价会显著降低。推力器单次作用时间和速度增量都很小，推力选择在 1~10 N 即可满足姿控和轨道控制需求。起飞可以看作是着陆的逆过程，可利用相应的导航敏感器，首先按照规划的快速上升轨迹进入小天体包络范围之外的安全高度，然后采用多次脉冲点火方式逐渐达到伴飞高度。

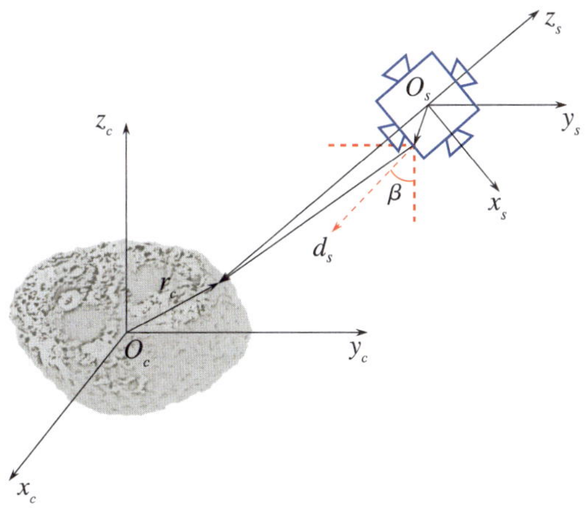

图 4-26　视场角约束

4.2.4　近地小天体采矿站

在近地小天体资源遥感普查、详查和勘探的基础上，选择具有高开采价值的小天体，发射采矿站并飞抵小天体，进行资源开采。在小天体上开采的资源可以以原始状态带回日地 L 点或地球附近，也可以就地提取有价值的材料。原位处理无疑增加了任务成本，但也减少了运输废料所消耗的推进剂，这对提高小天体采矿的经济性至关重要。通过原位开发水资源并生产推进剂，飞行器只需携带到达小天体的推进剂，回程的推进剂可在小天体原位补充加注。这不仅节省了回程的推进剂，并因为去程时携带的推进剂更少，从而进一步减少了去程轨道转移过程中的推进剂消耗。因此，近地小天体采矿时需进行原位粗加工处理，包括在小天体上开采、分选矿物资源，并提取、转化利用水资源。

小天体开采方式主要包括两大类：整体捕获开采或着陆附着开采[195]。整体捕获开采需对小天体目标进行抓捕和操控，抓捕方式包括口袋抓捕、飞网抓捕、机械臂抓捕等，操控方式包括核爆、动能撞击、引力牵引、聚光烧蚀、质量驱动等。除动能撞击已开展了在轨验证之外，其他技术尚处于概念设想阶段。初步估计，对于直径为 10 m 的小行星，采用比冲为 3 000 s 的电推进系统，若要提供 100 m/s 的速度增量，所消耗的燃料达到约 5 吨。目前航天技术能实现的操控质量约在百吨量级，因此整体抓捕开采的方式适用于 20 m 尺寸以下的小行星。由于尺寸小的小天体总资源规模有限，不适于作为开采目标。而对于总资源规模可观、具备开采效益的较大尺寸的小天体，更适合在小天体附近建立采矿站，通过着陆附着的方式在小天体表面进行资源开采活动（图 4-27）[32]。

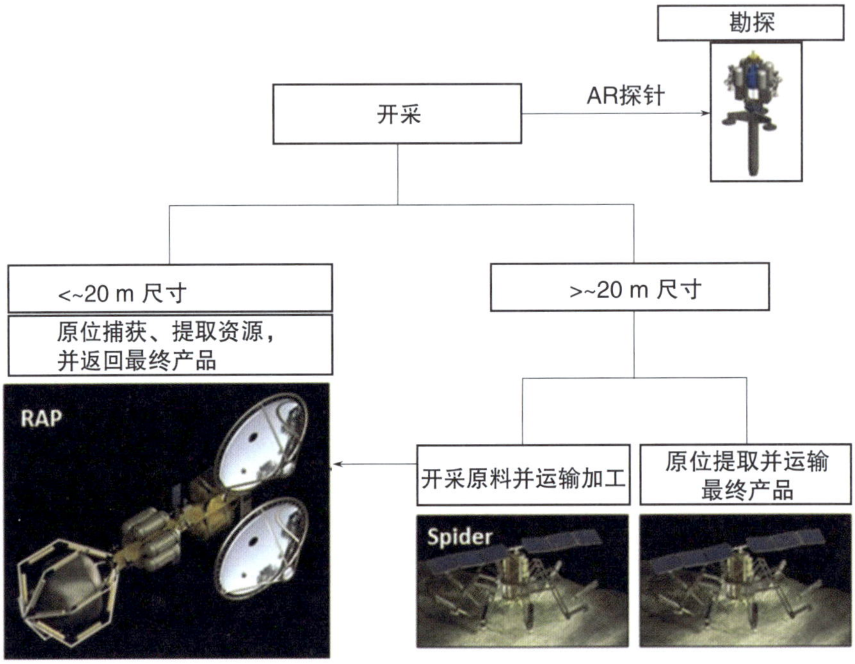

图 4-27　近地小天体采矿技术途径分析

太空资源处理需要大功率的能源。由于小行星自旋的影响，在行星表面进行资源处理其太阳能利用具有很大的局限性，能源利用率低。同时，为提升开采效率，降低系统复杂度，提升采矿体系的可靠性，需进行功能分解，采用多个独立系统完成。因此，小行星采矿站系统应包括一个与小行星伴飞的长期对日定向的资源处理站和多台在小行星表面工作的采矿机器人，初步设想如图 4-28 所示。

根据采矿方法的不同，采矿设备的质量从数百千克到数千千克不等。根据 Cooper[196]的质量分解，将采矿设备（如钻探系统、漫游车、锚固系统[197]等）设为 2 000 kg，则近地小天体采矿站总干质量为 3 000 kg[198]。

图 4-28　近地小天体采矿站系统

（1）采矿机器人

采矿机器人在行星表面采矿，并往返于星表和伴飞的资源处理站，将开采的资源运送到资源处理站进行加工（图 4-29）。采矿机器人包括采矿设备、漫游车、锚固系统等。采矿设备用于挖掘和采集小行星上的资源，通常包括挖掘机、钻具和自动化设备等。与具有一定重力条件的月球、火星等地外天体的资源开发任务不同，小行星表面处于微重力环境，采矿机器人降落在小行星表面后，在执行开采任务时的机械运动会产生反作用力和反作用力矩，容易导致采矿机器人脱离小行星引力场作用范围而飞离天体表面。因此，采矿机器人降落着陆在小天体矿区预定地点，需采用表面附着装置将机器人固定在天体表面。为实现机器人在小行星表面的多点开采，表面附着装置应具备多次附着/脱附的能力。碳质小行星主要由含冰星壤构成，采矿机器人可通过螺旋钻采设备破碎挖掘，并将颗粒物质运送到储料仓。对于金属质小行星需采用类似于目前硬质岩石钻孔机的多刀片旋转刀头进行切割开采，也可采用电脉冲、激光等新技术手段，实现破岩开采。储料仓装满后，它通过水基推进控制系统从小行星表面起飞上升并飞至资源处理站。为提高开采效率、降低任务成本和风险，可采用多个采矿机器人在星表协同开展采矿作业。

（2）资源处理站

在小天体附近以伴飞的形式部署资源处理站，它包括太阳能聚光及光伏发

图 4-29　近地小天体采矿机器人概念设计图

电装置、水与挥发分热提取装置、碎磨及筛分装置、电/磁分选装置及物料储罐等，其工作流程如图 4-30 所示。太阳能聚光及光伏装置长期保持对日跟踪定向，有效利用太阳能聚光为热提取装置提供能源，并通过光伏发电为各装置提供电力供应。采矿机器人在星表采集的矿物发射飞抵到资源处理站，并注入到原料储罐。原料首先进入热提取装置，利用太阳能聚光热量将含冰星壤加热到约 100 ℃提取水分。为提取其他挥发分和水合物可进一步加热到约 400 ℃。升华为气体的挥发分通过热辐射器分温区冷凝，可分馏收集得到水、CO_2、N_2、CO、有机物等挥发分。得到的水资源可电解为氢氧，加注给采矿机器人，为它提供能源和推进补给。碎磨及筛分装置对岩石块和星壤进行机械破碎和研磨，形成亚毫米甚至微米级颗粒，并通过机械振动等方式开展颗粒物粒径筛分。分选设备采用电/磁等适用于真空、微重力环境的分离方法，对金属矿物颗粒进行富集。富集的金属矿物颗粒储存在储罐中，其余的废料排出到宇宙真空中。原料经资源处理站处理后，获得的矿产资源分类储存在资源罐中，包括水储罐、挥发分储罐和金属矿物储罐等。这些矿物资源由资源运输器运输到日地 L2 资源加工站进行进一步的加工处理。

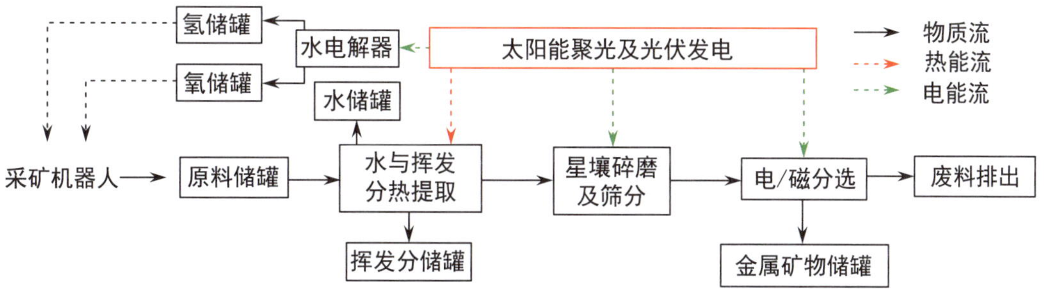

图 4-30　近地小天体资源预处理流程

4.2.5　日地 L2 资源加工站

由于小天体距地球遥远，不利于资源的开采和运输。小天体经过开采和分选后，高价值的矿物成分需转运到地月和日地拉格朗日点等特殊空间位置建立的太空资源加工站，进行进一步转化利用和矿物冶炼。以太空资源加工站为集散中心，可开展近地小天体的规模化资源开发利用。

太空资源加工站的建站位置选择应主要考虑地球安全性（无碰撞危险）、资源开发便捷性（太阳能丰富，适合开展资源加工生产）、资源运输成本（为地月活动、深空任务提供低成本补给）、轨道稳定性等几个方面（表 4-9）。经综合比较，兼顾地月空间活动和近地小天体开采，日地 L2 点建立资源加工站是比较合适的空间位置。

表 4-9　不同目的地对比分析

捕获目的地	地球安全性	资源开发便捷性	资源运输成本	轨道稳定性
地球低轨	低	低	高	低
地球高轨	低	低	中	高
环月轨道	高	中	中	高
地月 L1	中	高	低	中
地月 L2	高	高	低	中
地月 L4/5	高	高	低	高
日地 L2	高	高	低	中

日地 L2 点资源加工站的主要功能是将从近地小天体开采的水和挥发分资源、金属矿物资源进一步加工处理，提炼转化为地球可持续发展迫切需要的稀

贵金属资源，以及深空可持续探索迫切需要的推进剂、设备制造维护所需的金属材料等（图 4-31）。其中推进剂制备过程与 EML1 中继补给站类似，请参考 4.1.4 节内容，这里不再赘述。对于金属冶炼，目前主要有氢还原、碳热还原、卤素还原等气基还原方法，但因需要提供大量还原气体，不适合太空应用。针对星壤的熔融氧化物电解（Molten Oxide Electrolysis，MOE）可用于电还原生产主要金属元素，虽然成熟度低、反应温度高，但由于原则上只需太阳能提供能源和选矿后的星壤作为原料，不需要从地球供给其他资源，是非常适合进行太空冶炼的工艺方法。因此，资源加工站选择熔融氧化物电解方法研制矿物冶炼炉，并通过太阳能聚光为矿物冶炼提供热能，通过光伏发电为矿物电解提供电能。通过控制电解电压，不仅可电解获得钛、铁等金属资源，而且还可精炼得到稀土元素和铂族金属。图 4-32 所示为日地 L2 资源加工站概念图。

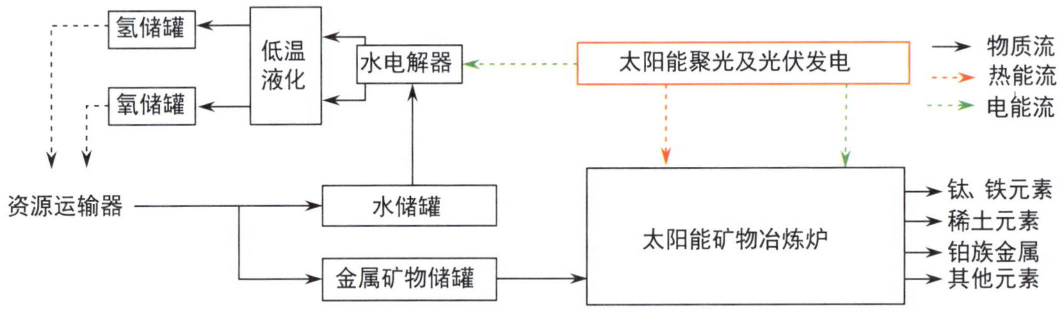

图 4-31　日地 L2 资源加工站工作原理图

4.2.6　近地小天体资源估计

非碳质小行星估计包含有约 20%的金属铁镍合金，6%的硫化铁和大量的橄榄石、辉石和长石，少量的稀土元素和贵金属（尤其有铂族元素），以及非金属物质（如砷、硒、磷、碳、硫等）。硅质小行星很可能包含有大量的半导体材料、金属和挥发分等。硅质小行星也可能含有铂族元素金属，但是含量比金属质小行星低。在非碳质陨石中，最重要的元素为自然铁镍合金。铁和镍在占地球上 90%的球粒陨石和所有的铁陨石中存在。金属质小行星主要成分为自然铁镍合金，并含有丰富的铂族元素。除彗星外，近地小行星中含水的主要是碳质小行星。已经广泛观测到小行星上存在含水矿物[199,200]，水一般占据碳质

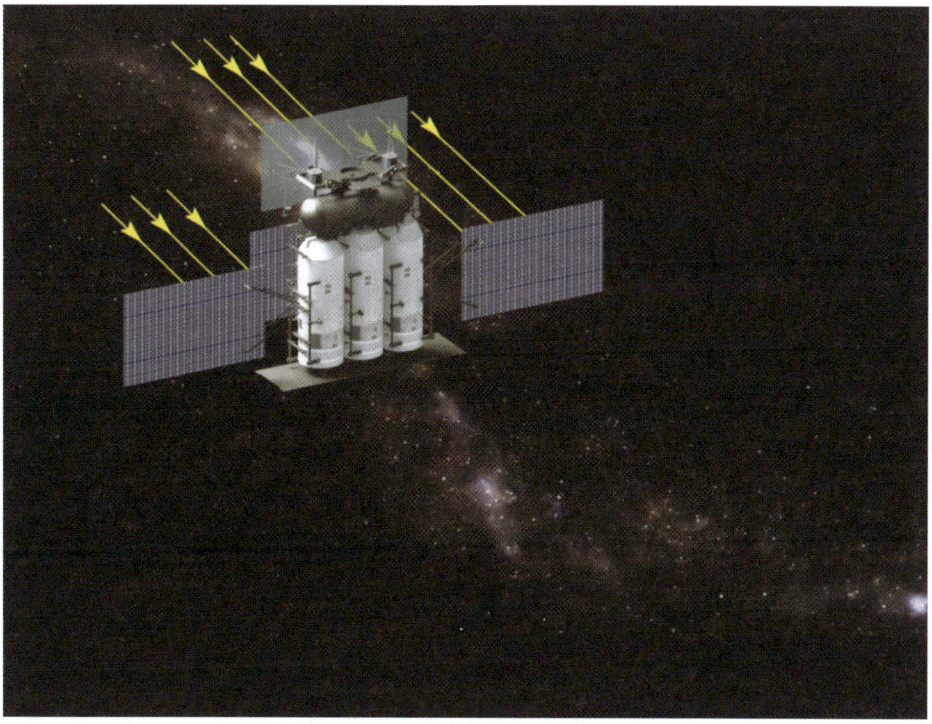

图 4-32　日地 L2 资源加工站概念图

小行星质量的 8%~10%[70]，在某些富含水分的 C 类小行星中水含量可高达 20%。如果近地彗星可以被开采利用的话，水含量可达彗星质量的 50%。表 4-10 所示为小行星矿物和化学组分表。

表 4-10　小行星矿物和化学组分表[201]

	矿物	C2 型	C1 型	S 型	M 型	月壤
金属	Fe	10.7%	0.1%	6%~19%	88%	0.1%
	Ni	1.4%	—	1%~2%	10%	—
	Co	0.11%	—	0.1%	0.5%	—
挥发分	C	1.4%	1.9%~3.0%	3%	—	0.014%
	H_2O	5.7%	12%	0.15%	—	0.045%
	S	1.3%	2%	1.5%	—	0.12%

续表

	矿物	C2 型	C1 型	S 型	M 型	月壤
氧化物	FeO	15.4%	22%	10%	—	15.8%
	SiO_2	33.8%	28%	38%	—	42.5%
	MgO	23.8%	20%	24%	—	8.2%
	Al_2O_3	2.4%	2.1%	2.1%	—	13.8%
	Na_2O	0.55%	0.3%	0.9%	—	0.44%
	K_2O	0.04%	0.04%	0.1%	—	0.15%
	P_2O_5	0.28%	0.23%	0.28%	—	0.12%
	CaO	—	—	—	—	12.1%
	TiO_2	—	—	—	—	7.7%
物理性质	密度/(g/cm^3)	3.3	2.0~2.8	3.5~3.8	7.0~7.8	1.5~1.9

在小行星的样品返回地球之前，小行星的主要成分可通过将其反射光谱与陨石的反射光谱进行比较来推断，但其微量元素成分只能通过陨石样品的化学分析来推断。通过分类法的矿物学解释以及将这些分类法与陨石联系起来，是评估其成分的主要方法。一般来说，属于 S 类的小行星与普通球粒陨石有关（OCs），富含硅酸盐成分。C 类小行星与水合碳质球粒陨石（CCs）中的 CI 和 CM 等有关，它含有高百分比的水以及有机化合物。与 S 类和 C 类相比，X 类小行星（X，Xc，Xe 和 Xk）的组成具有较高的不确定性，它们与无水的 CV/CO 碳质球粒陨石、顽辉石球粒陨石、石铁陨石和铁陨石等有关。X 类小行星与地球上富含 PGM 的铁陨石紧密相关，因此，X 类近地小行星被认为是贵金属的潜在来源。参考对陨石成分的分析，某些元素（例如，高度亲铁元素）的丰度高于地球和月壳岩石，PGM 的浓度远高于地壳中最丰富的矿体浓度。根据陨石成分分析，碳质小行星 PGM 浓度可达数百甚至上千 ppb 甚至更高（表 4-11）[202]。

表 4-11　不同碳质类陨石的平均元素浓度

	Os/(ng/g)	Ir/(ng/g)	Ru/(ng/g)	Pt/(ng/g)	Rh/(ng/g)	Co/(μg/g)	Au/(ng/g)	Pd/(ng/g)	Ni/(μg/g)	Cr/(μg/g)
CI	502	472	717	959	135	521	139	563	10 863	2 796
CO	784	725	1 081	1 206	—	688	187	685	13 562	3 502

续表

	Os/（ng/g）	Ir/（ng/g）	Ru/（ng/g）	Pt/（ng/g）	Rh/（ng/g）	Co/（μg/g）	Au/（ng/g）	Pd/（ng/g）	Ni/（μg/g）	Cr/（μg/g）
CM	675	605	909	1 112	159	583	165	649	12 393	3 058
CV	807	758	1 150	1 443	209	641	143	707	13 629	3 557
CK	825	772	1 121	1 560	213	647	121	749	12 518	3 627
CR	655	622	926	1 208	—	666	123	734	13 794	3 810
CH	1 155	1 066	1 566	1 596	—	1 125	249	964	25 716	3 393
CB[a]	2 850	2 635	4 120	—	—	2 360	278	—	51 750	2 825
CB[b]	3 523	3 235	4 609	5 838	1 084	2 983	511	3 277	66 431	2 058
CB[c]	—	480	—	—	—	555	109	—	11 600	4 110
K	673	628	961	—	—	786	212	—	17 172	2 575
R	648	609	904	—	—	700	137	—	14 366	3 563
H	805	749	1 135	1 559	230	763	210	825	16 846	3 470
L	537	500	745	1 028	166	570	152	613	12 930	3 648
LL	364	336	522	707	115	452	119	500	9 581	3 519
L/LL	490	438	662	847	—	514	148	634	12 766	3 765
EH	647	573	927	1 183	191	856	326	928	18 006	3 076
EL	629	566	866	1 140	185	727	245	741	14 676	3 148

注：a 整体，b 金属分数，c 硅酸盐分数。

如表 4-12 所示，有两类小行星含有高丰度的铂族金属：金属质小行星（参考铁陨石）和碳质小行星（参考 LL 球粒陨石）。在 LL 球粒陨石的陨石样本中发现了高丰度的铂、铑、铱、钯和金（总 PGM 含量超过 50 克/吨），在某些其他类别的小行星中丰度也比较高[203]。在 LL 球粒陨石的各种陨石样品中，发现了铂、铑、铱、铼、锇、钌、钯、锗和金（丰度范围为 1.1～30.7 克/吨），铁陨石样品中发现了高达 63.8 克/吨的铂丰度，显著高于地球上含量高的铂矿丰度 2～6 ppm[204,205]（南非布什维尔德矿床的梅伦斯基矿脉是主要含铂矿体，铂金属质量分数为 4 ppm[206]）。

表 4-12　小天体铁和贵金属丰度（LL 碳质含 2.08%的金属）

金属	平均 LL 球粒陨石小行星的金属丰度	优质铁小行星的丰度（Ir、Pt 的 90%）	“最佳”铁小行星丰度（Ir、Pt 的 98%）
Fe	63.7%	81%~94%	82%~94%
Co	1.57%	0.46%~0.80%	0.43%~0.75%
Ni	34.3%	5.6%~18.0%	5.4%~16.5%
稀有金属:			
Ge	1 020 ppm	0.06~70 ppm	0.05~35 ppm
Re	1.1 ppm	1.1 ppm	2.4 ppm
Ru	22.2 ppm	20.7 ppm	45.9 ppm
Rh	4.2 ppm	3.9 ppm	8.6 ppm
Pd	17.5 ppm	2.6 ppm	1.2 ppm
Os	15.2 ppm	14.1 ppm	31.3 ppm
Ir	15.0 ppm	14.0 ppm	31.0 ppm
Pt	30.9 ppm	28.8 ppm	63.8 ppm
Au	4.4 ppm	0.16~0.70 ppm	0.06~0.6 ppm

注:计算数据来源于:Mullier et al. 1971, Buchwald 1975, Malvin et al. 1984, Rasmussen et al. 1984, Hirata and Masuda 1992, and Morgan et al. 1992.

具有开采价值的富矿小天体的数量估计为[207]

$$N_{ore} = P_{ore} N_{M>M_{min}} \tag{4-39}$$

式中，$N_{M>M_{min}}$ 为质量大于可营利的最小质量的小天体数量；P_{ore} 为富矿小天体的百分比，可通过如下概率因子相乘计算

$$P_{ore} = P_{type} P_{rich} P_{acc} \tag{4-40}$$

式中，P_{type} 为某类小天体的占比；P_{rich} 为该类小天体富含矿物的概率；P_{acc} 为受限于速度增量的可达性概率。

分析从日地 L2 点周期轨道出发探测小行星的转移方案，可利用 L2 点 Halo 轨道的不稳定流形从平衡点附近区域逃逸进入星际空间，然后优化至小行星的多脉冲转移轨道。以周期轨道出发相位、流形运动时间、转移时间、深空机动大小为优化变量，对近地小行星数据库内的目标进行遍历搜索，表 4-13 给出速度增量要求较低的目标对应情况。其中 Δv_{SE}，Δv_{DSM}，Δv_{IN} 分别为探测器在离开日地 L2 点、深空机动和与小行星交会的速度增量，ΔT_1，ΔT_2 分别为深空机

动距离出发、交会距离深空机动的时间。

表 4-13　日地 L2 点 LPO 出发的小行星交会成本

目标小行星	Δv_{SE} (km/s)	Δv_{DSM} (km/s)	Δv_{IN} (km/s)	ΔT_1 (days)	ΔT_2 (days)	Δv_{total} (km/s)	ΔT_{total} (days)
2013 WA44	1E-6	1.21	0.86	381.90	510.42	2.08	892.32
2000 SG344	4.7E-6	0.67	1.05	52.24	889.78	1.72	942.02
2020 OK5	3.1E-5	0.11	0.85	789.55	209.80	0.96	999.35
2020 PJ6	2.9E-5	0.24	0.66	476.01	1 147.17	0.90	1 623.18
2021 UL7	9.7E-5	0.002	0.51	231.52	1 122.77	0.51	1 354.29
2013 BS45	8.6E-5	0.74	0.25	1 525.37	248.48	0.98	1 773.85
2016 TB57	7.9E-5	0.14	1.02	268.45	857.27	1.17	1 125.72

根据小天体的资源特征，主要针对金属质小行星和碳质小行星开展稀贵金属和水资源的开采。小天体的可开采资源总量主要取决于小天体总质量和矿物品位。小天体的总质量可通过体积和密度来估计。体积可以通过使用等效球面直径来估计，JPL SBDB 和 LCDB 都可提供直径数据，在没有数据的情况下，可使用绝对星 H 和几何反照率 p_v 来估计等效球面直径

$$D = 10^{3.1236-0.5\lg p_v-0.2H} \tag{4-41}$$

小天体中某类资源的开采质量估计为

$$M_{r,i} = \frac{\pi}{6}\epsilon\rho_s D_s^3 c_{r,i} \tag{4-42}$$

式中，ϵ 为资源提取率；ρ_s 为某类小天体的平均密度；D_s 为小天体直径；$c_{r,i}$ 为第 i 种资源在小天体中的浓度。

按表 4-12 进行估算，可得到不同尺寸的小天体的多种资源储量[171]。对于典型 LL 碳质小行星来说，它不仅有大量的贵金属可为地球可持续发展提供资源供应，还有丰富的水资源（按 10% 估计）和巨量的铁、钴、镍等资源，可为太空资源开发和太空工业发展提供物资基础。如图 4-33 所示，典型碳质小行星的铂族元素、铁钴镍金属元素和水资源储量丰富，随小天体直径增大，资源储量有数个数量级的增加。例如，50 m 直径的小天体铂元素储量约百千克，1 km 直径的小天体铂元素储量达千吨，而 3 km 直径的小天体铂元素储量

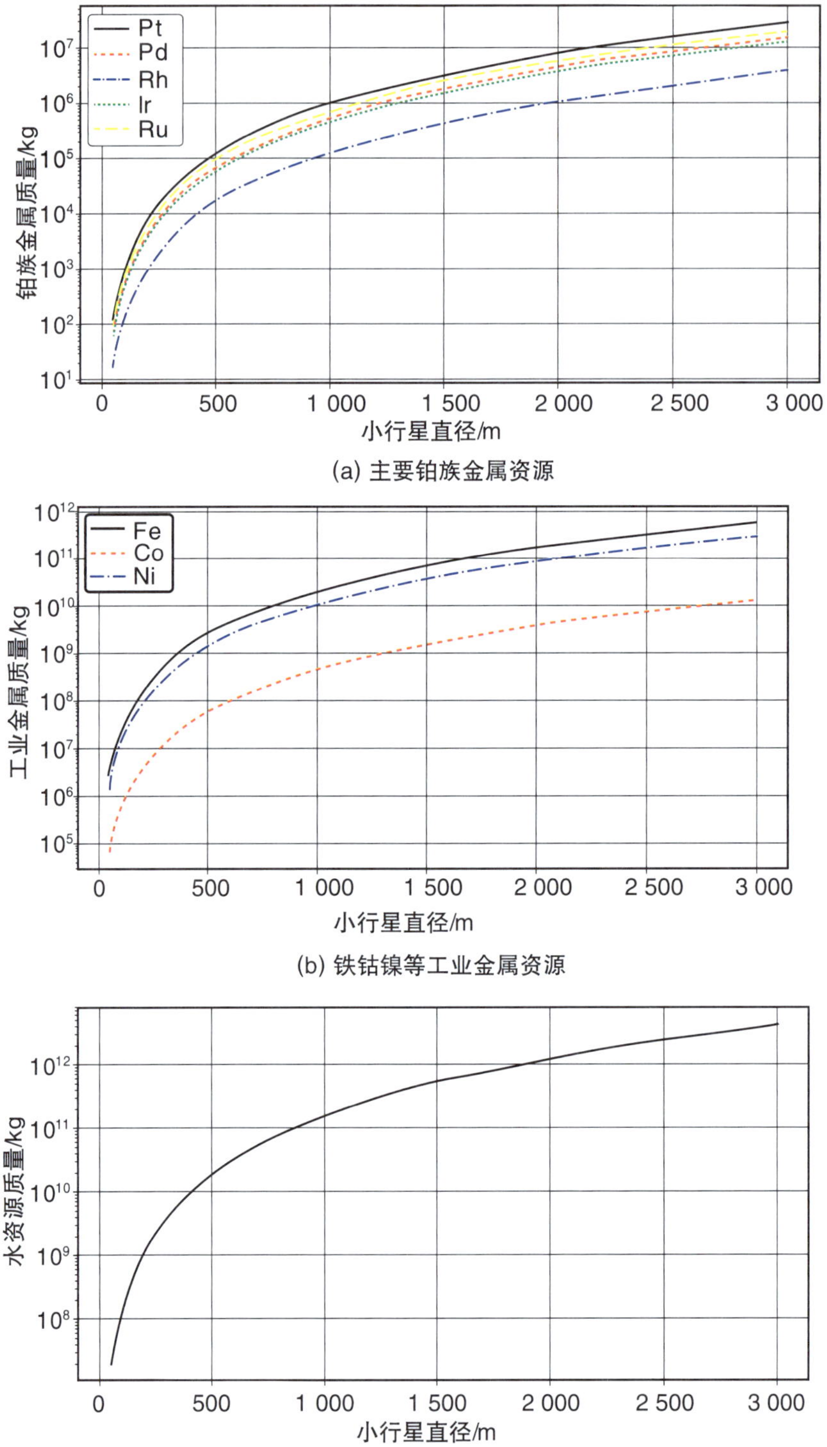

(a) 主要铂族金属资源

(b) 铁钴镍等工业金属资源

(c) 水资源

图 4-33　不同直径的典型碳质小行星资源估计

达万吨，远高于地球约 200 吨的年产量。另外，碳质小行星还有更为丰富的铁钴镍金属元素，例如，50 m 直径的小天体铁元素储量约千吨，1 km 直径的小天体铁元素储量达千万吨，而 3 km 直径的小天体铁元素储量达 2 亿吨，是地球约 20 亿吨的年产量的十分之一，可为太空工业化提供重要的物质基础。水资源储量也非常丰富，例如，50 m 直径的小天体水储量约万吨，1 km 直径的小天体水储量达亿吨，而 3 km 直径的小天体水储量达 20 亿吨，可为太空规模化活动提供推进和能源物资。

如图 4-34 所示，典型金属质小行星的铂族元素和铁钴镍金属元素储量更为丰富。例如，50 m 直径的小天体铂元素储量约 10 吨，1 km 直径的小天体铂元素储量近 10 万吨，而 3 km 直径的小天体铂元素储量达百万吨。铁钴镍金属元素储量十分可观，例如，50m 直径的小天体铁元素储量约 10 万吨，1 km 直径的小天体铁元素储量达 10 亿吨，而 3 km 直径的小天体铁元素储量达百亿吨，超过地球的年产量。

小天体的开采总价值为

$$P_s = \sum_i M_{r,i} p_{r,i} \tag{4-43}$$

式中，$p_{r,i}$ 为第 i 种资源的价格。

参考典型铂族金属的报价[205] 来估计 PGM 的总价值（包括铂、钯、铑、铱、钌），参考地球向高轨的发射成本来估计太空水资源的价值，图 4-35 给出了不同直径的典型碳质小行星价值估计。50 m 直径的小天体 PGM 价值不到 1 亿元人民币，1 km 直径的小天体 PGM 价值近万亿元人民币，而 3 km 直径的小天体 PGM 价值近十万亿元人民币。若考虑开采的水资源为太空提供资源服务，则其开采价值更高，50 m 直径的小天体水资源价值达万亿元人民币，1 km 直径的小天体水资源价值约亿亿元人民币，而 3 km 直径的小天体水资源价值约百亿亿元人民币。图 4-36 给出了不同直径的典型金属质小行星价值估计。50 m 直径的小天体 PGM 价值近 10 亿元人民币，1 km 直径的小天体 PGM 价值近百万亿元人民币，而 3 km 直径的小天体 PGM 价值超千万亿元人民币。因此，尺寸大的小行星更具有开采价值。

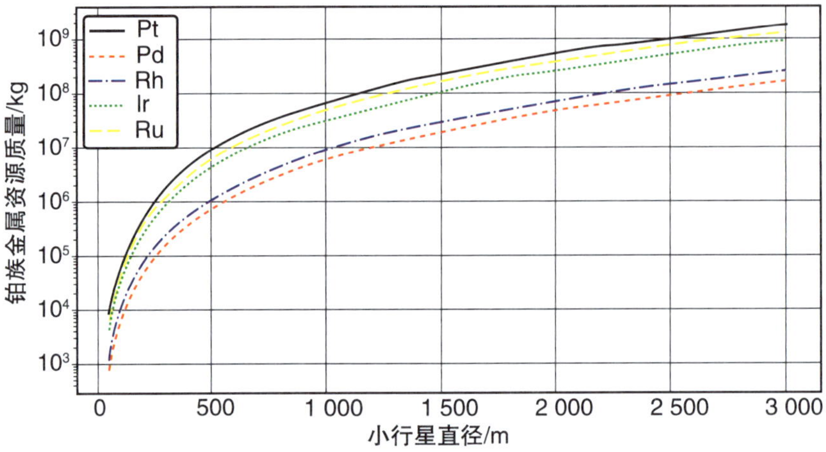

(a) 主要铂族金属资源

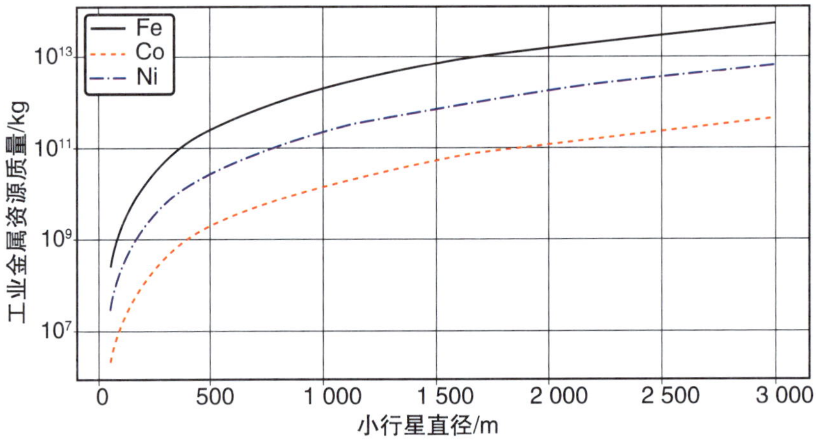

(b) 铁钴镍等工业金属资源

图 4-34　不同直径的典型金属质小行星资源估计

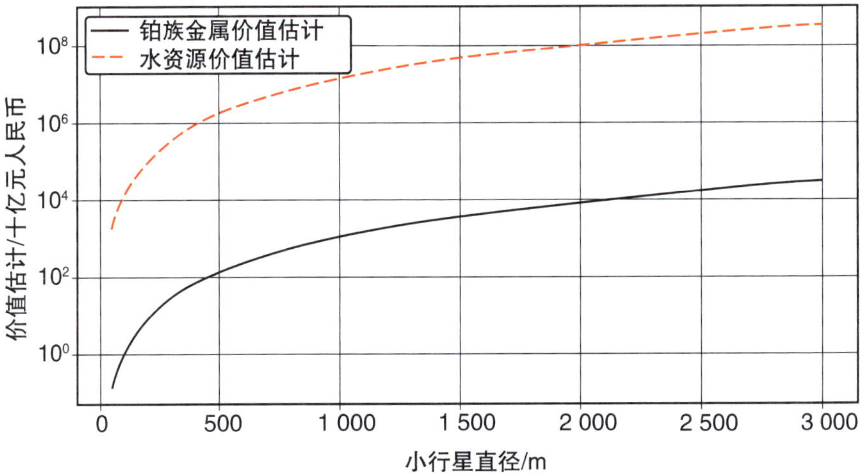

图 4-35　不同直径的典型碳质小行星价值估计

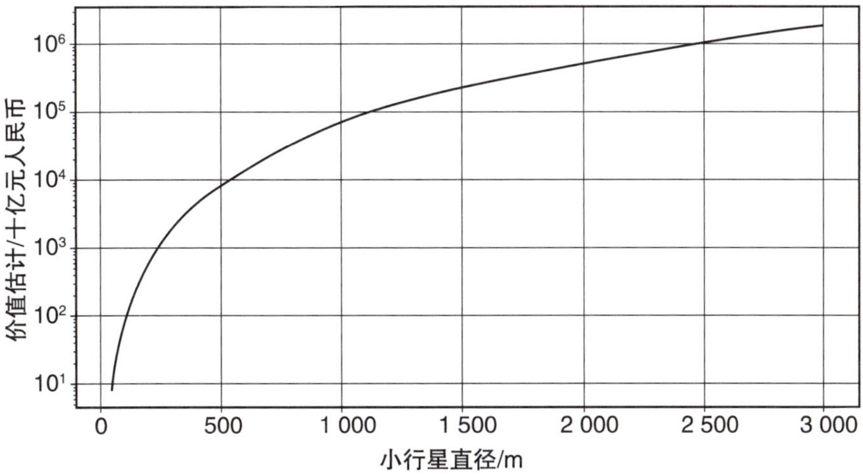

图 4-36　不同直径的典型金属质小行星价值估计

4.2.7　初步效益评估

对于具体的近地小天体采矿任务，需综合考虑矿物运输成本和获得的矿物收益。参考月球资源开发初步效益评估，对于不到 3 km/s 的速度增量，若资源运输器携带往返的推进剂，则会导致资源运输能力极为有限，应在采矿小天体上原位生产并加注返程推进剂，才能有效降低运营成本。

因碳质小行星在近地小天体中百分比高，易于选取采矿目标，可同时获得金属资源和水资源，因此下面以碳质小行星为例进行分析。近地小天体采矿站在目标小天体通过采矿机器人进行资源开采，并运送到伴飞资源处理站进行水资源提取和推进剂制备。因碳质小行星仅含有约 2%的金属，需在伴飞资源处理站进行矿物分选。资源运输器在目标小天体和 SEL2 资源加工站之间往返飞行，将在小天体开采的金属矿物和水资源运送到 SEL2 资源加工站进行金属冶炼和推进剂制备。

资源运输器干重为 M_{RT}，包括推进系统干重 M_{pn}、水储箱干重 M_{wn}、金属矿物储箱干重 M_{mn} 及平台其他质量 M_{pf}，即

$$M_{RT} = M_{pn} + M_{wn} + M_{mn} + M_{pf} \tag{4-44}$$

资源运输器从 SEL2 资源加工站到采矿的近地小天体所需的最小去程推进剂质量为

$$M_{p,DA} = M_{RT}(e^{\frac{\Delta V_{DA}}{g_0 I_{sp}}} - 1) \tag{4-45}$$

式中，ΔV_{DA} 为从 SEL2 到近地小天体的速度增量。

假定资源运输器每次从近地小天体运输质量为 M_m 的金属矿物以及质量为 M_w 的水资源到 SEL2 资源加工站，则所需的最小返程推进剂质量为

$$M_{p,AD} = (M_{RT} + M_m + M_w)(e^{\frac{\Delta V_{AD}}{g_0 I_{sp}}} - 1) \tag{4-46}$$

式中，ΔV_{AD} 为从采矿的近地小天体到达 SEL2 的速度增量。

因返程推进剂在近地小天体原位获得，则扣除去程的推进剂消耗后，每次运输任务后资源加工站获得的净物资为

$$\Delta M_D = M_m + M_w - M_{p,DA} \tag{4-47}$$

式中，水资源增量为 $M_w - M_{p,DA}$。

假设资源运输器干重为 5 吨，根据以上估计方法，可计算得到从采矿的近地小天体向资源加工站运输的物资量随速度增量的关系（图 4-37）[171]。随着速度增量的增加，返程的推进剂消耗会显著增加。例如，在矿物运输量为 50 吨时，1 km/s 速度增量时消耗返程推进剂约 15 吨，2 km/s 速度增量时约 35 吨，4 km/s 速度增量时约 90 吨，代价非常高。再参考矿物运输量和获得的铂族金属质量与价值呈线性关系（图 4-38），单程矿物运输量越大，获得的铂族金属收益就越大，例如，单程运输矿物为 20 吨时，可获得价值 50 万元人民币的铂族金属，而单程运输矿物为 50 吨时，可获得价值 140 万元人民币的铂族金属。因此，需综合权衡，选择合适的矿物运输量。若配备 100 台可运输 50 吨矿物的资源运输器，每月执行一次矿物运输任务，则该小天体采矿获得的铂族金属年收益约为 17 亿元人民币。

速度增量与小天体的可达性有直接的关系，速度增量越大，可到达、可开采的小天体就越多。从低地球轨道到近地小天体的速度增量范围为 3.8～28.0 km/s，中值约为 6.65 km/s[208]。进一步分析表明，选择 4.5 km/s 的速度增量可倍增甚至四倍增有效载荷质量。从 SEL2 出发到达 NEO，相较 LEO 出发可节省约 3.34 km/s 的速度增量（图 3-6）。去程速度增量影响在 SEL2 点的加注量，造成资源消耗。当每次从小天体运回 5 吨水时，扣除去程的推进剂资源

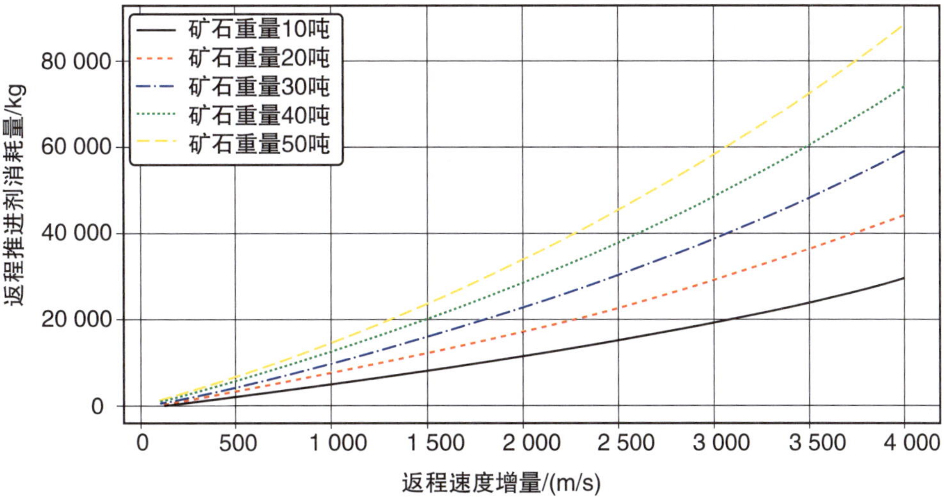

图 4-37　不同矿石运输量下返程推进剂消耗量估计

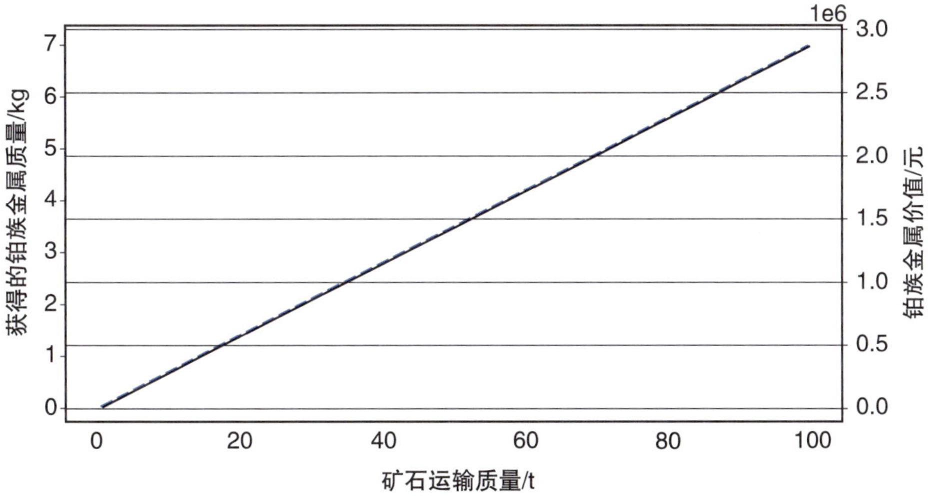

图 4-38　不同矿物运输量可获得的 PGM 质量和价值

消耗后，加工补给站获得的水资源净收益如图 4-39 所示。可以看到，当速度增量超过 3 km/s 后，从小天体获得的水资源变为推进剂后会在下一个去程中消耗完，净收益为零甚至为负值。因此，需选择速度增量较小的目标星开展开采工作，当速度增量为 2 km/s 时，水净收益超过 2 吨，价值接近 2 亿元。从图 4-40 可以看出，增加小天体水资源运输量可线性增加水的净收益，在速度增量为 2 km/s 时，小天体水资源运输量为 3 吨时，水的净收益为零。当每次水资源运输量为10吨时，约获得7吨的净收益，即每次运输获得价值约6亿元人民币的水资源。若配备10台可运输3吨水资源的资源运输器，每月执行一次运输任务，则该小天体采矿获得的水资源年收益约为729亿元人民币。

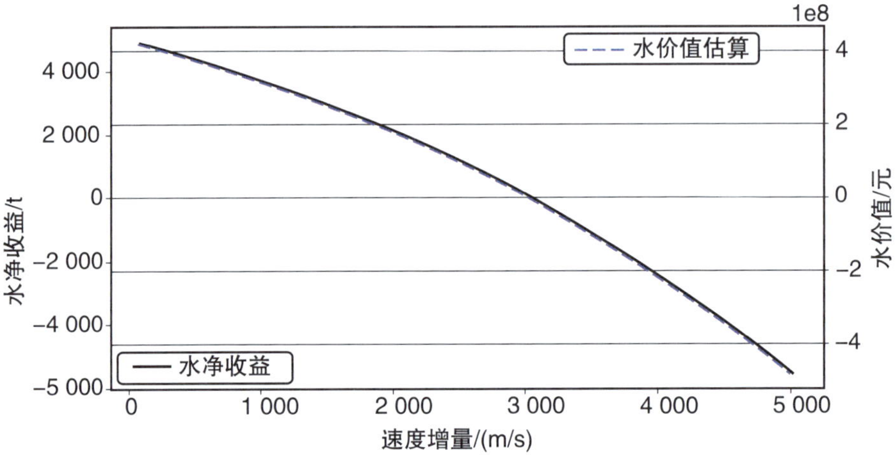

图4-39　不同去程速度增量下加工补给站获得的水资源净收益

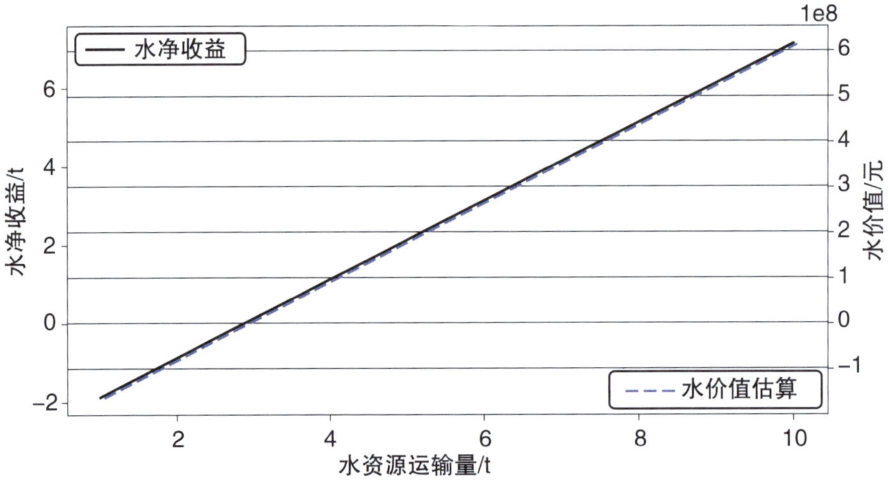

图4-40　不同小天体水资源运输量与水的净收益的关系

4.3 小结

本章结合月球和近地小天体的资源特点，提出了月球资源开发体系与近地小天体采矿体系方案设想。主要结论如下：

1）水资源开采及推进剂的原位制备与补给设施是太空资源开发体系的基础，可有效降低成本，取得正收益，并具备将地外天体资源运回地球的能力。月球资源开发体系的初步效益评估分析表明，只有月球表面和地月 L1 中继补给站均具备推进剂原位制备和补加能力后，才能避免月球着陆上升器携带返程推进剂，推进剂的消耗质量才会显著低于从月面获得的水资源质量，开采任务才能具有正收益。同样地，近地小天体采矿体系初步效益评估表明，只有在近地小天体和日地 L2 资源加工站均具备推进剂原位制备和补加能力后，才能避免资源运输器携带返程推进剂，推进剂的消耗质量才会显著低于从小天体获得的水资源质量，才能具备将近地小天体开采的资源运回地球的能力。

2）资源综合处理与加工补给站具有综合资源开发能力，是获得高经济效益的重要手段。月球综合处理站不仅开采氦资源，还可提取水、CH_4、CO_2 等挥发分资源。进一步地，可冶炼钛铁矿等资源提取铁、钛等金属，为月球建设提供重要基础资源，还可通过精炼获得稀土元素、核燃料等地球可持续发展的元素。如果仅提取氦-3 资源，则由于其浓度较低，资源处理量非常大，太阳能需求高，导致效费比很低，难以形成经济效益。近地小天体采矿站不仅可分馏收集得到水、CO_2、N_2、CO、有机物等挥发分，而且可分选高价值矿物，并运输至日地 L2 资源加工站，进一步获得钛、铁等金属资源，并提取稀土元素和铂族金属资源。

3）在两天体间拉格朗日点等战略位置设置资源加工与中继补给站，可以形成物质和信息的中继能力。地月 L1 中继补给站通过制备推进剂，不仅可以通过资源运输器为近地卫星提供推进剂补加服务，而且可以像地球高速公路加油站一样，为月球、深空飞行器提供推进剂补加，支撑更大范围机动飞行能力和更大规模的宇宙探索能力。日地 L2 资源加工站通过制备推进剂，不仅可全面为近地小天体的资源勘探与开采提供推进剂补给服务，有效降低推进剂消耗带来的成本并提升资源运输能力，而且可为后续火星、主带小行星资源开发任务的各类飞行器提供推进剂补加的物质中继服务，以及深空测控和数据传输的信息中继服务。

第5章

火星及主带小行星资源开发体系方案设想

在近地天体资源开发的基础上将迈出太阳系太空资源开发的第二步，即建立火星资源开发体系和主带小行星采矿体系，具备地火空间的规模化资源开发能力。通过火星资源开发形成的中继补给能力将有力支撑主带小行星的战略性关键矿产开发。同样地，主带小行星的资源开发不仅将为地球的可持续发展提供新动力，也将为建立火星家园提供更多的物质基础。本章提出并系统阐述了关于火星资源开发体系和主带小行星采矿体系方案的构建思路、系统构成、方案框架等方面的具体思考与设想，并进行了初步的效益评估。

5.1 火星资源开发体系方案设想

5.1.1 概述

火星可利用的水资源包括大气中的水汽，火壤中的吸附水，卤水，含水矿物中的结合水和地下水冰。大气水汽的含量很少，且设计大气取水系统复杂；当前火星环境下可能存在短暂卤水，但尚未在当前火星地下 200 m 内探测到大范围的液态水。可能存在的大面积的卤水湖位于地下 1~2 km 处，以目前的技术难以获取。火壤中含有 6%~10%的吸附水甚至含有大量水冰，因为水冰的丰度更高，获取更容易，提取水冰所需的温度不高，开采消耗的能量更少，火星水冰资源的利用价值更高。

为在现有的技术条件下，进行水冰的原位资源利用，首先应该分析水冰的位置和分布。研究表明，在其南北纬 45°到南北极之间富含水冰，占据火星总面积的 1/3，埋藏深度从火星表面到星表下 1.5 m 之间，可作为潜在的原位水资源利用的矿藏。该区域在离火星表面深度小于 1 m 处水冰含量超过 20%。通过 HIRISE（高分辨率成像科学设备）发现在中高纬地区的断崖上和新鲜撞击坑中的露在火星表面的亮色物质，并通过 CRSIM（火星小型侦察影像频谱仪）的检测确定了这些物质为水冰［图 5-1（a）］。凤凰号通过机械臂的现场挖掘勘探，发现了埋藏深度约为 4.6 cm 的孔隙冰（interstitial ice）和纯度较高的块状冰（massive ice）［图 5-1（b）］，这是高纬度地区存在水冰的直接证据[209]。近年来，通过对中纬度地区的类冰川地貌进行雷达探测，进一步确证了该区域内存在数十立方千米的地下冰川[210]。

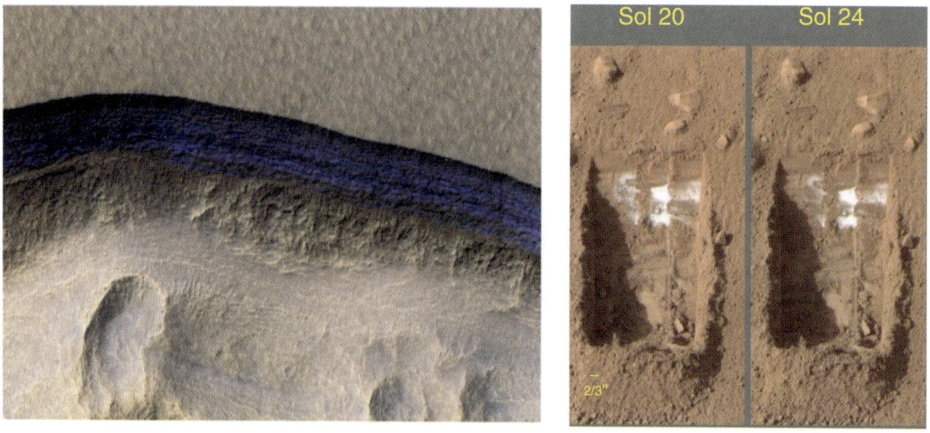

(a) 暴露出的悬崖冰　　(b) 凤凰号挖掘出的水冰

图 5-1　典型火星水冰探测结果

除了考虑水冰的位置、深度和含量，还应考虑着陆点的安全性，包括两个主要因素：1）确保航天器能够安全下降和着陆；2）确保着陆点附近的火星表面可安全作业。关于前者，所有的着陆器在穿越火星大气层时都使用降落伞减速，必须有足够的高度使航天器在大气中减速，因此要考虑着陆点的地理高程，过去的着陆任务中高程一般在-1.4～-3.5 km 之间。此外，火星表面环境对于安全着陆也相当重要，需考虑着陆区内的表面材料特性，包括岩石分布、斜坡角度、表面材料的承重能力等，近年来取得成功的火星探测器的着陆地点都满足地势平坦、土质较坚硬且周围岩石较小等特点。在进行火星表面作业时，太阳日照条件是必须考虑的重要因素。太阳光照对着陆过程中光敏元件的导航性能、避障检测、着陆后的太阳能利用、着陆器热管理等有重要影响。基于上述分析，同时考虑当前技术条件和着陆要求，应选择较低纬度（较高的年平均太阳高度角，即较高的日照强度和温度），较低海拔（足够的着陆缓冲高度），地势平坦且承重大、水冰资源埋深较浅且含量丰富的火星表面着陆地点[211]。

美国 NASA Piqueux 等基于火星表面温度数据，绘制了中纬度地区的浅层水冰地图[212]，如图 5-2 所示，其中红点代表不适合着陆的低热惯性区域，白色方形点代表含有暴露水冰的陨石坑，白色菱形点代表含有暴露水冰的悬崖。他认为北半球中纬度地区满足低海拔、中等热惯性（与承重材料特性相关）和平坦、光滑的地形等条件，大体符合任务着陆和作业方面的考虑。行星科学研究所的 Morgan 汇编了有关火星表面下水冰沉积物的数据，认为最有可能作为潜在着陆点的区域是阿卡迪亚平原和德特罗尼鲁斯门萨（Deuteronilus Mensae）地区[213]。美国太空探索技术公司也将阿卡迪亚平原、德特罗尼鲁斯门萨和乌托邦平原、佛勒格拉山区（Phlegra Montes）作为首次任务潜在的着陆地点，这四个地点都符合上述筛选标准。以阿卡迪亚平原为例分析，该平原位于塔尔西斯平原北部的低地区域，地势平坦，纬度在 40°~60°之间，经度在 150°E~180°E 之间，地理高程在 0~3 km 之间，热惯性约 200 tiu，水冰广泛分布且埋深小于 1 m，厚度在 40~80 m 之间，符合上述的所有选址标准。

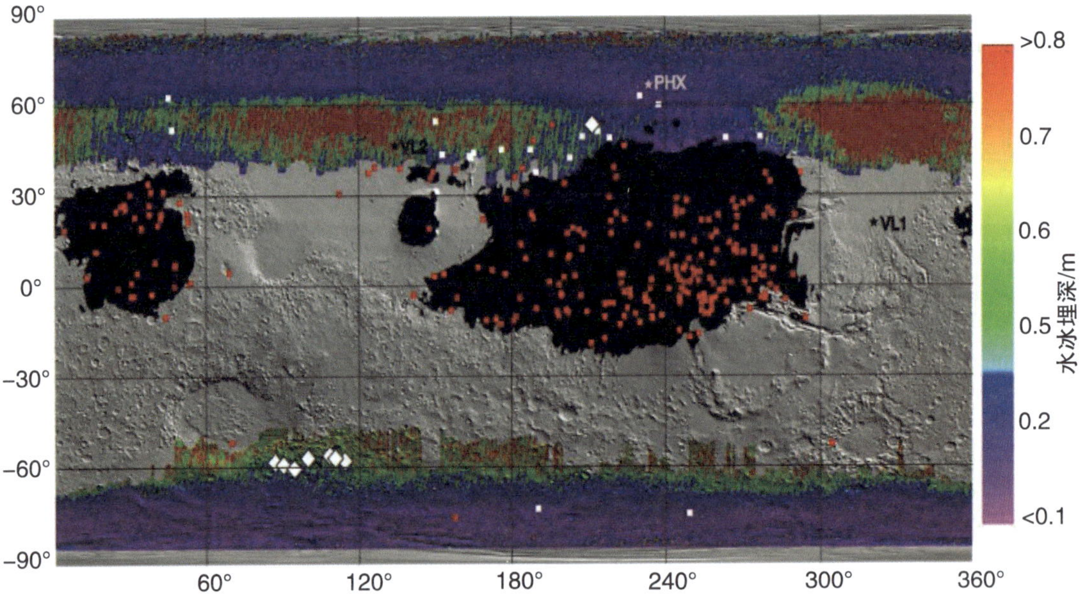

图 5-2　火星中纬度区域的水冰埋深

作者团队建立了火星浅层地下水冰资源分布的分析模型，可计算当前浅层水冰的位置、埋深和储量，并且增强对季节时间尺度和日时间尺度下中低纬度浅层水冰的稳定性的认识[214]。如图 5-3 所示，从极点到纬度约 45°的范围内，水冰可以保持稳定，随着纬度的降低，稳定水冰的埋藏深度逐渐增加，埋藏深度从火星表面到 1.5 m 深处。在北纬地区，东半球的水冰埋藏深度较浅，这是由于该地区的热惯性较低，反照率较高。在西半球-150°E～-90°E 之间，有一些地方的水冰消失了，这可能是由于这些地点的热惯性高。

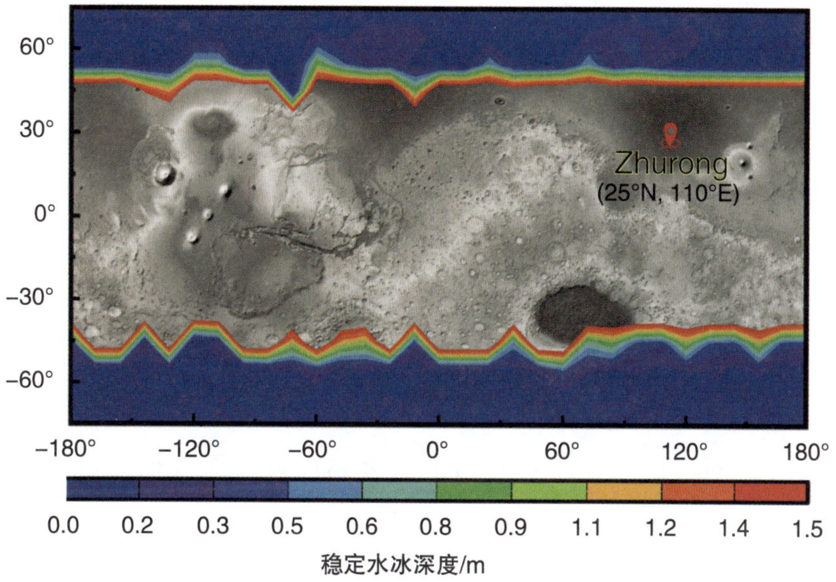

图 5-3　火星全球稳定水冰分布预测图

如 3.4 节所述，火星资源开发体系主要以水冰和二氧化碳大气资源综合开发为目标，主要包括火星资源开发站、日火 L1 中继补给站等基础设施，下文分别介绍各设施的初步方案设想。

5.1.2　火星资源开发站

在火星表面建立资源开发站，通过原位资源利用，集成火星资源原位探测分析、火星水冰资源提取以及利用火星大气实现人工合成制备氧气及碳氢化合物等设备，可以一体化解决火星持久驻留面临的水、氧和碳氢燃料等补给需求，改变载人火星探测的顶层任务设计，显著降低载人火星探测任务的造价成本和实施难度，为发展低成本、可承受的载人火星探测提供新路径，支撑实现人类的火星迁徙。针对载人火星探测任务所需的能源和水、氧等物资供应需求，先期可以通过无人探测，构建可自主运行的火星原位合成补给站。结合火星表面环境特点和资源分布特征，通过原位资源利用，完全摆脱地球补给，解决火星生存基本问题，分阶段实施演示验证，为发展低成本、可承受的载人火星探索新路线提供支撑。

火星资源开发站优选建在中高纬富含水冰的区域，它包括一站多器，即一个化学合成站和多个采冰机器人协同工作。采冰机器人在火星表面巡游，找寻水冰富集区域，通过钻采和太阳能加热的方式，将含冰火壤中的水分通过升华相变的方式提取出来，并进一步冷凝收集，储存在水储罐内。储罐收集满后，采冰机器人机动回到化学合成站，将水加注到站点的储水罐中。化学合成站通过主动压缩或被动冷凝的方式，富集火星大气中的高浓度二氧化碳。化学反应器通过光/电/热催化的方式，将采集的二氧化碳和水资源转化为氧气和甲烷，并液化后分别储存在液氧储罐和液态甲烷储罐。根据任务需要，上升器利用原位制备的推进剂从火星表面起飞上升，将待运输的物资从火星表面运送到日火拉格朗日点或运回地球。初步火星资源开发站原理框图和概念图分别如图 5-4 和图 5-5 所示[211]。

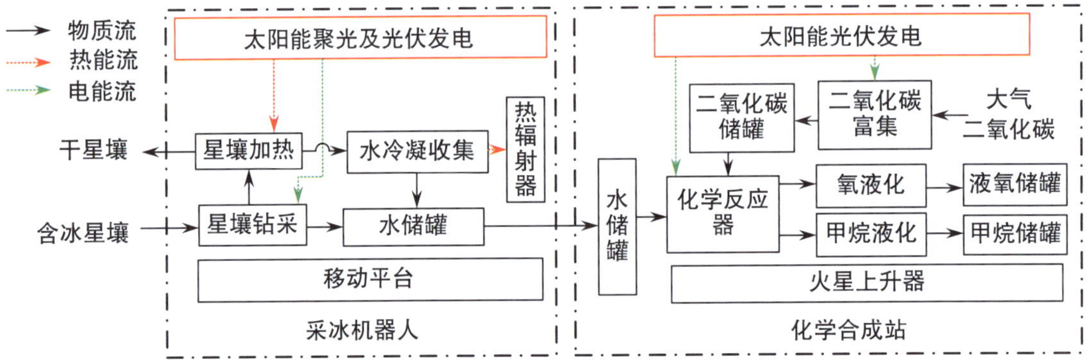

图 5-4 火星资源开发站原理框图

采冰机器人选用钻取和太阳能加热地下水冰的方式来进行原位水资源提取，它包括水分检测模块、聚光模块、钻取模块、水分收集模块、水储存模块以及控制模块等。水分检测模块采用探地雷达和光谱仪，主要用于检测表层和

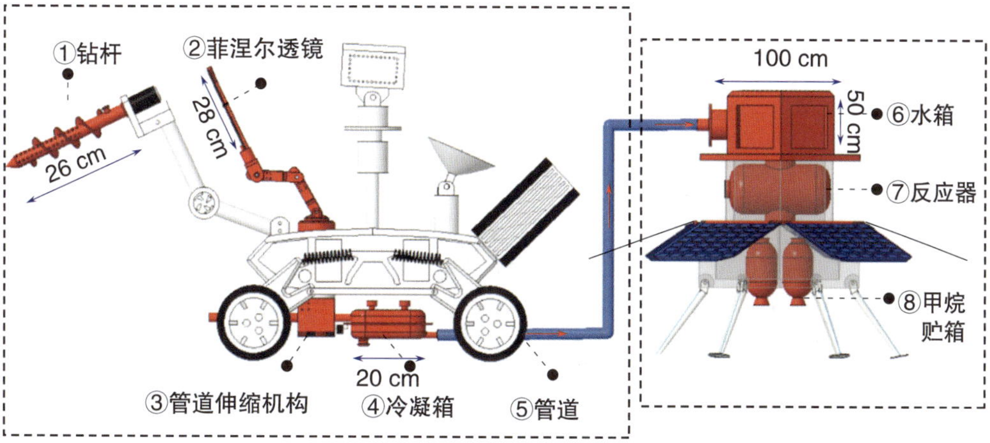

图 5-5　火星资源开发站概念图

次表层火壤中的水冰含量和分布。聚光模块采用光反射系统和薄膜菲涅尔透镜，追踪并汇聚太阳光能，为直接加热含冰火壤提供能量输入。钻取模块主要用于钻进含冰火壤，融化或升华水冰，使水冰发生固液气三相变化。水分收集模块主要用于将水蒸气通过热辐射器冷凝为液态水并收集储存。控制模块则用于控制聚光系统的展开和收拢，阀门的开闭，钻取动作的实施，采集温度和储存系统中液位信息、气压传感器信息等。

整个取水系统安装在无人自主机器人上，如图 5-6 所示。登陆火星后，首先搜索含浅层地下冰的区域，该区域的水冰需要满足埋深小于 5 cm，水冰厚度大于 20 cm 的条件。确定作业区域后，部署采冰机器人，启动钻进机构，使取水钻穿透表层覆盖的松散干壤，并钻入含冰层中。完成钻入行程后，关停钻进机构，展开可折叠菲涅尔透镜聚光系统，在多自由度机械臂的自动调整下，追踪太阳的位置，使用反射镜反射太阳光，使其垂直于菲涅尔透镜聚焦，从而进入钻杆内部，以获取最大的太阳辐照，并将聚集的太阳光通过取水钻上方的透明窗口，导入取水钻内部。取水钻的内部镀有高吸光涂层，将光能高效转化为热能。在加热的情况下，地下水冰融化形成含液层，同时液态水持续蒸发。水分蒸发后通过钻杆的侧面通气孔，进入钻杆内腔，在浮力和压差的作用下上升，不需额外加入泵取系统，通过进气管道和单向阀进入集水罐进行冷凝（图 5-7）。完成取水后，钻杆反向旋转，离开地下。采冰机器人移动到下一个位置进行重复操作。当水箱收集满后，采冰机器人返回基地并将储存水转移到化学合成站，再开始下一次任务。

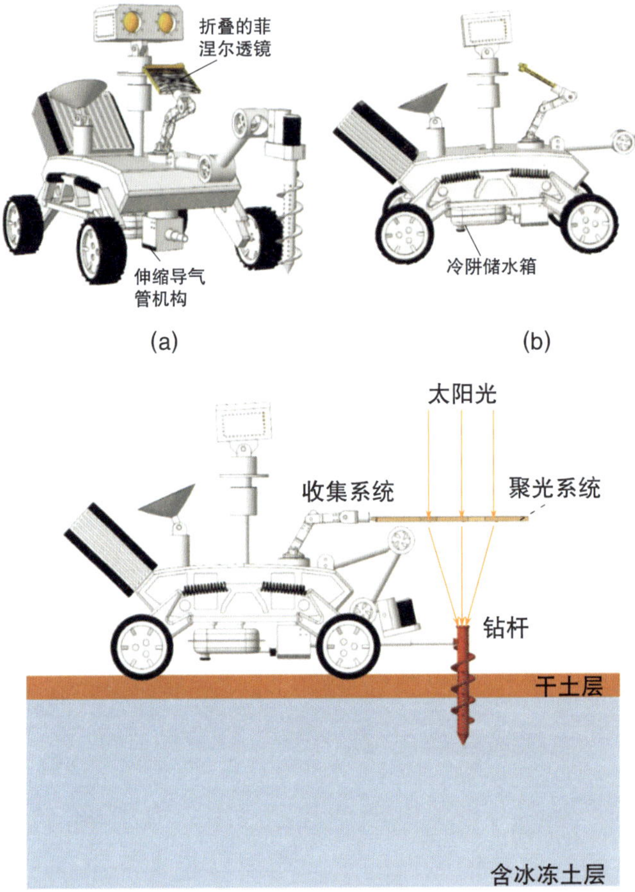

(a)　(b)　(c)

图 5-6　火星采冰机器人工作原理示意图[211]

采冰过程中水冰的蒸发、输运和冷凝收集如图 5-7 所示。

结合火星表面环境低气压、温度波动大的特征，通过气体压缩机捕获富集大气中的 CO_2。通过气体压缩机从火星大气中抽取 CO_2 并对其进行过滤净化，通过间冷技术降低压缩机入口温度，提高压缩机总体效率。由于火星空气中含有微量水分，会影响后续的 CO_2 液化过程，所以需选择吸附器去除水分，防止其结冰降低后续液化效率。

在火星表壤水资源开采和大气 CO_2 资源富集的基础上，利用化学合成站上的反应器，通过光/电/热等化学催化的方法，将 CO_2 转换生产为甲烷（CH_4）

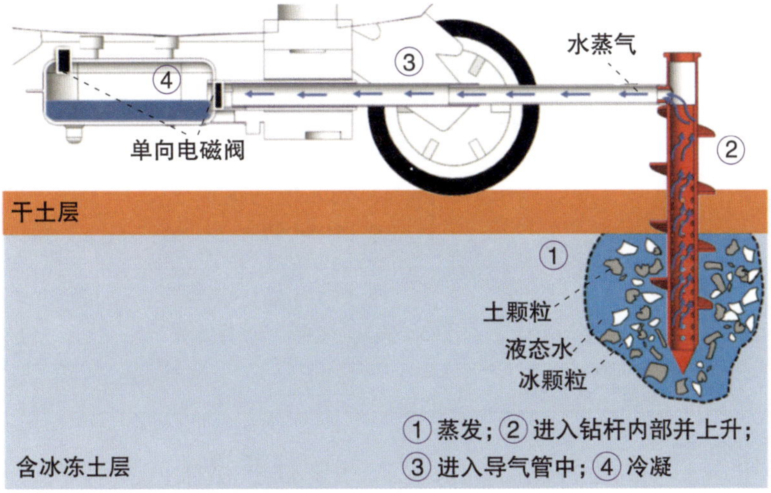

(a) 水冰融化、蒸发和输运示意图

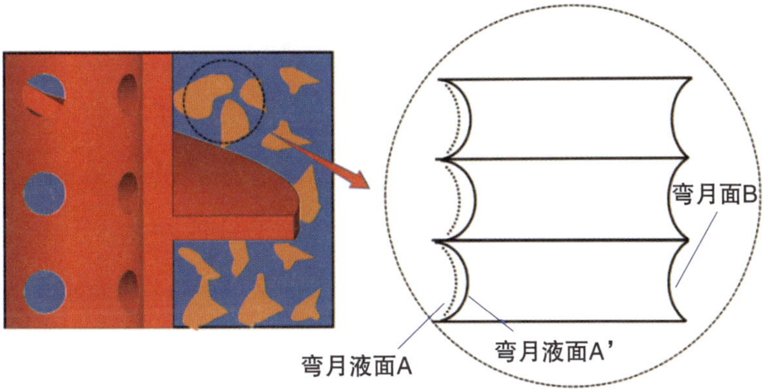

(b) 局部放大示意图

图 5-7　采冰过程中水冰的蒸发、输运和冷凝收集示意图[211]

和氧（O_2），并进一步液化成液态甲烷和液氧保存。因此，通过建立火表资源开发站，可以开采收集火星 CO_2 和水资源，并原位生产制备甲烷和氧物资资源。

以载人火星任务为例（参考火星进化运动研究），该任务包含 4 名航天员。需在载人任务之前预先发射部署火星上升飞行器（MAV），在航天员离开地球之前，必须在火星原位制备充满氧和甲烷推进剂，为火星返回地球做好物资储备。这预计有 480 地球日（16 个月）的时间。初步估算，需生产的推进剂总量和速率如表 5-1 所示[215]。

表 5-1 典型载人火星任务的原位资源需求

		总质量需求	产率需求(480 地球日)
推进剂需求	CH_4	6 978 kg	0. 61 kg/h
	O_2	27 912 kg:包括 22 728 kg 推进剂 5 184 kg 剩余	2. 43 kg/h
反应物需求	H_2O	15 701 kg 785 050 kg 火壤@ 2%含水率	1. 36 kg/h 68. 2 kg/h
	CO_2	19 190 kg	1. 67 kg/h

为制备甲烷-氧推进剂，需从火星大气中捕获富集二氧化碳，从含冰火壤中开采水资源。在此基础上，可通过光/电/热化学等方法，将二氧化碳合成为甲烷和氧。其反应式为

$$2H_2O+CO_2 \rightarrow 2O_2+CH_4,\ \Delta H^0_{298\ K} = 920\ kJ \cdot mol^{-1} \tag{5-1}$$

水资源的开采提取量的估算可参考 4. 1. 2 节月球极区采冰站的物质流和能量流的估计方法。但需注意，由于日火距离大于日地距离，火星表面的太阳辐射强度为 591~594 W/m^2，约为地球轨道上的 43. 3%，需采用更大表面积的太阳能收集板。

二氧化碳压缩富集所消耗的压缩功率可估计为

$$W_t = \int_1^2 V\mathrm{d}P = \frac{n}{n-1} mR(T_2 - T_1) \tag{5-2}$$

式中，n 为多方指数，绝热压缩指数为 1. 3，R 为气体常数。根据理想气体状态方程和多方过程，排气温度 $T_2 = \left(\frac{P_2}{P_1}\right)^{\frac{n-1}{n}}$。因最大排气温度一般不应超过 150 ℃，为避免超温，压差大时需采用多级压缩。

理论上初步估算，为制备约 7 吨/年的甲烷和相应的氧，反应功耗约为 9. 7 kW，水冰开采功耗约为 5. 5 kW。根据火星表面的太阳辐射强度，约需 86 m^2 的总太阳阵面积。

5. 1. 3 日火 L1 中继补给站

为有效地在火星和地球空间运送物资，并将探索运输能力进一步拓展至火

星以远的主带小行星和类木行星。需在火星附近建立中继补给站，利用火星和火卫开采的水冰资源制备氢氧推进剂等补给物资。可选的空间位置包括火星轨道（LMO）、火星的两颗卫星表面以及日火拉格朗日点。综合考虑火星资源获取的便捷性、日火空间活动灵活性和火星以远探索的拓展性，优选在日火 L1 建立资源中继补给站。

为保持技术继承性，降低研制成本，日火 L1 中继补给站延续了地月 L1 中继补给站和日地 L2 的资源加工站的类似技术方案，同样采用模块化设计，具有交互对接与流体加注模块、推进器电解制备模块、低温液化模块、资源管理模块等。根据探明的火星资源情况，视情况补充矿物加工模块。

具有加注功能、可重复使用的上升飞行器，可将在火星表面开采的水资源从火星表面发射进入火星轨道并转移至日火 L1 中继补给站。在日火 L1 中继补给站处通过光电催化的方式将水分解制备氢氧推进剂，为太空运输提供物资补给。因距离太阳较远，太阳辐射强度降低，需增加太阳阵面积来提供所需的能源以开展推进剂生产制备工作。

5.1.4　初步效益评估

根据初步的轨道转移速度增量估计，通过建立火星资源开发站、日火 L1 中继补给站，与日地 L2 资源加工站之间联动，可形成地火运输能力。与从地球出发直接到达火星表面并返回地球的方案进行比较，这里分析探讨在火星表面原位制备并补加推进剂等物资，以及在日火 L1 中继补给站原位制备并补加推进剂等物资给载人登陆火星等任务带来的影响。典型的 6 人组载人登陆火星任务各阶段所需要的环境控制与生命保障资源如表 5-2 所示[216]。可以看出，即使采用先进的再生环控生保技术，去往火星的旅程大约 180 天，需消耗 5.0 吨的物资，其中水和气体消耗 2.9 吨；下降阶段总物资消耗 3.1 吨，其中水和气体消耗 2.9 吨；在火星表面需驻留大约 600 天，总物资消耗 21.8 吨，其中水和气体消耗 14.6 吨；上升阶段总物资消耗 3.1 吨，其中水和气体消耗 2.9 吨；从火星到地球的返程大约飞行 180 天，需消耗 5.0 吨的物资，其中水和气体消耗 2.9 吨。

表 5-2 火星任务 6 人组所需资源质量

（采用 ECLSS 再生环控生保技术，单位：吨）

任务	到火星	下降	火表	上升	返回
持续时间/天	180	15	600	15	180
水	1.7	2	10.4	2	1.7
气体	1.2	0.9	4.2	0.9	1.2
食物	1.6	0.15	5.4	0.15	1.6
废物处理材料	0.5	0.05	1.8	0.05	0.5
总消耗	5.0	3.1	21.8	3.1	5.0
LEO 质量（含运送物资的推进剂消耗）	15	29	203	235	90

为分析火星资源利用对载人登陆火星任务的影响，对 3 种场景进行比较研究：1）去往火星、在火表生存以及返回地球的所有生存物资和推进剂均从地球发射，不采用原位资源利用；2）去往火星的生存物资和推进剂从地球发射，火表生存以及返回地球的生存物资和推进剂在火星表面制备补充，采用火星资源利用；3）去往火星的生存物资和推进剂主要在日地 L2 点、日火 L1 点补充，火星表面生存的物资和火表上升推进剂由火表资源开发站补充，返程的生存物资和推进剂在日地 L2 点、日火 L1 点补充，全过程采用原位资源中继补充。分析过程中不考虑三种场景下载人舱的区别，参照龙飞船设计，载人舱估计为 12 吨，货物舱单独考虑。具体如表 5-3 所示。

表 5-3 火星任务三种场景的水和气体物资比较分析（单位：吨）

任务场景	1-无资源利用	2-火星资源利用	3-全程资源中继
LEO	26.2	5.8	—
SEL2	—	—	补加 2.9
SML1	—	—	补加 2.9
LMO	23.3	2.9	—
火星表面	20.4（上升时 5.8）	0（上升时补加 5.8）	0（上升时补加 2.9）
LMO	2.9	2.9	—
SML1	—	—	补加 2.9
SEL2	—	—	—
LEO	0	0	—

参考 3.1 节的图 3-6 太空节点速度增量，地球-火星之间关键节点的典型速度增量如表 5-4 所示。

表 5-4　地球-火星节点间典型速度增量

太空节点	速度增量/(m/s)
地表-LEO	9 500
LEO-SEL2	3 275
SEL2-SML1	4 250
SML1-LMO	1 398
LEO-LMO	5 682
LMO-火表	4 300(上升),0(气动捕获)

根据火箭方程，可计算 3 种不同任务场景下的资源消耗。

(1) 任务场景一：不利用太空资源

该任务场景为所有的任务消耗品，包括生存物资、推进剂等均从地球发射。为方便比较，载人火星飞行器仅考虑载人舱、货物舱和推进舱，其干重（不包括推进剂质量）为

$$M_{td} = M_s + M_c + M_{pd} \tag{5-3}$$

式中，M_s 为载人舱总重；M_c 为货物舱总重；M_{pd} 为推进系统干重，与最大推进剂携带量成比例关系，$M_{pd} = KM_p$ ，K 可取 0.12（参加 3.1 节）。

从火星表面返回地球 LEO 的推进剂消耗为

$$M_{p,\mathrm{ME1}} = M_{td,\mathrm{ME1}}\left(\mathrm{e}^{\frac{\Delta V_{\mathrm{ME}}}{g_0 I_{sp}}} - 1\right) \tag{5-4}$$

式中，$M_{td,\ \mathrm{ME1}}$ 为从火星出发后抵达地球 LEO 的质量。

从地球出发需携带所有的消耗品和返程的推进剂，去程的推进剂消耗大，估计为

$$M_{p,\mathrm{EM1}} = M_{td,\mathrm{EM1}}\left(\mathrm{e}^{\frac{\Delta V_{\mathrm{EM}}}{g_0 I_{sp}}} - 1\right) \tag{5-5}$$

式中，$M_{td,\ \mathrm{EM1}}$ 为从地球出发后抵达火星的质量，它包括飞行器质量、在火星表面的生存物资和回程的生存物资及推进剂。

根据以上估算，若采用推进着陆的方式，则需从地球发射约 1 919 吨的推

进剂才能完成全周期任务；若利用火星气动捕获节省下降段推进剂，则需从地球发射约 585 吨的推进剂才能完成全周期任务。

（2）任务场景二：火星资源利用

该任务场景考虑在火星表面通过原位资源开发，可为火星生存和返程提供生存物资和推进剂。

类似地，从火星表面返回地球 LEO 的推进剂消耗为

$$M_{p,\mathrm{ME2}} = M_{td,\mathrm{ME2}}\left(\mathrm{e}^{\frac{\Delta V_{\mathrm{ME}}}{g_0 I_{sp}}} - 1\right) \tag{5-6}$$

式中，$M_{td,\ \mathrm{ME2}}$ 为从火星出发后抵达地球 LEO 的质量。

返回过程消耗的推进剂以及生存物资均在火星表面原位制备，不需要从地球携带过去。因此，从地球出发所需的消耗品和推进剂将显著减少，推进剂估计为

$$M_{p,\mathrm{EM2}} = M_{td,\mathrm{EM2}}\left(\mathrm{e}^{\frac{\Delta V_{\mathrm{EM}}}{g_0 I_{sp}}} - 1\right) \tag{5-7}$$

式中，$M_{td,\ \mathrm{EM2}}$ 为从地球出发后抵达火星的质量，它仅包括飞行器质量。

根据以上估算，若采用推进着陆的方式，则需从地球发射约 182 吨的推进剂才能完成全周期任务；若利用火星气动捕获节省下降段推进剂，则需从地球发射约 55 吨的推进剂才能完成全周期任务。

（3）任务场景三：全程资源中继

若已在日地 L2、日火 L1 部署了资源加工站和中继补给站后，载人火星探测飞行器可沿途加注推进剂，从地球发射的推进剂和生存物资就可以大幅减少，仅需保障到达日地 L2 即可。因此，从地球出发所需的消耗品和推进剂将显著减少，估计为

$$M_{p,\mathrm{EM3}} = M_{td,\mathrm{EL3}}\left(\mathrm{e}^{\frac{\Delta V_{\mathrm{LEO-SEL2}}}{g_0 I_{sp}}} - 1\right) \tag{5-8}$$

式中，$M_{td,\ \mathrm{EL3}}$ 为从地球出发后抵达日地 L2 的质量，它仅包括飞行器质量。下一阶段飞行所需要的推进剂可在日地 L2 资源补给加工站进行加注补给。

根据以上估算，若利用中继补给站和资源加工站进行全程资源中继补给，则需从地球发射约 23 吨的推进剂和少量的生存资源即可，后续资源可逐步在日地 L2、日火 L1、火星表面进行补充。

5.2 主带小行星采矿体系方案设想

5.2.1 概述

太阳系大量小行星汇集在太阳半长轴或平均距离在 2.06 至 3.28 AU 之间的主带区域，大小从最大直径约 530 km 的灶神星到直径小于 10 m 的天体。

由于木星引力产生的轨道共振作用，小行星带中形成了数条柯克伍德空隙（Kirkwood gap），主要位于 2.06 AU、2.50 AU、2.82 AU、3.03 AU、3.27 AU 处，将小行星带进一步细分为内小行星带、中小行星带、外小行星带（图 5-8）[217]。在主带内的小行星主要分成 3 类：碳质、硅质和金属质。在小行星带的外缘、靠近木星轨道的区域以碳质小行星为主，占 75%以上。碳质小行星颜色偏红且反照率很低，表面的组成与碳粒陨石相似，化学成分、光谱特征都是太阳系早期的状态，但缺少一些较轻与易挥发的物质（如冰）。靠近内侧的部分距离太阳约 2.5 AU，以硅质小行星较为常见。光谱显示其表面含有硅酸盐与一些金属，但碳质化合物的成分不明显。这表明它们与原始太阳系的成分有显著区别，可能是由于太阳系早期的熔解机制导致分异的结果。相对碳质小行星来说，此类小行星有着高反射率，在小行星带中约占 17%。金属质小行星主要分布在半长径 2.7 AU 的轨道上，占总数的 10%。光谱中包括类似铁-镍的谱线，显白色或轻微红色，推测认为是铁-镍内核的星体撞击后形成。小行星的轨道可能会因木星的巨大引力以及偶尔与火星或其他物体的近距离相遇而改变，可以将小行星从主带中撞击出来，并将它们抛向太空，穿过其他行星的轨道，形成流浪小行星和近地小天体等。图 5-9 所示为主带小行星分布示意图。

小行星资源包括挥发性物质（H、C、O 等）、适合进一步加工的硅酸盐矿物，以及还原的金属（绝大多数是 Fe 和 Ni）。即使是 M 型（16）Psyche 小行星，也可能不是纯金属天体。陨石中有少数化学元素的浓度接近或超过地球矿石品位，包括 Ir、Ru、Os、Ni、Pt、Rh、Co、O、Pd、Fe 和 Mg 等。例如，

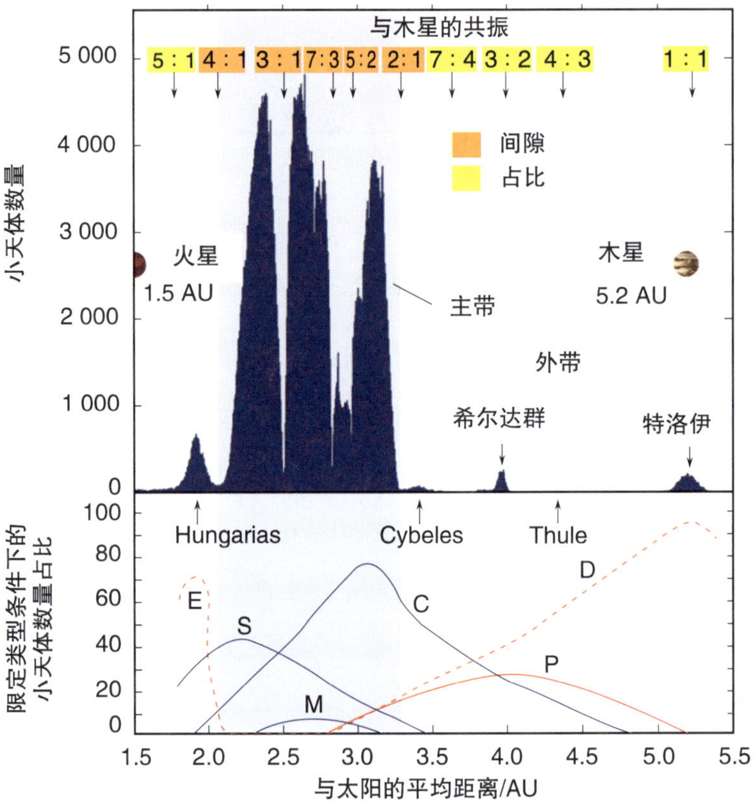

图 5-8　主带小行星分布特征和各类型的比例

Fe、Ni 和 Co 在某些小行星中的浓度比最好的地球矿石还高，但全世界每年总共开采约 24 亿吨铁矿石、270 万吨镍矿和 17 万吨钴矿（美国地质调查局，2022）。因此，目前不需要将这些金属送回地球。与小行星相比，大多数元素在地球沉积物（包括大气）中的浓度要高 100 多倍：所有类型的陨石都特别缺乏稀有气体、轻稀土、Be 和 B、核燃料 U 和 Th 以及后过渡金属。接近平衡点的元素为 Ge、Au、Si 和 Al。因此，PGM 被认为是最值得开采并返回地球应用的，Fe、Mg、Si、Al 可在太空中作为结构和光伏材料使用，而 O 可作为推进剂应用。

与近地小天体采矿站不同，虽然主带小行星往返谷神星的速度增量小，但空间位置分布广泛，小行星类型、大小各异，需因地制宜，针对不同的小行星特点，发展各种新概念方法，高效率、高效益地开采小行星资源并将获得的资源运输到资源处理站进行矿物粗加工。

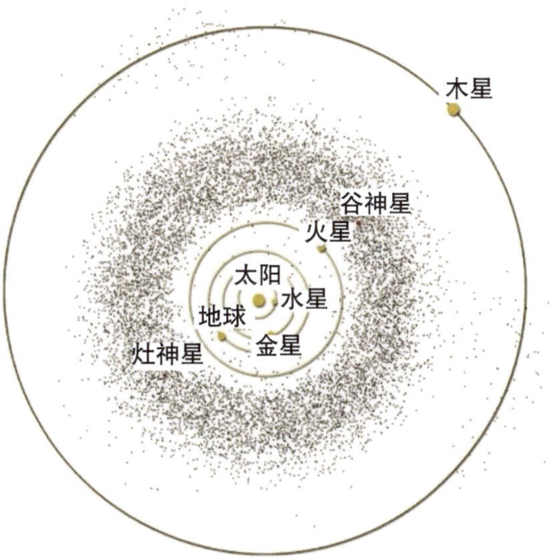

图 5-9　主带小行星分布示意图（引自 NASA 网站）

根据开采方式的不同，本书将小行星采矿方法分为原位采矿法、捕获拖曳法、轨道转移法等三大类采矿法。每种方法均可通过在小行星原位资源处理，利用获得的水资源和固体颗粒物质产生推力，来降低资源运输的推进剂消耗。

1）原位采矿法。对于较大体积、较远距离的小行星，整体抓捕并拖曳到谷神星附近进行处理会消耗大量的推进剂，难以满足经济性要求。需发射采矿飞行器到目标小行星表面，通过挖掘、钻采、爆破、撞击、高能束等方式对小行星进行表壤挖掘和岩石破碎处理，将收集后的矿物运送到资源处理站进行矿物解离和分选等粗加工工作。

2）捕获拖曳法。对于在谷神星附近可能发现的体积较小的小行星（一般直径小于 20 m），可发射捕获采矿飞行器到目标小行星附近，并通过网捕或抓捕的方式捕获整个小行星，拖曳到谷神星附近进行矿物开采和粗加工处理。

3）轨道转移法。对于较大体积、较远距离的小行星，也可借鉴小行星防御轨道处置的多种新概念方法，可通过核爆或动能撞击等瞬时作用处置技术，以及引力牵引、离子束偏移、拖船、质量驱动等持续作用处置技术，逐步改变小行星轨道，使小行星整体轨道转移到达资源处理站，就近进行矿物开采和粗加工处理。

如3.5节所述，主带小行星采矿体系以铂族金属等稀贵金属战略性关键矿产资源开发为目标，兼顾水资源开发利用，主要包括小行星采矿站、谷神星中继补给站和日火L2资源加工站等基础设施，根据采矿方式的不同，小行星采矿站又可分为原位采矿飞行器、捕获采矿飞行器和轨道转移采矿系统三种。下文分别介绍各设施的初步方案设想。

5.2.2 小行星原位采矿飞行器

分布在2.7 AU的金属质小行星距处于2.8 AU的谷神星很近，因此，主带小行星采矿体系以谷神星为基地，重点开采近距离的金属质小行星。因谷神星和主带小行星的引力很小，按日心质点模型的轨道分析，双脉冲霍曼转移轨道的速度增量约320 m/s。因此，考虑在谷神星加注氢氧，为采矿飞行器往返飞行和小行星表面采矿作业提供能源和动力。

为降低风险和成本，采矿飞行器需进行简化设计，它主要由采矿模块、一体化能源推进模块和矿物舱组成，在目标小天体主要开展星壤挖掘和破岩开采等工作。根据采矿规模、小行星距离评估运输成本的高低，选配矿物处理模块。若运输成本低，则将小行星开采的矿物运送到谷神星资源处理站进行矿物解离和分选；若运输成本较高，则配置矿物处理模块，在小行星表面边开采边处理，仅将分选后的精矿运输到谷神星。采矿模块通过挖掘、钻采和破岩等方式在小行星表面开采矿物，矿物处理模块通过物理相变获得水资源并通过矿物解离和分选等方式获得精矿，矿物直接通过机械、电场等传送方式传递到矿物舱。能源推进模块通过再生燃料电池的方式将氢氧化学能转化为电能，驱动采矿、矿物处理模块开展采选作业并为采矿飞行器各类设备供电，在资源运输过程中通过氢氧发动机实现在目标小行星和谷神星之间往返机动飞行。其概念方案如图5-10所示。

5.2.2.1 主带小行星破岩方法

小行星表面物质状态复杂，表层可能为松散的颗粒物质和岩石，次表层可能为冰壤混合的固结物，硬度较高。对于金属质小行星，可能为金属矿物和岩

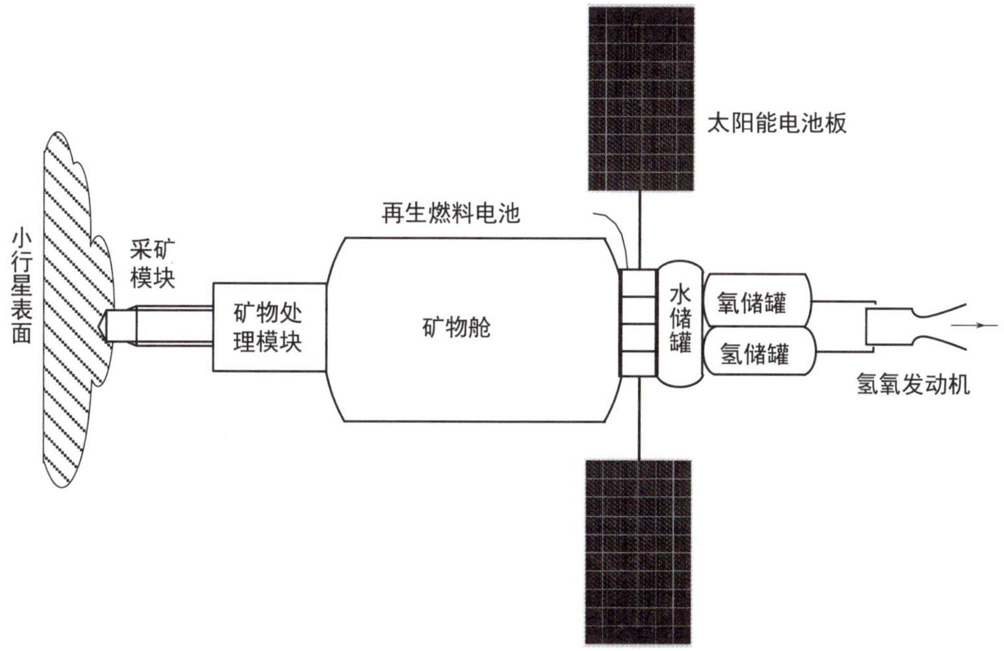

图 5-10　主带小行星采矿飞行器概念方案

石的混合物，硬度较高。三类典型小行星的星壤结构示意如图 5-11 所示[207]，其中 a 为富含金属（但非 100%纯金属）的小行星，其大块材料适合直接提取某些元素；b 为富钙铝包体（Calcium Aluminum Inclusions，CAI）的小行星（可能是 L 型或 K 型），可以从中分离出微米大小的难熔金属块（Refractory Metal Nuggets，RMNs）；c 为含有金属元素的小行星（包括一些 E 型、S 型、Q 型和 X 复合体的贫金属小行星），可以更容易地从中分离出含有大部分铂族金属的较大金属颗粒。

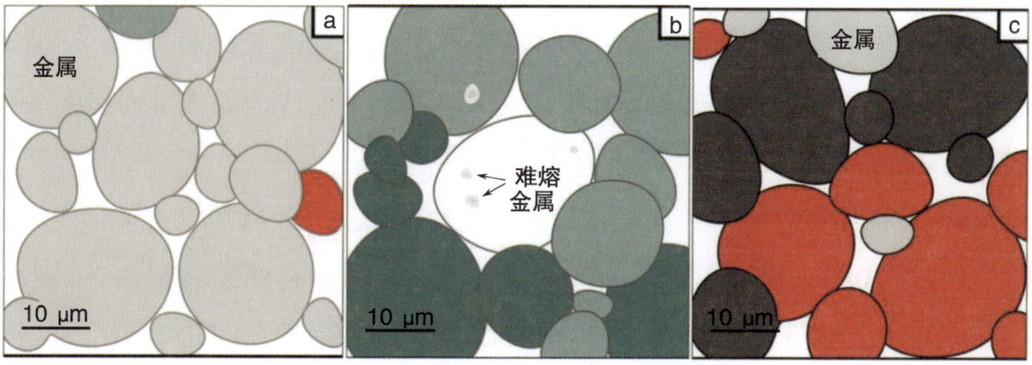

图 5-11　不同类型的小行星星壤

因此，针对不同的小行星物质组成和结构特征，应该选择不同的采矿方法和手段。表面松散颗粒物质可以通过挖掘和刮扫等简便的方式进行收集。但对于岩石和次表层坚硬地层，需借鉴地面破岩技术，发展适应小行星环境特点的高效破岩方法来进行开采。

钻爆法破岩技术经过多年发展，技术成熟，在采矿、水利、交通等地球工业大型岩石工程中得到广泛应用，但钻爆法普遍存在危险性高、能量利用率低、衍生破坏大、智能化难等问题[218]。该技术应用于小天体采矿上，将需要携带大量炸药，并需要无人智能化部署和爆破实施，难以应用。近年来，世界各国都在积极探索和研究新型破岩的有效手段，机械刀具破岩、水力破岩、微波破岩、电脉冲破岩、激光破岩、膨胀破岩、联合破岩等多种新型非爆破岩方式，通过改变原有岩体性质或结构来降低其强度直接完成破岩或之后再进行机械破碎，从而降低破碎岩体所需的能量来减少材料损耗、提高破岩效率。水力破岩技术通过高压水射流与岩石相互作用，使岩石破碎，避免了刀具的磨损，破岩效率高，经济性好，但需消耗大量的水资源，难以在小天体采矿中应用。

（1）机械刀具破岩技术

在电机和机构驱动下，破岩刀具与岩石紧密接触并产生应力集中，破岩刀具侵入并破碎岩石。根据破岩方式和用途，破岩刀具可分为[218]：1）截割刀具（Drag tools），在岩石表面侵入然后进行切割，可以破碎单轴抗压强度低于120 MPa 的岩石，但在高接触应力和高温下刀具极易磨损；2）滚压刀具（Roller tools），通过绕轴旋转与岩石表面循环接触，可以破碎单轴抗压强度达到 250 MPa 且具有高磨蚀性的极坚硬岩石；3）冲击刀具（Impact tools），通过高频循环冲击岩石表面破碎岩石，一般适用于破碎单轴抗压强度低于 100 MPa 的岩体。图 5-12 所示为典型机械刀具破岩技术。

超声波辅助破岩技术是在机械刀具钻进的基础上，通过压电换能器等方式进一步施加 20 kHz 以上超声波频率的机械振动，与岩石的固有频率（一般为 20~40 kHz）谐振，达到高效破岩的目的。美国 NASA 喷气推进实验室研制了超声波钻探取样器，进行外太空星壤、岩体、冰层的取样。其中同轴式钻探器

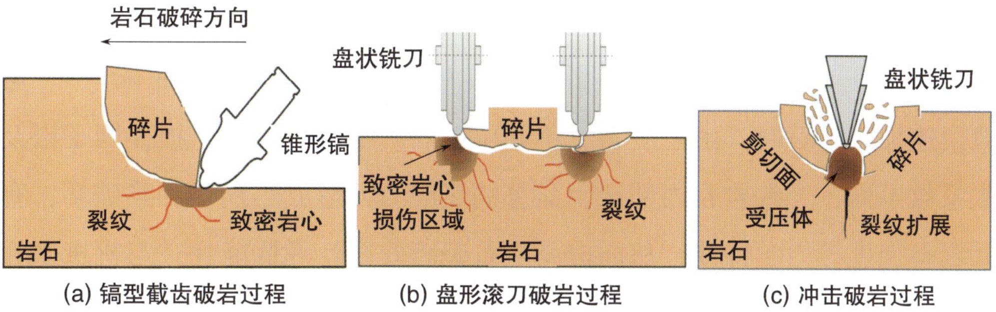

图 5-12　典型机械刀具破岩技术

压电换能器采用中空结构，电机的回转通过传动轴穿过压电换能器传递至钻具，如图 5-13（a）所示[219]。平行轴式钻探器将电机安装在压电换能器旁边，电机的回转通过齿轮副传递至钻具，如图 5-13（b）所示[220,221]。

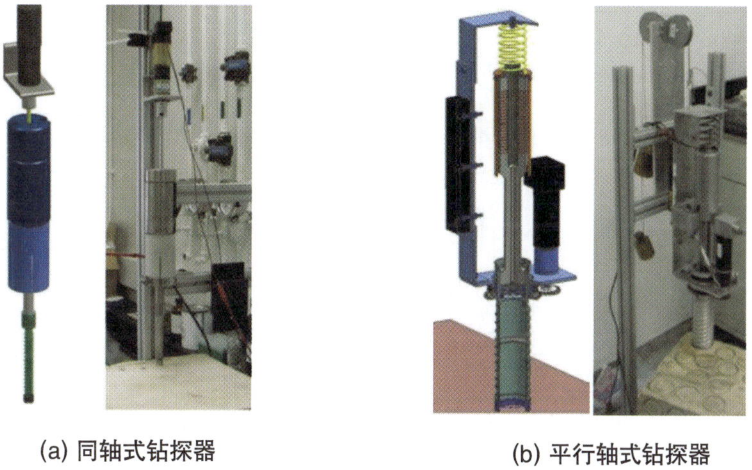

图 5-13　NASA 研制的超声波辅助破岩钻探器

由于机械刀具需要定期维护和维修更换，对于长期深空探测任务，适用于单次或几次采样任务，而对于大规模、长期运行的无人自主主带小行星采矿任务来说，难以进行刀具维护和更换，给机械刀具破岩技术的地外采矿应用带来重要挑战。

（2）微波破岩技术

微波破岩是通过微波对岩体进行加热破坏的破岩技术。微波是指 300 MHz ~ 300 GHz（波长 1 ~ 1 000 mm）的电磁波。通过高频交变微波电磁场作用，岩石矿物自身的介电特性导致极性分子反复改变排列方向并使电磁能转变为介质内热能，使介电特性较强的矿物在短时间内迅速升温，从而导致岩石在内部水分蒸发、内部分解、热应力的共同作用下发生破坏，如图 5-14 所示[222]。通过微波快速加热岩石时，由于矿石中不同位置的矿物介电常数、损耗因子以及热膨胀系数不同，导致岩石内部产生显著的热应力，造成热损伤和热破坏，有效降低岩石强度等力学特性，从而提高岩石破碎效率、降低能耗，与机械破岩结合时，可显著降低刀具磨损。

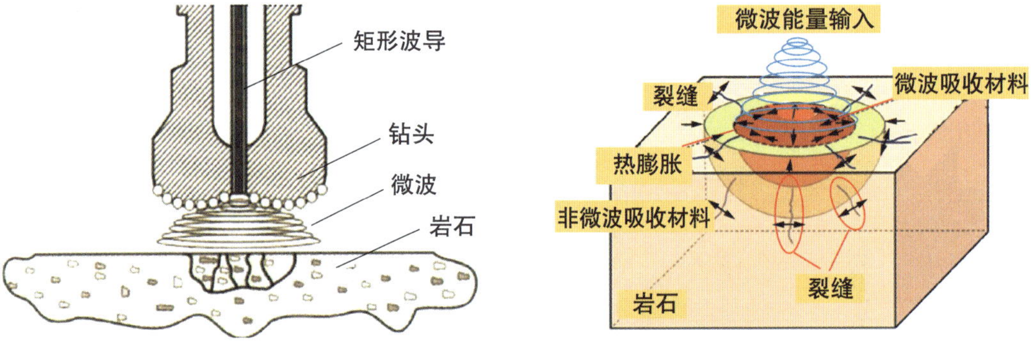

图 5-14　微波破岩技术原理示意

微波破岩过程中存在着多物理场耦合问题，包括电磁场、温度场和应力场。微波场中单位体积电介质吸收的微波功率为[223]

$$P = 2\pi f \varepsilon_0 \varepsilon'' E^2 \tag{5-9}$$

式中，P 为单位体积内微波吸收功率；f 为微波频率；ε_0 为真空介电常数；ε'' 为介质损耗因子；E 为物体内部有效电场强度。

因此，介质在微波作用下瞬时的温升速率为

$$\frac{\mathrm{d}T}{\mathrm{d}t} = \frac{P}{\rho C_p} \tag{5-10}$$

式中，T 为矿石温度；ρ 为矿石密度；C_p 为矿石比热容。

研究表明，各类矿物升温速率主要与矿物组分有关，一般硅酸盐和碳酸盐具有低损耗因子，升温速率较低，而金属氧化物和大多数硫化物对微波则更敏感，3 min 内达到近 800 ℃，即短时间内能达到较高温度[224]。

微波穿透深度是指电磁波穿透到介质内部的能力。当电磁波从岩石表面进入到岩石内部时，能量不断地被吸收并转化为热能，场强和功率不断衰减，穿

透越深，损耗于材料的能量就越多。微波穿透深度 D 为

$$D = \frac{\lambda \sqrt{\varepsilon'}}{2\pi\varepsilon''} \tag{5-11}$$

式中，ε' 为岩石材料介电常数；λ 为微波波长。一般介质的微波穿透深度与波长是同一数量级，2.45 GHz（波长约 12.2 cm）的微波穿透深度大致为几厘米到几十厘米[225]。

（3）等离子体电脉冲破岩技术

等离子体电脉冲破岩是利用电极在岩石或液体介质中产生的等离子体通道受热膨胀激发冲击应力波使岩石发生破碎[226]，在进行等离子体电脉冲破岩时，击穿电压上升的时间决定瞬时等离子体通道在何种介质中形成。根据等离子体通道分别在岩石和液体介质中形成的不同情况，将等离子体电脉冲破岩分为电脉冲破岩和液电破岩两类。电脉冲破岩放电等离子体主要发生在岩石内部，岩石破碎动力来自等离子体通道膨胀时产生的应力。液电效应破岩其放电通道在液体介质中，岩石破岩的主要动力来自放电产生冲击波、气泡溃灭和压力波等机械力。研究发现，电脉冲破碎效率更高，能耗更低。

电脉冲破岩过程主要分为 3 个阶段，如图 5-15 所示[227]。1）等离子体的形成。放电电极在瞬时高压电脉冲作用下，电能优先作用到岩石，岩石内部电场强度产生畸变效应。由于岩石颗粒附近电学性质存在差异，颗粒两端的电荷发生运移，靠近高压电极的一侧带正电荷，远离高压电极的一侧带负电荷。2）等离子体通道的形成与扩展。岩石内部颗粒由于受到外加电场的作用，两端的带电离子发生迁移，离子导电和放电将使得岩石内部颗粒发生电击穿，等离子体通道逐渐延展穿过颗粒所在位置，岩石内部产生微裂纹，直至等离子体通道初步形成。3）裂纹延展与岩石破碎。在等离子体通道形成后，高压电脉冲电源中的能量释放到等离子体通道中，并对通道加热（可达 10^4 K）。等离子体通道受热膨胀，产生冲击应力波（可达 $10^9 \sim 10^{10}$ Pa）并对周围岩石做功。最终将会形成贯穿性裂纹，使得岩石从内部发生破碎[227]。在液电破岩中，等离子体通道膨胀产生的应力波作用在岩石表面，能量传递效率较低；电脉冲破岩时等离子体通道在岩石内部形成，其产生的应力波能实现岩石的充分破碎，

破碎效率更高。

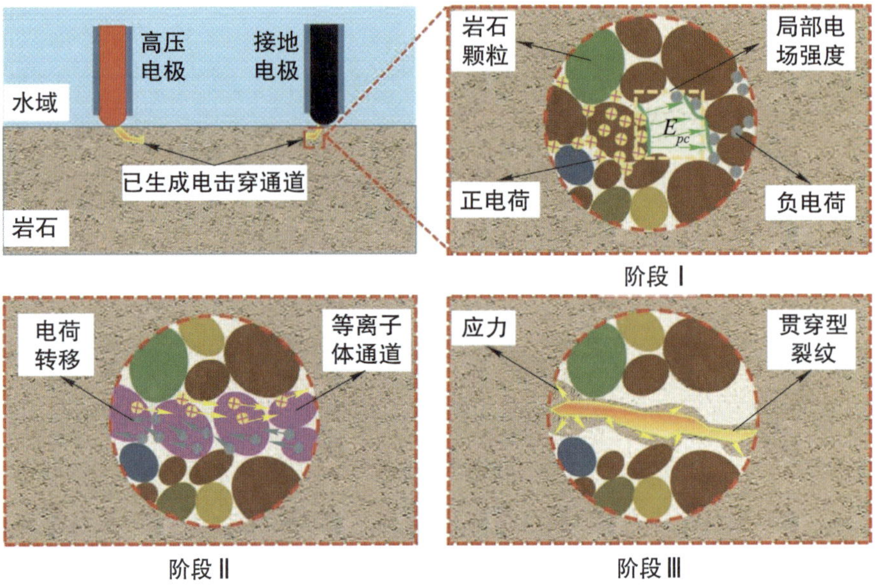

图 5-15　等离子体电脉冲破岩过程的 3 个阶段

岩石内部的电击穿过程可视为准静态过程，电场可由 Maxwell 方程直接仿真分析。在岩石内部的电击穿过程中，存在着一定时间的迟滞效应。Petrov & Smirnov[228]根据动态电击穿强度的时间效应，提出了基于“孕育时间”的电击穿强度准则

$$\frac{1}{\tau}\int_{t-\tau}^{t}|\boldsymbol{E}(t)|\mathrm{d}t \geqslant E_m \tag{5-12}$$

式中，E_m 为岩石准静态介电强度；τ 为击穿孕育时间；$|\boldsymbol{E}(t)|$ 为局域时变电场强度矢量。

引入损伤变量 $D_e(0 \leqslant D_e \leqslant 1)$ 来表征岩石内部电损伤作用累积过程。当 $D_e=0$ 时，岩石视为电阻；当 $D_e=1$ 时，岩石已从电阻转变为等离子态。基于此，电场击穿控制方程为[227]

$$\begin{cases}\dfrac{\mathrm{d}D_e}{\mathrm{d}t}=\dfrac{1}{\tau_0}\dfrac{|\boldsymbol{E}|}{|\boldsymbol{E}_{pc}|},|\boldsymbol{E}| \geqslant |\boldsymbol{E}_{pc}| \\ \dfrac{\mathrm{d}D_e}{\mathrm{d}t}=0,|\boldsymbol{E}| < |\boldsymbol{E}_{pc}|\end{cases} \tag{5-13}$$

式中，$|\boldsymbol{E}|$ 为电场强度；$|\boldsymbol{E}_{pc}|$ 为局域击穿强度阈值，是与岩石性质（内部微观孔隙结构、矿物种类和组分、电学参数等）及岩石空间分布有关的量；τ_0 为迟滞时间。

（4）激光破岩技术

激光破岩通过高能激光束对岩石表面快速加热，导致局部岩石温度瞬间升高，产生局部热应力，由于矿物颗粒之间热膨胀系数、熔点不同，致使岩石内出现晶间断裂和晶内断裂，甚至可能诱导矿物颗粒由固态瞬间熔融和气化，并形成高温等离子体，是一种非接触式的物理破岩方法[229,230]。激光破岩大致有以下 3 种破坏形式：1）当激光辐照产生的热应力大于岩石自身强度时，出现热裂解现象；2）当岩石受到的激光辐射温度高于其熔点时，发生熔融；3）当激光辐照岩石能量足够大时，岩石可能由固态直接相变为气态，如图 5-16（a）所示[230]。激光破岩分为升温、熔化、气化和凝固 4 个过程［图 5-16（b）］[231]：1）当激光刚照射到岩石表面时，岩石温度逐渐升高，受影响区域可分为辐照区、过渡区和热影响区，其破碎方式主要为热力破碎；2）随着辐照时间增加，温度急剧上升并达到岩石熔点后，岩石开始熔化甚至气化，相变过程导致体积大幅膨胀，产生热爆裂现象，并且由于岩石孔隙中气体和特殊矿物成分的热解气体逸出，熔池中形成气泡；3）随着辐照时间进一步增加，熔池温度不断升高并逐渐沸腾，熔池中气泡不断增大和破裂，热影响区温度进一步升高，熔池边缘出现微裂纹；4）激光辐照结束后，熔池内剩余的熔融物和气化物会重新冷凝，形成光滑玻璃状物质，内部气泡会形成孔洞，并在孔洞周边产生微裂纹，进一步在热应力作用下迅速向外扩展，形成裂纹网[231,232]。激光与岩石相互作用过程是传热学、流体力学、电磁学多学科交叉的多物理场耦合问题。激光破岩作为一种新兴的破岩方法，具有精准、高效和清洁等特点，但需考虑光源的稳定性、安全性及能量损耗问题。在小行星采矿应用中，还需要考虑装备的质量、功耗和可维护性，以及粉尘污染效应。

激光破岩的目的是利用更小的能量破碎更大体积的岩石，通常将破岩比能和穿孔速率作为衡量岩石破碎效率的评判标准。破岩比能是指岩石达到稳定破坏状态后，移除单位体积岩石需要的能量，比能越小，岩石越容易被破坏。破

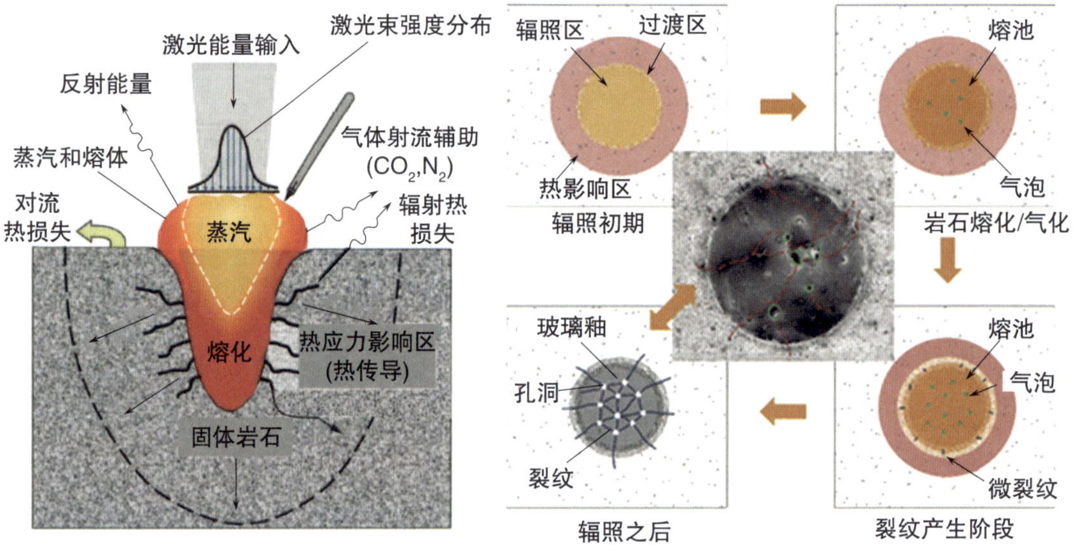

(a) 岩石破坏形式　(b) 激光破岩过程示意图

图 5-16　激光破岩技术原理

岩比能计算如下

$$E_s = \frac{输入的能量}{移除岩石的体积} = \frac{P}{\mathrm{d}V/\mathrm{d}t} \tag{5-14}$$

式中，P 为激光入射的平均功率；$\mathrm{d}V/\mathrm{d}t$ 代表岩石破碎的体积速率。

钻进速率为

$$R_{OP} = \frac{P_s}{E_s} \tag{5-15}$$

式中，$P_s = P/A$ 为激光比功率。

5.2.2.2　小行星锚固方法

小行星体积质量较小，表面一般为低微重力条件。为在小行星表面开展采矿活动，避免由于反作用力弹离小行星，表面着陆时需要通过锚系统在小行星与着陆器之间建立机械连接实现着陆器在小行星表面的锚固。美国 NASA 于 2000 年针对着陆装置中的锚系统提出了 4 种原理性设计方案[233]，其中包括钻孔锚固和熔化锚固两种缓慢锚定方法，以及系留钉锚固和套管钉锚固两种快速锚定方法（表 5-5）。缓慢锚定方法使用较小的力，逐步在飞行器和小行星表面之间建立机械连接，但这种锚定过程对飞行器施加了反作用力，在定位期间必须通过推进器向着陆器施加作用力，以确保其在固定前不被弹离，一般还需进行姿态控制，因此，锚固过程会消耗大量额外的推进剂。高速锚定方法采用瞬态的爆炸驱动装置，不需要长时间操作，其净动量不会直接传递到飞行器上。套管钉锚固方式曾计划在 NASA 的 ST4/Champollion 任务中采用，系留钉锚固方式在 ESA 的 Rosetta 彗星着陆器中采用。为在小行星表面更可靠、有效地实现锚固，需综合采用上述四种方法，多个钻头或锚钉相互配合，在小行星表面形成互锁或自锁的力封闭系统进行锚固。

表 5-5　典型小行星锚固方案

方法	钻孔锚固	熔化锚固	系留钉锚固	套管钉锚固
示意图	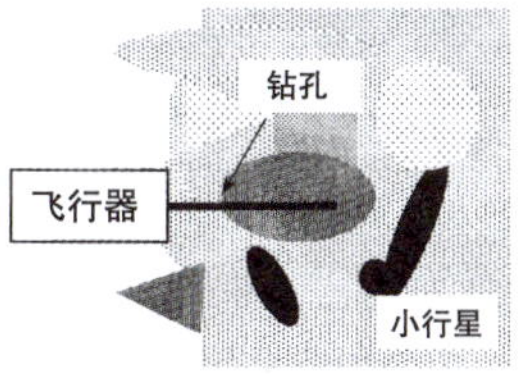	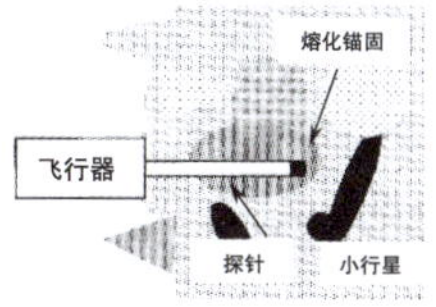	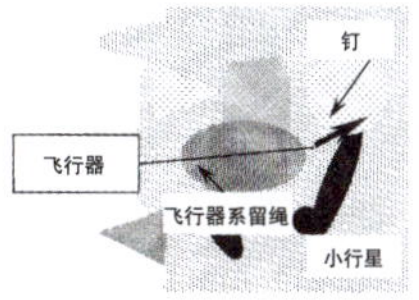	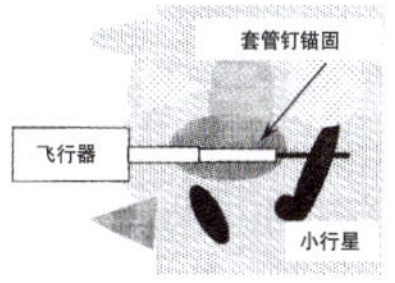
原理	利用钻头在小行星表面钻一到两个孔进行固定,通过两个反向旋转的钻头可减小姿态控制的难度	在小行星表面通过加热探针熔化形成深孔并使用膨胀装置将探针固定到孔中	使用火工品驱动尖钉,高速刺入小行星,尖钉后面拖曳与飞行器连接的系绳,拉紧后固定飞行器	使用火工品驱动尖钉,后端套管随针刺运动不断拉出,最终提供界面力实现锚固
优势	低速钻孔对表面区域影响小	运动部件少,质量轻,可靠性高	可调整系绳作用力,锚固过程几乎不消耗推进剂	可迅速锚固;套管钉提供轴向、力矩和剪切力,更稳定;锚固过程中几乎不消耗推进剂
问题	钻孔时间长,需要消耗大量推进剂来抵消钻进力和进行姿态控制	所需加热功率大,加热时间长,需要消耗大量推进剂来进行姿态控制,不适宜难熔表面	行星表面异质材料易使尖钉偏离预定路径和最终位置,导致系绳拉紧后定位方向不符合预期;系绳拉紧前需进行姿态控制;系绳只能在单个方向上提供张力	行星表面异质材料可能导致锚固过程会施加较大的横向载荷;难以建立动能和深度的设计关系

5.2.3 小行星捕获采矿飞行器

5.2.2 节提出的小行星原位采矿飞行器需在小行星表面附着着陆并进行矿物开采和处理。对于体积较小的小行星，这种采矿方式系统相对比较复杂，可采用小行星捕获采矿飞行器，抵近、捕获并拖曳小行星到谷神星附近的资源处理站，直接进行矿物开采和粗加工。

小行星捕获的成本受小行星尺寸限制，例如，直径约 5 m 的石块质量可达百吨，直径 10 m 的石块质量近千吨。随着小行星尺寸增大，消旋、抓捕及拖曳转移所需的成本急剧增加。相比于传统的空间非合作目标（如空间碎片、故障人造卫星等）的捕获，小行星的质量达几百吨甚至上千吨，直径可达数米至数十米，旋转状态、表面情况、质量与惯量等信息缺乏，给小行星直接捕获带来严峻挑战。

在到达目标小行星后，捕获任务大体上分成三个阶段。1）抵近停泊。通过激光雷达测距仪等手段导引飞行器在距目标中心几十米处定点停泊，并通过近红外分光仪等手段识别小行星的转速与主轴，在此基础上飞行器调整自身姿态，主轴对准小行星的主轴。2）抓捕捕获。在姿轨控推进系统支持下，飞行器与小行星保持自旋匹配，释放捕获装置抓捕小行星并进行位置和姿态调整，使小行星质心和主轴与飞行器匹配。3）消旋拖曳。由飞行器提供消旋力与力矩，并通过接触面传递给小行星，逐步消除小行星的自旋，在此基础上，通过高比冲、低资源消耗的推进装置，实现小行星整体拖曳到目的地。

小行星的捕获方式主要包括机械等刚性捕获方法，以及口袋和绳网等柔性捕获方法。

（1）机械捕获方法

机械捕获方法通过机械臂对小行星直接抓捕，如图 5-17 所示[234]。对于直径约 10 m 量级的小行星，所需机械臂规模与现有技术需大幅提升。由于小行星大多数处于自转状态，且旋转状态不易精确确定。机械臂与小行星建立刚性连接，动力学强耦合，飞行器需提供大阻尼力矩来改变小行星的姿态运动，抓捕目标过程的稳定控制难度大；机械臂在包络小行星之后，由于表面地质结构复杂且不确定，机械臂末端有效锚定存在困难；处于姿态旋转状态的小行星即使能够成功被抓捕，机械臂能够稳定包络目标并实施定向拖曳也面临重大技术挑战。

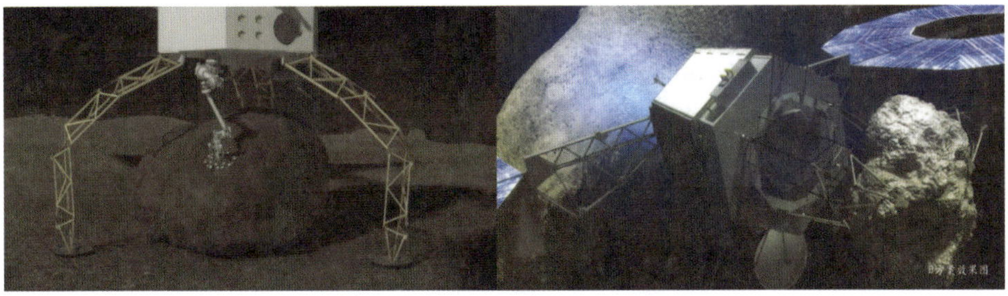

图 5-17　机械捕获小行星方法

（2）口袋捕获方法

口袋捕获主要由抓捕口袋、缓冲泡沫和多自由度平台组成[235]。1）抓捕口袋，主要由可膨胀展开臂、高强度口袋和系紧缆绳组装而成，口袋表面材质具有被动温控能力，工作时由膨胀展开臂和与臂连接的膨胀圆环支撑展开，通过系紧缆绳锁定，对目标尺寸适应能力强；2）缓冲泡沫，主要用于小行星与飞行器接触过程中为两者提供碰撞缓冲；3）多自由度平台，至少要拥有 3 自由度，其作用是调整与飞行器固连的抓捕目标的位置与姿态，使其质心与飞行器质心共处于组合系统的主旋转轴，以便后续对整个系统进行消旋操作，飞行器所提供的消旋力与力矩通过该平台接触面传递给小行星。图 5-18 所示为口袋捕获小行星方法。

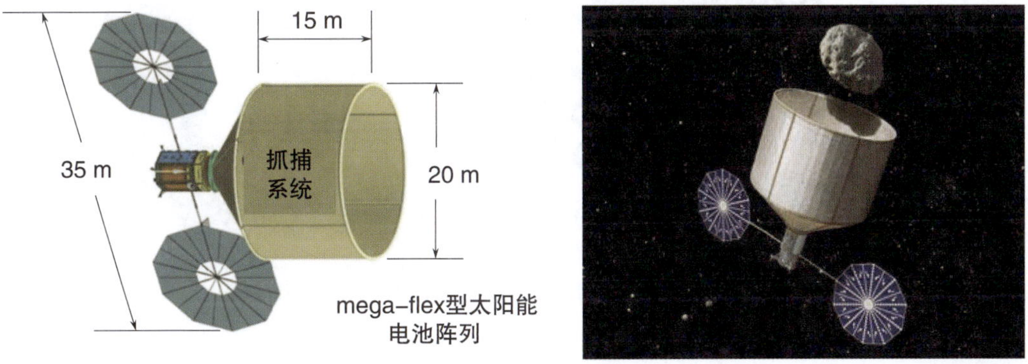

图 5-18　口袋捕获小行星方法

为实现将小天体拖曳到指定的位置，飞行器配置了两个大面阵太阳能帆板（每块面积约 90 m^2），可提供 50 kW 电力，主要为高功率电推进系统供电。电推进分系统包括 5 个 10 kW、比冲达 3 000 s 的霍尔推力器（1 个备份）。7 个氙推进剂贮箱储存任务所需的 12 000 kg 氙推进剂，每个贮箱的直径是 650 mm，长度约为 3 500 mm。因此，为实现小行星拖曳，飞行器需配备庞大、复杂的电源和推进系统，系统质量代价大。

（3）绳网捕获方法

绳网飞行器可进行小行星捕获，如图 5-19 所示[236]。正方形绳网的顶点质量块是能够独立飞行的微纳卫星平台，具备轨道与姿态机动能力。根据被捕获小行星的形状与结构，绳网的形状与顶点可以采用不同的设计。绳网需选择强度高、质量轻、耐高温、柔性好的材料。绳网飞行器可通过质量块协同控制轨道和姿态。首先，绳网飞行器实现与目标小行星的运动状态同步；然后，绳网飞行器接触小行星实现包络；最后，绳网飞行器通过质量块“交会对接”并拉紧绳网实现对小行星的捕获，即小行星被绳网完全包裹。在绳网飞行器捕获目标后，飞行器释放绳系机械爪，寻找合适的绳网结点并实现抓取，从而实现飞行器与小行星的实质接触。

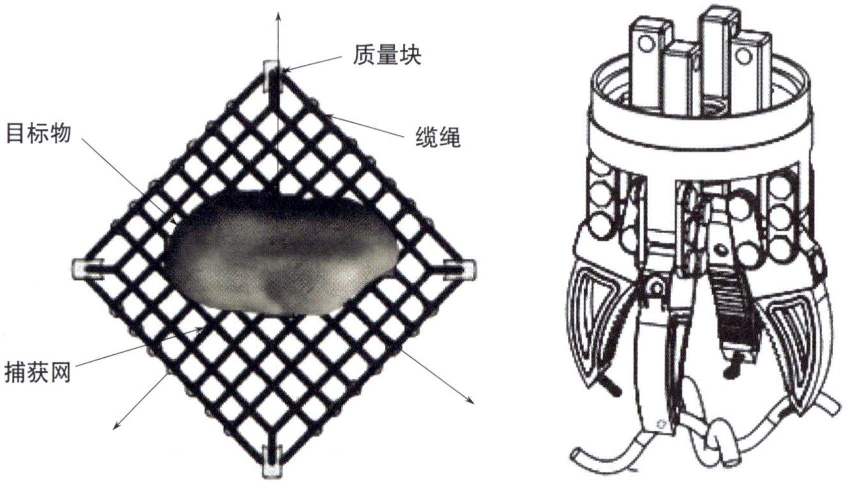

图 5-19　绳网捕获小行星方法及绳网结点抓捕机械爪

前期的研究分析表明，虽然捕获的小行星仅约 10 m，但因其质量大，为实现小行星消旋并拖曳至目的地需消耗大量推进剂，并需配备大面阵太阳阵和高功率电推进系统，导致小行星捕获采矿任务系统质量大、成本高，难以满足经济性要求。因此，这里提出捕获和资源利用相结合的主带小行星捕获采矿概念方案，如图 5-20 所示。小行星捕获进入柔性口袋并密封后，通过菲涅尔透镜等太阳能聚光方法，将太阳能汇入捕获口袋内的加热区，通过光热开采的方式将水冰相变汽化并通过冷阱收集获得水资源。通过光伏-电解的方式，水资源转化为氢氧推进剂，并通过氢氧发动机获得高比冲、大推力的拖曳动力。脱水后小行星表面星壤颗粒收集后，通过颗粒推进器，以机械或电驱动的方式，高速抛射出去，获得小行星消旋或轨道转移所需的冲量。该方案充分利用小行星本身的资源和原位可获取的太阳能产生推进力，逐步把小行星拖曳到目标位置，可大幅降低飞行器的整体规模和携带的资源量。

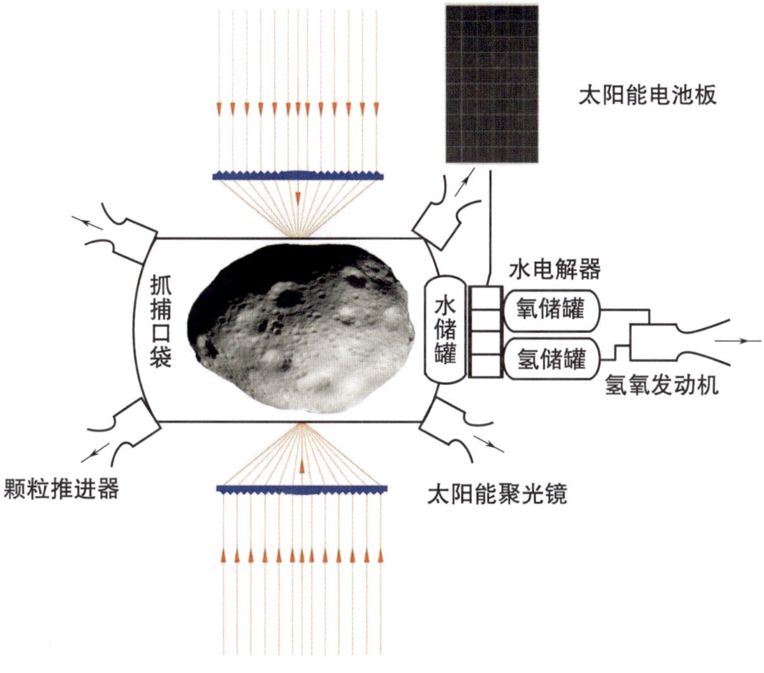

图 5-20　主带小行星捕获采矿概念方案

5.2.4　小行星轨道转移采矿系统

5.2.2 节和 5.2.3 节提出的小行星原位采矿飞行器和捕获采矿飞行器均需要通过飞行器对小行星直接操作，带来一系列技术难题和挑战，需要付出较大的质量和成本代价。如果能够通过小型飞行器在小行星附近飞行，间接地改变小行星的轨道，并逐步引导至目的地进行规模化的开发，将有可能大幅降低小行星资源开发的难度和成本。

近年来，针对小行星防御的在轨处置，研究者提出了一系列改变小行星轨道的方法并通过在轨演示验证技术的可行性。这些方法可分为核爆和动能撞击等瞬时作用法，以及引力牵引、离子束偏移、激光烧蚀、表面喷涂、质量驱动等持续作用法[237,238]。核爆是利用核装置的巨大能量摧毁小行星结构或者使小行星轨道发生偏转。核爆能量密度大，技术程度高，可迅速改变小行星轨道，但存在核安全、核污染问题，且小行星轨道改变的不确定度大，难以在小行星采矿中应用。动能撞击是通过飞行器以一定的角度高速撞击小行星，使小行星轨道产生偏转。其技术成熟度高，可操作性强，已通过在轨演示验证了技术可行性。例如，2005 年美国深度撞击（Deep Space）任务利用一颗 372 kg 的撞击器以 10.3 km/s 的相对速度撞击“坦普尔一号”（9P/Tempel 1）彗星，初步验证了动能撞击小天体技术的可行性；2022 年美国实施的 DART 任务，利用一颗质量约 570 kg 的撞击器，以约 6.3 km/s 的相对速度撞击了 Didymos 双小行星系统中直径为 160 m 的子星 Dimorphos，将双小行星系统的绕转周期缩短了 32 min，对小行星的速度改变量约为 2.7 mm/s。动能撞击对小行星轨道改变的不确定度大，飞行器损失代价高，也难以在小行星采矿中应用。持续作用法可在较长的时间尺度对小行星持续施加微弱的作用力，从而缓慢改变小行星的轨道，付出代价小、可控性强，在未来小行星采矿中更具有应用前景。

（1）引力牵引轨道转移技术

引力牵引是利用飞行器运行在小行星附近，通过万有引力牵引逐步改变小行星的轨道。一般飞行器与小行星的距离约为 1~2 个小行星半径。在小行星不规则引力场作用下，引力牵引飞行器的轨道是不稳定的，需利用推进系统进行姿态和轨道控制。该技术飞行器不与小行星表面接触，受小行星特性影响小；可在轨调控处置效果，处置精度高。但由于飞行器质量小，产生的引力作用非常弱，一般需要数年以上的时间才能有效偏转并牵引小行星到合适的轨道上。

引力牵引技术原理如图 5-21 所示。根据万有引力公式，牵引飞行器对小行星的引力作用大小为[237]

$$F_{GT} = \frac{Gm_{as}m_{sc}}{r^2} = 2T\cos\alpha \tag{5-16}$$

式中，G 为万有引力常数；r 为飞行器与小行星的质心距离；m_{as} 和 m_{sc} 分别为小行星和飞行器的质量；T 为飞行器发动机推力；α 为发动机安装角。

为了解决引力牵引作用力微弱、实施周期长等问题，美国 NASA 提出了利用飞行器捕获岩石增强引力牵引效应，快速改变小行星轨道的技术方案[239]，但同时带来了小行星表面岩石的抓取、百吨级岩石操控等技术难题。

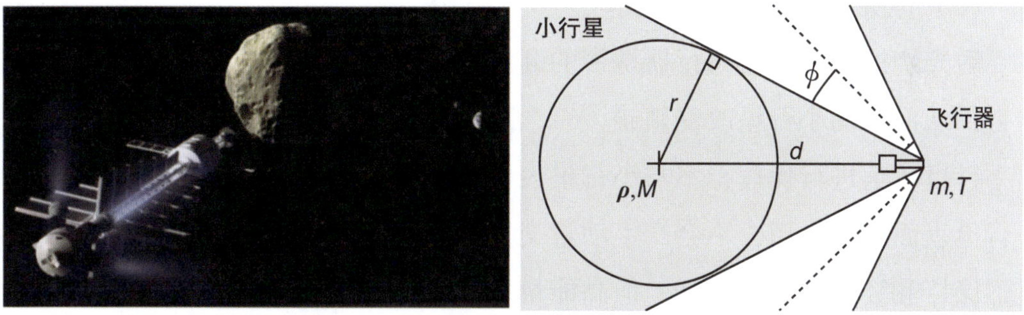

图 5-21　小行星引力牵引轨道转移技术概念

（2）离子束轨道转移技术

离子束轨道转移技术是指通过飞行器离子推进系统喷射高速离子流作用到小行星表面，推动小行星改变轨道[240,241]。飞行器悬停在小行星运行轨道一定距离处，悬停距离与电推进的离子束聚焦能力相关，离子束聚焦能力越强，悬停距离就越远。在喷射离子束的同时，飞行器也会获得加速度，为将飞行器保持在小行星附近，还需在飞行器另外一端施加反方向的轨道机动。该技术飞行器不与小行星表面直接接触，受小行星特性影响小，但需长期将飞行器精确维持在小行星附近，导航制导控制技术要求高。

离子束轨道转移技术原理如图 5-22 所示。飞行器对小行星产生的推力为[237]

$$F_{\mathrm{IBS}} = \frac{1}{2}T = \frac{1}{2}C_{\mathrm{HET}}P_{\mathrm{in}} \tag{5-17}$$

式中，C_{HET} 为推力功率比；P_{in} 为推进系统输入功率。

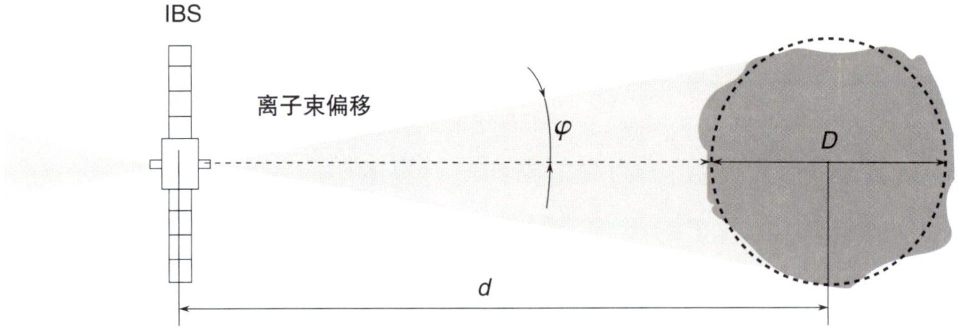

图 5-22　小行星离子束轨道转移技术概念

（3）激光烧蚀轨道转移技术

激光烧蚀是指通过飞行器携带的高能量激光器，烧蚀小行星表面物质产生推力，从而推动小行星改变轨道[242]。激光发散角小且定向性好，飞行器可距离小行星较远进行操作，不与小行星表面接触，受小行星特性影响小；激光与小行星表面相互作用，不会产生动量交换，不影响飞行器自身轨道和姿态，对轨道保持和姿态控制要求低，但高能量空间激光器技术尚不成熟。

激光烧蚀对小行星产生的作用力大小为[237]

$$F_{LA} = \eta_{LA} C_m P_{in} \tag{5-18}$$

式中，η_{LA} 为光电转化效率；C_m 为推力耦合系数，与小行星表面材料有关；P_{in} 为激光器输入功率。

（4）质量驱动轨道转移技术

质量驱动是指飞行器附着在小行星表面上利用挖掘机构获取小行星表面物质，并高速抛射出去，从而获得动量来推动改变小行星的轨道。该技术需在小行星表面施工，受小行星表面材质和地形地貌影响较大，微重力环境下挖掘、高速抛射等技术尚不成熟。

在质量驱动处置技术作用下，小行星获得的动量为

$$I_{md} = v_e m_{launch} \tag{5-19}$$

式中，v_e 为抛射速度；m_{launch} 为抛射质量。

（5）表面喷涂轨道转移技术

表面喷涂是指通过飞行器在小行星表面喷涂具有不同反照率的材料，从而改变小行星对阳光的吸收和反射，通过调控小行星热辐射压力的方式改变小行星轨道，它是对雅科夫斯基效应的利用。由于雅科夫斯基效应十分微弱，一般需要的作用时间较长。

前期研究表明，核爆和动能撞击等瞬时作用法虽然短时间内提供可观的速度增量，但小行星轨道改变的不确定度大，难以精确控制；引力牵引、离子束偏移、激光烧蚀、表面喷涂、质量驱动等持续作用法虽然可精细调节和控制，但作用力微弱，轨道转移时间很长，总体代价高。因此，结合主带小行星采矿特点和轨道转移需求，这里提出太阳聚光镜阵列飞行器驱动的主带小行星轨道转移采矿系统概念，如图 5-23 所示。通过发射并在目标小行星附近部署一个或多个太阳聚光镜飞行器，采用菲涅尔透镜等方式高效汇聚太阳能，并在小行星表面形成多点高能光斑，加热表面物质。气化或剥离的物质高速飞离小行星表面，产生反作用力，从而形成冲量作用，逐步改变小行星的轨迹，最终逼近目的地。

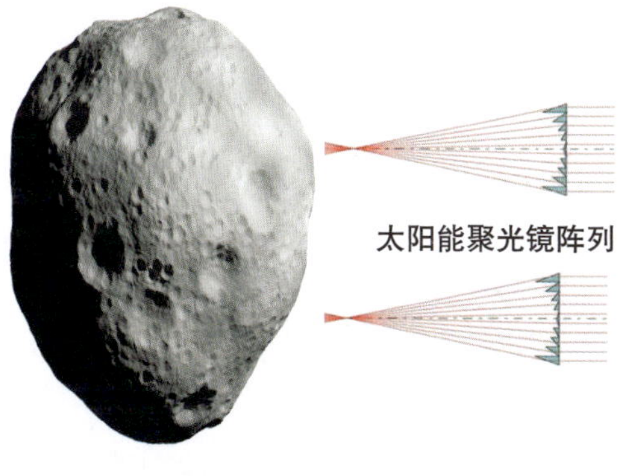

图 5-23　太阳聚光镜阵列飞行器驱动的主带小行星轨道转移采矿系统

汇聚的高能光斑加热小行星表面，产生的质量流为

$$\dot{m}_{sub} = 2V_{rot}\int_{y_{min}}^{y_{max}}\int_{t_{in}}^{t_{out}}\frac{1}{H_{sub}}(P_I - Q_R - Q_C)\,dt\,dy \tag{5-20}$$

式中，$[y_{min}, y_{max}]$ 和 $[t_{in}, t_{out}]$ 分别为光束作用区域和作用时间；V_{rot} 为小行星

选择速度；H_{sub} 为小行星表面物质升华潜热；P_I 为高能光斑单位面积的光辐射功率；Q_R 和 Q_C 分别为辐射热损失和传导热损失。

挥发产生的喷射羽流平均速度可通过理想气体的麦克斯韦分布来估计

$$\bar{v} = \sqrt{\frac{8k_b T_{sub}}{\pi M_a}} \tag{5-21}$$

式中，k_b 为玻耳兹曼常数；T_{sub} 为升华温度；M_a 为气化材料的摩尔质量。

因此，汇聚的高能光斑产生的作用力为

$$F_{sub} = \lambda \bar{v} \dot{m}_{sub} \tag{5-22}$$

相应的加速度为

$$a = F_{sub}/m_{ast} \tag{5-23}$$

式中，m_{ast} 为小行星质量。

5.2.5 谷神星中继补给及资源处理站

探测数据和理论模型均表明谷神星拥有大量的水冰资源，质量百分比从极区超过 25%到赤道区域约 16%，其存在于星表浅层区域，深度不超过 1 m。谷神星全球浅表层下拥有丰富的水冰资源，易于开发。谷神星中继补给及资源处理站重点实现谷神星水冰资源的有效开采和转化，作为主带小行星采矿的补给基地和矿物粗加工基地。谷神星直径大于 900 km，表面重力加速度 0.27 m/s^2，逃逸速度 0.51 km/s。谷神星年相当于 4.6 个地球年，每 9.1 小时完成一次自转，几乎完全垂直旋转，无四季变化。谷神星距离太阳仅 2.8AU，可有效利用太阳能。

为充分利用太阳能，避免自转影响，这里提出采用小天体采矿站的类似方案，即谷神星中继补给及资源处理站部署在谷神星轨道上，长期对日定向，充分利用太阳能（图 5-24）。站上附属多台采冰机器人，采用标准化、模块化设计，通过可在补给站加注的氢氧能源推进一体化系统，在谷神星表面着陆、附着和移动作业，在不同位置开采水冰，并将开采的水冰资源运送到伴飞的中继补给及资源处理站，将水分解为氢氧燃料，为采冰机器人的能源推进一体化系统在轨补充燃料，并为主带小行星的采矿活动补给燃料。采矿机器人同样采用标准化、模块化设计和可加注的氢氧能源推进一体化系统，在谷神星加注后，飞到附近富含矿物的小行星进行采矿，并把矿石运送到谷神星中继补给及资源处理站进行粗加工。

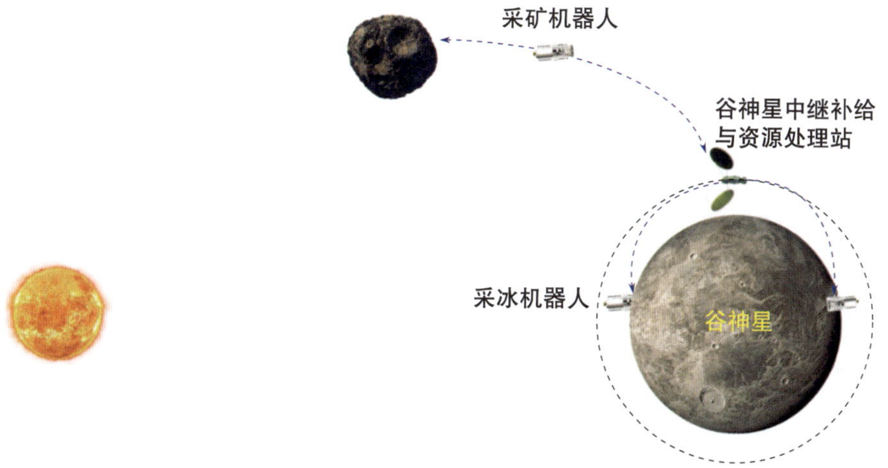

图 5-24　谷神星中继补给及资源处理站示意图

谷神星中继补给及资源处理站的工作原理如图 5-25 所示。它包括太阳能聚光及光伏发电、水电解及氢氧制备、矿物破碎及分选等设备。太阳能聚光及光伏设备通过对日跟踪定向，有效实现太阳能的电、热利用。水电解及氢氧制备设备通过水电解器将水分解为氢氧，并通过低温液化制备液氢液氧推进剂。通过交会对接和在轨加注的方式给采冰机器人、采矿机器人和资源运输器等飞行器提供能源和推进物资补给。矿物破碎及分选设备将采矿机器人在主带小行星开采的矿物通过机械破碎和研磨、电脉冲等方式，形成亚毫米甚至微米级颗粒，并进一步通过电/磁方法对金属矿物颗粒进行分选富集。富集的金属矿物颗粒由资源运输器运送到日火 L2 资源补给加工站进行进一步的加工处理。

5.2.6　日火 L2 资源加工站

日火 L2 资源加工站的主要功能是将谷神星开采的水资源和分选后的矿物资源进一步加工处理。一方面，通过水电解的方法将水制备为氢氧推进剂，为太空资源开发体系的各类飞行器提供物资中继。另一方面，将从谷神星分选获得的矿物资源进行太阳能冶炼处理，提取的铁镍等金属资源为太空制造提供基

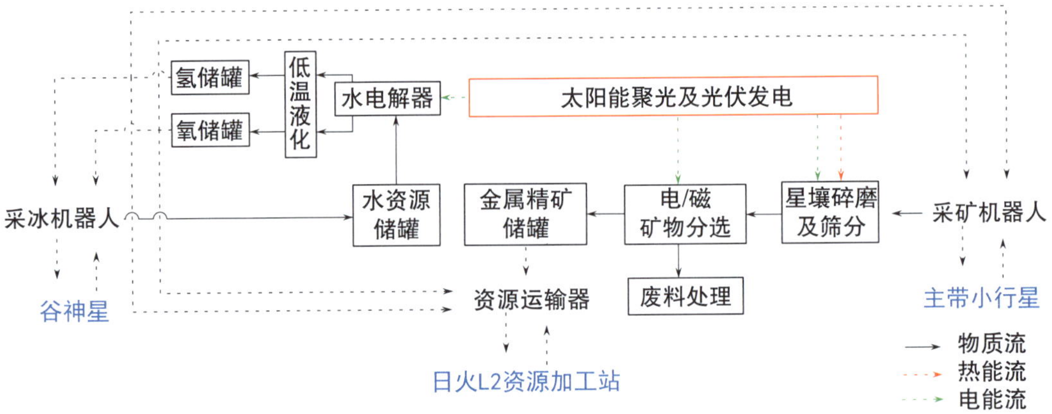

图 5-25　谷神星中继补给及资源处理站的工作原理图

础，进一步获得的稀贵金属资源运回地球。

同样地，为保持技术继承性并降低研制成本，日火 L2 资源加工站延续了前面资源加工站的技术路径和系统方案，采用模块化设计，由交会对接与流体加注模块、推进剂制备模块、太阳能矿物冶炼模块等组成（图 4-31），本节不再赘述。日火 L2 距离太阳更加遥远，太阳辐射强度进一步降低，需增加太阳阵面积来提供相同的电功率以开展推进剂制备和矿物冶炼等工作。

5.2.7　初步效益评估

行星和卫星虽然体积较大，但只能开采较浅层星壳范围内的矿物。而小行星虽然体积小，但成分相对一致，可以逐步解构实现全部开采，具有更大的可获得采矿体积（Accessible Mining Volume，AMV）[243]

$$\mathrm{AMV}=\begin{cases}\dfrac{4}{3}\pi r^3, r\leqslant 5\times 10^5\ \mathrm{m}\\[2mm] \dfrac{4}{3}\pi\left[r^3-(r-1\ 200)^3\right], 其他\end{cases} \tag{5-24}$$

按主带质量 2.39×10^{23} kg，平均堆积密度 2 000 kg/m^3 来估算，如图 5-26 所示[243]，其中月球、水星和火星的外壳厚度按 1.2 km 计算（相当于地球上最深的露天矿），近地小行星的总体积（~5×10^{12} m^3）相对太小，在图中无法显示。可以看出，即使不包括谷神星和灶神星，主带小行星可获得采矿体积超过了火星、水星和月球的总和。虽然近地小天体可为地月空间开发提供金属和水资源，但从长远来看，主带小行星的可开采体积总量超过近地小天体五个量级，是太阳系开发的主要资源宝库。

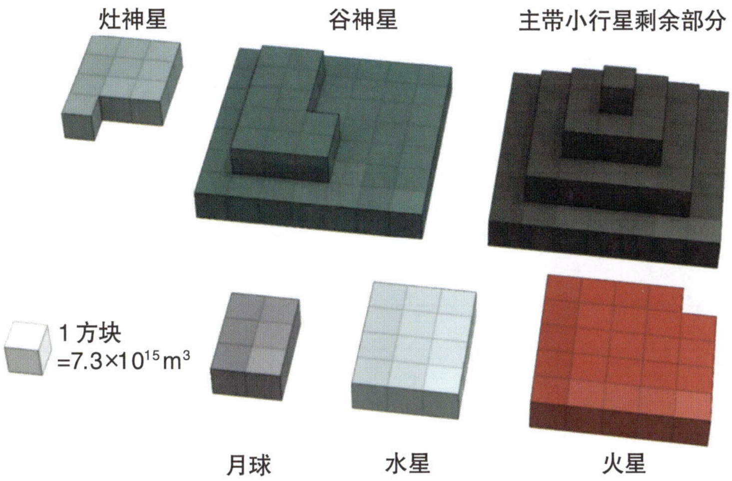

图 5-26　各主要天体的可获得采矿体积估计

设采矿机器人采矿模块重 M_M，能源推进模块干重 M_P，矿物舱干重 M_C。采矿速率为 $\dot{m}_m$，功耗为 W_m，总采矿量为 M_s。则采矿过程的总能耗为

$$E_t = W_m M_s / \dot{m}_m \tag{5-25}$$

若采用电脉冲碎岩，开采能力约 5~50 kg/（kW・h），消耗的氢氧质量为

$$M_f = E_t / (\eta \Delta G) \tag{5-26}$$

式中，H_2 和 O_2 反应产生 H_2O 的吉布斯自由能 ΔG 为 13.2 MJ/kg（237.3 kJ/mol），燃料电池效率可选 0.5。

假设运回 M_s 的矿物，则采矿机器人从小天体返回谷神星的推进剂消耗为

$$M_{p,AC} = (M_M + M_P + M_C + M_s)\left(e^{\frac{\Delta V_{AC}}{g_0 I_{sp}}} - 1\right) \tag{5-27}$$

式中，ΔV_{AC} 为小天体到谷神星的速度增量。

类似地，从谷神星到达小天体所需的推进剂质量为

$$M_{p,CA} = (M_M + M_P + M_C + M_{p,AC} + M_f)\left(e^{\frac{\Delta V_{CA}}{g_0 I_{sp}}} - 1\right) \tag{5-28}$$

式中，ΔV_{CA} 为谷神星到小天体的速度增量。

在谷神星需加注的氢氧推进剂和燃料电池工质总量为

$$M_{rf} = M_{p,AC} + M_{p,CA} + M_f \tag{5-29}$$

图 5-27 给出了单次任务获得的矿物质量与推进剂消耗的关系，可以看出，由于谷神星到达小天体的速度增量小，开采矿物往返任务所消耗的推进剂总量较小，100 吨矿物开采量的任务推进剂总消耗约 8.5 吨，单次任务获得的稀贵金属价值约 300 万元人民币。连续开采一颗约 100 m 直径的金属质小天体，可获得约 707 亿元人民币的稀贵金属。图 5-28 所示为单次任务获得的矿物质量与矿物价值的关系。

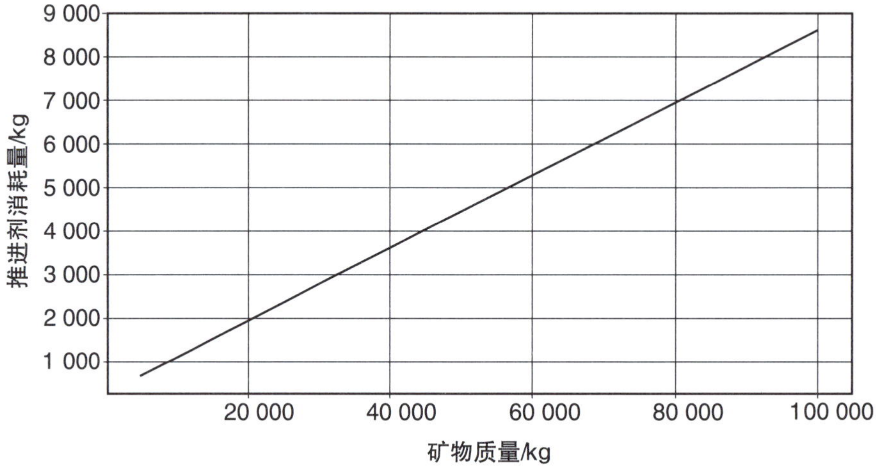

图 5-27　单次任务获得的矿物质量与推进剂消耗

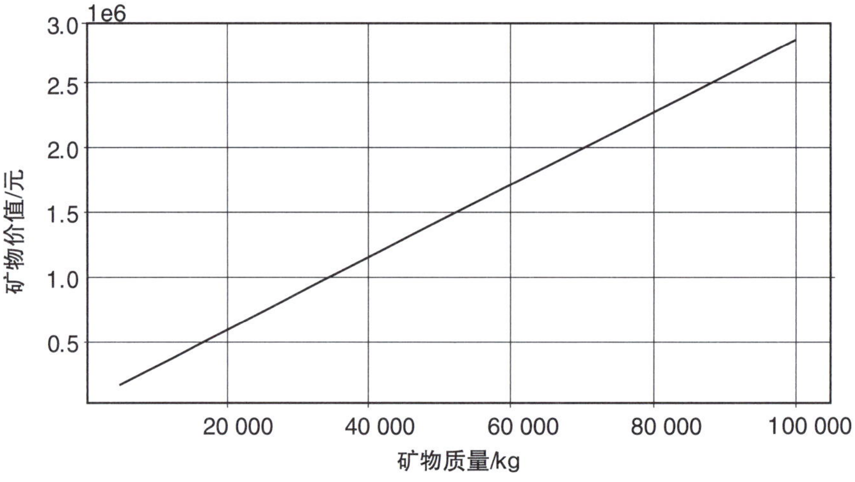

图 5-28　单次任务获得的矿物质量与矿物价值

5.3 小结

本章结合火星和主带小行星的资源特点，提出了火星资源开发体系与主带小行星采矿体系方案设想。这些体系的建设和实施将实现主带小行星的战略性关键矿产开发，并为火星开发建设提供丰富的物质基础。主要结论如下：

1）通过火星表面资源开发站的建设，将实现火星水冰规模化开采和大气二氧化碳转化利用，可原位生产制备推进剂燃料和氧，为火星长期驻留和低成本火基发射提供能源、推进和生命保障物资。利用火星资源开发支撑建设日火 L1 中继补给站，将形成低成本地火供应链关键节点，实现火地联动，支撑常态化地火空间活动，并为主带小行星资源开发、类木行星探索开发提供物质基础。

2）利用火星气动捕获的载人登陆火星任务的比较分析表明，充分利用太空资源将大幅减少地球发射质量，降低任务成本。若不利用太空资源，典型单次任务需从地球发射约 585 吨的推进剂；若利用火星资源，从地球发射的推进剂降至约 55 吨；若全程进行资源中继，则从地球发射的推进剂降至 23 吨。

3）通过建立谷神星中继补给站为小行星带资源开发提供资源补给，实现高价值小行星表面开展矿物开采、分选与初步加工，以及日火 L2 点的矿物冶炼、生产制造和燃料制备，为规模化的火星探索与开发提供工业基础，并向地球运输战略性关键矿产资源。

4）根据小行星的大小、类型，以及技术能力，主带小行星采矿可采用原位采矿、捕获采矿和轨道转移采矿等多种形式。模块化、智能化的无人原位采矿飞行器的方式具有较好的经济性和可靠性，应为未来小行星采矿的主要方式。

第 6 章 太空资源运输的若干关键技术

由于资源赋存地和资源需求地的不同，在大多数的场景下，太空资源开发的资源开采地、资源加工地和资源利用地在太阳系处于距离遥远的不同空间位置。太空资源运输技术是建立太阳系物流体系，联通以地球为核心位置的太阳系资源网络，实现星球之间、站点之间低成本物资交换的基础。通过太空资源运输设施的建设，打通运输路径、物资补给、信息保障等能力，才能将获取资源的能力延伸到储量丰富的地外天体，并把一部分服务地球可持续发展的宝贵资源运回地球。因地外天体表面的资源运输可借鉴地面车辆运输技术和月球及火星表面的移动探测技术，本书不再专门论述。本章结合当前航天科技工程能力基础和技术发展趋势，重点分析空间进出、太空运输、太空补给、深空通信中继等若干太空资源运输关键技术的原理方法与技术现状，并针对未来低成本、规模化的太空资源开发体系发展的技术需求，分析其应用场景、技术特征和技术挑战，提出可探索的技术路径和技术方案。

6.1 地球空间进出技术

安全、可靠、快速、低成本进出地球空间是大规模开发利用太空资源的前提。太空资源开发设施的发射以及将在地外天体开采的高价值资源运回地球均需通过地球空间进出技术来实现。随着航天技术发展，空间站的应用、地外天体探测与采样返回，以及未来载人登月登火、地外天体采矿返回等需要开展大量的空间进出运输任务。初步预测，2035 年的发射需求将达 10 万吨，2040 年将达 13 万吨（表 6-1）[244]。传统的空间进出的运输系统主要解决进入空间的能力，但成本仍十分高昂，限制了规模化进入空间的发展。不远的将来，太空资源开发将获取大量地球可持续发展急需的战略性关键矿产资源，迫切需要发展低成本的进入地球的能力。

表 6-1　未来的发射需求预测（单位：吨/年）

需求	2031	2035	2040	2045
空间太阳能	40 000	70 000	100 000	130 000
核材料处置	12 000	18 000	24 000	30 000
小行星采矿	1 000	2 000	3 000	5 000
星际飞行	100	200	300	350
GEO 的创新任务	347	365	389	400
太阳系殖民	50	200	1 000	5 000
营销与广告	15	30	50	100
L1 点太阳屏	5 000	10 000	5 000	3 000
当前地球同步轨道卫星+LEOs	347	365	389	400
总需求	58 859	101 160	134 128	174 250

总体上看，目前世界航天大国进入空间的主要手段为运载火箭，它通常是一次性使用装备，技术相对成熟，但成本较高。目前国际上已研制了各类重型运载火箭，将具备上百吨级的进入空间的能力。现役运载能力最强的火箭为太空探索技术公司的猎鹰重型（Falcon Heavy）运载火箭，其近地轨道（LEO）运载能力为 63.8 吨，地球静止轨道（GEO）运载能力为 26.7 吨。太空探索技术公司新研制的星舰大型运载火箭，完全重复使用状态下近地轨道运载能力可达 100~150 吨。更为重要的是，在太空探索技术公司可重复使用运载器的开创性工作的基础上，低成本进入空间已成为当前国际的重点方向。以可重复使用的猎鹰重型运载火箭为例，每千克载荷进入近地轨道所需要的发射成本约为 3 210 美元，往地球静止轨道运输成本约为每千克 5 620 美元。以火星移民为例，要在火星上建立居住地，初步估计需要向火星发射 100 万吨的物资。若采用火箭发射的话，只有 2%的质量能从火箭发射台上到达地球同步轨道，而只有 0.5%的质量到达火星表面。若要将 100 万吨的物资运送到目的地，则需要 2 亿吨的发射质量。同时，大规模的火箭发射也带来了严重的环境污染问题，2021 年的火箭发射向平流层直接排放了 100 万千克的黑碳污染[245]，未来的大规模任务，将带来非常严峻的大气污染排放问题。为此，必须发展绿色空间进出技术。

目前从空间进入地球的手段和能力更为有限，通过载人飞船等方式可实现航天员从低地球轨道再入返回地球，通过返回式卫星可实现少量空间实验材料返回地球，通过返回器可将月球和小天体采集的少量（kg 级）地外天体样品返回地球。近年来，以新一代返回式卫星、载人飞船和可重复使用运载器等为代表的航天装备快速发展，有效降低了空间进出的成本。

为满足未来太空资源开发需求，需分阶段重点发展可重复使用航天运载器、低成本返回器、太空电梯等新技术手段，具备绿色、低成本、规模化进出地球空间的能力。

6.1.1 可重复使用航天运载器

6.1.1.1 概念与原理

可重复使用航天运载器（Reusable Launch Vehicle，RLV）是指能够在地球表面与太空之间多次往返的多用途飞行器。可重复使用航天运载器主要包括可重复使用运载火箭和可重复使用空天飞机两大类，按动力方式可进一步分为火箭动力和组合动力。多次、快速、可靠、安全的发射与回收，可大幅降低发射成本，如回收并重复使用火箭的第一级可降低成本约 80%，如果第二级也能回收并重复使用可降低成本约 99%。

RLV 的起飞方式主要包括水平起飞和垂直起飞。垂直起飞穿越大气层的路径短，可降低运载器上升阶段的燃料消耗、提升运载效率，但需配备复杂的地面发射系统，任务准备周期长，起降频次低。水平起飞可利用空气动力提供较大的升力，以克服飞行器的重力，从而减小对发动机的推力需求，但飞行器长时间工作在大气层内，克服阻力将消耗飞行器大量的燃料，发动机需要有较大的比冲才能实现往返飞行。因此，若发动机起飞推力大、比冲低，可采用垂直起飞方式；若发动机起飞推力小但比冲较高，可采用水平起飞方式。

RLV 的降落方式主要包括伞降、水平降落和垂直降落等。伞降回收方式的技术成熟度最高，实现难度最小，已在返回舱等工程任务中得到了充分验证，但落点难以精确控制，需安装降落伞和气囊，占用了较多的内部空间和质量，也增加了地面维护的难度和周期。垂直回收对回收场地的要求较低，回收技术成熟，可海上回收或陆地回收，如美国太空探索技术公司的猎鹰 9 号火箭已成功实现了几十次的垂直回收。但该种回收方式要对火箭发动机进行改进，需具备深度推力调节能力，制导控制系统需保障落点精确控制，需预留大量燃料以满足回收时的推力调节需求。

可重复使用运载火箭在一次性运载火箭技术的基础上，利用火箭发动机从地面垂直起飞并完成预定发射任务后，通过垂直降落或者伞降回收等方式，全部或部分返回地面并安全着陆，经过检修维护与燃料加注，可再次执行发射任务。以猎鹰 9 号火箭为例，其一级火箭回收技术以着陆支架、姿态控制、推进剂交叉供应和高效发动机来实现。通过主发动机 3 次点火制动减速，下落速度由约 1 300 m/s 减速为 2 m/s[246]。

可重复使用空天飞机（Aerospace Plane）可像飞机一样在跑道上水平起降，它采用涡轮发动机、冲压发动机、火箭发动机等组合动力来实现起飞、爬升、入轨、驻留、再入、返回等全飞行包线内空天跨域飞行，是一种完全可重复使用的天地往返飞行器。采用火箭基组合循环（Rocket-Based Combined Cycle，RBCC）发动机的空天飞机工作原理如图 6-1 所示。在上升阶段，运载器首先在地面开启 RBCC 引射火箭加速至约马赫（*Ma*）0.4，拉高攻角离开地面；继续在引射火箭作用下加速达到约 *Ma* 1.8，逐渐关小火箭流量，增加二次喷射流量，到约 *Ma* 2.5 完成引射/亚燃模态转换，达到亚燃冲压发动机稳定工作条件，关闭火箭；在亚燃模态下继续加速，当速度达到 *Ma* 5.5，通过控制喷射流量实现亚燃/超燃模态转换；在超燃模态下继续加速至 *Ma* 7 后逐渐开大火箭流量，继续加速至 50 km 高度 和 *Ma* 8 的分离条件时，RBCC 发动机关机，并与上面级分离。随后飞行器通过无动力滑翔段、动力滑翔段并最终着陆[247]。

6.1.1.2　技术进展

近年来，航天发射需求与日俱增，对低成本、高可靠和高效率的空间运输系统的开发提出了迫切需求，在可重复使用运载火箭和可重复使用空天飞机等方面取得了重要技术进展。

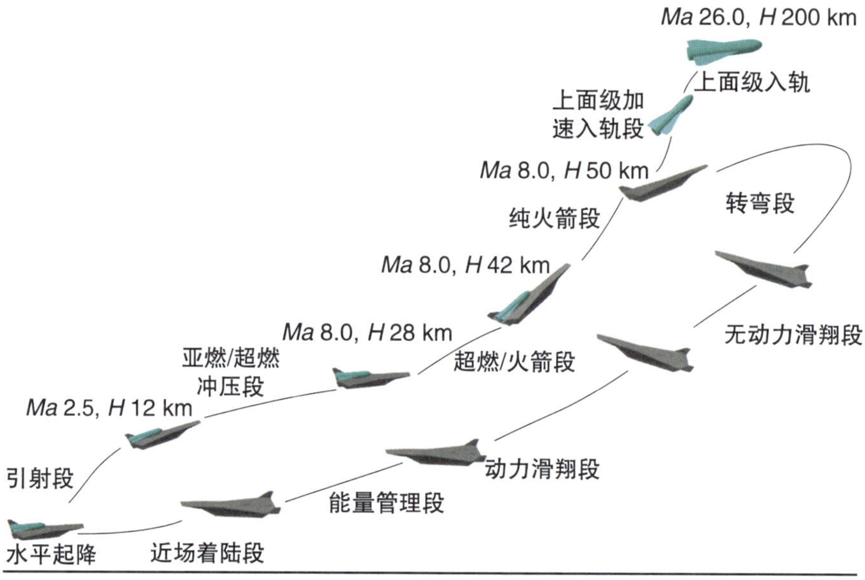

图 6-1　采用 RBCC 发动机的可重复使用空天飞机工作原理

（1）可重复使用运载火箭

可重复使用运载火箭技术近年来得到快速发展。垂直起降方式继承当前运载火箭的发射方式，技术继承性好，以猎鹰 9 号为代表的部分可重复使用运载火箭已进行了飞行验证，实现了规模化应用。星舰正在开展飞行试验，将具备完全可重复使用和超大的运载能力，可执行近地轨道、月球、火星甚至更远轨道的商业航天发射任务。2023 年 4 月 20 日，星舰成功实现首次发射，发射阶段取得圆满成功[248]。2024 年 3 月 14 日，星舰完成了第三次综合飞行测试，首次达到了入轨速度，在轨进行了有效载荷舱门开关、推进剂转移等试验[249]。2024 年 10 月 13 日，星舰完成了第五次试飞，并首次实现了“筷子夹火箭”式回收[250]。

火神-半人马座（Vulcan Centaur）火箭是美国 ULA 的新一代运载火箭，是首个使用液氧甲烷发动机的火箭，芯一级采用蓝色起源公司（Blue Origin）研制的 BE-4 液氧甲烷发动机，其目标是取代宇宙神 5 系列与德尔它 4 重型火箭。主要技术特点包括：1）第一级发动机可重复使用。与太空探索技术公司整级回收不同的是，它只回收昂贵的发动机。第一级工作结束并完成级间分离后，两台发动机同贮箱脱开，并展开充气式防热罩，以降低再入速度。随后展开方向可控的降落伞，使下降速度进一步降低，并在空中由直升机直接回收，如图 6-2 所示[251]。2）可提供加注服务的上面级。新型的上面级将可以携带大量燃料，它在将载荷送入轨道后，自身可继续停泊在轨道上，并允许其他航天器与之对接并补充燃料。2024 年 1 月 8 日，火神-半人马座火箭首次发射成功，将美国航天机器人技术公司开发的“游隼”号月球着陆器送入太空。这是全球第一个采用闭式循环液氧甲烷发动机的液体火箭，也是推力最大的液氧甲烷火箭。火箭芯一级直径 5.4 m，配备两台 BE-4 液氧甲烷发动机，该发动机采用富氧循环，海平面推力 249.5 吨，海平面比冲 310 s。芯二级（半人马座上面级）直径 5.4 m，配备两台由洛克达因公司（Aerojet Rocketdyne）研制的 RL10C（X）氢氧发动机，真空推力 10 吨级，真空比冲 461 s，可重复启动 7 次。

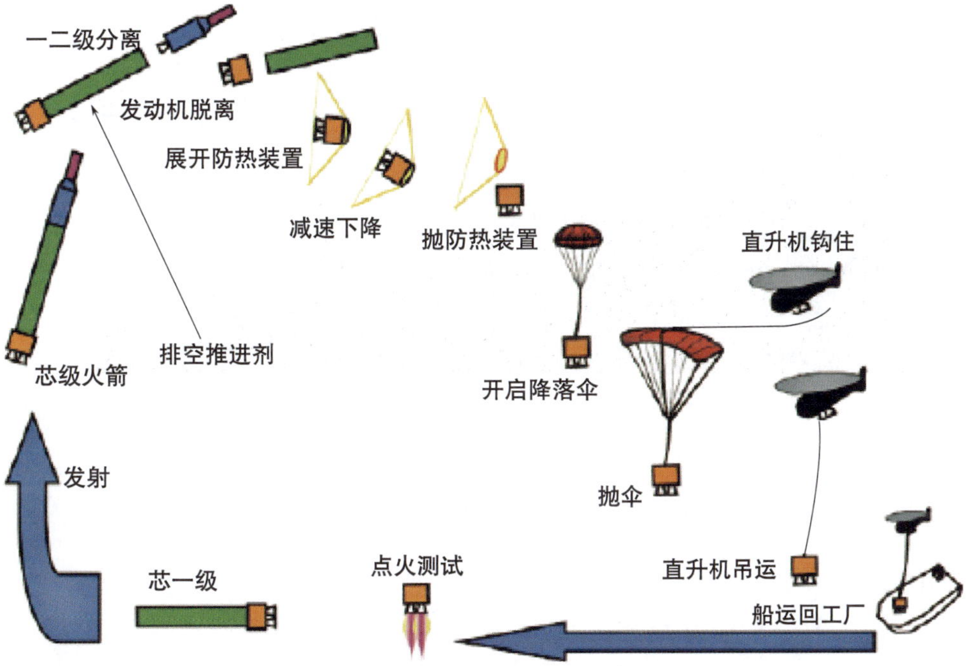

图 6-2　火神-半人马座火箭第一级发动机回收过程示意图

（2）可重复使用空天飞机

自 20 世纪 60 年代以来，世界主要航天大国先后开展了重复使用天地往返飞行器（空天飞机）的方案研究和关键技术攻关，包括航天飞机和 X37B 等为代表的火箭动力可重复使用天地往返飞行器，以及 X-30 和云霄塔（Skylon）等为代表的吸气式组合动力可重复使用天地往返飞行器。

2013 年 11 月，美国国防部高级研究计划局（DARPA）发布了“试验型太空飞机-1”项目（代号 XS-1）方案征询公告，设计要求是将飞行器推送至亚轨道空间，速度达到高超声速，在加速后可快速进入轨道，执行完任务后可脱离轨道并返回地球。XS-1 空天飞机作为一种可重复使用的飞行器，可将 1.3~2.2 吨的有效载荷送入轨道，在 10 天内可飞行 10 次。图 6-3 所示为 XS-1 空天飞机在轨飞行示意图。

图 6-3　XS-1 空天飞机在轨飞行示意图（引自 DARPA 网站）

云霄塔空天飞机由英国反应发动机有限公司（Reaction Engines，RE）负责研制。它可从跑道上起飞、入轨，执行发射卫星、向空间站运送乘员或供应品等任务后，采用滑翔返回并在跑道上着陆。它采用混合动力发动机，可在普通机场起飞，利用喷气式发动机爬升到特定高度，然后使用火箭发动机继续加速进入太空，在完成任务后利用火箭返回大气层，重启喷气发动机在大气层飞行并降落在普通机场。云霄塔长 83.3 m，翼展 25.4 m，理论起飞质量约 345 吨，完全重复使用，可执行飞行任务达到 200 次。机身由多层结构制成，包括气动外壳、隔热系统、结构和贮箱，如图 6-4 所示[252]。其采用新型佩刀

（SABRE）双模态发动机，在上升阶段采用吸气模式，从大气中吸入氧气并压缩，压缩空气冷却后与液氢混合燃烧。当速度达到马赫数 5，飞行高度约 26 km 时，发动机切换到火箭模式，开始使用自身携带的液氢液氧推进剂工作。在吸气模式阶段，云霄塔空天飞机不需要使用携带的液氧，从而减小了起飞质量，降低了成本，同时也提高了运载能力。吸气和火箭混合动力发动机采用同一套火箭燃烧室、喷管和泵，可减少因增加一台吸气式发动机所造成的质量增加[252]。

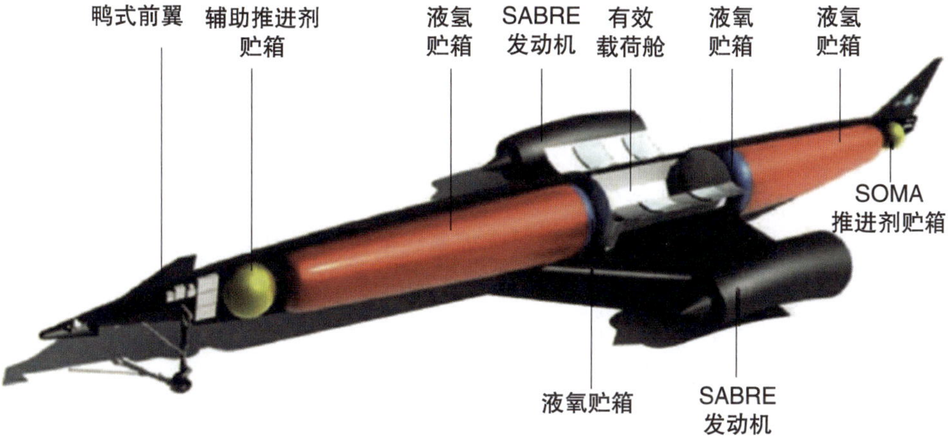

图 6-4　云霄塔空天飞机

我国自 20 世纪 80 年代开始研究可重复使用航天运载器技术，提出了多种构型的重复使用航天运载器方案，主要包括升力式重复使用航天运载器和基于传统火箭构型的重复使用运载火箭。2021 年首次开展了亚轨道重复使用航天运载器飞行演示验证，取得圆满成功。我国还开展了大量组合动力技术研究，包括涡轮基组合循环（Turbine-Based Combined Cycle，TBCC）、火箭基组合循环（RBCC）、涡轮辅助火箭增强冲压组合循环（Turbo-aided Rocket-augmented Ramjet Combined Cycle Engine，TRRE）、预冷空气涡轮火箭组合循环（Pre-cooling Air Turbo Rocket，PATR）等。在基于传统火箭构型的重复使用运载火箭方面，主要利用长征火箭重点突破推力调节、垂直着陆制导与控制、重复使用机构、火箭落区控制、伞降回收（图 6-5）等关键技术[253]。

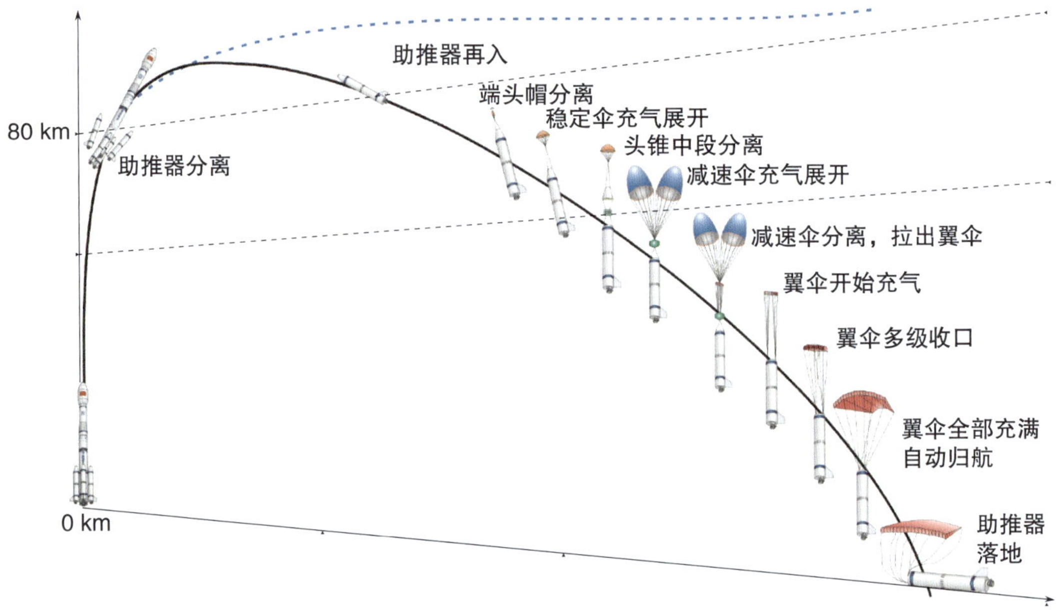

图 6-5　助推器伞控系统全程飞行剖面

6.1.2　地球再入返回技术

6.1.2.1　概念与原理

航天器在地球轨道或深空完成任务后，重新进入地球大气层，并在地球表面着陆的过程称为再入返回。目前可返回地球的航天器主要包括返回式卫星、载人飞船、地外天体采样返回飞行器等航天器，它们均通过返回器（Return Vehicle）来安全着陆地球。早期返回式卫星的返回器用于返回在轨侦察拍摄的胶片，后来演变为返回完成微重力试验的样品。载人飞船的返回器（舱）是航天员往返太空时乘坐的舱段。月球、小天体和火星采样返回任务通过返回器将样品运送到地球表面。

通常以 120 km 为大气层再入的高度，航天器在这一高度的速度称为再入速度，速度方向与当地水平方向的夹角称为再入角。航天器从地球轨道返回的再入速度接近 7.8 km/s（即第一宇宙速度），从月球返回的再入速度接近 11.2 km/s（即第二宇宙速度），从行星返回的再入速度约为 13~21 km/s。按气动特性的不同，返回器可分为3类[254]：

1）弹道式返回器，再入飞行过程中所受到的空气动力只有阻力、没有升力或虽有升力但升力的大小和方向均不加控制和利用的返回器。

2）半弹道式返回器，又称弹道升力式返回器，航天器进入大气层后依靠自身结构或外形的不对称产生一定升力，再入飞行过程中所受到的气动升力与气动阻力之比（简称升阻比）小于或等于0.5，但能通过滚动控制调整升力方向的返回器。对于深空返回任务，由于再入速度高，多采用一种“跳跃式”的半弹道式再入轨道，即航天器以较小再入角进入大气层，依靠升力再次冲出大气层，做一段弹道式飞行后第二次再入大气层，可减少过载和提高落点精度。

3）升力式返回器，又称滑翔式返回器，为再入飞行过程中升阻比大于0.7并能控制升力大小和方向的返回器。航天器进入段航程和时间较长，再入过载小，落点精度高。升力式返回器有两种：一种为不带翼面的升力返回器，另一种为带翼面的升力返回器，均已得到实际应用。

6.1.2.2　技术进展

苏联是第一个掌握航天器再入返回技术的国家，也是首个掌握深空无人自动采样返回技术的国家，1968年11月发射的探测器-6在完成绕月飞行返回地球时首次实现了跳跃式再入。苏联的月球系列、美国的星尘号和起源号、日本的隼鸟号等无人深空探测返回任务则采用了较简单的弹道式再入方式[254]。

为减少轨道制动的燃料消耗，降低进入地球的成本，近年来发展了绳系返回器技术。1986年，美国通用电气公司（GE）提出了绳系释放回收系统（Tether Released Recovery System）[255]，提供一种在不使用航天飞机轨道飞行器的情况下将小型有效载荷从空间站转移到地球表面的方法。如图6-6所示，待返回的有效载荷由空间站通过绳系的方式进行部署，系留的有效载荷在合适的时机被释放到再入轨道并进入高层大气。在再入大气层后，制导降落伞被打开进行降速，以实现软着陆。系绳长度约20~40 km，有效载荷质量约100 kg，有效载荷的系留部署所需时间约为3小时，释放后的再入阶段需要约1小时15分钟。

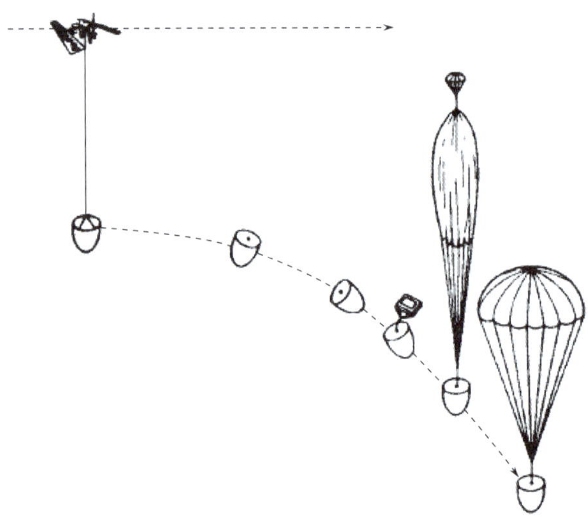

图 6-6　绳系释放回收系统概念图

2017 年，俄罗斯科学家提出了椭圆轨道的绳系辅助返回任务概念（图 6-7）[256]，任务分为 3 个阶段。在第一阶段（①~⑥），有效载荷和卫星作为一个整体运动，卫星配备了绳系部署机构，按计划弹出绳系系统；在点①处，卫星垂直定向，绳系设备就绪；在点②处，有效载荷与卫星分离；在第③点至第⑥点期间，系绳展开至其全长；在点⑥处，有效载荷与系绳分离。第二阶段，有效载荷在开普勒轨道上从分离点⑥移动到大气边界⑦。有效载荷在大气层边界的位置和速度完全由分离时的参数决定。任务的最后阶段是有效载荷下降到大气层中并减速着陆（第⑦~⑧点）。

柔性充气式再入返回技术是一种集防热、减速和着陆减震功能于一体的弹道式再入航天器。它主要由柔性织物材料制成，可折叠、质量轻、体积小，再入大气层之前充气展开，形成倒锥形结构，并通过表面的防热层和绝热层进行防热和减速。该技术不仅能把更重的漫游车、着陆器乃至载人舱送到火星表面，还能够把大量的太空制造产品（几十吨量级）运回地球。该技术已进行了多次飞行试验验证[257]。2022 年 11 月 10 日，美国 NASA 按计划完成了充气式减速器近地轨道飞行试验（Low Earth Orbit Flight Test Inflatable Decelerator，LOFTID）任务，如图 6-8 所示。LOFTID 飞行器总质量约 1 088 kg，充气展开直径约 6 m，再入速度 8 km/s，峰值温度约 1 650 ℃，峰值过载约 9 g。

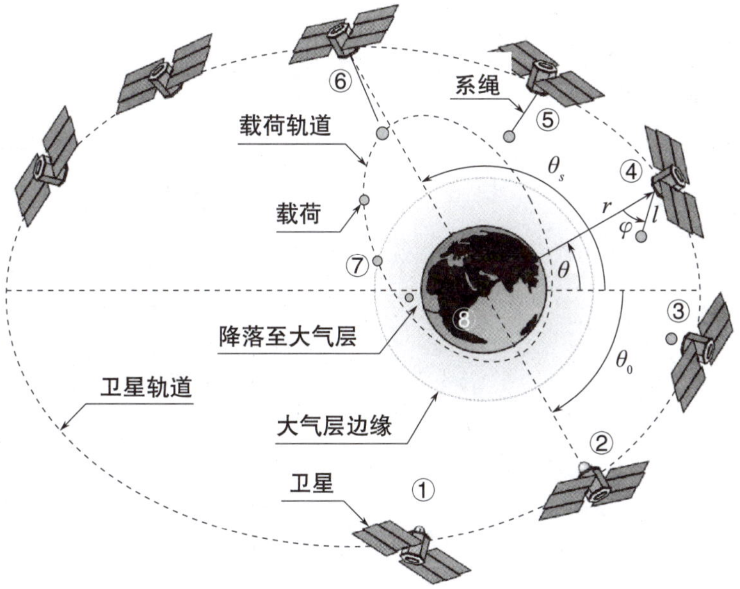

图 6-7　椭圆轨道的绳系辅助返回任务概念

LOFTID 飞行器从充气展开至顺利落入回收海域全程飞行约 1 小时，圆满完成了近地轨道再入飞行试验[258]。

6.1.3　太空电梯技术

6.1.3.1　概念与原理

太空电梯（Space Elevator，也译为天梯）是利用缆绳将地面锚站与位于太空的天顶锚站连接，整个系统随地球自转，并依靠旋转产生的离心力使缆绳绷直并产生预应力，通过运行于缆绳上的升降运输舱在天地之间运送物资。因此，太空电梯系统主要包含地面锚固装置（地面锚站）、引力平衡装置（天顶锚站）、连接天地两站点的缆绳、沿缆绳上下运行的升降运输舱及能源与控制等。由于随地球以一定角速度自转，太空电梯上不同高度处具有不同的线速度。利用这一特性可通过其向太空运输载荷，或发射进行太阳系探测任务的航天器。利用太空电梯运输仅需克服载荷自身的重力势能，与传统采用运载火箭运输的方式相比，能够大幅降低单次运输成本[259]，可将进入 LEO 的成本降低至火箭发射的 7%，进入 GEO 的成本降低至 3%，每千克成本低于 100 美元。

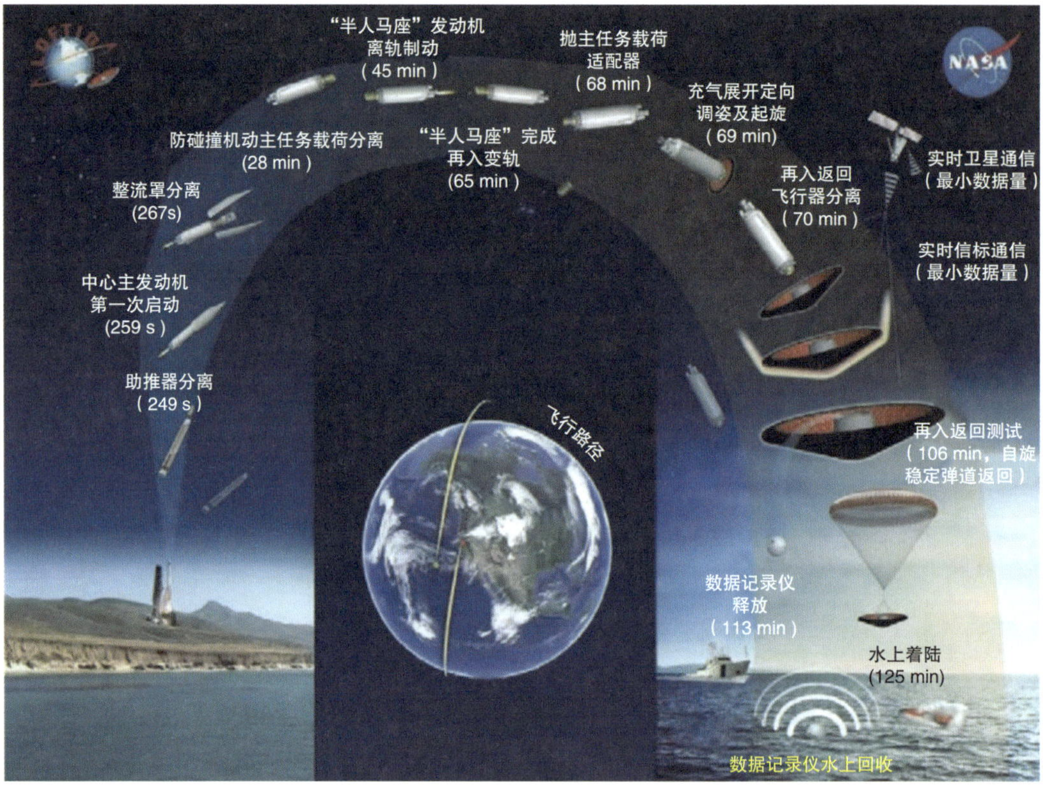

图 6-8　充气式减速器近地轨道飞行试验飞行剖面图

太空电梯由于不用消耗推进剂、可实现 24 小时不间断运输，具备每周百吨以上的运载能力，具有高效率、大荷载、可重复利用、经济环保等特点，是低成本、绿色负碳的空间进出方式，有望有效解决运载火箭发射成本高昂、发射周期和频次受限等问题，并为规模化的太空资源进入地球提供重要手段。

为避免地球和空间站的相对运动造成缆绳位置变化和缠绕，一般应选择在赤道建立地面锚站，在约 36 000 km 高度的地球静止轨道（GEO）建立空间站平台，这样两点保持相对静止。为了维持系统的相对稳定性，一般将缆绳进一步延伸到更高的轨道（达 100 000 km），并安置引力平衡装置（天顶锚站），保证太空电梯的质心维持在 GEO，如图 6-9 所示[260]。

新概念太空电梯系统可大幅降低进出地球的成本，但面临高比强材料等基础性难题。高强、轻质的超长缆绳是建成太空电梯的关键，缆绳在设计过程中遵循等应力设计原则，其不同高度截面处受到拉力并不相等，在 GEO 轨道处

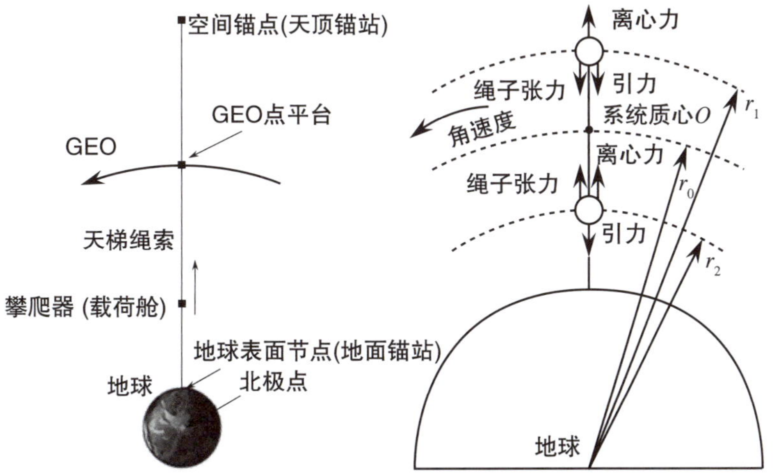

图 6-9　太空电梯系统组成和受力示意

拉力最强，因此 GEO 轨道处缆绳最粗，然后向上下逐渐变窄。缆绳截面积渐变函数计算公式如下[261,262]

$$\begin{cases} A(s)=A_m\exp[F(s)] \\ F(s)=\dfrac{R_E^2}{\bar{h}R_G(1+\varepsilon_0)}\left(\dfrac{3}{2}-\dfrac{R_G}{R_E+s(1+\varepsilon_0)}-\dfrac{[R_E+s(1+\varepsilon_0)]^2}{2R_G^2}\right) \end{cases} \tag{6-1}$$

式中，A_m 为缆绳的最大截面积（GEO 轨道处）；R_E 为地球半径；R_G 为 GEO 轨道半径；ε_0 为缆绳的应变；s 为缆绳单元距离锚固点的距离；$\bar{h}=\sigma_0/\gamma g_0$ 为缆绳的特征高度，其中 σ_0 为缆绳的设计应力，γ 为缆绳材料密度。

由式（6-1）积分可求得缆绳及天顶锚的质量分别为

$$m_t=\gamma A_m\int_0^{t_0}\exp[F(s)]\mathrm{d}s$$

$$m_c=\gamma A_m\bar{h}\frac{\exp[\,|F(s)|_{s=L_0}]}{(R_E/R_G)^2([R_E+L_0(1+\varepsilon_0)]/R_G-\{R_G/[R_E+L_0(1+\varepsilon_0)]\}^2)} \tag{6-2}$$

在分析缆绳允许设计应力影响时，假设缆绳的总长度 $L_0=100\ 000$ km，缆绳材料体密度为 1 300 kg/m^3，太空电梯系统的最大承载能力为 466 kN。当缆绳允许设计应力为 20~80 GPa 时，太空电梯系统质量规模的计算结果如图 6-10 所示[263]。

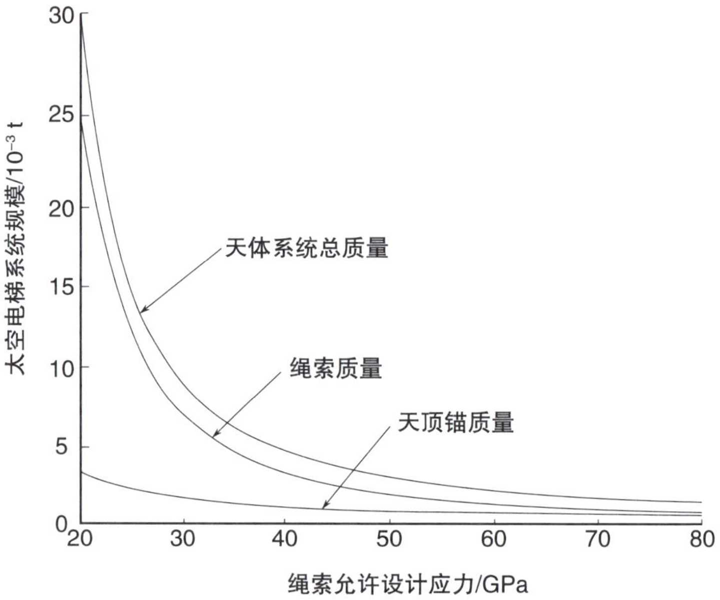

图 6-10　太空电梯系统质量规模的计算结果

限制太空电梯发展的主要因素之一是缆绳需承受超高的应力，远超过钢等普通材料的抗拉强度。这一瓶颈技术在近年来碳纳米管和石墨烯的快速发展之后有望得到解决（图 6-11）[264]，其弹性模量及抗拉强度分别可达 1 800 GPa 和 200 GPa[265]。目前，石墨烯通过气相沉积工艺（CVD）可实现以 2 m/min 的速度和 1 km 的长度大规模生产[266,267]，通用石墨烯公司（General Graphene Corporation）采用卷对卷（R2R）生产线，产能达 100 000 平方米/年[268]。

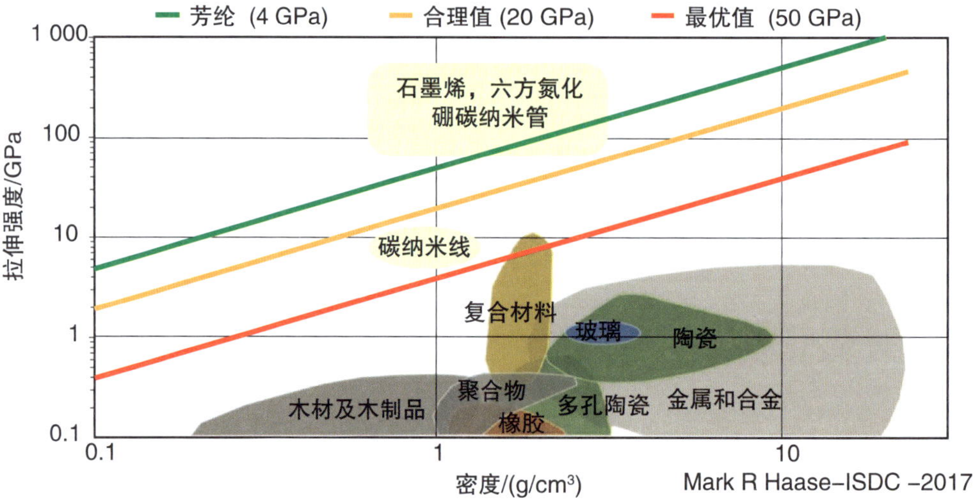

图 6-11　有关缆绳材料的拉伸强度与密度

在建设太空电梯的过程中，质量比重最大的缆绳可通过 GEO 空间站的设备进行在轨制造，并通过在轨组装向上和向下延伸。为解决太空电梯建造面临的材料、规模等巨大挑战，近年来提出了绳系太空电梯（Tethered Space Elevator）[255] 或局部太空电梯（Partial Space Elevator）的概念[269]，是一类由太空电梯技术衍生而来的绳系航天系统，其系统概念如图 6-12 所示。由于其轨道跨度远小于太空电梯，因此绳系太空电梯对系绳材料强度要求远小于太空电梯。主航天器（通常为空间站或超大型航天器）位于高轨道，系绳长度根据任务背景与需求可达几十至几百千米量级。运输舱在电力驱动下沿系绳快速移动，实现两个航天器之间廉价且高效的跨轨道载荷运输，并可在低轨再入返回地球表面。

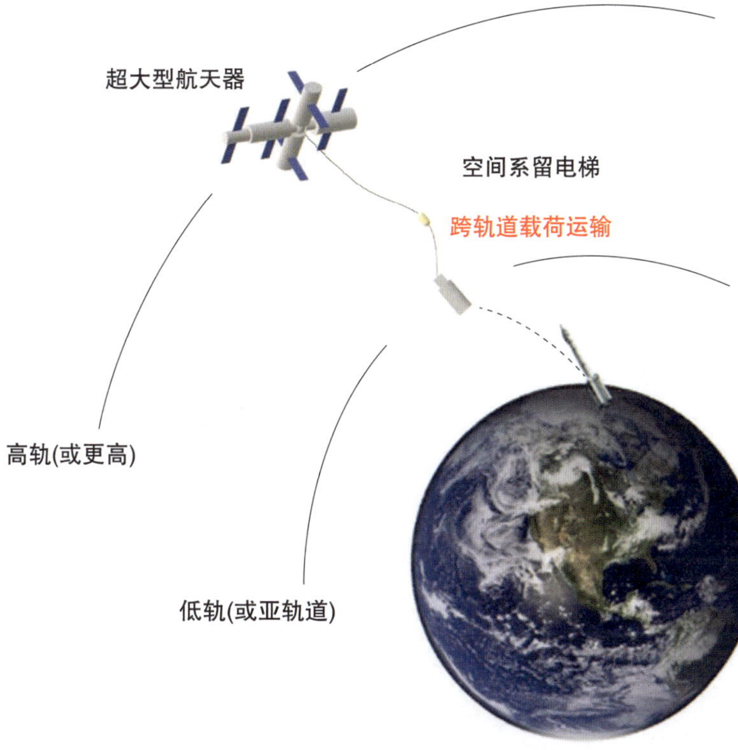

图 6-12　局部太空电梯的概念图

6.1.3.2 技术进展

为大幅降低进出空间的运输成本，1960 年俄罗斯工程师 Artsutanov 首次提出了太空电梯的概念。1975 年，美国科学家 Pearson 提出了一种锥形绳索的太空电梯设计并进行可行性分析。由于当时材料性能差距明显，因此太空电梯仅停留在概念阶段。近年来，碳纳米管等高强度/密度比材料的发现，给太空电梯的工程实现带来了希望，国际上掀起了新的研究热潮。

美国科学家 Edwards 在 NASA 资助下长期开展太空电梯部署、攀爬器、能源、环境影响等方面的系统研究[270]，并提出太空电梯的建成不仅可以实现天地往返大规模运输物资，还可以利用轨道动力学特性，实现深空发射和返回，在深空物资运输中可发挥重要作用，如图 6-13 所示[271]。

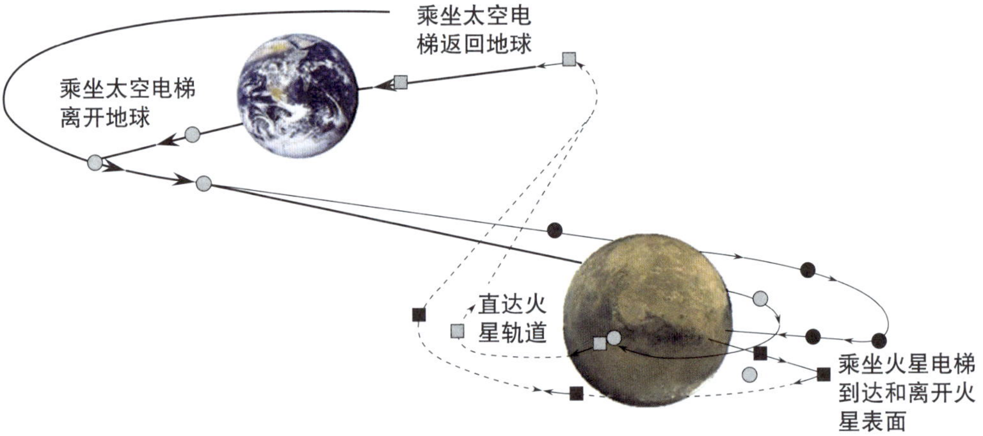

图 6-13　太空电梯在地月和地火之间的运输应用

国际太空电梯联盟（International Space Elevator Consortium）以发展通往太空的绿色之路为愿景，长期持续研究太空电梯技术。Swan 等人结合太空电梯的概念进一步提出了银河港（Galactic Harbours）方案，如图 6-14 所示[272]。它是永久性的太空交通基础设施，综合了太空电梯运输系统和太空电梯企业系统。在三个区域（GEO、顶点锚和地球港）内，将发展航天器组装、航天器加注、太阳能发电、太空发射等一系列产业。太空电梯上还有几个独特的位置，具有重要的应用价值。

1）火星重力中心（Mars Gravity Center）：约 3 900 km 高度，与火星表面重力接近，可开展火星重力场模拟实验。

2）月球重力中心（Lunar Gravity Center）：约 8 900 km 高度，与月球表面重力接近，可开展月球重力场模拟实验。

3）月球之门（Lunar Gate）：约 47 000 km 高度，可在此释放载荷并可无动力飞向月球。

4）火星之门（Mars Gate）：约 57 000 km 高度，可在此释放载荷并可无动力飞向火星。

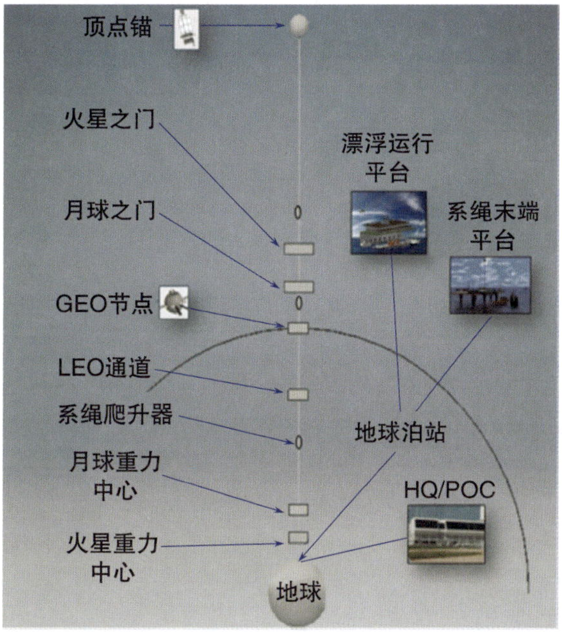

图 6-14　太空电梯银河港概念与应用

6.1.4　超低轨摆渡飞船辅助的资源舱绳系返回技术探讨

为了把从地外天体开发的高价值的矿产资源大规模、低成本、高效益地运送到地球，在前人超低轨飞行[273]和绳系返回[274]研究的基础上，结合当前技术水平和地外天体稀贵资源低成本返回地球的新需求，作者团队提出了“超低轨摆渡飞船辅助的资源舱绳系返回”新概念技术方案[275]。该方案通过超低轨摆渡飞船从 LEO 机动飞行至 100 km 超低轨道区域，并在下部释放缆绳悬吊的资源舱，以弹道进入的方式到达地球表面。该方案有望显著降低从地面发射返回舱的成本。

6.1.4.1　概念与原理

超低轨摆渡飞船辅助的资源舱绳系返回系统主要包括摆渡飞船、资源舱和系绳等 3 个部分（图 6-15）。该系统返回地球的过程主要分 4 个阶段：

1）摆渡飞船在 LEO 空间站安装资源舱，并从空间站携带资源舱机动飞行至 100 km 上下的超低轨道区域。

2）摆渡飞船在超低轨道飞行时，通过缆绳逐步向下释放部署资源舱，并进入绳系飞行模式。

3）当缆绳释放达到预定的长度和摆动角度后，择机通过释放机构断开缆绳和资源舱的连接；在动量交换的作用下，摆渡飞船向高轨运动，而资源舱向更低轨道运动；摆渡飞船获得动量和轨道高度，有利于减少返回 LEO 空间站的燃料消耗；资源舱进一步降低轨道和返回速度，有利于降低返回地球的难度并有效减少返回地球的燃料消耗和成本。

4）资源舱进入大气层，通过气动减速的方式返回地球；为进一步提升资源载荷比，可展开减速罩防热结构进行减速，未来也可通过在地外天体获取的星壤打印制造出热防护结构；在接近地球表面时，可弹出简易降落伞进一步减速缓冲，安全着陆或溅落在海面上。

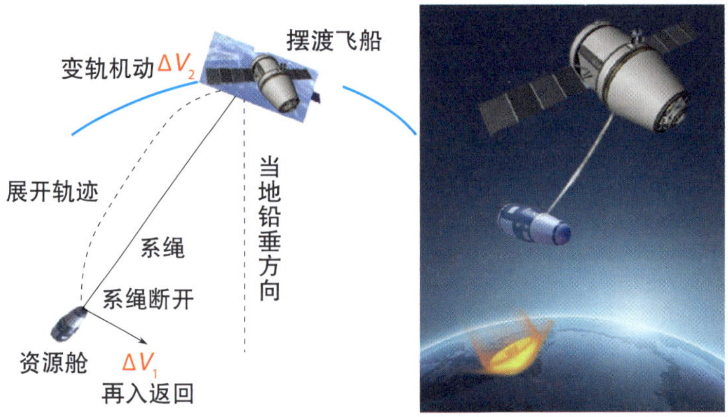

(a) 工作原理示意图　　(b) 概念示意图

图 6-15　超低轨摆渡飞船辅助的资源舱绳系返回原理图

降低轨道高度是有效实现低成本进入的基础。通常把轨道高度 100～300 km 称为超低轨道。利用摆渡飞船在 LEO 和超低轨之间往复机动飞行，可有效降低地球再入的难度，减少燃料消耗。当轨道高度降至 160 km 以下后，由于大气密度显著增加，在高速飞行条件下飞行器受到的气动力和气动力矩增大 5 个数量级以上[273,276]，并受到气动热和气流波动的严峻影响[277]。

通过缆绳相连的摆渡飞船和资源舱以相同的轨道角速度飞行时，由于轨道高度不同，它们所受到的地心引力和离心力各不相同。处于较低轨道的资源舱所受引力及离心力的合力（即重力梯度力）指向地心，而处于较高轨道的摆渡飞船所受的合力则背离地心方向。在重力梯度力的作用下，摆渡飞船和资源舱有相互分离的趋势，从而导致缆绳保持张紧状态。对于绳系返回技术来说，动量交换效应将导致分离后的摆渡飞船和资源舱的速度和运行轨道均发生改变。与消耗化学推进剂的推进变轨方法比较，绳系返回可大幅降低燃料消耗并可重复使用，系统更为经济。在某一时刻切断缆绳后，摆渡飞船和资源舱分离，通过两者之间的动量交换，既能提升摆渡飞船的轨道高度，又能实现资源舱的降轨及再入。位于较高轨道的摆渡飞船速度大于维持圆轨道运行所需速度，因此其新轨道将是以此时所在位置为近地点的椭圆轨道；而资源舱的情况则恰好相反，将进入以此时所在位置为远地点的另一椭圆轨道。通过适度的缆绳摆动可提高动量交换效率。

资源舱绳系返回技术是通过摆渡飞船进入超低轨道区域并释放缆绳悬吊的资源舱进入地球。缆绳可由高强度纤维制成，长度可达几十千米甚至数百千米。绳系返回过程可划分为 3 个阶段，即缆绳释放、状态保持和返回。释放过程包括静态和动态两种方案，均通过向下/后以 0.5～1 m/s 的初始速度释放资源舱，其中静态释放是垂直向下释放，而动态释放是通过向后摆动至适当位置时释放（图 6-16）。与推进机动返回方案比较，绳系返回方案的系统质量可以节省 78%[278]。资源舱绳系进入技术面临缆绳自动展开控制、离轨时间精确预估、缆绳离轨动力学控制等关键问题。

缆绳断开后，资源舱近地点降低距离与最大摆动角 α_{max} 及缆绳长度 l 的关系为[279,280]

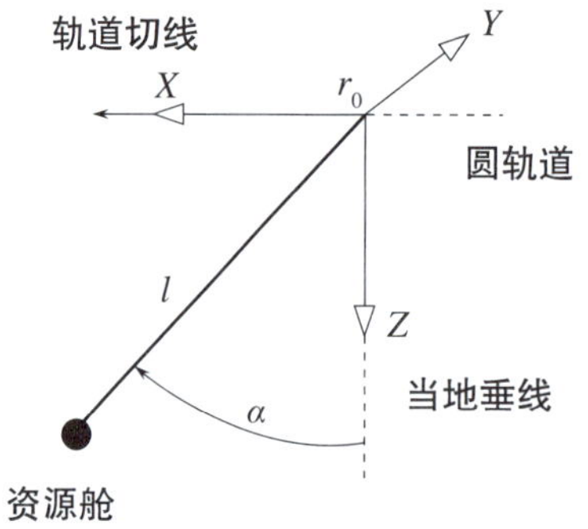

图 6-16　绳系进入技术

$$r_0 - r_p = (7 + 4\sqrt{3}\sin\alpha_{max})l \tag{6-3}$$

式中，r_0 为初始近地点的轨道半径；r_p 为缆绳断开后资源舱的近地点轨道高度。

按上式计算得到了不同轨道高度降低量（降轨量）随最大摆动角和缆绳长度的变化关系，具体如图 6-17 所示。当增加最大摆动角时，同样的缆绳长度将获得更大的降轨量。例如，当缆绳长度为 50 km 时，最大摆动角为 10°的降轨量可达 400 km，而当最大摆动角增至约 30°时降轨量可达 500 km。当最大

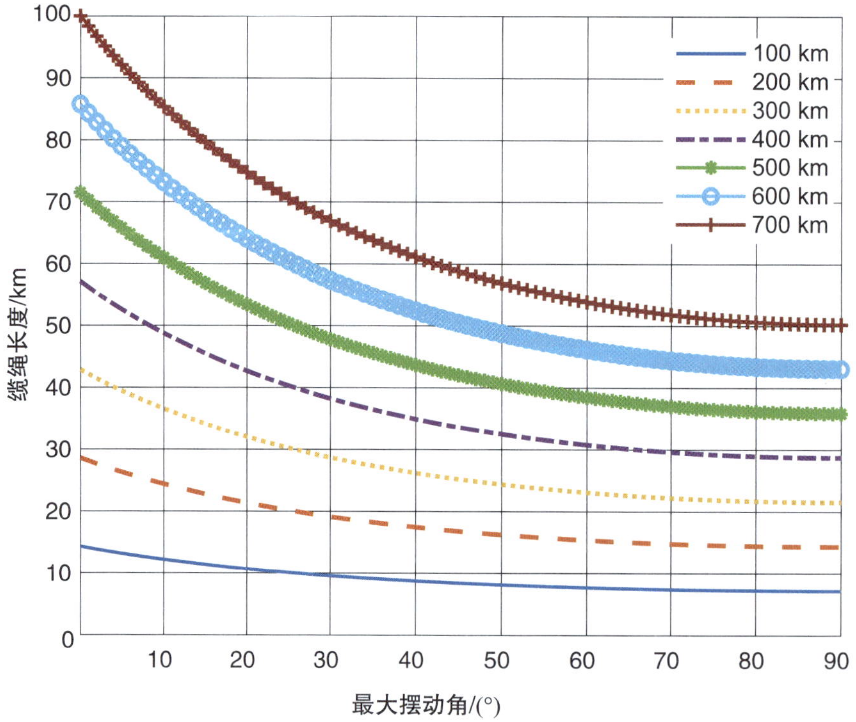

图 6-17　降轨量随最大摆动角和缆绳长度的变化关系

摆动角相同时，降轨量与缆绳长度成正比关系。例如，当最大摆动角为 30°时，缆绳长度为 10 km，降轨量将达到约 100 km；而缆绳长度为 40 km 的降轨量将达到约 400 km。

摆渡飞船和资源舱形成绳系系统，其动力学模型如图 6-18 所示，设资源舱的质量 m_c 远小于摆渡飞船的质量 m_f，连接缆绳的质量 m_t 可以忽略，即

$$m_c \ll m_f\,,\quad m_t \approx 0 \tag{6-4}$$

缆绳长度远小于轨道半径

$$l \ll R_0 \tag{6-5}$$

$$R_0 = \frac{p}{1 + e\cos\theta} \tag{6-6}$$

式中，e 为轨道偏心率；p 为轨道参数；θ 为真近点角。

缆绳的张力为

$$T = \frac{E}{l_0}(l - l_0) + \frac{C}{l_0}\dot{l} \tag{6-7}$$

式中，E 为缆绳的刚度；C 为阻尼系数；l 为拉伸后缆绳长度；l_0 为未拉伸的缆绳长度。

资源舱的运动学与动力学方程及缆绳的控制方程可写为

$$\ddot{\alpha} + \ddot{\theta} + 2\frac{\dot{l}}{l}(\dot{\alpha} + \omega) + 3\frac{\mu}{R_0^3}\sin\alpha\cos\alpha = 0 \tag{6-8}$$

$$m_c\ddot{l} = 2m_c\omega^2\dot{l}\cos^2\alpha + m_c\dot{\alpha}^2 l - T \tag{6-9}$$

$$\dot{l}_0 = -\lambda\dot{\alpha} \tag{6-10}$$

式中，$\omega = \sqrt{\mu R_0^{-3}}$；$\mu$ 为地球的重力常数；α 为缆绳的摆动角。

在上述定义下，摆渡飞船远大于资源舱质量，因此忽略了摆渡飞船在控制过程中的速度变化。考虑到摆渡飞船与资源舱之间的动量交换，则得到

$$v_1 + v_2 = (\omega + \dot{\alpha})l \tag{6-11}$$

式中，v_1 为摆渡飞船在轨道坐标系中的相对速度；v_2 为资源舱在轨道坐标系中的相对速度。

根据动量守恒定律，有

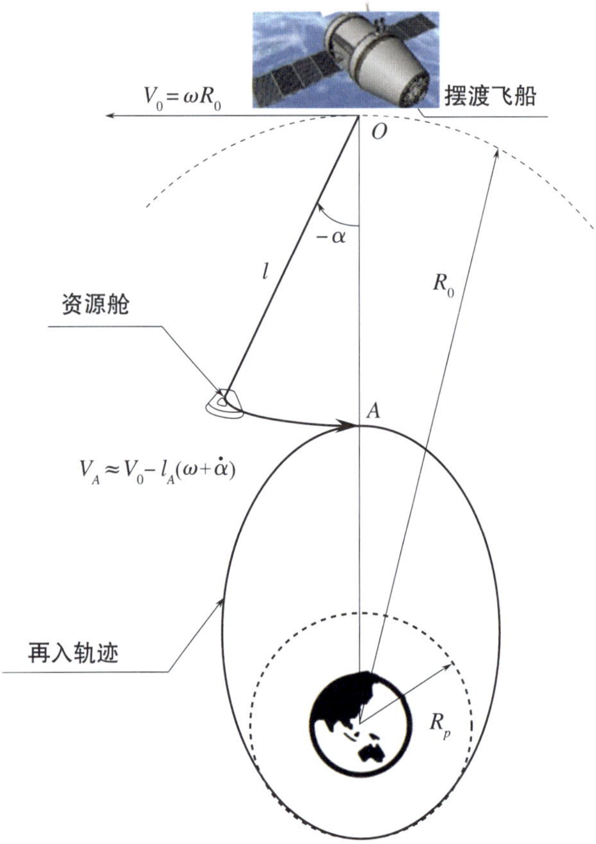

图 6-18　绳系动力学模型

$$m_1v_1 + m_2v_2 = 0 \tag{6-12}$$

基于上述公式，得到摆渡飞船与资源舱在轨道坐标系中的相对速度，进而得到其绝对速度分别为

$$v_{a1} = v_1 + v_o \tag{6-13}$$

$$v_{a2} = v_2 + v_o \tag{6-14}$$

式中，v_{a1} 为摆渡飞船在惯性坐标系中的绝对速度；v_{a2} 为资源舱在惯性坐标系中的绝对速度；轨道速度 $v_o = \sqrt{\dfrac{\mu}{R_0}}$。

采用随 θ 的变化率，则

$$\alpha'' + \frac{3}{1+e\cos\theta}\sin\alpha\cos\alpha + 2\left(\frac{l'}{l} - \frac{2e\sin\theta}{1+e\cos\theta}\right)(\alpha'+1) = 0 \tag{6-15}$$

$$l'' - \frac{2e\sin\theta}{1 + e\cos\theta}l' - l\alpha'^2 - \frac{1}{N^2(1 + e\cos\theta)^4}\left[\frac{2g_0 l}{R_0}\cos^2\alpha - \frac{EA}{m_c l_0}(l - l_0)\right]$$

$$+ \frac{C}{m_c l_0 N(1 + e\cos\theta)^2}l' = 0 \tag{6-16}$$

$$l_0' = -\lambda\alpha' \tag{6-17}$$

式中，$f' = \mathrm{d}f/\mathrm{d}\theta$；$N = n/(1 + e^2)^{\frac{3}{2}}$；$n$ 为平均轨道角速度。

若绳索不可伸长，则以上方程简化为

$$\alpha'' + \frac{3}{1 + e\cos\theta}\sin\alpha\cos\alpha - 2\left(\frac{\lambda\alpha'}{l_0} + \frac{2e\sin\theta}{1 + e\cos\theta}\right)(\alpha' + 1) = 0 \tag{6-18}$$

绳索张力为

$$T = m_c\left[N^2(1 + e\cos\theta)^4\left(\lambda\alpha'' + \frac{2e\lambda\alpha'\sin\theta}{1 + e\cos\theta} + \alpha'^2 l_0\right) + \frac{2g_0 l_0}{R_0}\cos^2\alpha\right] \tag{6-19}$$

资源返回舱通过绳索分离后，将沿椭圆轨道进入大气层。其轨道参数为

$$e_c = \frac{f}{\mu},\quad p_c = \frac{c^2}{\mu} \tag{6-20}$$

在分离点处，Laplace-Runge-Lenz 向量模 f、恒定角动量 c、单位质量能量 h 分别为[256,281]

$$f^2 = \mu^2 + 2hc^2 \tag{6-21}$$

$$c = p^2 n + \Omega l^2 + elpn\sin\alpha\sin\theta - pk^{-1}[l(\Omega + nk^2)\cos\alpha + \dot{l}\sin\alpha] \tag{6-22}$$

$$h = \frac{1}{2}(l\Omega\cos\varphi + \dot{l}\sin\alpha - pnk)^2 + \frac{1}{2}(l\Omega\sin\alpha - \dot{l}\cos\alpha + epn\sin\theta)^2 -$$

$$n^2p^3k(l^2k^2 - 2lkp\cos\varphi + p^2)^{-\frac{1}{2}} \tag{6-23}$$

其中，$k = 1 + e\cos\theta$。

近地点的轨道半径为

$$r_p = \frac{p_c}{1 + e_c} = \frac{c^2}{\mu + f} \tag{6-24}$$

轨道速度为

$$V_0 = \sqrt{\frac{\mu}{p_c}}\sqrt{\frac{2(p_c - r_a)}{r_a} + e_c^2 + 1} \tag{6-25}$$

进入大气层后，返回舱的运动轨迹可通过式（6-26）~式（6-30）求解得到

$$\dot{V} = -\frac{C_D q A}{m} - g\sin\gamma \tag{6-26}$$

$$\dot{\gamma} = -\frac{g\cos\gamma}{V} + \frac{V\cos\gamma}{r_c} \tag{6-27}$$

$$\dot{\chi} = -\frac{V}{r_c}\cos\gamma\cos\chi\tan\phi \tag{6-28}$$

$$\dot{r}_c = V\sin\gamma \tag{6-29}$$

$$\dot{\phi} = \frac{V\cos\gamma\sin\chi}{r_c} \tag{6-30}$$

式中，V 为返回舱运动速度；γ 为飞行路径角；χ 为飞行方位角；ϕ 为倾角；r_c 为轨道半径（距地球中心）；C_D 为气动阻力系数；$q = \frac{1}{2}\rho V^2$ 为动压。

进入大气层后，驻点处的最大热流可通过半经验关系式估计

$$q_c = b\sqrt{\frac{\rho}{R}}V^{3.15} \tag{6-31}$$

式中，$b = 5.5164 \times 10^{-5}$。

6.1.4.2 分析结果

按摆渡飞船 1 000 kg，资源舱 200 kg，总质量 1 200 kg 分析，从 400 km 轨道高度的圆轨道机动到 120 km 轨道高度的超低圆轨道，采用霍曼转移轨道，共施加两次脉冲，产生的总速度增量估计为 163.7 m/s。根据推力器的配置情况，估算推进剂消耗约为 70 kg。摆渡飞船从 120 km 轨道高度的圆轨道返回到 400 km 轨道高度的圆轨道，同样采用霍曼转移轨道，共施加两次脉冲，估算推进剂消耗约 60 kg。综上，得到总推进剂消耗约 130 kg。

在轨道高度为 120 km 的圆轨道上，通过缆绳的缩紧释放使得资源舱逐步

产生一定的动量。资源舱与摆渡飞船之间的动量交换效果如图 6-19 所示。资源舱和摆渡飞船的速度曲线在时间上呈现出 180°相位差（反相运动），这表明它们之间存在着动量交换的过程。资源舱速度与摆渡飞船速度由于动量交换，两者相对轨道速度呈现周期性交替变化，且幅值逐渐增加。通过选择合适的分离点（绳索切断时刻），可以实现资源舱的有效降速和摆渡飞船的相应加速。经第二个周期振荡，资源舱的相对速度变化超过 30 m/s［图 6-19（a）］，摆渡飞船的相对速度变化超过 6 m/s［图 6-19（b）］，两者的动量交换效果达 6 000 kg·m/s［图 6-19（c）］。

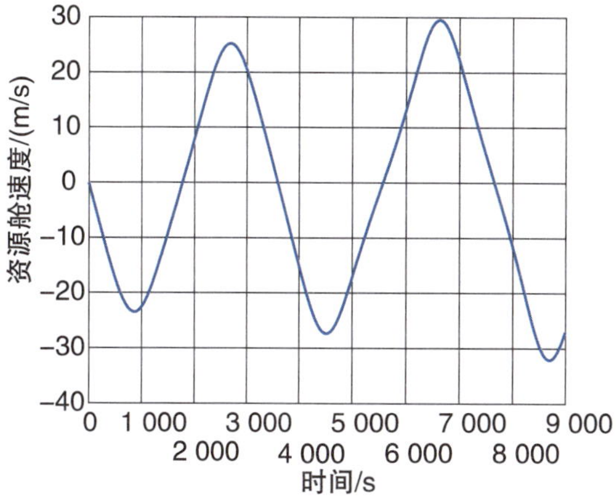

(a) 资源舱速度变化曲线

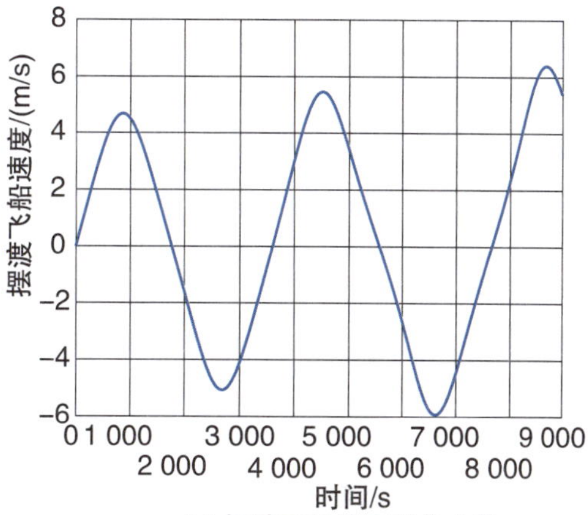

(b) 摆渡飞船速度变化曲线

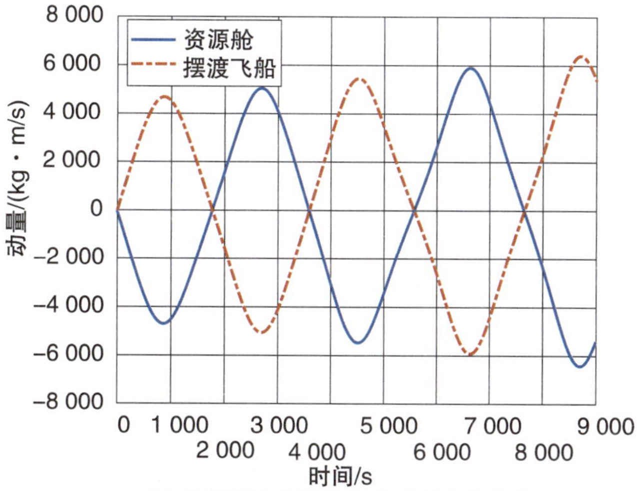

(c) 资源舱和摆渡飞船的动量变化曲线

图 6-19　资源舱与摆渡飞船之间的动量交换过程

资源舱分离后，将从轨道高度为 120 km 附近的轨道以较低的进入速度再入地球。当速度在标称值±200 m/s 范围内变化时，经度变化范围在-0.65°~0.75°之间，落点对应的距离误差为［-72.36，83.49］km；当弹道倾角在标称值±0.2°范围内变化时，经度变化范围在-0.53°~0.58°之间，落点对应的距离误差为［-59.32，65.06］km[275]。分析表明，通过资源舱分离的初始速度和倾角控制，可使资源舱落点误差不超过 100 km。为进一步减小降落速度，控制落点误差，可在资源舱内安装简易降落伞，在接近地球表面时弹出简易降落伞进一步减速缓冲，实现安全着陆。由于是在赤道上空进行资源舱分离，为保障安全可控，可选择接近我国海域的赤道附近太平洋海域作为资源舱落点区域，通过再入轨道控制和降落伞缓冲，将落点区域控制在指定的 100 km 范围内。

6.2 深空轨道运输技术

深空轨道运输是实现星球之间和太空站点之间低成本的物资交换、构建太阳系物流体系及其实现全太阳系资源运输能力的重要基础。需重点发展氢-氧/甲烷-氧等推进技术，以及利用二体拉格朗日点构建太空低能量转移通道、借力飞行等轨道技术，并通过各中继补给站和资源加工站的推进剂补给服务，形成航班化、规模化的太空运输能力。

根据火箭方程，太空运输的成本主要取决于两个方面：1）高性能高比冲的推进器；2）不同空间位置间的速度增量。推进剂的太空原位获取和补给将有效降低太空运输成本。太空可原位制备推进剂的资源主要包括水和二氧化碳等。通过水可制备氢氧推进剂（水基推进剂），通过水和二氧化碳可制备氧和甲烷等碳氢燃料。因此，未来规模化的太空资源开发，将重点使用基于氢-氧/碳氢-氧推进的太空资源运输飞行器（简称资源运输器）。

6.2.1　深空推进技术

6.2.1.1　概念与原理

太空探索与开发活动的重要基础是强大（推力大）、高效（比冲高）的推进系统。推进剂是规模化太空资源开发的最主要的物资消耗，根据火箭方程，比冲越高，则获得相同的速度增量，消耗的推进剂越少。但太空运输不仅要考虑直接的推进剂消耗等带来的直接成本，而且需要考虑长期飞行带来的间接时间成本，推力越大，总任务时间就会越短。推进系统难以同时实现高比冲和大推力，因此，太空资源运输系统需综合考虑比冲和推力，在时间和物资之间获得效益平衡。若能够在太空原位制备并补给推进剂，物资成本就能够大幅降低，则需更为重视时间成本。

根据推进的能量来源，当前的推进技术可分为化学能推进、太阳能推进、核推进等。化学能推进比冲小、推进剂消耗大，但推力大、技术成熟。太阳能电推进相对成熟、比冲大，但推力小、飞行时间较长。太阳能热推进比冲较小，但推力较大，目前正处于研发阶段。太阳能推进的能量可原位获取，但依赖于太阳辐射强度，距太阳较远时太阳辐射能量密度低或在阴影区内难以获得太阳辐射，木星以远需要通过大面阵来获得足够的太阳能，质量代价高。核热推进具有功率高、比冲大、不依赖太阳能等特点，但空间核反应堆技术难度大、设备规模大，面临使用成本高昂、核安全风险等制约性问题。随着核聚变等新技术突破，未来还将发展核聚变推进、反物质推进、太阳帆推进等新型推进方法。图 6-20 所示为有关太空推进技术的比较。

第 1、3、4 章已经介绍，利用太阳能和月球、小天体、火星等地外天体丰富的水冰和二氧化碳等自然资源，通过光/电/热催化的方式原位制备推进剂，可大幅降低太空运输的物资成本。为实现低成本的太空资源开发，对资源运输器的推进发动机提出了更高的要求：1）可使用原位推进剂；2）可在轨加注；3）真空比冲性能高；4）可多次启动。提高真空比冲可以从优化发动机方案、使用高能液体推进剂、提高推力室面积比、增加可延伸喷管等方面采取措施。

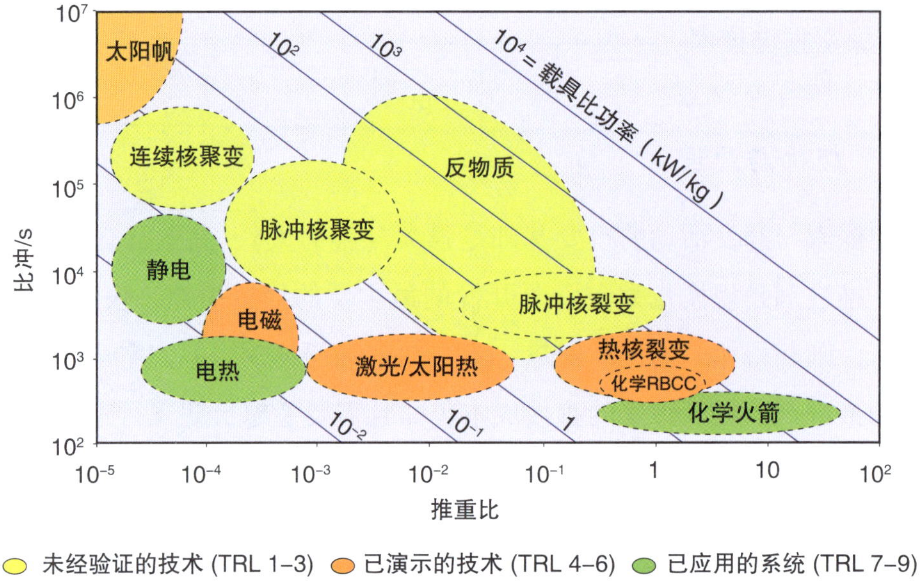

图 6-20　有关太空推进技术的比较（引自 NASA 网站）

另外，在选择推进剂时，还必须考虑推进剂的热稳定性，这包括冷却发动机喉部临界热通量的能力，避免发动机冷却剂通道中的热分解和焦化。为降低系统的比质量，候选推进剂还需综合考虑比冲和体积密度，获得较低的推进剂贮箱质量和体积。

低温推进剂由于其比冲高、无毒无污染，是月球与深空探测的首选推进剂。其中液氧作为低温推进剂组合的唯一候选氧化剂，液氧与液氢和烃类燃料均能组成具有高性能的推进剂组合。典型的氢氧推进器如图 6-21 所示。

为充分利用太空原位能源和原位资源，太阳能推进近年来受到重视，它包括太阳能电推进（Solar Electrical Propulsion，SEP）和太阳能热推进（Solar Thermal Propulsion，STP）两大类[282]。SEP 是通过太阳电池将太阳能转化成电能，再通过电源处理系统将电能供应给各种电推力器加热或加速工质产生推力。STP 是利用聚集的太阳能加热集热器，将太阳辐射能转化为热能，并把热能传递给推进剂，使其产生高温高速喷流，产生巨大的推力，如图 6-22 所示[283]。这种方式的推进系统不仅能够充分利用太阳能的高能量密度，使比冲更大，推进效率更高和性能更优，而且可更好地利用原位推进剂。STP 与 SEP 相比较，不需要电能转换和电源管理系统，从而使系统简单可靠，能量利用率

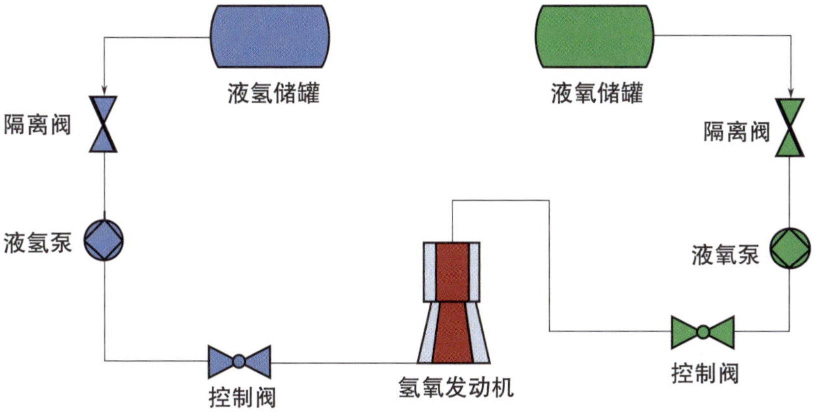

图 6-21　氢氧推进器原理示意图

高，是一种新型的航天动力发动机。STP 主要由太阳能聚光器、吸收器、推力室和工质贮存与供应系统构成，理论比冲达 7 000~10 000 N · s/kg（H_2 工质）、推力 0.4~100 N。STP 推力的大小主要取决于工质气体流量、聚集的太阳能量和吸收器/推力室的热储存容量。在工质气体流量和吸收器/推力室的热储存容量一定的情况下，系统聚集的太阳能越多，则工质气体被加热的温度越高，STP 系统的推力也越大。STP 系统聚集的太阳能与太阳能聚光器的聚光面积紧密相关。一般地，聚光面积 10 m^2 的太阳能主聚光器可产生 2~3 N 的推力（采用 H_2 工质的比冲可达 9 000 N · s/kg），但聚光面积的增大会导致系统的质量增加。

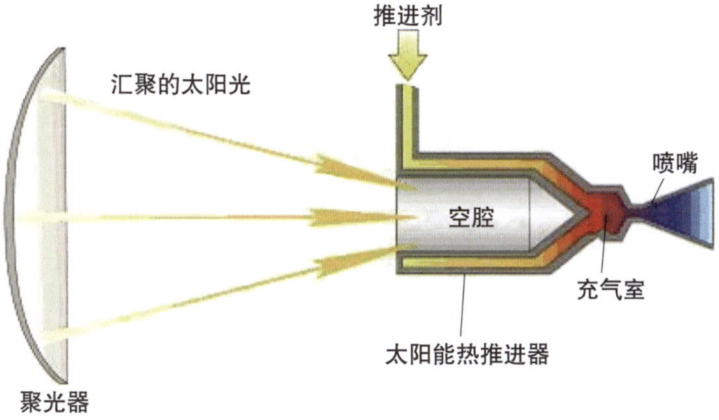

图 6-22　太阳能热推进

表6-2列出了候选的可原位制备的推进剂。液氢（LH_2）作为参考推进剂，是一种低温燃料，它具有优异的质量燃烧热值（质量比能量），与液氧（LO_2）燃烧时，发动机比冲高，已被广泛用于火箭上面级，也被视为深空推进剂的首选燃料。由于液氢密度小、体积燃烧热值低且沸点低，需要储罐隔热和低温流体管理（CFM）技术来降低其蒸发损失，这些增加了额外的子系统复杂性和上面级的干质量，降低了其总的推进剂质量分数（PMF）。甲烷（CH_4）是一种绿色推进剂，可减小废气排放对环境的影响。甲醇（CH_3OH）因为其密度高，需要较小的推进剂储罐。丙烷（C_3H_8）冰点低且沸点高，并可通过增加过冷度进一步增大其密度，从而进一步减小储罐体积。乙烯（C_2H_4）比冲相对较高，并可通过提高过冷度以减小储罐体积。这些推进剂均为绿色、可原位制备的推进剂。作为比较，表6-2中也列出了一种常用于运载火箭的高密度煤油基燃料RP-1的参数，其主要优点是可在常温下液态储存，不需要储罐隔热或进行储罐热调节，密度接近LO_2，可提升总储罐容积效率，但在太空应用时易结冰。

表6-2　候选原位推进剂

推进剂	罐体温度(deg. R)	密度/(lbm/ft³)	一般沸点(deg. R)	冰点(deg. R)
液氧,LO_2	160	71.3		97.8
液氢,LH_2	38	4.4	36.6	25
火箭推进剂RP-1	环境	50.4	825(min)	400(max)
NBP甲烷,CH_4	201	26.4	201	163.5
过冷甲烷,CH_4	183	27.3		
过冷甲醇,CH_3OH	320	56.3	608	316
NBP丙烷,C_3H_8	416	36.3	416	154.2
过冷丙烷,C_3H_8	180	44.8		
NBP乙烯,C_2H_4	305	35.4	305	187.4
过冷乙烯,C_2H_4	190	40.8		

通过化学平衡程序（CEA，由NASA Glenn的McBride和Gordon开发）计算燃烧的热力学平衡，在给定的燃烧室压力和喷嘴出口面积比（AR）下，计算分析不同氧化剂和燃料混合比（MR），可以获得最大理论比冲，其中，乙烯

具有最高的比冲（390 s），丙烷的比冲也接近 390 s[284]。

根据火箭方程，可初步估计推进剂贮箱的体积为

$$V_p = \frac{M_F}{\rho_b}\left(e^{\frac{\Delta V}{gI_{sp}}} - 1\right) \tag{6-32}$$

式中，折合密度估计为

$$\rho_b = \frac{1 + \mathrm{MR}}{\mathrm{MR}/\rho_{ox} + 1/\rho_{\mathrm{fuel}}} \tag{6-33}$$

图 6-23 给出了计算结果，并与 LO_2/NBP CH_4 推进剂进行了比较。分析表明，对于给定的任务速度增量，液氢由于系统复杂，会导致贮箱系统体积增加约 80%。而过冷的丙烷（C_3H_8）和乙烯（C_2H_4）均有效减小了总贮箱体积（减小超过 10%）。值得注意的是，尽管 CH_3OH 密度大，但其比冲较低，导致总体效果不佳。而通过过冷，丙烷和乙烯都有效减小了储罐体积。

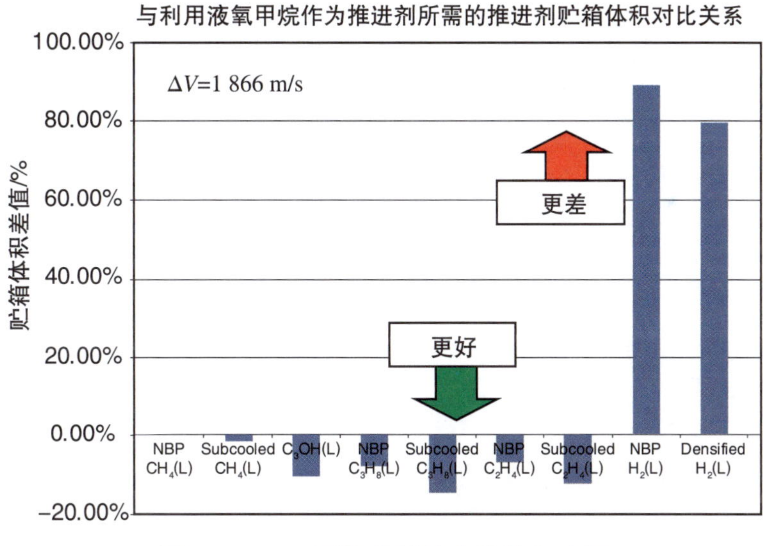

图 6-23　不同推进剂的贮箱体积比较

6.2.1.2　技术进展

根据上一节的讨论，低温推进剂由于其比冲高、无毒无污染，是深空推进的首选推进剂。其中液氧是唯一的候选氧化剂，液氢和甲烷、乙烯等烃类是优选的燃料。自 20 世纪 50 年代起，美国、苏联/俄罗斯及欧洲等国家和地区在火箭发射的基础上，不断提升轨道机动和转移能力，长期开展上面级发动机的

研究。这些上面级发动机的研究为深空推进提供了重要的技术基础。近年来，为提升上面级性能，国际上重点发展了氢-氧和甲烷-氧发动机技术。

（1）氢氧发动机技术

美国的氢氧上面级发动机主要为 RL-10 系列发动机，由美国普惠公司于 1958—1963 年研制，用于“土星”火箭和“半人马座”系列通用上面级。RL-10 系列是典型的低温推进剂发动机，采用液氧液氢膨胀闭式循环，泵压式供应系统，能多次启动，双向摇摆。改进型 RL-10B-2 发动机的喷管延伸段可伸缩，喷管面积比增加至 250。普惠公司于 2001 年开始着手研制新一代 RL-60 低温上面级发动机，它以 RL-10 系列发动机为基础，结构尺寸与 RL-10 发动机基本一致，但推力提高到 RL-10B-2 发动机的 2.5 倍，同时发动机的真空比冲也有所提高。RL-10B-2 发动机和 RL-60 发动机基本参数对比见表 6-3，发动机外形及系统原理如图 6-24 所示[285]。

表 6-3　RL-10B-2 发动机和 RL-60 发动机的主要参数

发动机型号	RL-10B-2	RL-60
真空推力/kN	111.2	266.9
真空比冲/(m/s)	4 530	4 560
入口混合比	5.0/6.0	5.0/6.0
燃烧室压力/MPa	4.41	8.28
启动次数	15	45
工作时间/s	3 500	4 050
喷管面积比	250	250
结构质量/kg	301	499
最大直径/mm	2 286	2 286
初始高度/mm	2 225	2 225
增长余度	0	10%
可靠性	0.998	0.998

美国 ULA 开发了一种称为先进半人马座（Advanced Centaur）的上面级（图 6-25），它在半人马座 V 的基础上研制，其中的关键部分是用于储罐增压、动力和推进的 IVF 子系统。IVF 燃烧氢气和氧气来产生电力，可在没有氦气的

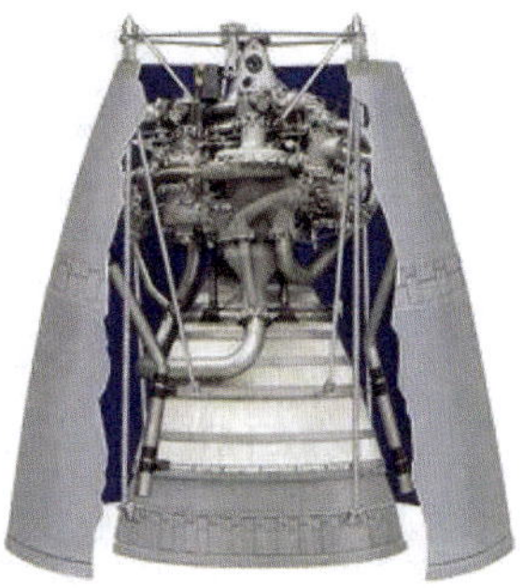

(a) RL-10B-2 发动机

(b) RL-60发动机

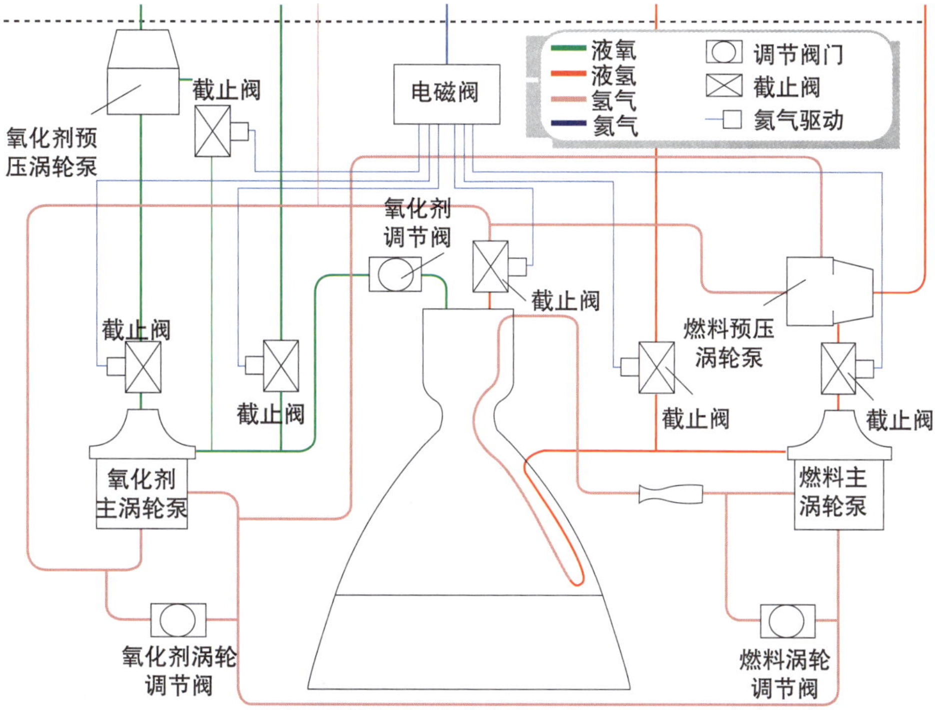

(c) RL-60发动机系统原理图

图 6-24　RL-10B-2 发动机和 RL-60 发动机外形及系统原理

情况下对 LH_2 和 LO_2 储罐进行自增压，并用氢气和氧气（GH_2/GO_2）推进器取代姿态控制系统的推进器。IVF 仅需 LH_2/LO_2，不需其他消耗品，从而转变为可重复使用的推进系统。

洛马公司将半人马座改造成集成化的通用低温衍生上面级（ICES），它是一个高效、通用、可拓展的太空运输平台，如图 6-26 所示。ICES 采用真空绝热板、可变密度的多层热防护材料、推进剂位置管理装置、贮箱优化设计、太

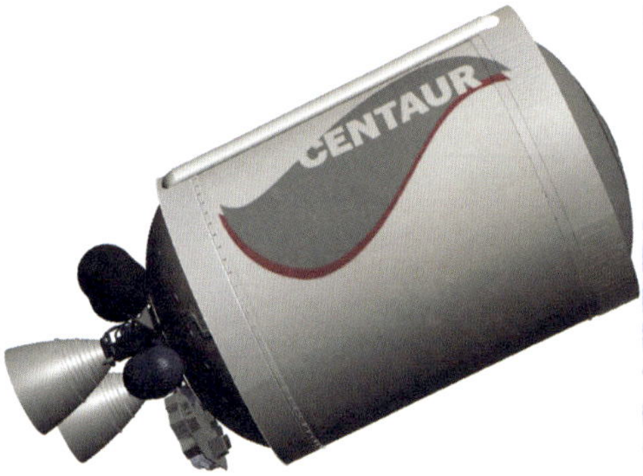

图 6-25　先进半人马座可重复使用上面级（引自 ULA 网站）

阳遮挡装置、VCS 等多种防护手段，可实现低温推进剂的蒸发量由目前半人马座的每天 2%降低到 0.1%，通过飞行试验、不断改进设计，有望实现蒸发量每天 0.01%的目标。

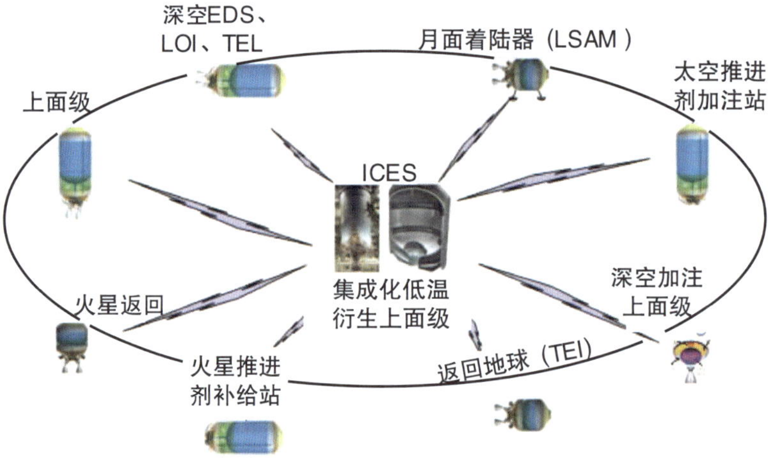

图 6-26　集成化的通用低温衍生上面级（ICES）（引自洛马公司）

与洛马公司的 ICES 相似，波音公司以德尔它Ⅵ火箭二级为基础，提出了一种低成本、低风险、适应性强、可长时间在轨的先进低温衍生上面级（ACES）的概念方案。波音公司基于 ACES 概念的地球出发级如图 6-27 所示。波音公司结合地球出发级概念，开展了 TVS、VCS 等被动措施与主动制冷相结合的研究，特别是 TVS、VCS、LAD（液体获取装置）的结合，为长时间在轨蒸发量控制的工程化设计奠定了基础。

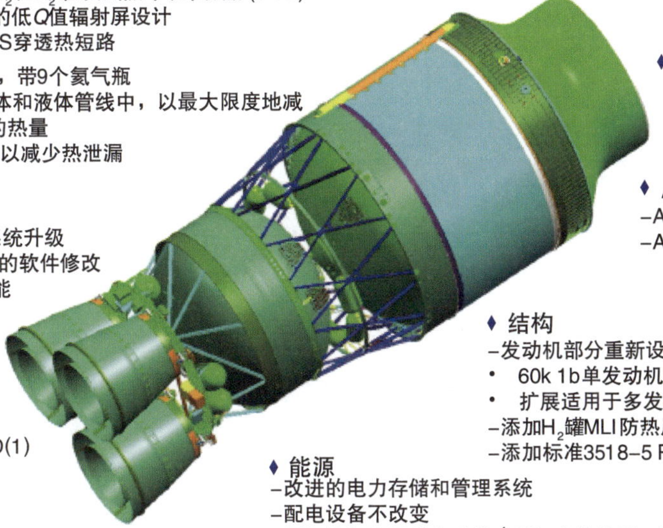

图 6–27 波音公司基于 ACES 概念的地球出发级（引自波音公司）

苏联/俄罗斯较早研制的上面级发动机是 S5. 92 发动机。目前，俄罗斯上面级发动机包括常温推进剂和低温推进剂的两类发动机，典型的液氧液氢发动机 RD–0146 的外形和主要参数如图 6–28 所示。

发动机型号	RD –0146
推进剂组合	液氧液氢
系统循环方式	膨胀循环
真空推力/ kN	98.1
真空比冲/(m/s)	4 423~4 541
混合比	5.9
燃烧室压力/MPa	7.9
工作时间/s	400~1 100

图 6–28 苏联/俄罗斯的低温上面级发动机（引自 Russianspaceweb 网站）

欧洲国家也开展了一系列上面级发动机的研究，主要参数对比见表 6–4。

其中 Vinci 氢氧发动机上面级由法国 Snecma Space Engines Division 研制，采用液氧液氢推进剂，供应方案为膨胀循环，发动机推力为 180 kN，真空比冲 4 660 m/s，系统原理如图 6-29 所示。该上面级于 2024 年成功支持阿丽亚娜 6 型火箭首飞。

表 6-4　欧洲上面级发动机的主要参数

发动机型号	埃斯托斯	RS-72	Vinci
真空推力/kN	28	55.4	180
真空比冲/(m/s)	3 177	3 315	4 640
混合比	2.05	1.9/2.0	5.7~5.9
燃烧室压力/MPa	11.0	6.1	6.0
喷管面积比	81	300	243
结构质量/kg	111	148	510
最大直径/mm	1 320	1 300	
摇摆能力	±4.8°	双向	双向

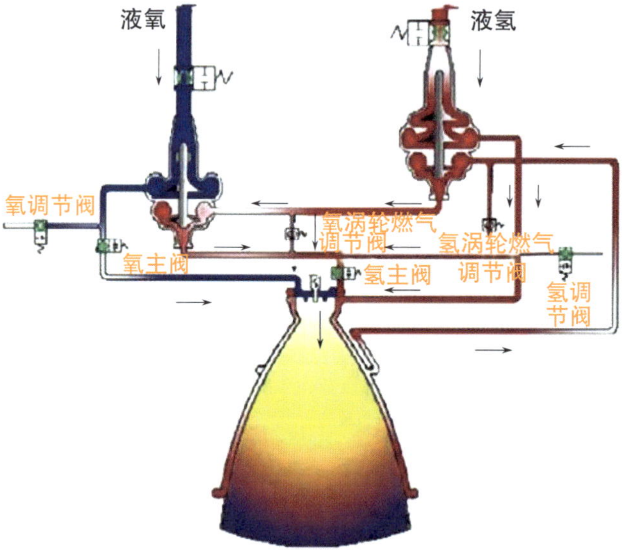

图 6-29　Vinci 发动机系统原理图（引自 Ariane 网站）

我国的上面级技术起步较晚。20 世纪 90 年代中期我国成功研制了固体上面级，2008 年开展了“远征”系列液体上面级 YF-50D 主发动机的研制工作。该发动机采用泵压式燃气发生器循环方案，推进剂采用四氧化二氮/偏二甲肼可贮存自燃推进剂，真空推力为 6.5 kN，真空比冲为 3 099 m/s，具备 2 次启动工作能力。同时，我国还开展了低温推进剂上面级发动机的研制工作，目前已完成了 2 吨级液氧煤油推进剂上面级发动机的关键技术攻关工作。图 6-30 为我国典型液体动力上面级示意图[286]。

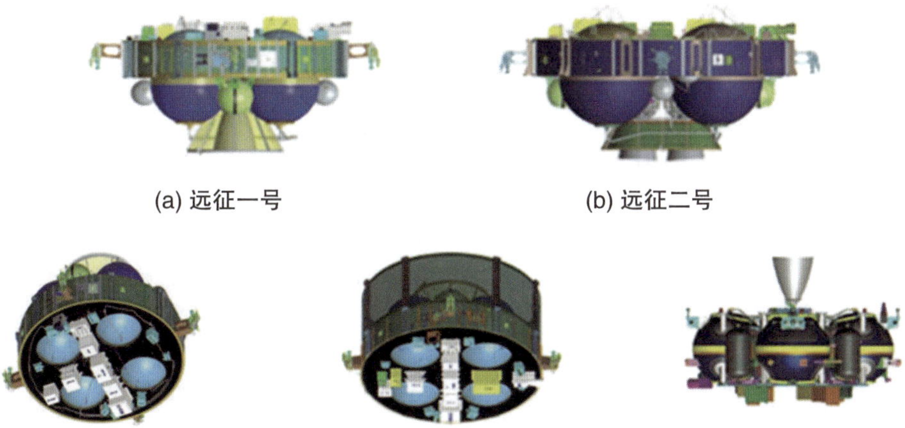

(a) 远征一号　(b) 远征二号

(c) 远征一号S　(d) 远征一号A　(e) 远征三号

图 6-30　我国典型液体动力上面级示意图

（2）液氧甲烷推进技术

基于液氧/甲烷推进剂的空间推进系统具有无毒无污染、经济性好、比冲性能高、易于多次启动和脉冲点火动作、重复使用维护性好、空间可长期贮存及地外天体原位资源制备等优点，近年来成为推进技术的重点发展方向。以太空探索技术公司“猛禽”发动机和蓝箭航天空间科技股份有限公司“天鹊”发动机等为典型代表的大推力液氧甲烷发动机在重复使用运载火箭领域取得重要的发展。

结合深空探索的空间任务需求，美国 NASA 持续不断地开展液氧/甲烷深空推进系统研究。2005 年，美国 NASA 发布了空间探索架构研究报告（ESAS），其中指出液氧/甲烷推进系统可以为空间任务提供能力更强的行星下降/上升、轨道转移和姿态控制服务，能够更好地满足空间飞行器高比冲和深节流等要求。此后，NASA 对液氧/甲烷推进技术展开了深入研究，先后通过推进与低温先进技术开发计划（PCAD）、低温流体管理计划（CFM）、先进探索系统计划（AES）等多个研究计划持续不断地提升液氧/甲烷空间推进系统的技术成熟度水平。至2010年，NASA在低温流体长期储存面临的热力学排气、长期零蒸发、空间低温制冷机等关键技术上均取得了重大突破，技术成熟度水平提升至TRL 5-6级。2011年NASA启动AEs研究计划，由约翰逊航天中心牵头负责研制Morpheus行星着陆器综合技术演示平台，主要验证液氧/甲烷姿轨控一体化推进系统和自主着陆与危险规避系统2项核心技术。截至2015年，Morpheus项目共开发了3款飞行样机，完成12次静态热试车、34次绳系试验和14次自由飞行试验，标志着NASA液氧/甲烷空间推进技术已经进入集成试验阶段。2016—2017年，NASA根据潜在用户需求对Morpheus着陆器进行改进，发展为低温推进系统集成演示平台（IcPTA），顺利完成了一系列热真空模拟环境下的集成热试车，标志着液氧/甲烷空间推进技术已经具备了在轨飞行试验的条件。2018年，Morpheus项目核心成员成立直觉机器公司（Intuitive Machine），并获得NASA首批商业月球有效载荷服务计划（CLPs），在Morpheus着陆器和IcPTA的技术基础上开发了基于液氧/甲烷推进剂组合的Nova-C月球着陆器。2023年7月，直觉机器公司对Nova-C着陆器进行了综合测试，全面验证了飞行软件、电子单机和推进系统等，同时进行了液氧/甲烷推进剂加注[287]。2024年2月22日，由美国直觉机器公司开发的全球首款采用液氧/甲烷推进器的深空探测器——Nova-C月球着陆器“奥德修斯号”成功着陆月球，如图6-31所示[288]。

自2010年以来，上海空间推进研究所在液氧/甲烷姿轨控发动机涉及的点火、喷注雾化、燃烧与冷却方面持续进行深入研究并完成了多款原理样机研制。2019年开始研制国内第一款液氧/甲烷推进系统演示验证样机，并于2021年11月顺利完成了多轮次地面集成热试车考核[289]。提出的演示样机采用氦气恒压挤压式双组元姿轨控统一推进系统方案，2019年11月完成了5 kN发动机累积点火22次/465 s稳态热试车试验，如图6-32所示。

（3）太阳能热推进技术

太阳能热推进直接利用聚焦的太阳辐射能来加热推进剂以产生推力。通过利用在太空中易于获取的太阳辐射能并聚焦提高能量密度，可达到较高的工质温度（1 000~2 500 K，甚至超过3 000 K），从而实现高比冲和较大的推力调

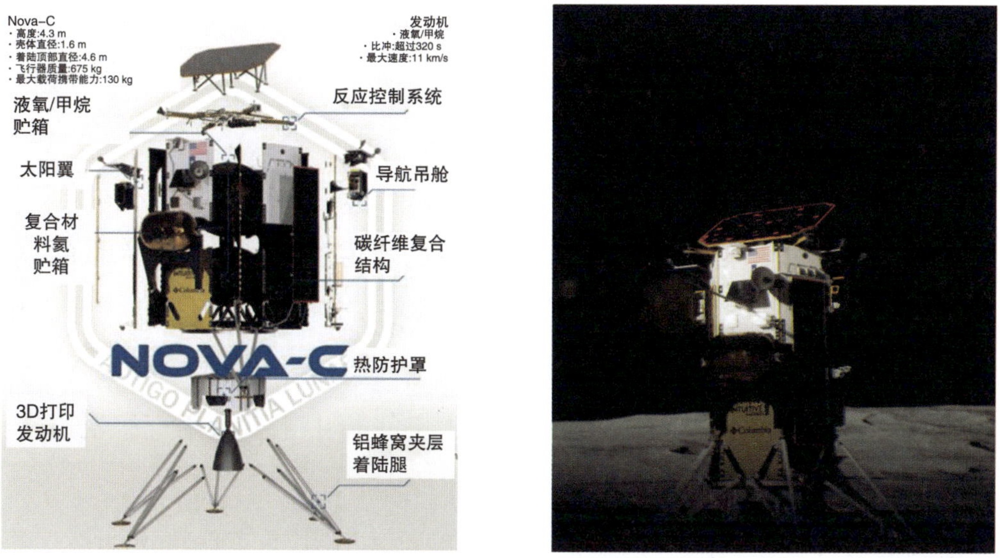

图 6-31　采用液氧/甲烷推进器的 Nova-C 月球着陆器

图 6-32　我国液氧/甲烷推进系统样机方案和地面试验

节范围。1956 年，美国 NASA 的 Krafft Ehricke 首次提出了太阳能热推进的构想，但直至 20 世纪 80 年代末期，美国 Rocketdyne 公司才开展了 STP 的样机研制，它以氢气作为工质，可加热至 2 700 K，并获得了 3.69 N 的推力和 7 900 m/s 的比冲[290]。1994 年，美国 NASA 马歇尔航天中心开展了上面级太阳能热推进项目（STUS）的技术和经济可行性研究，验证了 LEO 到 GEO 轨道转移的可行性[291]，在 1996 年到 2000 年实施的“Shooting Star”计划中，成功测试了一种聚酰亚胺薄膜柔性结构的菲涅尔透镜聚光器，聚光比达到 3 000[292,293]。

6.2.2 行星际运输通道设计技术

6.2.2.1 概念与原理

轨道设计是深空探测的基础，选择合理的轨道不仅可以节省大量的燃料，还可以缩短飞行时间并降低任务风险。对于太空资源开发的规模化、常态化的物资运输需求，更需要在有限时间的约束下，设计合理的低能量太空运输通道，为低成本太空运输提供轨道基础。在太空飞行中主要采用直接轨道转移、借力飞行轨道转移和动平衡点轨道转移等 3 种方法。

直接轨道转移是指航天器在推进系统的推力作用下实现轨道变换，将航天器送入预定轨道。轨道之间的转移有多种形式，按变轨次数分为一次、两次、多次和连续小推力变轨。最著名的转移轨道是霍曼（Hohmann）转移轨道，它是两条同心共面圆轨道之间的一条椭圆轨道，既与内圆外切又与外圆内切。为了使航天器在这两条轨道之间进行转移，只需在这条椭圆轨道与两条圆轨道的两个切点上施加两个切向速度脉冲增量便可实现。在限定只用二次脉冲推力的情况下，这是能量最省的转移轨道，但飞行时间和飞行路线较长。为了节省运行时间，转移轨道可选用双曲线或抛物线轨道，消耗能量较大。

借力飞行轨道转移是通过利用自然天体的引力场对航天器产生的作用力，完成航天器的变轨和变速，使航天器进入预期轨道。借力飞行虽然面临多天体交会轨道设计复杂等问题，但通过多天体交会借力飞行可以显著减少航天器的燃料消耗，具有发射能量较小、一次发射可实现多个任务等优点，越来越受到重视。

近年来，如何利用动平衡点来实现低能量的太空轨道转移成为深空探测的一个热点问题。拉格朗日点作为限制性三体问题的动平衡点，是进行太空探索的理想中转站和实现低能量转移的通道节点。共线型平动点（L1、L2、L3）具有指数不稳定性，利用不稳定性形成的不变流形，可以实现三体系统内的低能量转移。限制性三体是一个非线性系统，其混沌运动决定了共线平动点附近的运动可分为 4 种类型：周期轨道（periodic orbit）或拟周期轨道（quasi-periodic orbit）、渐近轨道（asymptotic orbit）、穿越轨道（transit orbit）和非穿越轨道（non-transit orbit）。渐近稳定轨道形成稳定流形管道，渐近不稳定轨道形成不稳定流形管道。探测器可以沿稳定流形管道到达平动点附近的周期或准周期轨道，沿不稳定流形管道离开平动点附近的周期或准周期轨道。在不变流形管道内的轨道称为穿越轨道，在不变流形管道外的轨道称为非穿越轨道，而在不变流形上的轨道则为渐近轨道。

根据太阳系资源开发的体系框架，按照地月 L1、日地 L1/L2、日火 L1/L2、谷神星、日木 L1 等关键空间位置部署资源补给站。以低成本为目标，开展地月、地火、小天体等深空轨道设计，可为构建全太阳系资源运输网络提供轨道基础。

6.2.2.2　技术进展

（1）直接轨道转移

脉冲轨道转移问题一直是直接轨道转移技术研究中的热点问题[172]。早期的研究工作主要集中在时间自由的转移轨道问题方面。美国学者 Sergeyevsky 和 Yin 提出了通过绘制直接转移轨道的发射和到达能量的 Pork-Chop 图方法来搜索发射机会[294]，图上的每一点都是通过求解相应的兰伯特（Lambert）问题得到的，该方法是寻找发射机会的经典方法。美国学者 Palmore[295]采用解析的梯度方法证明了霍曼转移是同平面圆轨道之间两脉冲的最优解，也指出了当目标轨道是椭圆轨道时此结论仍然成立。近年来，对轨道力学中经典的两点边值问题（Lambert 问题）的研究，丰富了脉冲转移的内容[296]。

（2）借力飞行轨道转移

借力飞行技术源于 19 世纪。20 世纪 50 年代末，美国 Battin 就考虑过采用行星的引力，使探测器返回地球[297]。此后，学者们对于借力飞行技术的研究主要集中在太空探索任务的应用方面。由于借力飞行前后，探测器速度矢量转角的变化往往受到借力星体体积、质量等因素的影响，而不能达到理想的要求。针对此问题，以借力飞行技术为基础衍生出了其他的借力飞行方式，如有推力的借力飞行技术（Power Swingby）、气动-引力辅助转移技术（Aerogravity-Assist，AGA）等。有推力的借力飞行技术是探测器在进行借力飞行时施加一个脉冲速度增量的借力飞行方式，这种借力飞行增加了任务设计的灵活性和可控性。美国 Prado 推导出了一套解析的方程，可对有推力的借力飞行进行估算[298]。近年来随着高超声速技术的发展，在行星际探测任务中提出了气动-引力辅助轨道转移技术，在借力飞行中让探测器掠过行星大气，通过探测器在大气飞行中的气动力进一步增大探测器日心速度的转角。美国 Petropoulos 提出了一种 AGA 转移轨道分析方法，可快速、准确地分析大气气动力作用对 AGA 转移轨道的影响，并用该方法计算了升阻比为 1~10 情况下金星和火星作为转移星体的 AGA 情况[299]。

美国的多个深空探测任务都采用了借力飞行技术。20 世纪 70—80 年代，美国就曾发射如水手 10 号、旅行者 1 号、旅行者 2 号、伽利略号等一系列依靠借力飞行完成任务的探测器。中国空间技术研究院总体设计部针对我国木星系及行星际穿越探测任务规划，对使用多次借力的飞行轨道进行了深入分析，结果表明，在 2029—2032 年期间木星系及行星际穿越探测任务最优的深空飞行序列为地球—金星—地球—地球—木星—天王星（EVEJU），其最大发射质量、深空机动燃料消耗、发射窗口宽度等指标最优[300]。

（3）平动点轨道转移

美国 NASA 华裔数学家马丁·罗及其研究小组利用太阳系各天体之间的引力平衡，计算出各平动点可由相互缠绕的渐近轨道、穿越轨道、非穿越轨道为转移通道，形成太阳系中复杂庞大的管状网络，它通过动力学和复杂结构将太阳系内的不同区域连接成一个整体，太阳系的每个部分能够通过这个管状网络和其他部分进行联系。这个复杂庞大的管状网络构成“行星际高速公路”（InterPlanetary Superhighway，IPS），能够进行低能量行星际转移[301]。但行星际高速公路需要等待合适的转移窗口，其转移时间很长，并非如地球上的高速公路具备快速到达能力，因此，作者认为“行星际高速公路”这个命名并不恰当，应为“行星际低能量通道”更为合适。

图 6-33 给出了太阳系各自然天体的转移轨道的数值仿真结果，它是远离太阳系中心的 IPS 庞加莱图谱的一部分，其中每一点来自轨道与正交平面的交点，*X* 轴是点的半长轴，*Y* 轴是点的轨道偏心率。行星左边的实心浅灰色曲线是行星 L1 拉格朗日点的不变流形，这个曲线是以 L1 的能量从行星的 L1 点生长出来的；行星右边的黑色曲线是行星 L2 拉格朗日点的不变流形。可以看到，木星 L2 点的 IPS 与土星 L1 点的 IPS 相交，这就提供了在两星之间进行低能量传输的可行性。可以看到，在所有远离太阳系中心的行星之间，都能够得到这种传输机制。特别是图中右下角圆圈代表的 KBO 能够沿着 IPS 运动，进入到图中左下角实心点代表的小行星带的中心。聚集在木星 L1 流形上方的空心圆圈代表的是彗星，而小行星在 L1 流形的下方，将稳定的小行星运动与不稳定的彗星运动分离开。图 6-33 表明，太阳系不仅仅是以太阳为中心的孤立行星及其卫星的集合，相反，太阳系是通过动力学和复杂结构构成的一个有机关联的整体，在 IPS 的联络下，太阳系的每个组成部分都能够和其他部分关联起来。这也为低能量的行星际转移轨道任务设计提供了重要依据[302]。

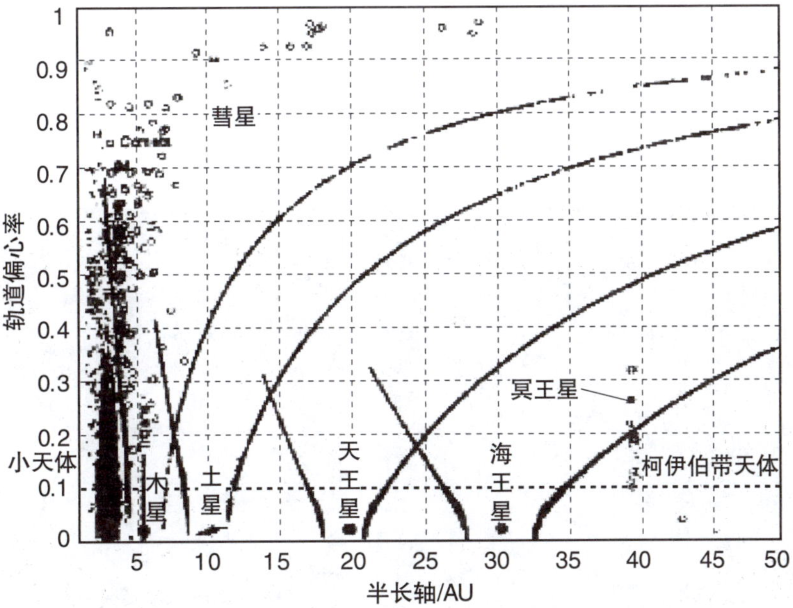

图 6-33　庞加莱图谱对 IPS 转移轨道的解释

通过将整个太阳系模型化成一系列关联的圆形限制性三体系统，从而由不稳定周期和准周期轨道形成的不变流形产生 IPS，计算出低成本的行星际高速公路，展现纵横行星际的交通网，其概念图如图 6-34 所示[303]。

图 6-34　太阳系行星际高速公路概念图

图 6-35 是 IPS 概念在太阳—地球—月球系统中的具体应用[303]。蓝绿色管道上的轨道接近晕轨道（Halo orbits），而橘红色管上的则远离晕轨道。因此，晕轨道是通往行星际高速公路的入口。左图表示由地球接近日地 L2 晕轨道的 IPS 路径，右图表示地月 L1 和地月 L2 之间的 IPS 路径。

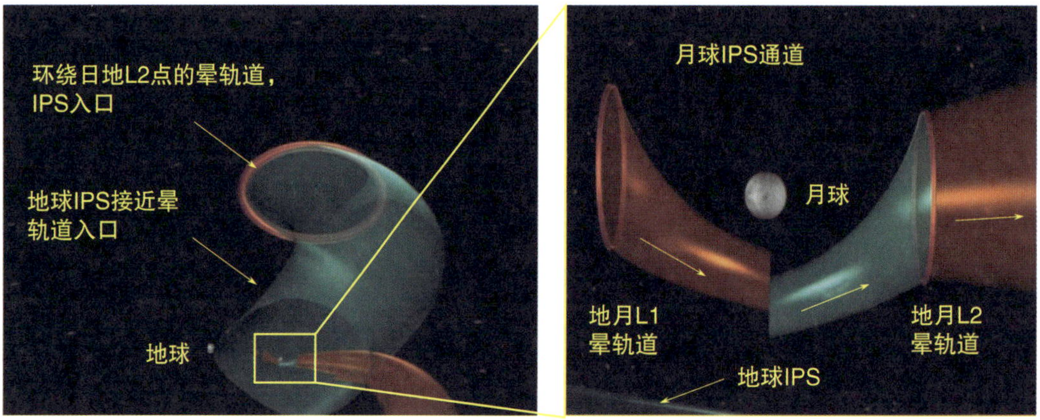

图 6-35　地月系统 IPS 示意图

美国 NASA 的 Lo 等人应用行星际高速公路理论和 JPL 开发的轨道设计软件 LTool2001，初步设计了利用平动点及 Halo 轨道实施探月和月球取样返回的轨道。图 6-36 中给出了阿尔忒弥斯计划地月 L1 和 L2 点的低能量转移轨道的应用。

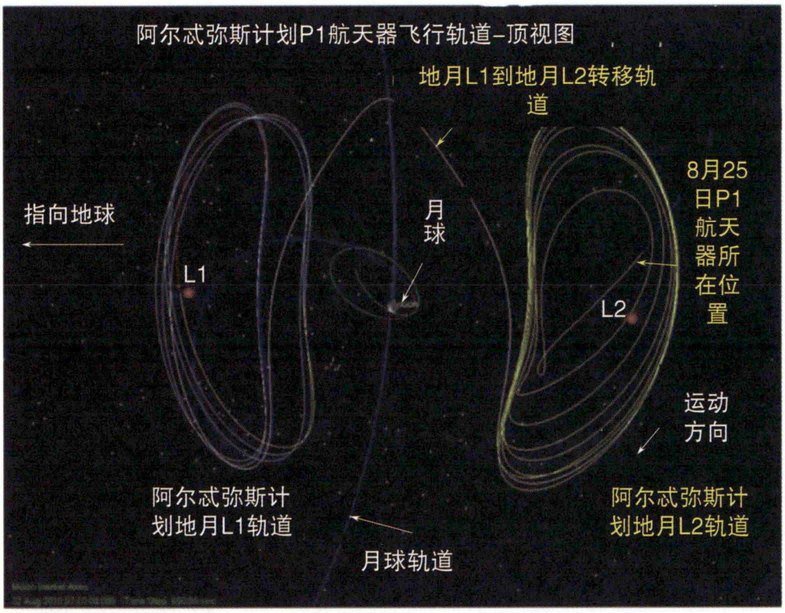

图 6-36　地月 L1 和 L2 点的低能量转移轨道的应用

6.2.3　基于流形的低成本快速太空资源轨道转移技术探索

为有效支撑太空资源开发，需建立低能量、快周期的太阳系物流运输网络。要实现这一目标，一方面在体系内平动点间转移和进出平动点时，要充分利用流形的低能量优势进行轨道转移，另一方面要依靠原位推进剂补给能力，采用霍曼转移的方式实现两体系间的快速到达。

在流形轨道上飞行的航天器理论上不需消耗燃料，这成为行星际探测任务利用流形进行低能量轨道转移的理论基础。由于三体系统的 L1 和 L2 平动点的不变流形可以延伸到质量较小的次主天体周围非常邻近的空间，基于该特性可以利用不变流形实现次主天体与拉格朗日点周期轨道间的转移。对于主天体与周期轨道间的转移轨道，则需要拼接一段三体 Lambert 轨道与不变流形衔接，从而实现主天体与周期轨道间的转移。

首先定义圆形限制性三体问题，即主天体和次主天体绕其质心做圆运动，且第三体（探测器）质量可忽略，不影响两个主天体运动。以日地系统为例，太阳为主天体，地球为次主天体，日地旋转坐标系的原点为两大天体系统的质心 C，xy 坐标平面为两个天体的运动平面，z 轴为平面法向，x 轴为由太阳指向地球方向。

归一化后旋转系下三体系统轨道动力学方程为

$$\begin{cases} \ddot{x} - 2\dot{y} = -\dfrac{(1-\mu)(x+\mu)}{r_1^3} - \dfrac{\mu(x-1+\mu)}{r_2^3} + x \\ \ddot{y} + 2\dot{x} = -\dfrac{(1-\mu)y}{r_1^3} - \dfrac{\mu y}{r_2^3} + y \\ \ddot{z} = -\dfrac{(1-\mu)z}{r_1^3} - \dfrac{\mu z}{r_2^3} \end{cases} \tag{6-34}$$

式中，r_1，r_2 分别为探测器距主天体和次主天体的归一化距离，$\mu = \dfrac{m_2}{m_1 + m_2}$ 为归一化后的次主天体无量纲质量。

根据三体系统中拉格朗日平动点附近的轨道动力学分析，其存在着 Lyapunov 轨道和 Halo 轨道等周期轨道，以及 Lissajous 轨道和拟 Halo 轨道等拟周期轨道。

定义周期轨道的变分为（δx，δy，δz），则相应的六维状态矢量 $\delta\bar{\boldsymbol{x}}$ 为

$$\delta\bar{\boldsymbol{x}} \equiv [\delta x \quad \delta y \quad \delta z \quad \delta\dot{x} \quad \delta\dot{y} \quad \delta\dot{z}]^{\mathrm{T}} \tag{6-35}$$

周期轨道经扰动后飞行器的解可表示为

$$\delta\bar{\boldsymbol{x}}(t) = \boldsymbol{\Phi}(t,t_0)\delta\bar{\boldsymbol{x}}(t_0) \tag{6-36}$$

式中，$\boldsymbol{\Phi}(t, t_0)$ 为状态转移矩阵，是从初始状态到一个轨道周期 T 时刻状态的线性映射。通过状态转移矩阵的特征值可判断周期轨道的稳定性，状态转移矩阵的特征方向可判断不稳定周期轨道的稳定流形和不稳定流形的初始方向。沿稳定流形运行的飞行器能渐近地进入周期轨道，而沿不稳定流形运行的飞行器则渐近地离开周期轨道。

6.2.3.1　太空资源开发体系内的转移轨道设计

基于流形进行转移轨道设计的方法中，利用庞加莱（Poincare）截面进行设计是一种非常有效的方法。在相空间中给定的位置上定义截面，从而得到这些位置穿过截面的动力学流形的特征。

对于在不稳定周期轨道上的航天器，只需要很小的状态改变就可以脱离原周期轨道，然后在非常接近周期轨道的不稳定流形上运行。类似地，如果航天器在周期轨道的稳定流形上运行，那么它将以渐进方式进入周期轨道。所以，若要将航天器从一个周期轨道转移到另一个周期轨道，只需要使航天器经过前者的不稳定流形与后者的稳定流形的相交点。如果此交点的速度分量不同，航天器则必须施加一次冲量；如果速度分量也相同，则不需要机动，整个转移过程不耗费能量。

以地月 L1 点 Halo 轨道为例，如图 6-37 所示。与同一 Halo 轨道相联系的不稳定流形和稳定流形关于 xz 平面对称，L1 平动点附近 Halo 轨道的不变流形可以到达距离主天体（地球）和次主天体（月球）较近的空间。因而，可以利用不稳定流形设计从平动点轨道到引力天体的转移轨道，或是利用稳定流形设计从引力天体到 Halo 轨道的转移轨道。

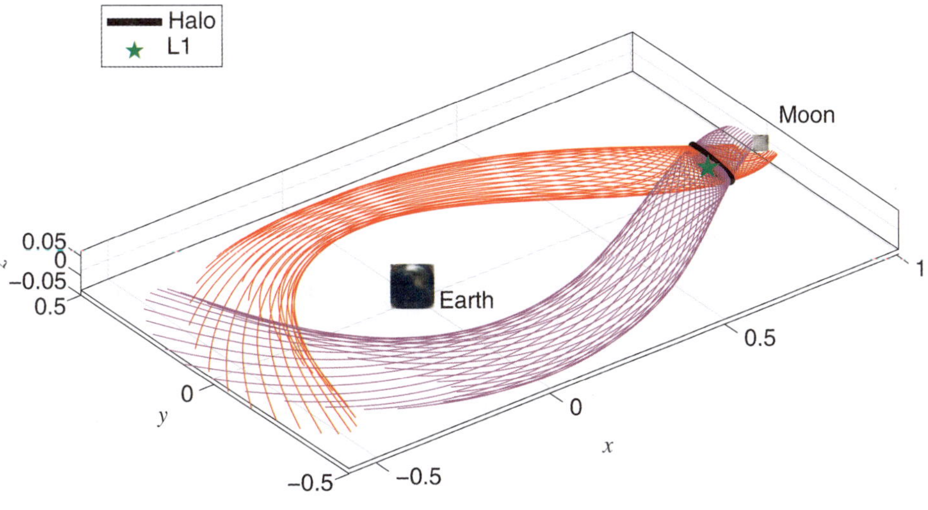

图 6-37　利用不变流形的地月系统 L1 点转移轨道设计示意图

6.2.3.2 太空资源开发体系间的转移轨道设计

位于太阳系不同星体资源开发体系间的中继补给站转移轨道，同样可以利用不变流形进行设计。但当两个限制性三体系统的质量系数较小时，两个三体问题下拉格朗日点周围的周期轨道产生的不变流形需要经过上千个地球年才有可能相交，这意味着需要设计一个中间转移轨道，使其连接两个不变流形从而构成完整的转移轨道。探测器在不同的轨道段受力特点是不同的，为便于分析，同时考虑天体对探测器运动的影响大小，一般对探测器各轨道段的运动采用不同动力学模型进行描述。探测器在 LPO 轨道及行星附近不变流形上的运动采用圆形限制性三体模型，当探测器距离行星很远主要受到太阳引力作用时，采用日心二体模型。

以日地系统和日火系统的中继补给站轨道设计为例，影响探测器转移轨道的关键参数包括：由日地系统 LPO 轨道上出发的相对时间参数 τ_1、探测器在初始 LPO 轨道不稳定流形上的飞行时间 Δt_1、探测器离开日地 LPO 轨道不稳定流形到进入日火系统 LPO 轨道稳定流形的飞行时间 Δt_2、探测器在日火系统 LPO 轨道稳定流形上飞行的时间 Δt_3、探测器实现日火系统 LPO 轨道入轨时的相对时间参数 τ_2、探测器离开日地 LPO 轨道不稳定流形的速度增量 ΔV_1、探测器进入日火 LPO 轨道稳定流形的速度增量 ΔV_2 等。因此，轨道设计参数可以写成

$$\mathbf{Z} = [\tau_1, \tau_2, \Delta t_1, \Delta t_2, \Delta t_3]^{\mathrm{T}} \tag{6-37}$$

燃料消耗性能指标为

$$J(Z) = \|\Delta V_1\| + \|\Delta V_2\| \tag{6-38}$$

根据体系间中继补给站的转移轨道计算方法，可采用直接转移的方式将轨道设计问题转化为只有 5 个参数的无约束优化问题，降低了设计难度。利用优化算法可快速得到拼接模型下的轨道并评估转移燃耗，如图 6-38 所示。

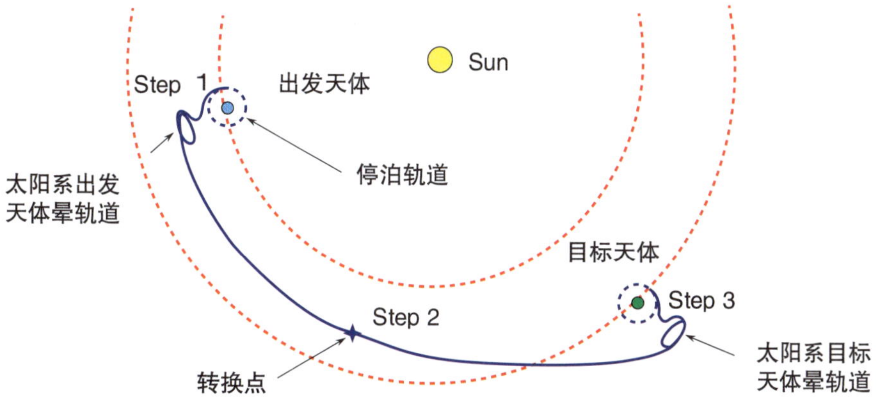

图 6-38　各天体资源开发体系间的转移轨道设计示意图

6.3 太空在轨补给技术

太空在轨补给技术利用地外原位获取的资源，制备水、氧、推进剂等消耗性产品，可为更深远、大范围的太空探索与开发活动提供物资中继补给。考虑运输成本、风险及可实施性，通过构建太空资源中继补给站，发挥自地球向深远太空探索开发的“驿站”功能，实现水、氧和推进剂等重要物质资源的太空补给，可逐步降低、摆脱地球资源的依赖性。太空运输系统进行补给加注的次数与获得的速度增量近似成正比。在太空运输过程中，太空补给站将像地面加油站一样，为太空运输系统加注补充推进剂，可倍增太空运输的速度增量，从而大幅降低运输成本，简化太空运输模式，增强太空运输能力。

太空在轨补给站需制备、液化并长期保存低温推进剂，并为太空运输系统提供加注服务。在月球、小天体、火星等地外天体上开采的水通过光电催化的方法可以转化为氢气和氧气，为燃料电池提供发电燃料。通过低温液化技术，可把氢气和氧气冷却为液氢、液氧并利用低温贮箱长期储存，可为发动机提供氢氧推进剂。液氢和液氧都是低温流体，特别是液氢必须储存在 20 K 的温度下，当液氢吸收热量时，它会蒸发或沸腾，导致储罐压力升高。因此，低温储罐必须做好严格的隔热措施，并通过排气阀来防止储罐超压爆炸。低温推进剂沸点很低，若不通过有效的主被动手段进行隔热和冷却，空间热环境会导致推进剂大量蒸发并产生自增压效应，为保障贮箱系统安全，必须进行排气，造成推进剂损失。低温推进剂，特别是液氢的储运是安全、高效、规模化和低成本太空资源补给的基础。为保证低温贮箱的在轨运行安全，同时考虑到运行效率和成本，必须采取高效的绝热措施将低温贮箱的蒸发量控制在合理的指标之下。另外，贮箱内部推进剂处于气液两相状态，空间微重力对气液分布产生重要影响，给储存、管理和有效加注带来一系列问题。由于液氢具有沸点低(20.3 K)、汽化潜热小、易蒸发等特点，容器储运必须采用严格的绝热技术，最大限度减小漏热，甚至通过主被动方法实现无质损、零蒸发的储运。通过将液氢的汽化程度降到最低或零，避免储罐升压，导致超压风险或放空损失。因此，为实现太空在轨补给，需在获得原位资源和推进剂原位制备的基础上，重点发展推进剂低温液化及零蒸发长期储存、在轨加注等技术，为建设太空补给站和太空补给网络提供基础。

6.3.1 推进剂低温液化与零蒸发储存技术

6.3.1.1 概念与原理

液体与气体相比具有储能密度高、储罐体积小、储存压力低等特点，与固体相比具有流动性、易操控等特点，便于规模化、安全性储存与运输。因此，推进剂一般采用液体形式储存，可有效节省储存体积和质量。其储存规模越大，效益就越显著。

氢是重要的太空推进剂燃料，氢的临界温度非常低，为-240.01 ℃，在标准大气压力下，氢气的液化温度为-253 ℃。氢的热值高达~120 kJ/g，具有所有已知物质的最高的质量能量密度。从图 6-39 可以看出[304]，虽然氢具有很高的质量能量密度，但体积能量密度低，对储氢容器带来更大的质量需求。因此，氢虽然是理想的推进剂燃料，但面临难液化、难储存的突出问题。近年来，在地球可持续发展的需求带动下，氢能技术迅速发展，液化与储氢技术已具备较好的基础，但是，在太空中如何实现高效、低成本的低温液化，以及如何避免蒸发以实现长期液态储存，这些问题为其有效应用带来重大挑战。

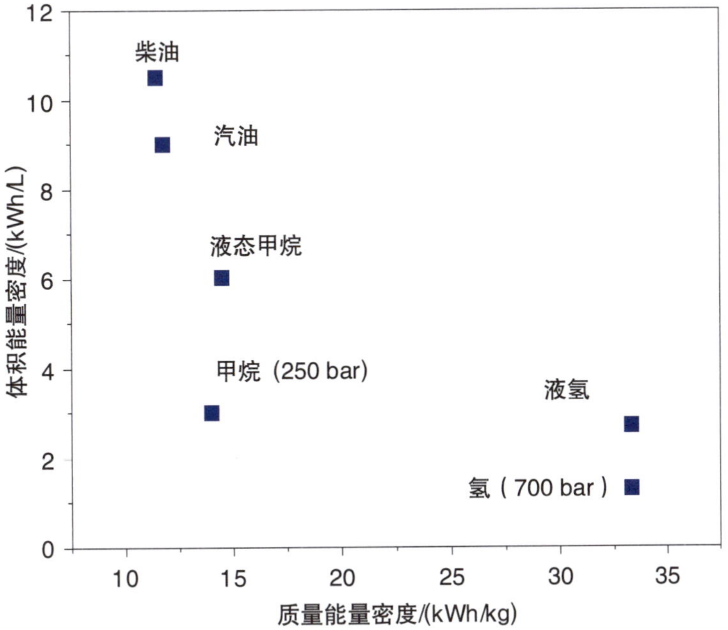

图 6-39　氢的能量密度与其他工质的比较

工质的液态质量能量密度比气态高数个量级，例如液氢的密度为 70.8 kg/m^3（一般低于 1 MPa），分别为 20 MPa、35 MPa 和 70 MPa 高压氢气的 5、3 和 1.8 倍。图 6-40 所示氢的相图比较了氢的三种主要物理形式[304]，高压氢气（CGH_2）、低温压缩氢气（CcH_2）和液氢（LH_2）及其典型压力和温度值。CGH_2 储存压力为 50~200 bar 时，体积储氢密度相对较低（~10 g/L）；碳纤维等复合材料衬里储罐，可以承受高达 700~1 000 bar 的压力，可将体积储氢密度增加到约 40 g/L（700 bar 时）。LH_2 储存是一种将气态氢转化为纯液态的方式，以增加其储存和运输的能量密度，LH_2 储存的优点在于其高体积储存密度（在 1 bar 时>60 g/L）。但 LH_2 储存技术面临两大关键挑战：1）氢气液化过程面临较高的能量需求；2）由于蒸发而导致的较高的氢损失率（1%~5%）。

基准的氢气液化工艺流程如图 6-41 所示[304]。可以看出，低压氢气首先经过压缩过程，然后预冷却到大约 80 K。之后，氢气需要通过闭式制冷循环进一步冷却到低于 30 K 的温度，在此过程中，通过吸附过程去除杂质，通过催化过程实现正氢到仲氢的转化。最后，通过典型的绝热膨胀过程（J-T 膨胀或透平膨胀）获得液氢，并在 20~30 K（0.1~0.2 MPa）下储存。

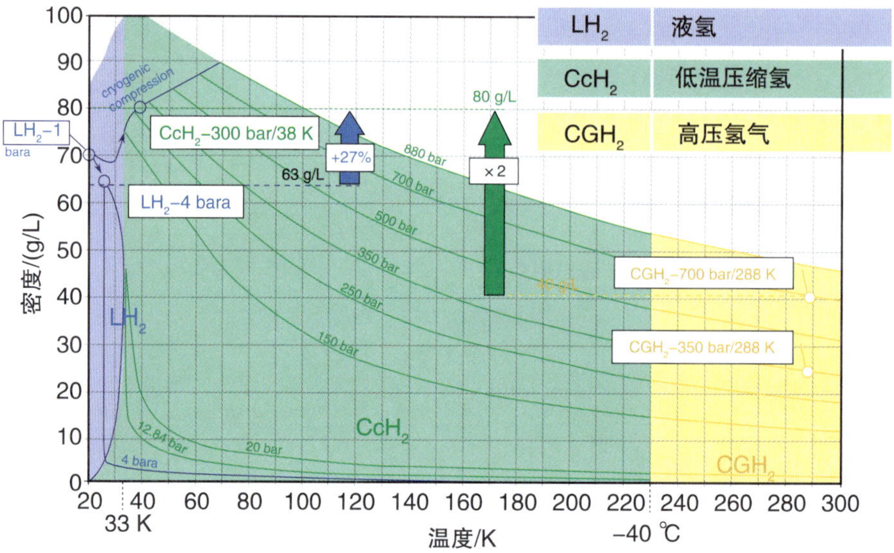

图 6-40　氢的相图

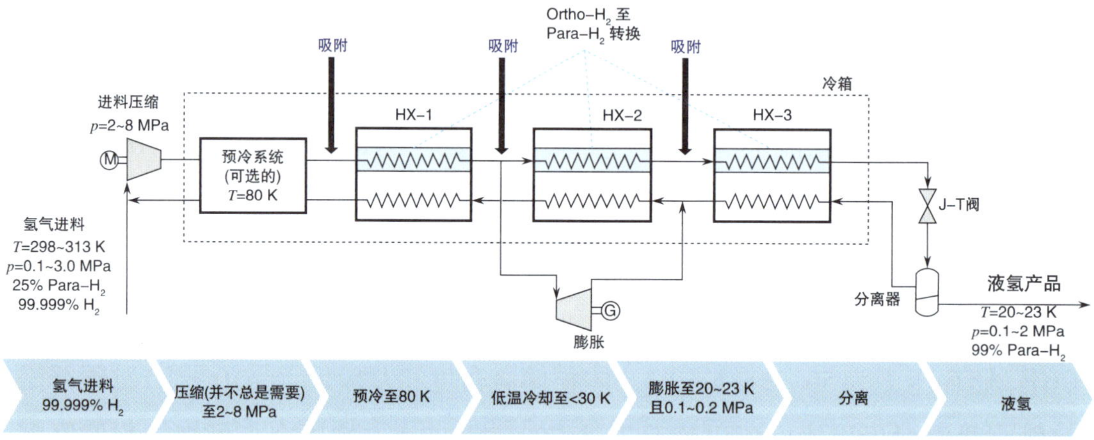

图 6-41　基准的氢气液化工艺流程

不同的低温液化热力循环系统的㶲效率和能耗如图 6-42 所示[304]。与基准循环相比，更先进的膨胀机循环，即布雷顿（Brayton）循环、柯林斯（Collins）循环和混合制冷剂（Mixed refrigerant）循环，具有显著增强的性能。林德-汉普森循环（Linde-Hampson cycle）通常具有最高的能耗和最低的效率，其次是克劳德循环（Claude cycle）。在这些先进的循环中，混合制冷剂循环（具有等熵膨胀）是研究最多的氢气液化过程，已被证明具有最低的能耗和最高的效率，截至 2019 年，其最优的性能达到产氢能耗为 1.1 kWh/kg，㶲效率为 55.47 %[305]。

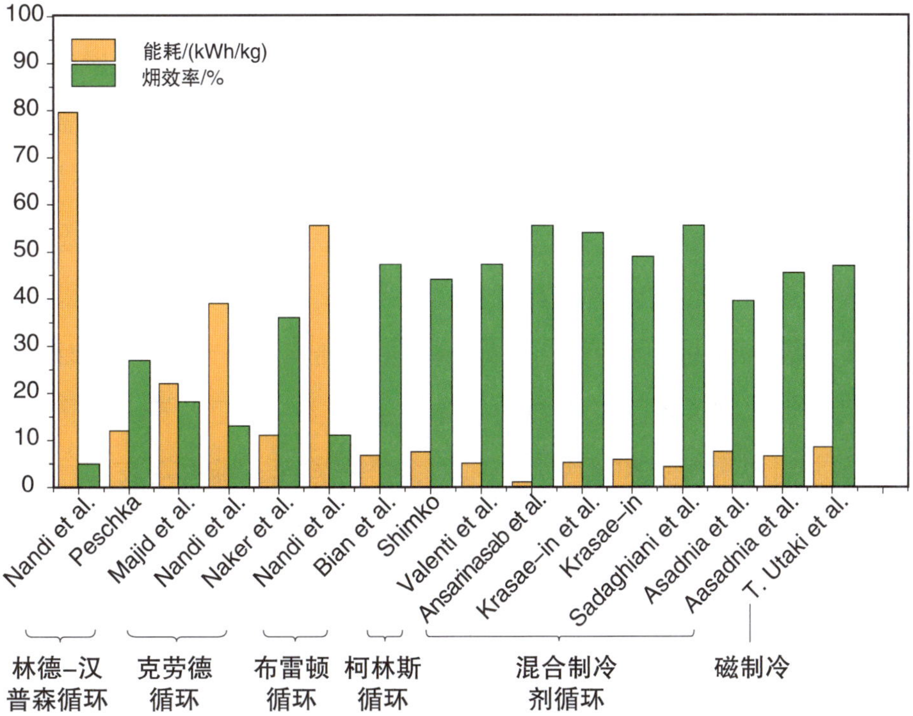

图 6-42　氢液化过程的㶲效率与能耗对比

未来空间任务中面临大量的低温流体的长期贮存问题，例如，开展地球附近的星球探测的短期飞行任务要求低温液体贮存持续时间为 50~100 天，而一些长期飞行任务，则要求低温液体保存持续时间为 100~1 000 天以上。按低温流体工质的贮存方式，可分为高压气体贮存、超临界贮存、亚临界贮存三种方式。高压气体和超临界贮存虽然已成功应用，技术成熟，但因具有较高的压力和较大的系统质量，仅适合用于较小的系统中。而对于进行在轨流体贮存和补给的系统，流体贮量大，采用接近沸点的亚临界（气液两相）系统具有很大的质量效率，因此亚临界流体在轨长期贮存是在轨流体补给系统的关键技术。由于空间流体处在微重力、低温、真空等特殊空间环境下，地面和在轨微重力情况下贮箱的流体特性和热力学状态有很大的差别[306]，这给长期流体贮存带来了独特的难题。

长期流体贮存要求在低重力下采用有效的热防护和压力控制实现最少的蒸发损失。零蒸发（Zero Boil-Off，ZBO）技术是太空补给站低温推进剂长期储存的重要基础。低温推进剂在空间受到太阳辐射、行星红外辐射与反照等外热流影响，低温推进剂会不断蒸发，贮箱压力逐渐升高。为保障安全，不得不进行排放，造成汽化损失。为降低太空补给成本，需以最少的汽化损失将低温推进剂进行长时间保存。零蒸发技术以超级绝热技术为基础，利用低温制冷机等主动冷却手段，将储罐系统的微小漏热通过低温制冷机排出，以维持储罐系统的压力和液体温度基本不变，可以使推进剂一直保持低温的液体状态，或者将蒸发的气体进行液化回收，达到数月甚至数年的零损失，从而实现低温液体的零蒸发和无损失（无排放）存储。低温推进剂沸点低，无论是地面还是空间环境都极易蒸发，如果不采取有效的热防护措施，一方面贮箱内推进剂大量蒸发会引起推进剂严重损失和压力失控风险，另一方面，推进剂在加注管路内剧烈气化会产生噪声、震动、加注不稳定等问题，甚至会导致加注过程难以顺利进行。试验结果表明，采用多层隔热材料（MLI）等绝热技术对低温液氢贮箱进行热防护，漏热可降低至 1 W/m^2 以内，结合热屏蔽、热遮挡技术减小外热流影响，并合理设计结构支撑、连接件来降低导热漏热，能够进一步降低蒸发量。当飞行任务时间较长时或需要进行加注时，还需要结合主动控制技术对蒸发量进行控制，保障低温推进剂在轨储存性能和系统安全性能。美国 NASA 开发的热力学排气系统（TVS）很好地整合了流体混合、冷量回收、在轨排气这三种常见的主动压力控制方法。随着隔热手段的提升，液氢日蒸发率不断降低，任务时间也将不断增加。但为实现超过 1 年的长期储存，必须通过主动手段将蒸发率降至零。

零蒸发技术包括以下关键难题：

1）热控制技术。通过多层隔热材料等被动热控技术，以及高效制冷技术，降低和补偿环境漏热和内部发热产生的蒸发损失。贮箱表面的隔热材料是低温推进剂长时间在轨储存的基础。多层隔热材料是由低发射率的材料（一般为双面镀铝薄膜）和涤纶网组成的层铺结构，在真空环境下隔热效果好。在真空、低温的环境下，多层隔热材料的热传导方式主要为热辐射和热传导。通过改变涤纶网的层数即可改变多层隔热材料的密度，称为变密度多层隔热材料。通过试验，证明贮箱采用变密度 MLI 作为隔热材料后，蒸发量比采用传统的 MLI 降低了 58%，且隔热材料质量减少了 41%[307]。蒸汽冷却屏（VCS）技术将低温贮箱排放的推进剂蒸气流经包围贮箱的热交换器，降低贮箱表面温度，可减少贮箱热漏率。对于完成长时间的飞行任务，单纯依靠被动热防护的方法，实现低温推进剂 ZBO 是非常困难的，因此主动制冷技术越来越受到重视。采用主动制冷技术的途径是使制冷机和贮箱耦合，把贮箱系统的漏热全部移出，实现低温推进剂的零蒸发损失。

2）压力控制技术。长期贮存过程中，由于漏热和内部热耗，液体不断蒸发，导致贮箱压力不断升高，需通过各种排气方式或制冷技术，使贮箱压力保持在要求的范围内，可采用不沉底直接排气、沉底排气、紧急排气、热力学排气系统、流体混合、制冷/液化等方法实现。热力学排气系统由焦耳-汤姆逊（Joule-Thomson，J-T）节流膨胀器、热交换器、泵或混合器、隔离阀门等组成。其工作原理为：利用液体获取装置（如泵），以低流率从贮箱内液池中抽取液体，液体经过膨胀器膨胀后形成温度和压力降低的两相流。该两相流导入与贮箱内液池或贮箱壁联通的热交换器，温度较高的液池或贮箱壁热量通过热交换器转移到两相流中，使其全部变为蒸气，排出贮箱，对贮箱内部低温推进剂产生制冷效应，且使贮箱压力下降。

3）热分层控制技术。当环境热量通过隔热层或其他传热路径进入低温容器时，器壁处的液体温度会高于液体内部的温度，从而引起流体热分层现象。在空间微重力条件下，由于对流的消失，流体热分层现象更加严重。出现热分层时，局部温升会造成整个容器压力升高，引起测量误差和控制失误，在晃动时，由于过冷液体和蒸气的混合，会造成贮箱压力突然变化，威胁系统安全。因此，深入开展流体热分层机理研究，发展减缓热分层的技术手段，是在轨流体长期安全存储的关键内容。低温流体混合的主要目的是消除热分层，该技术以贮箱内达到均匀和饱和状态推进剂贮箱压力最小为目标，用泵或其他混合器，将低温液体从贮箱内抽出，再用喷嘴或喷管注回贮箱，注入液体带动贮箱液体流动，消除热液体层，使蒸气凝结。早期的低温流体混合技术采用轴向喷射的泵来实现贮箱底部低温流体和贮箱侧壁及气液表面温度稍高部位流体的混合。通过试验和仿真，证明低温流体混合技术能显著消除贮箱内部的热分层并降低贮箱内部的压力。

从目前发展趋势来看，热控制、压力控制和热分层控制技术紧密结合，可高效实现在轨流体的长期贮存。例如，热力学排气系统（TVS）通过牺牲部分液体和采用 J-T 节流装置节流膨胀，将蒸发潜热通过贮箱内部热交换器传递给贮箱内部流体，冷凝蒸发气体，并将蒸发的气体排出，同时，采用外部循环泵和射流混合器等方式，消除热分层效应。

6.3.1.2 技术进展

20 世纪 60 年代初，美国 NASA 已经认识到在轨流体管理技术在宇航领域，特别是在月球基地和火星探测任务中的重要性，并启动了相关研究项目，开展了概念研究、系统设计以及相关关键技术研究，进行了地面试验、落塔试验、飞机抛物飞行试验、探空火箭试验和空间飞行验证试验[308]。美国的载人探索体系架构中把太空中长期储存低温推进剂作为重要技术，需考虑可重复使用性、通用性和空间环境适应性[191]。

美国 NASA 下属的 LeRC 研究中心于 1960 年开始低温流体管理技术的基础研究，并进行了地面试验、落塔试验、飞机抛物飞行试验。1961 年 2 月，LeRC 利用 Aerobee 探空火箭首次进行了液氢飞行试验，测试液氢的压力上升速率，至 1965 年共进行了 9 次试验。1966 年，为解决阿波罗载人登月的关键问题，美国 NASA 马歇尔航天飞行中心（MSFC）启动了在轨热水力试验研究模块项目（Thermo and Hydrodynamic Experiment Research Module in Orbit, THERMO），计划通过发射轨道实验室，由航天员在轨进行 7 天的低温流体试验，虽然进行了概念设计，但最终未能实施。1978 年，LeRC 委托马丁·马丽埃塔（Martin Marietta）公司设计、制造、集成低温流体管理试验系统（Cryogenic Fluid Management Experiment，CFME）。1979 年，LeRC 委托 Beech 公司进行低温流体管理设施（Cryogenic Fluid Management Facility，CFMF）的概念设计。LeRC 在此基础上拓展为 CFMFE 航天器（后改为 COLD-SAT），作为具有贮存、收集和传输功能的在轨低温流体补给站，并于 1988 年启动了 3 个并行的阶段 A 的研究合同。但因为 COLD-SAT 采用液氢试验，代价高昂，1989 年又改为低温液氮在轨试验（Cryogenic Orbital Nitrogen Experiment,

CONE）项目。

美国 NASA 下属的 MSFC 自 1990 年开始，持续开展了空间低温流体管理计划，进行了以下一系列试验[309]：1）1991—1993 年，进行了流体收集和再供给试验（Fluid Acquisition and Resupply Experiment，FARE）。FARE-Ⅰ于 1992 年 12 月在航天飞机 STS-53 飞行任务中开展试验，FARE-Ⅱ于 1993 年 6 月在 STS-57 飞行任务中采用去离子水开展试验。2）1990—1998 年，研制建造了系统级大型多功能氢测试床（the large scale Multipurpose Hydrogen Test Bed，MHTB）并进行多种低温流体概念的试验验证。2000 年进行了快速冷却和充注试验，2001 年进行了零蒸发试验，2004 年进行了液氮热力学排气系统试验，2001—2004 年进行了光学质量测量传感器试验。3）1996—2000 年开展了磁定位试验（magnetic fluid positioning）。在 KC135 飞机上研究采用磁力来确定流体在低重力环境下的位置，试验通过水中混入铁磁物进行试验。4）1998—1999 年，在太阳热上面级技术验证计划（The Solar Thermal Upper Stage Technology Demonstrator，STUSTD）的支持下进行了太阳热推进上面级的低温流体管理测试试验，1999—2000 年进行了液氢压力控制测试。

1999 年，美国 NASA 格林研究中心（GRC）对采用 34 层多层隔热和两级商业机械制冷机（第 1 级 20 W@35 K；第 2 级 17.5 W@18K）的直径 139 cm 球形液氢贮箱开展了地面热真空环境验证试验。在液体填充率 90%下实现了零蒸发损失的试验结果。2004 年，GRC 进行了空间制冷机和低温热管的试验。该试验模拟了 230 K 的 LEO 真空环境。试验装置内部由直径 1.4 m 的球形液氮贮箱（贮箱外侧包裹了 24 层 MLI）、浸没混合器、低温热管、制冷机、辐射器、真空罐、热交换器等装置组成。试验表明，冷端性能良好，零蒸发量控制系统在辐射温度 311 K、制冷温度 75 K、消耗功率 150 W 下成功转移出 6.8 W 热量。

2010 年，GRC 委托美国创新工程研究所对月球着陆器上升级和下降级反应控制系统（RCS）用低温贮箱推进剂管理装置（PMD）进行了研究，低温贮箱推进剂选用液氧和液态甲烷，PMD 保证低温推进剂挤出效率大于 98%，推进剂流量在 0.09~0.15 kg/s 之间。2012 年，美国 NASA 下属的 KSC、JSC、

GRC 和 GSFC 等多家研究机构联合开展低温推进剂在轨液化的空间站试验方案研究。该系统包括 GH_2 源、GH_2 液化热交换器和 J-T 阀、低温制冷机（20 W@20 K，40 W@90 K）、低温流体管理（混合泵、喷雾棒、液体收集装置）以及被动热控制系统[310]。

6.3.2 太空在轨加注技术

6.3.2.1 概念与原理

太空补给站为太空运输系统的推进装置等设备提供资源补给，需解决飞行器与补给站间的无人自主交会对接及对接后的流体在轨加注等问题。

在轨加注是在微重力条件下把液体以特定的热力学状态从供给贮箱输送到需要加注液体的航天器贮箱中。该技术是太空补给站为太空运输系统和其他航天器提供服务的技术基础，被称为“太空加油”[311]。由于低温推进剂具有温度低、沸点低、表面张力小等特点，低温推进剂在轨加注进一步提高了对气液分离、蒸发量控制、材料强度与兼容性等方面的性能要求，需着重解决微重力低温气液分离、低温推进剂蒸发的主动控制、加注过程工质的实时质量测量、与低温气液分离耦合的流体循环驱动等关键技术[312]。结合原位资源利用技术，可将火星大气中的二氧化碳转化为液态甲烷，或将地外天体获取的水分离出氢和氧[313]，用于在轨推进剂加注。这对未来太空资源开发任务非常重要。它包括以下关键技术：

（1）液体收集技术

在太空微重力条件下，气液相分布存在随机性，难以实现分层和定位，造成推进剂获取与传输困难，需利用表面张力、加速度作用等进行气液分离，保障供给贮箱的出口为单相液体。因此，气液分离技术将直接决定在轨加注性能的优劣，主要技术手段包括：1）隔膜式分离。贮箱内部安装有一层隔膜，可以通过隔膜实现气液分离。该方法结构原理简单，微重力环境下稳定可靠，但不能分离液相区蒸发形成的气体。2）惯性式分离。航天器消耗部分推进剂产生旋转运动或助推加速，使流体在惯性力作用下发生气液分离，受轨道环境影响小，分离效果稳定，但需消耗推进剂。3）电磁式分离。利用推进剂固有的顺磁性（如液氧）或逆磁性（如液氢、甲烷等轻质碳氢化合物），通过外加磁场对磁性液体产生吸引或排斥作用，实现气液分离。4）表面张力式分离。在贮箱壁面布设筛网通道，通过表面张力作用保持被液体充满并形成气液界面，该界面阻止蒸气进入通道，从而实现液体收集的作用。

（2）流体驱动技术

在加注液体时，一般采用压力气体或机械驱动作为液体传输的驱动力。对于压力气体增压，又可分为自增压和非凝结气体增压，对于低温流体，一般采用自身的蒸发气体增压。流体在加注过程中流动回路的设计不同，直接影响着加注系统的整体结构布局和加注性能。从气路角度分类，可以分为贯通式、排气式和无排气式 3 种主要的循环驱动技术，如图 6-43 所示。贯通式循环方案结构紧凑、系统压力较低，但对气液分离、调节控制水平有较高要求。虽然采用增压气体驱动的排气式方案需附带增压系统，但操作控制简单，系统安全稳定性较高，广泛应用于常温推进剂在轨加注，但需要结合高效气液分离技术，避免带液排气造成加注效率大幅降低甚至无法加注。无排气加注方案的低温推进剂适用性已经通过地面试验验证，充注率可以达到 90% 以上[314]，但无排气加注过程需要进行预冷，加注性能影响因素多。

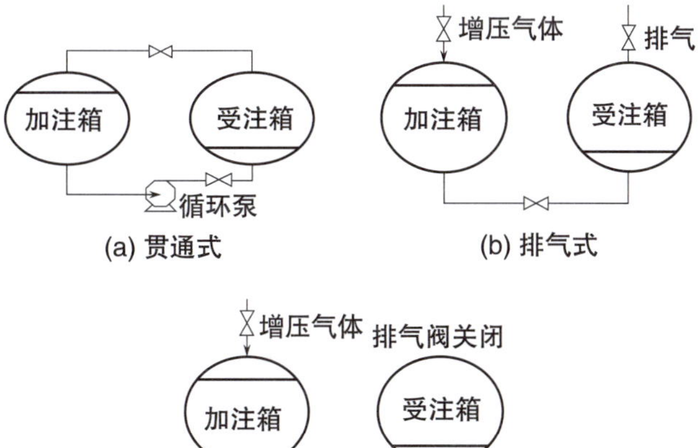

图 6-43　加注方式示意图[312]

(3) 出流液体过冷技术

在液体加注过程中，一般需要采用冷却器和贮箱加压的方法，保障出流液体保持要求的过冷度，避免在流动过程中由于压力降低和漏热产生蒸气，形成两相流动，造成加注过程的不稳定性和不确定性。在加注前，必须首先对液体传输管线和接受贮箱进行预冷，贮箱冷却可采用充注—保持—排放的过程逐步进行冷却。

(4) 自动流体接口技术

为实现自动流体补给，需要在自动对接的基础上，突破自动流体接口技术，实现在供给贮箱和接受贮箱间自动建立满足密封要求的流体回路连接。

6.3.2.2 技术进展

苏联最早实现了空间液体加注，在轨道流体管理技术方面也较为成熟和完善。苏联在 1978 年和 1982 年发射了具有 2 个接口的礼炮号空间站，通过进步号无人货运飞船对接实现对空间站的加注，从而使空间站寿命延长到 5 年以上。在 5 年寿命期间，进行了 12 次加注。推进剂加注管位于空间站的后部对接口，对接后加注管与该飞船自动连接，2 个加注器分别用于加注燃料和氧化剂。礼炮号空间站共有 6 个贮箱，包括 3 个氧化剂贮箱和 3 个燃料贮箱。通过贮箱增压，完成液体输送。进步号装有 870 kg 的推进剂再供给贮箱，高压氮气作为挤压气体，将推进剂从较低压力的加注贮箱输送到被加注贮箱内。

美国马歇尔航天飞行中心（MSFC）和 Moog 公司长期开展流体自动对接接口的研制工作，于 20 世纪 90 年代完成了空间流体自动对接接口系统（Automated Fluid Interface System，AFIS）设计并对工程样机进行了大量试验，在此基础上成功完成了新一代流体传输接口系统——轨道流体传输系统（OFTS）的研制，如图 6-44 所示。

1999 年 11 月，美国 DARPA 正式公布了轨道快车（Orbital Express）计划，旨在研发卫星在轨燃料补给及重构技术，可实现在轨卫星的燃料补充，延长卫星的工作寿命，增强卫星的机动能力，从而大幅度降低卫星的全寿命成本。该验证系统使用两个航天器，一个为自主空间运输和机器人轨道器 ASTRO，由

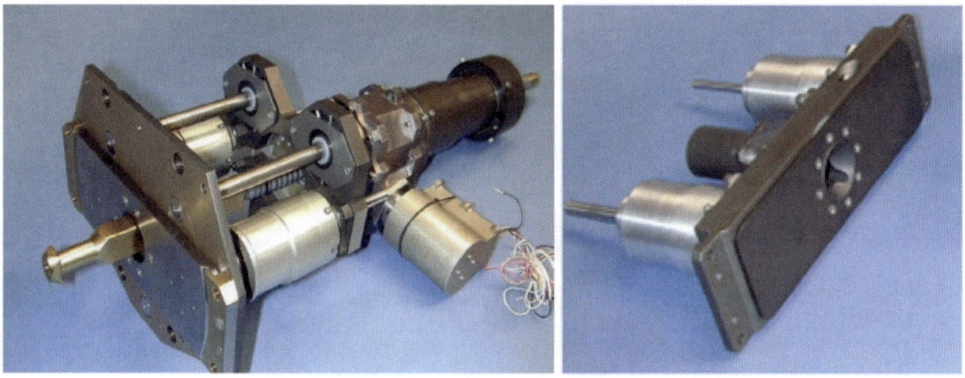

图 6-44　OFTS 主动端和被动端工程样机（引自 NASA 网站）

卫星平台、燃料输送系统、轨道更换单元、对接机械臂系统、交会接近敏感器与捕获系统六个模块组成；另一个为目标星 NEXTSat，用于模拟需要维修或补给的卫星，主要有交会对接操作辅助设备、机械电气接口、分离机构、更换单元、贮存舱及燃料输送模块（包括 34 kg 燃料贮箱）。ASTRO 上的流体传输和推进系统除向 6 自由度推力器系统提供燃料外，还将验证单组元肼到 NEXTSat 或从 NEXTSat 到 ASTRO 的双向燃料传输。轨道快车中的轨道流体传输系统（OFTS，图 6-45）具备肼、MMH、MON、氦气、氮气等不同流体的输送能力，支持系统减压及增压，可以实现单组或多组流体补给。该航天器于 2007 年 3 月 8 日成功发射并完成所有在轨试验任务[315]，在不同加注方式、不同自主程度、不同泵速、不同加注级别的测试条件下，成功进行了 15 次在轨加注技术验证。轨道快车的在轨加注过程分为六步：首先实现接口对接，然后进行流体传输前的漏率检查和检漏后的管路吹除，之后开始流体输送并进行加注量测量，加注完成后对加注接口进行清理，最后加注接口实现分离。

从 2009 年开始，加拿大航天局（CSA）与美国 NASA 开展了“机器人燃料加注任务”（RRM）联合项目。该项目的目的是在国际空间站外部演示验证机器人在轨维修卫星和在轨燃料加注技术。RRM 的流体传输系统由泵、控制阀门、压力传感器、温度传感器、管路和控制器等组成，采用泵压法将流体从主动端输送至被动端，可验证推进剂传输功能、控制技术及状态监测能力。为试验安全，加注工质采用酒精代替无水肼[316]。图 6-46 为 RRM 的外部组件。

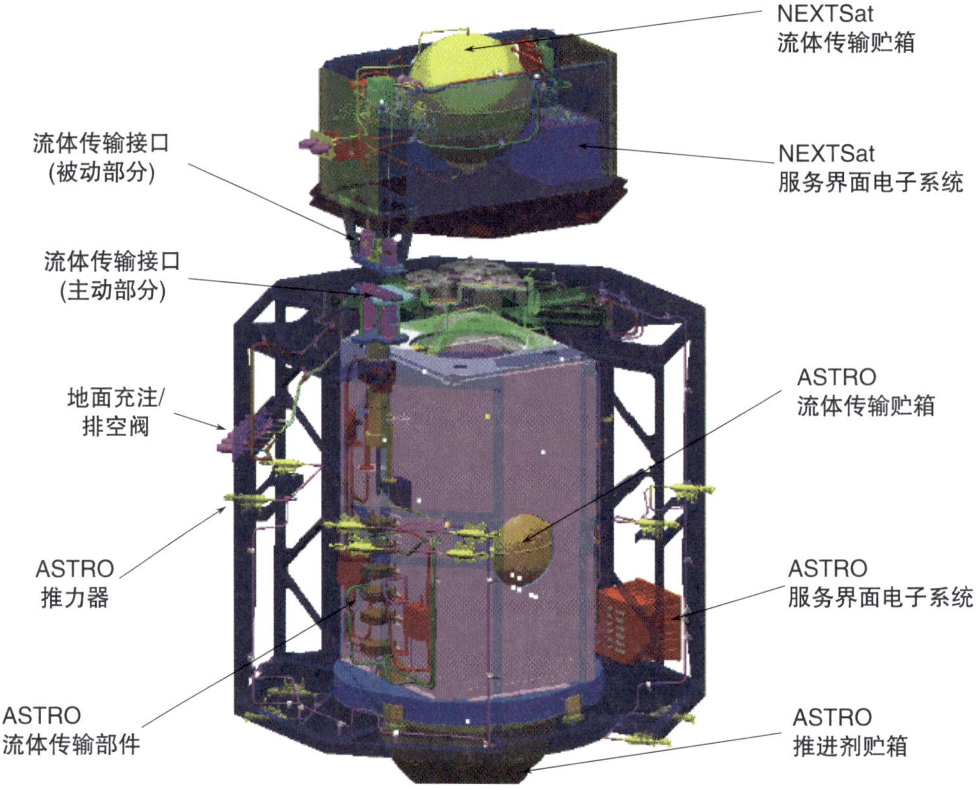

图 6-45　轨道快车流体补给飞行试验系统

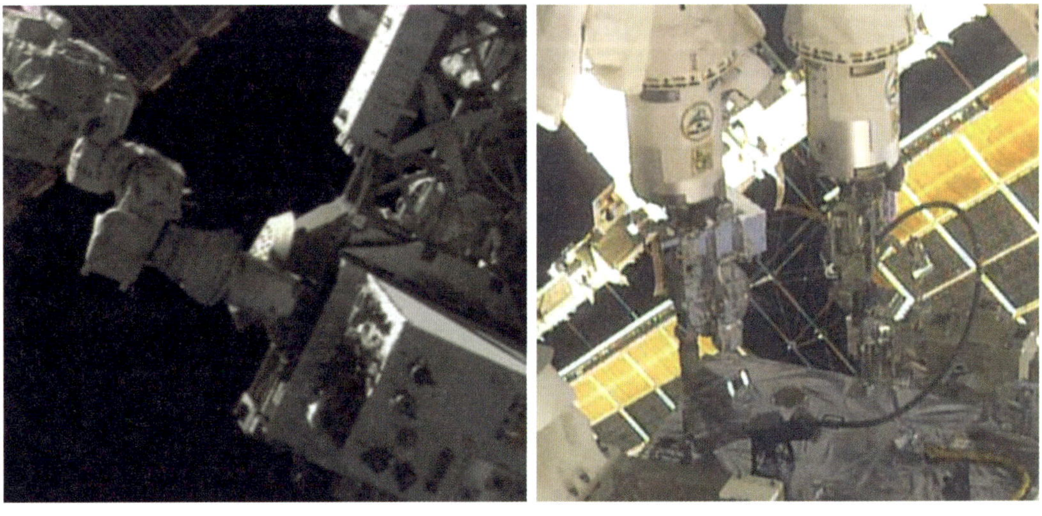

图 6-46　RRM 的外部组件

20 世纪 80 年代，欧洲 ESA 开始为赫尔墨斯－哥伦布舱（Hermes－Columbus）研发交会对接技术。为与国际空间站交会对接并提供货运服务，ESA 于 90 年代后开始研发自动转移飞行器（Automated Transfer Vehicle，ATV）。2008 年，ESA 研制的自动转移飞行器成功发射，是除俄罗斯进步号飞船以外唯一能够提供推进剂补给、姿态控制和轨道提升的航天器[317]。自动转移飞行器与国际空间站的对接和在轨补给如图 6-47 所示。

图 6-47　ATV 与 ISS 对接补给

2024 年 1 月 29 日，美国诺斯罗普·格鲁曼公司（Northrop Grumman Corp）获得美国国防创新部门资助，开展卫星被动补加模块（Passive Refueling Module，PRM）研制[318]，其目的是将在轨补加飞行器上的推进剂转移到另一颗卫星，延长卫星使用寿命。诺斯罗普·格鲁曼公司的子公司 SpaceLogistics 是目前唯一一家成功为地球静止轨道卫星提供服务的商业公司，已给 Intelsat 卫星进行了两次推进剂在轨补加。在此基础上，SpaceLogistics 公司的在轨服务航天器“任务机器人飞行器”（MRV）将在 2025 年执行首次任务时使用 PRM 模块。同时，诺斯罗普·格鲁曼公司还获得开发地球同步轨道辅助支持燃料罐（Geosynchronous Auxiliary Support Tanker，GAS-T，图 6-48）的任务，采用 ESPAStar D 环形平台，重达近 2 吨，可携带 1 吨的肼推进剂。GAS-T 不仅仅是一个推进剂贮箱，还可实现卫星的交会对接和在轨加注功能（图 6-48）。

图 6-48　GAS-T 在轨加注示意图

针对中国空间站长期在轨推进剂补加需求，我国天舟系列货运飞船联合空间站采用“增压气体回用+推进剂恒压挤压”的技术方案。货运飞船完成与被补加飞行器的推进剂管路对接与密封，由被补加飞行器压气机将贮箱气腔内增压气体回抽至气瓶，降低贮箱背压，以具备接收推进剂条件，货运飞船再以恒压方式将推进剂输送至被补加飞行器贮箱，吹除连接管路推进剂并脱开连接管路，完成推进剂补加。天舟货运飞船的首次飞行并在轨应用建立了我国首个专用空间物资运输平台，为空间站提前验证了推进剂在轨补加、快速交会对接等关键技术。基于推进和补加一体化的推进剂在轨补加技术方案突破了电动液路浮动断接器、金属膜片贮箱等关键技术，解决了补加量精准控制、推进剂高效利用、加注高可靠高安全等技术难题，在我国首次成功实现了推进剂在轨补加试验[319]。

由于液氢、液氧等低温流体管理困难，目前国际上还未开展低温流体的在轨加注试验。

6.3.3　基于原位推进剂的太空资源中继补给技术设想

从月球和小天体等地外天体上开采的水资源是制备太空原位推进剂的基础。如第 3 和 4 章所述，开发的水资源运输到太空资源补给站进行氢氧推进剂制备、液化、长期储存并向途经的空间飞行器在轨加注。本节结合低温推进剂在轨管理的发展现状与趋势，提出具有低温液化、长期零蒸发储存和在轨加注综合功能的太空补给技术设想，如图 6-49 所示。

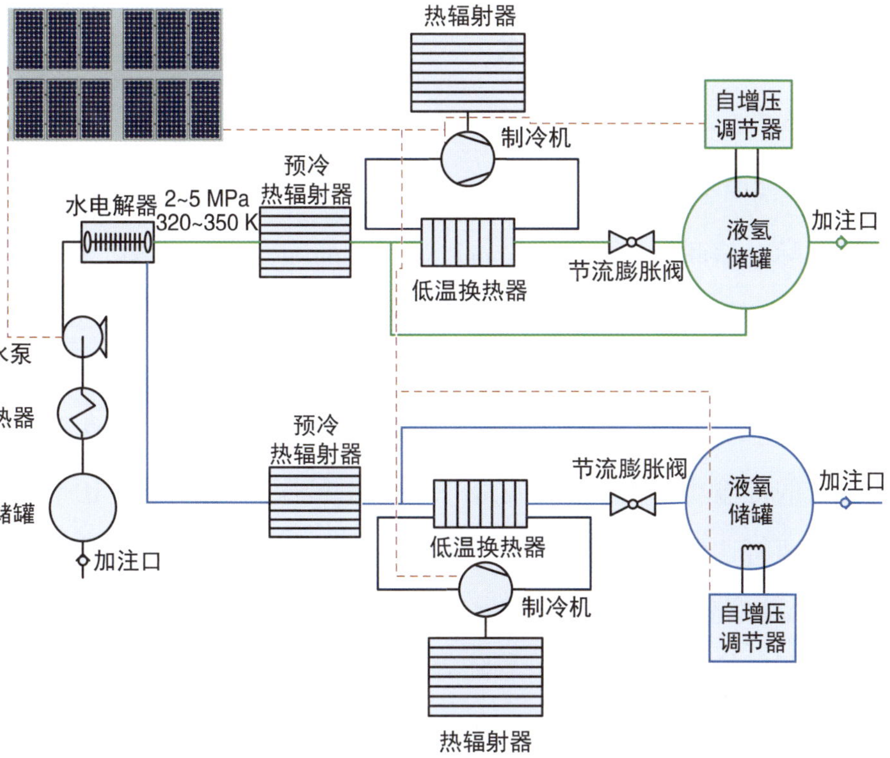

图 6-49　太空资源中继补给站系统原理图

从地外天体获得的水资源通过资源运输器运送到太空资源中继补给站，与太空资源补给站自主对接后通过水箱加注口把运送的水资源注入到水储罐进行储存。水储罐通过隔热设计和热控制使整体温度保持在冰点以上，避免冻胀失效。储罐的水通过预热器预热后由水泵加压泵入水电解器，太阳能电池板为水电解器提供电解所需的电功率，在电催化剂的作用下，水分解为约 2~5 MPa 的氢气和氧气。高压氢气和氧气分两路分别通过热辐射器进行预冷，并通过低温制冷机进行低温冷却。氢气冷却至约 30 K，氧气冷却至约 100 K，通过节流膨胀等降压膨胀制冷，直接获得液氢和液氧，分别送入液氢储罐和液氧储罐。储罐中再次蒸发的氢气和氧气可根据压力控制策略回流至低温换热器再冷液化。当提供推进剂加注服务时，被加注的航天器通过自动对接机构分别与液氢加注口和液氧加注口对接，低温流体储罐通过温压控制的自增压调节器调整储罐压力，驱动液氢和液氧进入被加注航天器的低温储罐。

6.4 深空通信中继技术

6.4.1 概念与原理

根据国际电信联盟（International Telecommunication Union，ITU）的定义，超过 200 万 km 的通信为深空通信。对于未来太空资源开发和深空探索等任务，深空通信面临新的难题。主要包括：

1）传输距离远。地球与火星的最远距离达到了 4 亿 km，是月球距离的 1 万倍，信号的传输功率将衰减 1 亿倍。未来木星探测的距离达 10 亿 km，天王星探测的距离将达到 30 亿 km，由于超远传输距离导致的信号衰减非常严重。

2）导航精度高。探测器不同形式的飞行过程对导航精度提出了很高的要求，包括与行星的交会、绕飞、着陆等过程。为满足各项飞行探测需求，过去 60 余年来，美国深空网络（Deep Space Network，DSN）的导航精度提高了 5 个量级，为具有各类复杂探测形式的深空任务提供了有力支撑，如图 6-50 所示[320,321]。

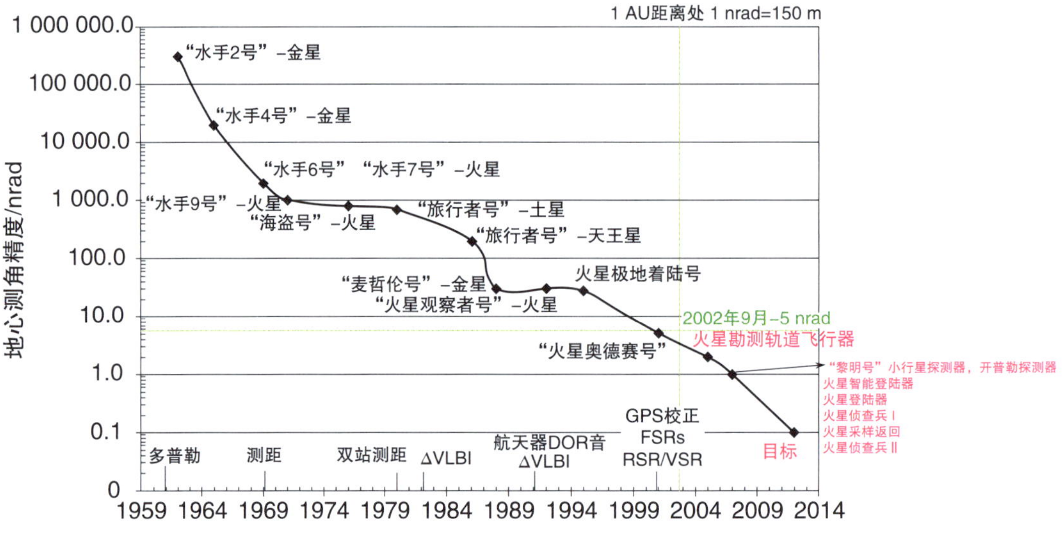

图 6-50 美国深空网络的导航精度发展历程

3）传输数据率高。为实现太空资源开发，需对太阳系各天体进行多手段更为详细的勘查研究。要获得高保真度的多光谱/高光谱图像、合成孔径雷达观测和准实时视频，所需要的数据率比探测阶段的数据率要增加一个数量级以上；为实现精细化的行星遥感，所需要的数据率要提高三个数量级以上。为获取更为丰富的图像、视频及各类科学探测信息，下行信息速率传输需求将由目前的 2 Mbit/s 增长到 250 Mbit/s，如图 6-51 所示[322]。

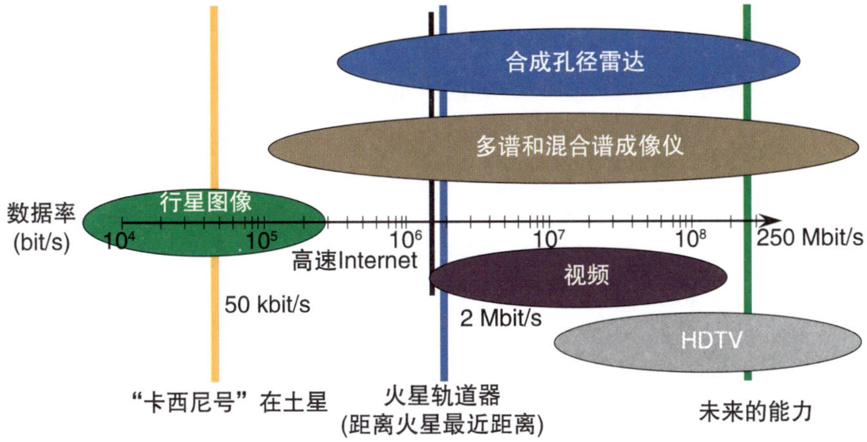

图 6-51　未来深空任务中对数据传输速率的需求

6.4.2　技术进展

深空测控系统是对执行深空任务的航天器进行跟踪测量、监视控制和信息交换的专用系统。目前，美国、欧洲、中国等已经建立了深空测控网。俄罗斯、日本、印度、意大利、德国等国家也研制建设了自己的深空测控设备，但并未形成完整的深空测控网。全球主要深空测控设施见表 6-5。

表 6-5　全球主要深空测控设施

国别组织	测控站名称	测控站位置	经纬度信息
美国 NASA	戈尔德斯通站	美国加州	北纬 35°25′36″，西经 116°53′24″
	马德里站	西班牙马德里	北纬 40°25′53″，西经 4°14′53″
	堪培拉站	澳大利亚堪培拉	南纬 35°24′05″，东经 148°58′54″
欧洲 ESA	新诺舍站	澳大利亚珀斯	南纬 31°2′53. 61"，东经 116°11′29. 40″
	塞弗雷罗斯站	西班牙埃维拉省	北纬 40°27′09. 68″，西经 04°22′03. 18″
	马拉圭站	阿根廷门多萨省	南纬 35°46′33. 63″，西经 69°23′53. 51″

续表

国别组织	测控站名称	测控站位置	经纬度信息
中国	喀什站	中国新疆	北纬 38°26′34.7″,东经 76°43′40.3″
	佳木斯站	中国黑龙江	北纬 46°29′37″,东经 130°46′12″
	帕拉站	阿根廷帕拉	南纬 38°11′28.9″,西经 70°8′58.2″
俄罗斯	乌苏里斯克站	俄罗斯远东地区	北纬 44°1′58.8″,东经 131°45′18″
	耶夫帕托利亚站	俄罗斯克里米亚	北纬 45°12′59.76″,东经 33°21′59.76″
	熊湖站	俄罗斯莫斯科	北纬 55°51′56.8″,东经 37°57′16.56″

美国 NASA 深空网始建于 1958 年，是目前世界上能力最强、规模最大的深空测控通信系统。NASA 深空网由三处深空通信综合设施组成，按经度间隔接近 120°部署，分别位于美国加州的戈尔德斯通（Goldstone）、西班牙的马德里（Madrid）和澳大利亚的堪培拉（Canberra）。深空网控制中心位于喷气推进实验室。

欧洲 ESA 对于深空网的建设始于 1998 年，是第 2 个建成全球深空测控网的航天机构。目前已经建成了 3 个全球分布的深空站，分别是澳大利亚新诺舍（New Norcia）站、西班牙塞弗雷罗斯（Cebreros）站和阿根廷马拉圭（Malargüe）站。3 个深空站由位于德国达姆施塔特（Darmstadt）的欧洲空间操作中心（European Space Operations Centre，ESOC）进行远程控制。

中国深空测控系统是伴随着探月工程“绕、落、回”三步走的战略步伐逐步建设和发展起来的，历经了探月工程一期利用服务于地球轨道卫星任务的航天测控网完成 40 万 km 以远目标测控任务，实现了远距离测控技术的突破；探月工程二期建设了国内两个深空站，初步具备了独立实施深空探测任务测控支持的能力；探月工程三期建设了位于南美洲的第 3 个深空站，从而形成了全球布局功能体系完备的深空测控网[323]。我国深空测控网目前由西部喀什地区 35 m 深空站、东部佳木斯地区 66 m 深空站和位于阿根廷西部内乌肯省萨帕拉地区的 35 m 深空站组成，可实现对深空航天器接近 90% 的测控通信覆盖率，具备支持各类月球和深空探测任务的多频段遥测、遥控、数据接收和跟踪测量等功能，是目前世界上功能完备全球布局的三大深空测控网之一[324]。

目前，各类深空探测活动中均以微波通信为主，但随着深空探测任务多样化、复杂化以及深空探测器小型化、轻量化的发展，传统的微波通信系统将难以满足未来深空探测任务对高速数据回传以及对低功耗、小型化、轻量化载荷的发展要求，亟需发展新型通信手段以解决深空高速通信问题。提高测控通信工作频率，获得更有效的传输能力是一个有效的技术途径。美国 NASA 深空网及其所支持的航天器向更高频率的迁移就是其深空通信能力稳定增长的关键因素。表 6-6 给出了 NASA 深空网未来所采用的提高深空通信数据接收速率的技术途径和数据传输能力提高的预期效果[325]。同射频（RF）通信链路相比，光通信工作频率（约为 200~300 THz）要比 Ka 频段的 32 GHz 载频更高。这意味着衍射损失更小，传递信号能量的效率更高，使得光学链路在更低发射功率和更小孔径尺寸下，仍能达到很高的传输速率。美国 NASA 在 2013 年 9 月发射的“月球大气与粉尘环境探测器”，对月地激光通信技术进行了演示验证，实现了月地间下行 622 Mbit/s 和上行 20 Mbit/s 的通信速率[324]。以激光为载波的深空激光通信链路具有通信速率高、方向性强、保密性好、组网灵活以及终端体积小、质量轻、功耗低等特点，相比于微波通信，其传输速率和通信距离将发生质的跃变，可满足未来深空探测活动对高速通信、超远距离传输等需求，在未来深空探测领域具有良好的应用前景[326]。

表 6-6　NASA 深空通信提高数据接收速率的技术途径

	现有数据		至 2020 年数据		至 2030 年数据		
航天器能力	3 m antenna X-Band 100 W X mitter		3 m antenna Ka-Band 180 W X mitter		5 m antenna Ka-Band 200 W X mitter		1 m antenna 1 550 nm 50 W X mitter
DSN 天线	1×34 m	3×34 m	1×34 m	Equiv to 3×34 m	1×34 m	Equiv to 7×34 m	10 m optical
火星（0. 6 AU）	7 Mbps	20 Mbps	400 Mbps	*1. 2 Gbps	*1. 3 Gbps	*9. 3 Gbps	5. 5 Gbps
火星（2. 6 AU）	355 Kbps	1 Mbps	21 Mbps	64 Mbps	71 Mbps	*500 Mbps	300 Mbps
木星	83 Kbps	250 Kbps	5 Mbps	15 Mbps	16 Mbps	115 Mbps	70 Mbps
土星	24 Kbps	71 Kbps	1. 4 Mbps	4 Mbps	4. 7 Mbps	33 Mbps	19 Mbps
海王星	3 Kbps	8 Kbps	160 Kbps	470 Kbps	520 Kbps	3. 7 Kbps	2. 2 Mbps

* 数据率无法在当前分配的无线电频谱内实现。

为解决深空高速、远距通信问题，喷气推进实验室等机构提出了建立行星际互联网络（Interplanetary Internet，IPN）的设想[327]。随着激光通信技术的不断发展，空间激光通信将成为行星际互联网的重要组成部分，在星际骨干网、外延网以及行星网中发挥重要作用[326]。

6.4.3 全太阳系高速物联网设想

在太空资源开发体系建设的基础上，这里提出可进一步通过在各站、器，甚至各类设备上安装行星际通信设备，构建“分层级、多节点、全覆盖”的行星际信息互联网络，形成全太阳系高速物联网，支撑太空资源开发活动。它主要包括：

1）太阳系通信骨干网。依托各太空中继补给站安装高性能激光通信设备，实现站点间、各天体资源开发体系间的高速激光通信骨干网络。

2）资源开发通信系统网。依托各地外天体资源开发体系，以太空中继补给站为通信主站，运输器、勘探器、采矿器等各类资源开发器上安装小型激光通信终端，与通信主站保持高速通信，实现太空资源开发设施的高精度导航、高速率数传，保障无人自主、安全可靠地开展太空资源开发活动。

3）采矿集群通信局域网。依托各采矿站建立通信节点站，各类采矿车、采矿机器人均安装通信终端，通过群智能的方式，实现协同作业，高效益、高可靠地实现太空资源开发。

图 6-52 所示为全太阳系高速物联网设想。

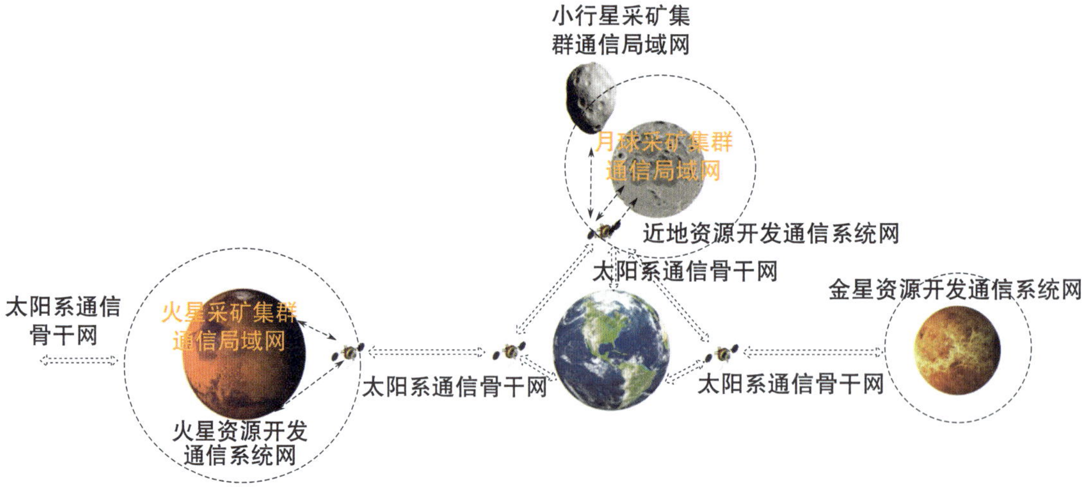

图 6-52 全太阳系高速物联网设想

6.5 小结

太空资源运输是太空资源开发的重要共用基础设施。涉及空间进出、太空运输、太空补给、深空通信等共性基础技术，面临新问题和科技挑战。本章综合分析各类技术的概念、特征和关键问题，探讨了技术发展的新思路、新途径，为建立太空资源运输设施提供参考。

1）空间进出技术。为实现将地外天体开发的战略性关键矿产资源运回地球，需重点发展低成本的进入地球的新技术，逐步形成规模化进出地球的能力。近期可通过返回式航天器实现少量资源进入地球，中期需重点发展超低轨摆渡飞船绳系再入等技术，降低太空资源向地球的运输成本，远期需发展太空电梯等技术，实现规模化、批量化进出地球。

2）太空运输技术。为实现星球之间、站点之间低成本的物资交换，需构建太阳系物流体系，具备太空资源运输能力。推进剂是规模化太空资源运输最主要的物资消耗，需重点发展可太空原位制备的高比冲液氢/液氧或液氧/甲烷推进技术，并通过稳定流形和不稳定流形进行轨道转移设计，来有效降低速度增量。

3）太空在轨补给技术。利用地外天体获取的资源，在太空原位制备水、氧、推进剂等消耗性产品，可为更深远、大范围的太空资源开发活动提供物资中继补给。中继补给站通过光电催化把水资源转化为氢和氧，通过低温液化技术把氢氧冷却为液氢和液氧，并利用零蒸发技术实现推进剂的长期低损/无损储存，通过在轨加注技术为途经飞行器提供推进剂等资源的加注服务。

4）深空通信中继技术。精细化的太空资源勘查、规模化的太空资源开发和各类太空活动，将对海量信息传输、高精度深空导航提出重要需求。由于电磁波传播过程功率密度的损耗与距离的平方成正比，目前仅基于地基的深空测控网难以满足要求，需依托太空资源中继补给站建立深空通信中继站，建立全太阳系高速物联网。

第 7 章

太空资源勘查开采的若干关键技术

地球资源开发涉及资源勘查（Resource Exploration）、矿物开采（Mining）、矿物加工（Mineral Processing）、矿物冶炼（Metallurgical）等学科和工程技术。地外天体蕴藏丰富的自然资源，太空资源开发同样包括勘、采、选、冶等关键环节，但由于这些生产活动从地球转移到太空，将面临极限环境、极远到达、无人自主等重大挑战。本章重点讨论太空资源勘查、太空资源开采等太空资源开发的关键技术和深空能源及深空无人自主等共性技术。本章结合作者团队前期的研究结果，分析其应用场景、技术特征和技术挑战，提出可探索的技术路径和技术方案。

7.1 太空资源勘查技术

资源勘查是为发现和获得自然资源进行的科学调查活动，通过综合利用地质科学理论和多种勘查技术手段对目标天体的地质特性和自然资源进行系统研究。我国 2020 年颁布了《固体矿产资源储量分类》的国家标准，定义矿产勘查（mineral exploration）为发现矿产资源，探明其空间分布、形态、产状、数量、质量、开采利用条件，评价其工业利用价值的活动，它通常依靠地球科学知识，运用地质填图、遥感、地球物理、地球化学等方法，采用槽探、钻探、坑探等取样工程，结合采样测试、试验研究和技术经济评价等予以实现。资源勘查按工作深入程度由高到低划分为普查、详查、勘探等 3 个阶段。普查（general exploration）是勘查的初级阶段，通过有效的勘查手段和稀疏取样工程，发现并初步查明矿体或矿床地质特征及矿石选冶性能，初步了解开采技术条件；开展概略研究，估算推断资源量，提出可详查的范围；对项目进行初步评价，做出是否具有经济开发远景的评价。详查（detailed exploration）为勘查的中级阶段，通过有效勘查手段、系统取样工程和试验研究，基本查明矿床地质特征、矿石加工选冶性能以及开采技术条件；开展概略研究，估算推断资源量和可控制资源量，提出可供勘探的范围；也可开展预可行性研究或可行性研究，估算储量，做出是否具有经济价值的评价。勘探（advanced exploration）为勘查的高级阶段，通过有效勘查手段，加密取样工程和深入试验研究，详细探明矿床地质特质、矿石加工选冶性能以及开采技术条件；开展概略研究，估算资源量，为矿山建设设计提供依据；也可开展预可行性研究或可行性研究，估算储量，详细评价项目的经济意义，做出矿产资源开发是否可行的评价。

太空资源勘查是太空资源开发的前提。它主要通过遥感、原位勘探和钻探等手段，调查和测绘星壤、大气和环境，包括矿物和化学成分、储量等，为开采和利用提供基础。由于目标天体资源巨量且相互距离遥远，难以全面开展精细化遥感勘探和取样探测，但相对于地球系统，地外天体尤其是小天体的地质结构相对简单，成分相对均匀，可缓解太空资源勘查的工作量和工作难度。太空资源勘查的主要内容包括：区域成像与表征，物理特征评估，大气与气体资源评估，矿物与化学资源评估，挥发分资源评估以及数据融合、分析、映射和监测等。国际上开展了大量深空探测活动，已通过遥感手段获取了太阳系主要地外天体的资源普查特征，后续需结合太空资源开发需求，重点发展原位勘探手段，确定矿物品位、储量等数据，为采矿、选矿提供重要参考依据。通过确定地外天体的特征和其资源赋存状态，选择高品位和易到达的资源区域，为高效益的太空资源开发提供基础。太空资源勘查的技术进步不仅对太空探索与资源开发任务有重要支撑，也会给地面采矿和其他行业带来变革性的影响。

美国学者 Barker[328] 采用了石油行业的惯例和标准，借鉴石油资源管理系统（Petroleum Resource Management System，PRMS），初步建立了行星资源管理系统（Planetary Resources Management System，PRMS），用于建立基本模型，支撑地外天体资源开发、着陆点选择等任务分析。由于太空存在更大的复杂性和更多的影响因素，对太空资源的确定性要求比地球更高。图 7-1 为 PRMS 给出的可商业化开采特定资源的决策矩阵，提出了资源储量或丰度的勘查要求，并结合当前的开采技术，提高成功开采太空资源的可能性。按太空资源的可信度水平，可分为 3 个阶段：

1）远景资源（Prospective Resources）。主要实现发现新资源的目标，对任何实际或者计算资源的遥感分辨率要优于每像素 100 m 的水平。

2）潜在资源（Contingent Resources）。对任何实际或者计算资源的遥感分辨率要优于每像素 100~5 m 的水平，并通过地形和地球物理学判断资源的可获得性和可达性，以及评估经济性支持、确定的资源需求以及具备的表面采矿技术。

3）储量（Reserves）。包括可能储量（Possible Reserve），其商业性开采的概率低于 50%；可信储量（Probable Reserve），其商业性开采的概率在 50%~94%以上；探明储量（Proved Reserve），其商业性开采的概率在 95%以上。对任何实际或者计算资源的遥感分辨率要优于 5 m 的水平，并具有实测的可达性和资源体积，具备太空和地外天体表面运输装备和基础设施，具有太空采矿的技术能力。

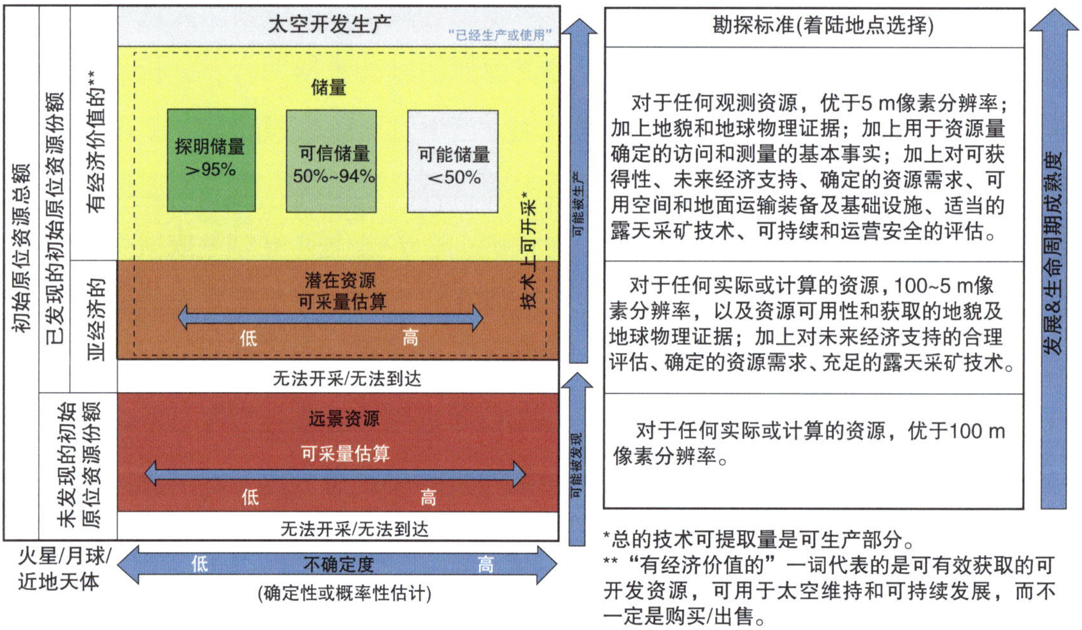

图 7-1　行星资源管理系统（PRMS）模型

资源勘查方法主要分为遥感地质勘查、地球物理勘查、地球化学勘查、探矿工程勘查等技术方法。遥感地质勘查是利用电磁波理论，应用各种传感仪器对远距离目标所辐射和反射的电磁波信息，进行收集、处理，并最后成像，从而对物体表面进行探测和识别的技术。遥感地质勘查是综合应用现代遥感技术来研究地质规律，进行地质调查和资源勘查的一种方法。它以各种地质体对电磁辐射的反应作为基本依据，结合其他各种地质资料及遥感资料，分析、判断地质构造情况，需要综合应用电磁辐射理论、现代光学和电子技术、电子计算机技术以及数学地质的理论与方法。地球物理勘查是应用物理学原理解决地学及矿产资源勘查问题的理论和方法的学科，是地球物理的一个分支学科。它包括地震勘探、磁法勘探、重力勘探、电法勘探、放射性勘探等。地球化学勘查是通过系统测量天然物质的地球化学性质，发现各种类型的地球化学异常线索来找寻矿床的方法。经过多年的发展，地球资源的勘查方法已形成完备的技术体系和标准规范。

目前，太空资源勘查手段相对有限，主要包括通过天文观测的遥感手段来获得地外天体的基本信息和物质成分的初步信息，通过飞抵到目标天体后原位开展的地球物理勘查和地球化学勘查等手段获得准确的成分和矿物信息。因此，本节重点讨论遥感资源普查和原位资源勘探两类技术，并在此基础上，探讨如何初步对资源的类型、状态、开采价值等进行评估。

7.1.1　太空资源遥感普查技术

7.1.1.1　概念与原理

太空资源遥感普查是开展太空资源开发的第一步，太空资源遥感普查技术主要通过天文观测来获得地外天体的基本信息和物质成分的初步信息，利用电磁波理论，应用微波、光学等传感器接收地外天体辐射和反射的电磁波信息，并进行信息处理，获得目标天体的表面物质组成特征。通过对大量地外天体进行遥感普查，反演获得地外天体的几何特征、物理特性和化学成分等信息，基于资源学方法和标准对地外天体进行遴选，可初步确定具有高开采价值的候选目标天体。按照观测点位置分类，遥感普查可分为地基、地球轨道和行星轨道的遥感观测。目前地基观测为主要手段，在运行的地基天文望远镜孔径一般为 2~4 m，分布于全球不同的观测点，通常情况下，地基天文望远镜部署于高山或人烟稀少地区。天基观测系统所用的望远镜孔径一般为 0.5~2 m，位于 LEO、日地 L2 点和行星轨道等。相对于地基观测，天基观测避免了地球大气干扰，显著提高了观测范围和观测效率；同时，空间深低温环境提高了天基观测的仪器探测精度和灵敏度。

目前的遥感普查手段主要包括可见光、红外和雷达观测手段：

1）可见光观测技术是目前地外天体观测的主要手段，其依靠地外天体表面反射的太阳光，通过在不同时间对同一片星空进行重复照相观测，从而确定地外天体的位置，是一种被动观测方法。

2）红外观测技术作为一种特殊的光学观测手段，具有更低的天光背景，在光谱分析方面有较大的优势，并且能够辨识行星表面的物质成分、温度、反照率等参数。

3）雷达观测技术是通过雷达天线主动向地外天体发射大功率信号，并接收目标的回波信号，通过分析接收信号的多普勒频移、回波时延等信息，得到地外天体表面各部分的距离和视向速度，进而实现对地外天体成像。根据发射天线和接收天线是否为同一天线，雷达系统分为单站和双站。但是，雷达接收信号强度与地外天体到雷达站距离的 4 次方成反比，探测距离范围较小，目前仅能观测距离地球约 0.3 AU 范围内的天体。

通过多种遥感方法，如光谱、多色测光、偏振、红外、射电辐射、雷达探测等技术手段可以进行地外天体的目标特征识别，研究行星表面的物质成分和化学性质并初步确定资源状态。常用的光学探测方法分为光谱和光度两类，光谱用于确定表面矿物含量，光度用于确定旋转速率和形状。分光光度法（Spectrophotometry）是通过测定被测物质在特定波长处或一定波长范围内光的吸收度，对该物质进行定性和定量分析的方法。分光光度法具有灵敏度高、测定速度快、应用范围广等优点。旋光测定法（Polarimetry）是通过测量物质对平面偏振光的旋光度来识别物质成分的一种方法。具有旋光性的物质在通过平面偏振光时，会使偏振光的振动平面向左或向右旋转，这种现象称为旋光。偏振光旋转的角度称为旋光度。旋光测定法可以用于检测物质的纯度，也可以用于测定溶液的浓度。因为不同的物质具有不同的旋光度，所以可以通过测量旋光度来识别物质的成分。实际观测中常用视星等反映观测到的亮度。视星等既与绝对星等有关，也受观测距离和太阳角影响[329]。

从地外天体目标信息获取角度来看，主要指标包括：观测灵敏度、观测效率和测量精度。

观测灵敏度是指探测暗弱目标的能力。行星和小天体等地外天体本身在可见光波段不发光，而是反射太阳光；在热红外波段，存在黑体辐射。反射光强度与目标大小、反照率及目标距离太阳和观测者距离有关。黑体辐射强度与目标温度与目标大小有关。而目标温度又与反照率及其距离太阳远近有关。从图像中检测目标的技术手段是检测本底涨落之上的亮度信号。

设目标强度为 f（量纲为单位时间内通过单位面积的光子计数），则有

$$f \geqslant \frac{k\sqrt{b}}{\eta t A} \tag{7-1}$$

式中，b 为本底计数率；检测阈为 k 倍标准偏差；t 为曝光时间；A 为光学系统有效面积；η 为光电转换量子效率。可见，在给定检测阈的情况下，本底强度越低、量子效率越高、曝光时间越长、光学系统有效面积越大，能检测出的信号越微弱，灵敏度越高。本底主要由天光背景、杂散光、探测器暗电流和读出噪声构成。合理选择观测台站及天区，提高焦平面像素分辨率可以有效降低天光背景；探测器暗电流和读出噪声由探测器件本身性能决定并受工作环境（主要是温度）及工作模式影响。

观测效率是指给定时间、给定灵敏度的情况下，望远镜曝光覆盖天区的大小。简单来说，在其他技术指标不变的情况下，望远镜视场越大，观测效率越高。对于运动目标来说，因为望远镜曝光时间过长会导致目标在焦平面形成拖影，进而能量分散到多个感光器件单元，导致整体信噪比降低。一般来说，对于运动目标，提高口径比增加视场更能提高观测效率。

测量精度即获取目标天体在物理坐标系（例如天球坐标系）中的位置精度。目标光子被望远镜光学系统收集汇聚到焦平面，在焦平面被探测器光敏元转换为电荷，经读出电路转换为电位信号，最后模数转换为数字信号。上述过程各个环节均存在非线性过程，因此，从数字信号反推目标光子流强，不能简单地以平均透光效率和平均光电转换量子效率及平均增益来折算，而是需要经过点到点的标定，建立望远镜的响应矩阵。

可见光白光波段望远镜主要技术要素指标与可观测地外天体尺寸的关系为

$$D \geqslant 2.6 \times R_{\odot} \sqrt[4]{\frac{\theta}{\phi^2 N^2 \eta \Delta\lambda}} \sqrt[4]{\frac{R^3 v}{\alpha^2}} \tag{7-2}$$

式中，D 是地外天体直径；$R_{\odot}$ 是地外天体与太阳距离；θ 是望远镜视场；ϕ 是望远镜口径；N 是探测器像素数；η 是综合效率（透光效率以及量子效率）；$\Delta\lambda$ 是滤光片带宽；R 是地外天体与观测者距离；v 是横向速度；α 是反照率。

对于地外天体的物质成分探测，主要采用光谱、中子谱和雷达探测的信号进行反演分析。水冰的探测手段主要包括短波雷达、中子/γ 谱、紫外光谱和红外光谱信息。

7.1.1.2 技术进展

（1）地基遥感

近 20 年来，在近地小天体防御任务的驱动下，国际上对小天体观测、编目和分类做了大量的工作，形成了丰富的数据库。目前进行小行星观测的组织和计划包括美国林肯近地小行星研究组（Lincoln Near-Earth Asteroid Research，LINEAR）、美国近地小行星追踪（Near Earth Asteroid Tracking，NEAT）计划、太空监视（Spacewatch）计划、美国洛厄尔天文台近地小天体搜寻（Lowell Observatory Near-Earth Object Search，LONEOS）计划、美国卡特琳娜巡天（Catalina Sky Survey，CSS）计划、美国坎波·因帕莱塔近地天体调查（Campo Imperatore Near Earth Object Survey，CINEOS）计划等。目前可用于小行星观测的深空观测雷达主要包括：1）位于美国加勒比海地区波多黎各的阿雷西博射电望远镜（Arecibo Observatory），可以探测 3.5×10^7 km 范围内直径大于 1 km 的天体；2）位于美国加州戈尔德斯通的 NASA/JPL 金石太阳系雷达（Goldstone Solar System Radar），可以探测 1.5×10^7 km 范围内直径大于 1 km 的天体[25]。Arecibo 和 Goldstone 两个观测站的雷达，分别隶属于美国国土安全局与 NASA 地面深空网。经过长期观测，科学家已对多颗小行星目标进行了三维成像。

目前，我国针对小行星的目标监测也主要依赖光学探测和地基雷达两种手段。中科院紫金山天文台于 2006 年在江苏盱眙设置了全国唯一的近地天体望远镜，有效口径为 1.04 m，在同类型望远镜中口径为国内最大、国际第五。其开展的中国近地天体巡天（China Near Earth Object Survey Telescope，CNEOST）计划，已经获得了 101 438 个小行星的超过 40 万次观测数据，发现了 930 个临时编号新小行星，确认了包括 5 个木星脱罗央、2 个 Hilda 族小行星和 1 个 Phocaea 族小行星的共计 80 个正式编号小行星；发现了 1 个阿波罗型和 3 个阿莫尔型近地小行星，发现了 1 个木星族彗星，在国内首次发现了 1 个动力学性质奇特的特殊小行星 2010 EJ104[330]。我国河北兴隆的 BATC 望远镜等也开展了太阳系小天体的观测工作。目前主要的地基近地天体巡天项目如表 7-1 所示。

表 7-1　国际上主要的地基近地天体巡天项目

设备名称	国家	口径/m	视场/平方度	极限星等/mag	巡天效率/（平方度/晚）	运行时间
LINEAR	美国	1	2	19.4	450	1997—2010
CSS	美国	1.5	5	21.5	1 000	2003 年至今
		1	0.3	22	精测	2014 年至今
		0.7	19.4	19.5	4 000	1998 年至今
Pan-STARRS	美国	1.8(2 台)	7	22	2×900	2010 年至今
ATLAS	美国	0.5(3 台)	28.9	19	3×5 000	2017 年至今
LSST	美国	8.4	9.6	24.7	6 000	在建
Fly-Eye	欧洲	1.1(2 台)	44.9	21.5	2×10 000	在建
CNEOST	中国	1.04	9	21	1 000	2006 年至今

（2）天基遥感

地基探测手段受基站位置固定的限制，要实现全天域探测十分困难，只可对特定区域进行探测。而且，地基光学探测手段受大气层杂光干扰和光照条件限制，地基雷达由于大气传输抖动、电离层闪烁等影响，不能实现全天候和全天时工作。天基观测不受大气影响，是更理想的观测方式，各国发射与在研的近地天体巡天项目如表 7-2 所示。加拿大 2013 年发射的 NEOSSat 是一颗执行空间目标监视和近地小行星监测两项任务的微小卫星，目标是发现 Aten 型和 Atira 型小行星。它工作在约 800 km 的太阳同步轨道，搭载了一台口径 0.15 m

的 Maksutov 系统光学望远镜，通过卫星指向来实现东西两侧天区（太阳延伸角±45°～±55°，黄纬方向±40°）扫描，由于其较小的观测天区，难以开展大范围的巡天（图 7-2）[331]。

表 7-2　国际上主要天基近地天体巡天项目

设备名称	国家或地区	口径/m	视场/平方度	极限星等/mag	巡天效率/平方度/晚	运行时间
NEOWISE	美国	1	2	19.4	450	1997—2010
NEO Surveyor	美国	1.8(2 台)	7	22	2×900	2010 年至今
Sentinel	美国	0.5(3 台)	28.9	19	3×5 000	2017 年至今
EOSSat	美国	8.4	9.6	24.7	6 000	在研
SODA	欧洲	1.1(2 台)	44.9	21.5	2×10 000	在研
Cubesat-5	中国	1.04	9	21	1 000	2006 年至今

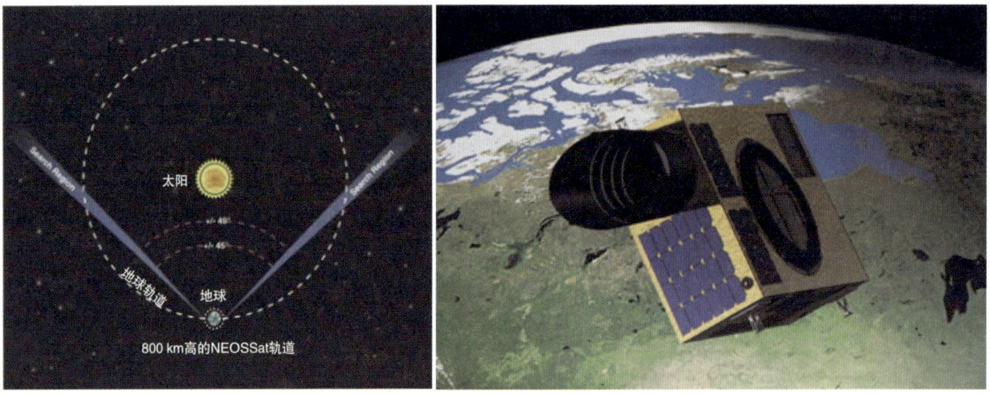

图 7-2　近地天体监视卫星（NEOSSat）

7.1.2　太空资源原位勘探技术

7.1.2.1　概念与原理

太空资源原位勘探是在地外天体表面开展的勘探活动。由于地外天体资源在空间分布的不确定性，为保障资源开采效率，需通过非接触和接触式传感手段，精细化地确定局域矿产资源的成分和品位。主要包括水冰勘探和矿物成分勘探。

（1）水冰勘探技术

水冰资源的非接触原位勘探方法主要包括雷达、红外光谱、中子谱 3 种。

雷达勘探方式是较普遍的介电探测方式。介电参数是物质的本质属性，雷达主动发出电磁波，在经过星壤介质时，会在介质介电系数变化的界面发生反射，通过对反射波的时延进行分析可以获取星壤的分层信息。该方法分析时延参数时，通常需要已知介电参数进行标定。在星壤介电参数不完全确定的情况下反演结果具有一定的系统误差。冰冻挥发分（如水冰）具有全内反射性质，使反射信号中的电磁波保持原来的极化方式。假设向水冰表面发射左旋极化电磁波，则接收到的回波信号中左旋极化部分高于右旋极化部分，即 SC（Same Sense Circular Polarization）> OC（Opposite Sense Circular Polarization），则接收信号的圆极化比 CPR（Circular Polarization Ratio）= SC/OC>1。利用水冰的这种特性，可以通过雷达 CPR 探测水冰。虽然水冰可以引起 CPR 增大，但其他的散射机制（如星表粗糙度、二次反射等）也可导致 CPR 增大。

在近红外区域水冰物质具有数个典型的吸收峰，根据地面标定的吸收比，可以半定量地获取水冰物质的含量。例如，通过对可能的含冰星壤吸收光谱测量，可判断是否存在水冰，甚至可估算水冰的含量。光谱探测仪器穿透能力较弱，仅能探测厘米级星壤表层物质，对次表层物质难以探测。水冰在 1.5 μm 和 2.0 μm 两个波长附近存在特征吸收峰，并且在 1.8 μm 和 2.2 μm 两个波长附近存在特征吸收谷，水冰在这几个波段的吸收光谱特性可以作为水冰光谱探测的依据。

中子谱法可较准确地勘探氢（水冰）含量。银河宇宙射线中存在天然的高能中子（~10 MeV），它与各种物质的原子发生弹性碰撞，根据动能守恒及动量守恒定律，高能中子只有在和与其自身质量接近的粒子（即质子/氢原子核）发生碰撞时会将最多的能量传递给被碰撞的粒子，并且自身因为损失能量从而转变为能量相对较低的超热中子（0.4 eV~0.5 MeV）与热中子（0.01~0.4 eV）。如果地外天体某个区域氢含量高，那么中子撞击到氢原子后会被“冷却”慢化为热中子。如果探测到某个区域的热中子流增加，则表明该区域存在一定含量的氢元素。结合对氢元素的存在形式的分析和判断，从而推断该区域是否存在水冰。因此，通过中子谱仪对一定空间范围内的超热中子和热中子进行计数，可间接反映氢元素丰度和水冰赋存含量。中子谱仪可装载在着陆器或巡视器上，对周围几米范围内星表或者米级深度内可能存在的水冰进行探测。

另外，水冰的存在会对星壤的力、热、电特性产生影响。因此，除采用非接触勘探手段以外，也可以通过力学触探和热电触探等接触式勘探手段，对含水星壤的力、热、电参数进行测量来估算含水量。力学触探方法主要对具有高强度特性、硬脆特性、均质与缓变分布特性的含冰星壤进行力学辨识，通过测量机具与星壤作用的力学负载，结合数理模型进行反演并辨识出力学特性参数，可间接估算星壤含冰率。热电触探方法主要通过主动激励的方法测量含水星壤的热特性参数（如热容、热导率、热扩散系数）和电特性参数（电阻率/电导率、介电常数等）来进行含冰率反演。由于水冰与星壤矿物在热、电参数方面的显著差异，星壤中少量存在的水冰会使得整体热、电参数产生变化，从而可推断星壤中是否含有水冰，甚至估算水冰的大致含量。

（2）矿物成分勘探技术

矿物成分的原位勘探技术主要包括光谱勘探技术和射线探测技术。通过光谱特征可定性或定量地反演矿物在地质体中相对含量，而射线探测技术能探测多种元素的丰度。

可见光-近红外反射光谱（0.4~2.5 μm）是研究星壤、岩石样品矿物组成及含量的重要方法之一，同时光谱分析也是获取行星表面地形、地貌的重要技术手段。通过测量光谱的某些特征，可定性或定量地反演矿物在地质体中相对含量。例如，月球表面岩石主要由斜长石、钛铁矿、橄榄石、单斜辉石、斜方辉石和熔融玻璃组成。可见光-近红外光谱对上述矿物较为敏感，可用于提取月表的矿物组成与分布特征。在可见光-短波红外谱段，识别的矿物主要为Fe、Mn等过渡元素的氧化物和氢氧化物、含羟基矿物、碳酸盐矿物以及部分水合硫酸盐矿物等，多达近40种，不仅可用于轨道探测，还可用于着陆探测中对样品的现场快速分析。

与光学识别技术相比，放射性探测方法能探测更多种类元素的丰度。放射性探测方法，如 X 射线仪、γ 射线仪、α 粒子仪及中子谱仪主要用于探测星表物质受宇宙射线激发产生的 X 射线、γ 射线、α 粒子以及快中子，可据此识别星表 O、Si、Ti、Al、Fe、Mg、Ca、U、K、Th、Sm 及 H 等元素的含量分布，识别结果可靠，但其空间分辨率较低（一般为 km 级）。

7.1.2.2　技术进展

原位勘探技术是月球与深空探测的重要手段，在各类探测器上配备了多类物质成分、物理特性等勘探仪器。因篇幅所限，本节仅介绍近期典型的原位勘探仪器。

我国于 2013 年和 2018 年分别发射的嫦娥三号和嫦娥四号月球探测器的玉兔号月球车均携带探地雷达（LPR）。该雷达有两种频率的天线，分别是发射 100 Hz 电磁波的棒状天线和玉兔号月球车底部的 400 Hz 的蝶形天线，其中 100 Hz 的天线探测深度超过 100 m，400 Hz 的天线探测深度为 30 m，但分辨率更高。通过车载移动探测形式，对月面行走路径下方的月壤剖面进行了雷达探测，通过岩石与细壤界面的反射信号，获取了月球地层剖面结构信息。通过相同探测原理，未来车载探地雷达也可以对地下富集的水冰地层进行雷达探测，从而为钻取采样的下钻点选择提供依据。

美国 NASA 计划 2024 年发射月球极区挥发分探索车（Volatiles Investigating Polar Exploration Rover，VIPER）并携带挥发分近红外光谱仪（Near Infrared Volatile Spectrometer Subsystem，NIRVSS），其主要的分析对象为水并可对样品的挥发分含量进行评估，用以决定样品是否需送至车载质谱仪进一步分析。NIRVSS 选择的光谱探测范围为 1 600~3 400 nm，水冰在该光谱范围具有较强的光谱吸收带。NIRVSS 已在地面的月球环境模拟装置进行了模拟实验，水冰光谱测量结果如图 7-3（b）所示，上部曲线是水冰光谱的测量结果，下部曲线为不同挖掘深度对应的光谱测量结果。采用多波长差分测量方法，仅针对几个选定波段进行分析，可降低仪器复杂度，实现小型化。NSS 中子谱仪也被选定为 VIPER 月球车的科学载荷之一，可对月球极区永久阴影区的表层或月壤中埋藏的水冰进行中子谱探测。NSS 中子谱仪采用了热中子和超热中子双通道检测的方案，整体质量 1.9 kg，功耗 1.6 W。当月球车以 10 cm/s 的速度行驶时，NSS 的含水量检测门限可达到 0.5%[332,333]。但遗憾的是，由于经费原因，美国 NASA 取消了 VIPER 探测器发射任务。

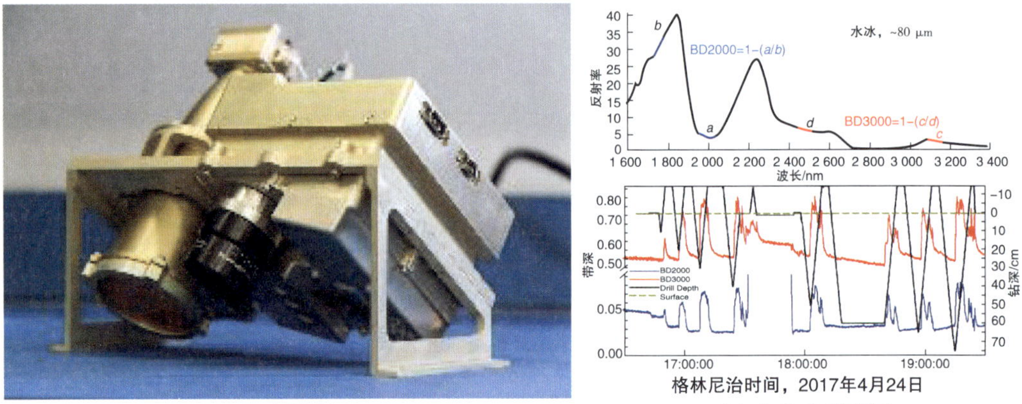

(a) 工程样机　　(b) 水冰光谱测量

图 7-3　NIRVSS 红外光谱仪（引自 NASA 网站）

美国 NASA 艾姆斯研究中心联合 Honeybee 等多家单位研制了一种随钻集成中子谱仪的 1 m 长火星钻机 BNeuP[334,335]，如图 7-4 所示。中子谱仪可以捕获超热中子，从而识别钻进过程中的富冰地层。中子谱仪质量仅 517 g，功耗 2.25 W。艾姆斯研究中心对该钻机进行了集成测试，采用了放射性元素 ^{252}Cf 作为中子源，在−40 ℃的冷室中，对于沿深度方向布置了不同含水率的模拟火星壤进行了 2 m 深的钻进与随钻探测，测试实验结果如图 7-4 所示，数据表明，钻机内集成的中子谱仪能够对含冰星壤地层进行准确的探测，超热中子的探测信噪比比热中子更高。

美国学者分别针对 3 种已知属性的沙岩和 FJS-1 模拟月壤开展力学接触式勘探试验[336]，结果表明，钻进不同对象的比能耗指标 SE（Specific Energy）与其单轴抗压强度（UCS）基本呈线性相关，因此可建立比能耗与单轴抗压强度的线性回归模型，其中 SE= 钻进功率 P/(钻进速率 V × 成孔面积 A)，表示单位时间破碎并排出单位体积的星壤所消耗的能量。含冰星壤的单轴抗压强度（UCS）与含冰率和温度有关，通过实验建立不同温度下的单轴抗压强度与含冰率的对应关系，可通过钻探过程获得的单轴抗压强度反推含冰率。

图 7-4　集成随钻中子谱仪的 BNeuP 钻具样机和实验结果

美国 NASA 凤凰号探测器和欧洲 ESA 罗塞塔-菲莱号探测器均携带了星壤热电物性探测仪器，前者测量对象为火星高纬地区的含冰星壤，后者测量 67P 彗星的含冰星壤。凤凰号探测器携带的 TECP（The Thermal and Electrical Conductivity Probe，热及电导率探针）安装在可移动机械臂上，机械臂将探针插入地下，探针与周围星壤形成良好接触以进行热特性测量。TECP 的 4 个探针中，其中 1、2 探针作为电导率测量探针，3、4 探针作为介电常数测量探针，它测得火星北极地面冰层上方干燥的覆盖物平均热导率为 0.085 $Wm^{-1}K^{-1}$，平均体积热容为 1.05×10^6 Jm^3K^{-1}[337]。

7.1.3　太空资源可开发性评估方法

资源评估是进行太空资源开采可行性分析的重要基础，评估内容包括确定资源的类型、分布和储量等。现有的探测器可提供地外天体表层和次表层资源的初步信息，但若进行更准确的资源评估还需要开展原位勘探活动。利用地外天体资源的普查与详查信息，对这些资源进行充分评估，从而确定这些地外天体是否具备太空资源开采的潜力。

（1）太空关键矿产资源的类型识别

综合利用地外天体轨道器遥感数据以及原位探测的光谱数据进行研究，对地外天体关键矿产资源进行探测识别，绘制全天体关键矿产资源类型分布地图。目前，通过地外天体轨道器上的光谱分析仪、雷达等载荷，可在地形地貌、地质结构方面取得大量的研究数据；进一步利用光谱分析仪、X 射线仪、

γ 射线仪、α 粒子仪、中子谱仪等可以反演出矿产资源的矿物种类、成分、丰度及其分布；通过中子谱仪探测等可绘制氢分布图。在此基础上，通过多源信息融合将各载荷获取到的不同数据信息进行综合，可获得全天体的矿产资源分布图。

（2）地外天体关键矿产资源的含量预测

主要针对地外天体矿产含量不确定的问题，基于地外天体独特的地质作用及成矿过程、地形地貌以及空间环境特征，预测各类关键矿产资源的空间分布特征，评估地外天体各类关键矿产资源的含量。无人自主机器人综合利用紫外、可见、红外等光谱技术，结合 X 射线、γ 射线、中子计、质谱仪、色谱分析仪等技术手段，对矿产资源种类及其成分进行辨识，利用巡视探测对特定区域存在的矿产资源情况进行探测和辨识，对其成分及丰度进行综合分析，探明矿产资源的精细化分布信息。

（3）关键矿产资源的成矿潜力

当前存在众多不同的矿产资源潜力预测模型。Bonham-Cater 将多种矿产资源潜力预测模型划分为两类：数据驱动型和知识驱动型。数据驱动型属于经验型模型，通过对训练矿点样本进行计算，构造统计回归模型或者叠加各成矿专题属性图层的权重，适合应用于大量数据可用并且存在很多已知矿点的矿产资源探测环境。知识驱动型模型是基于概念的模型，依靠专家意见来决定阈值的大小，适合应用于没有已知矿点或已知矿点太少不能构建经验模型的情况。

（4）太空资源的评价技术

需综合考虑其勘查开采的成本以及地面和空间应用价值。太空资源勘查开采成本包括前期基建成本、采矿选矿冶炼成本、原位制造成本、运行维护成本等。地面或空间应用的价值评估需考虑太空资源的运输成本和售价及时效性。太空资源勘查评估的品位计算方法主要包括盈亏平衡点法、演进法和蓝氏法。盈亏平衡点法简单易行，特别适用于矿产勘查阶段；演进法和蓝氏法主要用于可行性研究和矿山生产两个阶段。结合太空资源勘查的实际需求综合分析，可用盈亏平衡点法计算边界品位，用演进法和蓝氏法计算最低工业品位。

1）盈亏平衡点法。原则为收支平衡，是一种简单易行的方法，它提供了边界品位问题的估计手段，在矿产勘查、可行性研究和矿山生产中获得了广泛的应用。边界品位 G 通过成本和价格两个参数估计，计算公式如下

$$G = \frac{\text{每吨原矿运营成本面值}}{\text{每吨产品销售价格面值}} = \frac{c + m_0 + m_w}{y(s - r)} \tag{7-3}$$

其中，c 为选矿成本；m_0 为开采矿石的成本；m_w 为开采废石的成本；s 为单位金属销售价；r 为单位金属冶炼成本；y 为冶炼回收率。通过该评估方法，在地球条件下开采金矿的边界品位为 1.73 ppm。

2）演进法。基于现金流利润最大化原则，考虑了固定资产、折旧等成本因素，对一个矿山项目分生产阶段确定边界品位，这种计算方法更切合项目的演进特点。边界品位以净现值最大为目标，对项目全周期边界品位进行估计，计算公式如下

$$G = \frac{\text{选矿成本} + \text{最低利润} + \text{固定成本} + \text{折旧}}{[\text{产品价格} - (\text{精炼成本} + \text{销售成本})] \times \text{冶炼回收率}} \tag{7-4}$$

3）蓝氏法。基于现金流利润最大化原则，以采选冶成本为依据，以采选冶产量为约束条件估计边界品位，是当前广为采用的主流方法。蓝氏法是全程最优的边界品位估计方法，需要详细的成本数据，适用于矿山可行性研究和生产阶段。其目标函数为

$$\text{NPV}_{\max} = \sum_{i=1}^{N} \frac{P_i}{(1 + d)^i} \tag{7-5}$$

式中，P_i 为项目在第 i 年获得的利润；N 为项目总年数；d 为折现率。

年度利润为

$$P_i = (s_i - r_i)Q_{ri} - cQ_{ci} - mQ_{mi} - f_i \tag{7-6}$$

式中，Q_{mi} 为第 i 年矿石产量（吨原矿/年）；Q_{ci} 为第 i 年矿石处理量（吨处理矿石/年）；Q_{ri} 为第 i 年金属产量（吨金属/年）；m 为采矿成本（元/吨原矿）；c 为选矿成本（元/吨入选矿石）；r 为冶炼成本（元/吨金属）；f 为固定成本（元/吨金属）；s 为矿产品价格。

年度净现值为

$$v_i = (s_i - r_i)Q_{ri} - cQ_{ci} - mQ_{mi} - T_i(f_i - v_i d) \tag{7-7}$$

式中，v 是剩余储量的净现值；T 为产量产能比。

4）综合性资源品位计算。当矿石中有多种有用组分的情况下，需要引进综合品位概念。把主要组分的品位与折算后的伴生组分品位之和叫作综合品位，计算如下

$$a_s = a_m + \sum_{i}^{n} k_i a_i \tag{7-8}$$

式中，a_m 为矿石主元素品位；a_i 为矿石中共（伴）生元素品位；k_i 为换算系数。

$$k_i = \frac{\varepsilon_J C_i}{\varepsilon C_J} \tag{7-9}$$

式中，C_i，C_J 为主、伴生组分的产品价格；ε 和 ε_J 为主、伴生组分的选矿回收率。

7.2 太空资源开采技术

太空资源开采是利用地外天体资源生产高价值产品的第一步，它主要通过采集、预处理和存储等手段，实现大气资源、水与挥发分资源、矿物资源等地外天体原位资源的获取，主要包括星表水冰开采、行星大气资源捕集、地外天体矿物开采、原位矿物分选等技术。原位资源的矿物分选可直接提升反应速率，降低功率、加工规模和质量。

太空资源开采需考虑所在天体的自然环境及矿物资源存在形式。对资源开发的端到端流程来说，可分为 3 个主要的活动[338]：1）挖掘（采矿），采集并输送星壤，进行破碎研磨，将粘接在一起的不同矿物通过物理方法进行解离；2）选矿，通过颗粒筛分和矿物富集，将星壤制备成合适的原料；3）提取，原料通过物理或化学等方法获得所需要的元素和化合物。

从地外天体获取资源首先需要通过钻探或挖掘表面星壤的方法进行资源开采。虽然地球采矿业历史悠久，技术成熟，但地球上的限制性因素和非限制性因素与行星采矿有显著差异，例如，质量、功率和自主性等地球采矿的非限制性因素在地外采矿时会变成重要的限制性因素。地球上的硬岩和土壤挖掘机开采量达 200 000 吨/天，挖掘深度可达 3 800 m，但其优势在于依靠挖掘机的质

量来提供足够的反作用力，且在地球易于获得相对廉价的化石能源，并可通过高功率驱动机构穿透硬质材料。此外，地球采矿作业具有可维护性，切削刃可以根据需要进行锐化或更换（通常每周进行一次）。地外采矿的主要挑战包括如何在低微重力下提供反作用力，金属钻头、杆、柄等设备部件在极端低温下长期服役，开采过程需有效清除废料并尽量减少甚至无需耗材。

虽然在地球重力和变重力条件下已开展了相关太空资源开采的实验研究，但为设计高效、低故障率的设备，需重点关注以下问题：1）对颗粒流的收集和运输过程进行高保真建模；2）通过静电或磁力选矿以提高目标矿石品位或改善粒度分布，减少高温加热的星壤总量，提升资源提取能源效率，降低总功率需求；3）加工前对星壤进行研磨、破碎或进行粒度分选可增加表面积并有助于反应器混合，从而缩短反应时间并降低功率。

从大气获取资源的重点是捕获、净化和压缩火星大气中的二氧化碳，为火星探测生产氧气并为上升器提供燃料。冷冻机和快速循环吸附泵都已开展了小规模示范试验，以净化和压缩二氧化碳，使其从 0.50 kPa 达到 275 kPa 或更高的压力。这两种方案若实现扩大规模仍然需付出巨大努力。离子液体捕获二氧化碳虽然目前技术成熟度等级较低，却是很有前景的技术。在提取和压缩二氧化碳之前，需要清除大气粉尘，以保护下游的部件。虽已提出了大量的技术选项，但所有选项的关键挑战包括最大限度地降低过滤设备的压降，以及再生过滤材料和清除已收集灰尘的方法。

7.2.1　星表水冰开采技术

7.2.1.1　概念与原理

水在太阳系内广泛分布，不论是行星、彗星、小行星、卫星、星际介质，甚至是太阳黑子中都能找到水存在的痕迹。地球是太阳系目前唯一确定发现星球表面存在液态水的行星。其他行星或卫星中，即使存在液态水，也只能存在于表面以下环境中，如火星北极冰盖下近千米深度发现的液态湖泊、土卫二或者木卫二深部稳定存在的液态卤水。在地球以外的环境中，水主要以固态或者气态形式存在。根据太阳系形成理论，位于雪线（温度 160~200 K 区域，当前位于 2~2.5 AU 位置，行星形成时位于 4~5 AU 位置）往外区域的柯伊伯带小行星、巨行星的冰卫星、小行星、彗星等天体由于距离太阳较远，温度较低，水分子冷凝形成水冰颗粒，水冰颗粒进入行星或彗星胚胎中随后形成含水天体。值得注意的是，行星环结构主要组成成分也被认为是水冰。处于内太阳系的石质天体，如月球、水星等由于特殊的近乎垂直黄道面的自转轴，使得两极某些区域存在永久阴影区，这些区域同样被认为存在水冰。

随着深空探测的深入开展，月球、火星及小天体水资源存在的证据不断丰富，并形成了行星表面水资源分布图，为水资源的开发利用提供了重要基础。水资源原位获取与转换利用是原位资源利用的主要目标之一。它不仅提供维持生命所需的水、氧等必需品，还提供了深空推进和能源所需的燃料，是规模化太空探索和资源开发活动的基础。通过水资源的地外原位获取和转换利用，能够有效解决深空探测活动对物质和能源的依赖问题，对于提升深空探测活动能力至关重要。

一般用氢氧键在 3 μm 吸收波段的红外光谱遥感信号来探测水，虽然这个信号并不能直接代表水，但可通过物理化学状态和稳定性来判断 OH、H_2O 甚至 H_3O 等形式。根据形成机理，Dyar 等（2010）[339] 将水赋存分为 3 类：行星内部物质中的内生（岩浆）水、体相水或冰、表面吸附水和末端羟基，如表 7-3 所示。

表 7-3　水的赋存机制和可能的储量

形成机制	赋存状态	H_2O/ppm
内生水	存在于名义无水矿物中的非结构 OH 和 H_2O	0~1 500
	矿物中的结构 OH	0~120 000
	矿物中的结构 H_2O	0~300 000
	流体包裹体中的 H_2O	1 000 000
	玻璃中的 OH 和 H_2O	20 000~80 000
体相水	液态 H_2O	1 000 000
	固态 H_2O	1 000 000

续表

形成机制	赋存状态	H_2O/ppm
表面水	物理吸附和化学吸附 H_2O	0~100 000
	末端羟基-OH	0~16 000

水资源提取的物理过程是通过水冰吸热，通过固-气相变或者固-液-气相变过程，升华或蒸发形成水蒸气，之后在冷凝器中冷凝形成液态水收集利用。水的相图和相变过程如图 4-7 所示。

月球、火星和小行星等星体表面环境和水冰资源分布规律归纳见表 7-4，共性特征包括：1）表面大气环境。真空和低气压条件，压力范围为 10^{-12}~700 Pa。2）表面温度环境。深低温条件，温度范围为 20~218 K。3）表面重力环境。为低微重力，μ*g*、1/6*g*、3/8*g* 不等。4）水资源分布特征。水冰资源主要分布在永久阴影区和光照较弱的中高纬区域，其埋深较浅，表层干星壤下浅表层（1 m 以内）存在水冰。5）水冰赋存形式。包括易于开发的冰层和冻土，以及较易开发的含水矿物。

表 7-4　典型行星水冰资源分布规律

星体	月球	火星	小行星
分布区域	主要存在于月球南北极永久阴影区。局部光照区和光照区含量很少	全球范围分布。极区存在大范围冰盖，中高纬度浅表层冻土、低纬度高海拔等特殊区域存在水冰	CM 和 CI 型等碳质小行星探测到含水矿物质
环境特征	阴影区长期维持在 25~80 K 范围； 高真空（<10^{-10}Pa）； 低重力 1/6*g*	平均温度在零下 55 ℃（218 K）； 气压约为 600~700 Pa； 低重力 3/8*g*	高真空（<10^{-10}Pa）； 低温环境（<100 K）； 微重力 μ*g*
分布特征	M3/LRO：阴影区水含量大约在 1%~2%，分布在浅表层（数 mm 以上）； LCROSS：阴影区水含量大约为 3%~10%，分布在表面干层以下 10~20 cm 区域； Mini SAR/RF 仪：阴影区含有大量的水冰资源，分布在 2 m 以上区域	南北极到南北纬 45°内浅层水冰埋深从 0 到 1.5 m，随着纬度的降低，水冰的埋深越深。中低纬度的冰川埋深在 0.1~10 m 之间	CM 和 CI 型碳质球粒陨石族群平均含水~10%，单个样品含水变化 2%~25%

续表

星体	月球	火星	小行星
存在形态	岩浆水：主要以 H_2O 或 OH 形式与一些矿物组成化合物而束缚的水； 表层水：以 H_2O 或 OH 形式存在的水资源； 埋藏水：月球极地区域埋藏于月壤内部的水资源	孔隙冰(体积含水率 20%~30%) 过剩冰(99%) 冰川(水冰含量高于 50%) 近纯冰(99%)	以含水矿物形式存在，仍需进一步探测证明

星表水冰开采技术的主要影响因素包括：

1）星体表面温度与气压环境。地外天体水冰主要存在于星体次表层，并与星壤结合，形成冰壤混合物。开采过程与水冰的相图和热力学相变紧密相关，直接受到星体表面温度和气压环境影响。地外天体的特殊温压环境使水冰资源开采的热力学过程与地球表面常温常压环境存在较大差异，对能量需求、相平衡、水分迁移与收集等过程均有直接影响。此外，星体极端环境给水冰开采设备的温控、密封、操作等均带来严峻挑战。

2）含冰率与水冰赋存形式。虽然行星表面的水冰分布范围广，含冰率较高、赋存区较浅，但赋存形式多样，含冰率和深度存在较大的不确定性区间。不同含冰率与星壤的结合状态有很大不同，力热特性差距明显；不同赋存状态下水提取难度差别大。因此，针对不确定的开采对象，水冰开采设备需具备通用性和强适应性。

3）低微重力条件。重力条件对水冰资源的开采、转运、收集等过程均有直接影响，尤其在微重力环境下，更需要考虑设备与星表的锚固，水冰的定向输运和存储等问题。

为实现水冰资源开采，需考虑以下 3 个关键步骤：

1）含冰星壤的获取方式。在地外高真空环境下提取水冰，第一步即需考虑含冰星壤的获取方式。因为大部分水冰与星壤颗粒耦合，赋存于多孔介质之中。尤其在低温环境下，低温冻土强度高且易受热挥发。这要求开采机构能破碎硬质冻土，同时要控制好采样作业过程中的温升，并做好密封措施，防止水冰受热大量挥发损失。大温差、极端环境要求作业装置具有大温差持续工作能力，星体表面有沙尘运动的影响，对作业装置的防尘性能提出一定要求。

2）水资源的提取方式。将星壤内赋存的水冰提取收集，是第二步要考虑的问题。在低气压、低重力条件下，水资源蒸发提取仍是直接的、较经济的手段，可以在低温环境下实现星壤与水汽最小代价分离。但水资源提取过程一方面需要热能输入，另一方面需要考虑蒸汽的定向输运、液体的高效冷凝，以获得可用的液态水资源。

3）能量的获取与利用方式。由于水冰富集区太阳能受限，温度低，永久阴影区内温度可低至 40 K，可考虑在光照条件良好的附近区域部署太阳能反射镜，汇聚与反射太阳能，将光能定向导入水冰开采作业区。

目前水冰资源开采方法主要包括 3 类技术途径：1）含冰星壤原位钻取开采，即通过钻具钻入含冰星壤深处，钻具直接加热星壤或者将钻取的星壤输运到加热区进行加热，蒸发的水蒸气通过冷阱冷凝获得液态水或固态冰；2）被动式帐篷热采矿，即不通过提取，直接原位加热阴影区的水合星壤，蒸发的水蒸气通过冷阱冷凝获得液态水或固态冰；3）挖掘式含冰星壤开采方法，即通过挖掘机挖掘含冰星壤，并通过运输车运送到光照区进行集中处理获得水资源。上述 3 类技术途径对比见表 7-5。

表 7-5　不同技术途径对比

技术途径	优点	缺点
含冰星壤原位钻取开采	开采深度大，加热效率高，可有效密封，直接提取水资源，可模块化，风险低	需从光照区引入能量；含冰星壤硬度高，钻取难；能量导入路径复杂
含冰星壤被动式帐篷热采矿	简单直接，过程环节少	需从光照区引入能量；热穿透深度小，仅能提取浅表层水；加热范围大，需有效密封确保水分收集
含冰星壤挖掘开采	光照区能量充足，便于提取；阴影区仅消耗开采能量	挖掘及运输过程水分散失大，资源运输量大，开采总效率低

7.2.1.2　技术进展

第一类方法的典型代表为美国的蜜蜂机器人和作者团队提出的太阳能光热钻取一体水冰资源开采[19]。美国蜜蜂机器人公司针对月球和火星水提取任务需求，设计了 MISWE（Mobile In-Situ Water Extractor）和 PVEx（Planetary

Volatiles Extractor）水冰钻取装置[340,341]。两者的主要不同是 MISWE 将钻取的星壤通过螺旋带到表面并在密封容器中加热，而 PVEx 直接在钻孔中加热。MISWE 主要包括含冰星壤获取与输运系统、挥发分提取与收集系统、储水罐等，采用的先进斯特林放射性同位素电源可提供 700 W 的热能和 300 W 的电能，以满足钻取和提取过程的热、电需求。它采用钻取方式获取原始含冰星壤并将其搬运至密封舱体内，通过核同位素热源进行加热处理，挥发水蒸气通过冷凝管进行冷凝收集，汇集于储水罐内。整个装置集成于移动式车体上，可随车体移动变换钻取位置。车体设计大小为 2.5 m，采用可展开方式，钻具直径 10 cm，钻进深度可达 50 cm，一个工作周期可钻取含冰星壤 5 kg。研制的原理样机在真空环境下可提取超过 80%的水[342]。新开发的 TRIDENT（The Regolith and Ice Drill for Exploration of New Terrains）系统重 16 kg，钻深 2 m，旋转冲击钻的含冰星壤/岩石钻进速率>1 m/h，功率 100~200 W，钻压<100 N，如图 7-5 所示[343]。

图 7-5　TRIDENT 含冰星壤钻采系统

第二类开采方法为被动式帐篷热采矿技术（thermal mining）。2019 年，美国科罗拉多矿业学院空间资源中心发展了该技术[344]。通过在撞击坑外缘部署聚光镜，将太阳光汇聚到永久阴影区内“帐篷”式水蒸气收集装置的顶部。顶部有一个 2 级光学装置，将光能引入到帐篷内并辐射到月球表面星壤，星壤表面插入导热管进行辅助加热。帐篷内部为高反射率表面，确保引入的光辐射能被星壤表面吸收。星壤吸收太阳能后加热次表层水冰，形成水蒸气，研究发现，当温度超过 200 K 时，升华速率快速增加[345]。载有冷阱装置（Cold Trap，CT）的搬运小车连接帐篷蒸汽出口，将水蒸气冷却为液态水或固态冰，运送至光照区。初步分析表明，只要泄露面积不超过冷阱接入面积（~1 m^2）的 10%，帐篷内的水蒸气在十分钟之内就能达到稳态条件，压力大约为 10~30 Pa。为保持帐篷固定在月球表面，需维持内部压力足够低。月球被动式帐篷热采矿原位水资源提取系统方案设计思路及概念如图 7-6 所示。

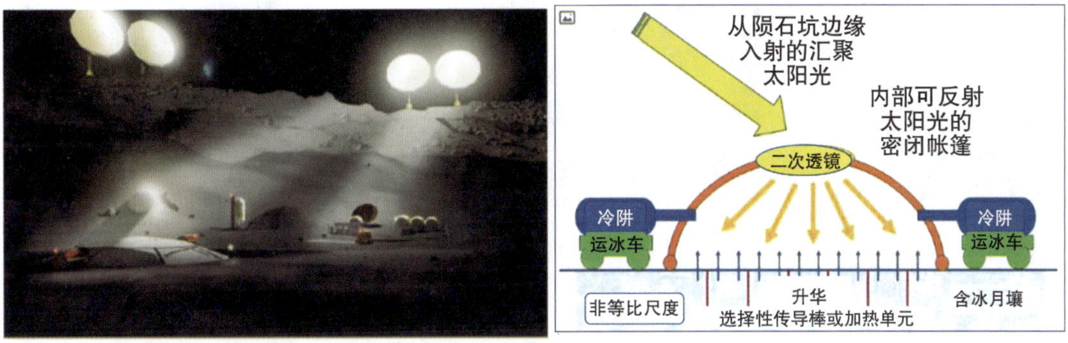

图 7-6　月球被动式帐篷热采矿系统设计概念图

第三种技术途径是挖掘式含冰星壤开采方法（图 7-7）。它通过带有铲、斗桥、斗轮等装备的开采车将含冰星壤挖掘后运输至光照区进行加热升华收集。常用的机械挖掘运输方式包括斗轮式挖掘机和传送带系统，该系统底部布置铰接支架或车轮，可实现在岩石和平坦区域自主运动。另一种是包含挖掘、装载和运输为一体的装置。该方法需要处理大量的星壤，质量和功率较大。

2024 年，我国科学家结合嫦娥五号月球样品的研究结果，提出了月球水资源原位开采与利用新策略（图 7-8），即通过聚焦太阳光加热月壤至熔融，加热过程中月壤将会与太阳风注入的氢反应生成水、单质铁和陶瓷玻璃[51]。

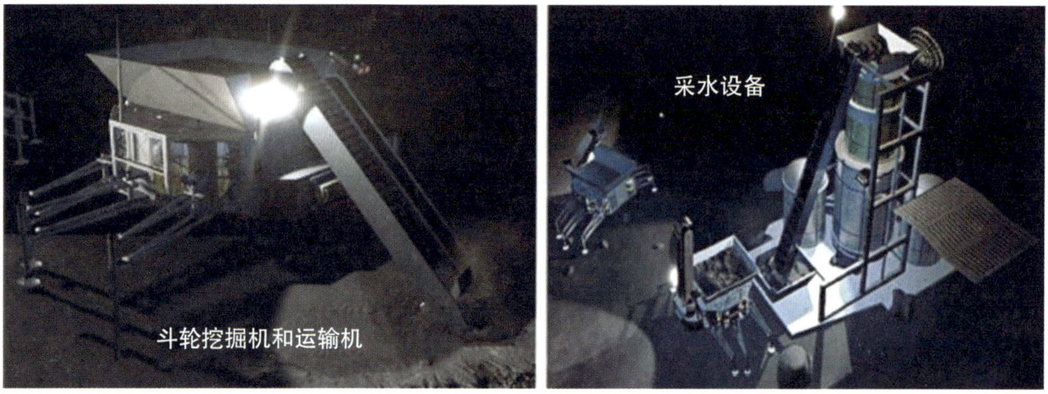

图 7-7　含冰星壤规模化开采设备

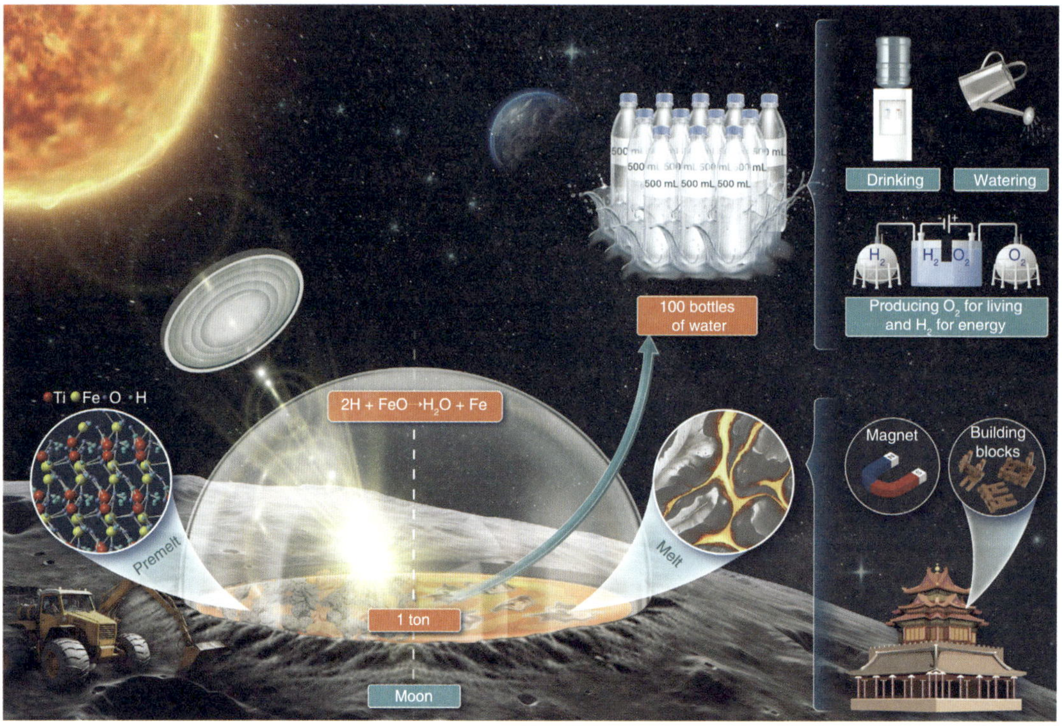

图 7-8　月壤直接加热制水技术

7.2.1.3　光热一体化水冰开采新技术研究

为实现规模化、通用性、模块化、强适应、高采率、高能效的水冰开采目标，作者团队提出了钻采一体的太阳能光热采冰技术[19,20]，通过钻具结构功能一体化设计，使其满足钻取、太阳光传导、热能传递及挥发分提取多重功能。当钻具完成钻取功能后，利用聚光系统将太阳光导入钻具内部空腔（选择性涂层设计），此时钻具叶片发挥散热翅片功能，将太阳光热快速传导至钻取的星壤，实现水及其他挥发分的高效提取。一方面可显著降低转运难题，提高水冰资源提取效率，另一方面减小了系统复杂性，整体质量功耗较低，具有较好的可实施性[346-349]。当前已研制完成了月球水冰光热提取原理样机，对 6% 初始含冰率的含冰星壤进行了典型月面环境的地面模拟试验，实现了含冰月壤钻取速率大于 1 686 g/h、水提取速率大于 23 g/h、氢氧转化速率 11 g/h 的开采能力[19]。

钻采一体的太阳能光热采冰系统的实施过程主要包括以下环节：含冰星壤钻取密封，太阳能汇聚与光热转换，水冰升华/蒸发与冷凝收集等。其中，含冰星壤钻取密封技术需要在地外高真空与低温环境下，对星壤进行钻取并获得次表层含冰星壤，同时确保钻取过程的密封性，减少水冰在钻取过程中升华和蒸发。水资源光热提取技术需要在行星表面实现太阳能的传导、汇聚和利用，热量输入含冰星壤，促使水冰蒸发，将蒸汽通过密封的系统输运。水蒸气冷凝与收集技术需要在地外低重力、低气压条件下，实现水蒸气的冷凝和水滴的定向收集，满足液态水的集中收集和存储要求。其工作流程如下：1）下钻：通过平台或者平台机构将密封容器与星表紧密接触；2）钻进及加热：通过驱动模块实现回转及驱动钻具，切削含冰星壤并送入密封容器，加热含冰星壤实现水分蒸发分离；3）提钻及排放：通过提钻操作，密封容器向上运动，将干燥星壤排出。图 7-9 所示为光热一体化水冰开采新技术工作流程。

钻具切削含冰星壤的钻进力载及开采量主要受到钻头构型的约束，影响钻进力学性能的因素包括星壤材料含水量及其均匀度以及星壤温度等参数。按标准流程制备的模拟含冰月壤在-150 ℃下进行了星壤力学性能测试，结果如表 7-6 所示。单轴压缩强度分别为 15.3 MPa（8%），12.35 MPa（10%），不小于 48.8 MPa（饱和），不小于 48.9 MPa（15%）。以上数据与 Zacny（2018）试验数据比较吻合。

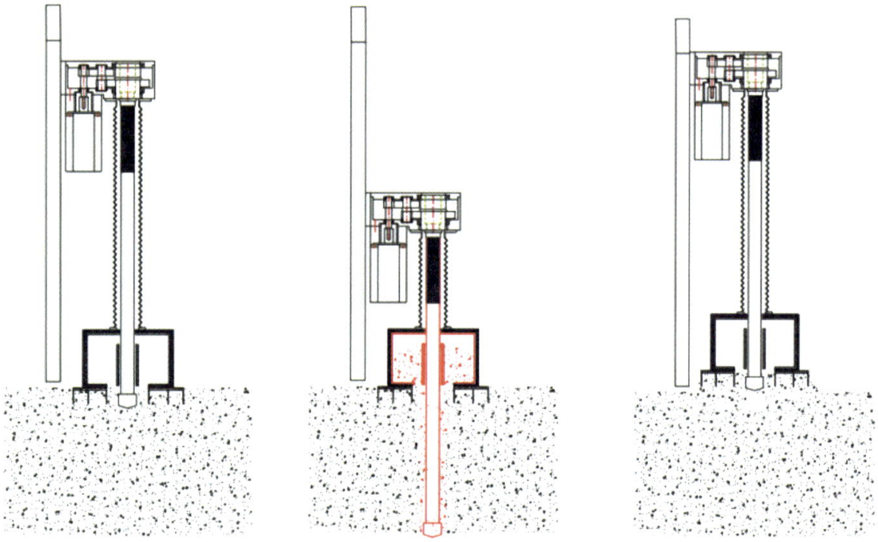

图 7-9　光热一体化水冰开采新技术工作流程

表 7-6　含冰星壤试验测试结果与文献对比

含水量	项目组试验（有效均值）	Zacny（曲线插值）	Gertsch（曲线插值）
8%	15.3 MPa	15 MPa	40 MPa
10%	12.35 MPa	20 MPa	50 MPa
饱和	>48.8 MPa	45 MPa	100 MPa
15%	>48.9 MPa		

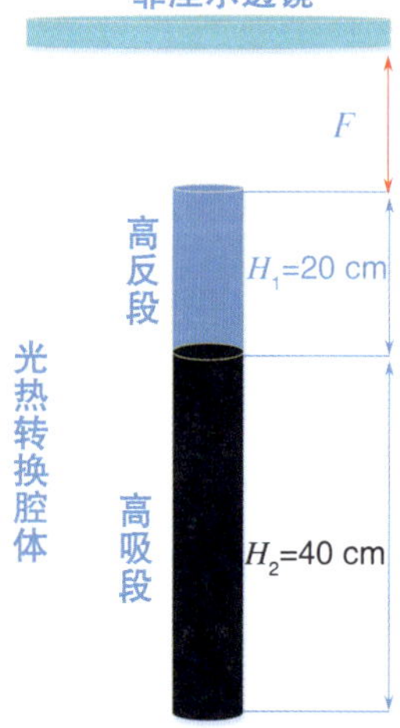

图 7-10　太阳能汇聚光热腔模型

太阳光经一级透镜汇聚后，光线以一定入射角 α 入射至光热腔内。光热腔分为两段：上段为高反段，主要用于传导聚焦进入光热腔的太阳光，内表面镀有高反射率涂层，汇聚后的光线在导光管内以反射角 $\beta(\beta=90°-\alpha)$ 进行反射并向下端传导；下段为高吸段，内表面镀有高吸收率涂层，光线在高反段内壁进行最后一次反射后以 α 的入射角直接入射至高吸段内表面并被吸收转换为热能（图 7-10）。

根据透镜聚光原理，焦径比越大，光线的入射汇聚角度 α 越小。若入射角 α 越小，则反射角 β 越大，光线在高反段内壁反射次数越少，能量损失越少，更多的能量能够在高吸段吸收，同时光线入射至高吸段的入射角越小，光线能够入射至高吸段更深处。综上所述，在设计该系统时，应当考虑减小光线入射至光热腔时的入射角。当菲涅尔透镜焦距为 600 mm 时，汇聚光线经高反段反射入射进入高吸段。高吸段光线分布如图 7-11 所示。对于 400 W 的入射光通量，经高反段反射进入高吸段的总光通量为 325 W，光传导吸收效率达到 80. 1%。光线的有效导入深度进一步增加，基本覆盖整个 400 mm 高吸段腔体，达到较好的光吸收效果。

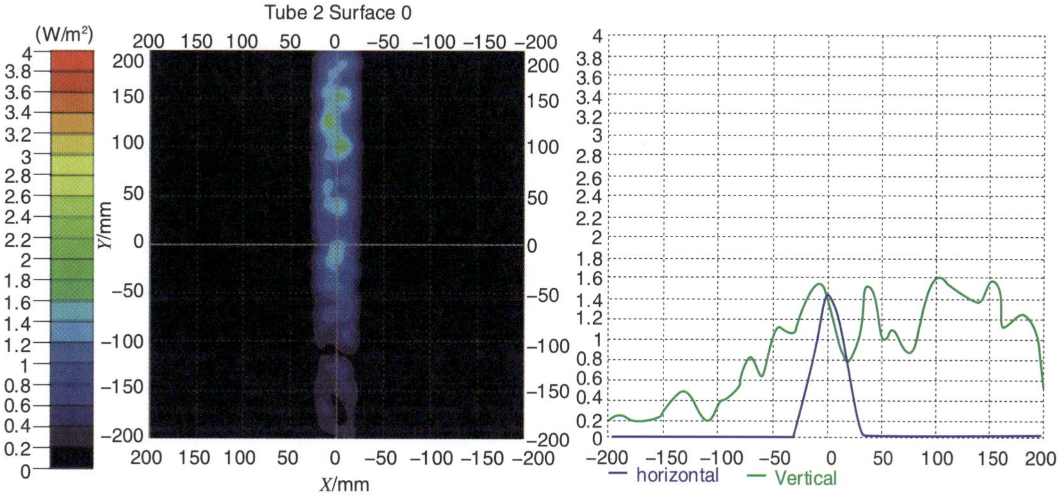

图 7-11　光热腔高吸段光能分布（F=600 mm）

作者团队研制了钻取一体化太阳光热水提取原理样机，并构建了包含真空低温罐、太阳模拟器、控制台以及大型水冷机等组成的模拟环境试验平台，如图 7-12 所示[19]。

通过上述模拟环境构建和含冰星壤制备，利用研制的原理样机，开展了典型月面环境含冰星壤光热提取试验，试验结果如图 7-13 所示。对于冷冻条件下的取水试验，在月壤含冰率约为 6%时，前 60 min 取水量为 23 mL，最终取水量为 40 mL；在月壤含冰率约为 4%时，前 60 min 取水量为 5 mL，最终取水量为 15 mL；在月壤含冰率约为 2%时，前 60 min 取水量为 4 mL，最终取水量

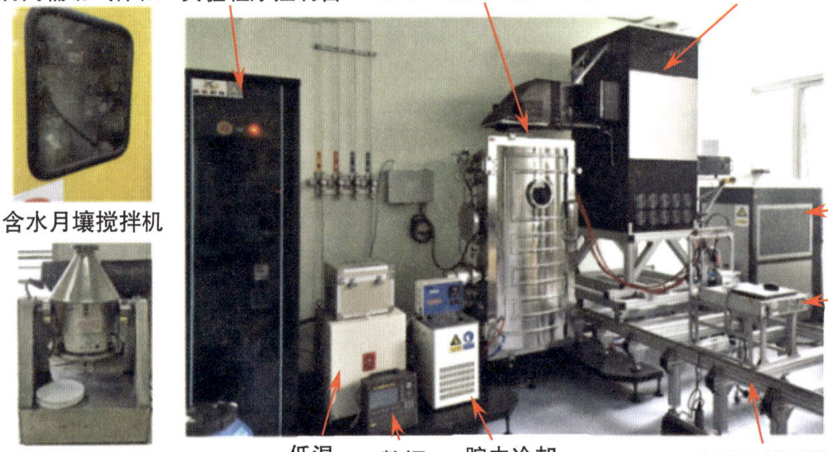

图 7-12　含冰星壤水提取试验平台

为 15 mL。可见，随着含冰率的降低，取水量显著减少，需要预热的时间明显延长。

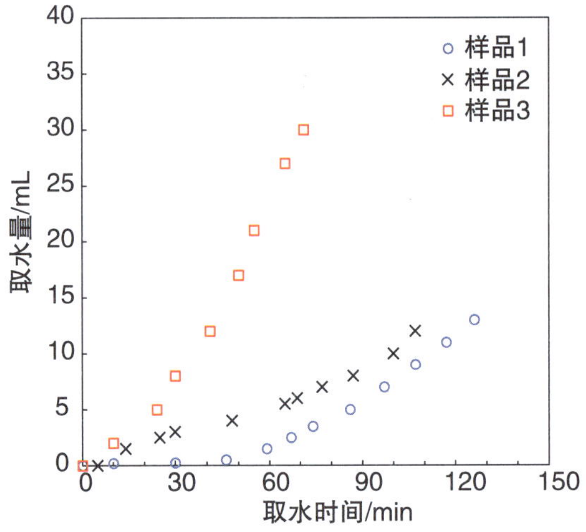

图 7-13　含冰星壤水提取试验结果

上述技术能够在月球、火星、小行星表面开展原位水冰资源提取，但针对每一行星的独有特征，需做进一步适应性改进。如表 7-7 所示，在月球阴影区实施时，需在永久阴影区边缘设置反光聚光装置，获取太阳能资源；在火星表面实施时，需要考虑重力变化、外部低气压环境等因素给水冰蒸发、输运和冷凝收集过程带来的影响；在小行星表面实施时，要着重考虑微重力环境，一方面需要对所有载荷装置加锚固措施，另一方面需要考虑微重力下气液两相的分离、液相的收集，可采用主动的输运方式。

表 7-7　典型地外天体原位水资源提取技术适应性分析

行星	独有特征	方案适应性	进一步改造要求
月球	长期维持在 25～80 K 范围，高真空（$<10^{-10}$Pa），重力 1/6*g*	可适应	在永久阴影区边缘设置反光聚光装置，获取太阳能
火星	平均温度在零下 55 ℃（218 K），气压约为 600～700 Pa，重力 3/8*g*	可适应	考虑重力与气压的变化
小行星	高真空（$<10^{-10}$ Pa），低温环境（<100 K），微重力 μ*g*	可适应	需加锚固，考虑主动输运方式

7.2.2　行星大气资源捕集技术

7.2.2.1　概念与原理

火星、金星、类木行星具有丰富的大气资源，火星大气中二氧化碳资源是当前国际上研究的重点和热点。火星表面特有的大气环境和气候特征给 CO_2 捕集提出了新的挑战。例如，虽然大气中 CO_2 浓度达 95%，但火星大气密度低，表面气压 500～700 Pa，需要较高的压缩比进行压缩捕集，并需分离其他气体成分；另外，火星表面昼夜温度波动大，工况波动范围大，给 CO_2 捕集设备的安全可靠运行带来较大挑战；而且，火星大气中存在沙尘，必须有效过滤去除，才能保证后端的各类运动机械的可靠运行。

潜在可行的火星表面 CO_2 捕集方法主要包括冷冻分离法、吸附分离法、直接压缩反应法和液化分离法等[350]。

（1）冷冻分离法

冷冻分离法利用 CO_2 与其他气体组分之间凝华点的差异来实现分离目标。CO_2 的相图如图 7-14 所示，火星大气压力对应的 CO_2 凝华温度约为 150 K，可利用低温冷机将火星大气的温度降低至 150 K 以下，使 CO_2 凝华并附着在低温冷机的冷头表面，当 CO_2 固体层达到一定厚度后，将整个冷头部分密封进行加热，使固态 CO_2 气化并自增压，当压力达到设定值后，再将 CO_2 气体通入后续系统进行利用。

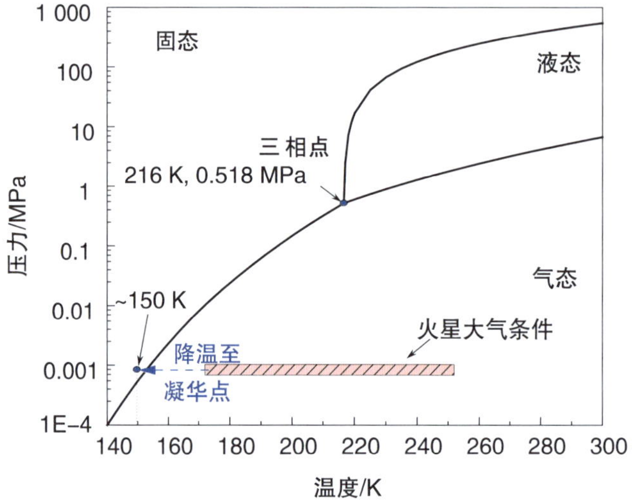

图 7-14　CO_2 冷冻过程相图

（2）吸附分离法

吸附分离法利用吸附剂对火星大气组分吸附性能的差异实现 CO_2 的捕集。结合火星环境特征，运用变温吸附法使吸附剂在低温条件下吸附 CO_2，待吸附饱和后，通过加热将 CO_2 从吸附剂中解吸并完成收集。美国 NASA 对吸附分离法的技术成熟度评级为 6 级，认为该技术已完成接近实际应用环境下的原型系统测试。

吸附剂的吸附量是影响吸附分离法 CO_2 平均捕集速率的关键（图 7-15），其取决于两方面因素：一是吸附剂本身的物理和化学性质，二是吸附剂表面的温度和 CO_2 分压等条件。相对于常规吸附碳捕集案例，火星表面的 CO_2 分压（约 600 Pa）较为特殊，介于直接空气碳捕集（~40 Pa）和发电厂烟气碳捕集（4 000~15 000 Pa）之间，相关研究较为缺乏。

吸附分离法的技术成熟度较高，但其用于火星表面的 CO_2 捕集仍需进行深入研究。一方面，后续的 CO_2 还原反应要求连续且稳定的 CO_2 气源，但根据

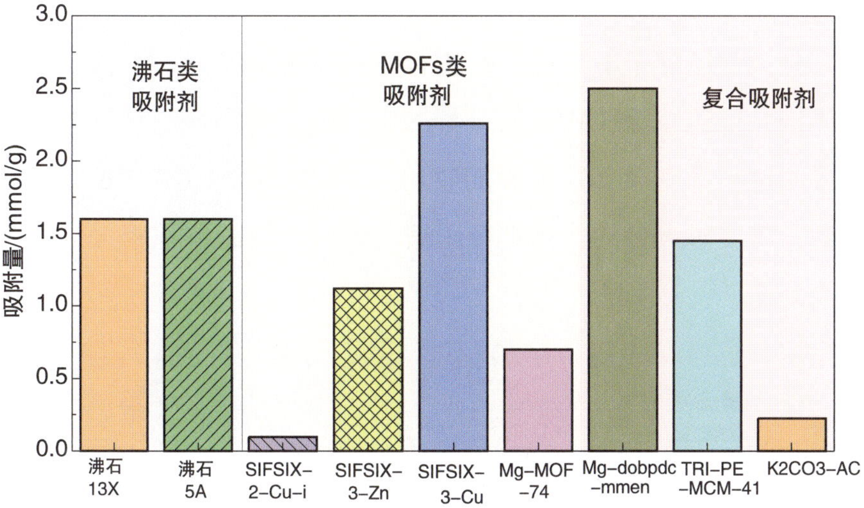

图 7-15　固体吸附剂的吸附量对比（500 Pa，298 K）

吸附分离法的运行特性，需要并联设置两台及以上的吸附器，循环交替运行才可实现 CO_2 的连续供应，而根据吸附剂在等温条件下的解吸特性曲线，脱附速率随时间不断降低。另一方面，火星大气中虽然仅含有微量水，但其对于常规吸附材料是强吸附相，与 CO_2 存在竞争性吸附，所以需设置额外的除水装置。

（3）直接压缩反应法

直接压缩反应法是指将火星大气进行压缩后直接进行后续反应。这是因为火星大气中 CO_2 的比例已达 95.32%，已经能够满足 Sabatier 反应、逆水煤气变换反应和固态电解等转化过程的要求。因此，可以将火星大气压缩至反应压力后通入反应器进行后续转化，火星大气中的次要成分则在反应产物中进行分离。

除 CO_2 以外，真实的火星大气中还含有 N_2、O_2、CO 和惰性气体等，这些次要成分对大部分反应催化剂和反应器性能的影响还不明晰，例如，火星表面已被探明存在富硫成分，所以直接压缩反应法的真实应用还需进一步的研究。

（4）液化分离法

液化分离法是指通过压缩机对火星大气进行增压，增压后的压力应大于 CO_2 三相点压力，随后利用外部冷源对高压火星大气进行冷却，使 CO_2 液化并通过气液分离实现液态 CO_2 的收集。目前，利用液化分离法捕集火星大气 CO_2

相关的样机及性能测试尚无报道，仍停留在理论分析层面。美国喷气推进实验室提出将火星大气压缩至1.3 MPa后进行冷却，将大部分CO_2液化分离，随后将残余气体进一步压缩至3 MPa后进行二次冷凝，将剩下的CO_2和水蒸气液化分离，最后通过精馏完成其余组分的收集，工艺流程如图7-16所示。由于运行压力较高，需要对大量的气体进行压缩，导致系统的体积较大，同时系统对功耗要求较高。

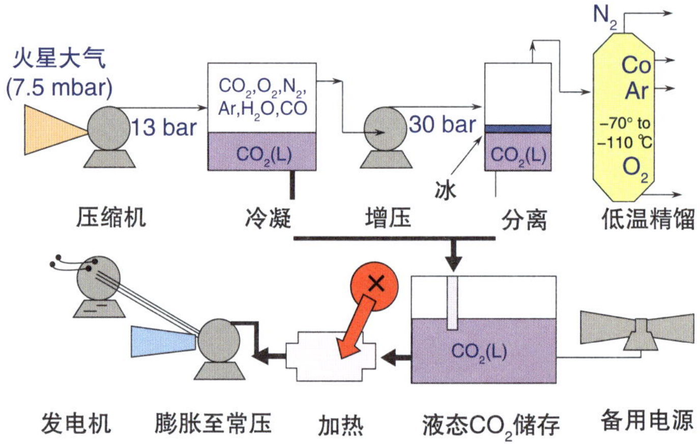

图7-16 利用液化分离法捕集CO_2流程图

表7-8对4种CO_2捕集方法的能耗、纯度、状态、连续性以及成熟度进行了总结。总体来说，1）冷冻分离法可充分适应火星表面的低温低压环境，易于实现，但由于需要低温冷机提供CO_2凝华冷量，导致能耗较大且CO_2捕集量严重受限于冷头结构，因此冷冻分离法适用于捕集少量CO_2的工况；2）吸附分离法成熟度高且能耗较低，但在吸附循环周期、吸附压力调控以及水和竞争吸附等方面均需根据火星环境进行进一步适应性改进，以实现连续稳定的CO_2气体供应；3）直接压缩反应法具有能耗低和操作简单等优势，若能解决火星大气中的次要组分对催化剂、反应器以及安全性的影响，则具备较大的应用潜力；4）液化分离法虽然成熟度较低，但在能耗、连续供气和大批量CO_2捕集等方面均有一定的优势，同时液化分离法还可利用火星大气的冷能以进一步降低能耗，结合CO_2原位液化辅助钻进技术对液态CO_2的需求，有望成为未来火星表面CO_2捕集关键技术之一。

表 7-8　4 种火星表面 CO_2 捕集方法综合对比

技术类型	能耗/(kJ/kg CO_2)	产品纯度	产品状态	连续性	成熟度
冷冻分离法	5 136	高	气体	需多台交替	3~6 级
吸附分离法	1 095	高	气体	需多台交替	6 级
直接压缩反应法	865	低	气体	可连续捕集	4 级
液化分离法	1141	高	液体	可连续捕集	1~2 级

7.2.2.2　技术进展

美国 NASA 对火星 CO_2 的 4 种分离方法开展了大量研究。

美国先锋航天公司、洛克希德·马丁公司和肯尼迪航天中心均开发了 CO_2 冷冻分离装置（图 7-17），最大可实现约 100 g/h 的 CO_2 捕集速率，固态 CO_2 厚度可达 1 cm。受限于低温冷机的冷头结构，火星大气与冷头之间的传热面积和可捕获固态 CO_2 的面积难以满足要求，冷冻分离法的 CO_2 冻结率通常在 70%~80%之间。

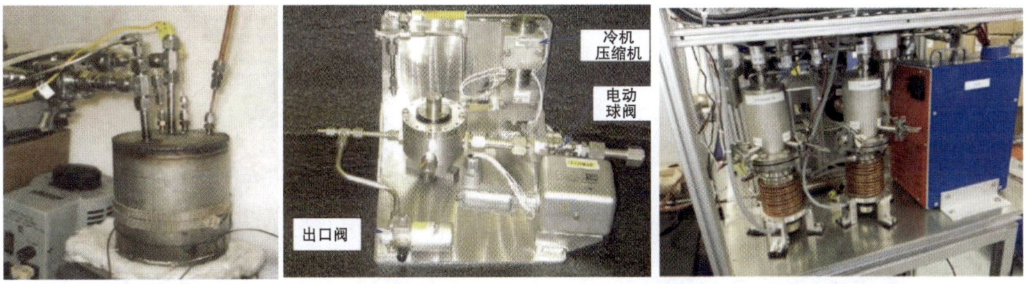

(a) 先锋航天公司　(b) 洛克希德·马丁公司　(c) KSC中心

图 7-17　CO_2 冷冻分离装置实物图

2018 年，美国 NASA 提出了捕集量更大的 CO_2 冷冻捕集装置，如图 7-18 所示。单台装置的 CO_2 捕集速率设计为 1.1 kg/h，目标环境的温度和压力分别为 161 K 和 790 Pa，装置采用的 AFCryo STC90 斯特林制冷机能在 150 K 下提供 300 W 的制冷量。目前，美国已成功实现了实验室规模的冷冻分离法 CO_2 捕集并将用于 MARCO POLO 火星项目。

美国 NASA 设计了基于吸附分离法的 CO_2 捕集装置，装置功率为 16 W，质量为 8.5 kg，体积为 40 cm×24 cm×25 cm，当温度在 200~450 K 和压力为

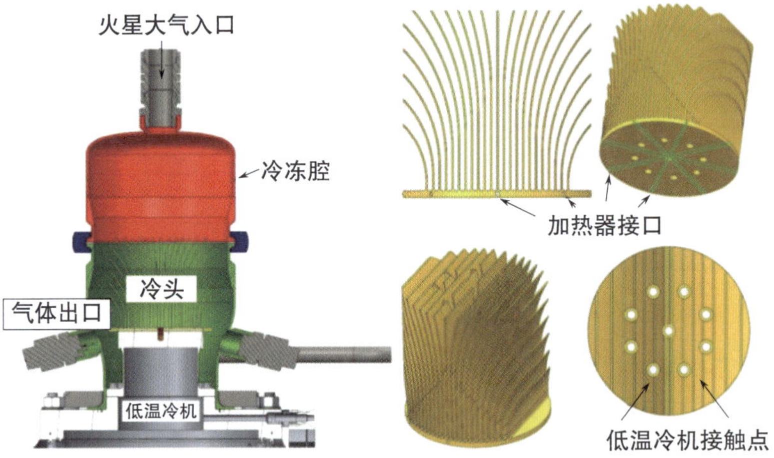

图 7-18　大规模 CO_2 冷冻装置结构及新型冷头结构设计

0.58 atm 时，CO_2 捕集量约为 0.75 g/h。随后，NASA 提出了由 8 个吸附单元组成的火星表面连续运行的吸附系统（图 7-19），吸附材料采用沸石 13X，吸附单元通过转动交替完成吸附和解吸。

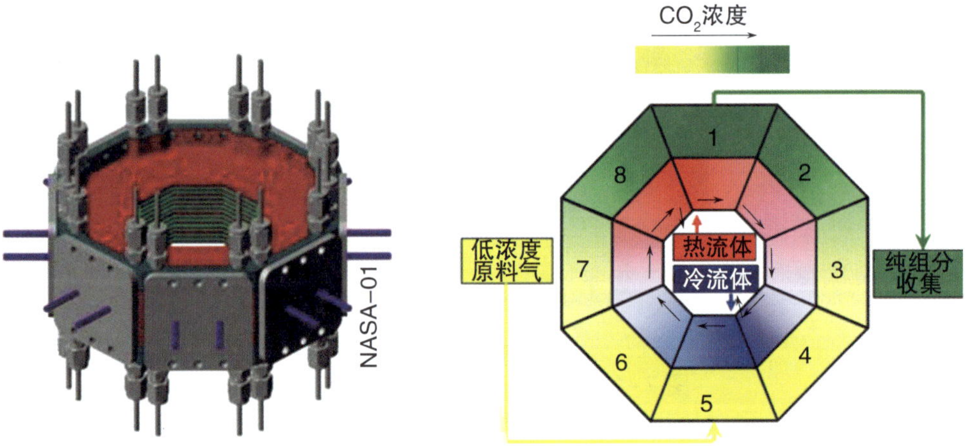

图 7-19　CO_2 连续吸附捕集装置概念图

美国 NASA 对直接压缩反应法的技术成熟度评级为 4 级，该方法已经完成实验室环境下的测试。先锋航天公司研制了基于直接压缩反应的 RWGS 和 Sabatier 实验装置（图 7-20），采用 $CO_2/N_2/Ar$ 的混合气来模拟火星大气，流量为 600 cm^3/min 的混合气被涡旋泵从 0.8 kPa 初步压缩至 100 kPa 后，继续通过压缩机将混合气压缩至 500 kPa。经过连续 5 天的测试，CH_4/O_2 产率可达

1 kg/d，对应功耗约为 893 W（优化后为 678 W），其中压缩功耗为 242 W，占总能耗的 27.1%。毅力号火星车上搭载了一台火星氧气原位资源利用实验装置（MOXIE），其采用涡旋压缩机对火星大气进行收集和压缩，并将其加热至 800 ℃ 以上进行转化。

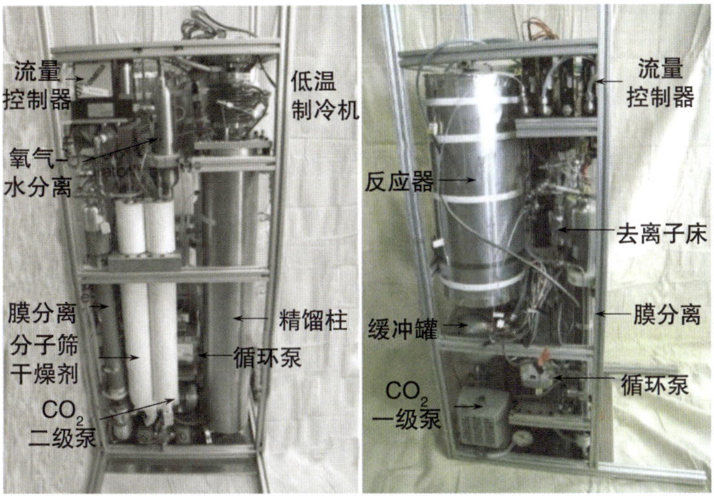

图 7-20　先锋航天公司的直接压缩反应装置

7.2.2.3　火星环境能辅助的二氧化碳捕集利用新技术设想

未来火星资源开发任务中二氧化碳的捕集利用是首要目标。结合火星昼夜温差变化大的环境特点和大气二氧化碳分布特征，这里提出了火星环境能辅助的二氧化碳捕集利用新技术。采用该技术的系统装置包括二氧化碳富集模块、转化模块和产物检测模块，如图 7-21 所示。

二氧化碳富集模块的主要功能包括：1）采用 HEPA 过滤器对火星大气的灰尘进行过滤；2）通过鼓风机将火星大气进行一定程度的压缩，提高二氧化碳凝华温度，降低凝华温度与环境温度之差；3）采用被动辐射制冷和辐射加热的方式，充分利用火星环境能对二氧化碳进行相变富集。采用热管和辐射制冷技术，可同时具备 CO_2 冷却收集、加热释放的功能（图 7-22）。上表面设计为辐射器，表面涂有高辐射率、高吸收率涂层；无须消耗额外能量，利用火星夜间和白天的温度变化实现制冷和加热，完成二氧化碳富集。

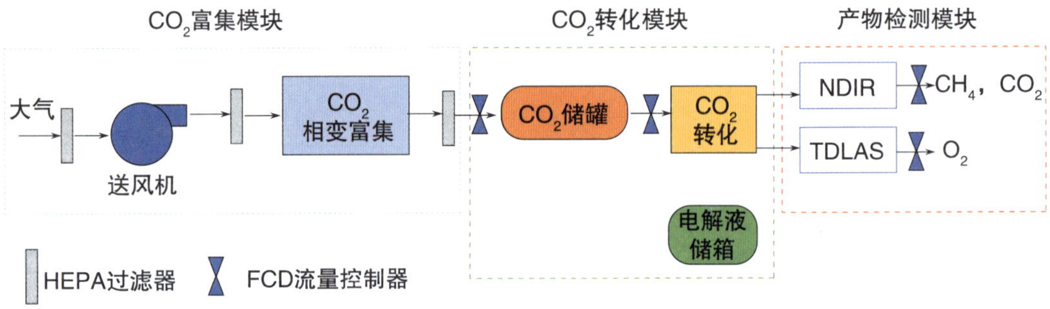

图 7-21　火星环境能辅助的 CO_2 捕集利用系统

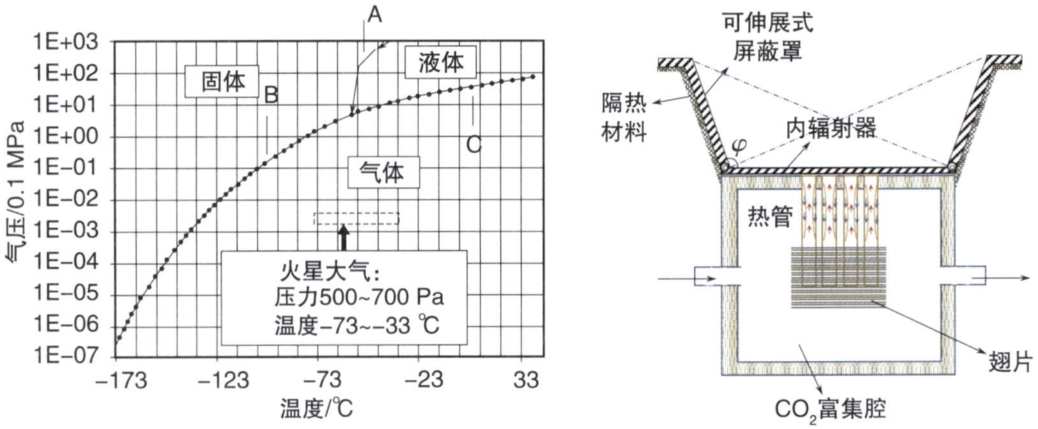

图 7-22　集成式被动制冷/加热 CO_2 富集装置原理

基于增压液化原理，这里提出利用火星空气冷能的二氧化碳增压液化捕集方法。通过特定压缩系统对火星表面大气进行富集和增压，使压力对应的饱和温度高于火星表面大气温度，随后基于火星大气中各组分气体的饱和温度差异，采用外部空气冷能对 CO_2 组分进行冷凝和分离。N_2 和 Ar 等难以凝结气体则通过气液分离器直接排出，获取的高纯度液态 CO_2 导入低温容器中并进行长期存储。

7.2.3　太空矿物开采技术

7.2.3.1　概念与原理

太空矿物开采指对地外天体矿物的采掘和选矿（采选），包括地下或地上采掘，以及在矿址或矿址附近从事的旨在加工原材料的所有辅助性工作，例如破磨、选矿和处理，可能的手段包括挖掘、钻取、破碎、切割、爆破、分选和运输等过程。采矿方法的选择主要依赖待采的矿产种类。对于松散颗粒状星壤，可以直接挖取或刮铲；易碎的固体物质在采集之前需要首先被破碎或切割；坚硬的岩石类资源则需要采取钻取、切割或爆破的方法。如果需要破碎岩石，则需要通过冲击或施加负荷。此外，研究重点是如何将上述方式与星体表面移动平台和原料处理设备有效衔接和集成统一，实现结构功能一体化设计，显著提高结构轻量化、高效率和低能耗综合能力。

对于采矿业来说，矿体的确定是关键要素。对太空采矿而言，应重点关注以下几个方面：1）矿物品位（Grade of Mineralization）。它是拟开发的目标矿物元素的含量或浓度，是整个矿体确定阶段关键要素。对星壤来说，还需考虑粒径分布、剪切强度、颗粒密度等参数。2）可挖掘性（Diggability）。星壤挖掘与地面类似，但需考虑超细颗粒和胶结质颗粒的影响，以及低微重力带来的流动性影响。3）冶金学特性（Metallurgical Properties）。包括粒径、纯度等。4）矿体限制（Ore Body Limits）。有些地球上面临的一些限制条件包括社区、土地产权、水体等在太空中不存在，但需确定采矿基底（Mining Base），它取决于品位下限（如水冰含量随深度减少）和开采下限（星壤随深度越来越密实），以及星尘污染、环境和遗迹保护、温度边界、光照边界和通信可达性等。

（1）挖掘技术

从工作模式上划分，挖掘技术可以分为连续挖掘技术和非连续挖掘技术。非连续挖掘技术主要包括正铲挖掘机、反铲挖掘机和推土机等。它在每次挖掘后需离开星壤，以清理或倾倒挖掘的材料。连续挖掘技术通过多个切割表面持续与星壤接触并可多次切割挖掘，主要包括斗式提升机，斗式滚筒挖掘机和斗轮式挖掘机。其挖掘速率较大、挖掘效率较高，适用于产量和规模较大、生产效率较高的矿产资源开采应用场景。此外还有钻进挖掘，通过螺旋钻杆的转动实现对深层星壤和矿物的挖掘，适用于硬质星壤和开采量较小的资源开采应用场景。

对岩石类和金属质类地外天体的挖掘开采，传统机械钻具在深孔、超深孔及硬岩钻进时，具有钻探效率低、钻井费用高等缺点，需发展电脉冲、微波、激光、超声等高效破岩钻进技术。

高压电脉冲破岩钻进是一种新型的碎岩技术，它利用脉冲放电产生的冲击波、射流或等离子通道的力学效应使岩石产生裂纹直至破碎，具有破岩效率高、能耗低、井壁质量好等优点，是目前一种非常具有潜力的新型高效破岩方式。结合太空采矿环境场景约束，需对电脉冲破岩钻进装置、电脉冲破岩过程及电脉冲钻进基础理论等开展研究，探讨电脉冲钻进技术在空间应用的可能性、发展趋势与研究方向。研究发现，岩石、水和空气 3 种介质的击穿场强如图 7-23 所示。空气的击穿场强较低，这表明无论是施加直流电压或是脉冲电压，空气都比岩石和水更容易击穿。而在脉冲电压上升沿<500 ns 时，岩石的击穿场强小于水。这表明若对岩石和水施加同样的电压，当电压上升沿足够快（小于 500 ns）时，岩石先于水被击穿，脉冲电流从岩石内部流过；若电压上升沿>500 ns，则施加高压的两电极会在水中或岩石表面完成击穿，没有电流会从岩石内部流过。在放电电压约为 120 kV、放电频率为 1 Hz 的条件下进行了放电 120 次的碎岩试验，实现了孔径 60 mm 的红砂岩、黄砂岩、混凝土、花岗岩的电脉冲钻进碎岩，达到了岩石破碎的基本要求。从破碎效果可以看出，电脉冲破岩的破碎比功率小，破碎效率高，是一种具有发展潜力的新型破岩方法[351]。

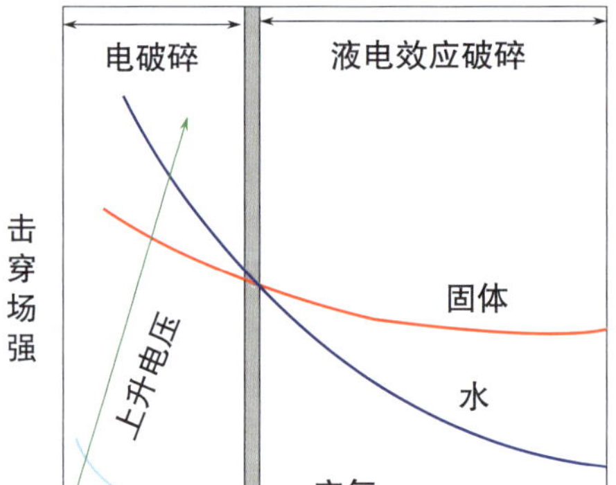

图 7-23　不同介质下击穿场强与脉冲电压上升时间的关系

激光钻井与传统钻井方式相比具有高速度、低成本、高效率、高安全和低污染等优势[352]。钻井过程中，激光作用于岩石后，受高温能量影响，钻眼附近岩石的胶结强度会增加，表面形成一层光滑的陶制保护层，降低塌陷风险；激光钻井可与激光监测系统集成，通过光纤电缆把表面和钻进的实时信息迅速、详细、可靠传递到遥控终端；激光钻井不需要钻液，没有废水及废弃物，适用于地外资源开采要求，同时没有钻屑，对地外环境影响微小。为提高激光的破岩效率，避免激光能量过大导致在岩石有效破碎之前开始熔化是非常重要的。基于能量适中、易于控制、能长距离传输或小巧便于安装的原则，比较合适的激光器包括铷钇铝石榴石激光器、高功率光纤激光器、氧碘化学激光器等。

（2）矿物解离技术

矿物解离是进行矿物分选的基础。矿物解离是将矿石经过破碎、磨矿等手段，分离成单一矿物颗粒（矿物单体）的过程。块体矿石破碎、磨成粉末状颗粒产品后，有的颗粒仅含有一种矿物或在分选时可同时富集几种矿物，有的颗粒则是有用矿物与脉石矿物共存，前者称为从矿石中解离出的单体（Free Particles），后者叫作矿物的连生体（Locked Particles）。产物中某种矿物的单体含量与该矿物总含量比值的百分数，称为矿物解离度。

综合磨矿的节能和分选效果，为避免磨得过细，增加分选难度，并不要求全部矿物都达到解离，只要求大部分矿物达到解离，即 85%以上的目的矿物形成适于分选的单体矿物，以及少部分未完全解离的两种或多种连生的矿物连生体。在破碎、磨矿过程中，矿石中的矿物解离为单体颗粒的程度是矿物解离分析的主要研究内容。矿物解离分析（Liberation Analysis of Minerals）研究矿石破碎、磨矿的产品和分选过程的各阶段产品中，有用矿物和脉石解离成单体的程度，以及矿物连生体的连生特征（即连生矿物种类、比例、大小、连生类型以及连生边界性质等）。

电脉冲解离法（Electric Pulse Disaggregation，EPD）不同于传统的岩石粉碎方法，它优先沿天然晶界碎裂岩石。该工艺为矿物学和化石制备实验室提供了以下优势：1）保留矿物晶粒形态；2）减少细粉产生；3）保持自然的粒度分布；4）可通过筛分浓缩目标矿物。电脉冲功率涉及超短、高功率电能的精确释放。当足够强大的电能脉冲穿过岩石时，就会形成等离子流，这些等离子体流沿矿物晶界传播，会产生高内部拉伸应力，使材料沿晶界断裂。EPD 是研究、浓缩、评估和提取贵金属（Au、Ag、PGM）等矿物的独特技术。

（3）选矿技术

选矿学是用物理、化学的方法，对天然矿物资源进行选别、分离、富集其中的有用矿物的科学技术。矿物分选对原料准备和进一步处理非常关键，直接影响矿物处理的能源消耗和采矿的经济性。矿物分选的目标是筛选有利于进一步处理的优选的高品位原料。例如，地球上全球平均铜矿的品位是 0.62%（质量百分比），但能接受的可进一步熔炼的品位要求是达到约 30%。对其他星球表面覆盖的星壤这种微细粒矿物，其特征质量较小但是表面积较大。目前在采矿和矿物工程领域中的矿物分选技术主要有浮选、重选、磁选、电选、复合力场选矿、微生物选矿等技术。

1）浮选：使用浮选剂调整矿物颗粒的气固液三相界面张力的相对大小，实现对有用矿物的捕获和气泡分离。根据浮选剂的作用和功能差异，浮选剂可以分为调整剂、捕获剂和起泡剂。调整剂用于调整与矿物的相互作用，提高浮选作业对有用矿物的选择性。捕获剂主要用于增强有用矿物的表面疏水性，使得有用矿物在介质中向上浮动。起泡剂的作用是在介质中生成气泡，同时通过气泡与捕获剂的结合作用，吸附有用矿物颗粒。与浮选相对应的，还有絮凝分选技术，其使用有机絮凝剂吸附有用矿物颗粒，形成絮凝团，絮凝团沉降后实现与分散脉石矿物的分离。

2）重选：由于矿物颗粒之间存在密度差异，其在介质中受到的重力不同，因此可以实现根据矿物密度分选矿物的目的。影响矿物重选的因素有颗粒密度、粒度和形状，重力分选需要使用合适的流体介质，且待分选的混合矿物密度差要足够大，最终可获得按密度分层的不同矿物。

3）磁选：根据矿物颗粒磁性的差异，使用非均匀磁场作用于混合矿物，当有用矿物受到的磁场力大于其受到的其他力场合力，且脉石矿物颗粒受到的磁场力小于其他力场合力（重力、摩擦力等）时，磁性有用矿物和其他脉石矿石实现分离。自然矿物的磁性主要来源于铁矿石的亚铁离子，因此磁选技术主要用于铁矿石的筛选，可以采用焙烧的方法将弱磁性矿物转变为铁磁性矿物，还可以通过磁化技术提高矿物的磁性。根据磁选设备产生磁场的强度大小，磁选设备分为强磁场磁选机和弱磁场磁选机。

4）电选：根据矿物颗粒导电性和介电系数的差异，其在电场中受到的电场力不同。导电性矿物颗粒表面的电子可以自由移动，在电场中受到电场力的作用远离电极表面；非导电性矿物颗粒表面的电子不能自由移动，由于极化作用被转移在电极表面。首先根据矿物介电系数和电导率确定电选分离的可能性，然后根据矿物比导电度确定分选电压，最后根据矿物的整流性确定电极极性。

可利用星壤的不同的物理特性进行分选，包括密度、表面特性、电磁特性等。由于地外缺乏水资源，地面常用的流体选矿方法不适用，更多地采用干法（Dry Techniques）选矿，目前的方法包括磁选法和电选法。

太空资源矿物分选的主要难题包括：1）地外天体环境对选矿手段的限制。由于地外天体与地球的环境差异性较大，如何结合地外天体环境特征选取合理的选矿手段是需要解决的核心难题。2）选矿手段的自动化水平。由于地面选矿技术可人为操控，对其自动化水平要求较低，而地外天体表面人为活动受限，选矿手段的自动化水平直接决定选矿任务的可实施性。3）地外天体星壤特征对选矿方法的限制。地外天体的自身演化特征决定了地外天体星壤材料及颗粒形貌特点，如何结合地外天体环境和星壤颗粒成分特征，选取合理的选矿方法，是发展地外天体矿物筛分的核心难题。

7.2.3.2　技术进展

完全无人自主的采矿机器人是未来太空采矿的关键。美国 NASA 发起多次星壤挖掘挑战赛［Regolith Excavation Challenge：2007、2008、2009，以及 Lunabotics Mining Competition（LMC）2010、2011］[353]。LMC 要求挖掘机器人（Lunabot）质量不超过 80 kg，尺寸小于 1.5 m×0.75 m×2 m（$L \times W \times H$），平

均数据率 5 Mbit/s，工作 15 min，挖掘超过 10 kg 星壤。2011 年共 32 所大学参与竞赛，其中 13 所大学完成了超过 10 kg 的挖掘目标。采矿机器人设备包括星壤挖掘、传输、存储、倾倒机械装置以及机器人移动机械装置。挖掘机械装置超过 15 种，包括斗式（Bucket ladder）挖掘机、斗式皮带（Bucket belts）挖掘机、推土机（Bulldozers）和铲土机（Scrapers）。斗式机械装置直接实现了挖掘和传输过程，不需要单独的传输装置，采用最多。传送带的方式是另一种应用较多的方式。所有胜出团队均采用多斗式挖掘机械，它采用多个挖斗并通过高速旋转，以较小的功率获得较大的开采量。为减少向储罐的运输次数，采矿机器人一般带料斗（hopper）或储料罐（storage bin），可临时存储多次挖掘的星壤。倾倒物料的方式一般采用倾斜料斗的方式来实现。机器人移动一般靠轮式来实现，也有采用轨道的方案。

受小行星弱引力的影响，物体在小行星表面的运动与在大行星表面的运动差异较大，存在表面运动形式、运动机构设计、能源供给、信息传输、障碍规避和故障处理等技术问题。在小天体表面微重力条件下，传统的轮式或履带式移动方式在微重力下与地表的摩擦力很小，难以移动。仿生机器人是模仿自然界中生物的外部形状、运动原理和行为方式的系统，能模拟生物特点工作的机器。仿生爬行机器人技术是解决微重力表面移动问题的重要技术解决途径。国外针对行星表面巡视探测任务，开展了爬行机器人技术的方案可行性研究，但尚未实施探测任务。例如，美国 NASA 喷气推进实验室（JPL）与斯坦福大学、麻省理工学院共同研发刺猬（robotic hedgehog）机器人，以形成小天体表面移动探测能力。它有 8 个刺、3 个飞轮，平台质量约 5 kg，携带相机、光谱仪等载荷后总质量约 9 kg，如图 7-24 所示。其基础结构是一个外部具有突起结构的立方体，这些突起能起到保护作用，并在跳跃和翻滚的时候充当脚。它利用内部调速轮的旋转和制动系统进行运动，JPL 采用盘形制动片，而斯坦福大学则采用摩擦皮带制动飞轮，能够从表面跳起，离开表面坑沟等不利地形。其制造成本比传统巡视器低，而立方体构型也便于携带，主星可一次性或分阶段释放多个“刺猬”对特定区域执行任务。

星壤先进表面系统操作机器人（Regolith Advanced Surface Systems

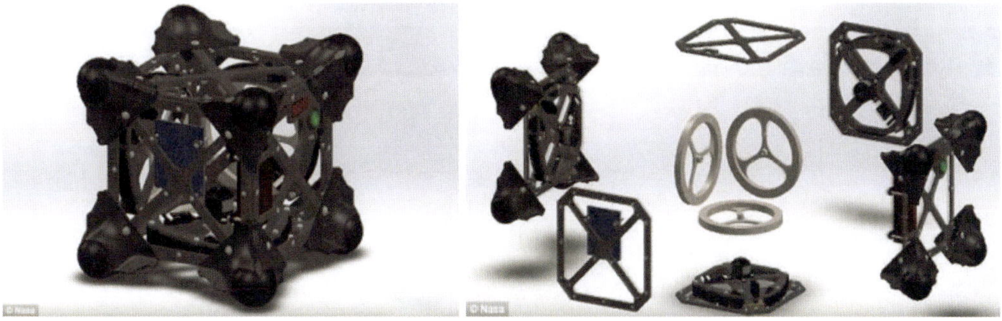

图 7-24　“刺猬”机器人概念图（引自 NASA 网站）

Operations Robot，RASSOR）是美国 NASA 研制的具有地外天体星壤挖掘能力的移动平台，质量小于 50 kg。机器人包括采用履带的移动平台和由电机驱动的安装在两端的掘进滚轮，如图 7-25 所示。这两个掘进滚轮可以向着相反方向旋转，这样，两个掘进滚轮相互之间便可以互为对方提供足够大的摩擦附着力，让整个挖掘作业得以顺利进行下去。此外，在掘进滚轮上交错排列浅浅凹槽。这样便可以每次只掘取一小份星壤，通过多次作业积少成多，而不像地球上的推土机那样一次掘取大量土石。RASSOR 机器人可穿过陡坡和恶劣地形，并且有可逆转的工作模式，能承受翻车事故的发生，恢复状态后可继续进行星壤挖掘。

图 7-25　“RASSOR”机器人示意图（引自 NASA 网站）

太空选矿已开展了大量研究，受空间环境限制，目前以磁选和电选为主，具体见表 7-9[190,354]。

表 7-9　星壤分选技术汇总

分类	工艺方法	目标矿物	粒径范围/μm	筛分模拟物	测试条件
重选法	粒度分选	n/a	75～150	JSC-1A	真空
				NU-LHT-2M	月面 1/6g
				OB-1	
	富集法	n/a	n/a	n/a	n/a
磁选法	粒度分选	n/a	n/a	n/a	n/a
	富集法	钛铁矿	20～200	n/a	n/a
		钙长石	>150	Apollo 64421	无数据
			45～150		
		钛铁矿	90～150	Apollo 10058	无数据
			45～90	Apollo 71055	
		钛铁矿	150～425	定制	真空
		氧化铁		JSC-1A NU-LHT-2M	
静电法	粒度分选	n/a	<106	FJS-1	大气、真空
	粒度分选 & 富集法	钛铁矿	90～150	KSC-1 Apollo 10084	大气
			20～220	n/a	n/a
	富集法	钛铁矿	<45	定制	大气、氮气、真空 加热温度：100～200 ℃ 表面处理样品
			45～90 90～150		
			150～250		
			250～500		
		钛铁矿	90～150 150～200	KSC-1 Apollo 10084	大气、氮气、真空 加热温度：100～200 ℃ 表面处理样品
		n/a	50～75	JSC-1	真空
		钛铁矿	75～106	定制	大气
		钛铁矿	<1 000	Nu-LHT-2M （+钛铁矿）	大气 月面重力环境
		n/a	<25	JSC-1	大气
			>100	MIS-1	
		钛铁矿	50～75	JSC-1 JSC-1A KSC-1	大气、真空

续表

分类	工艺方法	目标矿物	粒径范围/μm	筛分模拟物	测试条件
静电法	富集法	钛铁矿	50~75	JSC-1A	真空
			75~100	NU-LHT-2M Apollo 14163 Apollo 7005	
		n/a	210~420	定制	真空 加热温度：100~104 ℃
			104~420		

7.2.3.3　静电矿物采选新技术研究

静电输运相比于机械输运能耗更低，对样品的损伤破坏程度更低，同时可操控性更强，是未来取样、采样以及选矿的主要发展方向。作者团队结合太空资源开发利用方向，提出了星壤颗粒的静电采选新方法，建立了理论模型，进行了仿真分析和原理实验[355,356]。

采用基于软球模型的离散元方法（DEM）进行静电场中颗粒运动的数值仿真，考虑颗粒与颗粒间、颗粒与壁面间以及颗粒与外加物理场（流场、静电场）间的相互作用，获得颗粒受力及运动信息。图 7-26 为颗粒在电极板表面的受力分析，颗粒所受主要作用力包括颗粒与颗粒间由于碰撞摩擦等引起的颗粒间相互作用力，外加静电场施加在颗粒上的静电力，由不均匀电场强度分布引起的介电力，气氛条件下的气体曳力，颗粒与极板表面感应电荷间的镜像力，颗粒所受重力/微重力以及细颗粒的粘附作用力。

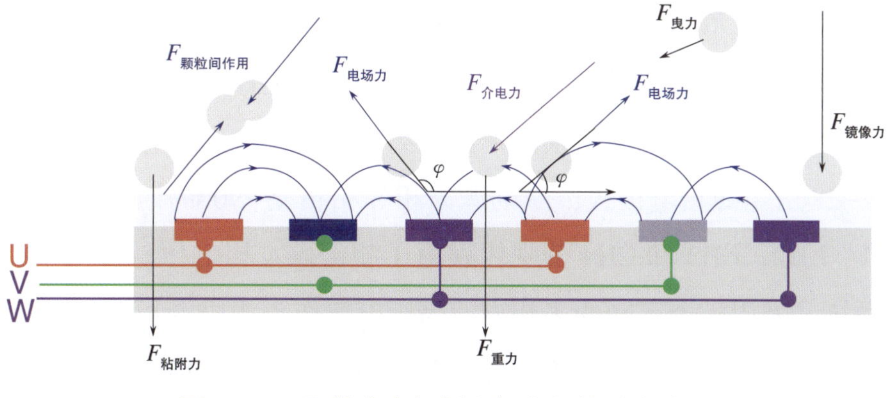

图 7-26　颗粒在电极板上部空间的受力分析

DEM 进行计算时把颗粒体系视为由一系列离散的独立运动的单元（粒子）所组成，利用牛顿第二定律建立每个单元的运动方程，整个介质的变形和演化由各单元的综合运动和相对位置来描述。在 DEM 的计算过程中，每个时间步开始时，更新颗粒之间、颗粒与壁面间的接触，根据颗粒间、颗粒与壁面间的相对运动，使用力-位移方程更新颗粒间、颗粒与壁面间的接触力，然后根据作用在颗粒上的合力矩，使用运动方程更新颗粒的速度和位置，判断接触情况。基于牛顿第二运动定律建立的颗粒运动方程，包括平动方程和转动方程如下

$$m\frac{\mathrm{d}\boldsymbol{v}}{\mathrm{d}t}=\boldsymbol{F}_F+\boldsymbol{F}_A+\boldsymbol{F}_E \tag{7-10}$$

$$I\frac{\mathrm{d}\boldsymbol{w}}{\mathrm{d}t}=\boldsymbol{T}_F+\boldsymbol{T}_A+\boldsymbol{T}_E \tag{7-11}$$

式中，m 表示颗粒质量；$\boldsymbol{v}$ 表示颗粒运动速度；$\boldsymbol{w}$ 表示颗粒角速度；I 表示颗粒转动惯量；$\boldsymbol{F}_F$、$\boldsymbol{T}_F$ 表示周围流体施加到颗粒上的力与力矩；$\boldsymbol{F}_A$、$\boldsymbol{T}_A$ 表示颗粒与颗粒间、颗粒与壁面间由于碰撞和粘附产生的作用力和力矩；$\boldsymbol{F}_E$、$\boldsymbol{T}_E$ 表示本工作中关注的外加静电场引起的施加到颗粒上的作用力和力矩。

图 7-27 给出了典型仿真结果。在 10~200 Hz 工况范围内，颗粒的水平运动绝对速度随电压频率的增大而增大。10 Hz、50 Hz 及 200 Hz 不同频率下对应的电场传播速度标注在图中，分别为 0.052 m/s、0.26 m/s 和 1.04 m/s。可以看出，对于 f=10 Hz 条件下，颗粒以接近甚至高于电场传播速度的水平速度向前运动。在 f=50 Hz 条件下，颗粒的运动速度明显开始低于电场传播速度，当电场频率增大到 200 Hz 时，颗粒运动速度则远远低于电场传播速度。

为进一步掌握不同运行条件下的颗粒运动行为，探究静电场的颗粒输运性能及关键因素的影响，分析了电场对颗粒运动的内在控制机制，搭建了静电颗粒输运实验系统，开展了地面条件下静电场驱动的颗粒定向输运实验。实验中采用图 7-28 所示四相电极板，激励源为相邻相相差-90°的四相、方波交变电压，CH1、CH2、CH3 和 CH4 分别代表第 1 相~第 4 相电压。按图 7-28 所示的实验系统，采用一个定制的多相方波高压电源作为激励源模块，将各电极与相应各相电压连接后，接通电源，即可获得四相行波交变电场，在此基础上观察静电场中颗粒在不同操作条件下的运动情况。

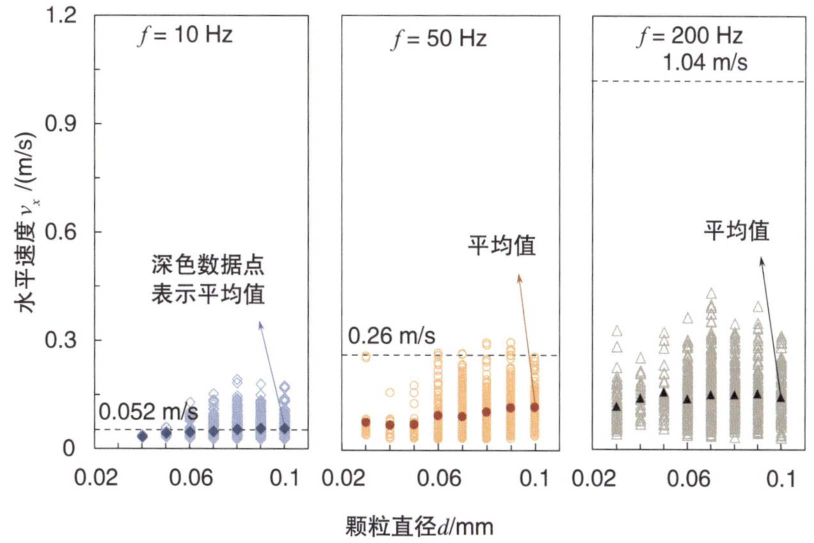

图 7-27　电场频率对颗粒水平运动速度的影响

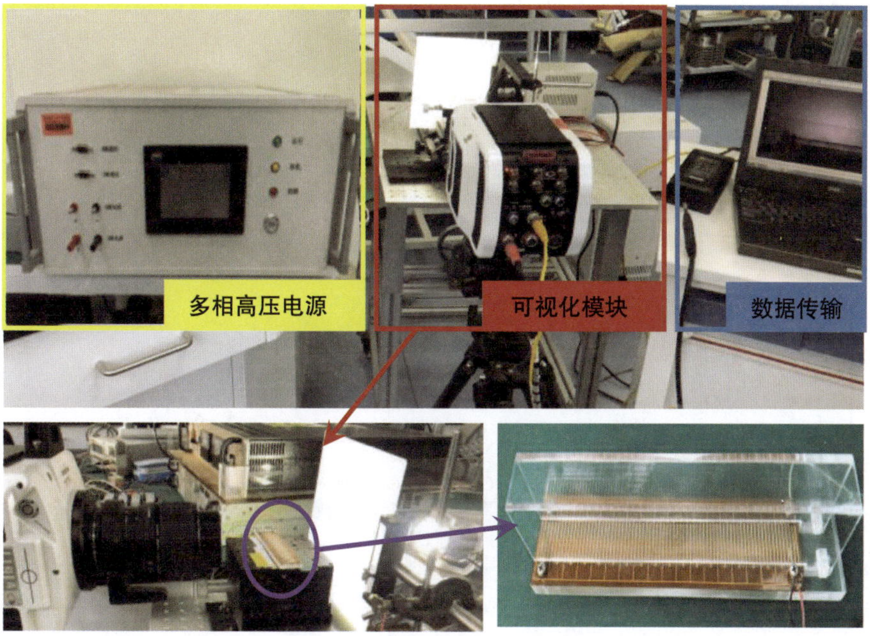

图 7-28　星壤颗粒静电输运实验系统

实验采用的电极板几何参数、激励参数及颗粒参数如表 7-10 所示，实验过程中采用高速相机记录颗粒运动行为轨迹，其帧频为 13 003 fps，另外采用帧频为 60 fps 的录像机记录颗粒群宏观运动行为。

表 7-10　星壤静电输运实验工况参数表

几何参数	电极板编号	EC #1	EC #2	EC #3	EC #4
	电极宽度 a/mm	0.2	0.2	0.2	0.4
	电极间距 b/mm	0.2	0.4	0.8	0.4
激励参数	电压幅值 U/V	1 200~2 600			
	电压频率 f/Hz	2~150			
颗粒参数	模拟物#1	CUG-1A 模拟月壤，$D_{10}=7.370$ μm，$D_{50}=30.40$ μm，$D_{97}=81.54$ μm			
	模拟物#2	CUG-1A 模拟月壤，粒径范围 100~125 μm			

图 7-29 给出了采用 EC#2 电极板时，不同电压参数下颗粒发生运动方向转变时所对应的电压频率（以下称为“转换频率”）。可以看出，低频时颗粒发生反向输运现象，高频时颗粒定向运动方向由“向后”转变为“向前”（向前、向后均相对于静电场运动方向而言，向前表示与电场运动方向相同）。转换频率随着电压幅值的增大而增大，蓝色斜杠阴影部分所对应的工况下，颗粒难以定向输运，此时工况为电压幅值较低及频率较高的情况。另外，可以看出，对于更高电压幅值条件下，颗粒发生双向输运所对应的电压频率范围增大。

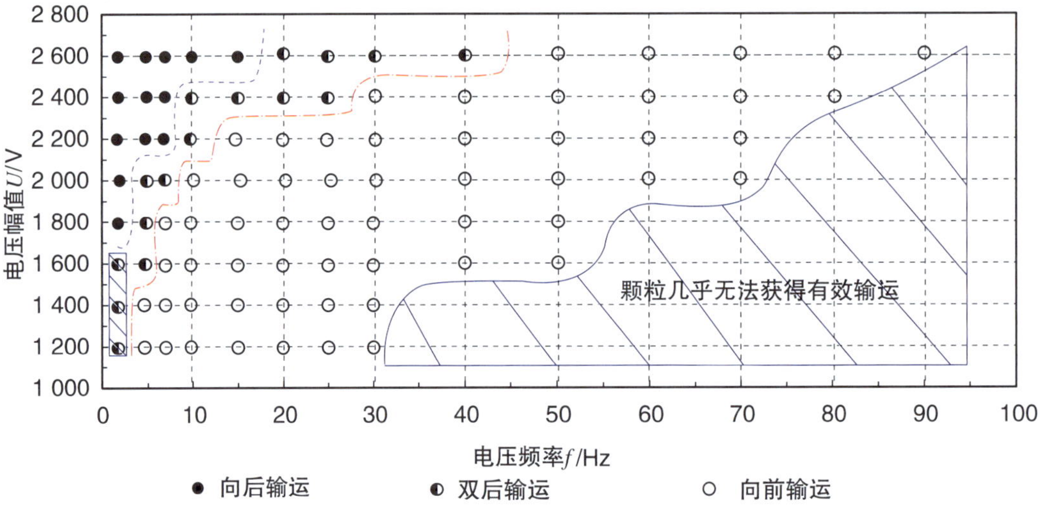

图 7-29　激励参数对颗粒定向输运方向的影响（电极板 EC#2）

7.3 无人自主技术

7.3.1 概念与原理

无人自主技术为各类太空资源开发装备/机器人提供低成本运营的基础。相比地面和空间站，地外天体资源开发装备的操作具有严格的通信约束，通信窗口受限、通信延迟大、数传速率低，环境复杂且不确定、器上系统复杂且需多器协同控制、多源信息融合数据量大、天地互动决策和地面操控信息不足等特点，需要发展无人自主技术。通过无人化、智能化、群协同的方式，广泛应用无人飞行器、无人移动作业车、无人采矿机器人、无人工厂等技术，最大限度地减少人为参与，可提高整个太空资源开发体系的无人自主性，有效提升系统冗余度、可靠性，大幅降低运营成本。

自主技术已经逐渐成为深空探测领域未来发展的一项关键技术[357]。深空目标距离地球遥远，采用地面上传指令控制航天器运行的方式存在显著的通信时间延迟[358]。例如，对于火星探测来说，当火星距地球最近时，从地面站发送指令到收到确认反馈，时间延迟达 6 分钟；而对于冥王星探测来说，距离地球可达 39. 5 AU，信息往返时间超过 10 小时。太空资源开发的设备与设施对自主技术的要求主要体现在通信大时延导致的突发事件及时响应、未知复杂环境的自主决策等方面。

一般情况下，自主是指独立的控制和决策。无人自主技术是将人的观察、决策、操控等效果，转移到机器或系统上，来提高其控制和操作能力。无人自主系统可以在没有或有限的人工参与的情况下完成规划的任务。无人自主是一个新兴的跨学科领域。当前，依靠大数据、人工智能以及其他科学技术的进步创造具有集成任务、运动规划、决策和推理能力的无人系统，具有自主性、智能性和协作性等特征。计算机技术、人工智能（AI）和机器人技术的发展，在很大程度上拓展了无人自主操作任务，降低了成本，提高了可实现性[359]。

深空无人自主技术需在有限时间和资源约束的条件下，处理带噪声的传感器数据、应对不确定的环境，开展不确定性推理、自主学习、计算机视觉、人工智能等[360]。自主软件可熟练执行推理过程并制定决策，完成任务目标[361]。

7.3.2 技术进展

随着大量深空探测任务的成功实施，无人自主技术已逐渐成熟并不断发展。作为我国月球探测计划的一部分，嫦娥五号在 2020 年 12 月 17 日成功完成了将月球样品带回地球的任务，月球样品被装入月球上升器，然后起飞，与任务的轨道器（即地球返回器）对接交换样品，是两个无人自主的航天器首次在地球轨道之外完成的完全自主对接。

深空无人自主技术的发展大致经历了以下 3 个阶段：基于规则的航天器自维护阶段，航天器局部子系统自主阶段，航天器系统级自主阶段[362]。地外天体巡视器自主的发展历程，如图 7-30 所示[363]。未来的地外天体无人自主系统将向智能化发展，具有更强的自主能力，包括更强的探测能力、更快的移动速度、更好的地形适应能力等。

图 7-30 地外天体巡视器自主的发展历程

美国从 1967 年开始致力于开展自主火星车研制。早期解决布局、结构、悬架等问题，后期着重发展储能、视觉系统，实现避障、超 3 m 的导航、自主能源适应等能力[364]。1996 年 12 月发射的火星探路者（Pathfinder）任务的索杰纳号（Sojourner）火星车[365]采用遥控方式。索杰纳有限的自主能力主要体现在自主地形穿越、突发事件处理和资源管理 3 个方面。地火之间的时延使得地面人员不能实时控制索杰纳号，火星车仅执行简单的命令序列。着陆器与地球之间的通信每天进行两次，每次约 2 小时，火星车遥测分析由地面火星车控制工作站完成。地面科学家小组利用火星车和着陆器拍摄的图像，指定火星车下一步运动的目标位置及移动路径。

火星探测巡视器（Mars Exploration Rover，MER）任务的火星车勇气号和机遇号主要采用自主导航和遥操作工作模式[366]。以每个火星日为周期来开展任务活动，每天早晨根据前一天传回的图像和数据发送命令序列，活动结束后，火星车将获得的图像和数据传回地面[367]。MER 具有更强的自主能力。其计算机每秒能执行约 2 000 万条指令，其自主性解决了数小时的无人监测、复杂地形的运动控制等难题[368]。自主能力包括安全地形导航规避几何障碍、视觉位姿估计、绝对方位测量等。器载软件更新能力可支持任务拓展，包括全局路径规划（用于在改进导航算法、增强自主能力的基础上，自主接近目标，完成定位），以及自主识别具有科学价值的目标。

2009 年，JPL 提出了自主系统架构（Autonomy System Architecture，ASA），用于支持面向目标的信息传递、共享模型、行为知识，实现自主决策制定和自动化执行。合理区分地面、器上、操控人员、人工智能系统的自主功能的范围，有助于发展高水平的自主与自动化技术。

2011 年 11 月发射的火星车好奇号（Curiosity）执行火星科学实验室（Mars Science Laboratory，MSL）任务，其主要工作模式是长距离自主导航与遥操作[369]，因器上有强大的在轨软件维护能力，可以实现使其工作模式由飞行状态转换到火星工作状态[370]。好奇号在火星行走时所进行的高效路径规划决策，以及在采样过程中对机构的精准控制，均由器上自主完成。好奇号火星探测器是迄今为止最为先进的巡视探测器系统，能够长期、自主、全面地实现火星探测。

未来采样返回火星车（MSR）将通过自主能力了解地形的特性，应对新地形，完成地形预测；并通过自主学习进行自主科学探测。为避免钻探工具发生卡滞或损坏，MSR 火星车可在钻探工具嵌入岩石时移动或滑动进行补偿。立体视觉、视觉测量算法是火星车自主算法的重要基础，可通过定制硬件如 FPGA 完成[371]。

从当前的发展趋势看，深空无人自主技术重点要解决 4 方面核心问题：自主任务规划、自主导航、自主故障诊断与重构，以及支撑实现上述功能的航天器智能信息技术[372]。

在自主任务规划方面，通过对飞行器上已存知识、各种敏感器获得的飞行器状态及周围环境知识的处理，获得可达到目标状态的合理活动序列。自主任务规划技术不仅降低了深空任务由地面站收集信息、处理、形成命令序列的操作代价，同时也增加了任务应对深空多变环境的处理能力。复杂的资源约束、时间约束、活动之间并发性约束、探测环境的不确定性等问题提出了新的挑战。图 7-31 所示为自主任务规划系统设想。

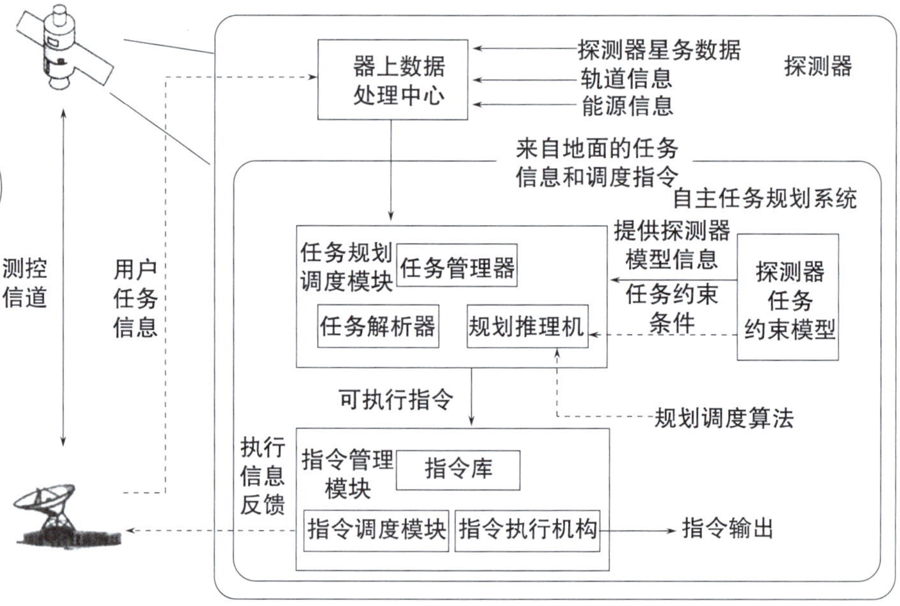

图 7-31　自主任务规划系统设想

在自主导航技术方面，随着惯性器件、光学、微电子、计算机以及图像处理等相关技术的发展，深空自主导航技术也取得了长足进步。多数探测器已经具备部分自主导航功能且功能逐渐完善和强大，并向系统级智能化自主导航发展。主流的自主导航技术均建立在用光学导航敏感器获取的导航星或目标天体图像信息的基础上，对光学导航系统获取的图像信息进行自主图像识别，目标辨识已成为当前深空自主导航的核心内容。

在自主故障诊断与重构方面，航天器已从原来单一的由各分系统配置的故障诊断系统，向系统级状态监测、故障预测和故障修复系统发展，逐步形成航天器集成健康管理系统，从保障任务完成的系统顶层实现对航天器的故障综合检测与重构。深空探测任务对系统整体规模的约束更加严格，合理的诊断设计和重构设计，是未来自主运行技术发展的重要途径。图 7-32 所示为自主故障诊断与重构技术发展现状与趋势[372]。

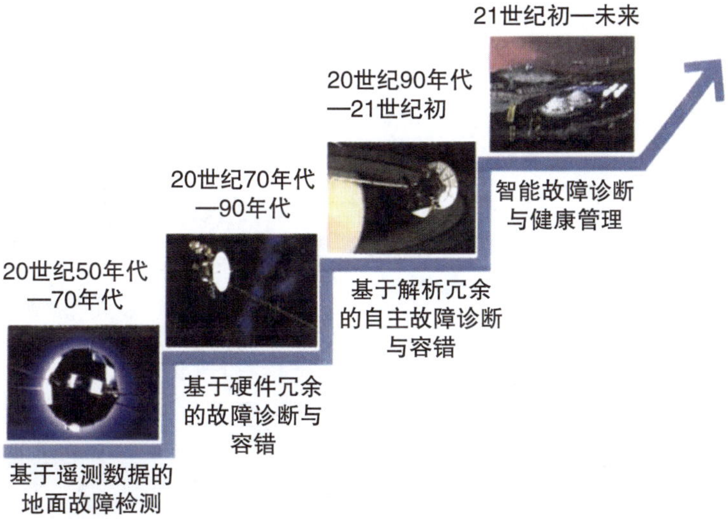

图 7-32　自主故障诊断与重构技术发展现状与趋势

智能信息技术为自主任务规划技术、自主导航技术、自主故障诊断与重构技术等的在轨实现提供计算能力和网络能力支撑，使得各类自主管理相关算法可以在高性能计算平台中运行，并通过网络与航天器内部或其他航天器的节点进行信息交互，实现协同工作。航天器智能信息技术包含在轨信息的获取、处理和分发等多个方面，具体包含高性能计算、多核分区操作系统、航天器组网与互联互操作、航天器内高速总线等技术。

7.3.3 未来技术发展设想

近年来，以机器学习为代表的人工智能技术得到了快速发展，并在计算机视觉、语音识别、机器人等领域获得了日益广泛的应用，太空资源开发对人工智能技术也提出了更高、更迫切的需求。目前依赖于地面设计与规划的遥操作控制方式，工作效率较低，人工智能技术可通过视觉相机和器载计算机实现自主、智能的行星地形感知、导航定位、路径规划与避障，将进一步提升太空资源开发设备在不确定环境下的探测和表面作业能力。例如，未来月球驻留科学探测与资源开发利用系统建设与开发过程的智能化、自主化设想如图 7-33 所示[373]。

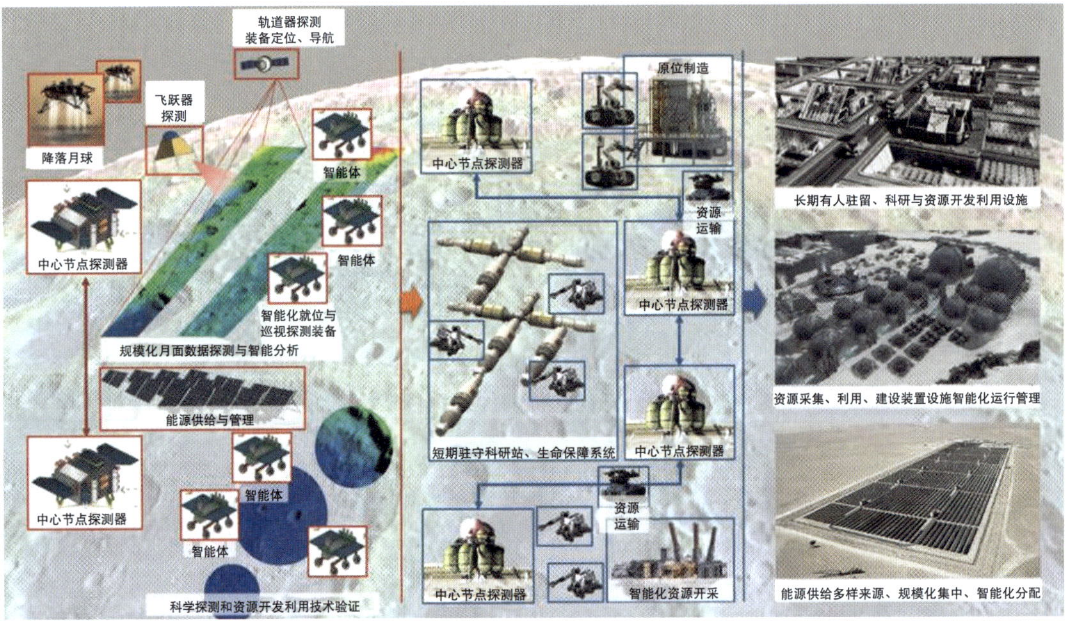

图 7-33　月球驻留科学探测与资源开发利用系统工程体系的智能化设想

7.4 小结

太空资源勘查开采是太空资源开发的核心关键，涉及太空资源勘查、太空资源开采等专用技术，也包括无人自主等共性技术，面临极限环境、极端到达等重大挑战。本章综合分析了各类技术的概念、特征和关键问题，探讨了技术发展的新思路、新途径，为建立太空资源勘探开采设施提供参考。

1）太空资源勘查技术是太空资源开发的重要前提。它主要通过多种手段获得地外天体的矿物及其化学成分、资源储量等重要信息，需重点发展太空资源遥感普查、原位勘探、勘查评估等技术。通过天文观测的遥感手段来获得地外天体的基本信息和物质成分的初步信息，开展资源遥感普查；通过飞抵到目标天体后开展的地球物理勘查和地球化学勘查等手段获得准确的成分和矿物信息，进行原位资源勘探。在此基础上，采用资源评估方法估计可开采的边界品位，最终确定资源开发的地外天体目标。

2）太空资源开采技术是利用地外天体资源生产高价值产品的第一步。它主要通过采集、预处理和存储等手段，获取地外天体大气、水与挥发分、矿物等资源，需重点发展星表水冰开采、行星大气资源捕集、太空矿物开采等技术。作者团队提出的钻采一体的太阳能光热采冰技术，可实现规模化、通用性、模块化、强适应、高采率、高能效的水冰开采目标，为未来月球、火星和小天体的水冰资源开发提供新技术途径；需结合地外天体环境温差特征和大气二氧化碳分布特征，研究环境能辅助的二氧化碳捕集利用新技术；需结合地外天体低微重力、超高真空的特点，全链条考虑矿物的采掘、破碎和选矿，重点研究因地制宜、简易可行的方法进行太空资源开采。

3）深空无人自主技术为各类资源开发装备/机器人提供低成本运营基础。通过无人化、智能化、群协同等方式，最大限度地减少人为参与，提高整个太空资源开发体系的无人自主性，有效提升系统冗余度、可靠性，大幅降低运营成本。需突破自主管理系统设计、自主任务规划、自主导航与控制、自主故障处理、自主任务操作等技术。

第8章 太空资源加工利用的若干关键技术

太空资源加工利用是指通过物理、化学等方式，把地外天体资源处理加工成生产生活所需要的原料，在太空进行原位建造和制造产品，或运回地球并在地球工业得到应用的技术。它包括生产氧气、燃料等消耗品，制备工业生产所需要的金属（钛、铁、稀有金属等）与非金属（硅、硫、磷等）原料等，冶炼提纯稀贵金属资源并运回地球应用，按需在太空制造或生产零件、工具，利用原位材料进行热能、电能存储，在地外天体建造道路、着陆场、居住地、防护结构及辅助设施等，乃至开展太空基础设施的在轨建造。本章重点讨论太空推进剂原位制备、太空冶金、太空制造和太空建造等太空资源加工利用的若干关键技术。结合作者前期的研究结果，分析其应用场景、技术特征和技术挑战，提出可探索的技术路径和技术方案。

8.1 太空推进剂原位制备技术

8.1.1 概念与原理

太空推进剂原位制备技术是一种在太空中利用原位获取的资源进行推进剂生产的技术。这种技术利用地外天体水资源或大气二氧化碳资源直接制备出空间推进系统使用的推进剂，并通过在轨加注等方式，为空间飞行器补充推进剂。由于推进剂是各类太空活动主要的资源消耗，若在太空原位制备推进剂，则可大幅降低对地球资源的依赖，减小火箭的地面发射质量和成本，并可减小推进剂贮箱的体积，有效提高空间飞行器载荷能力。根据第 4 章和第 5 章的分析，这不仅将大幅降低载人月球探测的任务成本，也将使载人登陆火星任务具备可行性。更为重要的是，通过推进剂的太空原位制备，才能使太空资源开发具有成本优势，具备经济可行性。

根据原料的不同，太空推进剂制备技术主要包括两大类：水解氢氧制备技术和二氧化碳还原制氧与含碳燃料技术。其中水资源在月球、小天体、火星等地外天体广泛分布，水解氢氧制备技术是太空推进剂的主要方式。二氧化碳是火星上的主要大气资源，也会在月壤碳热还原过程中作为中间产物产生，二氧化碳推进剂制备是火星表面推进剂制备的重要内容。

8.1.1.1　水解制备氢氧技术

地外天体具有丰富的水冰资源，通过第 7 章介绍的水冰资源开发技术，可以在太空中获得大量水资源。通过太阳能光电催化分解的方法，水可转化为氢和氧。近年来，在地球可持续发展需求驱动下，太阳能制氢所获得的绿氢得到了迅速发展，为太空水解制备氢氧提供了良好的技术基础。目前水制氢技术主要有：电解水制氢、光催化分解水制氢、微生物分解水制氢等。

（1）电解水制氢

根据目前月球和火星的含氢物质和水资源储存情况，电解水是利用地外原位资源生产氢和氧的主要技术途径。水电解器电解可获得氢气和氧气，并根据需要进行高压储存或液化储存。目前主要有碱性电解池（Alkaline ELectrolyzer，AEL）、固体氧化物电解池（Solid Oxide ELectrolyzer，SOEL）和质子交换膜电解池（Proton Exchange Membrane ELectrolyzer，PEMEL）三种技术路线，如图 8-1 所示[374]。其中 PEMEL 结构紧凑，电流密度高，响应速度快，占地面积小，能够在常温（20～80 ℃）下将水电解为超纯氢气和氧气。PEMEL 使用固体聚合物电解质膜（也称为质子交换膜，PEM）作为离子导体，具有效率高、气体纯度高、无碱液、体积小、可实现高产气压力等优点，应用前景好[375]。

PEMEL 相当于质子交换膜燃料电池（PEMFC）逆运行的电化学能转化装置，可利用电能将 H_2O 进行化学分解，从而在阳极侧产生 O_2 和 H^+。O_2 离开装置，而 H^+穿过质子交换膜。电子通过外部电路循环，到达阴极侧还原 H^+产生 H_2。在 PEM 电解池（阳极，阴极和整体）中发生化学反应

$$\text{阳极}:H_2O \rightarrow 2H^+ + \frac{1}{2}O_2 + 2e^- \tag{8-1}$$

$$\text{阴极}:2H^+ + 2e^- \rightarrow H_2 \tag{8-2}$$

$$\text{总反应}:2H_2O \rightarrow 2H_2 + O_2 \tag{8-3}$$

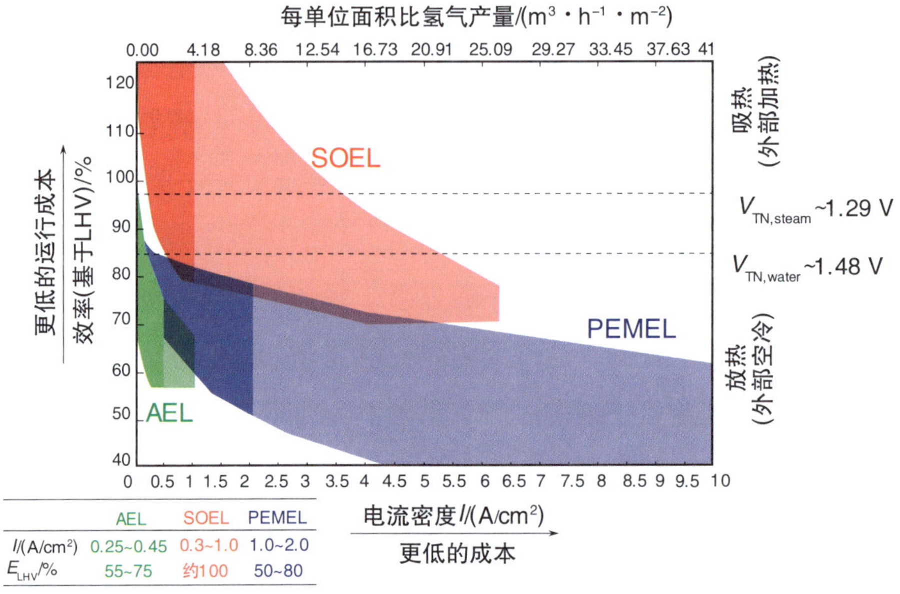

图 8-1　三种水电解技术的比较

前两式为两个半反应，通常被称为析氧反应（OER）和析氢反应（HER），式（8-3）是电解池发生的总反应。当施加高于热力学可逆电位的直流电压时，水开始分解。

在热力学方面，可根据吉布斯自由能变化 ΔG 计算出水分解所需的最少能量。在标准状态下（1 个标准大气压，298.15 K），H_2O 分解成 H_2 和 O_2 的 ΔG 为 236.48 kJ/mol。可计算得出可逆电位

$$E_{rev}=\frac{\Delta G}{nF}=1.23\ \text{V} \tag{8-4}$$

考虑到水分解时不可逆熵损失，采用焓变（ΔH）代替 ΔG 进行电势计算。在标准状态下，反应的 ΔH 为 285.83 kJ/mol。水电解所需的最小电压（V_{TN}）为

$$V_{TN}=\frac{\Delta H}{nF}=1.48\ \text{V} \tag{8-5}$$

由于 PEMEL 的工作温度范围（20～80 ℃）较小，因此温度变化对 PEM 的热力学影响较弱。

在动力学方面，由于电解池内的不可逆损失，电解水的实际电压会高于理论值。PEMEL 中主要有 3 种因素导致的动力学损失：电极反应动力学引起的

活化能损失、欧姆损失以及质量传递损失。

PEMEL 工艺及反应微观现象如图 8-2 所示[376]，PEMEL 电堆组件主要由膜电极组件（MEA）、集电器（气液扩散层）、密封圈和双极板组成。PEM 将电解池分成两个半电池（阴极和阳极），它具备高质子传导率、低气体透过率以及电子绝缘等特点，最常用的膜是全氟烷基磺酸聚合物膜（PFSA）。膜的低气体透过率使 PEM 电解池可以在较宽的功率输入范围内工作。双极板是用于支撑集电器与膜电极、传递电子及提供物质传输的通道。气液扩散层的作用是在电催化层和双极板之间提供有效的电接触，并确保它们之间的气/液传输。气液扩散层需具备适宜的孔隙率以便于反应物水的传输和生成物气体的移除，以及最佳孔径值来平衡扩散层中的质量传递和电催化层中的电荷传递的竞争过程。液相的水通过阳极多孔层的孔道传递到催化层。随着反应的进行，氧分子在反应位点以气泡的形式成核积聚在孔道内，可能会引起孔道堵塞阻碍液相水的传递，导致质量传递的损失。

（2）光催化分解水制氢

光催化分解水制氢技术使用具有光活性的半导体材料作为光催化剂，通过半导体材料在光辐照下产生的光生电子和空穴，氧化和还原水中的羟基和质子，生成氧气和氢气。从输入能量角度，光催化分解水制氢也可以称作太阳能分解水制氢，属人工光合反应。光分解水制氢技术的主要工作方式包括：1）单电极光催化分解水制氢。在太阳光照射下，在同一块电极材料的表面生成氢气和氧气，能源转换效率约 1.2%；2）双电极光电催化分解水制氢。使用两个在空间上分离的电极，将半导体的光生电子和空穴分离和汇集在两个电极上，氢气和氧气分别在光阴极和光阳极上生成，类似电解水时，阴极和阳极上发生的反应，能源转换效率约 2.5%；3）光伏+双电极光电催化分解水制氢：能源转换效率约 22.4%。

（3）微生物分解水制氢

蓝细菌和绿藻等微生物在光照条件下，以水为原料，通过自然光合作用产氢。目前微生物分解水制氢还处在研究阶段。

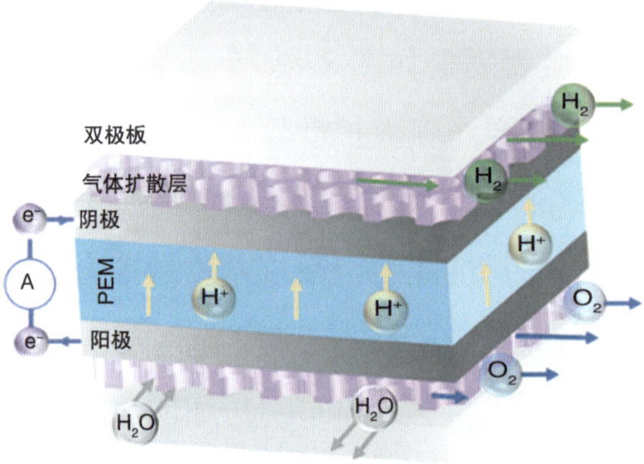

(a) PEMEL工艺概念图

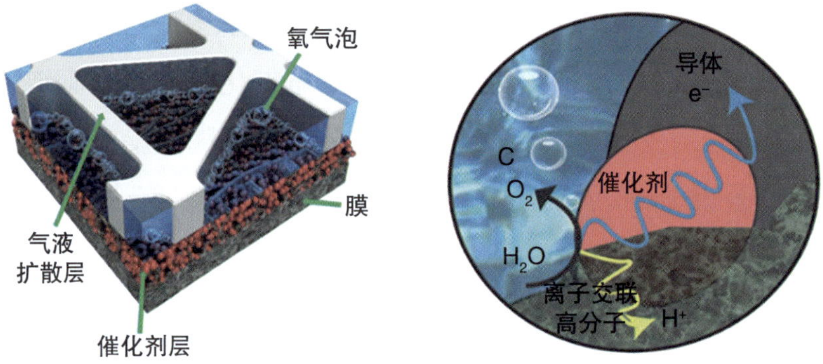

(b) 电解水反应微观现象

图 8-2　PEMEL 工艺及反应微观现象

8.1.1.2　二氧化碳还原制备氧和含碳燃料技术

含碳的原位资源主要是火星大气中的二氧化碳，因此甲烷燃料的生产主要是通过二氧化碳的甲烷化技术。二氧化碳的资源化利用主要通过化学催化过程实现。由于各类技术中涉及的化学反应不同，在原料需求、产物类型和转化效率等方面存在很大差异。目前主要的二氧化碳转化技术包括热催化反应（Sabatier 反应、Bosch 反应和高温甲烷热解）和电催化反应（高温电催化和常温电催化）。从化学反应方程可知，热催化二氧化碳还原技术的产物为水，不能直接获得氧气，需要通过独立电解水辅助制氧气。

固体氧化物电解池已用于从二氧化碳中提取氧气，但仍需提高比表面积并降低电阻。如果有可用的氢源，二氧化碳也可以通过 Sabatier 工艺转化为水和甲烷，或者通过逆水煤气工艺生成水和一氧化碳。虽然这两种反应地面上已相对成熟，但为实现空间应用，还需改进催化剂和流道设计，并有效实现低微重力下的气液分离。由于大多数化学反应的运行温度超过 900 ℃，需要通过热管理来降低功率需求，可通过太阳能聚光器利用太阳能来加热反应器，或通过热管和相变材料等技术充分回收利用热能。生物技术和人工光合作用等一些先进新概念技术虽然 TRL 低，但在质量、功率和产率方面具有显著的潜力。

（1）Sabatier+水电解反应

Sabatier 反应是 CO_2 甲烷化技术，为热化学转化过程，反应温度在 200~400 ℃之间，具有技术成熟和可靠性高等优势。结合电解水制氧反应，理论上可实现 50%的氧利用率，并实现甲烷燃料的制备。其反应式为

$$CO_2 + 4H_2 = 2H_2O + CH_4,\ \Delta H^0_{298\ K} = -165.4\ kJ \cdot mol^{-1} \qquad (8-6)$$

电解水过程为

$$2H_2O = 2H_2 + O_2 \qquad (8-7)$$

因此，总反应过程为

$$2H_2O + CO_2 \rightarrow 2O_2 + CH_4 \qquad (8-8)$$

可能的副反应包括

$$CO_2 + H_2 = H_2O + CO,\ \Delta H^0_{298\ K} = 41.2\ kJ \cdot mol^{-1} \qquad (8-9)$$

$$CO_2 + 2H_2 = C(s) + 2H_2O,\ \Delta H^0_{298\ K} = 41.2\ kJ \cdot mol^{-1} \qquad (8-10)$$

副反应 1 受温度影响较大，当温度高于 430 ℃时开始发生，由于 CO 也会与 H_2 发生甲烷化反应生成甲烷，并不影响最终 CO_2 转化率和甲烷产品的生成量。副反应 2 受原料气中氢碳比影响较大，当 H_2 与 CO_2 摩尔比≤3 时易发生积碳反应，碳会附着于催化剂表面和孔道内，造成催化剂活性降低；当 H_2 与 CO_2 摩尔比≥4 时，生成的水又与碳发生反应，可以减少积碳现象。

目前空间站使用的 Sabatier 工艺流程基本类似[377]，以典型的和平号空间站 Sabatier 工艺流程为例，其核心工艺流程为：电解水制得的 H_2 和收集浓缩后的 CO_2 按摩尔比约为 4 的比例在混合器中均匀混合，经活性炭净化器吸附去除杂质气体，再经过进出口换热器加热后进入甲烷化反应器；当换热器换热负荷不足时，甲烷化反应器进料端处的电加热器加热，保证原料气体温度达到催

化剂起活温度之上；经过催化剂床层时，CO_2 和 H_2 在催化剂活性组分的催化作用下发生甲烷化反应，释放出大量热量，生成 CH_4 和 H_2O；在反应器出料端处设置冷却器，及时移出反应热，维持整个反应在最佳反应温度区间内，避免床层超温；反应后的工艺气经过滤除尘后离开反应器，通过进出口换热器将热量传递给进口原料气，再经冷却器进一步冷却，把水蒸气冷凝为液态水，由气液分离器进行分离后收集。气体产品中 CH_4 可用作火箭燃料或制氢原料，H_2O 经处理后作为电解水原料。

（2）高温电解催化二氧化碳还原

它主要采用固态氧化物电解质通过高温电解反应进行二氧化碳还原制氧。在电压的作用下二氧化碳在阴极直接转化成一氧化碳和氧负离子：$2CO_2 + 4e^- = 2CO + 2O^{2-}$，然后通过固态电解质进行传导。电解质材料的氧离子导电会造成氧分离，在晶格存在氧空位，这些空位为氧离子在电解质中的传递提供了导电场所，施加在电解质上的电流是氧传递的驱动力，氧离子从空位进入空位，直至到达阳极，在阳极转化为氧分子，形成氧气：$2O^{2-} = O_2 + 4e^-$，然后分子氧从多孔电极扩散出去。电催化反应产生的氧气和一氧化碳分别从阳极和阴极通道流出，避免气体混合，氧气纯度可达约 98%。

（3）常温光/电催化二氧化碳还原

地外人工光合成是在地外空间环境下模拟绿色植物的自然光合作用，在常温常压条件下通过物理化学方法可控、加速地将二氧化碳转化成氧气和含碳化合物。本技术能够实现高效的二氧化碳转换和氧气再生，还能制备多种碳氢化合物，为空间制造碳氢燃料，甚至糖类、淀粉等碳水化合物的合成提供物质基础（图 8-3）。

作为重要的原位资源利用技术之一，要实现二氧化碳转化利用的地外应用，必须充分考虑各技术局限性、空间环境约束和航天任务需求。现有的二氧化碳转化利用技术各有特色，依靠单一技术不能有效解决载人深空探测和规模化开发需求，需要根据具体地外环境约束和当前技术发展选用合适技术路线。短期或中期任务可利用 Sabatier 系统与电解水形成互补系统；长期任务如登月任务，则需要考虑物资补给难度、装置复杂度和可控性等问题。Bosch 反应等

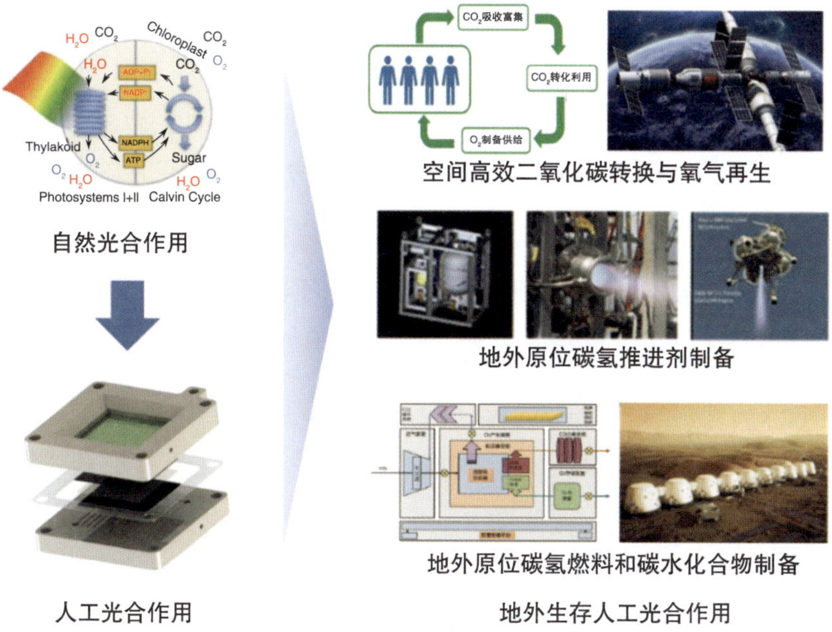

图 8-3　地外生存人工光合作用技术应用前景

氢氧回收率高的技术仍具备开发潜力；火星大气中结构简单的电催化二氧化碳制备一氧化碳更容易实现。常温常压下光电催化二氧化碳还原具有工作温度低、反应产物可灵活调控、系统复杂度低等特征，具有良好的应用前景[378]。

8.1.2　技术进展

（1）Sabatier 反应

早在 20 世纪 60 年代，航天领域环境控制与生命保障专家就计划将有较高技术成熟度的 Sabatier 反应器搭载到国际空间站上并进行地外二氧化碳还原制备氧气的试验与应用研究。美国 NASA 于 2001 年研制出一套可应用于飞行试验的 Sabatier 反应工程样机[379]，并在 2010 年成功在国际空间站（ISS）上完成了在轨测试。NASA 研制的地面工程样机质量约 41 kg，总功率超过 100 W。我国科研人员也开展了大量 Sabatier 装置空间应用研究工作[380,381]。反应过程中，二氧化碳先与氢气按照 1∶4 的摩尔比在催化剂的作用下反应生成甲烷和水。该装置与空间站内的二氧化碳去除装置相连接，在满负荷运行条件下每年可以实现空间站系统内 ~40% 的氧回收效率[382]。此装置已实现长期在轨运行，但是需要消耗大量氢气并配置加热组件，系统复杂性高；同时，该装置工作温度长期保持在 300 ℃以上；需安装冷凝器和分离器实现产物分离。催化剂采用寿命长、在较低加热温度下活性高的 Ru-Ni 基催化剂。另外，反应的温度、压力、流速和原料比例等条件直接影响产物的转化率和能量利用率，是后续优化 Sabatier 反应装置、提高反应效率的重点研究内容。由于在当前地外环境下甲烷中的氢气不能被回收，每回收 1 摩尔二氧化碳中的氧气需要消耗 2 摩尔的氢气并以甲烷的形式损失，而地外环境下氢的损失意味着水资源的减少，间接降低氧的回收率（<50%）。对于远离地球的长期任务，需要进一步提高氧回收率。

美国 Clark 等人提出将 Sabatier 和水电解反应集成，实现利用火星大气制备氧气和燃料[383]。反应流程如图 8-4 所示。反应器可处理 30 g/h 的 CO_2，可产生 21.5 g/h 的 O_2 和 10.8 g/h 的 CH_4。2004 年美国 NASA 提出了类似的系统，主要用于火星返回和载人探测任务[384]。

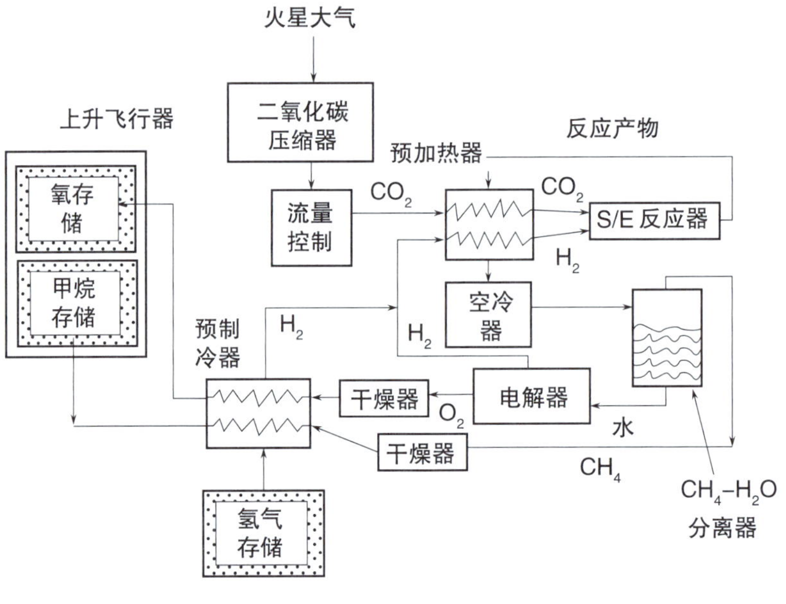

图 8-4　Sabatier 反应流程图

为进一步提高 Sabatier 体系的氢、氧回收率，使二氧化碳还原系统利用率更高，美国 Wheeler 等人研制了等离子体热解装置（PPA）用于回收甲烷中的氢气[385]。甲烷通过热解处理生成乙炔和氢气，甲烷的热解方程为 $2CH_4=C_2H_2+3H_2$，理论氢气回收率为 75%。利用 PPA 装置可以有效提高氢气的循环利用率，从而降低水的需求。在制备相同氧气产量的测试中，Sabaiter+PPA+电解水系统比单独电解水装置少消耗~80%的水。研发的第三代 PPA 装置在 H_2 ：CO_2 = 4.5 ：1、标准功率下单程甲烷转化率达到 91%，实际的氢回收率达到 60%[386]。作为 Sabatier 的辅助系统，等离子体热解可以在二氧化碳还原氧回收的基础上进一步回收氢，提高空间站系统的氧回收率，但同时增加了系统复杂度。

（2）Bosch 反应

2009 年美国 NASA 对不同的催化剂材料进行系统性测试，通过改进催化剂控制反应选择性使 RWGS 反应分离，并研制连续 Bosch 反应装置[387,388]。二氧化碳和氢气通过 RWGS 反应转化成一氧化碳和水，一氧化碳再经过氢还原，未参与反应的二氧化碳通过循环可分别进入 RWGS 和 Bosch 反应器继续反应。因为最终产物为碳，也不存在 Sabatier 反应中的氢损失，具有更高氧回收率。早期采用的催化剂反应温度~650 ℃，单程转化小于 10%；经过不断改进目前的反应温度可降至~560 ℃。

虽然 Bosch 反应体系理论上具有其他反应体系难以比拟的高氧回收率，但反应体系复杂，需要多个反应装置串联工作，对系统和控制的要求高。另外，在反应过程中二氧化碳还原产物碳沉积在催化剂上易造成催化剂活性降低，需要频繁更换催化剂保证反应正常工作。

（3）逆水煤气变换反应

1997 年 Zubrin 等人研制了 RWGS 反应器样机，并开展了试验研究[389]。如果 RWGS 系统仅获得来自二氧化碳分子中的一个氧，并且释放出一个 CO 分子，则在相同的转化效率下，对于加压 CO_2 的效果将是 Sabatier 过程效果的两倍。这将对提供加压 CO_2 的压缩机提出更高的要求。

（4）高温电催化二氧化碳还原

20 世纪 90 年代美国 NASA 研制的固态氧化物电解反应器在 900~1 000 ℃高温条件下电催化二氧化碳制备氧气，可实现产氧气速率约 40 mg/h 并持续工作 65 小时[30]。Sridhar 等人（1995）提出了利用火星二氧化碳的氧气处理系统，火星大气平均气压小于地球大气的 1%，因此必须将 CO_2 压缩大约 100 倍甚至更多。为从 CO_2 中分离氧，需要还原剂，氢气是最好的选择，当氢气与 CO_2 反应时，产生 CH_4 和 O_2，但是氢气在火星很少，需通过水电解生产氢气。大气经过滤器滤掉灰尘和微粒状物质，通过压缩系统压缩到 0.1 MPa，然后通过热交换和加热系统加热到约 1 223 K，之后通过电解可产生氧气和一氧化碳，对产生的氧气进行压缩、液化和贮存，产生的一氧化碳通过系统排出，二氧化碳则再次循环利用。2004 年 NASA 提出了用于火星返回和载人探测任务的系统，该系统结合了水电解反应。首先对二氧化碳气体进行压缩，基于固态氧化物电解法制氧气；其次，通过水电解法制氢气；最后基于前两个部分的产物制造甲烷。整个系统中的产物：甲烷用作燃料，氧气则用于生命支持。为实现火星大气二氧化碳资源的原位利用，NASA 最早研制了“火星原位推进剂制备先导”（Mars In-situ-ropellant-production Precursor，MIP）载荷并计划由“火星勘探者 2001”着陆器搭载。MIP 载荷以模拟火星大气层中的二氧化碳作为原料，可在-73 ℃低温下吸收二氧化碳并持续工作 65 h，通过升温至 177 ℃将二氧化碳气体释放到反应器中。反应器采用固态氧化物电解池，在 900~1 000 ℃高温条件下电解二氧化碳制备氧气可实现产氧气速率约 40 mg/h。2014 年 MIP 改为新一代火星原位资源利用系统 MOXIE 计划，并开展了理论及实验研究，如图 8-5 所示[390]。MOXIE 采用固体氧化物电解反应器（SOXE）系统，是 1%的缩比原型机，可将火星大气中的二氧化碳还原成为氧气。MOXIE 由毅力号火星车搭载于 2021 年登陆火星，并成功实现火星原位二氧化碳转化实验。其工作流程为从火星大气中收集二氧化碳，压缩、加热到指定温度后通入反应器转化为一氧化碳和氧气。MOXIE 外包络尺寸为 23.5 cm×23.5 cm×30.0 cm，功率约 300 W，设计产氧气速率 10 g/h。通过毅力号传回的实验数据分析，MOXIE 可在大气环境压力 666 Pa、温度 0 ℃条件下实现产氧速率约 6 g/h，纯度~98%。MOXIE 载荷任务的成功验证了地外原位资源利用的可行性，但是高反应温度限制了未来火星环境下的规模化应用，并增大了包括压力、密闭性和材料等载荷设计和研制的难度。当前的 MOXIE 装置产氧规模只占载人火星任务的 0.5%，需要在此基础上增大反应规模以应对载人登陆火星。

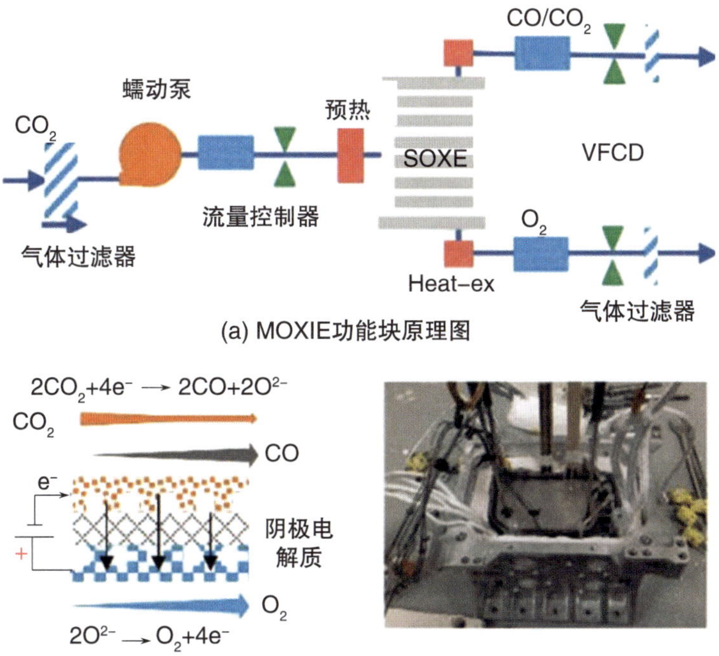

(a) MOXIE功能块原理图

(b) SOXE功能简图　　(c) SOXE集成原理样机

图 8-5　NASA 研制的 MOXIE 载荷

（5）常温光/电催化二氧化碳还原

2015 年，作者团队提出了“地外人工光合成”这一新技术概念并开展了探索研究[391,392]，在地面反应器研究基础上，开展空间试验原理样机［图 8-6（c）］和规模化装置的研制［图 8-6（d）］。其中规模化二氧化碳还原装置使用 4 组 300 cm^2 反应器，电流密度超过 110 mA/cm^2，产氧速率达到 36 g/h，二氧化碳单程转化率约为 5%～10%，超过一名航天员一天的氧气供给（~0.84 kg/d）。在阴极采用负载铜基催化剂的气体扩散电极，实现 72.7%的乙烯法拉第效率，对应的电流密度可达 88 mA/cm^2。

基于光/电催化二氧化碳还原的地外人工光合成技术仍处于探索阶段，但是已显示出良好的新颖性和应用潜力，有望为未来载人航天探索和长期地外生存提供技术基础。这一技术还具有工作温度和压力低，能量转化效率高，系统复杂度低，易于规模化等优势。但是，这一技术的实际应用也面临环境影响等问题，需要解决低微重力下气液分离和对多相催化反应效率的影响。研究团队目前通过微流体控制技术对反应器开展结构优化设计，通过优化气体扩散电极的微观结构，调控微通道流体反应过程中的表面张力和流动剪切力，促进产物气体的脱离和扩散输运。

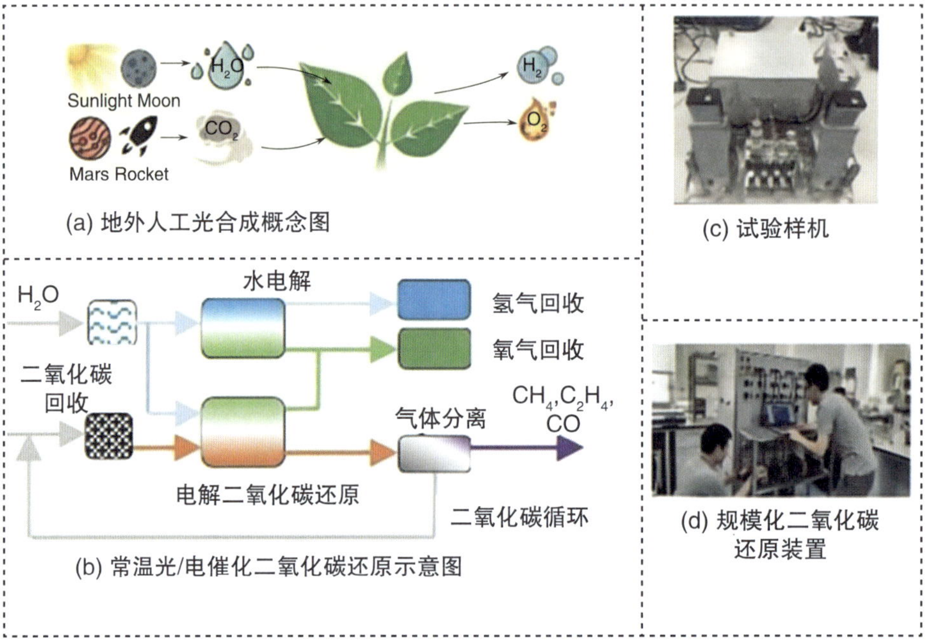

图 8-6　我国提出的地外人工光合技术方案

美国 NASA 的“改变游戏规则的开发项目”（Game Changing Development Program）资助了基于离子交换膜的电催化技术研究。这项技术包括两部分：1）常温二氧化碳电催化制备氧气；2）一氧化碳回收和碳化处理。电催化二氧化碳装置采用堆栈式设计，主要还原产物为一氧化碳。其中单电解池由三明治结构膜电极组成，阴极和阳极分别采用银和金属铱催化剂，有效面积 25 cm^2；表明电流密度可达 35 mA/cm^2，法拉第效率 ~80% 时可稳定工作 120 小时。

（6）二氧化碳转化多糖产物技术（生物辅助技术）

为拓展地外二氧化碳的利用范围，美国 NASA 于 2018 年发起了技术竞赛。其目标是利用二氧化碳生产多碳有机物，实现资源有效利用，支撑未来载人火星等长期任务。该项目已于 2021 年截止并完成第二阶段评选，三个团队达到了预期目标。其中 Air Company 和 Hago Energetics，Inc. 公司采用热催化技术将二氧化碳转化为多糖产物，Team SSwEET 团队利用电化学技术实现了 C6 糖的制备。另外，Dioxide Materials 公司采用二氧化碳电还原方法制备甲酸，之后通过有机合成的方法获得己糖和戊糖。RenewCO2 LLC 公司利用过渡金属磷化物作为电催化剂制备了 C3（甲基乙二醛）和 C4（2，3-呋喃二醇）等多碳产物。除了上述方案，多种二氧化碳还原产物均可作为原料，通过有机合成或生物转化最终获得各种生物质产物。

8.1.3　地外人工光合新技术研究

作者团队提出的地外人工光合作用新技术，通过在地外空间环境下模拟绿色植物的自然光合作用，利用物理化学方法将二氧化碳转化成氧气和含碳化合物，具有反应条件温和、反应过程可控和产物选择灵活等优势。常温光电催化技术打破了热催化只能制备无机小分子的局限，使人工二氧化碳还原获取多碳产物成为可能。它可通过催化剂和反应参数，灵活调控多种单碳、多碳反应产物，并可通过光伏-电催化、光电催化、光催化多路径实现[21,22]。近年来随着地外原位资源利用技术的快速发展，这一领域逐渐受到关注，被认为是实现月球和火星原位资源利用的重要技术。

人工光合作用技术利用光能作为能源，将二氧化碳还原成碳氢燃料并生成氧气。这一过程反应条件温和，不需要氢气，只需要水参与反应。其反应式为

$$aCO_2 + bH_2O \rightarrow \text{碳氢燃料} + cO_2 \tag{8-11}$$

目前人工光合作用的主要技术路径包括光催化（PC）、光电催化（PEC）和光伏-电催化（PV-EC）等（图 8-7）。其中光催化技术利用半导体材料吸收光能，分别产生电子和空穴，并利用电子将二氧化碳还原为燃料，利用空穴将水氧化生成氧气；这一方法太阳能利用率和单位面积下的反应速率较低，目前难以应用。光电催化是在光催化技术的基础上外加偏压，使光生载流子定向迁移，从而提高太阳能利用率；这一方法对材料设计和制备要求较高，获得的产物种类单一，仍处于实验室研究阶段。光伏-电催化技术通过成熟的光伏技术提供电能，利用电催化将二氧化碳转化为氧气和多种含碳产物，能够获得较高的太阳能利用率和转化速率，具有良好的应用前景。

常温下气体 CO_2 分子是线性中心对称结构，C=O 键结合较强，断裂需要

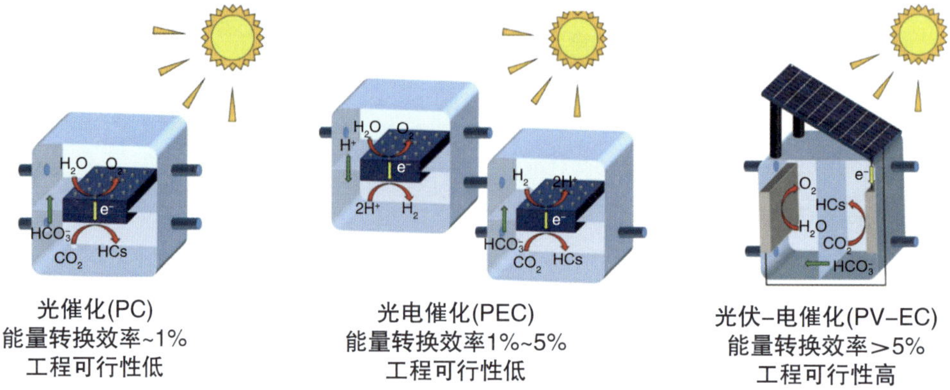

图 8-7 人工光合作用主要实现途径

吸收大量能量，CO_2 直接转化成其他分子的过程十分困难。电催化 CO_2 还原大多是非均相催化，包括固液反应、固液气三相反应等。在催化剂的作用下 CO_2 内部化学键更易断裂，形成的 CO_{2-} · 易与催化剂表面吸附的其他中间体反应形成新分子。

二氧化碳还原产物具有多样性，不同产物种类除了反应过程中所需的热力学电势不同外，还依赖于电极材料的种类、形貌、组分等。CO_2 电催化还原剂主要包括以下三大类：金属催化剂、非金属催化剂和分子催化剂。其中金属催化剂是研究最广泛的，根据主要的 CO_2 产物，可进一步细分为 CO 选择性金属（如 Au、Ag、Zn）、甲酸盐选择性金属（如 Sn、In、Pb）、氢选择性金属（如 Fe、Ni、Pt）。而对于铜基催化剂，有许多类型的还原产物，包含甲烷、乙烯、甲酸盐、乙醇和一氧化碳等。目前，该领域的焦点为对现有催化剂的改性和对构效关系的研究。通过调整尺寸、结构和组成，许多类型的催化剂（例如金属，金属氧化物，碳材料和分子化合物）在 CO_2 的电还原中具有更好的性能。针对反应器进行多工况优化，并开发多种高性能催化剂材料，实现二氧化碳到甲酸、甲烷、乙烯的高选择性转化，法拉第效率分别达到 93%[393]、81% 和 73%[20,394]，围绕人工光合材料的设计制备开展了一系列的研究工作[21,395]。

地外人工光合反应器是人工光合系统的核心部件，用于二氧化碳还原和产氧反应，决定产氧效率和二氧化碳转化效率。反应器基于微流控技术精确控制反应过程中电解液的流速，通过微通道的剪切作用实现气液的有效分离。微通道芯片、电极材料通过密封材料封装于金属氧化铝基板中，并与流路控制驱动模块、产物收集装置、在线检测传感器连接。阴、阳极电极材料之间采用离子交换膜实现阴、阳极产物分离。研发了基于微通道芯片的人工光合反应器，通过微通道芯片技术在微重力环境下对气液混合与扩散传递精确调控，实现了对物理化学过程的有效控制和优化，提高了能量转换效率和反应动力学性能。图 8-8 所示为人工光合反应器结构示意图。

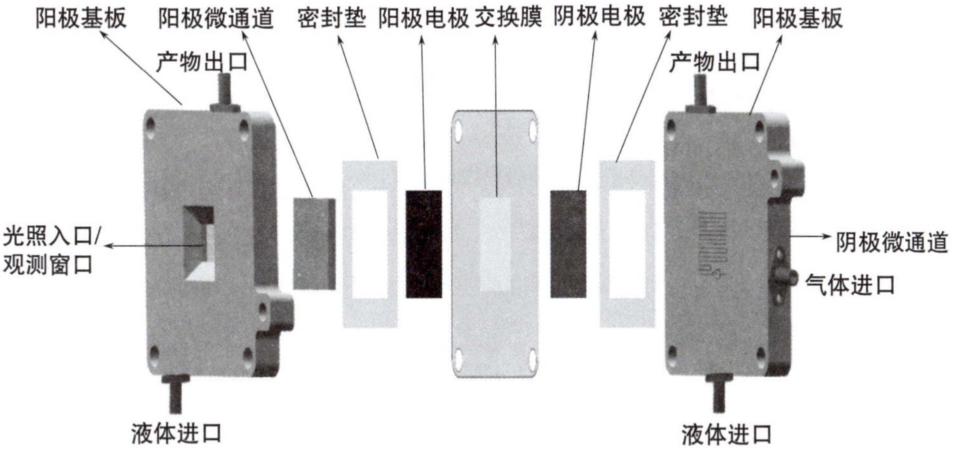

图 8-8　人工光合反应器结构示意图

为发展面向地外生存的二氧化碳转化技术，研制了地外人工光合作用装置和测试平台，可以满足光电催化、光伏-电催化、电（热）催化等多种物理化学过程的验证与评估。图 8-9 是地外人工光合桌面试验系统示意图和各核心组件实物图，包括高压气瓶、压力控制模块、隔膜贮箱、流量控制模块、反应器模块、收集模块和质谱检测器。

如图 8-10 所示，试验系统采用一体化机柜式设计，以便实现在轨更换各功能模块。整个装置采用抽屉式结构，总共划分为 1 个气瓶抽屉、1 个贮箱抽屉、1 个反应芯片抽屉、1 个检测装置抽屉、4 个收集袋抽屉和 1 个压力流量控制抽屉。其中，压力流量控制抽屉不需要更换，设置在机柜背面，其余均设置在机柜正面。在微重力环境中一般的储液罐中的液体不能有效挤出，本测试系统采用囊式储箱存储电解液。CO_2 高压气瓶为反应器阴极提供气体工质，并为阳极提供动力气体。利用计算机控制的减压器和压力传感器将 CO_2 气体的压

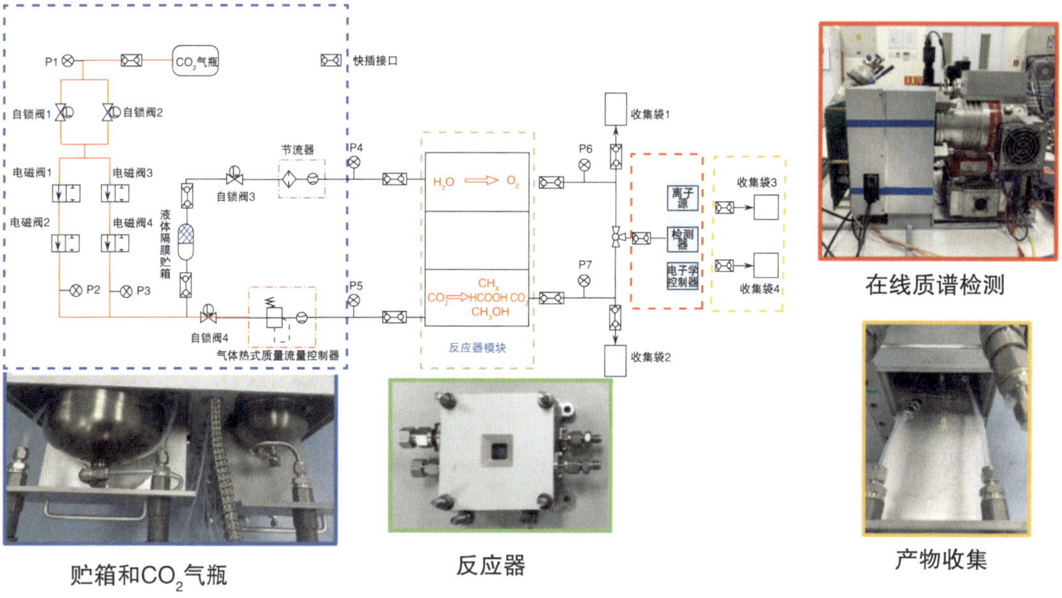

图 8-9 地外人工光合桌面试验系统示意图和各核心组件实物图

强降低到一定程度后，一路气体进入囊式储箱，将电解液注入到反应器阳极；另一路气体通过质量流量计控制后进入阴极。反应器阳极和阴极的产物分别用两个高分子软袋进行收集，在地面实验中气体产物由气相色谱仪进行检测分析，未来空间试验考虑用飞行时间质谱和辅助传感器代替。高分辨 CCD 相机观察和记录阳极上方微米流道中气体的产生和气液输运过程。为便于开展地面实验，可使用高精度的气相色谱和液相色谱作为产物检测装置。

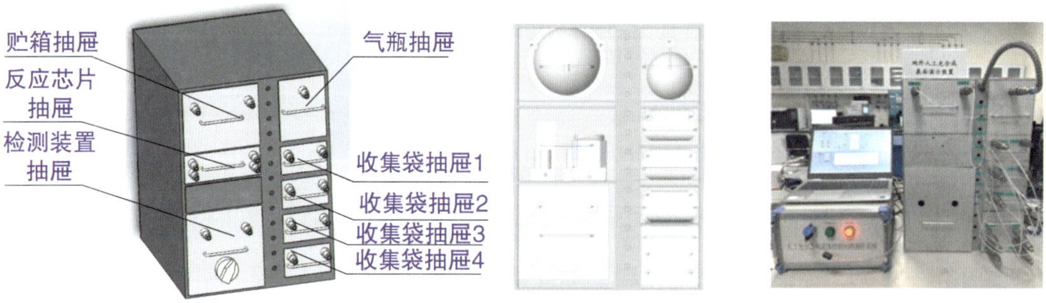

图 8-10 地外人工光合一体化装置示意图和实物图

8.2 太空冶炼技术

8.2.1 概念与原理

太空冶炼是从太空获取的矿物中提取关键元素的过程。星壤主要以各种稳定的金属氧化物和非金属氧化物的形式存在，通过太空冶炼技术，不仅可以获得太空生存和太空活动所需要的氧气，还可得到各种金属和非金属元素，为太空工业生产提供物质基础，并为获取地球可持续发展所需的稀贵金属提供新途径。地面冶金主要包括提取冶金和物理冶金。提取冶金（extractive metallurgy）是研究分离和浓缩原材料过程的学科，包含了所有用到的生产矿物和材料的物理和化学过程[396]。但大多数出来的产品要加以进一步的物理过程加工，即物理冶金。

地面冶金工业中有很多成熟的工艺过程，主要包括火法冶金、湿法冶金以及电冶金等[397]。火法冶金通常依靠燃料燃烧或放热反应来提供热量，矿物在高温下经过一系列物理化学变化，主要通过碳还原生成另一种形态的化合物或单质，包括干燥、焙解、焙烧、熔炼、精炼、蒸馏等过程。湿法冶金是利用浸出剂将矿物中金属组分溶解在溶液中或以新的固相析出，进行金属分离、富集和提取，一般温度不超过 100 ℃，主要包括浸出、净化、制备金属等过程。电冶金又分为电热冶金和电化冶金。电热冶金是利用电能转变为热能进行冶炼，它与火法冶金类似，主要区别只是加热能源不同。电化冶金是利用电极反应进行的冶炼方法。根据电解液性质不同，对水溶液进行电解，称为水溶液电解；对熔盐电解液进行电解，称为熔盐电解。近年来，面对碳中和目标，开展了氢等离子体熔融还原技术（HPSR）、熔融氧化物电解技术（MOE）等新技术途径探索。

目前对以月壤为对象的太空冶炼和制氧开展了大量研究。主要包括氢还原、碳热还原、卤素还原等气基还原工艺方法，硫酸还原、氧化物的直接电解还原等方法。目前主要对三类方案开展了研究：低风险、低性能的氢还原制氧，中等风险、中等性能的碳热还原，以及高风险、高性能的熔融氧化物电解（MOE）。虽然前两者方法反应温度较低、技术难度较小，但需要从地球提供或者原位获取大量还原气体，需重点发展还原气体循环利用方法。结合太空环境特点和降低物资供应成本等要求，应重点发展高温电解体系，特别是熔融氧化物电解技术。

氢还原是常用的方法之一。它以氢气作为还原剂，对星壤进行高温还原。氢气作为还原剂主要还原化学键较弱的氧化物（FeO、TiO_2 和 SiO_2 等），生成水、金属单质或硅，进一步通过电解水得到氧气和氢气。由于反应在相对较低的温度（~1 000 ℃）下进行，低于星壤的熔点，因此与其他一些方法相比，材料兼容性和腐蚀性不太严重。钛铁矿的氢还原通过两步化学反应过程：第一步是将钛铁矿还原为铁、二氧化钛和水，在约 1 000 ℃下发生；第二步是电解水以形成氢气和氧气。该工艺效率较低，100 kg 的星壤能提取大约 1～3 kg 氧气。

$$FeTiO_3+H_2=Fe+TiO_2+H_2O$$

$$H_2O(\text{液态})\rightarrow H_2(\text{气态})+1/2O_2(\text{气态})$$

与氢还原类似，星壤通过甲烷等高温碳热还原，可以制备各种金属结构材料，同时能够生成水资源。通过水电解能够获取氧气和氢气，氧气可供呼吸使用，氢气可以作为能源使用或继续进行星壤的氢还原。该工艺是在有甲烷存在的条件下将星壤加热至熔点以上温度（>1 600 ℃）；甲烷受热裂解，释放出的碳进入熔融的星壤中，并与硅酸盐中的氧反应释放出一氧化碳；一氧化碳再与裂解过程中释放出的氢在催化反应器中反应生成甲烷和水。该工艺效率适中，每 100 kg 的大块月壤可提取 10～20 kg 的氧，反应关系式如下：

甲烷分解与碳沉积：$CH_4\rightarrow C(s)+2H_2(T\geqslant 1\,600\ ℃)$；

碳热还原反应：$xC(s)+(Fe,\ Ti,\ Si)O_x\rightarrow xCO+Fe^0+Ti^0+Si^0$；

甲烷再生（塞巴蒂尔还原反应）：$CO+3H_2\rightarrow CH_4+H_2O(T\approx 400\ ℃)$；

水电解：$H_2O\rightarrow H_2+\dfrac{1}{2}O_2$。

熔盐电解技术在约 900 ℃温度下的熔盐（如 $CaCl_2$ 等）中通过固态电化学过程将金属氧化物还原为金属（FFC–剑桥工艺[398]）。熔盐是由金属阳离子和非金属阴离子所构成的熔融体，可形成熔融态的无机盐，其固态时大多为离子晶体，在高温时熔化成为离子熔体。由于熔盐介质具有水溶液介质不具备的优点，特别是宽的电化学窗口，是铝和稀土等活泼金属生产的主要甚至唯一方法。在地球工业中，冰晶石（Na_3AlF_6）–氧化铝的氟化物体系（霍尔–埃鲁特法，Hall–Héroult）是目前世界上工业制取铝的唯一方法，但熔盐中需要不断加入氟化铝（AlF_3）和氟化钙（CaF_2）等，且排放大量 CO_2 和 CF_n 等温室气体。针对难熔金属电解提取，可采用 $CaCl_2$ 基熔盐、碳酸盐和熔融氧化物熔体等体系。在地面系统中，石墨阳极有助于以 CO_2 和 CO 的形式从系统中去除氧气；在地外环境中，析氧阳极可用于直接生产氧气。若将月壤作为阴极，则可应用于月球制氧。基于熔盐电脱氧技术，采用模拟月壤为原料，制得固体阴极，以碱金属或碱土金属卤化物为熔盐电解质，掺杂 Sn 的 In_2O_3 或 ITO、SnO_2、$CaMO_3$（M 为 Ti、Ru 等）和 $TiO_2 \cdot RuO_2$ 等作为惰性阳极，在一定温度下电解可将模拟月壤分解，在阳极和阴极分别获得氧气和金属或者合金。与上面列出的提取过程相比，熔融盐电解质中的电解具有明显优势。理论上，这一过程可以还原所有矿物和氧化物，从而消除了对风化层组分的限制，并降低了挖掘和选矿要求。FFC–剑桥工艺是一种电化学工艺，其操作无须熔化被还原的材料，还原硅酸盐所需的温度（~900 ℃）比化学还原（即碳还原~1 600 ℃）或熔融星壤电解（>1 600 ℃）低得多。经过优化的 FFC 剑桥电解槽，具有闭环盐循环和可重复使用的惰性阳极，将只需要星壤和电源来产生氧气和还原金属合金。另外，熔融盐电解质还可以提供一种在夜间储存能量的方法。该方法缺点在于电解过程中固态阴极需要经过压片和烧结等复杂预处理过程，$CaCl_2$ 电解质需从地球上运输，而且电解过程电流效率相对较低。

电解过程中发生的反应如下所示：

阴极：$MO_x+2xe^- \rightarrow M+xO^{2-}$

阳极：$xO^{2-} \rightarrow x/2\ O_2+2xe^-$

总方程：$MO_x \rightarrow M+x/2\ O_2$

其中，M 为 Si、Al、Ca、Fe、Mg、Ti 等元素。

熔融氧化物电解是熔融盐电解的一种形式，该技术用于生产铝、镁、锂、钠和稀土等金属。其还原剂为电子，原料为精矿或纯氧化物，电解质为熔融氧化物，温度高达 2 000 ℃，产品为金属和氧气。其技术成熟度为 TRL1 ~ TRL2。其原理是星壤熔融后，熔体中有可自由移动的阴、阳离子，通电时阳离子会被还原成金属，阴离子则被氧化。在加热至 2 000~2 500 ℃时，含氧盐类分解产生氧气。熔融星壤电解方法[399]的优势包括：1）星壤既是制氧原料，又是熔融电解质，无须附加化学试剂；2）可以直接选取星壤为原料，减少了预处理过程；3）太空太阳能充足，太阳能发电可直接用于星壤电解制备氧气；4）制氧时可从星壤中同时提取金属、合金或金属间化合物，能够为地外基地建设提供结构材料[400]；5）反应步骤简单，无需附加试剂，也不必考虑材料的回收和循环。通过该技术，可以实现氧气及金属结构材料的原位制备。该工艺在有阴极、阳极和电流存在的条件下直接对熔融星壤进行电解，熔融星壤发挥电解质作用，以在阴极获得气态氧，阳极获得液态金属。该工艺效率较高，每 100 kg 的大块月壤可提取 20 ~ 30 kg 的氧。但也存在以下缺点：1）运行温度较高（熔融星壤需要 1 600 ℃）；2）能量需求较大；3）星壤腐蚀性以及大量附加生成的微量气体（Na_2O，P_2O_5，K_2O，MgO，H_2，N_2，CO_2 和氦气）以及微量元素。通过配矿降低原料熔点至合理值后，可以使用电热方法加热其至熔融状态，然后电解。由于电解产物中的氧气需要收集，因此需要保证装置的气密性。为保证金属液的顺利导出，导流槽设计也十分重要。由于高温熔融电解法原则上只需要提供足够的电能，对地球资源无依赖性。图 8-11 所示为星壤熔融电解方案示意图[400]。

$$\begin{cases} O^{2-} \rightarrow 2e^-(\text{阴极}) + \dfrac{1}{2}O_2(\text{气态})(T \geqslant 1\,600\ ℃) \\ Fe^{2+}(\text{阳极}) + 2e^-(\text{阴极}) \rightarrow Fe^0(\text{液态}) \\ Si^{4+}(\text{阳极}) + 4e^-(\text{阴极}) \rightarrow Si^0(\text{液态}) \end{cases} \tag{8-12}$$

生物冶金是指利用微生物的催化氧化作用将矿物中有价金属以离子的形式溶解到浸出液中加以回收的方法，它是重要的稀有金属提取方法。在地球上，

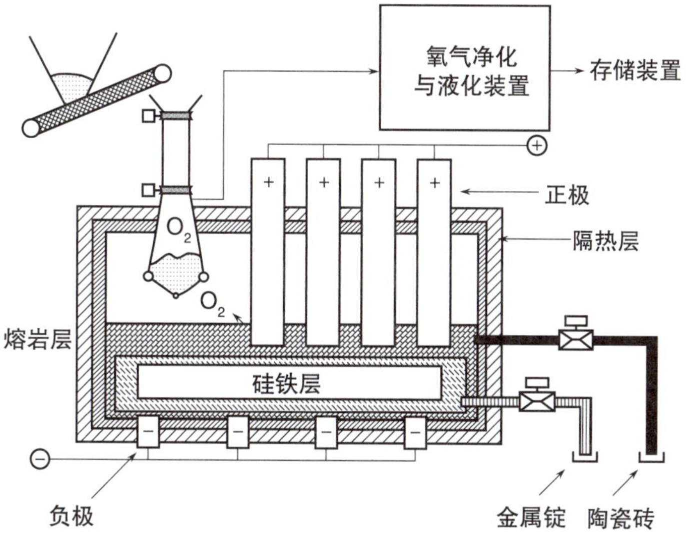

图 8-11　星壤熔融电解方案示意图

全球约 20% 的铜和全球 5% 的黄金利用生物冶金过程来提取。极端微生物可以在极端的物理和地球化学条件下生长。这项技术有望提高小行星上提取矿物和生产燃料方法的产量和效率。

高温自蔓延合成（SHS）可以在无氧环境和微重力环境中应用，具有一定的灵活性和适应性。其中，镁热还原反应不需要碳作为原料加入，具有较好的发展前景。SHS 方法的优势是不需要提供外部能源，但是 Mg 和 Al 的循环利用以及渣金分离是这一工艺需要解决的重要问题。钛铁矿高温自蔓延合成方法主要有两个反应：

$$\begin{cases} FeTiO_3+3Mg \rightarrow 3MgO+TiFe \\ 3FeTiO_3+6Al+4C \rightarrow 3Al_2O_3+3TiC+Fe_3C \end{cases} \tag{8-13}$$

另外，真空冶金是在低于标准大气压条件下进行的冶金作业，能防止金属氧化，分离沸点不同的物质，除去金属中的气体或杂质，增强金属中碳的脱氧能力，提高金属和合金的质量，可以实现大气中难以进行的冶金过程。真空冶金一般用于金属的熔炼、精炼、浇铸和热处理等。随着尖端科学技术的迅速发展，真空冶金在稀有金属、钢和特种合金的冶炼方面日益得到广泛应用。而太空是天然的高真空条件，可为发展真空冶金提供理想环境。

8.2.2 技术进展

星壤氢还原技术主要有洛克希德·马丁航空公司（LMA）和NASA两家美国科研机构研究，如图8-12所示。LMA提出的先驱型原位资源利用氧测试平台系统（PILOT）及NASA提出的ROxygen均在2008年完成了模拟外场测试试验，试验结果表明，两个反应器实现了不同氢流率和温度条件的氧气提取，提取效率在1%~2%。第二代ROxygen引入月壤气体输运、同心圆通式热交换器设计，重点解决了第一代系统的质量、颗粒输运以及散热问题；引入尺寸分选装置和选矿装置（摩擦/静电分离组合技术）提高流态化率和反应速率，以此提高氧提取效率。

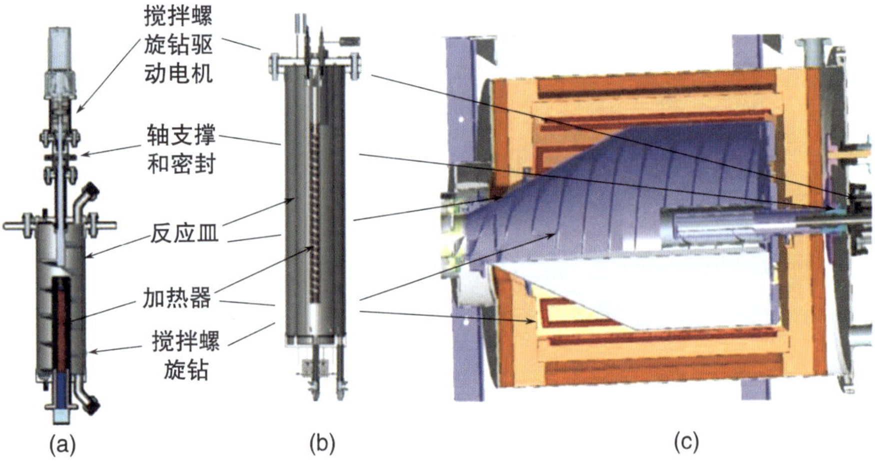

图8-12 氢还原反应器

（a）、（b）第一代和第二代ROxygen，NASA研制；（c）PILOT旋转式反应器，Lockheed Martin研制

美国轨道技术公司提出的碳热还原制氧系统采用光纤将汇聚太阳光导入反应炉中，利用月壤天然隔热优势，实现局部高温加热，完成碳热还原反应。还原反应完成后，让熔体冷却，一旦它们变为固体，就可以自动将它们从月壤中除去，从而避免反应器壁材料和熔融材料处理问题，系统和装置如图8-13所示。

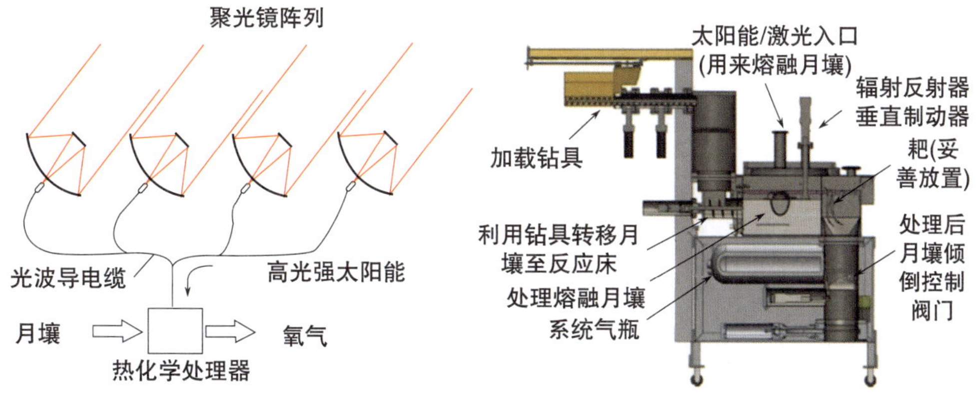

图 8-13　碳热还原反应系统（左：太阳能收集器；右：碳加热装置）

2000 年，英国剑桥大学 Fray 团队[401] 提出了一种固体氧化物熔盐电脱氧提取金属的新方法，被称为 FFC－剑桥工艺。2012 年，英国剑桥大学的 Schwandt 等人研究分析了 FFC–剑桥工艺在月球钛铁矿电解中的适用性，通过使用惰性阳极在 900 ℃下对矿物钛铁矿颗粒进行 FFC 剑桥电解，可以获得氧气。英国 Metalysis 公司把 FFC–剑桥技术从研发的第 1 代单元发展到规模化装置，并设计、调试和运行了三代单元。预成型、电解、熔盐管理和后处理的开发已将基于实验室的技术转变为端到端的商业过程。截至 2018 年，钛和钽金属生产已达到工业规模，许多其他金属和合金的生产也已得到验证。Metalysis FFC 电脱氧工艺可以很好地从月球表层的所有主要成分中还原和提取氧气，同时产生有用的合金作为副产品。

熔融星壤电解是在月球上获得氧气和金属的直接方法，该方法源于熔融氧化物电解（MOE）工艺。1906 年，Aiken 提出了在铁矿石中熔融电解制备铁，并申请了专利。我国北京科技大学科研团队采用该方法从含铁熔融氧化物中电解制备了 Fe、Fe–Ni 和 Fe–Ni–Cr 等[402]。熔融氧化物体系电解温度一般在 1 350~1 600 ℃，故 MOE 对惰性阳极要求更为苛刻：1）在熔融氧化物电解质中溶解度低；2）惰性阳极析氧过电位尽量小；3）必须易于保持稳定的电流通路；4）必须具有良好的机械性能，在热冲击和振动过程，能够保持完整性，并且能够承受从室温到工作温度范围的温差；5）能承受 1 550 ℃甚至更高的温度；6）不得降低阴极金属产物质量标准；7）不得含有危险和放射性物质。截至目前，可以在 MOE 中使用的惰性阳极主要为金属铱和铬铁合金。Sadoway 团队发现铬铁合金在 MOE 工艺中表现出了很好的惰性，制得氧气的同时可以制得有经济价值的金属。因此铬基合金有望成为熔融星壤电解制氧的最佳阳极材料。

8.2.3 太阳能太空冶炼新技术探索

利用太阳能进行冶炼是太空冶炼的主要技术路线之一。这里提出太阳能太空冶炼的技术思路，通过太阳能光热和光电利用，实现太阳能高温熔融电解冶炼。高温熔融电解技术可应用于提炼硅和各类金属，包括铁、镍、镁、锂、钠和稀土金属等。

通过太阳能聚光分频实现全光谱利用，将部分光谱用于光伏电池获得电能，其余光谱直接进入熔融金属氧化物电解池中转化为高温热能。其中电能提供电解功率，热能将星壤熔化为高温电解质。图 8-14 所示为太阳能太空冶金概念方案。

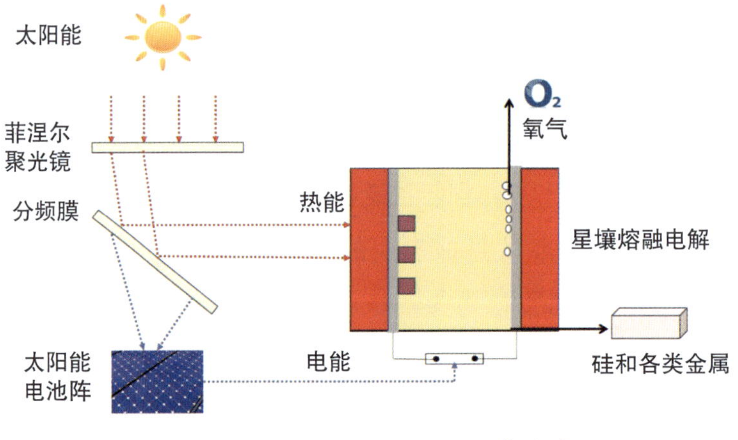

图 8-14 太阳能太空冶金概念方案

光伏电池的电功率计算为[403]

$$P_{PV}(T_{PV}) = I_{sc} \cdot V_{oc,c} \cdot \mathrm{FF}[1 - \beta_{ref}(T_{PV} - 298.15)] \quad (8-14)$$

式中，I_{sc} 是光伏电池的短路电流；$V_{oc,c}$ 是光伏电池的开路电压；FF 是光伏电池的填充因子；β_{ref} 是光伏电池的温度系数；T_{PV} 是光伏电池运行温度。短路电流 I_{sc} 为[404]

$$I_{sc} = A_{PV}C\int_{\lambda_1}^{\lambda_2} \frac{q \cdot \lambda \cdot \mathrm{EQE}(\lambda) \cdot I_{\mathrm{AM0}}(\lambda) \cdot \eta_{\mathrm{opt}}}{hc}\mathrm{d}\lambda \tag{8-15}$$

式中，A_{PV} 是光伏电池的面积；C 是聚光比；q 是电子电量；$\mathrm{EQE}(\lambda)$ 是光伏电池的外量子效率[405]；λ_1 和 λ_2 为分频截止波长，分别取 300 nm、896 nm；η_{opt} 是光学效率；h 是普朗克常数；c 是真空中的光速；I_{AM0} 为太阳辐射强度。光伏电池的开路电压为[406]

$$V_{oc,c} = V_{oc} + \frac{nkT_{PV}}{q}\ln C \tag{8-16}$$

式中，V_{oc} 是光伏电池在聚光比为 1 时的开路电压；n 是二极管理想因子；k 是玻耳兹曼常数。

光伏电池的填充因子为[407]

$$\mathrm{FF} = \frac{V_{oc} - \ln(V_{oc} + 0.72)}{1 + V_{oc}} \tag{8-17}$$

式中，V_{oc} 是归一化开路电压，计算式为

$$V_{oc} = \frac{qV_{oc,c}}{kT_{PV}} \tag{8-18}$$

熔融金属氧化物电解技术是将星壤加热到熔融状态，通过两个惰性电极对月壤中熔融的金属或者非金属氧化物进行电解。为从星壤中获得硅、金属和氧气，将星壤加热至 1 425 ℃进行电解，其化学反应式为

$$\mathrm{SiO_2(l) = Si(l) + O_2(g)},\ \mathrm{FeO(l) = Fe(l) + \frac{1}{2}O_2(g)} \tag{8-19}$$

上述反应所需的总能量为反应的焓变，等于吉布斯自由能与熵变之和

$$\Delta H = \Delta G + T\Delta S \tag{8-20}$$

式中，ΔG 为吉布斯自由能变化，代表电能需求；而 $T\Delta S$ 代表热能需求。其中各物质的熵可通过 NIST 数据库查得[408]。

反应需要的电能为

$$E_{电能} = nFE \tag{8-21}$$

式中，F 是法拉第常数，取 96 485.33 C/mol；n 是反应中转移电子的量；E 为施加在电解池上的电压。

8.3 太空原位制造技术

8.3.1 概念与原理

太空原位制造是在太空中利用太空获取的资源加工成适用的产品。通过提取冶炼获得的硅等非金属和各类金属，可按需在太空中通过在轨增材制造等方式生产零部件和操作工具等。更为重要的是，可通过建立太空工厂进一步生产太阳能电池板等复杂产品。

在轨增材制造技术也称为太空3D打印，是指在空间微重力环境条件下利用飞行器自身携带的设备，采用逐层堆积的方式实现零件成型的数字化制造技术。太空3D打印技术具有成本低、过程快捷、尺寸规模及复杂程度不受限以及可原位资源利用和实现“即造即用”等显著优势。太空3D打印技术按原材料属性主要可分为3类：1）针对非金属材料的在轨增材制造技术；2）针对金属材料的在轨增材制造技术；3）针对原位材料（空间废弃物再利用材料以及星体表面原位材料）的在轨增材制造技术。美国以往返火星长达约1 100天的持久载人任务为例建立模型，分3种情况计算了所需的备品备件数量：1）采用传统的备品备件；2）舱内增材制造（约33%的部件能够舱内直接制造）；3）舱内增材制造加废品回收利用。计算结果显示，采用传统的携带所有备品备件的方式，要低于预测的故障概率需要准备至少17 232 kg的物资。如果采用太空增材制造技术，达到相同的安全等级只需要12 323 kg物资，减少了28%。如果在采用太空增材制造技术的基础上还进行废弃材料的回收利用，则只需要11 254 kg物资，比传统方法减少34%，比只采用增材制造的方式可再减少8%。进一步，若采用太空原位获取的金属和非金属资源进行制造，则基本不需要从地球携带物资。

结合空间环境特点，未来具有空间应用潜力的技术包括用于塑料材质的熔融沉积成型技术（Fused Deposition Modeling，FDM）、用于金属丝材的电子束熔丝沉积成型技术（Electron Beam Solid Freeform Fabrication，EBF3）以及用于粉末材料的激光选区烧结技术（Selective Laser Sintering，SLS）。

（1）熔融沉积成型技术

熔融沉积又叫熔丝沉积，它是将丝状热熔性材料加热熔化，热熔材料熔化后从喷嘴喷出，沉积在制作面板或者前一层已固化的材料上，温度低于固化温度后开始固化，通过材料的层层堆积形成最终成品，原理如图 8-15（a）所示。该方法使用丝状材料（石蜡、金属、塑料、低熔点合金丝）为原料，制造简单，成本低廉，但由于出料结构简单，难以精确控制出料形态与成型效果，同时温度对成型效果影响大。

（2）电子束熔丝沉积成型技术

它利用真空环境的高能电子束流作为热源，直接作用于工件表面，在前一沉积层或基材上形成熔池。送丝系统将丝材从侧面送入，丝材受电子束加热熔化，形成熔滴。随着工作台的移动，熔滴沿着一定的路径逐滴沉积进入熔池，熔滴之间紧密相连，从而形成新的沉积层，层层堆积，直至零件完全按照设计的形状成型，其工作原理如图 8-15（b）所示。该技术具有沉积效率高、真空环境可保护制件、内部质量好等优势。

（3）激光选区烧结技术

首先铺一层粉末材料，再使用激光在该层截面上扫描，使粉末温度升至熔化点，然后烧结形成粘接，接着不断重复铺粉、烧结的过程，直至完成整个模型成型，工作原理如图 8-15（c）所示。对于金属粉末，在激光烧结之前，整个工作台被加热至一定温度，可减少成型中的热变形，并利于层与层之间的结合。该技术分为直接法和间接法两种，直接法中材料粉末直接被激光熔融烧结，成型的实体致密性和机械性能较差，精度较低。间接方法是制造金属零件和模具的主要方法，它主要是采用激光选择性加热熔化添加高分子粘结剂粉末的金属粉末，粘结金属粉末成型零件初坯。零件初坯还要经过低温脱脂、高温烧结、表面抛光等必要的后处理，最终成为零件使用。该技术选材广泛，成品精度受激光特性参数、预热温度、扫描路径、扫描速度、材料特性等多种因素的影响。

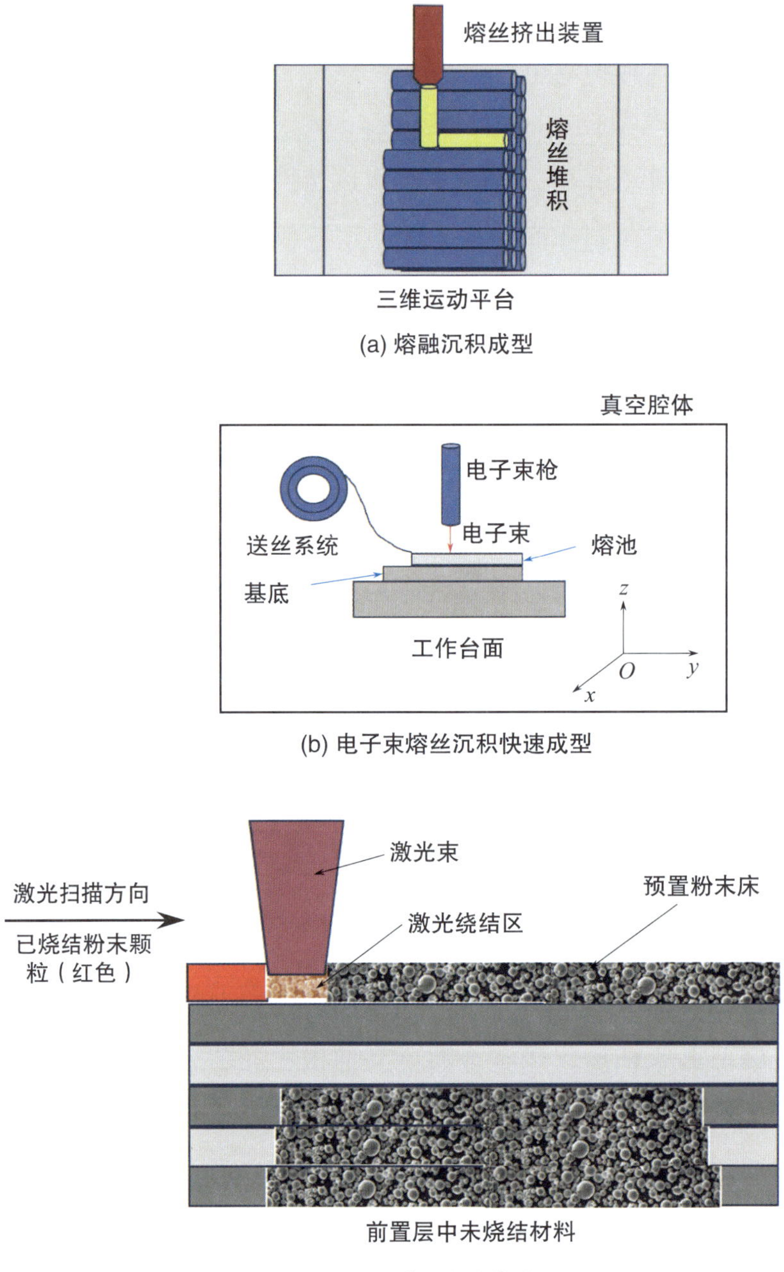

(a) 熔融沉积成型

(b) 电子束熔丝沉积快速成型

(c) 选区激光烧结

图 8-15　三种太空 3D 打印技术路线原理示意图

3 种不同的太空 3D 打印技术进行了对比研究，如表 8-1 所示。

表 8-1　太空 3D 打印技术比较（Made in Space 公司）

3D 打印方法	材料范围	最小分辨率	是否应用于太空
电子束熔丝沉积快速成型	钢、铜、铝、钛合金等	2.54 mm	是
选区激光烧结	金属、合金、塑料、橡胶、玻璃	70 μm	是(金属与合金)
熔融沉积成型	ABS、ABSi、聚碳酸酯、Ultem9085、PC-ABS	40 μm	是(PC-ABS)

8.3.2　技术进展

美国最早开展太空 3D 打印研究和试验。在 NASA 支持下形成了多个研究团队，包括 NASA 马歇尔航天飞行中心、兰利研究中心和格林研究中心，空间制造公司（Made in Space），系绳无限公司（Tethers Unlimited Inc.）等。

1）NASA 马歇尔航天飞行中心。在 NASA 重返月球计划（星座计划）支持下围绕太空原位制造和修复（In-Situ Fabrication and Repair，ISFR）开展了系统研究。从 1993 年开始研究高分子材料熔融沉积制造工艺的太空适用性，并对石蜡、尼龙、ABS、PPSF、PC 及 Ultem 9085 等一系列高分子材料开展了空间环境及毒性研究，于 1999 年选用 ABS 和 Ultem 9085 开展了 1 小时 20 分钟的抛物飞行微重力试验，初步验证了零重力熔融沉积 3D 打印工艺的可行性。

2）NASA 兰利研究中心。围绕金属零件的在轨 3D 打印开展了研究，开发了一套适用于太空飞行的轻型电子束熔丝沉积成型技术。

3）空间制造公司。创立于 2010 年，于 2011 和 2013 进行了为时 4 周的失重飞机微重力试验，研究微重力、月球以及火星低重力条件下材料熔融挤出工艺，于 2014 年和 2016 年将两台 3D 打印机送入空间站并开展 3D 打印测试。

4）系绳无限公司。在 NASA 资助下开展蜘蛛打印机器人的研究试验工作。蜘蛛打印机器人试图使用增材制造技术和机器人组装技术在轨制造和集成大型空间系统。

基于非金属材料的空间 3D 打印由概念逐步变为现实且能力在不断提升。美国 NASA 分别于 2014 和 2016 年，欧洲 ESA 于 2015 年相继将三台非金属材料空间 3D 打印机送到国际空间站，并在空间站内部开展了零件和急需工具的加工，验证了零重力下打印的技术可能性。其中 NASA 第一台空间 3D 打印机完成了在轨舱内样件试制，第二台空间 3D 打印机完成了在轨舱内硬件产品试制，加工件精度和尺寸规模都得到了显著提升，如图 8-16 所示。2017 年 8 月，Made in Space 公司的太空建筑师（Archinaut）项目利用配备机器人臂的 3D 打印机首次在模拟太空环境中打印出了最大 85 cm 的聚合物横梁，如图 8-17 所示。

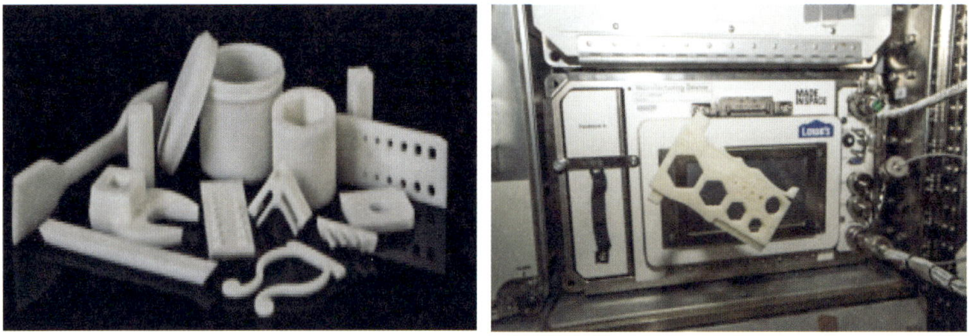

(a) 2014年第一台样机打印的样件　　(b) 2016年第二台样机及打印件

图 8-16　NASA 在轨增材制造试验样机及试制测试样件（引自 NASA 网站）

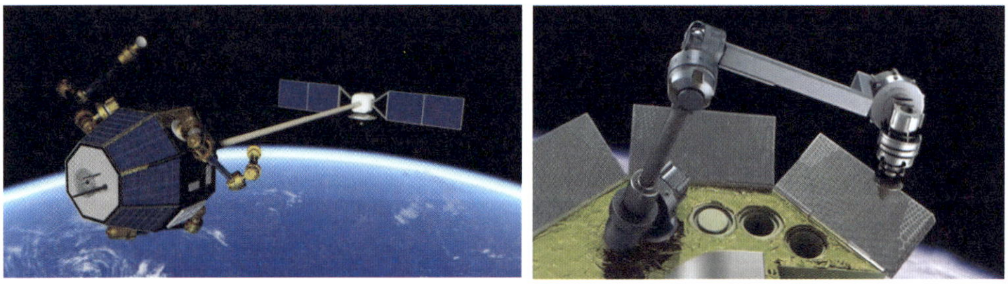

图 8-17　Archinaut 项目在轨增材制造方案（引自 NASA 网站）

基于金属基材的在轨增材制造技术还处于研究评估阶段。受制于空间微重力环境金属粉末材料的漂浮、存储以及熔融堆积与传热等方面的技术瓶颈，基于金属基材的在轨增材制造技术仍是技术难题。美国 NASA 兰利研究中心提出金属丝材在轨增材制造方案，开发了一套适用于空间飞行的轻型电子束熔丝沉积快速成型设备（Electron Beam Free Form Fabrication，EBF3），并于 2006 年利用飞机进行了抛物线飞行测试。2013 年欧洲 ESA 启动的以实现高技术金属产品高效生产与零浪费为目标的增材制造项目，开发适用于空间环境的金属增材制造技术，项目评估 5 种金属增材制造工艺的潜力，希望采用激光、电子束等高能量密度的能量源熔化金属，以期找到一种可在空间环境下实现金属增材制造的技术。

美国 NASA 资助系绳无限公司开展蜘蛛制造（SpiderFab）项目研究，借助 3D 打印和机器人技术，在太空建造和组装大型零部件，例如天线、太阳能电池板、大型桁架结构等。大型太阳能电池阵列结构建造方案如图 8-18 所示，分别制作 3 条纵向桁架，再采用一个 6 自由度机械臂制作横向支撑桁架及张紧结构。

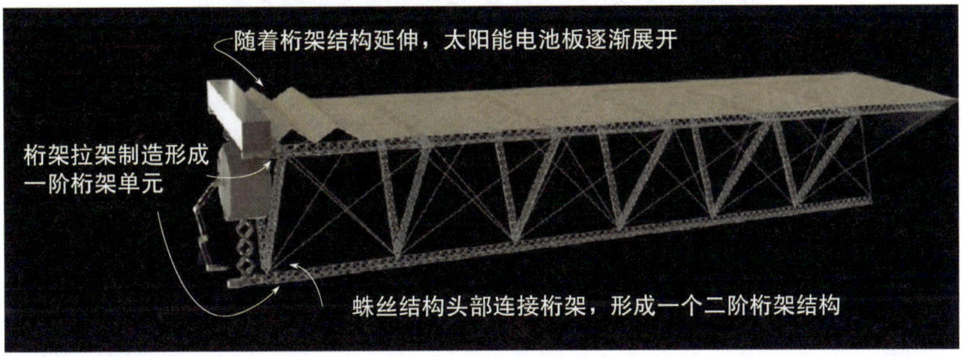

图 8-18　SpiderFab 大型太阳能电池阵列结构建造方案（引自 NASA 网站）

国内太空 3D 打印技术起步相对较晚。西安交通大学与北京卫星制造厂开展合作研究，围绕 3D 打印装备、原材料等的空间适用性开展了相关系统研究，并针对空间 3D 打印技术，提出了舱内、舱外两套工艺方案。开展了 FDM 工艺微重力影响效应地面试验。北京卫星制造厂于 2020 年通过我国新一代载人飞船试验船搭载了“复合材料空间 3D 打印系统”，自主完成了连续纤维增强复合材料的样件打印，开展了国内首次太空 3D 打印技术在轨验证；中科院空间应用工程与技术中心也通过新一代载人飞船试验船搭载“在轨精细成型实验装置”，成功实现立体光刻 3D 打印技术对金属/陶瓷复合材料进行微米级精度太空制造，如图 8-19 所示。

(a) 北京卫星制造厂复合材料空间3D打印系统

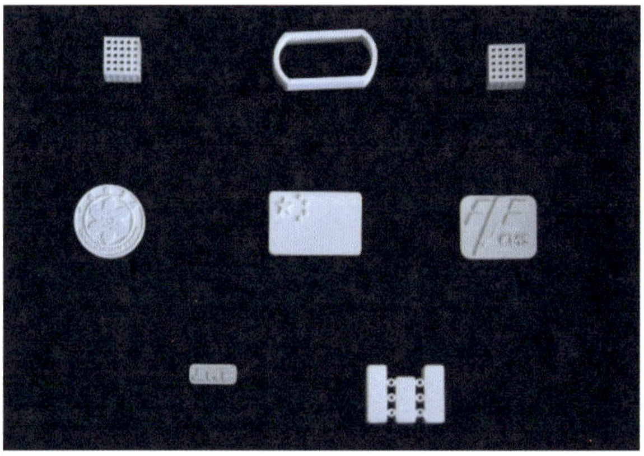

(b) 中科院空间应用工程与技术中心在轨精细成型实验装置打印制件

图 8-19 我国新一代载人飞船试验船太空 3D 打印试验（引自互联网报道）

8.4 太空原位建造技术

8.4.1 概念与原理

太空建造是在外层空间及其他天体上建造适宜人类生存的居住空间及其他空间基础设施，其建造方式包括“预制—发射—着陆”“预制—发射—展开”“预制—发射—组装”以及“太空原位建造”4 类，前 3 类建造方式依赖于地面上的构件预制和发射过程，并在地外空间通过着陆、展开或组装方式建成目标结构[409]。太空原位建造（In-situ Space Construction）是指利用太空原位资源在太空中建设各类建筑物和基础设施。它主要包括地外天体原位建造（In-situ Extraterrestrial Construction）和在轨原位建造（In-situ On-orbit Construction）两大类。地外天体原位建造是指在地外天体表面利用原位资源通过 3D 打印等方式建设路面、道路、防护结构、储热结构等基础设施，在轨原位建造是指利用太空原位获取的各类资源在太空特殊轨道位置在轨构建太空站等基础设施。太空原位建造将为在太空长期居住提供固定场所，是实现月球开发、地外移民、走向更深远的太空的基础。由此衍生的太空建筑（Space Architecture）被定义为在外层空间中设计和建造宜居环境[410]。

地外天体建筑设施的结构必须能够承受太空严酷的环境考验，如极限温度、高真空、宇宙射线、太阳粒子辐射、太阳风以及持续不断的微小陨石撞击等。在地外天体上建立安全持久的地外基地是开展探索活动的基础。深空运输成本高昂，地外基地建设需要大量建筑材料，难以完全依靠从地球获取。地外天体具有丰富的资源储备，因此，利用星壤资源开展地外天体原位建造是基地建设和运营的首要途径。以月壤为例，广义的月壤是指覆盖在月球基岩之上的所有月表风化物质，狭义的月壤则是根据月球样品的粒径来定义的：直径≥1 cm 的团块称为月岩，直径<1 cm 的颗粒称为狭义上的月壤，直径<20 μm 的颗粒则称为月尘。月壤的化学成分、岩石类型和矿物组成非常复杂，几乎每一种月壤样品都由多种岩石和矿物组成。其粒径分布宽、结构异形、附着性强，并且在太阳风的作用下月壤颗粒往往带有一定量的净电荷。

受特种星壤材料、极端地外环境、设备规模、航天员参与等方面的限制，必须变革地面建筑方式，创新开展太空原位建造技术研究。可能的实施途径包括基于星壤材料的 3D 打印（增材制造）成型、基于地外天体地形的地下或半地下基地挖掘建造技术，以及利用预成型星壤砖进行拼装建造等方式。由于地外天体表面建造环境严苛，严重危害航天员生命安全，采用人工建造的难度较大，因此地外基地建设需要大量自动化建造技术的支持。采用机器人技术原位利用星球表面星壤资源进行基础结构的 3D 打印，是太空建造基地的有效途径。通过可移动的 3D 打印平台，配合星壤采集、筛选、处理、输运、打印等系统，共同完成太空原位建造。星壤 3D 打印可实现地外基础设施的原位建造，将有效降低任务的成本和风险，是当前地外建造的主要技术方向。根据所添加材料的不同、成型过程及方法的不同，基于星壤原材料进行基础设施建设主要包括星壤混凝土挤出、星壤粘接、星壤烧结/熔融等技术路线。

星壤混凝土挤出固化成型技术是采用星壤基水泥材料进行 3D 打印的建造技术，所采用的原材料是由星壤与粘合剂混合而成的浆料。星壤材料本身熔点较高，将星壤与粘合剂混合，可通过控制粘合剂的固化，实现星壤材料的沉积成型。预先混合形成的浆料通过 3D 打印装置的喷嘴挤出到打印位置，而后浆料固化成型。重复挤出固化过程，通过逐层累加形成最终打印制件。

星壤粘接成型技术则是将液体粘合剂直接喷射到星壤颗粒层上，液体粘合剂将在颗粒层表面润湿，并在毛细作用下向颗粒层内部渗透，在粘合剂液滴对颗粒材料的润湿和渗透过程中伴随着液滴对粉末的固化。重复供粉、粘合剂喷射、固化等过程，逐层进行打印成型。

星壤混凝土挤出和星壤粘接技术依赖从地球携带的大量粘合剂，昂贵的太空物资运输成本成为制约其发展的重要因素。星壤烧结/熔融技术则仅以原位星壤为原材料，通过施加能量束进行选择性的烧结或熔化星壤粉末层区域，按照预设轨迹打印成型，从而制造预期形状的结构或者进行实体填充。激光、电子束、离子束、微波、太阳辐射等均可作为能量输入进行星壤原材料热成型处理。

要在地外天体上实现真正意义上的原位 3D 打印建造，可使用的原位材料只有原位星壤及星壤提取物，能量来源只有太阳光。同时，建造过程还受到太空极端环境的多重制约。在这些限制条件下，太空原位建造技术的发展面临着诸多难题，其需要解决的关键技术问题也与地面 3D 打印显著不同。

我国嫦娥五号（CE-5）采样返回首批月球样品的研究发现，真实月壤不仅与地球土壤和地面建筑材料显著不同，而且与地面模拟月壤也有显著差异。1）真实月壤是多异形、复杂级配的颗粒物质。CE-5 月壤颗粒形态多样，包括针状、棒状、椭圆形和球形，中值粒径约 55 μm。2）真实月壤富含多种矿物、多种相态的复杂组分。CE-5 样品包含辉石（44.5%）、长石（30.4%）、橄榄石（3.6%）、钛铁矿（6.0%）和非晶态（15.5%）。含有玻璃珠和独特的由囊状流变玻璃胶结而成的粘合集块岩，表面富含单质纳米铁等特殊成分，是当前月壤模拟物中所缺乏的主要成分。

（1）星壤材料独特性质给太空原位建造带来新挑战

1）如何操控星壤精确送粉？星壤颗粒具有异形、多粒径级配以及带电特征，要实现“定向、定量、堆积可控”，需探索场力作用下的星壤流变、堆积特性、单颗粒运动规律、碰撞与粘附特性、颗粒体系动力学等基础问题，对颗粒动力学研究带来新挑战；尚需在明晰机理的基础上，发展星壤精确可控送粉新方法。2）如何控制星壤成型过程？对于星壤热成型过程而言，具有多组分特征的星壤材料在高温下形成具有宽沸点分布的多元非共沸混合体系，使得在真空环境下极易形成大量气泡并最终成为气孔缺陷；星壤熔体呈现与玻璃材料相似的粘流态特征，其粘度高且随温度变化数个数量级，高粘度使熔体的铺展融合缓慢，致使层间融合差；同时，星壤材料导热系数低、热膨胀系数高、延展性差，热成型过程中产生局部热应力，易形成微裂纹，对打印温度控制提出较高要求。3）如何进行星壤制件的缺陷控制？星壤材料的粘性、表面张力等关键热物性具有大温变特点，在热成型技术中，其高质量熔合面临非常窄的热参数窗口，需量化分析 3D 打印过程中的送粉量、粉末流态、能量输入和扫描速率等对缺陷形成的影响。

（2）极端太空环境给地外建造带来新问题

与地球宜居环境显著不同，太空面临高真空、高低温交变、微重力、微流星轰击、强辐射等极端特殊环境。以月球为例，月球大气非常稀薄，在月球的夜晚，宁静的大气密度只有大约 2×10^5 分子/cm^3，而白天则降到了 10^4 分子/cm^3，这大约比地球大气的密度小 14 个数量级。由于几乎没有大气作用，月球表面白天与夜晚的温差很大，白昼温度约为 400 K，太阳不能照射到的阴影区和夜晚期间的月球表面温度约为 90 K。月球大气压约为 3×10^{-10} Pa，高真空的条件使得任何液体添加材料的保存和使用变得极为困难。月球表面几乎全部暴露在微流星的轰击下。流星体撞击到月面的速度约为 13～18 km/s，高速运动的微陨石会对建筑结构有破坏性影响。同时受到太阳风、太阳宇宙线和银河宇宙线等的辐射。这种极端环境必将给月面建造全过程的各个环节都带来严峻的挑战。持久暴露在月面的建筑物，其建筑结构和材料性能也将受到月球高真空、极端温度变化和强辐射等极端服役环境的考验。

8.4.2 技术进展

近年来，在我国无人与载人月球探测、美国阿尔忒弥斯重返月球等计划的引领下，太空原位建造已成为国际研究热点，催生的一系列新理论、新方法和新技术也将带动地面无人自主建造、3D 建造与制造等新兴技术和产业的发展。2005 年美国 NASA 在关于太空原位制造及修复技术的研讨会上，对月球和火星基地上建筑的构建方法进行了讨论分析，认为应致力于护坡道、防辐射外壳、发射/登陆缓冲垫以及非承压仓库/庇护所等建造研究，这些都可能成为以后长期外太空居住所需建筑的基本组成。所有的这些结构都必须能够承受地外天体表面上严酷的环境考验，比如极限温度、高真空、宇宙射线、太阳粒子辐射、太阳风以及持续不断的微小陨石撞击。

针对利用地外天体资源建造基础设施，进而建设地外基地，国外近年来进行了大量研究。典型的建造方法包括基于挤出成型工艺的增材建造技术和基于喷射粘接成型的增材建造技术。

基于挤出成型原位增材建造的典型代表为美国 NASA 的轮廓工艺（Contour Crafting）技术[411,412]。NASA Contour Crafting 借助移动机器人，采用挤出式增材制造工艺，实现月球混凝土的层合成型（图 8-20）。研究人员提出了多种挤出打印的混凝土配方，受原位材料种类及能源限制，NASA 进一步提出采用硫作为粘合剂。硫在月面元素质量丰度中排第 11 位，有望通过月面原位资源提取获得，且硫的固液相变温度低，热成型过程所需能耗少。将其与月壤材料混合并加热制得无水月壤混凝土，冷却成型后可获得具有相应强度的打印制件。然而已有试验表明，在真空环境中硫容易升华，导致骨料暴露、材料失效等问题。其他种类混凝土亦存在这类问题，混凝土轮廓工艺的原位应用仍需进一步研究。

基于喷射粘接成型原位增材建造的典型代表为欧洲 ESA 的 D-Shape 技

图 8-20　轮廓工艺地外天体建造示意图

术[413]。该方法主要利用液体粘合剂，将喷射出的月壤颗粒相互层合粘接，形成所需的构型，实现星壤增材建造。液体粘合剂与月壤之间发生放热化学反应，以提高粘合强度和可靠性。英国 Monolite 公司使用 D-shape 3D 打印机成功打印出一块质量为 1.5 吨的蜂窝结构样件。打印样件的抗压强度和抗弯强度分别可达到 17~20 MPa 和 1.5~3.5 MPa，孔隙率约为 13%。为了测试 D-shape 粘合剂技术在真空中的适应性，ESA 在真空中进行了实验，真空中的打印样品显示出中空的多孔结构，该多孔现象可能是由于真空中放气引起的。图 8-21 所示为 D-shape 3D 打印系统及喷嘴示意图。

为减少粘接剂的使用，甚至实现无粘接剂的打印，近年来国际上开展了星壤烧结/熔融成型技术探索。美国 NASA 研究了微波烧结技术，在月球表面原位利用微波能量控制烧结熔融月球表面月壤。利用 300 MHz~300 GHz 的微波对物体加热，通过微波在物料内部的能量耗散直接加热物料，月壤经微波加热后，密度、硬度增加，可以铺路，减少月球表面的扬尘，或是制造大型结构。

图 8-21　D-shape 3D 打印系统及喷嘴示意图

根据在月球南极沙克尔顿环形山处建设基地的需求，NASA 提出 SinterHab 月壤 3D 打印技术方案，其核心部位的刚性构件通过微波烧结成型[414]。太阳能聚光月壤的熔融技术通过表面抛物线镜面收集反射太阳能，聚光后温度可以超过 1 150 ℃。通过光纤波导可将聚光后的太阳能精确定位在需熔融的月壤表面。2011 年 NASA 喷气动力实验室（JPL）设计将配有太阳能聚光烧结月壤的 ATHLETE 系统作为移动平台进行地外原位建造（图 8-22）[415]。

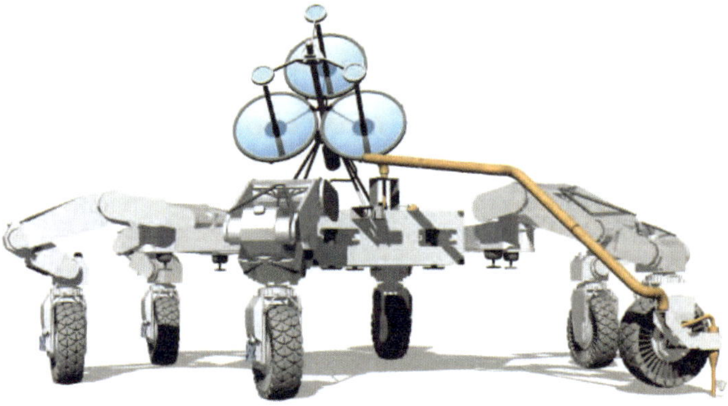

图 8-22　配有太阳能聚光烧结月壤的 ATHLETE 移动打印平台

德国空间材料物理研究所科研人员尝试了利用太阳能聚光烧结月壤进行 3D 打印（欧盟 RegoLight 项目，2016—2018 年，如图 8-23 所示），建造月球基地防护屏[416]。由于月壤的不均匀烧结而产生的高孔隙率，制备的构件平均抗压强度为（2. 49±0. 71）MPa。月面条件下其原位能量来源只有太阳辐射能，采用太阳能聚光的月壤烧结/熔融技术能够更大限度地利用月球原位的能源与资源，减少对地球的依赖、降低任务成本，具有重要的应用前景。

图 8-23　欧盟 RegoLight 太阳能月壤打印项目

我国相关单位也开展了月面建造技术的研究工作。华中科技大学基于原位预制拼装建造方式，结合烧结材料抗压强度高的特点，设计了拱形月面建筑结构及互锁式模块结构，并进行了建造和服役过程的力学和热工分析，论证了月面原位预制拼装的可行性[409,417,418]。作者团队针对月面环境与月壤资源特点，提出了静电输运—聚光熔融月壤 3D 地外天体原位建造技术[419]，建立了适应月面环境和月壤材料特殊要求的打印实验系统，揭示了月面极端环境和月壤材料特殊性质带来颗粒物质流变、多组分熔融凝固相变、熔滴铺展与浸渗等科学问题，突破了月壤颗粒的精准操控与输运技术、太阳能高倍聚光与光热转换技术和月壤基材料的致密化成型技术。

月球玄武岩制成的混凝土抗压强度极限和抗拉强度极限约为现有混凝土的 10 倍，是月球建筑材料的首选。月壤通过微波加热烧结可形成陶瓷材料，且其由于富含硅酸盐，在真空环境下还可以制成特别纯净的玻璃材料；月球还含有丰富的钛、铁、铬、镍等金属，可应用于建筑结构及构件的设计。月面原位可获取的多种建筑材料，也为月面建造形式的多样化提供了可能性，如具有中国特色的“三叶草”和“中国星”（图 8-24）[420]，以及“月壶尊”[421]、“玄武基地”[422] 等月球建筑方案。

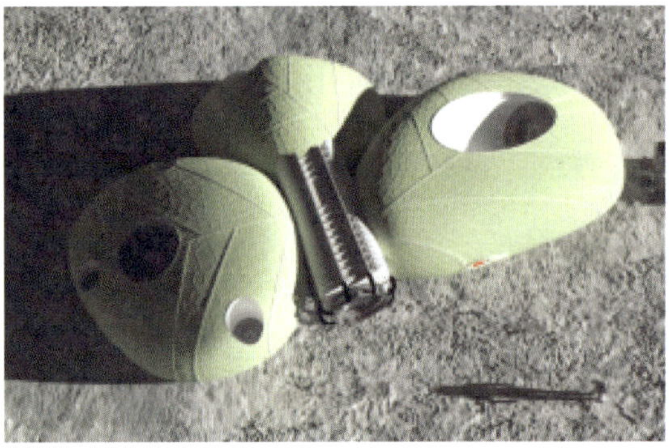

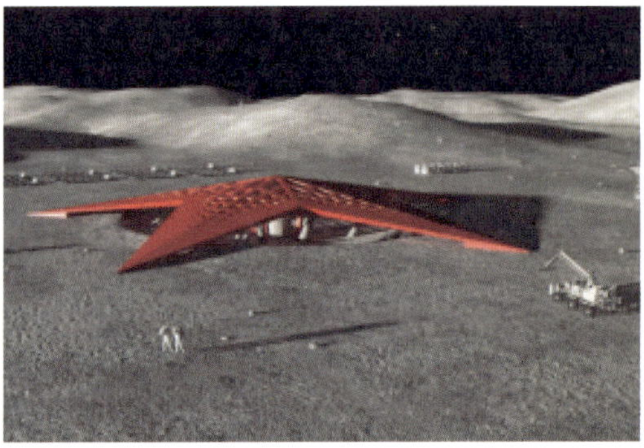

图 8-24　“三叶草”和“中国星”月球基地原位建造方案

8.4.3　太阳能聚光熔融星壤打印建造新技术研究

太阳能和星壤是地外天体表面直接可用的原位资源。作者团队提出的太阳能聚光熔融星壤打印技术可成为地外基地建设的重要途径[423]（图 8-25），通过有效利用太阳光和原位月壤可大幅减少从地球到月球的发射质量，显著降低月球基地的建设成本。

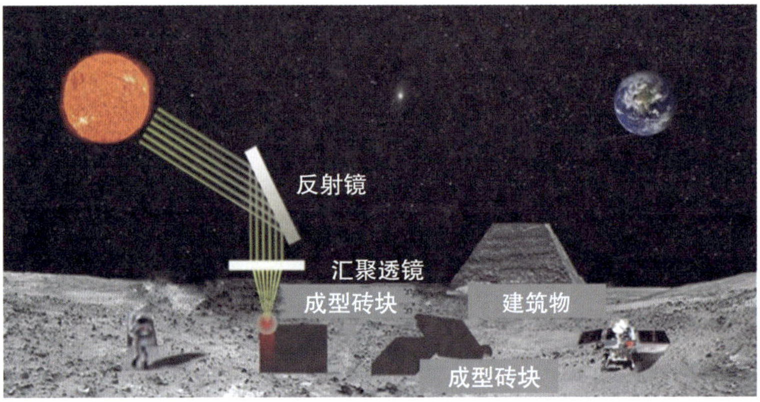

图 8-25　太阳光聚光熔融月壤打印概念方案

太阳光聚光熔融和选择性激光熔融成型原理一致，区别在于光源不同——光强分布、波长、光束质量等。为满足基地建设承力结构的强度需要，需研究月壤成型参数窗口，可利用激光模拟太阳光聚光光斑来探索成型过程致密化的影响因素[423]。依据室外菲涅尔透镜聚光效果，搭建了模拟太阳光聚光光斑的激光熔融月壤打印实验系统，包括激光器、光纤、步进电机、耦合器、支撑架、风扇、挥发分收集器、刮刀、粉末供给装置、粉末加工平台、粉末回收装置，如图 8-26 所示。采用模拟月壤 CUG-1A 为材料，研究激光功率、扫描速度、首层粉末厚度等因素对单条轨道打印的影响。

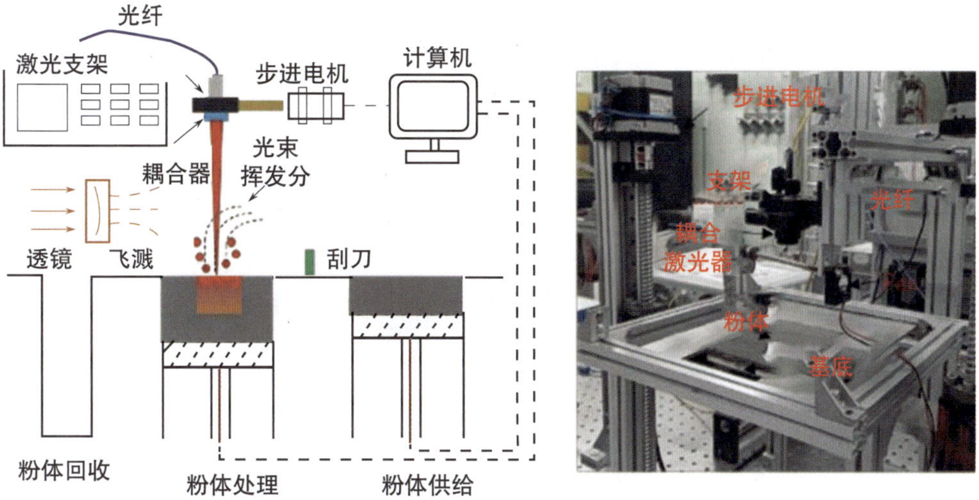

(a) 系统概念设计　　(b) 构建的试验系统

图 8-26　模拟太阳能聚光光斑的激光熔融月壤打印实验系统

多层制造比单轨或多轨制造更为困难。粉末铺展的平整度、基底的温度、激光功率的稳定性等都是确保制造稳定性的关键因素。路径规划是 3D 打印制件成型的关键，不同的路径策略会影响表面粗糙度、尺寸精度和打印产品的性能（例如强度）。更好的路径规划策略可以导致更好的制造性能、质量或更短的制造时间。根据单轨和多轨实验分析，成型质量好的轨道凝固后形状为椭圆和胶囊形，当轨道重叠在一起时会产生微冲沟，根据前期实验选择成型扫描参数，首层铺粉层厚 5 mm，多轨表面成型后在此基础上下一层铺粉层厚为 1 mm，下一层扫描时，一种按照光栅方式扫描，光栅扫描是上一层与下一层扫描方向平行；另一种按照正交方式扫描，下一层扫描方向与上一层扫描方向垂直。层厚是影响表面质量的主要因素之一。较厚的粉末层熔池不稳定会导致液滴的形成，从而导致样品质量的恶化。图 8-27 显示了不同激光功率不同层厚扫描形成的多层样品。样品截面尺寸 20 mm×20 mm，样品高度为不同铺粉层厚成型后的样品实际高度。激光功率分别选取 20 W、40 W、60 W、80 W，按单轨深度来确定层厚，单轨深度决定了粉末层层厚的最大值，超过单轨深度，下一层粉末形成的轨道不能重熔上一层轨道，两者不能结合在一起。

图 8-27　不同激光功率和不同层厚的月壤打印制件

通过理论分析、数值模拟和大量试验数据，建立了聚光熔融星壤打印的参数窗口，实现了高性能、多种月壤制件的打印（图 8-28）。

图 8-28　模拟月壤熔融成型各类打印试样

8.5 深空能源技术

8.5.1 概念与原理

太空资源开发对深空能源提出了更高的要求，包括：

1）大功率、多样化的能源需求。随着规模不断增长，对能源的需求也持续增加。初期的无人探测器巡视、采样等任务，能源供给通常在 kW 级。当开展资源利用试验和短期载人驻留时，能源需求将达到几十 kW 级。当开展规模化月球资源开发和长期载人驻月活动时，满足长久生存的能源供给将达百 kW 甚至 MW 级。为满足科学研究、资源开发、交通运输、航天员生活等综合需求，以及工作场地的多样性，需具备光、热、电、化学等多种能源方式。

2）长寿命、高可靠、昼夜不间断的供能要求。为实现太空资源开发的可持续发展，经济性是非常重要的方面，各种作业机器人和操作设备寿命要求长，至少达 8 年。后续开展规模化、常态化的探索开发活动，不能受到昼夜循环的影响，进行间歇性工作。航天员长期驻留期间，夜间仍需持续保障供热、供电，确保环控生保系统安全可靠运行。因此，长期运行要求长寿命、高可靠、昼夜不间断的能源供应。此外，考虑到不同发电方式、用电设备、多能互补的匹配与控制复杂性，拥有自主和可靠的太空能源系统至关重要[424]。

3）太空环境的适应性要求。能源供应取决于各种因素，地形、光照、温度、辐射等均为限制条件[425]。以月球为例，根据科学和应用目标的不同，月球科研站可选择在月球低纬、中纬和高纬建站。由于可能赋存大量的水冰资源[426] 及优良的太阳能资源，月球南极已成为中国、美国和欧洲等建设月球科研站和月球基地的首选区域。月球南极存在极昼现象，受地形影响很大，有些高地太阳可见度非常好，但有些撞击坑内长年没有阳光照射，为永久阴影区。因此环境温度差异也非常大，光照良好的区域温度可能高于 253 K，而永久阴影区内年平均温度仅约 40 K。虽然主基地可建设在撞击坑边缘太阳能充足的地区，但如何进入永久阴影区进行规模化水冰和其他挥发分的开采面临极端的能源挑战。另外，月面的高真空、低重力环境也给能源系统的流体输运、热量排散带来严重影响，可能降低核反应堆的发电效率以及燃料电池的工作寿命；太阳能电池除了受光照的直接影响，强辐射导致其性能衰退的影响同样不可忽视。

能源是航天器安全可靠运行的基础，经过长期发展，已为各类卫星和深空探测器的空间长期飞行提供了重要保障，取得了重要进展。空间中可利用的一次能源方式包括太阳能、核能、化学能和热能，但在深空能够便于获得、长期持久的能源主要为太阳能和核能。通过光电、光热、光化学、核热、热电、电化学等转换方式，可以将一次能源转换为电能、热能和化学能等方式，为昼夜不间断工作，便捷、高效的能源二次利用提供途径。另外，深空多样化的科学探索和资源利用等工作内容还会面临进入到阴影区甚至是永久阴影区工作，这虽然可以通过储能电池的方式为探测器、作业车等进行供电，但当进行规模化开发时，能源需求非常大，需解决大功率、远距离的能源传输问题，可能的途径包括有线电缆、太阳能直接反射、激光/微波无线能量传输、月球轨道太阳能电站结合有线/无线传输等方式。重点发展太阳能光、热、电综合利用技术，协同发展氢氧燃料电池、核能等方式，实现多能互补。目前主要的空间能源供应方式有太阳能供能、无线供能、化学供能、核燃料供能等[427]。

太阳能光伏+储能电池是目前空间探测应用最多、最为成熟的能源系统，在光照期通过太阳能电池阵将太阳能转换为电能，同时为储能电池充电；在阴影期通过储能电池为探测器提供电能。当供电需求达 kW 以上时，常规蓄电池由于比能量低，整体质量大，难以满足要求。当循环周期长时，再生燃料电池的比能量优势突出。

空间核能由于能量密度高、工作持久（可达数十年）、不受光照等环境制约等优势，是解决长期无光照的深空供能和太阳能功率密度低的木星以及更远的深空探测的供能手段。它主要包括利用核衰变能的空间核同位素能源（电源和热源）以及利用核裂变能的空间核反应堆能源两种方式。

近年来，随着规模化月球资源开发等任务的提出和迅速发展，面临着数十 kW 以上的热能/热电联供生命保障需求，以及上千摄氏度高温的月壤储热、月壤打印、月壤制氧、矿物冶炼等需求。太阳能光热利用的方式已受到越来越多的关注和探索。例如，月壤资源可为原位利用与供应能源提供一种可能[24,428]，月壤经过烧结或熔化后可直接用作储热材料，月昼时充足的太阳光在月壤储能层中蓄热，月夜时可以供热，并进行后续发电，从而实现从白天到夜间的不间断供能以及提高系统的原位能源利用率。

8.5.2　技术进展

（1）空间太阳能技术

太阳能是太阳系中几乎无处不在、持续不断的能源，因此是各类航天器的主要能源方式。近地空间太阳辐射强度达 1 367 W/m^2，但随着深空探测任务远离太阳距离的增加，太阳能将呈平方反比关系衰减。

①太阳能光伏发电技术

太阳能光伏发电是通过光电效应将太阳光转化为电能的技术，主要通过太阳能电池阵实现，是空间飞行器的主要能源技术。1958 年，美国先锋一号卫星（Vanguard 1）首次应用太阳能电池，经过多年的发展，功率水平和转换效率不断提升，为获取更高的功率转换效率和抗辐射性，基于单结和多结Ⅲ－Ⅴ族半导体叠层太阳能电池成为当前空间探测任务的首选产品。2019 年，国际空间站通过由四组共 262 400 块硅太阳能电池组装的太阳能电池板提供高达 120 kW 电量[429]。2022 年，美国阿尔忒弥斯计划[430] 的“猎户座”飞船携带 4 个砷化镓太阳能电池阵列飞往月球，可提供约 11 kW 的供电能力。未来，阿尔忒弥斯计划将在月球南极基地开发垂直的太阳能阵列系统，可自主部署高达 32 英尺的太阳能电池阵列，并在必要时收回以进行搬迁和减小装载体积[431]；为解决月球南极因陡峭地形而难以获取太阳光的问题，美国 NASA 提出了“光弯折机”概念，将不断地捕获太阳光，并被直径为 2～4 m 的光伏阵列接收，预计产生 10 kW 的电能[432]。面向未来月球科研站建设，太阳能光伏发电需重点突破高比功率和高光电转换效率两个重点指标。

针对高比功率问题，太阳能电池阵经历了从刚性、半刚性到柔性的结构转变，以满足高达数万瓦超大功率的需求。对于 15 kW 的太阳翼，与刚性电池阵比，卷绕式太阳能阵列（Roll-out Solar Array，ROSA）减少了 33%的质量和 75%的安装体积，美国已在国际空间站试验 ROSA[433]。我国全球首次采用三结砷化镓太阳能电池作为新一代柔性太阳翼，为天宫空间站提供电力。

不断提升光电转换效率也是太阳能光伏发电研究的重点内容。2020 年，上海空间电源研究所为新一代载人飞船试验船研制了平均光电转换效率 34%的太阳能电池阵。受太阳能电池板面积限制，嫦娥五号月球探测器采用多边形、多尺寸的电池进行混合布片，使得太阳能电池效率提升到 31%以上。宇宙辐射对太阳能电池效率有重要影响，严重的单次太阳质子事件可能导致多结电池效率永久性地降低 5%～10%，在月面上长期暴露在宇宙射线辐射下，将导致太阳能电池每年 2%～3%的性能衰减[434]。经过多年的发展，太阳能电池的光电转换效率不断提高，2022 年已达 47.6%[435]。

②太阳能光热发电

太阳能光热发电是将聚集的太阳光通过传热工质转化为高品位热能，再通过斯特林、热电器件等方式把热能转换为电能的技术。因月夜长达 350 小时，太阳能光伏-储能电池面临发射质量和发射成本的巨大挑战[436]，例如，为应对 10 kW 的供电需求，即使采用 500 Wh/kg 高比能的再生燃料电池，储能质量也会超过 7 吨。因此，必须对原位资源加以有效利用，才能显著减少从地球携带的物质。采用太阳能聚光并利用星壤进行蓄热和发电是满足地外基地能源需求的重要解决方案[437]。作者团队针对太阳能聚光月壤蓄热发电系统建立了有限时间热力学模型并进行了性能分析，评估了发电系统的热力学性能[428]。2019 年，欧洲学者 Lappas 等人[438] 提出一种基于太阳光的储热系统，该系统通过菲涅耳反射器和集中器将太阳光收集到月壤表面储热，并使用循环热管和增强的热电系统产生 6～11.5 kW 电能。2020 年，欧洲学者 Patrick 等人[439] 提出了一种结合原位月球风化层资源储热系统与温差发生器的发电系统，其中储热系统充当热机的热源，由烧结月壤制成并埋在月壤中以减少热量损失，每个热电单元在月夜结束时产生 18 W 电量。2021 年，中国学者[440] 提出一种基于原位资源利用的太阳能储热发电系统，采用线性菲涅耳反射镜作为太阳能收集器，球体堆叠的月球风化层作为储热罐，与斯特林发电机耦合，可持续输出平均功率为 6.8 kW 的电能。

③太阳能热利用技术

虽然太空资源利用为月球与深空探测提供了物质基础和可持续探索的能力，但规模化资源开发导致热能需求量庞大，涉及大量热处理工艺，需充分开展太阳能热利用，开展矿物冶炼、热解制氧和原位建造与制造等活动。

2010 年，美国物理科学公司（Physical Sciences Inc.，PSI）Nakamura 等人[441] 在美国 NASA Mauna Kea 原位资源利用站点使用石英棒将太阳光聚集到 Tephra 火山土壤层，通过 540 W 的功率并以 1~2.35 mm/s 的扫描速度烧结得到块状体。2018 年，德国 DLR 空间材料物理研究所科研人员[442] 采用一个平面镜跟踪太阳并将光反射到聚光器上，从而为月壤烧结收集能量。以 48 mm/s 的扫描速度对 JSC-2A 风化层模拟物逐层烧结，最终证明了太阳能 3D 打印各种形状月壤砖作为月球建筑模型的可行性。德国 Fateri 等人[443] 使用光通量密度为 1.2 MW/m^2 的太阳光模拟器和 47 mm/s 的扫描速度进行了环境和真空条件下的层状 JSC-2A 月壤烧结，以实现可互锁的建筑构件。作者团队提出了静电输运-太阳聚光熔融月壤打印技术[444]。

利用月球资源生产氧气是实现在月球表面长期生存的第一步。通过从月球表面的可用物质中产生氧气，可以消除对地球再补给及其成本的依赖。美国物理科学公司 Nakamura[445] 首先提出将集中的太阳辐射传输到光波导传输线上，再导向热接收器，来进行月球风化层热化学处理，以便在月球表面产生氧气。美国 Colozza 等[446] 对基于聚光太阳能从月球风化层中提取氧气的方案进行了评估，经系统设计，当采用碳热还原钛铁矿以每年产生 1 000 kg 氧气时，用来提供热能的太阳能聚光器的功能需求在 8 320~9 961 W 之间。2021 年，美国 Linne 等人[447] 进一步研究了碳热还原过程中从月壤中制氧所消耗的能量。结果表明，必须捕获 94.9 kW 的太阳能，才能将 48.8 kW 能量输送到反应器中用于碳热反应。德国 Guerrero-gonzalez[448] 提出最有效的原位资源利用工艺是通过熔融风化层电解生产硅铁合金和氧气，计算预计需要 311.34 kW 的太阳能才能从高地风化层中生产 25 吨/年的金属，同时生产 23.9 吨/年的氧气。

（2）空间核能技术

核能具有环境适应性强、不依赖阳光、可全天候工作等优点，也是在难以获得太阳能时的必选能源。主要分为放射性同位素热源（Radioisotope Heat Unit，RHU）、放射性同位素电源（Radioisotope Thermoelectric Generator，RTG）和核反应堆（Nuclear Reactor）。

①放射性同位素热源

对于热功率密度较高的放射性同位素，自发衰变产生的热能可直接作为热源使用。采用半衰期适当的放射性同位素热源，能够在整个工作期限内产生持续稳定的热量而不受外界影响，性能可靠。美国首先采用钚-238（Pu-238）氧化物作为燃料，开发了热功率为 1 W 的标准同位素热源，该 RHU 先后用于 Galileo 木星探测器、Pathfinder、Spirit 和 Opportunity 火星车[449]。苏联将 RHU 应用于“Luna-17”和“Luna-21”等月球探测任务[450]。2013 年，中国首次在嫦娥三号探测器成功应用了 3 个 120 W 同位素热源、1 个 8 W 同位素热源、1 个 4 W 同位素热源[451]，保证了探测器安全度过长达 14 天的-180 ℃低温月夜考验，完成了月面探测任务。2018 年，嫦娥四号探测器同样采用钚-238 同位素热源为月夜生存提供能源[452]。

②放射性同位素电源

放射性同位素电源是利用热电转换技术将放射性同位素衰变所释放的热能转化为电能的装置。与其他电源相比，RTG 生存能力强、结构紧凑、易于携带和安装，可以在高低温、真空、辐射、冲击和震动等恶劣环境下正常工作，既可以为深空探测器提供电能，还可以为热控系统提供热能。

目前，美国拥有世界上最先进的 RTG 研制与应用技术，截止到 2020 年，美国深空探测任务中曾利用近 50 个 RTG 提供电能和热能[452]。SNAP-3[453] 是应用于空间任务的首代同位素电源系统，由钚-238 燃料、温差元件和碲化铅（PbTe）热电元件组成的 SNAP-3B-RTG 电源能够提供 2.7 W 的电功率。美国“海盗号”飞船使用 SNAP-19-RTG，电功率 42.5 W，转换效率 6.3%。阿波罗计划使用 SNAP-27-RTG 为月面装置供能[454]，提供 73 W 的电功率。从“伽利略号”开始，采用模块化设计的 GPHS-RTG 增强同位素电源水平，通过对各个模块组合提供特定任务所需的功率量，实现强通用性[455]，在装满钚-238 燃料的情况下初期输出功率为 292 W，转换效率为 6.6%。2015 年，飞掠冥王星的新视野号携带一个 250 W GPHS-RTG。MMRTG 作为“好奇号”和“毅力号”火星探测器的主电源[456]，代表了目前美国放射性同位素电源技术的最高水平。我国嫦娥四号将同位素电源应用于月球探索，能够在提供月夜保温所需热能的同时，为月夜温度采集器工作提供电能。

通过静态热电转换技术向动态 RTG 转变，可将转换效率大幅提高至 20%~30%。美国 NASA 最先启动了斯特林放射性同位素发电机（SRG）项目[457]，SRG 使用 2 个 GPHS 模块和动态功率转换，实现了 23% 的转换效率。因此，在相同的功率输出下，SRG 所需要的钚-238 燃料减少了约 75%。2005 年，DOE 研发了更为先进的 ASRG，采用更高比功率的斯特林发电机，初始输出电功率为 130 W，能量转换效率 25%[458]。2022 年，我国发射的梦天实验舱成功搭载了高效自由活塞斯特林热电转换装置进入太空，该装置地面测试的热电转换效率为 24.4%，为未来高性能放射性同位素电源研制提供基础。热光伏技术转换效率可达 15%~20%，具备静态转换技术的长寿命特征。其转换效率高、静态工作稳定性好等特点，是同位素电源发电技术未来发展的重要研究方向。北京空间飞行器总体设计部和兰州大学共同研制的热光伏空间同位素电源系统，在关键器件研制和测试的基础上，研制了同位素热光伏系统原理样机，经测试，样机热源功率为 232 W，热源温度为 1 198 ℃，发电效率为 15.2%[459]。

虽然放射性同位素电源已经被广泛应用于空间探索领域，但是依然存在众多局限性。例如，输出功率较小；燃料钚-238 供应非常有限，制造成本和复杂性非常高；随着放射源的衰变和热电转换器件的长时间使用，电性能会逐渐减小。因此，开发高性能热电转换材料和高效热电转换技术是提升 RTG 性能的重要发展方向。

③空间核反应堆电源

空间核反应堆电源利用核裂变能，发电功率达 kW 级甚至 MW 级。为空间探测设计的核反应堆电源最早开始于美国 SNAP 计划，所有 SNAP 系列核反应堆的设计寿命均为 1 年，发电功率范围为 0.5～5 kW[460]。苏联在 1956—1988 年间相继开发不同型号核反应堆（Romashka、BUK 和 TOPAZ 核反应堆），共发射了 34 个低功率裂变反应堆作为空间军事侦察卫星的动力源[461]。Romashka 是以高浓碳化铀为燃料，通过温差发电直接转换的小功率空间反应堆（约 0.8 kW）。BUK 型核反应堆采用液态金属冷却快中子堆，结合温差发电技术，得到约 3 kW 的电功率。随后，苏联开始研究热离子转换技术，并研制 TOPAZ-1 热离子空间反应堆。为改进发电功率，采用静态能量转换系统的 TOPAZ-2 反应堆是一个小型氢化锆慢化热中子反应堆，可以输出 5 kW 的电功率。基于热离子反应堆的基础，美国提出了堆芯部件全为不锈钢的模块化设计，并将研究方向转向热管技术来提高热电转换效率。HOMER-15[462] 是一种小型热管反应堆，在 600 ℃时就可以运行，能够提供约 11.5 kW 热功率并输出 3 kW 电功率。为了进一步推动核反应堆电源的空间应用，结构简单、易工程化成为新的发展目标。洛斯阿拉莫斯实验室提出了 KiloPower 项目[463]，该反应堆电源采用 U-235 富集度为 93%的 UMo 合金热管堆，由 8 个 125 W 的斯特林发电机实现热电转换，系统输出功率为 1 kW，设计寿命 15 年。随后，美国 NASA 将与月球表面探测相关的 KiloPower-1 kW 反应堆技术扩展到 10 kW[464]。表 8-2 对比了各核反应堆电源的性能指标。

表 8-2　1～10 kW 级空间核反应堆电源性能指标

项目名称/电源型号	组件	输出电功率/kW	质量/kg	热电转换效率/%
KiloPower-10 kW	UMo 合金燃料/斯特林循环	10	1 800	25
KiloPower-1 kW	UMo 合金燃料/斯特林循环	1	406	28.6
HOMER-15	UN 燃料/斯特林循环	3	768	20
TOPAZ-2	UO_2 燃料/热离子转换	5	1 061	3.7
BUK	UMo 合金燃料/热电偶转换	3	930	3
Romashka	UC_2 燃料/热电偶转换	0.8	509	2
SNAP-10A	$U\text{-}ZrH_x$ 燃料/热电偶转换	0.5	435	1.6

核反应堆电源虽然在能量供应方面存在优势。但是，价格昂贵、技术难度高、开发周期长、质量与尺寸均不具有竞争力等关键问题仍有待解决。因此，应加强先进快堆优化设计、减小质量和体积、提高安全性。

（3）储能电池技术

受星表昼夜变化和轨道阴影作用，为保障持续供能，需增加额外的可充放电/可再生的储能电池能源系统与太阳能光伏系统联合供电。

虽然宇航级锂离子电池比能量可达 200 Wh/kg，但为满足一个小型月球科研站的 10 kW 用电需求，需要的储能质量超 20 吨，太阳能光伏+储能电池的综合功率密度低于 0.5 W/kg，难以满足要求[465]。再生燃料电池虽然技术成熟度不足，仍未开展空间应用，但具有明显的比能量优势，随功率、循环周期不同，报道的比能量在 300~1 000 Wh/kg 之间。

质子交换膜燃料电池因工作温度温和、独立性强、功率大，并且可以根据负载要求快速改变输出功率，适用于自主机器人/操作车的可移动电源。美国通用电气公司为双子星座任务开发了第一个质子交换膜燃料电池[466]，作为大功率短期飞行任务航天器的主电源。载人飞船的主电源系统由 3 个 1 kW 聚苯乙烯磺酸电解质燃料电池模块构成，为 360 小时的飞行任务提供全部能源。质子交换膜燃料电池虽然可以满足航空航天的能源需求。但是，质子交换膜燃料电池辅助系统复杂，而且液氢和液氧携带量有限，使得电源系统的连续供电受限。

再生燃料电池是将燃料电池技术和水电解技术相结合的一种新型能源装置，发电组件一般为质子交换膜燃料电池或固体氧化物燃料电池。与太阳能电池阵联合，再生燃料电池（RFC）是未来的主要发展方向。作为目前比能量最高（400~1 000 Wh/kg）的储能系统，RFC 具有质量轻、充放电效率高（高达 70%）、使用寿命长（高达 10 000 小时）、无环境污染等独特优势。然而，目前 RFC 循环周期受材料耐久性、密封可靠性、燃料储存容量等因素限制。2006 年，美国 NASA 格伦研究中心成功验证了一种能够在 8 小时内持续稳定输出 5 kW 功率的再生燃料电池系统[467]，进一步证明了 RFC 作为储能装置在月球和行星表面的潜在应用价值。2011 年，俄罗斯学者开发了由 7 个单电池堆叠的 RFC，该电池在燃料电池模式下可产生 500 W 电功率，初步测试表明，在电流密度为 0.5 A/cm^2 时，其循环效率为 30%[468]。2016 年，日本学者展示了一种 RFC 集成系统，该系统产生了 0.8 kW 的功率[469]。2019 年，意大利研究人员展示了用于模拟月球表面任务的 2 kW 模块化电池堆[470]，两个 PEMFC 电堆均携带 10 个单体，分别为月球基地和月球车供能，燃料电池堆在 80 A 时总功率为 1 kW。

尽管 RFC 的能量密度比其他化学电源高得多，但由于电源供电周期长，因此开发高压轻质 RFC、提高其关键材料/组件耐久性、增加再生系统水循环管理和综合能量利用率是加快 RFC 空间应用的有效途径。

8.5.3 星壤资源储能发电新技术研究

深空能源是太空资源开发和相关基础设施建设和运行的基础和保障。作者团队提出了由高倍率太阳能聚光装置、基于星壤原位利用的储能系统和热电转换装置组成的利用地外星壤资源的太阳能蓄热发电系统[471-473]（图 8-29）。太阳能吸收器将太阳能聚集在高温储能装置上，高温储能装置由地外星壤致密化后制备形成，白天吸收储存太阳辐射热后，高温储能装置与低温储能装置之间存在温差，通过热机将热能转化为电能，从而实现昼夜不间断的电能和热能供应。

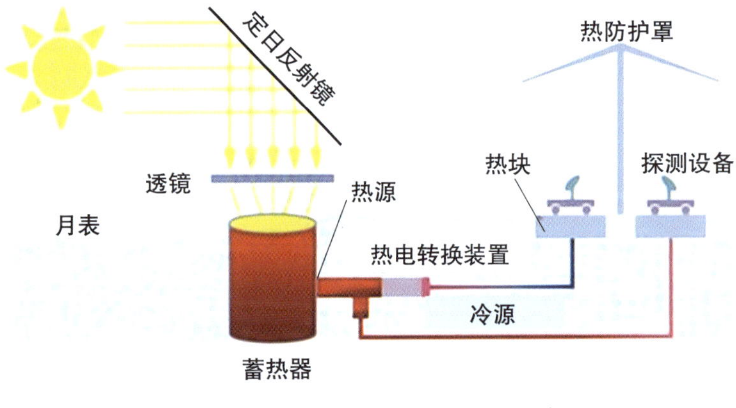

图 8-29 星壤资源储能发电系统概念图

对星壤资源储能发电系统进行了能量流的分析并建立了有限热力学理论模型[24]，分析表明，月球真空环境下，星壤储热块表层温度主要受太阳照射、地球和其他天体的热辐射和反照、月表物质自身的红外发射，以及月球内部热流的影响，并与星壤热物性参数有关，包括星壤密度、热导率、比热容及红外辐射率等。若发电装置采用斯特林热机，则采用有限时间热力学分析其发电性能[473]。星壤资源储能发电系统的初步仿真分析表明（图 8-30），通过星壤致密化储能，储能块温度昼夜在约 380～290 K 之间波动，发电功率在 3.1～1.9 kW 之间变化，可满足昼夜连续的供电和供热需求。通过熔融致密化后的星壤，导热性和密度升高，其储能密度和储热均匀性得到较大改善，储热性能得到提升[474]。

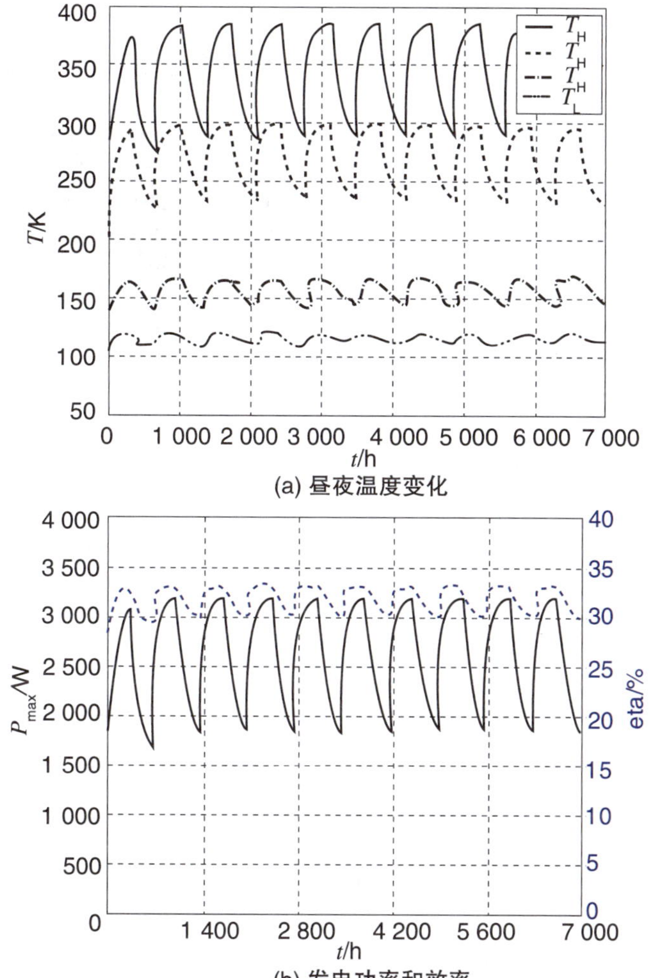

(a) 昼夜温度变化

(b) 发电功率和效率

图 8-30　星壤资源储能发电系统热力学动态特性分析结果

为验证星壤储能发电系统的原理可行性，研制了一种原理实验系统[475]，包括太阳模拟器、月壤储能块、高温热管、传热翅片、保温容器、斯特林发电机、水冷却器及相关仪器（图 8-31）。太阳模拟器发射具有一定功率的模拟太阳光。太阳辐射被热管的太阳能热腔吸收。一部分热量通过热管和散热片传递到月壤储能块，另一部分热量作为高温蓄热器通过热管直接传递到斯特林发生器。高温蓄热器和水冷却器之间形成温差驱动斯特林机运行发电。当没有太阳能时，月壤储能块将储存的热量释放到斯特林发电机的蓄热器中，通过蓄热器和蓄冷器的温差进一步发电。

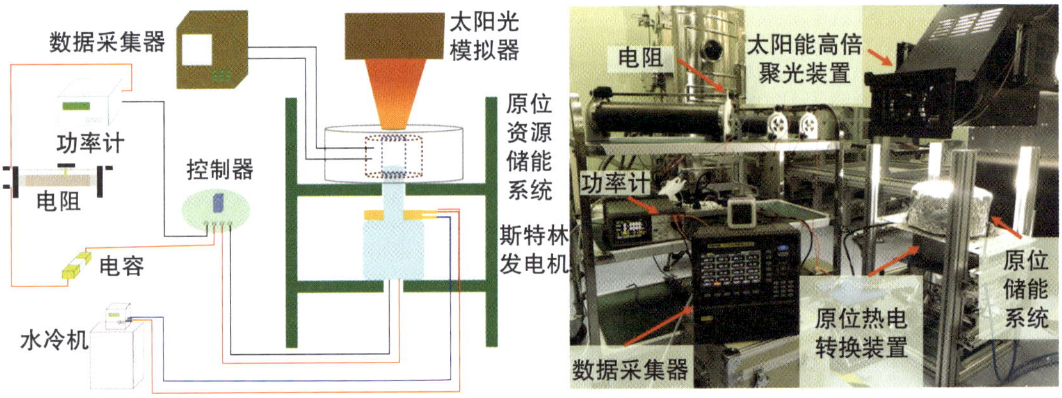

(a) 实验系统方案　　(b) 实验系统实物

图 8-31　星壤资源储能发电系统地面原理实验

针对月球科研站任务对长期稳定、可靠能源的需求，通过对空间能源现状分析，结合月球科研站的建设目标，进一步提出了一套月球科研站能源供应系统构架（图 8-32），该系统主要是由高倍太阳能聚光、高效光热转换、月壤储热、长效光电转换、再生燃料电池等五个核心子系统组成，其中高倍太阳能聚光能够与长效光电转换、再生燃料电池相配合增加整体转换效率，可为月球科研站提供热能；再生燃料电池利用月球中水资源产生氢气和氧气，也可以使用氢气和氧气，产生水和电能，不但解决地球上氢氧携带量的限制，还可与航天器上的生命保障系统、推进系统等共用，有效降低空间任务成本和提高系统效率。

该系统在月昼期间，通过高倍太阳能聚光及光热转换装置将太阳光汇聚导入月壤块内部，以经过加工的月壤作为月球天然、低成本的储热载体，将热能储存备用。同时长效太阳电池阵利用光伏效应将光能转换为电能，向负载供电，过剩的电能用于向再生燃料电池供电，利用原位获取 H_2O 资源以电解出 H_2、O_2，并储存到氧与氢贮箱中；月夜期间，再生燃料电池将消耗储存的热能、H_2、O_2 进行发电，向负载提供所需的电能，产生的 H_2O 将传输到 H_2O 贮箱中备用，而月壤块中储存的热能将保障月球科研站的热能需求，充分利用物理-化学的互补储能，从而实现了不间断的热、电、氧气和燃料联供。

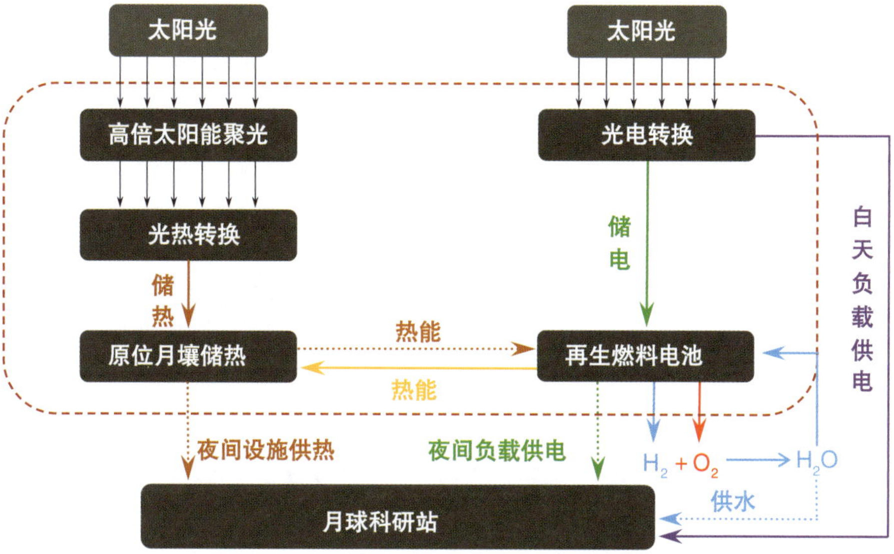

图 8-32　月球科研站能源供应系统

8.6 小结

太空资源加工利用是太空资源开发最终实现应用价值的核心环节。本章综合分析了太空推进剂原位制备、太空冶炼、太空原位制造、太空原位建造、深空能源获取等若干技术的概念、特征和关键问题，探讨了技术发展的新思路、新途径，为建立太空资源加工利用设施提供参考。

1）太空推进剂原位制备技术可利用地外天体水资源或大气二氧化碳资源，直接制备出空间推进系统使用的推进剂。通过在轨加注等方式为空间飞行器补充原位制备的推进剂，可大幅扩大太空探索开发活动的规模和范围。水资源在月球、小天体、火星等许多地外天体均有分布，氢氧推进剂制备是太空制备的主要方式。火星大气具有丰富的二氧化碳，甲烷-氧推进剂是火星表面制备的重要内容。提出的地外人工光合技术可基于太阳能利用实现常温常压下光电催化转化，为太空推进剂原位制备提供新手段。

2）太空冶炼技术可从太空矿物中提取各种金属和非金属元素。太空冶炼可为太空工业生产提供物质基础，并为地球可持续发展提供关键矿产资源。氢还原、碳热还原、卤素还原等气基还原工艺方法虽然技术相对成熟，反应温度较低，但需要携带补充大量的反应气体，不适用于规模化的太空资源开发。熔融氧化物电解虽然技术成熟度低，反应温度高，但不需要额外的反应气体，是未来太空冶炼的重要方向。提出的基于太阳能光热电综合利用的太阳能高温熔融电解冶炼技术，有望实现地外能源与资源的综合利用，为太空冶金提供新技术途径。

3）太空原位制造技术可在太空利用原位获取的资源加工成适用的产品。在太空获取各种金属和非金属原材料后，太空原位制造将为太空工业发展提供重要基础。增材制造技术是关键零部件制造的主要手段。进一步，通过太空制造厂可实现高纯硅片、太阳能电池阵等复杂产品的制造，为太空工业化提供基础。

4）太空原位建造技术可就地取材进行地外天体基础设施的建设。在地外天体表面利用原位资源通过 3D 打印等方式可建设路面、道路、防护结构、储热结构等基础设施，将为在太空长期居住提供固定场所，是实现月球开发、地外移民、走向更深远的太空的基础。提出的太阳能聚光熔融星壤打印建造技术有望实现建造能源和资源的原位获取，显著减小地球发射质量，有效降低地外基地的建设成本，为实现全原位地外天体建造提供新途径。

5）深空能源技术为各类规模化的资源开发活动提供大功率、不间断的持久能源，是太空资源开发和相关设施建设与运行的基础和保障。提出的利用地外星壤资源的太阳能蓄热发电系统可实现昼夜不间断的电能和热能供应，为地外基地运行提供一种低成本、高效能的技术途径。未来将重点发展太阳能光、热、电综合利用技术，协同发展氢氧燃料电池、核能等方式，实现多能互补。

第 9 章

太空资源开发展望

太阳系拥有丰富的自然资源，具有巨大的开发利用价值。太空资源开发不仅是可持续太空探索的重要推动力，而且也有望催生太空新经济，为解决资源匮乏、环境污染等全球性问题提供新的思路和方法，为地球可持续发展注入新动力。在太空资源开发体系、共性基础技术和关键技术讨论分析的基础上，本章分析当前国际上太空资源开发的发展趋势，介绍作者提出的“天工开物”太空资源开发初步规划设想，展望太空资源开发带来的太空新时代前景。

9.1 太空资源开发技术发展趋势

总体上看，随着航天科技的快速发展，一系列月球与深空探测任务成功实施，太空资源开发研究攻关力度加大，太空资源开发涉及的关键技术和共性基础技术已形成良好的基础，初步具备开展空间飞行演示验证和规模化开采的技术条件。

1）太空资源开发作为未来太空探索重大任务和可持续发展的使能技术，已成为当前国际航天新兴前沿方向。随着重返月球、载人火星等极具挑战性的探索任务逐步实施，地月空间已进入到经济开发阶段，太空资源开发活动将逐步从地月空间向更远的深空扩展，太空资源开发利用已成为国际航天强国重点发展方向并吸引了大批商业公司加入。

2）太空资源开发面临勘探、开采、转化、利用等一系列关键技术，目前已逐步完成地面试验，正在部署各类空间飞行试验验证任务。美国自 20 世纪 60 年代开始，全面布局并长期持续开展了大量的论证研究、技术攻关和样机研制等工作，毅力号火星车已成功完成火星氧气原位资源利用实验（MOXIE），验证了太空资源开发的可行性。我国起步较晚但发展迅速，开展了地外天体水冰资源光热提取、地外人工光合作用、太阳能聚光熔融星壤打印等新技术路径探索，研制了原理样机并开展了环境试验，为空间飞行演示验证打下了基础。

3）太空资源开发面临空间进出、太空运输、太空补给、深空能源、无人自主等共性基础技术挑战。近年来航天科技迅速发展，在重复使用运载器、低成本返回器等空间进出技术，先进上面级、行星际运输通道、借力飞行等太空运输技术，推进剂低温液化及零蒸发长期储存、交会对接及在轨加注等太空补给技术，太阳能光伏+储能电池、太阳能光热利用、空间核能等深空能源技术，以及深空无人自主技术等方面已具备了技术基础和工程能力。

4）太空资源开发体系需依据“先探后采、由近至远、梯次递进”的原则进行规划。地外天体的资源分布、赋存状态和矿产品位等信息对资源开采的成本至关重要。为降低太空资源开发的风险和成本，需先探后采，首先对目标天体开展多维度、多手段的资源勘探，充分评估其资源开发价值后，再进行矿物开采。由近至远，以月球、小天体、火星等地外天体的水冰资源开发利用为基础，逐步建立太空资源补给站，实现太空运输系统的物资和信息中继，可大幅提升总速度增量及深空测控和数据传输的能力。通过积木式、递进式的方式，分步建设太空资源开发体系，有效降低体系建设成本。

5）太空资源开发设施需采用中继、无人、自主的方式进行建设。面向模块化、产业化、效益化的要求，建立太空资源补给站进行资源中继；通过无人化、通用化、模块化、批量化的方式，开展地外天体采矿站、太空资源加工站、太空资源补给站、太空资源运输系统等重要基础设施建设，支撑低成本、可营利的太空资源开发活动。

6）太空资源开发将把经济活动拓展到新疆域，需尽快论证、稳健实施、分阶段部署。太空资源开发不仅将大幅减少地球补给，也将为地球可持续发展注入新动力。近地天体的资源开发是太空资源开发的第一步，在此基础上形成的资源开发能力和太空原位补给能力，将为规模化和更深远的太空经济活动奠定基础，最终实现太阳系全域的资源开发。

9.2 全太阳系资源开发设想

总体上看，当前各国已将月球资源开发列入规划并逐步实施，火星资源开发处于规划论证阶段，尚未正式实施。小行星资源开发已获得多国立法支持，主要通过商业航天发展，尚无国家规划的论证实施。可以预见，当月球水冰资源开发取得实质性突破后，将为太空新经济奠定基石，迅速催生太空新工业和太空新产业。

正如地球工业发展一样，太空资源开发新产业的孵化培育和加速助推需要构建相关基础设施，需要各国政府的大力投入和支持。作者提出“天工开物”① 太空资源开发规划设想[95]，建议由近及远、分阶段逐步建设太空资源基础设施和开发体系。通过建设太空资源补给站、太空资源运输通道、地外天体采矿站、太空资源加工站、太空资源低成本返回通道等，构建形成太空资源开发基础设施；通过建设月球资源开发体系、近地小行星采矿体系、火星资源开发体系、小行星带采矿体系、类木行星及卫星探索体系及内行星探索开发等太空资源开发体系，具备规模化、商业化的太空资源开发利用能力，实现太阳系全域的资源开发（图 9-1）。

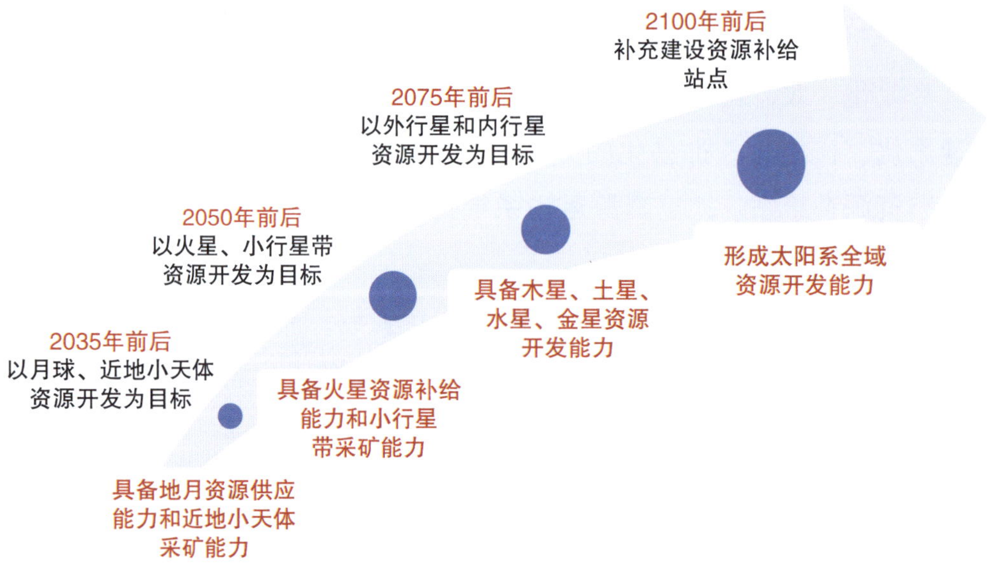

图 9-1　全太阳系资源开发体系规划设想

① 天工开物计划设想借鉴了我国明代科学家宋应星《天工开物》科技著作和“物自天生、工开于人”等中国优秀文化内涵。

9.2.1　近期任务设想：近地天体资源开发

为初步形成太空资源勘探、开采和利用能力，开展太空资源开发应用示范，需首先构建形成近地天体资源开发基础设施体系。月球资源开发将在我国无人和载人月球探测中逐步实施，未来还需重点发展近地小天体资源开发体系。

初步设想在 2035 年前后，以近地小天体资源开发为目标，通过“勘、采、用”三步走，建设近地小天体采矿体系，形成近地天体资源开发能力。

如 3.3 节所述，近地小天体资源开发设施由 2 站、4 器组成，包括近地小天体资源普查器、近地小天体资源勘探器、日地 L2 资源加工站、近地小天体采矿站、资源运输器和地球进入器等。通过分 3 个阶段实施多次任务，逐步建设近地小天体采矿体系。

1）太空资源勘查任务—勘：实现对近地小天体资源普查和详查，确定目标小天体及其资源赋存特征，为近地小天体资源开发演示任务实施奠定基础。利用已有地基和天基天文望远镜，补充发射近地小天体资源普查器，与地面小天体监测网络联合，编制资源分布赋存数据库，绘制资源分布图谱，实现对近地小天体资源特征的普查和可开采目标小天体的初步遴选。发射多个低成本、可重复使用的资源勘探器，对遴选的目标小天体实施抵近探测和原位样品分析，确认小天体矿物成分和资源品位，确定可开采的目标小天体。

2）太空资源开采演示任务—采：开展近地天体资源开采演示验证任务，验证太空资源开发的技术可行性。发射小天体采矿站和资源运输器。小天体采矿站在目标小天体开展资源开采活动，并对资源进行矿物分选。开展水冰及矿物资源开采的技术验证和功能演示，初步具备水冰及矿物开采能力。

3）太空资源开发示范工程—用：开展近地天体资源开发示范工程验证，形成太空资源规模开发初步能力。发射资源加工站，资源运输器多次往返于小天体采矿站和 SEL2 点的资源加工站，运送分选后的高价值矿物和水资源，在资源加工站进行矿物冶炼和推进剂制备等，为后续任务提供补给服务，并将制取的稀贵矿物通过资源运输器运送到地球轨道，通过地球进入器到达地球表面，实现近地小天体资源的地球利用。具备对水冰资源分解处理能力和矿物粗炼加工能力，同时具备空间交汇对接能力，实现太空补给站点初步构建格局，为地火低成本运输通道构建以及后续火星和主带小行星资源开发提供支撑。

9.2.2 中期目标设想：火星及主带小行星资源开发

在具备月球、小天体等近地天体资源开发能力后，通过中继、递进的方式，由近至远，有效降低体系建设成本，将能力拓展到火星及以远。太空资源开发的中期目标，是建立火星资源开发体系和主带小行星采矿体系，具备地火空间的规模化资源开发能力和主带小行星的开发能力。

初步设想在21世纪中叶，以火星、主带小行星资源开发为目标，建设火星资源开发体系和主带小行星采矿体系，具备火星资源补给能力和小行星带采矿能力。

如3.4节所述，火星资源开发设施由3站、2器组成，主要包括火星资源开发站、火卫资源开发站、日火L1中继补给站、火表着陆上升器和地火资源运输器等。

1）火星资源开发任务。发射火星资源开发站和火卫资源开发站，以火星资源综合开发为目标，实现水冰规模化开采和大气二氧化碳转化利用，并生产推进剂燃料，为火星长期驻留和低成本火基发射提供能源、推进和生命保障物资。

2）地火供应链构建任务。发射和建设日火L1中继补给站。基于可加注、可重复使用的甲烷-氧推进装置的火表着陆上升器，把在火星开采的水资源等运送到日火L1中继补给站并进一步制备为氢氧推进剂，建立低成本的地火供应链关键中继站节点。通过基于可加注、可重复使用的氢氧推进装置的资源运输器，将在地外天体开采的稀贵矿物运回日地L2并进一步运回地球。

如3.5节所述，主带小行星采矿设施由3站、1器组成，包括谷神星中继补给站、小行星采矿站、日火L2资源加工站和由多个运输器组成的主带小行星运输系统等。

1）谷神星基地建设任务。发射谷神星中继补给站和采矿机器人。谷神星中继补给站作为小行星带的基地，开采谷神星水冰资源并制备氢氧推进剂，为各类采矿机器人和资源运输器补给推进剂，并将采矿机器人到附近高价值小行星开采运回的矿物资源进行加工处理。

2）主带小行星资源供应链构建任务。发射和建设日火 L2 资源加工站。通过太阳能冶炼设备，提取铁、镍等金属并精炼铂族金属等稀贵资源。获得的稀贵资源通过太空运输网络运回地球。同时制备氢氧推进剂，为途经飞行器提供物质中继。

9.2.3　远期远景设想：全太阳系资源开发

太空资源开发的长远目标是形成太阳系全域的资源开发能力。在中期目标的基础上，进一步通过中继、递进的方式，将太空资源开发的能力逐步拓展到内行星和类木行星。第三阶段，建立内行星资源开发体系和类木行星资源开发体系，具备全太阳系规模化资源开发能力。建立并依托日地 L1 中继补给站，为内行星资源开发提供基础。建立并依托日木 L1 中继补给站，将太空资源开发的能力延拓到类木行星。

初步设想 21 世纪末和 22 世纪初，以内行星和类木行星资源开发为目标，建设内行星探索开发体系和类木行星探索开发体系，具备水星、金星、木星、土星深度探索和资源开发能力。

如 3.6 节所述，内行星资源开发设施由 1 站、1 器、2 系统组成，主要包括日地 L1 中继补给站、金星资源开发系统、水星资源开发系统和内行星资源运输器等。通过若干次任务，建设完成内行星资源开发设施。

1）内行星供应链构建任务。发射和建设日地 L1 中继补给站。依托地月 L1 中继补给站为日地 L1 中继补给站提供水和推进剂等资源，日地 L1 中继补给站支撑金星、水星低成本、快速、高效到达能力，降低地球发射窗口和轨道选择限制。

2）金星资源开发任务。发射金星资源开发浮空器，通过在金星大气长期飞行，探测、捕获金星大气稀有资源。

3）水星资源开发任务。发射和建设水星极区采冰站，实现水冰和各类太阳风稀有气体的开采利用。

如 3.7 节所述，类木行星资源开发设施由 1 站、2 系统组成，主要包括日木 L1 中继补给站、类木行星大气资源开发系统和冰卫星资源开发系统等。通过若干次任务，逐步建设完成类木行星资源开发设施。

1）类木行星供应链构建任务。建设日木 L1 中继补给站和冰卫星资源开发系统。通过冰卫星表面的采冰机器人和日木 L1 中继补给站联合，冰卫星开采的水冰资源运送到日木 L1 中继补给站并制备氢氧推进剂。

2）类木行星大气资源开发任务。建设类木行星大气资源开发系统。通过在日木 L1 中继补给站加注液氧燃料，采用大椭圆轨道进入类木行星大气层，利用大气冲压吸入的方式捕获收集大气中的稀有资源。

进一步，以冰巨星和柯伊伯带小行星资源开发为目标，建设冰巨星探索开发体系和太阳系边际探索开发体系，补充建设太阳系各资源加工站，逐步形成太阳系全域资源开发能力。

1）冰巨星资源开发任务。建设冰巨星资源开发系统，开发天王星和海王星资源。

2）太阳系边际资源开发任务。建设太阳系边际资源开发系统，开发柯伊伯带等小行星资源。

3）太阳系规模化开发任务。补充建设太空资源加工站，形成太阳系全域资源规模化开发能力。

9.3 新太空时代展望

人类文明发展史是一幅不断探索未知领域、开拓全新疆域的宏伟画卷。从人类文明探索疆域拓展的角度来看，可将其分为 3 个大的时代。第一个是大迁徙时代，人类从非洲大陆起源，并不断向欧亚、美洲等大陆迁徙，最终分布到地球大陆的各个角落。第二个是大航海时代，1299 年，《马可·波罗游记》在欧洲的广泛流传，激起了西方对东方文明与财富的向往，最终引发了新航路和新大陆的发现，并实现了人类第一次环球航行，带动欧洲新生资本主义快速发展。第三个很可能是大航天时代，这是一个人类走出地球、走向宇宙深处的全新时代。

文明伊始，人类就一直仰望星空，并梦想着飞向太空。苏联科学家、宇宙航行之父齐奥尔科夫斯基（1857—1935 年）在航天科技刚刚萌芽的时候就指出，“地球是人类的摇篮，但人类不可能永远被束缚在摇篮里”。未来已来，重返月球、载人登陆火星等极具挑战性的探索任务正在规划并已逐步实施。人类文明向太空的拓展有望实现太空的工业化，具备新工业革命的信息化、网络化、智能化等新特征。以太空资源开发为代表的“大航天时代”是太空工业化的第一步，也是太空工业化的重要基石。

展望未来，以太空资源开发为基石的太空新时代可能将给人类社会带来以下几个方面的重大影响[93]。

（1）拓展人类生存发展新空间

2016 年在国际宇航联大会上，埃隆·马斯克发表了令人震撼的演讲：“让人类成为跨星球生存的物种”。美国历届政府均把载人深空探索作为太空计划的首要任务，正在实施“阿尔忒弥斯”重返月球计划并将进一步实施载人登陆火星任务，美国洛克希德·马丁公司、太空探索技术公司均提出了载人火星登陆计划。我国已启动了载人登月工程，计划在 2030 年前实现载人登月。由中国、美国、俄罗斯和欧洲等 27 国航天局组成的国际空间探索协调组提出了“拓展人类在太阳系的存在、理解人类在宇宙中的位置”的战略目标，并形成了近地轨道载人飞行、载人月球探索和载人火星探索的全球探索路线图[476]。随着人类文明的发展和科技的进步，探索疆域逐步由陆地向海洋、大气层、近地轨道、月球和深空拓展。通过利用地外天体原位资源，可在其他星球上获取太空生存和活动所需的基本能源和物资，为真正在地外天体建立人类家园奠定基础。21 世纪可能有望实现地外移民，小行星、火星等地外天体将留下人类的足迹。正如大航海时代创造的奇迹一样，大航天时代将会拓展生存发展新空间，有可能创造人类发展史的下一个奇迹。随着人工智能和机器人等技术的快速发展，未来将以无人化为主、有人适度参与的新方式拓展生存发展新空间。

(2) 催生太空新经济并改变全球经济格局

地外天体拥有丰富的资源，具有巨大的开采价值，有希望为地球的可持续发展提供重要的战略性关键矿产资源。月球风暴洋区的克里普岩中总稀土元素资源量为225~450亿吨，而目前地球上全世界的储量是1.3亿吨；钍和铀资源分别达8.4亿吨和3.6亿吨，而地球上分别仅约637万吨和792万吨；有些小行星中铂族金属等元素含量非常丰富。太空资源开发有可能触发新的技术革命，形成新质生产力，催生自工业革命以来的又一次新供给的经济扩张，从而促进未来全球经济的快速发展。太空资源开发逐步实现商业化、规模化并形成新产业体系后，将有可能改变全球原材料供应和世界经济格局，并在科技、经济、社会、安全和政治等方面产生重大影响。

(3) 促进地球绿色可持续发展

正如美国著名经济学家鲍尔丁所形容的那样："地球就是太空船"。人类面临与太空船一样的"有限资源的窘境"。资源匮乏、能源危机和环境污染等问题威胁地球的可持续发展。从太空获取战略性关键矿产资源，将有望突破地球资源的制约，为地球发展打开新窗口。国际上提出的将利用太空丰富的能源和物质资源建设高能源消耗、高资源消耗的"太空重工业区"，地球将成为居住地和"轻工业区"的愿景，将有望催生形成太空矿业、太空冶金、太空制造、太空数据中心等可能的新产业，为地球的绿色、低碳发展提供新思路。通过太空资源开发，获取地外天体稀缺资源，可为地球面临的"有限资源的窘境"提供新途径，为地球可持续发展、减缓全球气候变化提供变革性的新技术和新的推动力。

(4) 促进国际合作和人类文明和谐发展

随着地球重要资源的日益枯竭，资源争夺导致的国家间冲突将日益加剧。太空资源开发将为地球可持续发展提供新资源，有望缓解地球资源的竞争冲突。世界各国对太空资源开发的相关规则远未达成共识，现有国际条约和法规仍缺乏相关约定和细化条款，需在现有国际条约基础上，各国加强交流合作，深化对太空资源开发涉及的政治、经济、文化、科技等多角度的认识，协商解决太空资源开发涉及的各类问题，通过国际立法避免恶性竞争以及掠夺式开发，通过多边治理机制建立太空资源开发的相关规则，保障各国的外空活动和利益。通过合理、有序地开发太空资源，不仅将实现生存发展疆域的持续拓展，更应在人类成为跨星球生存的物种的同时，逐步形成国际新秩序，使地球人类和谐相处，成为“命运共同体”。人类文明在拓展为太阳系文明的过程中将得到进一步的发展和升华。

当然，不论人类走到多远，地球仍然是人类文明的源泉和根据地。人类将在探索开发太阳系的过程中不断反哺地球，为共同的宝贵家园的持续蓬勃发展提供不竭动力。

缩略语

ACES	Advanced Cryogenic Evolved Stage	先进低温衍生上面级
ACR	Asteroid Capture & Return	小行星捕获返回任务
ACS	Atmospheric Chemistry Suite	大气化学套件
AEL	Alkaline ELectrolyzer	碱性电解池
AEM	Anion Exchange Membrane	阴离子交换膜
AES	Advanced Exploration Systems	先进探索系统
AFIS	Automated Fluid Interface System	自动流体接口系统
AIDA	Asteroid Impact & Deflection Assessment	小行星撞击和轨道偏离评估
Alice	Alice far-ultraviolet spectrograph	爱丽丝远紫外光谱仪
AMV	Accessible Mining Volume	可获得采矿体积
AM	Asteroid Mining	小行星采矿
AP	Artemis Plan	阿尔忒弥斯计划
APIS	Asteroid in-situ utilization	小行星原位利用
APXS	Alpha Particle X-Ray Spectrometer	α 粒子 X 射线光谱仪
ARC	Ames Research Center	艾姆斯研究中心
ARProbes	Asteroid Reconnaissance Probes	小行星侦察器
ARV	Asteroid Redirect Vehicle	小行星重定向飞行器
ASA	Autonomy System Architecture	自主系统架构
ASPERA	Analyzer of Space Plasmas and Energetic Atoms	高能中性原子分析仪

ATV	Automated Transfer Vehicle	自动转移飞行器
AU	Astronomical Unit	天文单位
BFR	Big Falcon Rocket	超大猎鹰火箭
BMGG	Bulk Metallic Glass Gear	块体金属玻璃齿轮
BPM	Bipolar membrane	双极膜
CADRE	Autonomous Distributed Robotic Exploration	自主分布式机器人探索
CAI	Calcium Aluminum Inclusions	富钙铝包体
CaSSIS	Colour and Stereo Surface Imaging System	彩色和立体表面成像系统
CEA	Chemical Equilibrium with Applications	化学平衡程序
CEM	Cation Exchange Membrane	阳离子交换膜
CFM	Cryogenic Fluid Management	低温流体管理
CFME	Cryogenic Fluid Management Experiment	低温流体管理试验系统
ChemCam	Chemistry and Camera Tool	化学和摄像工具
CheMin	Chemical and Mineralogy Instrument	化学和矿物学仪器
CINEOS	Campo Imperatore Near Earth Object Survey	坎波·因帕莱塔近地天体调查
CNEOST	China Near Earth Object Survey Telescope	中国近地天体巡天
CLPs	Commercial Lunar Payload Services	商业月球有效载荷服务计划
CONE	Cryogenic Orbital Nitrogen Experiment	低温液氮在轨试验
CPR	Circular Polarization Ratio	圆极化比
CRSIM	Compact Reconnaissance Imaging Spectrometer for Mars	火星小型侦察影像频谱仪
CSA	Canadian Space Agency	加拿大航天局

CSS	Catalina Sky Survey	卡特琳娜巡天
CT	Cold Trap	冷阱装置
CUVIS	Compact Ultraviolet to Visible Imaging Spectrometer	紧凑型紫外可见成像光谱仪
CVD	Chemical Vapour Deposition	气相沉积工艺
DAN	Dynamic Albedo of Neutrons	中子动态反照率
DARPA	Defense Advanced Research Projects Agency	国防部高级研究计划局
DART	Double Asteroid Redirection Test	双小行星重定向测试
DAV	Descent/Ascent Vehicle	下降/上升飞行器
DAVINCI	Deep Atmosphere Venus Investigation of Noble gases, Chemistry, and Imaging	金星深层大气稀有气体、化学和成像
DEM	Discrete Element Method	离散元方法
DLR	Deutsches Zentrum für Luft-und Raumfahrt	德国宇航中心
DRA	Design Reference Architecture	设计参考架构
DRM	Design Reference Mission	设计参考任务
DSN	Deep Space Network	深空网络
DSI	Deep Space Industries	深空工业公司
DSOC	Deep Space Optical Comminications	深空光通信
ECLSS	Environment Control and Life Support System	环控生保技术
EBF3	Electron Beam Solid Freeform Fabrication	电子束熔丝沉积成型技术
ECAS	Eight-Color Asteroid Survey	8 色小行星调查
EDL	Entry, Descent, and Landing	进入、下降和着陆
EDS	Electrodynamic Dust Shield	电动防尘罩
EH	Enstatite high	高硅镁石

EL	Enstatite low	低硅镁石
EMIRS	Emirates mars infrared spectrometer	阿联酋火星红外光谱仪
EMC	Evolvable Mars Campaign	火星进化运动
EML	Earth Moon Lagrangian Point	地月拉格朗日点
EMUS	Emirates mars ultraviolet spectrometer	阿联酋火星紫外光谱仪
ESA	European Space Agency	欧空局
ESAS	Earth Science and Applications from Space	地球科学与空间应用
ESOC	European Space Operations Centre	欧洲空间操作中心
ESRIC	European Space Resources Innovation Center	欧洲空间资源创新中心
EPD	Electric Pulse Disaggregation	电脉冲解离法
ETDP	Exploration Technology Development Program	探索技术发展计划
EXI	Emirates exploration imager	阿联酋探索成像仪
ExoMars	Exobiology on Mars	火星生物学任务
FARE	Fluid Acquisition and Resupply Experiment	流体收集和再供给试验
FDM	Fused Deposition Modeling	熔融沉积成型技术
FTAPS	Fluid Transfer And Propulsion System	流体传输和推进系统
FTIR	Fourier Transform Infrared Spectrometer	傅里叶变换红外光谱仪
FTV	Free Transfer Vehicle	自由传输飞行器
GE	General Electric Company	美国通用电气公司
GAS-T	Geosynchronous Auxiliary Support Tanker	静止轨道辅助支持燃料罐
GCD	Game Changing Development	改变游戏规则发展公司
GDL	Gas Diffusion Layer	气体扩散层
GEO	Geostationary Orbit	地球静止轨道

GIS	Geographic Information System	地理信息系统
GRNS	Gamma-Ray and Neutron Spectrometer	伽马射线和中子谱仪
GRC	Glenn Research Center	格伦研究中心
GSFC	Goddard Space Flight Center	戈达德航天飞行中心
Herschel-PACS	Herschel Photodetector Array Camera and Spectrometer	赫歇尔空间天文台的光探测器阵列相机和光谱仪
HIRISE	High Resolution Imaging Science Experiment	高分辨率成像科学设备
HP3	The Heat Flow and Physical Properties Package	热流和物理性质探测器
HPSR	Hydrogen Plasma Melt Reduction Technology	氢等离子体熔炼还原技术
HRSC	High Resolution Stereo Camera	高分辨率立体相机
IAC	International Astronautical Congress	国际宇航联大会
IAU	International Astronomical Union	国际天文学联合会
ICES	Integrated Cryogenic Evolved Stage	通用低温衍生上面级
IPEx	ISRU Pilot Excavator	ISRU 试验挖掘机
IPN	Interplanetary Internet	行星际互联网络
IPS	InterPlanetary Superhighway	行星际高速公路
ISRU	In-situ Resource Utilization	原位资源利用
ISECG	International Space Exploration Coordination Group	国际空间探索协调组
ISFR	In-Situ Fabrication and Repair	太空原位制造和修复
ISPP	In Situ Propellant Production	原位推进剂生产
ISS	International Space Station	国际空间站
ISU	International Space University	国际空间大学

ITS	Interplanetary Transport System	行星际运输系统
ITU	International Telecommunication Union	国际电信联盟
IVF	Integrated Vehicle Fluids	集成流体管理
JAXA	Japan Aerospace Exploration Agency	日本宇宙航空研究开发机构
JPL	Jet Propulsion Laboratory	喷气推进实验室
JSC	Johnson Space Center	约翰逊航天中心
JUICE	JUpiter ICy moons Explorer	木星冰月探测器
KBO	Kuiper Belt Object	柯伊伯带天体
KISS	Keck Institute for Space Studies	凯克空间研究所
KPLO	Korea Pathfinder Lunar Orbiter	韩国探路者月球轨道器
KSC	Kennedy Space Center	肯尼迪航天中心
LAD	Liquid Acquisition Device	液体获取装置
LADEE	Lunar Atmosphere and Dust Environment Explore	月球大气与尘埃环境探测器
LAMP	Lyman Alpha Mapping Project	“莱曼-阿尔法”测绘仪
LAP	Lyman Alpha Photometer	莱曼阿尔法光度计
LCROSS	Lunar Crater Observation and Sensing Satellite	月球陨石坑观测和传感卫星
LEISA	Linear Etalon Imaging Spectral Array	线性成像光谱阵列
LeRC	Lewis Research Center	路易斯研究中心
LEO	Low Earth Orbit	低地球轨道
LICIA	Light Italian Cubesat for Imaging of Asteroids	轻型小行星成像立方体卫星
LINEAR	Lincoln Near-Earth Asteroid Research	林肯近地小行星研究小组

LMA	Lockheed Martin Aeronautics	洛克希德·马丁公司
LMO	Low Mars Orbit	低火星轨道
LOFTID	Low Earth Orbit Flight Test Inflatable Decelerator	充气式减速器近地轨道飞行试验
LOLA	Lunar Orbiter Laser Altimeter	月球轨道器激光测高仪
LONEOS	Lowell Observatory Near-Earth Object Search	洛厄尔天文台近地小天体搜寻
LORRI	Long Range Reconnaissance Imager	远程勘测成像仪
LPMO	Lunar Polar Propulsion Extraction Outpost	月球极地推进剂开采前哨站
LPO	Lunar Polar Orbit	月球极地轨道
LRO	Lunar Reconnaissance Orbiter	月球勘测轨道飞行器
LSII	Lunar Surface Innovation Initiative	月球表面创新倡议
LSST	Large Synoptic Survey Telescope	大视场综合巡天望远镜
M3	Moon Mineralogy Mapper	月球矿物成像仪
MAHLI	Mars Hand Lens Imager	火星手持式透镜成像仪
MARDI	Mars Descent Imager	火星下降成像仪
MaRS	Mars Radio Science Experiment	火星射电科学实验
Mastcam-Z	Mast-mounted Camera	桅杆相机
MARSIS	Mars Advanced Radar for Subsurface and Ionosphere Sounding	次表层和电离层雷达探测仪
MAV	Mars Ascending Vehicle	火星上升飞行器
MCC	Mars Color Camera	火星彩色照相机
MCS	Mars Climate Station	火星气候站
MECA	Microscopy Electrochemistry and Conductivity Analyzer	显微电化学和电导率分析仪

MEDA	Mars Environmental Dynamics Analyzer	火星环境动力学分析仪
MEDLI	Mars Science Laboratory Entry Descent and Landing Instrument	火星科学实验室进入下降和着陆仪器
MENCA	Mars Exospheric Neutral Composition Analyzer	中性成分分析仪
MER	Mars Exploration Rover	火星探测巡视器
MET	Meteorological Station	气象站
MHTB	Multipurpose Hydrogen Test Bed	多功能氢测试床
MIP	Mars In-situ-ropellant-production Precursor	火星原位推进剂制备先导
MISWE	Mobile In-Situ Water Extractor	移动式原位水挖掘装置
MLI	Multilayer Insulation	多层隔热
MMO	Mercury Magnetospheric Orbiter	水星磁层轨道器
MOE	Molten Oxide Electrolysis	熔融氧化物电解
MOXIE	Mars OXygen In-situ resource utilization Experiment	火星氧气原位资源利用实验
MPL	Micro-Porous Layer	微孔层
MPO	Mercury Planetary Orbiter	水星行星轨道器
MR	Mixture Ratio	混合比
MRO	Mars Reconnaissance Orbiter	火星勘测轨道器
MSFC	Marshall Space Flight Center	马歇尔航天飞行中心
MSL	Mars Science Laboratory	火星科学实验室
MSM	Methane Sensor for Mars	火星甲烷传感器
MSR	Mars Sample Return	火星采样返回
MTM	Mercury Transfer Module	水星转移模块
MVA	Moon Village Association	月球村协会

MVIC	Multispectral Visible Imaging Camera	多光谱可见光成像相机
MWIR	Mid Wavelength Infrared Spectrometer	中波红外光谱仪
NASA	National Aeronautics and Space Administration	美国国家航空航天局
NEAs	Near Earth Asteroids	近地小行星
NEAT	Near Earth Asteroid Tracking	近地小行星追踪
NGLs	Natural Gas Liquids	液化天然气
NIAC	NASA Innovative Advanced Concepts	NASA 创新先进概念
NIRVSS	Near Infrared Volatile Spectrometer Subsystem	挥发分近红外光谱仪
NMS	Neutral Mass Spectrometry	中性粒子质谱仪
NOMAD	Nadir and Occultation for MArs Discovery	火星天底点和掩星观测
NRC	National Research Council	国家研究委员会
NTR	Nuclear Thermal Rocket	核热火箭
OFTS	Orbit Fluid Transport System	轨道流体传输系统
OMEGA	Visible and Infrared Mineralogical Mapping Spectrometer	可见和红外矿物测绘光谱仪
OSIRIS-REx	Origins Spectral Interpretation Resource Identification Security Regolith Explorer	起源、光谱释义、资源识别、安全和风化层探测器
PATR	Precooling Air Turbo Rocket	预冷空气涡轮火箭组合循环
PC	Photocatalysis	光催化
PCAD	Propulsion and Cryogenic Advanced Development	推进与低温先进技术开发计划
PEC	Photoelectrochemical Catalysis	光电催化
PEMEL	Proton Exchange Membrane ELectrolyzer	质子交换膜电解池
PEMFC	Proton Exchange Membrane Fuel Cell	质子交换膜燃料电池

PEPSSI	Pluto energetic particle spectrometer investigation	冥王星高能粒子谱仪
PFS	Planetary Fourier Spectrometer	行星傅里叶光谱仪
PGM	Platinum Group Metal	铂族金属
PHA	Potentially Hazardous Asteroid	潜在威胁小行星
PILOT	In-Situ Resource Utilization Oxygen Test Platform (Pilot System)	先驱型原位资源利用氧测试平台系统
PIXL	Planetary Instrument for X-ray	X 射线岩石行星化学仪器
PLA	Permanently Lit Area	永久光照区
PMD	Propellant Management Devices	推进剂管理装置
PMF	Propellant Mass Fraction	推进剂质量分数
PNT	Positioning, Navigation and Timing	定位、导航和授时
PODS	Passive Occupant Detection System	被动乘员检测系统
PPA	Plasma Pyrolysis Assembly	等离子体热解装置
PR	Planetary Resources	行星资源
PRIME-1	Polar Resources Ice Mining Experiment-1	极地资源采冰实验-1
PRM	Passive Refueling Module	被动补加模块
PSI	Physical Sciences Inc	物理科学公司
PSR	Permanent Shadow Region	永久阴影区
PV-EC	Photovoltaic-Electrochemical	光伏-电催化
PVEx	Planetary Volatiles Extractor	水冰钻取装置
RAC	Robotic Arm Camera	机器人手臂摄像头
RAD	Radiation Assessment Detector	辐射评估探测器
RAP	Robotic Asteroid Prospector	机器人小行星勘探任务

RASSOR	Regolith Advanced Surface Systems Operations Robot	风化层先进表面系统操作机器人
RBCC	Rocket Based Combine Cycle	火箭基组合循环
RCS	Reaction Control System	反应控制系统
RE	Regolith Explorer	风化层探测器
REEs	Rare Earth Elements	稀土元素
REMS	Rover Environmental Monitoring Station	火星车环境监测站
REND	Fine Resolution Epithermal Neutron Detector	精细分辨率超热中子探测器
REX	Radiation experimental instrument	辐射实验仪器
RF	Radio Frequency	射频
RFC	Renewable Fuel Cells	再生燃料电池
RFG	Resourcing Future Generations	为后代寻找资源国际合作倡议
RHU	Radioisotope Heater Unit	放射性同位素热源
RIMFAX	Radar Imager for Mars' Subsurface Experiment	火星次表层雷达成像仪
RISE	Rotation and Interior Structure Experiment	旋转和内部结构实验
RMNs	Refractory Metal Nuggets	难熔金属块
RMs	Rare Metalloids	稀有金属和类金属
ROSA	Roll-out Solar Array	卷绕式太阳能阵列
RP	Lunar Resource Exploration	月球资源探测
RRM	Robotic Refueling Mission	机器人燃料加注任务
RTG	Radioisotope Thermoelectric Generator	放射性同位素电源
SAM	Sample Analysis at Mars Tool	火星样本分析工具
SDC	Dust Counter	尘埃计数器

SE	Specific Energy	比能量
SEC	Shackleton Energy company	沙克尔顿能源公司
SEIS	Seismic Experiment for Interior Structure	内部结构星震实验
SEL	Sun Earth Lagrangian point	日地拉格朗日点
SEP	Solar Electric Propulsion	太阳能电推进
SHAB	Surface Habitat	火星表面居住地
SHARAD	Shallow Subsurface Radar	浅层地下雷达
SHERLOC	Scanning Habitable Environments with Raman & Luminescence for Organics & Chemicals	拉曼和荧光光谱有机物和化学成分分析的宜居环境扫描仪
SHS	self-propagation high-temperature synthesis	高温自蔓延合成
SLS	Space Launch System	空间发射系统
SLS	Selective Laser Sintering	激光选区烧结技术
SMASS	Small Main-belt Asteroid Spectroscopic Survey	主带小行星光谱调查任务
SMR	Space Mineral Resources	外空矿物资源
SNRP	Space Nuclear Reactor Power	空间核反应堆电源
SOEL	Solid Oxide ELectrolyzer	固体氧化物电解池
SOFC	Solid Oxide Fuel Cell	固体氧化物燃料电池
SPICAM	Ultraviolet and Infrared Atmospheric Spectrometer	紫外和红外大气光谱仪
SR	Space Resource	太空资源
SRC	Sample Return Container	样品返回容器
SRG	Stirling Radioisotope Generator	斯特林放射性同位素发电机
SRS	Space Resource Strategy	太空资源战略

SRR	Space Resource Roundtables	空间资源圆桌会议
SSI	Surface Stereo Imager	表面立体成像仪
STP	Solar Thermal Propulsion	太阳热能推进
STUS	Solar Thermal Upper Stage Propulsion	上面级太阳能热推进
STUSTD	Solar Thermal Upper Stage Technology Demonstrator	太阳热上面级技术验证计划
SWAP	Solar Wind Analyzer around Pluto	冥王星周围的太阳风分析仪
TAG	Touch and Go	即触即走
TAGSAM	Touch-and-Go Sample Acquisition Mechanism	触采样品采集装置
TBCC	Turbine-Based Combined Cycle	涡轮基组合循环
TECP	The Thermal and Electrical Conductivity Probe	热及电导率探针
TEGA	Thermal and Evolved Gas Analyzer	热和析出气体分析仪
TGO	Trace Gas Orbiter	痕量气体轨道器
THERMO	Thermo and Hydrodynamic Experiment Research Module in Orbit	在轨热水力试验研究模块项目
TIS	Thermal Imaging Spectrometer	热红外成像光谱仪
TRIDENT	The Regolith and Ice Drill for Exploration of New Terrains	用于开发地外天体的星壤和水冰钻
TRL	Technology Readiness Level	技术成熟度等级
TRRE	Turbo - aided Rocket - augmented Ramjet Combined Cycle Engine	涡轮辅助火箭增强冲压组合循环
TRRS	Tether Relased Recovery System	绳系释放回收系统
TVS	Thermodynamic Vent System	热力学排气系统
UCS	Uniaxial Compressive Strength	单轴抗压强度
UHF	UltraHigh Frequency	超高频

ULA	United Launch Alliance	美国联合发射联盟
UTC	Universal Time Coordinated	协调世界时
VCS	Vapor Cooled Shield	蒸汽冷却屏
VERITAS	Venus Emissivity, Radio science, InSAR, Topography, And Spectroscopy	金星发射率、无线电科学、干涉合成孔径雷达、地形学和光谱
VIPER	Volatiles Investigation Polar Exploration Rover	月球极区挥发分探索车
VIR	Visible Infrared Radiometer	可见光和红外光谱仪
VMC	Visual Monitoring Camera	视觉监控相机
VSAT	Lunar Vertical Solar Array Technology	月球垂直太阳能阵列技术
WGER	Working Group on Extraterrestrial Resources	地外资源工作组
XEUS	eXperimental Enhanced Upper Stage	试验性增强上面级
ZBO	Zero Boil-Off	零蒸发

参 考 文 献

[1] 李明华. 超重-星舰演变历程及未来发展方向分析[J]. 导弹与航天运载技术（中英文），2024（4）：1-7.

[2] MACDONALD A. Emerging space: the evolving landscape of 21st century American spaceflight [R]. NASA, 2014.

[3] CORDINER R J. Competitive private enterprise in space [M] //Simon R. Peacetime Uses of Outer Space, McGraw-Hill Book Company, Inc., 1961.

[4] KORNUTA D, ABBUD-MADRID A, ATKINSON J, et al. Commercial lunar propellant architecture: A collaborative study of lunar propellant production [J]. Reach, 2019, 13: 100026.

[5] 包为民，汪小卫. 地月空间探索与开发的思考[J]. 宇航学报，2022，43（6）：705-712.

[6] JURGENS J, BRUKARDT R. Space: the $1.8 trillion opportunity for global economic growth [R]. In knowledge partnership with McKinsey & Company. World Economic Forum. INSIGHT REPORT, APRIL 2024.

[7] FREEMAN M. Krafft Ehricke's extraterrestrial imperative [M]. Apogee Books, 2009. ISBN 978-1-894959-91-9.

[8] ASH R L, DOWLER W L, VARSI G. Feasibility of rocket propellant production on Mars [J]. Acta Astronautica, 1978, 5: 705-724.

[9] NASA. 2015 NASA technology roadmaps [R]. Washington D. C., USA: NASA, 2015.

[10] NASA. Artemis plan: NASA's lunar exploration program overview [R]. Washington D. C., USA: NASA, 2020.

[11] HECHT M, HOFFMAN J, RAPP D, et al. Mars Oxygen ISRU Experiment (MOXIE) [J]. Space Science Reviews, 2021, 217 (1): 9.

[12] 林亲，姚伟. "灵神星"任务及其对太空资源开发的启示[J]. 宇航学报，2023，44（10）：T11-T14.

[13] DULA A M, ZHANG Z J. Space mineral resources: A global assessment of the challenges and opportunities [M]. Houston: Virginia Edition Publishing Company, 2015.

[14] International space exploration coordination group. The global exploration roadmap (3rd edition) [R], 2018.

[15] ESA. ESA space resources strategy [R]. Paris, France: ESA, 2019.

[16] European Space Agency. Terrae Novae: Europe's exploration vision [EB/OL]. https://www.esa.int/Science_Exploration/Human_and_Robotic_Exploration/Exploration/Terrae_Novae_Europe_s_exploration_vision.

[17] 欧阳自远，邹永廖，李春来，等. 月球某些资源的开发利用前景 [J]. 地球科学，2002，27 (5)：498-503.

[18] 中国科学院. 中国学科发展战略：载人深空探测 [M]. 北京：科学出版社，2016.

[19] LIU Y W, WANG C, PANG Y, et al. Water extraction from icy lunar regolith by drilling-based thermal method in a pilot-scale unit [J]. Acta Astronautica, 2023, 202: 386-399.

[20] LI X T, ZHANG G, WANG C, et al. Water harvesting from soils by light-to-heat induced evaporation and capillary water migration [J]. Applied Thermal Engineering, 2020, 175: 115417.

[21] 冯德强，张策，姜文君，等. 地外人工光合成装置研制与试验 [J]. 中国空间科学技术，2020，40 (6)：13-22.

[22] FENG D Q, JIANG W J, ZHANG C, et al. A membrane reactor with microchannels for carbon dioxide reduction in extraterrestrial space [J]. Catalysts, 2021, 12 (1): 3.

[23] 王超，姚伟，张光，等. 基于静电采集输运送粉聚光熔融的月壤 3D 打印装置：中国：CN202011487801.7 [P]. 中国空间技术研究院，2021.

[24] LU X C, MA R, WANG C, et al. Performance analysis of a lunar based solar thermal power system with regolith thermal storage [J]. Energy, 2016, 107: 227-233.

[25] TRAN F, NAHAL S, MA B, et al. To infinity and beyond-global space primer [M]. Bank of America Merrill Lynch, 2017.

[26] 深空探测之原位资源利用领域论文分析 [EB/OL]. (2022). https://news.whu.edu.cn/info/1015/67132.htm.

[27] 齐国生. 太空资源 [M]. 北京：中国宇航出版社，2016.

[28] 路贵民，刘程琳. 矿产资源概论 [M]. 北京：科学出版社，2022.

[29] FELDMAN W C, MAURICE S, BINDER A B, et al. Fluxes of fast and epithermal neutrons from lunar prospector: evidence for water ice at the lunar poles [J]. Science, 1998, 281 (5382): 1496-1500.

[30] THOMSON B J, BUSSEY D B J, NEISH C D, et al. An upper limit for ice in Shackleton Crater as revealed by LRO Mini-RF orbital radar [J]. Geophysical Research Letters, 2012, 39 (14): L14201.

[31] 焦维新，邹鸿. 行星科学 [M]. 北京：北京大学出版社，2009.

[32] ZACNY K, CHU P, CRAFT J, et al. Asteroid mining [C]. AIAA SPACE 2013 Conference and Exposition, San Diego, USA, September 10-12, 2013.

[33] KARGEL J S. Metalliferous asteroids as potential sources of precious metals [J]. Journal of Geophysical Research: Planets, 1994, 99 (E10): 21129-21141.

[34] DUNDAS C, BRAMSON A, OJHA L, et al. Exposed subsurface ice sheets in the martian mid-latitudes [J]. Science, 2018, 359: 199-201.

[35] MALIN M C, EDGETT K S. Evidence for recent groundwater seepage and surface runoff on Mars [J]. Science, 2000, 288 (5475): 2330-2335.

[36] 袁怀雨，刘宝顺，李克庆，等. 矿产经济学：原理、方法、技术与实践 [M]. 北京：冶金工业出版社，2012.

[37] TRIMBLE V. The origin and abundances of the chemical elements revisited [J]. The Astronomy and Astrophysics Review, 1991, 3 (1): 1-46.

[38] TONY M. Oxygen extraction from Minerals [R]. KSC-E-DAA-TN39055, 2017. 2.

[39] ZHANG H, ZHANG X, ZHANG G, et al. Size, morphology, and composition of lunar samples returned by Chang'E-5 mission [J]. Science China Physics, Mechanics & Astronomy, 2022, 65 (2): 0-229511.

[40] JING Y, WEI D. High-pressure minerals and new lunar mineral changesite- (Y) in Chang'e-5 regolith [J]. Matter and Radiation at Extremes, 2024, 9 (2).

[41] ZHANG W, LIANG Q, LI X, et al. Discovery of natural few-layer graphene on the Moon [J]. National Science Review, 2024, nwae211.

[42] JI J, GUO D, LIU J, et al. The 1 : 2 500 000-scale geologic map of the global moon [J]. Science Bulletin, 2022.

[43] 邹永廖，欧阳自远. 月面克里普岩成分特征及 REE 等资源开发利用前景 [J]. 空间科学学报，2003，23 (6): 436-442.

[44] WATSON K, MURRAY B C, BROWN H. The behavior of volatiles on the lunar surface [J]. Journal of Geophysical Research, 1961, 66 (9): 3033-3045.

[45] LI S, LUCEY P G, MILLIKEN R E, et al. Direct detections of surface exposed water ice in the lunar polar regions [J]. PNAS, 2015, 115 (36): 8907-8912.

[46] HONNIBALL C I, LUCEY P G, LI S, et al. Molecular water detected on the sunlit Moon by SOFIA [J]. Nature Astronomy, 2021, 5: 121-127.

[47] BENNA M, HURLEY D M, STUBBS T J, et al. Lunar soil hydration constrained by exospheric water liberated by meteoroid impacts [J]. Nature Geoscience, 2019, 12: 333-338.

[48] LIN H, LI S, XU R, et al. In situ detection of water on the Moon by the Chang'E-5 lander [J]. Science Advances, 2022, 8 (1).

[49] HE H, JI J, ZHANG Y, et al. A solar wind-derived water reservoir on the Moon hosted by impact glass beads [J]. Nature Geoscience., 2023, 16: 294-300.

[50] JIN S, HAO M, GUO Z, et al. Evidence of a hydrated mineral enriched in water and

ammonium molecules in the Chang'e-5 lunar sample [J]. Nature Astronomy, 2024, 8: 1127-1137.

[51] CHEN X, YANG S, CHEN G, et al. Massive water production from lunar ilmenite through reaction with endogenous hydrogen [J]. The Innovation, 2024, 5 (5): 100690.

[52] GLADSTONE G R, HURLEY D M, RETHERFORD K D, et al. LRO - LAMP observations of the LCROSS impact plume [J]. Science, 2010, 330: 472-476.

[53] COLAPRETE A, SCHULTZ P, HELDMANN J, et al. Detection of water in the LCROSS ejecta plume [J]. Science, 2010, 330: 463-468.

[54] FA W, JIN Y. Global inventory of Helium-3 in lunar regoliths estimated by a multi-channel microwave radiometer on the Chang-E 1 lunar satellite [J]. Chinese Sci. Bull., 2010, 55 (35): 4005-4009.

[55] LI A, CHEN X, SONG L, et al. Taking advantage of glass: capturing and retaining the helium gas on the Moon [J]. Materials Futures, 2024, 1 (3): 035101.

[56] 李春来，刘建军，严韦，等 . 小行星探测科学目标进展与展望 [J]. 深空探测学报，2019，6 (5)：424-436.

[57] 黄海涛，吴昀昭 . 木星特洛伊小行星研究综述 [J]. 地球与行星物理论评（中英文），2024，55 (2)：175-183.

[58] Discovery Statistics [EB/OL]. https://cneos.jpl.nasa.gov/stats/totals.html.

[59] The Minor Planet Center [EB/OL]. https://minorplanetcenter.net/nter.

[60] Trans-Neptunian Object [EB/OL]. https://earthsky.org/upl/2021/08/trans-Neptunian-objects-chart.png.

[61] 欧阳自远 . 天体化学 [J]. 地球科学进展，1994 (2).

[62] 班振瑶 . 原始普通球粒陨石 NWA 13171 岩石矿物学特征 [D]. 广西：桂林理工大学，2020.

[63] Meteorite Classification Chart [EB/OL]. https://curator.jsc.nasa.gov/education/classification.cfm.

[64] LOVERING J F. Differentiation in the iron-nickel core of a parent meteorite body [J]. Geochimica et Cosmochimica Acta, 1957, 12 (3): 238-252.

[65] GRAPS A L, BLONDEL P, BONIN G, et al. ASIME 2016 White Paper: IN-SPACE UTILISATION OF ASTEROIDS: "Answers to Questions from the Asteroid Miners" [C]. Luxembourg. September 21-22, 2016. arXiv preprint arXiv: 1612.00709, 2016.

[66] HESSEL V, TRAN N N, ORANDI S, et al. Continuous-flow extraction of adjacent metals—a disruptive economic window for in situ resource utilization of asteroids [J]. Angew. Chem. Int. Ed., 2021, 60: 3368-3388.

[67] CHAPMAN C, MORRISON D R, ZELLNER B. Surface properties of asteroids - a synthesis of polarimetry, radiometry, and spectrophotometry [J]. Icarus, 1975, 25:

104-130.
[68] 叶嘉晖，赵海斌，李彬．利用小行星色指数区分 S/C 型小行星的方法［J］．天文学报，2015（3）：243-252.
[69] THOLEN D J. Asteroid taxonomy from cluster analysis of photometry［D］. University of Arizona，1984.
[70] BUS S J，BINZEL R P. Phase Ⅱ of the small main-belt asteroid spectroscopic survey—a feature-based taxonomy［J］. Icarus，2002，158：146-177.
[71] DEMEO F E，BINZEL R P，SLIVAN S M，et al. An extension of the bus asteroid taxonomy into the near-infrared［J］. Icarus，2009，202：160-180.
[72] 魏思佳，何雨旸，刘天宇，等．小行星探测历史及启示［J］．空间科学学报，2024，44（1）：19-50.
[73] Asteroid spectrum classification using Bus - DeMeo taxonomy［EB/OL］. http：//smass. mit. edu/busdemeoclass. html.
[74] FORGET F，COSTARD F，LOGNONNÉ P. Planet Mars，story of another world［M］. Springer-Praxis，2005.
[75] FELDMAN W C，PRETTYMAN T H，MAURICE S，et al. Global distribution of near-surface hydrogen on Mars［J］. Journal of Geophysical Research-Planets，2004，109（E9）.
[76] CULL S，ARVIDSON R E，MELLO M T，et al. Compositions of subsurface ices at the Mars Phoenix landing site［J］. Geophysical Research Letters，2010，37.
[77] HOLT J W，SAFAEINILI A，PLAUT J J，et al. Radar sounding evidence for buried glaciers in the southern mid-latitudes of Mars［J］. Science，2008，322（5905）：1235-1238.
[78] OROSEI R，LAURO S E，PETTINELLI E，et al. Radar evidence of subglacial liquid water on Mars［J］. Science，2018，361（6401）：490-493.
[79] WRIGHT V，MORZFELD M，MANGA M. Liquid water in the martian mid-crust［J］. PNAS，2024，121（35）：e2409983121.
[80] PAN S，HUANG T，VAZAN A，et al. Magnesium oxide-water compounds at megabar pressure and implications on planetary interiors［J］. Nat. Commun.，2023，14：1165.
[81] HANSEN C J，ESPOSITO L，STEWART A I F，et al. Enceladus' water vapor plume［J］. Science，2006，311（5766）：1422-1425.
[82] NIMMO F，SPENCER J R，PAPPALARDO R T，et al. Shear heating as the origin of the plumes and heat flux on Enceladus［J］. Nature，2007，447：289-291.
[83] IESS L，STEVENSON D J，PARISI M，et al. The gravity field and interior structure of Enceladus［J］. Science，2014，344（6179），78-80.
[84] HÖRST，S M. Titan's atmosphere and climate［J］. Journal of Geophysical Research：

Planets, 2017, 122 (3): 432-482.

[85] SOTIN C, KALOUSOVÁ K, TOBIE G. Titan's interior structure and dynamics after the Cassini-Huygens mission [J]. Annual Review of Earth and Planetary Sciences, 2021, 49: 579-607.

[86] MOORE J M, MCKINNON W B. Geologically diverse Pluto and Charon: implications for the dwarf planets of the Kuiper Belt [J]. Annual Review of Earth and Planetary Sciences, 2021, 49: 173-200.

[87] SINGER K N, WHITE O L, SCHMITT B, et al. Large-scale cryovolcanic resurfacing on Pluto [J]. Nature Communications, 2022, 13: 1542.

[88] STERN S A, GRUNDY W M, MCKINNON W B, et al. The Pluto system after New Horizons [J]. Annual Review of Astronomy and Astrophysics, 2018, 56: 357-392.

[89] PERKINS S. Dwarf planet Ceres may harbor clouds of water ice-mysterious bright cloud within one large crater comes and goes, 9 DEC 2015. Science.

[90] PRETTYMAN T H, YAMASHITA N, TOPLIS M J, et al. Extensive water ice within Ceres' aqueously altered regolith: evidence from nuclear spectroscopy [J]. Science, 2016, 355 (6320): 55-59.

[91] MCCORD T B, COMBE J-P, CASTILLO-ROGEZ J C, et al. Ceres, a wet planet: the view after Dawn [J]. Geochemistry, 2022, 82 (2): 125745.

[92] DE SANCTIS M C, AMMANNITO E, CARROZZO F G, et al. Ceres's global and localized mineralogical composition determined by Dawn's Visible and Infrared Spectrometer (VIR) [J]. Meteoritics & Planetary Science, 2018, 53 (9): 1844-1865.

[93] 王巍，姚伟．太空资源开发的发展态势与太空新经济探讨 [J]. 中国航天，2024 (6): 5-19.

[94] ASTERANK. Asteroid database and mining rankings [EB/OL]. [2023-10-27]. https://www.asterank.com/.

[95] 王巍，姚伟．太空资源开发技术体系研究 [J]. 宇航学报，2023，44 (11): 1621-1632.

[96] KUTTER B F. Cislunar-1000: Transportation supporting a self-sustaining Space Economy [C] // SPACE Conferences and Exposition, 13-16 September 2016, Long Beach, California, AIAA SPACE 2016.

[97] 董彦芝，刘芃，王国栋，等．航天器结构用材料应用现状与未来需求 [J]. 航天器环境工程，2010，27 (1): 41-44.

[98] 王惠芬，杨碧琦，刘刚．航天器结构材料的应用现状与未来展望 [J]. 材料导报，2018，32 (z1): 395-399.

[99] LIN T D. Concrete for lunar base construction [J]. Concrete International, 1987, 9: 48-53.

[100] CLARKE A C. Voices from the sky: previews of the coming space age [M]. Pyramid, New York, 1965.

[101] 李裕伟. 战略性矿产资源清单、供需形势与对策 [J]. 科技导报, 2024, 42 (5): 26-37.

[102] 张生辉, 王振涛, 李永胜, 等. 中国关键矿产清单、应用与全球格局 [J]. 矿产保护与利用, 2022, 42 (5): 138-168.

[103] U. S. Geological Survey. 2022 final list of critical minerals [EB/OL]. (2022-02-24). https://www.federalregister.gov/documents/2022/02/24/2022-4027/2022-final-list-of-critical-minerals.

[104]《全球矿产资源储量评估报告 2024》发布 [EB/OL]. (2024-04-29). https://www.cgs.gov.cn/gzdt/zsdw/202404/t20240429_759441.html.

[105] CALVO G, VALERO A. Strategic mineral resources: availability and future estimations for the renewable energy sector [J]. Environmental Development, 2022, 41: 100640.

[106] VALERO A, VALERO A, CALVO G, et al. Material bottlenecks in the future development of green technologies [J]. Renewable and Sustainable Energy Reviews, 2018, 93: 178-200.

[107] 林亲, 王超, 姚伟. 高开采价值小行星探测目标选择探讨 [J]. 中国空间科学技术, 2024, 44 (3): 89-97.

[108] DESJARDINS J. There's big money to be made in asteroid mining [EB/OL]. (2016-11-02). https://www.visualcapitalist.com/theres-big-money-made-asteroid-mining/.

[109] SCOTT D W, CURRERI P A, FERGUSON C K, et al. Germinating the 2050 Cis-Lunar econosphere [R]. NASA Report M15-4452, 2015.

[110] BERGIN C. ULA laying the foundations for an econosphere in CisLunar space [EB/OL]. (2018-03-22). https://www.nasaspaceflight.com/2018/03/ula-laying-foundations-econosphere-cislunar-space/.

[111] NASA. NASA's plan for sustained lunar exploration and development [EB/OL]. (2020-04-28). https://www.nasa.gov/wp-content/uploads/2020/08/a_sustained_lunar_presence_nspc_report4220final.pdf.

[112] The Artemis accords. Principles for cooperation in the civil exploration and use of the Moon, Mars, Comets, and Asteroids for peaceful purposes [R]. 2020.

[113] STARLING C G, MASSA M J, MULDER C P, et al. The future of security in space: a thirty-year US strategy [R]. Atlantic Council, 2021.

[114] The moon society [EB/OL]. http://www.moonsociety.org/.

[115] Lunar Industry Vision Council. Lunar industry vision - toward the Planet 6.0 Era [R]. 2021.

[116] SANDERS G B. Space resource utilization and human exploration of space [C]. Planetary & Terrestrial Mining Sciences Symposium (PTMSS), 2015, Montreal, Canada.

[117] 125 questions: exploration and discovery. In honor of Shanghai Jiao Tong University's 125th Anniversary [J]. Science, 2021.

[118] The International Space exploration coordination Group [EB/OL]. (2024-12-22). https://www. globalspaceexploration. org/.

[119] 王巍. 面向未来的宇航科技：2020—2022 年度宇航领域科学问题和技术难题解读[M]. 北京：中国宇航出版社，2023.

[120] NICKLESS E, ALI S H, ARNDT N, et al. Resourcing future generations: a global effort to meet the world's future needs head-on [R]. London, UK: The Geological Society of London, 2015.

[121] 崔明国，等. 矿产资源形成之谜与需求挑战 [M]. 地球科学学科前沿丛书. 北京：科学出版社，2016.

[122] METZGER P T, MUSCATELLO A, MUELLER R P, MANTOVANI J. Affordable, rapid bootstrapping of the space industry and solar system civilization [J]. Journal of Aerospace Engineering, 2013, 26 (1): 18-29.

[123] DAVID L. Jeff Bezos Vision: a trillion humans in the solar system [N/OL]. (2017-07-21). https://www. space. com/37572-jeff-bezos-trillion-people-solar-system. html.

[124] Jeff Bezos on future of spaceflight: We can move all heavy industry and all polluting industry off of Earth [N]. CBS News, 2021-07-21. https://www. cbsnews. com/news/jeff-bezos-space-heavy-industry-polluting-industry/.

[125] 赵玉芬，华跃进，李一良，等. 空间生命学科发展战略研究 [J]. 空间科学学报，2024, 45 (3).

[126] European space agency. ESA Space Resources Strategy [EB/OL]. (2019-5-23). https://exploration. esa. int/web/moon/-/61369-esa-space-resources-strategy.

[127] European Space Agency. Terrae Novae 2030+ Strategy Roadmap [R]. 2022.

[128] SOLOV'EV V A, KOVALENKO A A. Manned cosmonautics: achievements and prospects [J]. Herald of the Russian Academy of Sciences, 2021, 91 (6): 620-625.

[129] 四年三"嫦娥"国际月球科研站基本型预计 2035 年前建成 [EB/OL]. (2024-04-25). http://www. news. cn/politics/20240425/0e5a4c74b7524a249ff2bdc2ec2261d9/c. html.

[130] 裴照宇，王琼. 国际月球科研站资源利用发展路线战略构想 [J]. 宇航学报，2024, 45 (4): 625-637.

[131] 顾逸东. 关于空间科学发展的一些思考 [J]. 中国科学院院刊，2022, 37 (8): 1031-1049.

[132] 郭金融，刘琪，温抗抗，等. 小天体探测及三维重建方法综述 [J]. 国际太空，

2024（12）：18-23.
[133] 焦维新．“奥西里斯”升空去贝努小行星采样［J］．国际太空，2016（9）：48-53.
[134] 李臻．美国小行星取样回送探测器抵达目标［J］．中国航天，2019（1）：66-67.
[135] 张扬眉．美国“露西”任务将首探木星特洛伊小行星［J］．国际太空，2019，515：4-9.
[136] Rivkin A S，Cheng A F. Planetary defense with the Double Asteroid Redirection Test（DART）mission and prospects. Nature Communications，2023，14，1003.
[137] https：//edition. cnn. com/2020/10/31/us/psyche-asteroid-ultraviolet-trnd-scn/index. html.
[138] https：//psyche. asu. edu/.
[139] SHEPARD M K，RICHARDSON P A，TAYLOR L A，et al. Radar observations and shape model of asteroid 16 Psyche［J］．Icarus，2017，281：88-403.
[140] KUZMANOSKI M，KOVAČEVIĆ A. Motion of the asteroid（13206）1997GC22 and the mass of（16）Psyche［J］．Astron. and Astrophys.，2002，395：L17-L19.
[141] BAER J，CHESLEY S R，MATSON R D. Astrometric masses of 26 asteroids and observations on asteroid porosity［J］．The Astronomical Journal，2011，141：1-12.
[142] SHEPARD M K，CLARK B E，NOLAN M C，et al. A radar survey of M and X class asteroids［J］．Icarus，2008，195：184-205.
[143] HARDERSEN P S，GAFFEY M J，ABELL P A. Near-IR spectral evidence for the presence of iron-poor orthopyroxenes on the surfaces of six M-type asteroids［J］．Icarus，2005，175：141-58.
[144] SHEPARD M K，CLARK B E，OCKERT-BELL M，et al. A radar survey of M-and X-class asteroids Ⅱ. Summary and synthesis［J］．Icarus，2010，208：221-237.
[145] MATTER A，DELBO M，CARRY B，et al. Evidence of a metal-rich surface for the asteroid（16）Psyche from interferometric observations in the thermal infrared［J］．Icarus，2013，226：419-27.
[146] 李晗．“菲莱”登陆彗星表面［J］．中国航天，2015（1）：46-48.
[147] 庞统．日本隼鸟号小行星探测器返回地球［J］．国际太空，2010（8）：28-33.
[148] FUJIWARA A，MUKAI T，KAWAGUCHI J，et al. Sample return mission to NEA：MUSES-C［J］．Advances in Space Research，2000，25（2）：231-238.
[149] 葛平，张天馨，康炎，等．2021 年深空探测进展与展望［J］．中国航天，2022（2）：9-19.
[150] 张荣桥，黄江川，赫荣伟，等．小行星探测发展综述［J］．深空探测学报，2019，6（5）：417-423，455.
[151] ZOU X D，LI C L，LIU J J，et al. The preliminary analysis of the 4179 Toutatis snapshots of the Chang'E-2 flyby［J］．Icarus，2014，229：348-354.

[152] 小行星探测任务有效载荷和搭载项目机遇公告 [EB/OL]. (n. d.). https: //cnsa. gov. cn/.

[153] 余后满, 张熇, 黄晓峰, 等. 我国小天体探测任务设想 [J]. 国际太空, 2021 (9): 4-9.

[154] 衡岗, 侯建文, 陈昌亚, 等. 萤火一号火星探测器研制经验总结 [J]. 上海航天, 2013, 30 (4): 6-11.

[155] 耿言, 周继时, 李莎, 等. 我国首次火星探测任务 [J]. 深空探测学报, 2018, 5 (5): 399-405.

[156] 孙泽洲, 饶炜, 贾阳, 等. "天问一号" 火星探测器关键任务系统设计 [J]. 空间控制技术与应用, 2021, 47 (5): 9-16.

[157] 天问一号探测器着陆火星首批科学影像图揭幕 [EB/OL]. (n. d.). https: //clep. org. cn/.

[158] Mars Express science highlights: #1. Hydrated minerals - evidence of liquid water on Mars [EB/OL]. (n. d.). https: //sci. esa. int/web/mars-express/-/51821-1-hydrated-minerals-ndash-evidence-of-liquid-water-on-mars.

[159] ZUBRIN R M, BAKER D A. Mars direct: Humans to the red planet by 1999 [J]. Acta Astronautica, 1992, 26 (12): 899-912.

[160] DRAKE B G. Human exploration of Mars design reference architecture 5.0 [R]. NASA/SP-2009-566.

[161] CRUSAN J. Evolvable Mars campaign and technology development [R]. 27, July, 2015.

[162] SANDERS G B. Mars ISRU: State-of-the-Art and system level considerations [R]. Presentation to Keck Institute of Space Science (KISS), June 28, 2016.

[163] 王帅. 水星探测意义及发展历程研究 [J]. 国际太空, 2018 (11): 6-10.

[164] Shackleton Energy Company. Space industrialization and the protection of Earth—the Shackleton Energy Company propellant depot and infrastructure program [C]. WEF-McGill Workshop July 2013.

[165] 起源太空官网 [EB/OL]. https: //www. origin. space/cn/.

[166] GÓMEZ G, KOON W S, LO M W, et al. Connecting orbits and invariant manifold in the spatial restricted three body problem [J]. Nonlinearity, 2004, 17: 1571 - 1606.

[167] DONALD RAPP. Human missions to Mars: enabling technologies for exploring the red planet [M]. 2nd Ed. Springer International Publishing Switzerland, 2016.

[168] 张雅声, 徐艳丽, 杨庆. 航天器轨道理论及应用 [M]. 北京: 清华大学出版社, 2020.

[169] SANCHEZ J P, MCINNES C R. Assessment on the feasibility of future shepherding of asteroid resources [J]. Acta Astronautica, 2012, 7: 49-66.

[170] O'LEARY B. Mining the Apollo and Amor asteroids [J]. Science, 1977, 197 (4301):

363-366.
[171] 王巍，姚伟．近地小天体采矿体系构想及效益初步评估［J］．空间科学与试验学报，2024，1（1）：13-22.
[172] 乔栋．深空探测转移轨道设计方法研究及在小天体探测中的应用［D］．哈尔滨：哈尔滨工业大学，2007.
[173] YAO W，LU X，WANG C，et al. Dynamic modelling and simulation of a heat engine aerobot for atmospheric energy utilization［J］．Energy，2015，79：439-446.
[174] PALASZEWSKI B. Atmospheric mining in the outer solar system：outer planet resource processing，moon base propulsion，and vehicle design issues［C］．AIAA 2019-4031，August 2019.
[175] EVANS M E，GRAHAM L D. A Flexible Lunar Architecture for Exploration（FLARE）supporting NASA's Artemis Program［J］．Acta Astronautica，2020，177：351-372.
[176] 王超，彭祺擘，王慎泉，等．月面原位资源补给站概念方案设计［J］．深空探测学报（中英文），2022，9（6）：596-605.
[177] HAYNE P O，HENDRIX A，SEFTON-NASH E，et al. Evidence for exposed water ice in the Moon's south polar regions from Lunar Reconnaissance Orbiter ultraviolet albedo and temperature measurements［J］．Icarus，2015，255：58-69.
[178] CALLA O P N，MATHUR S，GADRI K L. Quantification of water ice in the Hermite-a crater of the lunar north pole［J］．IEEE Geoscience and Remote Sensing Letters，2016，13（7）：926-930.
[179] 张思勃，刘阳，王慎泉，等．月表温度和地形对科研站选址的影响［J］．中国空间科学技术，2024，44（2）：125-135.
[180] 张熇，杜宇，李飞，等．月球南极探测着陆工程选址建议［J］．深空探测学报（中英文），2020，7（3）：232-240.
[181] 肖龙，乔乐，肖智勇，等．月球着陆探测值得关注的主要科学问题及着陆区选址建议［J］．中国科学：物理学 力学 天文学，2016，46（2）：9-30.
[182] 吴伟仁，于登云，王赤，等．月球极区探测的主要科学与技术问题研究［J］．深空探测学报（中英文），2020，7（3）：223-231，240.
[183] 饶炜，方越，彭松，等．月球南极探测着陆区选址方法［J］．深空探测学报（中英文），2022，9（6）：571-578.
[184] BERNHARDT H，ROBINSON M S，BOYD A K. Geomorphic map and science target identification on the Shackleton-de Gerlache ridge［J］．Icarus，2022，379：114963.
[185] BROWN H M，BOYD A K，DENEVI B W，et al. Resource potential of lunar permanently shadowed regions［J］．Icarus，2022，377：114874.
[186] 杨阳，王庆功，王超，等．可持续性月球水资源提取利用设计与分析［J］．中国空间科学技术，2023，43（6）：100-111.

[187] FA W, JIN Y. Quantitative estimation of helium-3 spatial distribution in the lunar regolith layer [J]. Icarus, 2007, 190 (1): 15-23.

[188] SVIATOSLAVSKY I N. Processes and energy cost for mining lunar Helium-3 [R]. NASA N89-14848, 1989.

[189] JUST G H, SMITH K, JOY K H, et al. Parametric review of existing regolith excavation techniques for lunar In Situ Resource Utilisation (ISRU) and recommendations for future excavation experiments [J]. Planetary and Space Science, 2020, 180: 104746.

[190] RASERA J N, CILLIERS J J, LAMAMY J A, et al. The beneficiation of lunar regolith for space resource utilisation: A review [J]. Planetary and Space Science, 2020, 186: 104879.

[191] 姚伟. 在轨流体管理技术进展和关键技术分析 [J]. 航天器工程, 2008, 17 (3): 89-94.

[192] HOWELL J T. In-space cryogenic propellant depot potential commercial and exploration application [C]. 2006 Japan-U. S. Science, Technology & Space Applications Program (JUSTSAP), Kohala Coast, Hawaii, Nov. 12-16, 2006.

[193] MAMMARELLA M, VERNICARI P M, PAISSONI C A, et al. How the lunar space tug can support the cislunar station [J]. Acta Astronautica, 2019, 154: 181-194.

[194] 杨嘉墀. 航天器轨道动力学与控制 [M]. 北京: 中国宇航出版社, 2001.

[195] ANDREWS D G, BONNER K D, BUTTERWORTH A W, et al. Defining a successful commercial asteroid mining program [J]. Acta Astronautica, 2015, 108: 106-118.

[196] COOPER C Y L. Asteroid mining [D]. Worcester Polytechnic Institute, 2019.

[197] ZACNY K, CHU P, PAULSEN G, et al. Asteroids: anchoring and sample acquisition approaches in support of science, exploration, and in situ resource utilization [C]. In: Asteroids, Springer, Berlin, Heidelberg, 2013, 287-343.

[198] XIE R, BENNETT N J, DEMPSTER A G. Target evaluation for near earth asteroid long-term mining missions [J]. Acta Astronautica, 2021, 181: 249-270.

[199] RIVKIN A S, THOMAS C A, HOWELL E S, et al. The Ch-class asteroids: connecting a visible taxonomic class to a 3μm band shape [J]. The Astronomical Journal, 2015, 150 (6): 198.

[200] RIVKIN A S, HOWELL E S, EMERY J P, et al. Evidence for OH or H_2O on the surface of 433 Eros and 1036 Ganymed [J]. Icarus, 2018, 304: 74-82.

[201] O'LEARY B, GAFFEY M J, ROSS D J, et al. Retrieval of asteroidal materials [C]. Space Resources and Settlements, NASA SP-428, 1979, 142-155.

[202] TAGLE R, BERLIN J. A database of chondrite analyses including platinum group elements, Ni, Co, Au, and Cr: implications for the identification of chondritic projectiles [J]. Meteoritics & Planetary Science, 2008, 43 (3): 541-559.

[203] KARGEL J S. Market value of asteroidal precious metals in an age of diminishing terrestrial resources [C] // Engineering, Construction, and Operations in Space V, American Society of Civil Engineers Fifth International Conference on Space, Albuquerque, New Mexico, United States (June 1-6, 1996).

[204] ELVIS M. How many ore-bearing asteroids? [J]. Planetary and Space Science, 2014, 91: 20-26.

[205] PGM management [EB/OL]. http://www.platinum.matthey.com/about-pgm/production/south-africa

[206] 冯博，彭金秀，张文谱，等．铂矿石选矿技术研究进展 [J]. 黄金科学技术，2018，26（6）：788-794.

[207] ELVIS M. How many ore-bearing asteroids? [J]. Planetary and Space Science, 2014, 91: 20-26.

[208] http://echo.jpl.nasa.gov/_lance/delta_v/delta_v.rendezvous.html

[209] SMITH P H, TAMPPARI L K, ARVIDSON R E, et al. H_2O at the Phoenix landing site [J]. Science, 2009, 325 (5936): 58-61.

[210] BOYNTON W V, FELDMAN W C, SQUYRES S W, et al. Distribution of hydrogen in the near surface of Mars: Evidence for subsurface ice deposits [J]. Science, 2002, 297 (5578): 81-85.

[211] 李啸天．火星水冰相变热力学特性和原位水资源提取技术研究 [D]. 2024.

[212] PIQUEUX S, BUZ J, EDWARDS C S, et al. Widespread shallow water ice on Mars at high latitudes and midlatitudes [J]. Geophysical Research Letters, 2019, 46 (24): 14290-14298.

[213] MORGAN G A, PUTZIG N E, PERRY M R, et al. Availability of subsurface water-ice resources in the northern mid-latitudes of Mars [J]. Nature Astronomy, 2021, 5 (3): 230-236.

[214] LI X, YAO W, WANG H. Martian subsurface water ice prediction at the Tianwen-1 mission landing site [J]. Icarus, 2023, 389: 115268.

[215] LINNE D, ROBERT M, GERALD S, et al. Mars ISRU & civil engineering current thinking and approaches [C] //The International Mars Exploration Working Group (IMEWG), October 3, 2019, Oslo, Norway.

[216] RAPP D. Use of extraterrestrial resources for human space missions to Moon or Mars [M]. Springer Press, 2013.

[217] Asteroid distribution between Mars and Jupiter [EB/OL]. https://www.britannica.com/science/asteroid/Geography-of-the-asteroid-belt#/media/1/39730/3485

[218] 王少锋，孙立成，周子龙，等．非爆破岩理论和技术发展与展望 [J]. 中国有色金属学报，2022，32（12）：3883-3912.

[219] BADESCU M, KASSAB S, SHERRIT S, et al. Ultrasonic/sonic driller/corer as a hammer-rotary drill [C] //Proceedings of the SPIE Sensors and Smart Structures Technologies for Civil, Mechanical, and Aerospace Systems, San Diego, CA, USA, Mar. 19-22, 2007.

[220] BADESCU M, SHERRIT S, BAO X, et al. Auto-Gopher: a wire-line rotary-hammer ultrasonic drill [C] //Proceedings of the SPIE Smart Structures and Materials Conference, San Diego, CA, March 2011.

[221] 降文鹤. 小行星表面岩石超声波磨削采样装置设计与研究 [D]. 哈尔滨: 哈尔滨工业大学, 2020.

[222] WEI W, SHAO Z, CHEN W, et al. Heating process and damage evolution of microwave absorption and transparency materials under microwave irradiation [J]. Geomechanics and Geophysics for Geo-Energy and Geo-Resources, 2021, 7: 86.

[223] 高亚楠, 王云龙. 矿山建设中现代破岩方法综述 [J]. 晋控科学技术, 2023 (2): 1-8.

[224] LU G M, LI Y H, HASSANI F, et al. The influence of microwave irradiation on thermal properties of main rock-forming minerals [J]. Applied Thermal Engineering, 2017, 112: 1523-1532.

[225] 卢高明, 李元辉, Hassani Ferri, 等. 微波辅助机械破岩试验和理论研究进展 [J]. 岩土工程学报, 2016, 38 (8): 1497-1506.

[226] 肖一标, 段隆臣, 李昌平, 等. 基于高压电脉冲破岩损伤模型的破岩过程研究 [J]. 地质科技通报, 2023, 42 (3): 323-330.

[227] 刘伟吉, 张有建, 祝效华, 等. 高压电脉冲破岩机理数值模拟研究 [J]. 矿业科学学报, 2023, 8 (5): 642-653.

[228] PETROV Y, SMIRNOV I. General effects of pulse electric breakdown of dielectric gaps and dynamic failure of continuous media [J]. Procedia Structural Integrity, 2016, 2: 430-437.

[229] 魏建平, 蔡玉波, 刘勇, 等. 非刀具破岩理论与技术研究进展与趋势 [J]. 煤炭学报, 2024, 49 (2): 801-832.

[230] 刘拓, 王智信, 崔子昂, 等. 花岗岩表面激光破岩预钻孔工艺影响研究 [J]. 应用激光, 2017, 37 (4): 580-585.

[231] YANG X F, ZHOU X, ZHU H L, et al. Experimental investigation on hard rock breaking with fiber laser: Surface failure characteristics and perforating mechanism [J]. Advances in Civil Engineering, 2020: 1316796.

[232] 郑亚魁, 旷鸣海, 张魁, 等. 激光破岩技术研究进展 [J]. 隧道建设 (中英文), 2023, 43 (8): 1282.

[233] STELTZNER A D, NASIF A K. Anchoring technology for in situ exploration of small

bodies [C] //2000 IEEE Aerospace Conference. Big Sky, Montana, USA: 25 - 25 March 2000: 507-518.
[234] Asteroid Redirect Robotic Mission [EB/OL]. https: //www. jpl. nasa. gov/missions/asteroid-redirect-robotic-mission-arrm.
[235] NASA. Asteroid redirect mission reference concept [R]. NASA, 2015.
[236] 王彗木，刘伟，高扬．“绳网飞行器+绳系机械爪”捕获近地小行星的新概念方案[J]．载人航天，2018，24（4）：470-478，493.
[237] 吴伟仁，唐玉华，李明涛．小行星防御在轨处置技术研究进展［J］．深空探测学报（中英文），2023，10（4）：345-356.
[238] 张熇，顾征，韩承志．小行星撞击防御任务分析与设计［J］．深空探测学报（中英文），2023，10（4）：387-396.
[239] MAZANEK D D, REEVES D M, HOPKINS J B, et al. Enhanced gravity tractor technique for planetary defense [C] //4th IAA Planetary Defense Conference, 13 - 17 April 2015, Frascati, Roma, Italy.
[240] BOMBARDELLI C, PELAEZ J. Ion beam shepherd for asteroid deflection [J]. Journal of Guidance, Control, and Dynamics, 2011, 34 (4): 1270-1272.
[241] LEDKOV A S, ASLANOV V S. Active space debris removal by ion multi-beam shepherd spacecraft [J]. Acta Astronautica, 2023, 205: 247-257.
[242] GIBBINGS A L. Laser ablation for the deflection, exploration and exploitation of near Earth asteroids [D]. Scotland: University of Glasgow, 2014.
[243] CANNON K M, GIALICH M, ACAIN J. Precious and structural metals on asteroids [J]. Planetary and Space Science, 2023, 225: 105608.
[244] SWAN A P, RAITT D I, SWAN C W, et al. Space elevators: an assessment of the technological feasibility and the way forward [M]. Virginia Edition Publishing Company, 2013.
[245] MALONEY C M, PORTMANN R W, ROSS M N, et al. The climate and ozone impacts of black carbon emissions from global rocket launches [J]. Journal of Geophysical Research: Atmospheres, 2022, 127 (12): e2021JD036373.
[246] SpaceX. Falcon user's guide [R]. September, 2021.
[247] 龚春林，陈兵．组合循环动力在水平起降天地往返飞行器上的应用［J］．科技导报，2020，38（12）：25-32.
[248] 包为民．可重复使用运载火箭技术发展综述［J］．航空学报，2023，44（23）：629555.
[249] 龙雪丹，杨开，王林，褚洪杰．SpaceX“超重-星舰”第三次综合飞行试验情况简析［J］．中国航天，2024（3）：60-65.
[250] 美“星舰”第五次试飞“筷子”成功回收助推器［N］．新华网，2024 - 10 -

13. http://www.news.cn/20241013/3ddb5b17487240b3bc3c3453d5af45c4/c.html.

[251] RAY J. ULA unveils its future with the Vulcan rocket family [EB/OL]. (2015-04-13). https://spaceflightnow.com/2015/04/13/ula-unveils-its-future-with-the-vulcan-rocket-family/.

[252] 齐环环，郝京辉，韩虹，等．可重复使用运载技术分析与建议 [J]. 中国航天，2022 (5): 64-70.

[253] 宋征宇，黄兵，汪小卫，等．重复使用航天运载器的发展及其关键技术 [J]. 前瞻科技，2022，1 (1): 62-74.

[254] 卢波．国外深空探测再入返回技术发展分析 [J]. 国际太空，2014 (11): 11-17.

[255] BARACAT W A, BUTNER C L. Tethers in space handbook [R]. NASA-CR-181371, 1986.

[256] ASLANOV V S, LEDKOV A S. Tether-assisted re-entry capsule deorbiting from an elliptical orbit [J]. Acta Astronautica, 2017, 130: 180-186.

[257] 高艺航，贺卫亮．充气式返回舱气动热特性研究 [J]. 航天返回与遥感，2014 (4): 17-25.

[258] 常耀予，刘昕，刘飞，等．美国充气减速飞行器近地轨道飞行试验分析 [J]. 中国航天，2023 (5): 67-73.

[259] 李蒙，陈伟跃，杨胜，高旭．月球天梯力学特性研究 [J]. 中国空间科学技术，2016，36 (3): 63-69.

[260] 汪小卫，鲁宇，刘丙利，等．天梯技术研究进展 [J]. 导弹与航天运载技术，2015 (2): 41-44.

[261] PEARSON J. The orbital tower: a spacecraft launcher using the Earth's rotational energy [J]. Acta Astronautica, 1975, 2 (4): 785-799.

[262] COHEN S S, MISRA A K. Elastic oscillations of the space elevator ribbon [J]. Journal of Guidance, Control and Dynamics, 2007, 30 (10): 1711-1717.

[263] 张普卓，汪小卫，刘丙利，等．天梯系统指标初步研究 [J]. 导弹与航天运载技术，2016 (3): 5-8.

[264] ISEG. Space elevator tether materials: an overview of the current candidates [C] // International Space Development Conference, St. Louis, MO, USA, May 25-29, 2017.

[265] 杨小东，徐志良，扬启帆，等．地球天梯爬升机构运行能耗计算方法研究 [J]. 载人航天，2018，24 (4): 453-458.

[266] NIXON A, KNAPMAN J, WRIGHT D H. Space elevator tether materials: an overview of the current candidates [J]. Acta Astronautica, 2023, 210: 483-487.

[267] LG Electronics secures its position in CVD graphene production [EB/OL]. (2020-5-7). https://www.thegraphenecouncil.org/blogpost/1501180/347505/LG-Electronics-Secures-Its-Position-in-CVD-Graphene-Production.

[268] The journey from CVD graphene innovation to commercialisation [EB/OL]. (2022-1-24). https://www.innovationnewsnetwork.com/journey-cvd-graphene-innovation-commercialisation/17349/>.

[269] SHI G, ZHU Z H. Prescribed performance based dual-loop control strategy for configuration keeping of partial space elevator in cargo transportation [J]. Acta Astronautica, 2021, 189: 241-249.

[270] EDWARDS B C. Design and deployment of a space elevator [J]. Acta Astronautica, 2000, 47 (10): 735-744.

[271] EDWARDS B C. The space elevator: a new tool for space studies [J]. Gravitational and space biology bulletin, 2003, 16 (2): 101-105.

[272] SWAN P, FITZGERALD M. Today's Space Elevator [M]. Published by Lulu.com, USA, 2019.

[273] 温生林. 超低轨道卫星动力学建模与控制方法研究 [D]. 长沙: 国防科技大学, 2016.

[274] ASLANOV V S. Swing principle for deployment of a tether-assisted return mission of a re-entry capsule [J]. Acta Astronautica, 2016, 120: 154-158.

[275] 王巍, 姚伟, 李文博. 超低轨摆渡飞船辅助的资源舱绳系返回技术初步分析 [J]. 空间科学与试验学报, 2024, 1 (2): 1-9.

[276] 靳旭红, 黄飞, 程晓丽, 等. 超低地球轨道卫星大气阻力预测与影响因素分析 [J]. 清华大学学报 (自然科学版), 2020, 60 (3): 219-226.

[277] 黄劲, 常亮, 董佰扬, 等. 超低轨卫星的空间环境特性及其力学与热学关键问题研究进展 [J]. 空间科学学报, 2023, 43 (4): 711-723.

[278] MESSERSCHMID E, BURKHARDT J, ZIMMERMAN F, et al. Consultancy on space station utilization: analysis of a reentry capsule for space station sample retrieval [R]. ESA/ESTEC Purchase order 152667, Space Systems Institute, University of Stuttgart, 1996.

[279] OCKELS W J, VAN DER HEIDE E J, KRULJIFF M. "Space Mail" and Tethers sample return capability for space station Alpha [C] //IAF-95T.4.0, 46th International Astronautical Congress, Oslo, Norway, 1995.

[280] ZIMMERMANN F, SCHÖTTLE U M, MESSERSCHMID E. Optimal deployment and return trajectories for a tether-assisted re-entry mission [C] //24th Atmospheric Flight Mechanics Conference, August 9-11, 1999, Portland, OR, U.S.A. AIAA-99-4168.

[281] ASLANOV V S. The effect of the elasticity of an orbital tether system on the oscillations of a satellite [J]. Journal of Applied Mathematics and Mechanics, 2010, 74 (4): 416-424.

[282] 夏广庆, 毛根旺, 唐金兰, 等. 太阳能热推进的研究与发展 [J]. 固体火箭技术, 2005, 28 (1): 10-15.

[283] RABADE S, BARBA N, LIU G, et al. The case for solar thermal steam propulsion system for interplanetary travel: enabling simplified ISRU utilizing NEOs and small bodies [C] // Guadalajara, Mexio, September 2016, International Astronautical Congress 2016.

[284] CHEN T T. ISRU propellant selection for space exploration vehicles [C] //49th AIAA/ASME/SAE/ASEE Joint Propulsion Conference San Jose, California, AIAA-2013-3804.

[285] 孙海雨，单磊，王凯，等．上面级液体火箭发动机发展概述 [J]．中国航天，2023（6）：32-39.

[286] 龙乐豪，王国庆，吴胜宝，等．我国重复使用航天运输系统发展现状及展望 [J]．国际太空，2019（9）：7.

[287] 程诚，卜令杰，周海清，等．液氧/甲烷推进系统研究进展 [J]．中国航天，2023（11）：43-51.

[288] Intuitive Machines. IM-1 Press kit [R]. 2024.

[289] 程诚，周海清，田桂，等．液氧/甲烷轨姿控推进系统集成演示试验 [J]．火箭推进，2023，49（3）：56-68.

[290] FRYE P E, SHOJI J M. Innovative applications of solar thermal propulsion [C] //28th Joint Propulsion Conference and Exhibit, July 6-8, 1992, Nashville, TN, USA, AIAA 92-3081.

[291] CADY E C, OLSEN A D. Solar thermal upper stage technology demonstrator program [C] //32nd Joint Propulsion Conference and Exhibit, July 1-3, 1996, Lake Buena Vista, FL, USA, AIAA 96-3011.

[292] TINKER M L. Passively adaptive inflatable structure for the shooting star experiment [C] // 39th AIAA/ASME/ASCE/AHS/ASC Structures, Structural Dynamics, and Materials Conference and Exhibit, April 20-23, 1998, Long Beach, CA, USA, AIAA 98-1986.

[293] 张晏鑫．蓄热式太阳能热推进技术系统设计与性能优化研究 [D]．南京：南京航空航天大学，2020.

[294] SERGEYEVSKY A B, YIN N H. Interplanetary mission design handbook, Volume 1, Part 1: Earth to Venus Ballistic Mission Opportunities 1991-2005 [R]. Jet Propulsion Laboratory, Pasadena, CA, Nov 1983, JPL-PUBL-82-43-VOL-1-PT-1.

[295] PALMORE J. An elementary proof of the optimality of Hohmann transfer [J]. Journal of Guidance, Control and Dynamics, 1984, 7 (5): 629-630.

[296] TRUSSING J E. A class of optimal two-impulse rendezvous using multiple-revolution Lambert solutions [J]. The Journal of the Astronautical Sciences, 2000, 48: 131-148.

[297] BATTIN R H. The determination of round-trip planetary reconnaissance trajectories [J]. Journal of the Aerospace Sciences, 1959, 26 (9): 545-567.

[298] PRADO A F B. Powered swingby [J]. Journal of Guidance, Control and Dynamic,

1996, 19 (5): 1142-1147.
[299] PETROPOULOS A E, LONGUSKI J M, BONFIGLIO E P. Trajectories to Jupiter via gravity assists from Venus, Earth, and Mars [J]. Journal of Spacecraft and Rockets, 2000, 37 (6): 776-783.
[300] 田百义，张磊，周文艳，等．木星系及行星际飞越探测的多次借力飞行轨道设计研究 [J]. 航天器工程，2018，27 (1): 25-30.
[301] LO M W. Invariant manifolds and the interplanetary superhighway [C] //Sixth International Congress on Industrial Applied Mathematics (ICIAM07) and GAMM Annual Meeting, Zürich 2007: 1030907-1030908.
[302] 张泽旭，崔平远，崔祜涛．行星际高速公路技术 [J]. 宇航学报，2007，28 (1): 9-14，32.
[303] LO M W. The interplanetary superhighway and human habitation on the Moon [C] // Habitation 2006 Conference, February 5-8, 2006, Orlando, Florida, USA.
[304] ZHANG T, URATANI J, HUANG Y, et al. Hydrogen liquefaction and storage: Recent progress and perspectives [J]. Renewable and Sustainable Energy Reviews, 2023, 176: 113204.
[305] ANSARINASAB H, MEHRPOOYA M, SADEGHZADEH M. An exergy-based investigation on hydrogen liquefaction plant-exergy, exergoeconomic, and exergoenvironmental analyses [J]. Journal of Cleaner Production, 2019, 210: 530-541.
[306] MORAN M E. Liquid hydrogen sensor considerations for space exploration [R]. NASA/TM-2006-214264, 2006.
[307] 李佳超，梁国柱，王夕，等．氢氧推进剂在轨加注若干关键问题研究进展 [J]. 宇航总体技术，2019，3 (6): 60-74.
[308] GLOVER D. NASA cryogenic fluid management space experiment efforts 1960 - 1990 [C] //Conference on Advanced Space Exploration Initiative Technologies, Cleveland, Ohio. September 4-6, 1991.
[309] HASTINGS L J, TUCKER S P, FLACHBART R H, et al. Marshall space flight center in-space cryogenic fluid management program overview [C] //41st AIAA/ASME/SAE/ASEE Joint Propulsion Conference & Exhibit 10-13 July, 2005, Tucson, Arizona.
[310] NOTARDONATO W, JOHNSON W, SWANGER A, et al. In-Space Propellant Production Using Water [R]. NASA 20120015764.
[311] 谢福寿，雷刚，王磊，等．过冷低温推进剂的性能优势及其应用前景 [J]. 西安交通大学学报，2015，49 (5): 16-23.
[312] 马原，厉彦忠，王磊，等．低温推进剂在轨加注技术与方案研究综述 [J]. 宇航学报，2016，37 (3): 245-252.
[313] 田填，刘海印．机器人在轨加注任务简析 [J]. 中国航天，2019，4 (4): 42-46.

[314] MORAN M E, NYLAND T W, DRISCOLL S L. Hydrogen no-vent fill testing in a 1.2 cubic foot (34 liter) tank [R]. NASA STI/Recon Technical Report N, 1991, 92: 13401.

[315] VILLANUEVA R. Boeing demonstrates future on-orbit servicing capability with orbital express [EB/OL]. [2007-08-30]. http://www.globalsecurity.org/space/library/news/2007/space-070829-.

[316] 朱一骁，路子阳，景育，等. 卫星推进剂在轨补加技术进展 [J]. 中国航天，2023，11 (11): 52-58.

[317] 朱仁璋，王鸿芳，徐宇杰，等. ATV 交会飞行控制策略研究 [J]. 航天器工程，2011，20 (1): 22-44.

[318] Northrop Grumman's orbital refueling port selected for U.S. military satellites [EB/OL]. [2024-1-31]. https://spacenews.com/northrop-grummans-orbital-refueling-port-selected-for-u-s-military-satellites/.

[319] 白明生，王冉，徐小平. 天舟货运飞船发展历程与特点 [J]. 航天器工程，2022，31 (6): 21-25.

[320] NASA. DSN navigation system accuracy [EB/OL]. (2014-2-20) [2018, 4-10]. https://descanso.jpl.nasa.gov/performmetrics/DSN_ NavSysAccuracy.pdf.

[321] 董光亮，李海涛，郝万宏，等. 中国深空测控系统建设与技术发展 [J]. 深空探测学报（中英文），2018，5 (2): 99-114.

[322] NASA. The Goldstone deep space communications complex [EB/OL]. [2018-4-10]. https://descanso.jpl.nasa.gov/dsn50th/DSN_ Symposium_ 2-20-14/5_ GDSCC. pdf.

[323] 吴伟仁，李海涛，李赞，等. 中国深空测控网现状与展望 [J]. 中国科学：信息科学，2020，50 (1): 87-108.

[324] 李海涛. 中国深空测控网光通信技术途径分析与发展展望（特约）[J]. 红外与激光工程，2020，49 (5): 13.

[325] GELDZAHLER B, DEUTSCH L. Future plans for the Deep Space Network (DSN) [R]. US: Deep Space Network Space Communications and Navigation Office National Aeronautics and Space Administration (NASA), 2009.

[326] 李凉海，刘向南，李晓亮. 深空激光通信进展及应用研究 [J]. 深空探测学报（中英文），2019，6 (6): 523-529.

[327] MUKHERJEE J, RAMAMURTHY B. Communication technologies and architectures for space network and interplanetary internet [J]. IEEE Communications Surveys & Tutorials, 2013, 15 (2): 881-897.

[328] BARKER D C. Lunar and off Earth resource drivers, estimations and the development conundrum [J]. Advances in Space Research, 2020, 66 (2): 359-377.

[329] DYMOCK R. The H and G magnitude system for asteroids [J]. The Journal of the British

Astronomical Association, 2007, 117: 342-343.

[330] 近地天体望远镜设备介绍 [EB/OL]. (2014-04-17). http://www.xuyi.pmo.cas.cn/gcsb/jdttwyj/sbjs/201405/t20140519_234069.html.

[331] 阮宁娟,刘志敏,郑永超. 天基近地天体探测技术与实践 [J]. 空间碎片研究,2022 (1): 18-31.

[332] ANDREWS D. Resource Prospector (RP): A lunar volatiles prospecting and In-Situ Resource Utilization (ISRU) demonstration mission [R]. NASA report, ARC-E-DAA-TN33910, 2016.

[333] COLAPRETE A. Volatiles investigating polar exploration rover (VIPER) [R]. NASA report, 20210015009, 2021.

[334] ELPHIC R C, CHU P, HAHN S. Surface and downhole prospecting tools for planetary exploration: tests of neutron and gamma ray probes [J]. Astrobiology, 2010, 8 (3): 639-652.

[335] ZACNY K, PAULSEN G, KLEINHENZ J, et al. Development and testing of a lunar prospecting drill (LPD) to search for water-ice [C] //Earth and Space 2014, Oct 27, 2014, St. Louis, Missouri, USA.

[336] ATKINSON J, ZACNY K. Mechanical properties of icy lunar regolith: application to ISRU on the Moon and Mars [C] //16th Biennial International Conference on Engineering, Science, Construction, and Operations in Challenging Environments, April 9 - 12, 2018, Cleveland, Ohio, USA.

[337] ZENT A P, HECHT M H, COBOS D R. Initial results from the thermal and electrical conductivity probe (TECP) on Phoenix [J]. Journal of Geophysical Research, 2015, 115 (E3): E00E14.

[338] HADLER K, MARTIN D J P, CARPENTER J, et al. A universal framework for space resource utilisation (SRU) [J]. Planetary and Space Science, 2019, 182: 104811.

[339] DYAR M D, HIBBITTS C A, ORLANDO T. Mechanisms for incorporation of hydrogen in and on terrestrial planetary surfaces [J]. Icarus, 2010, 208: 425-437.

[340] ZACNY K, CHU P, PAULSEN G, et al. Mobile in-situ water extractor (MISWE) for Mars, Moon, and Asteroids in situ resource utilization [C] //AIAA SPACE 2012 Conference & Exposition, September 11-13, 2012, Pasadena, California, USA, AIAA 2012-5168.

[341] ZACNY K, LUCZEK K, PAZ A, et al. Planetary volatiles extractor (PVEx) for in situ resource utilization (ISRU) [C] //15th Biennial ASCE Conference on Engineering, Science, Construction, and Operations in Challenging Environments, April 11 - 15, 2016, Orlando, Florida, USA.

[342] ZACNY K, METZGER P, LUCZEK K, et al. The world is not enough (WINE):

harvesting local resources for eternal exploration of space [C]. // AIAA SPACE 2016, September 13-16, 2016, Long Beach, California, USA, AIAA 2016-5279.

[343] PAULSEN G, MANK Z, WANG A, et al. The regolith and ice drill for exploration of new terrains (TRIDENT): a one-meter drill for the lunar resource prospector mission [C] //Proceedings of the 44th Aerospace Mechanisms Symposium, NASA Glenn Research Center, May 16-18, 2018.

[344] SOWERS G F, DREYER C B. Ice mining in lunar permanently shadowed regions [J]. New Space, 2019, 7 (4): 235-244.

[345] KOSSACKI K J, LELIWA-KOPYSTYNSKI J. Temperature dependence of the sublimation rate of water ice: influence of impurities [J]. Icarus, 2014, 233: 101-105.

[346] 王庆功，王超，庞勇，等. 含冰星壤钻取密封与水资源提取转化技术研究 [J]. 深空探测学报（中英文），2022，9（6）：617-624.

[347] 王超，张晓静，姚伟. 月球极区水冰资源原位开发利用研究进展 [J]. 深空探测学报，2020，7（3）：241-247.

[348] HE L H, WANG C, ZHANG G, et al. A novel auger-based system for extraterrestrial in-situ water resource extraction [J]. Icarus, 2021, 367: 114552.

[349] 何立臣，王超，姚伟. 含冰模拟月壤水资源提取实验研究 [J]. 航天器环境工程，2020，37（5）：511-518.

[350] 张春伟，柴栋栋，马军强，等. 火星表面二氧化碳捕集方法的应用进展及分析 [J]. 低温工程，2022（6）：64-75.

[351] 梁丽，肖一标，李大鹏，等. 高压电脉冲破岩试验装置的研制 [J]. 钻探工程，2021，48（11）：76-82.

[352] 杨赟，谭平，韦孝忠，等. 激光钻井技术现状与关键技术 [J]. 钻采工艺，2015，38（1）：35-39.

[353] MUELLER R P, VAN SUSANTE P J. A review of lunar regolith excavation robotic device prototypes [C]. AIAA SPACE 2011 Conference & Exposition, September 27-29, 2011, Long Beach, California, AIAA 2011-7234.

[354] QUINN J W, CAPTAIN J G, WEIS K, et al. Evaluation of tribocharged electrostatic beneficiation of lunar simulant in lunar gravity. Journal of Aerospace Engineering, 2012, 26 (1): 37-42.

[355] GU J, ZHANG G, WANG Q, et al. Experimental study on particles directed transport by an alternating travelling-wave electrostatic field [J]. Powder Technology, 2022, 397: 117107.

[356] GU J, WANG Q, WU Y, et al. Numerical study of particle transport by an alternating travelling-wave electrostatic field [J]. Acta Astronautica, 188: 505-517.

[357] 王大铁，符方舟，孟林智，等. 深空探测器自主控制技术综述 [J]. 深空探测学

报，2019，6（4）：317-327.
[358] KANAS N，SAYLOR S，HARRIS M. High versus low crewmember autonomy in space simulation environments［J］. Acta Astronautica，2010，67（7-8）：731-738.
[359] JOHNSON R D，BERSHADER D. Autonomy and the human element in space［R］//NASA/ASEE summer Faculty Workshop，NASA Ames Research Center，NASA - CR-193201.
[360] JONSSON A K，MORRIS R A，PEDERSEN L. Autonomy in space exploration：current capabilities and future challenges［C］//2007 IEEE Aerospace Conference，Big Sky，MT，USA，2007.
[361] SMITH B. The role of autonomy in space exploration［R］. NASA report，20060046326.
[362] 崔平远，徐瑞，朱圣英，等．深空探测器自主技术发展现状与趋势［J］. 航空学报，2014，35（1）：13-28.
[363] 王琼，贾阳，陶灼，等．火星移动智能体技术探讨［J］. 航天器工程，2015，24（4）：27-32.
[364] FREDERICK D K. An autonomous roving vehicle for the planet Mars［M］. Rensselaer Polytechnic Institute，Troy，New York，1984.
[365] WASHINGTON R，GOLDEN K，BRESINA J，et al. Autonomous rovers for Mars exploration［C］//1999 IEEE Aerospace Conference，Snowmass，CO，USA，1999.
[366] MAIMONE M，BIESIADECKI J，TUNSTEL E，et al. Surface navigation and mobility intelligence on the Mars exploration rovers［M］//Howard A，Tunstel E W. Intelligence for Space Robotics，TSI Press，2006.
[367] PEEK K. Robotic assist for lunar surface operations［C］//AIAA SPACE 2007 Conference & Exposition，September 18-20，2007，Long Beach，California，USA.
[368] BIESIADECKI J J，MAIMONE M W. The Mars exploration rover surface mobility flight software：driving ambition［C］//2006 IEEE Aerospace Conference，March 04 - 11，2006，Big Sky，MT，USA.
[369] GROTZINGER J P，CRISP J，VASAVADA A R，et al. Mars Science Laboratory mission and science investigation［J］. Space Science Reviews，2012，170（1-4）：5-56.
[370] VOLPE R，PETERS S. Rover technology development and infusion for the 2009 Mars Science Laboratory Mission［R］. Jet Propulsion Laboratory，California Institute of Technology，2003，20060028652.
[371] BAJRACHARYA M，MAIMONE M W，HELMICK D. Autonomy for Mars rovers：past，present，and future［J］. Computer，2008，41：44-50.
[372] 王大轶，孟林智，叶培建，等．深空探测器的自主运行技术研究［J］. 航天器工程，2018，27（6）：1-10.
[373] 于登云，张哲，泮斌峰，等．深空探测人工智能技术研究与展望［J］. 深空探测学

报（中英文），2020，7（1）：11-23.
[374] BUTTLER A，SPLIETHOFF H. Current status of water electrolysis for energy storage，grid balancing and sector coupling via power-to-gas and power-to-liquids：a review [J]. Renewable and Sustainable Energy Reviews，2018，82（3）：2440-2454.
[375] 何泽兴，史成香，陈志超，等. 质子交换膜电解水制氢技术的发展现状及展望 [J]. 化工进展，2021，40（9）：4762-4773.
[376] MO J K，KANG Z Y，RETTERER S T，et al. Discovery of true electrochemical reactions for ultrahigh catalyst mass activity in water splitting [J]. Science Advances，2016，2（11）：e1600690.
[377] 宋鹏飞，侯建国，王秀林，等. 二氧化碳甲烷化在载人航天器再生式环控生保系统中的应用 [J]. 空间科学学报，2017，37（6）：717-723.
[378] 刘释元，张策，尹钊，等. 地外二氧化碳转化利用技术研究现状与展望 [J]. 中国空间科学技术，2022，42（6）：1-11.
[379] SAMPLATSKY D，GROHS K，EDEEN M，et al. Development and integration of the flight sabatier assembly on the ISS [C] //41st International Conference on Environmental Systems，July 17-21，2011，Portland，Oregon，USA，AIAA-2011-5151.
[380] 周抗寒，吴宝治，任春波. 空间站 Sabatier CO_2 还原系统的比较分析 [J]. 航天医学与医学工程，2011，24（5）：384-390.
[381] 段洪敏，侯宝林，吉定豪，等. 耦合原料气预热的 Sabatier 固定床反应器拉偏试验研究 [J]. 载人航天，2017，23（1）：28-32.
[382] MCKELLAR M G，STOOTS C M，SOHAL M S，et al. The concept and analytical investigation of CO_2 and steam co-electrolysis for resource utilization in space exploration [C] //40th International Conference on Environmental Systems，July 11-15，2010，Barcelona，Spain，AIAA 2010-6273.
[383] CLARK D L. In-situ propellant production on Mars：a sabatier/electrolysis demonstration plant [R] // 33rd Joint Propulsion Conference and Exhibit，July 6-9，1997，Seattle，WA，USA.
[384] TAKADA K，GHARIANI A E，VAN KEUREN S，et al. Oxygen generation assembly design for exploration missions [C] //48th International Conference on Environmental Systems，July 8-12，2018，Albuquerque New Mexico，USA，ICES-2018-113.
[385] WHEELER J R R，HADLEY N M，DAHL R W，et al. Advanced Plasma Pyrolysis Assembly（PPA）reactor and process development [C] //42nd International Conference on Environmental Systems，July 15-19，2012，San Diego，CA，USA，ICES-2012-3553.
[386] AGUI J，ABNEY M B，GREENWOOD Z，et al. Particulate filtration from emissions of a plasma pyrolysis assembly reactor using regenerable porous metal filters [C] //

International Conference on Environmental Systems, July 16 – 20, 2017, Charleston, SC, USA.

[387] ABNEY M B, MANSELL J M. The Bosch process–performance of a developmental reactor and experimental evaluation of alternative catalysts [C] //40th International Conference on Environmental Systems, July 11–15, Barcelona, Spain, AIAA2010–6272.

[388] ABNEY M B, MANSELL J M, ATKINS B, et al. Advanced oxygen recovery via Series–Bosch technology [C] //45th International Conference on Environmental Systems. July 12–16, 2015, Bellevue, Washington, USA, ICES–2015–82.

[389] ZUBRIN R, FRANKIE B, KITO T. Mars In–situ resource utilization based on the reverse water gas shift: experiments and mission applications [C] //33rd Joint Propulsion Conference and Exhibit, July 6–9, 1997, Seattle, WA, USA, AIAA 97–2767.

[390] MEYEN F E, HECHT M H, HOFFMAN J A, et al. Thermodynamic model of Mars oxygen ISRU experiment (MOXIE) [J]. Acta Astronautica, 2016, 129: 82–87.

[391] 姚伟，张策，姜文君．极限条件下 H_2O/CO_2转化与地外人工光合成 [J]. 钱学森实验室研究通讯，2019.

[392] 张策，姚伟．极限条件下水/二氧化碳转化与地外人工光合成 [M]. 中国学科发展战略：新能源材料．北京：科学出版社，2023.

[393] WANG Y, WANG B, JIANG W, et al. Sub–2nm ultra–thin $Bi_2O_2CO_3$ nanosheets with abundant Bi–O structures toward formic acid electrosynthesis over a wide potential window [J]. Nano Research, 2021, 15: 2919–2927.

[394] LIU S, HU B, ZHAO J, et al. Enhanced electrocatalytic CO_2 reduction of bismuth nanosheets with introducing surface bismuth subcarbonate. Coatings, 2022, 12 (2): 233.

[395] YANG L, ZHANG C, YU X, et al. Extraterrestrial artificial photosynthetic materials for in–situ resource utilization [J]. National Science Review, 2021, 8 (8): nwab104.

[396] 李洪桂．冶金原理 [M]. 2 版．北京：科学出版社，2018.

[397] 赵俊学．冶金原理 [M]. 西安：西北工业大学出版社，2002.

[398] LOMAX B A, CONTI M, KHAN N, et al. Proving the viability of an electrochemical process for the simultaneous extraction of oxygen and production of metal alloys from lunar regolith [J]. Planetary and Space Science, 2020, 180: 104748.

[399] HASKIN L A, COLSON R O, LINDSTROM D J, et al. Electrolytic melting of lunar rock for oxygen, iron, and silicon [C] //The Second Conference on Lunar Bases and Space Activities of the 21st Century. Washington D C, USA, 1992, N93–13979.

[400] 寇明银，王明涌，焦树强．高温熔盐体系惰性阳极与月壤电解制氧技术 [J]. 工程科学学报，2021，43 (12)：1618–1629.

[401] CHEN G Z, FRAY D J, FARTHING T W. Direct electrochemical reduction of titanium dioxide to titanium in molten calcium chloride [J]. Nature, 2000, 407: 361–364.

[402] ZHOU Z G, JIAO H D, TU J G, et al. Direct production of Fe and Fe-Ni alloy via molten oxides electrolysis [J]. Journal of The Electrochemical Society, 2017, 164 (6): E113.

[403] ZHANG F, WU M, HOU X, et al. The analysis of parameter uncertainty on performance and reliability of photovoltaic cells [J]. Journal of Power Sources, 2021, 507: 230265.

[404] JU X, XU C, HAN X, et al. A review of the concentrated photovoltaic/thermal (CPVT) hybrid solar systems based on the spectral beam splitting technology [J]. Applied Energy, 2017, 187: 534-563.

[405] MINNAERT B, VEELAERT P. A proposal for typical artificial light sources for the characterization of indoor photovoltaic applications [J]. Energies, 2014, 7 (3): 1500-1516.

[406] WANG Y, LI Q, LI D, et al. Thermodynamic analysis for a concentrating photovoltaic-photoelectrochemical hybrid system [J]. Energy, 2018, 148: 528-536.

[407] GREEN M. Accuracy of analytical expressions for solar cell fill factors [J]. Solar Cells, 1982, 7 (3): 337-340.

[408] NIST Chemistry WebBook. NIST Standard Reference Database Number 69 [EB/OL]. [2023-03-20]. https://webbook. nist. gov/chemistry/.

[409] 丁烈云，周诚，高玉月，等. 地外建造研究进展与科学技术挑战 [J]. 土木工程学报，2024，57 (6): 26-42.

[410] OSBURG J, ADAMS C, SHERWOOD B. A mission statement for space architecture [C] // International Conference on Environment Systems, Houston: SAE International, 2003. SAE Technical Paper 2003-01-2431.

[411] KHOSHNEVIS B, BODIFORD M P, BURKS K H, et al. Lunar contour crafting-a novel technique for ISRU based habitat development [C] //43rd AIAA Aerospace Sciences Meeting and Exhibit, January 10-13, 2005, Reno, Nevada, USA, AIAA 2005-538.

[412] LEACH N, CARLSON A, KHOSHNEVIS B, et al. Robotic construction by contour crafting: the case of lunar construction [J]. International Journal of Architectural Computing, 2012, 10 (3), 423-438.

[413] ESA. Building a lunar base with 3D printing [EB/OL]. https://www. esa. int/Enabling_Support/Space_ Engineering_ Technology/Building_ a_ lunar_ base_ with_ 3D_ printing #: ~: text=The%20UK%E280%99s%20Monolite%20supplied%20the%20D-Shape.

[414] ROUSEK T, ERIKSSON K, DOULE O. SinterHab [J]. Acta Astronautica, 2012, 74: 98-111.

[415] HOWE S A, WILCOX B, BARMATZ M, et al. ATHLETE as a mobile ISRU and regolith construction platform [C] //15th Biennial ASCE Conference on Engineering, Science,

Construction, and Operations in Challenging Environments, April 11 - 15, 2016, Orlando, Florida, USA.

[416] Regolight: sintering regolith with solar light [EB/OL]. https://regolight.eu/.

[417] CAI L X, DING L Y, LUO H B, et al. Preparation of autoclave concrete from basaltic lunar regolith simulant: effect of mixture and manufacture process [J]. Construction and Building Materials, 2019, 207: 373-386.

[418] 丁烈云，徐捷，骆汉宾，等．月面建造工程的挑战与研究进展［J］．载人航天，2019，25（3）：277-285.

[419] 王超，姚伟，李啸天，等．一种利用静电输运和聚光熔融烧结的原位资源处理系统：中国：ZL201810183951.5［P］．北京：中国空间技术研究院，2018.

[420] 梅洪元，包为民，于登云，等．关于未来月球基地建筑方案的构想［J］．深空探测学报，2022，9（6）：553-559.

[421] CHEN Q Y, GAO Y Y, DING L Y, et al. Genetic algorithm based multiobjective optimization for 3D printable design of a double-shell lunar habitat structure [J]. Journal of Aerospace Engineering, 2023, 36 (6): 04023069.

[422] ZHOU C, CHEN R, XU J, et al. In-situ construction method for lunar habitation: Chinese Super Mason [J]. Automation in Construction, 2019, 104: 66-79.

[423] 刘祎炜，张弦，王超，等．模拟月壤 3D 打印致密化成型研究［J］．中国空间科学技术，2023，43（6）：66-73.

[424] SAHA D, BAZMOHAMMADI N, RAYA-ARMENTA J M, et al. Space microgrids for future manned lunar bases: A review [J]. IEEE Open Access Journal of Power and Energy, 2021, 8: 570-583.

[425] 刘奕宏，张明，杨祎，等．月球科研站分布式能源系统方案设计［J］．深空探测学报（中英文），2022，9（6）：579-588.

[426] 袁勇，赵晨，胡震宇．月球基地建设方案设想［J］．深空探测学报（中英文），2018，5（4）：374-381.

[427] 张辉，董珂琪，姚伟．月球科研站能源技术研究进展与展望［J］．深空探测学报（中英文），2024，11（5）：423-434.

[428] SUN W G, ZHAO B, PEI Y, et al. Performance analysis of a photovoltaic/thermal system with lunar regolith-based thermal storage for the lunar base [J]. Science China (Technological Sciences), 2024, 67 (4): 1113-1123.

[429] NASA. About the space station solar arrays [EB/OL]. 2019-8. https://www.nasa.gov/mission_pages/station/structure/elements/solar_arrays-about.html.

[430] 张崇峰，许惟扬，王燕．载人月球探测月面活动发展设想［J］．上海航天（中英文），2021，38（3）：109-117.

[431] NASA. Industry to mature vertical solar array technologies for lunar surface [EB/OL].

2021-3-23. https://www.nasa.gov/feature/nasa-industry-to-mature-vertical-solar-array-technologies-for-lunar-surface.

[432] ROBERTSON B E, RINES M R, TAYLOR C, et al. The light bender concept for power distribution on a lunar base [C] // ASCEND, November 15-17, 2021, Las Vegas, Nevada & Virtual, USA.

[433] CHAMBERLAIN M K, KIEFER S H, LAPOINTE M, et al. On-orbit flight testing of the roll-out solar array [J]. Acta Astronautica, 2021, 179: 407-414.

[434] KACZMARZYK M, MUSIAL M. Parametric study of a lunar base power systems [J]. Energies, 2021, 14 (4): 1141.

[435] Best Research-Cell Efficiency Chart | Photovoltaic Research | NREL [EB/OL]. https://www.nrel.gov/pv/cell-efficiency.html/.

[436] SONE Y. A 100-W class regenerative fuel cell system for lunar and planetary missions [J]. Journal of Power Sources, 2011, 196 (21): 9076-9080.

[437] CLIMENT B, TORROBA O, GONZÁLEZ-CINCA R, et al. Heat storage and electricity generation in the Moon during the lunar night [J]. Acta Astronautica, 2014, 93: 352-358.

[438] LAPPAS V, KOSTOPOULOS V, TSOURDOS A, et al. Lunar in-situ thermal regolith storage and power generation using thermoelectric generators [C] // AIAA Scitech 2019 Forum, January 7-11, 2019, San Diego, California, USA, AIAA 2019-1375.

[439] FLEITH P, COWLEY A, POU A C, et al. In-situ approach for thermal energy storage and thermoelectricity generation on the Moon: Modelling and simulation [J]. Planetary and Space Science, 2020, 181: 104789.

[440] HU D, LI M, LI Q. A solar thermal storage power generation system based on lunar in-situ resources utilization: modeling and analysis [J]. Energy, 2021, 223: 120083.

[441] NAKAMURA T, SMITH B K. Solar thermal system for lunar ISRU applications: Development and field operation at Mauna Kea, HI [C] //49th AIAA Aerospace Sciences Meeting including the New Horizons Forum and Aerospace Exposition, January 4-7, 2011, Orlando, Florida, USA, AIAA 2011-433.

[442] MEURISSE A, MAKAYA A, WILLSCH C, et al. Solar 3D printing of lunar regolith [J]. Acta Astronautica, 2018, 152: 800-810.

[443] FATERI M, MEURISSE A, SPERL M, et al. Solar sintering for lunar additive manufacturing [J]. Journal of Aerospace Engineering, 2019, 32 (6): 04019101.

[444] 王超，姚伟，张光，等．基于静电采集输运送粉聚光熔融的月壤 3D 打印装置 [P]. 中国发明专利，CN202011487801.7.

[445] NAKAMURA T, VAN PELT A D, GUSTAFSON R J, et al. Solar thermal power system for oxygen production from lunar regolith [J]. AIP conference Proceedings, 2008, 969

(1): 178-185.

[446] COLOZZA A J, HELLER R S, WONG W A, et al. Solar energy systems for lunar oxygen generation [C] //48th AIAA Aerospace Sciences Meeting Including the New Horizons Forum and Aerospace Exposition, January 4-7, 2010, Orlando, Florida, USA, AIAA 2010-1166.

[447] LINNE D L, SCHULER J M, SIBILLE L, et al. Lunar production system for extracting oxygen from regolith [J]. Journal of Aerospace Engineering, 2021, 34 (4): 04021043.

[448] GUERRERO-GONZALEZ F J, ZABEL P. System analysis of an ISRU production plant: extraction of metals and oxygen from lunar regolith [J]. Acta Astronautica, 2023, 203: 187-201.

[449] CATALDO R L, BENNETT G L. US space radioisotope power systems and applications: past, present and future [M] //Sing N, Radioisotopes - Applications in Physical Sciences, InTech, 2011.

[450] ZUNIGA A F, TURNER M, RASKY D, et al. Building an economical and sustainable lunar infrastructure to enable lunar industrialization [C] //AIAA SPACE and Astronautics Forum and Exposition. September 12-14, 2017, Orlando, FL, USA, AIAA 2017-5148.

[451] LI T L, LIU Y H, ZHANG Y Z, et al. Comprehensive modeling and characterization of Chang'E-4 radioisotope thermoelectric generator for lunar mission [J]. Applied Energy, 2023, 336: 120865.

[452] 牛厂磊，罗志福，雷英俊，等．深空探测先进电源技术综述 [J]. 深空探测学报 (中英文)，2020，7 (1)：24-34.

[453] GREG H. Atomic power in space Ⅱ : a history of space nuclear power and propulsion in the United States [R]. Idaho National Laboratory for DOE, INL/EXT - 15 - 34409 - Rev000, 2015.

[454] BENNETT G L. Mission interplanetary: using radioisotope power to explore the solar system [J]. Energy Conversion and Management, 2008, 49 (3): 382-392.

[455] VINING C B, BENNETT G L. Power for science and exploration: upgrading the general-purpose heat source radioisotope thermoelectric generator (GPHS - RTG) [C] //46th AIAA/ASME/SAE/ASEE Joint Propulsion Conference & Exhibit. Nashville, July 25-28, Nashville, TN, USA, AIAA 2010-6598.

[456] WHITING C E, WOERNER D F. Lifetime performance of spaceborne RTGs [M] // Woerner D F, The Technology of Discovery: Radioisotope Thermoelectric Generators and Thermoelectric Technologies for Space Exploration, John Wiley & Sons, Inc. 2023.

[457] ANDERSON D J. NASA radioisotope power conversion technology NRA overview [J]. AIP Conference Proceedings, 2005, 746 (1): 421-428.

[458] MASON L S. Dynamic energy conversion: vital technology for space nuclear power [J].

Journal of Aerospace Engineering, 2013, 26 (2): 352-360.
[459] 林文立，邵剑雄，田岱，等．空间同位素热光伏转换技术研究现状 [J]. 电源技术，2024，48 (3)：401-407. DOI：10.3969/j.issn.1002-087X.2024.03.008.
[460] ANDERSON R V. Technological implications of SNAP reactor power system development on future space nuclear power systems [R]. Rockwell International Corp., Canoga Park, CA (USA): Energy Systems Group, DOE/SF/11687-T1, 1982.
[461] EL-GENK M S. Deployment history and design considerations for space reactor power systems [J]. Acta Astronautica, 2009, 64 (9-10): 833-849.
[462] POSTON D I. The heatpipe-operated Mars exploration reactor (HOMER) [J]. AIP Conference Proceedings, 2001, 552 (1): 797-804.
[463] POSTON D I, GODFROY T, MCCLURE P R, et al. KiloPower project-KRUSTY experiment nuclear design [R]. Los Alamos National Lab., LA-UR-15-25540, 2015.
[464] MCCLURE P R, POSTON D I, GIBSON M A, et al. Kilopower project: the KRUSTY fission power experiment and potential missions [J]. Nuclear Technology, 2020, 206 (sup1): S1-12.
[465] BENAROYA H. Lunar habitats: a brief overview of issues and concepts [J]. Reach, 2017, 7-8: 14-33.
[466] REID C M, MILLER T B, HOBERRECHT M A, et al. History of electrochemical and energy storage technology development at NASA Glenn Research Center [J]. Journal of Aerospace Engineering, 2013, 26 (2): 361-371.
[467] BENTS D J, SCULLIN V J, CHANG B J, et al. Hydrogen-oxygen PEM regenerative fuel cell development at Nasa Glenn Research Center [J]. Fuel Cells Bulletin, 2006 (1): 12-14.
[468] GRIGORIEV S A, MILLET P, POREMBSKY V I, et al. Development and preliminary testing of a unitized regenerative fuel cell based on PEM technology [J]. International Journal of Hydrogen Energy, 2011, 36 (6): 4164-4168.
[469] ITO H, MIYAZAKI N, ISHIDA M, et al. Efficiency of unitized reversible fuel cell systems [J]. International Journal of Hydrogen Energy, 2016, 41 (13): 5803-5815.
[470] GIACOPPO G, HOVLAND S, BARBERA O. 2 kW Modular PEM fuel cell stack for space applications: Development and test for operation under relevant conditions [J]. Applied Energy, 2019, 242: 1683-1696.
[471] 吕晓辰，姚伟，王超，等．一种利用地外星表土壤资源的太阳能蓄热发电系统 [P]. ZL201510041179.X
[472] 刘祎炜，吕晓辰，姚伟，等．一种太阳能高聚光原位储能发电系统及方法：CN202011449320.7 [P]. 2020-12-09.
[473] 张辉，董珂琪，姚伟．月球科研站能源技术研究进展与展望 [J]. 深空探测学报

(中英文), 2024, 11 (5): 423-434.

[474] LU X, WANG C, MA R, et al. Performance analysis of a lunar based solar thermal power system with static converters [C] //16th International Heat Transfer Conference, August 10-15, 2018, Beijing, China.

[475] LIU Y, SHEN T, LV X, et al. Investigation on a lunar energy storage and conversion system based on the in-situ resources utilization [J]. Energy, 2023, 268: 126681.

[476] International space exploration coordination group. Global exploration roadmap (IV edition) [R]. 2024.